2019—2020 绿色建筑选用产品导向目录

绿色建筑选用产品

2019—2020 Green Building Product Selection Guide Directory

首都科技条件平台资助项目

中国建材检验认证集团股份有限公司
国家建筑材料测试中心
编

中国建材工业出版社

图书在版编目（CIP）数据

2019—2020 绿色建筑选用产品导向目录 / 中国建材检验认证集团股份有限公司，国家建筑材料测试中心编 . -- 北京：中国建材工业出版社，2021.1
ISBN 978-7-5160-3128-5

Ⅰ . ① 2… Ⅱ . ①中… ②国… Ⅲ . ①生态建筑－建筑材料－产品目录－中国－ 2019-2020 Ⅳ . ① TU5-63

中国版本图书馆 CIP 数据核字（2020）第 249594 号

2019—2020 绿色建筑选用产品导向目录
2019—2020 Lüse Jianzhu Xuanyong Chanpin Daoxiang Mulu

中国建材检验认证集团股份有限公司
国家建筑材料测试中心　　编

出版发行：中国建材工业出版社
地　　址：北京市海淀区三里河路 1 号
邮　　编：100044
经　　销：全国各地新华书店
印　　刷：北京天恒嘉业印刷有限公司
开　　本：889mm × 1194mm　1/16
印　　张：31
字　　数：1000 千字
版　　次：2021 年 1 月第 1 版
印　　次：2021 年 1 月第 1 次
定　　价：298.00 元

本社网址：**www.jccbs.com**，微信公众号：**zgjcgycbs**

本书如有印装质量问题，由我社市场营销部负责调换，联系电话：（010）88386906

2019—2020
绿色建筑选用产品导向目录

编委会

编著单位

中国建材检验认证集团股份有限公司
国家建筑材料测试中心

主任委员

马振珠

副主任委员

朱连滨

委　员

蒋　荃　闫浩春　刘　翼

主　编

刘　翼

副主编

任世伟　赵春芝　马丽萍

编写人员

王　莹　黄梦迟　李云霞　文　刚　许　欣　张艳姣　王　晨　朱　洁　冯玉启
刘　佳　张启龙　郝庆军　刘　璐　康　雷　李莉莉　陈素屏　马廷林　董　飞
袁秀霞　韩荣荟　黄志新　彭炳林　董　迪　刘　韬　赵金兰

前言
FOREWORD

继党的十八大提出“大力推进生态文明建设”和“推进城镇化”的要求，十九大又提出了“推进绿色发展”的理念，大力发展生态城市建设成为贯彻习近平生态文明思想的重要举措。绿色建筑是生态城市的根基，2020年7月15日，住房城乡建设部、国家发展改革委、教育部、工业和信息化部、人民银行、国管局、银保监会联合印发了《绿色建筑创建行动方案》（建标〔2020〕65号），要求到2022年，当年城镇新建建筑中绿色建筑面积占比达到70%。

绿色建筑选用绿色建材是业内共识，绿色建材是绿色建筑各项功能实现的重要支撑，承载着节能、节水、节材和保障室内环境等重要作用，对建筑材料的选用很大程度上决定了建筑的绿色程度。绿色建材是绿色建筑发展不可或缺的材料，也是建材工业推进结构调整、技术进步和节能减排的着力点。因此，《绿色建筑行动方案》中明确提出“大力发展绿色建材”，并要求“建立绿色建材认证制度，编制绿色建材产品目录，引导规范市场消费”。

中国建材检验认证集团股份有限公司（以下简称CTC）从“十五”开始，承担多项国家级科研项目，对绿色建材的评价方法以及绿色建筑选用产品的技术标准进行深入研究。在上述工作基础上，CTC分别受住房城乡建设部、工业和信息化部的委托，进行绿色建材评价技术的研究与绿色建材评价技术导则的制订。

为促进绿色建材行业发展，引导绿色建筑选用绿色建材，国家建筑材料测试中心经国家工商行政管理总局商标局注册了“绿色建筑选用产品”证明商标。该证明商标是用于证明建材产品的性能符合绿色建筑功能需求的标志，受法律保护。每年获得“绿色建筑选用产品”证明商标的企业产品将入编《绿色建筑选用产品导向目录》。

《2019—2020绿色建筑选用产品导向目录》包括绿色建筑与绿色建材相关政策、证明商标管理办法以及2019—2020年度通过认定的二百余项绿色建筑选用产品，分别按照节能、节水、节材和环保分章节予以介绍。《2019—2020绿色建筑选用产品导向目录》将引领国内绿色建筑的建设模式，搭建绿色建筑与绿色建材的桥梁。该书旨在为建筑设计师、开发商、供应商提供绿色建筑选材指导，通过多种渠道向开发商和建筑师介绍建筑材料新产品、新功能、新应用，将优秀的企业和产品提供给绿色建筑开发商、设计师和建筑师，凸显产品高端优势，对于推动行业发展，提高行业、企业的社会知名度，增强优秀企业的市场竞争能力，具有积极的作用。

目录

CONTENTS

1 政策法规

2 特别报道

3 标准化工作

4 绿色评价·认证服务

5 入选产品技术资料

6 企业索引

政策法规
ZHENGCEFAGU

中华人民共和国商标法（2019修正）（节选）

第三条 经商标局核准注册的商标为注册商标，包括商品商标、服务商标和集体商标、证明商标；商标注册人享有商标专用权，受法律保护。

本法所称集体商标，是指以团体、协会或者其他组织名义注册，供该组织成员在商事活动中使用，以表明使用者在该组织中的成员资格的标志。

本法所称证明商标，是指由对某种商品或者服务具有监督能力的组织所控制，而由该组织以外的单位或者个人使用于其商品或者服务，用以证明该商品或者服务的原产地、原料、制造方法、质量或者其他特定品质的标志。

集体商标、证明商标注册和管理的特殊事项，由国务院工商行政管理部门规定。

中华人民共和国国家工商行政管理总局令

第6号

《集体商标、证明商标注册和管理办法》已经中华人民共和国国家工商行政管理总局局务会议审议通过，现予发布，自2003年6月1日起施行。

局　长　王众孚

二〇〇三年四月十七日

集体商标、证明商标注册和管理办法

第一条 根据《中华人民共和国商标法》（以下简称商标法）第三条的规定，制定本办法。

第二条 集体商标、证明商标的注册和管理，依照商标法、《中华人民共和国商标法实施条例》（以下简称实施条例）和本办法的有关规定进行。

第三条 本办法有关商品的规定，适用于服务。

第四条 申请集体商标注册的，应当附送主体资格证明文件并应当详细说明该集体组织成员的名称和地址；以地理标志作为集体商标申请注册的，应当附送主体资格证明文件并应当详细说明其所具有的或者其委托的机构具有的专业技术人员、专业检测设备等情况，以表明其具有监督使用该地理标志商品的特定品质的能力。

申请以地理标志作为集体商标注册的团体、协会或者其他组织，应当由来自该地理标志标示的地区范围内的成员组成。

第五条 申请证明商标注册的，应当附送主体资格证明文件并应当详细说明其所具有的或者其委托的机构具有的专业技术人员、专业检测设备等情况，以表明其具有监督该证明商标所证明的特定商品品质的能力。

第六条 申请以地理标志作为集体商标、证明商标注册的，还应当附送管辖该地理标志所标示地区的人民政府或者行业主管部门的批准文件。

外国人或者外国企业申请以地理标志作为集体商标、证明商标注册的，申请人应当提供该地理标志以其名义在其原属国受法律保护的证明。

第七条 以地理标志作为集体商标、证明商标注册的，应当在申请书件中说明下列内容：

（一）该地理标志所标示的商品的特定质量、信誉或者其他特征；

（二）该商品的特定质量、信誉或者其他特征与该地理标志所标示的地区的自然因素和人文因素的关系；

（三）该地理标志所标示的地区的范围。

第八条 作为集体商标、证明商标申请注册的地理标志，可以是该地理标志标示地区的名称，也可以是能够标示某商品来源于该地区的其他可视性标志。

前款所称地区无需与该地区的现行行政区划名称、范围完全一致。

第九条 多个葡萄酒地理标志构成同音字或者同形字的，在这些地理标志能够彼此区分且不误导公众的情况下，每个地理标志都可以作为集体商标或者证明商标申请注册。

第十条 集体商标的使用管理规则应当包括：

（一）使用集体商标的宗旨；

（二）使用该集体商标的商品的品质；

（三）使用该集体商标的手续；

（四）使用该集体商标的权利、义务；

（五）成员违反其使用管理规则应当承担的责任；

（六）注册人对使用该集体商标商品的检验监督制度。

第十一条 证明商标的使用管理规则应当包括：

（一）使用证明商标的宗旨；

（二）该证明商标证明的商品的特定品质；

（三）使用该证明商标的条件；

（四）使用该证明商标的手续；

（五）使用该证明商标的权利、义务；

（六）使用人违反该使用管理规则应当承担的责任；

（七）注册人对使用该证明商标商品的检验监督制度。

第十二条 使用他人作为集体商标、证明商标注册的葡萄酒、烈性酒地理标志标示并非来源于该地理标志所标示地区的葡萄酒、烈性酒，即使同时标出了商品的真正来源地，或者使用的是翻译文字，或者伴有诸如某某“种”、某某“型”、某某“式”、某某“类”等表述的，适用商标法第十六条的规定。

第十三条 集体商标、证明商标的初步审定公告的内容，应当包括该商标的使用管理规则的全文或者摘要。

集体商标、证明商标注册人对使用管理规则的任何修改，应报经商标局审查核准，并自公告之日起生效。

第十四条 集体商标注册人的成员发生变化的，注册人应当向商标局申请变更注册事项，由商标局公告。

第十五条 证明商标注册人准许他人使用其商标的，注册人应当在一年内报商标局备案，由商标局公告。

第十六条 申请转让集体商标、证明商标的，受让人应当具备相应的主体资格，并符合商标法、实施条例和本办法的规定。

集体商标、证明商标发生移转的，权利继受人应当具备相应的主体资格，并符合商标法、实施条例和本办法的规定。

第十七条 集体商标注册人的集体成员，在履行该集体商标使用管理规则规定的手续后，可以使用该集体商标。

集体商标不得许可非集体成员使用。

第十八条 凡符合证明商标使用管理规则规定条件的，在履行该证明商标使用管理规则规定的手续后，可以使用该证明商标，注册人不得拒绝办理手续。

实施条例第六条第二款中的正当使用该地理标志是指正当使用该地理标志中的地名。

第十九条 使用集体商标的，注册人应发给使用人《集体商标使用证》；使用证明商标的，注册人应发给使用人《证明商标使用证》。

第二十条 证明商标的注册人不得在自己提供的商品上使用该证明商标。

第二十一条 集体商标、证明商标注册人没有对该商标的使用进行有效管理或者控制，致使该商标使用的商品达不到其使用管理规则的要求，对消费者造成损害的，由工商行政管理部门责令限期改正；拒不改正的，处以违法所得 3 倍以下的罚款，但最高不超过 3 万元；没有违法所得的，处以 1 万元以下的罚款。

第二十二条 违反实施条例第六条、本办法第十四条、第十五条、第十七条、第十八条、第二十条规定的，由工商行政管理部门责令限期改正；拒不改正的，处以违法所得 3 倍以下的罚款，但最高不超过 3 万元；没有违法所得的，处以 1 万元以下的罚款。

第二十三条 本办法自 2003 年 6 月 1 日起施行。国家工商行政管理局 1994 年 12 月 30 日发布的《集体商标、证明商标注册和管理办法》同时废止。

中共中央　国务院印发《国家新型城镇化规划（2014—2020年）》（节选）

第五章　发展目标

——城镇化水平和质量稳步提升。城镇化健康有序发展，常住人口城镇化率达到60%左右，户籍人口城镇化率达到45%左右，户籍人口城镇化率与常住人口城镇化率差距缩小2个百分点左右，努力实现1亿左右农业转移人口和其他常住人口在城镇落户。

——城镇化格局更加优化。“两横三纵”为主体的城镇化战略格局基本形成，城市群集聚经济、人口能力明显增强，东部地区城市群一体化水平和国际竞争力明显提高，中西部地区城市群成为推动区域协调发展的新的重要增长极。城市规模结构更加完善，中心城市辐射带动作用更加突出，中小城市数量增加，小城镇服务功能增强。

——城市发展模式科学合理。密度较高、功能混用和公交导向的集约紧凑型开发模式成为主导，人均城市建设用地严格控制在100平方米以内，建成区人口密度逐步提高。**绿色生产、绿色消费成为城市经济生活的主流，节能节水产品、再生利用产品和绿色建筑比例大幅提高。**城市地下管网覆盖率明显提高。

——城市生活和谐宜人。稳步推进义务教育、就业服务、基本养老、基本医疗卫生、保障性住房等城镇基本公共服务覆盖全部常住人口，基础设施和公共服务设施更加完善，消费环境更加便利，生态环境明显改善，空气质量逐步好转，饮用水安全得到保障。自然景观和文化特色得到有效保护，城市发展个性化，城市管理人性化、智能化。

——城镇化体制机制不断完善。户籍管理、土地管理、社会保障、财税金融、行政管理、生态环境等制度改革取得重大进展，阻碍城镇化健康发展的体制机制障碍基本消除。

第十八章　推动新型城市建设

顺应现代城市发展新理念新趋势，推动城市绿色发展，提高智能化水平，增强历史文化魅力，全面提升城市内在品质。

第一节　加快绿色城市建设

将生态文明理念全面融入城市发展，构建绿色生产方式、生活方式和消费模式。严格控制高耗能、高排放行业发展。节约集约利用土地、水和能源等资源，促进资源循环利用，控制总量，提高效率。加快建设可再生能源体系，推动分布式太阳能、风能、生物质能、地热能多元化、规模化应用，提高新能源和可再生能源利用比例。**实施绿色建筑行动计划，完善绿色建筑标准及认证体系、扩大强制执行范围，加快既有建筑节能改造，大力发展绿色建材，强力推进建筑工业化。**合理控制机动车保有量，加快新能源汽车推广应用，改善步行、自行车出行条件，倡导绿色出行。实施大气污染防治行动计划，开展区域联防联控联治，改善城市空气质量。完善废旧商品回收体系和垃圾分类处理系统，加强城市固体废弃物循环利用和无害化处置。合理划定生态保护红线，扩大城市生态空间，增加森林、湖泊、湿地面积，将农村废弃地、其他污染土地、工矿用地转化为生态用地，在城镇化地区合理建设绿色生态廊道。

国务院关于印发《中国制造 2025》的通知

国发〔2015〕28 号

各省、自治区、直辖市人民政府，国务院各部委、各直属机构：

现将《中国制造 2025》印发给你们，请认真贯彻执行。

国务院

2015 年 5 月 8 日

中国制造 2025（节选）

二、战略方针和目标

（一）指导思想

全面贯彻党的十八大和十八届二中、三中、四中全会精神，坚持走中国特色新型工业化道路，以促进制造业创新发展为主题，以提质增效为中心，以加快新一代信息技术与制造业深度融合为主线，以推进智能制造为主攻方向，以满足经济社会发展和国防建设对重大技术装备的需求为目标，强化工业基础能力，提高综合集成水平，完善多层次多类型人才培养体系，促进产业转型升级，培育有中国特色的制造文化，实现制造业由大变强的历史跨越。基本方针是：

——创新驱动。坚持把创新摆在制造业发展全局的核心位置，完善有利于创新的制度环境，推动跨领域跨行业协同创新，突破一批重点领域关键共性技术，促进制造业数字化网络化智能化，走创新驱动的发展道路。

——质量为先。坚持把质量作为建设制造强国的生命线，强化企业质量主体责任，加强质量技术攻关、自主品牌培育。建设法规标准体系、质量监管体系、先进质量文化，营造诚信经营的市场环境，走以质取胜的发展道路。

——绿色发展。坚持把可持续发展作为建设制造强国的重要着力点，加强节能环保技术、工艺、装备推广应用，全面推行清洁生产。发展循环经济，提高资源回收利用效率，构建绿色制造体系，走生态文明的发展道路。

——结构优化。坚持把结构调整作为建设制造强国的关键环节，大力发展先进制造业，改造提升传统产业，推动生产型制造向服务型制造转变。优化产业空间布局，培育一批具有核心竞争力的产业集群和企业群体，走提质增效的发展道路。

——人才为本。坚持把人才作为建设制造强国的根本，建立健全科学合理的选人、用人、育人机制，加快培养制造业发展急需的专业技术人才、经营管理人才、技能人才。营造大众创业、万众创新的氛围，建设一支素质优良、结构合理的制造业人才队伍，走人才引领的发展道路。

（二）基本原则

市场主导，政府引导。全面深化改革，充分发挥市场在资源配置中的决定性作用，强化企业主体地位，激发企业活力和创造力。积极转变政府职能，加强战略研究和规划引导，完善相关支持政策，为企业发展创造良好环境。

立足当前，着眼长远。针对制约制造业发展的瓶颈和薄弱环节，加快转型升级和提质增效，切实提高制造业的核心竞争力和可持续发展能力。准确把握新一轮科技革命和产业变革趋势，加强战略谋划和前瞻部署，扎扎实实打基础，在未来竞争中占据制高点。

整体推进，重点突破。坚持制造业发展全国一盘棋和分类指导相结合，统筹规划，合理布局，明确创新发展方向，促进军民融合深度发展，加快推动制造业整体水平提升。围绕经济社会发展和国家安全重大需求，整合资源，突出重点，实施若干重大工程，实现率先突破。

自主发展，开放合作。在关系国计民生和产业安全的基础性、战略性、全局性领域，着力掌握关键核心技术，完善产业链条，形成自主发展能力。继续扩大开放，积极利用全球资源和市场，加强产业全球布局和国际交流合作，形成新的比较优势，提升制造业开放发展水平。

（三）战略目标

立足国情，立足现实，力争通过“三步走”实现制造强国的战略目标。

第一步：力争用十年时间，迈入制造强国行列。

到 2020 年，基本实现工业化，制造业大国地位进一步巩固，制造业信息化水平大幅提升。掌握一批重点领域关键核心技术，优势领域竞争力进一步增强，产品质量有较大提高。制造业数字化、网络化、智能化取得明显进展。**重点行业单位工业增加值能耗、物耗及污染物排放明显下降。**

到 2025 年，制造业整体素质大幅提升，创新能力显著增强，全员劳动生产率明显提高，两化（工业化和信息化）融合迈上新台阶。重点行业单位工业增加值能耗、物耗及污染物排放达到世界先进水平。形成一批具有较强国际竞争力的跨国公司和产业集群，在全球产业分工和价值链中的地位明显提升。

第二步：到 2035 年，我国制造业整体达到世界制造强国阵营中等水平。创新能力大幅提升，重点领域发展取得重大突破，整体竞争力明显增强，优势行业形成全球创新引领能力，全面实现工业化。

第三步：新中国成立一百年时，制造业大国地位更加巩固，综合实力进入世界制造强国前列。制造业主要领域具有创新引领能力和明显竞争优势，建成全球领先的技术体系和产业体系。

2020 年和 2025 年制造业主要指标

类别	指　　标	2013 年	2015 年	2020 年	2025 年
创新能力	规模以上制造业研发经费内部支出占主营业务收入比重（%）	0.88	0.95	1.26	1.68
	规模以上制造业每亿元主营业务收入有效发明专利数（件）	0.36	0.44	0.70	1.10
质量效益	制造业质量竞争力指数	83.1	83.5	84.5	85.5
	制造业增加值率提高	—	—	比 2015 年提高 2 个百分点	比 2015 年提高 4 个百分点
	制造业全员劳动生产率增速（%）	—	—	7.5 左右（“十三五”期间年均增速）	6.5 左右（“十四五”期间年均增速）
两化融合	宽带普及率（%）	37	50	70	82
	数字化研发设计工具普及率（%）	52	58	72	84
	关键工序数控化率（%）	27	33	50	64
绿色发展	规模以上单位工业增加值能耗下降幅度	—	—	比 2015 年下降 18%	比 2015 年下降 34%
	单位工业增加值二氧化碳排放量下降幅度	—	—	比 2015 年下降 22%	比 2015 年下降 40%
	单位工业增加值用水量下降幅度	—	—	比 2015 年下降 23%	比 2015 年下降 41%
	工业固体废物综合利用率（%）	62	65	73	79

三、战略任务和重点

实现制造强国的战略目标，必须坚持问题导向，统筹谋划，突出重点；必须凝聚全社会共识，加快制造业转型升级，全面提高发展质量和核心竞争力。

（五）全面推行绿色制造

加大先进节能环保技术、工艺和装备的研发力度，加快制造业绿色改造升级；积极推行低碳化、循环化和集约化，提高制造业资源利用效率；**强化**

产品全生命周期绿色管理，努力构建高效、清洁、低碳、循环的绿色制造体系。

加快制造业绿色改造升级。全面推进钢铁、有色、化工、建材、轻工、印染等传统制造业绿色改造，大力研发推广余热余压回收、水循环利用、重金属污染减量化、有毒有害原料替代、废渣资源化、脱硫脱硝除尘等绿色工艺技术装备，加快应用清洁高效铸造、锻压、焊接、表面处理、切削等加工工艺，实现绿色生产。加强绿色产品研发应用，推广轻量化、低功耗、易回收等技术工艺，持续提升电机、锅炉、内燃机及电器等终端用能产品能效水平，加快淘汰落后机电产品和技术。**积极引领新兴产业高起点绿色发展，大幅降低电子信息产品生产、使用能耗及限用物质含量，建设绿色数据中心和绿色基站，大力促进新材料、新能源、高端装备、生物产业绿色低碳发展。**

推进资源高效循环利用。支持企业强化技术创新和管理，增强绿色精益制造能力，大幅降低能耗、物耗和水耗水平。持续提高绿色低碳能源使用比率，开展工业园区和企业分布式绿色智能微电网建设，控制和削减化石能源消费量。全面推行循环生产方式，促进企业、园区、行业间链接共生、原料互供、资源共享。推进资源再生利用产业规范化、规模化发展，强化技术装备支撑，提高大宗工业固体废弃物、废旧金属、废弃电器电子产品等综合利用水平。大力发展再制造产业，实施高端再制造、智能再制造、在役再制造，推进产品认定，促进再制造产业持续健康发展。

积极构建绿色制造体系。支持企业开发绿色产品，推行生态设计，显著提升产品节能环保低碳水平，引导绿色生产和绿色消费。建设绿色工厂，实现厂房集约化、原料无害化、生产洁净化、废物资源化、能源低碳化。发展绿色园区，推进工业园区产业耦合，实现近零排放。**打造绿色供应链**，加快建立以资源节约、环境友好为导向的采购、生产、营销、回收及物流体系，落实生产者责任延伸制度。壮大绿色企业，支持企业实施绿色战略、**绿色标准**、绿色管理和绿色生产。强化绿色监管，健全节能环保法规、标准体系，加强节能环保监察，**推行企业社会责任报告制度，开展绿色评价。**

专栏 4　绿色制造工程
组织实施传统制造业能效提升、清洁生产、节水治污、循环利用等专项技术改造。开展重大节能环保、资源综合利用、再制造、低碳技术产业化示范。实施重点区域、流域、行业清洁生产水平提升计划，扎实推进大气、水、土壤污染源头防治专项。制定绿色产品、绿色工厂、绿色园区、绿色企业标准体系，开展绿色评价。 到 2020 年，建成千家绿色示范工厂和百家绿色示范园区，部分重化工行业能源资源消耗出现拐点，重点行业主要污染物排放强度下降 20%。到 2025 年，制造业绿色发展和主要产品单耗达到世界先进水平，绿色制造体系基本建立。

四、战略支撑与保障

建设制造强国，必须发挥制度优势，动员各方面力量，进一步深化改革，完善政策措施，建立灵活高效的实施机制，营造良好环境；必须培育创新文化和中国特色制造文化，推动制造业由大变强。

（一）深化体制机制改革

全面推进依法行政，加快转变政府职能，创新政府管理方式，加强制造业发展战略、规划、政策、标准等制定和实施，强化行业自律和公共服务能力建设，提高产业治理水平。简政放权，深化行政审批制度改革，规范审批事项，简化程序，明确时限；适时修订政府核准的投资项目目录，落实企业投资主体地位。完善政产学研用协同创新机制，改革技术创新管理体制机制和项目经费分配、成果评价和转化机制，促进科技成果资本化、产业化，激发制造业创新活力。加快生产要素价格市场化改革，完善主要由市场决定价格的机制，合理配置公共资源；**推行节能量、碳排放权、排污权、水权交易制度改革，加快资源税从价计征，推动环境保护费改税。**深化国有企业改革，完善公司治理结构，有序发展混合所有制经济，进一步破除各种形式的行业垄断，取消对非公有制经济的不合理限制。稳步推进国防科技工业改革，推动军民融合深度发展。健全产业安全审查机制和法规体系，加强关系国民经济命脉和国家安全的制造业重要领域投融资、并购重组、招标采购等方面的安全审查。

住房城乡建设部关于印发
建筑业发展“十三五”规划的通知（节选）

建市〔2017〕98号

各省、自治区住房城乡建设厅，直辖市建委，北京市规划国土委，新疆生产建设兵团建设局，国务院有关部门建设司（局），有关中央企业，有关行业协会：

为指导和促进“十三五”时期建筑业持续健康发展，根据《中华人民共和国国民经济和社会发展第十三个五年规划纲要》《国务院办公厅关于促进建筑业持续健康发展的意见》（国办发〔2017〕19号）和《住房城乡建设事业“十三五”规划纲要》，我部组织编制了《建筑业发展“十三五”规划》，现印发给你们。请结合实际，认真贯彻落实。

中华人民共和国住房和城乡建设部
2017年4月26日

（三）推进建筑节能与绿色建筑发展

提高建筑节能水平。推动北方采暖地区城镇新建居住建筑普遍执行节能75%的强制性标准。政府投资办公建筑、学校、医院、文化等公益性公共建筑、保障性住房要率先执行绿色建筑标准，鼓励有条件地区全面执行绿色建筑标准。加强建筑设计方案审查和施工图审查，确保新建建筑达到建筑节能要求。夏热冬冷、夏热冬暖地区探索实行比现行标准更高节能水平的标准。积极开展超低能耗或近零能耗建筑示范。大力发展绿色建筑，从使用材料、工艺等方面促进建筑的绿色建造、品质升级。制定新建建筑全装修交付的鼓励政策，提高新建住宅全装修成品交付比例，为用户提供标准化、高品质服务。持续推进既有居住建筑节能改造，不断强化公共建筑节能管理，深入推进可再生能源建筑应用。

推广建筑节能技术。组织可再生能源、新型墙材和外墙保温、高效节能门窗的研发。加快成熟建筑节能及绿色建筑技术向标准的转化。加快推进绿色建筑、绿色建材评价标识制度。建立全国绿色建筑和绿色建材评价标识管理信息平台。开展绿色建造材料、工艺、技术、产品的独立和整合评价，加强绿色建造技术、材料等的技术整合，推荐整体评价的绿色建筑产品体系。选取典型地区和工程项目，开展绿色建材产业基地和工程应用试点示范。

推进绿色建筑规模化发展。制定完善绿色规划、绿色设计、绿色施工、绿色运营等有关标准规范和评价体系。出台绿色生态城区评价标准、生态城市规划技术准则，引导城市绿色低碳循环发展。大力发展和使用绿色建材，充分利用可再生能源，提升绿色建筑品质。加快建造工艺绿色化革新，提升建造过程管理水平，控制施工过程水、土、声、光、气污染。推动建筑废弃物的高效处理与再利用，实现工程建设全过程低碳环保、节能减排。

完善监督管理机制。切实履行建筑节能减排监管责任，构建建筑全生命期节能监管体系，加强对工程建设全过程执行节能标准的监管和稽查。建立规范的能效数据统计报告制度。严格明令淘汰建筑材料、工艺、部品部件的使用执法，保证节能减排标准执行到位。

中共中央　国务院
关于开展质量提升行动的指导意见
（2017年9月5日）

提高供给质量是供给侧结构性改革的主攻方向，全面提高产品和服务质量是提升供给体系的中心任务。经过长期不懈努力，我国质量总体水平稳步提升，质量安全形势稳定向好，有力支撑了经济社会发展。但也要看到，我国经济发展的传统优势正在减弱，实体经济结构性供需失衡矛盾和问题突出，特别是中高端产品和服务有效供给不足，迫切需要下最大气力抓全面提高质量，推动我国经济发展进入质量时代。现就开展质量提升行动提出如下意见。

一、总体要求

（一）指导思想

全面贯彻党的十八大和十八届三中、四中、五中、六中全会精神，深入贯彻习近平总书记系列重要讲话精神和治国理政新理念新思想新战略，牢固树立和贯彻落实新发展理念，紧紧围绕统筹推进“五位一体”总体布局和协调推进“四个全面”战略布局，认真落实党中央、国务院决策部署，以提高发展质量和效益为中心，将质量强国战略放在更加突出的位置，开展质量提升行动，加强全面质量监管，全面提升质量水平，加快培育国际竞争新优势，为实现“两个一百年”奋斗目标奠定质量基础。

（二）基本原则

——坚持以质量第一为价值导向。牢固树立质量第一的强烈意识，坚持优质发展、以质取胜，更加注重以质量提升减轻经济下行和安全监管压力，真正形成各级党委和政府重视质量、企业追求质量、社会崇尚质量、人人关心质量的良好氛围。

——坚持以满足人民群众需求和增强国家综合实力为根本目的。把增进民生福祉、满足人民群众质量需求作为提高供给质量的出发点和落脚点，促进质量发展成果全民共享，增强人民群众的质量获得感。持续提高产品、工程、服务的质量水平、质量层次和品牌影响力，推动我国产业价值链从低端向中高端延伸，更深更广融入全球供给体系。

——坚持以企业为质量提升主体。加强全面质量管理，推广应用先进质量管理方法，提高全员全过程全方位质量控制水平。弘扬企业家精神和工匠精神，提高决策者、经营者、管理者、生产者质量意识和质量素养，打造质量标杆企业，加强品牌建设，推动企业质量管理水平和核心竞争力提高。

——坚持以改革创新为根本途径。深入实施创新驱动发展战略，发挥市场在资源配置中的决定性作用，积极引导推动各种创新要素向产品和服务的供给端集聚，提升质量创新能力，以新技术新业态改造提升产业质量和发展水平。推动创新群体从以科技人员的小众为主向小众与大众创新创业互动转变，推动技术创新、标准研制和产业化协调发展，用先进标准引领产品、工程和服务质量提升。

（三）主要目标

到2020年，供给质量明显改善，供给体系更有效率，建设质量强国取得明显成效，质量总体水平显著提升，质量对提高全要素生产率和促进经济发展的贡献进一步增强，更好满足人民群众不断升级的消费需求。

——产品、工程和服务质量明显提升。质量突出问题得到有效治理，智能化、消费友好的中高端产品供给大幅增加，高附加值和优质服务供给比重进一步提升，中国制造、中国建造、中国服务、中国品牌国际竞争力显著增强。

——产业发展质量稳步提高。企业质量管理水平大幅提升，传统优势产业实现价值链升级，战略性新兴产业的质量效益特征更加明显，服务业提质增效进一步加快，以技术、技能、知识等为要素的质量竞争型产业规模显著扩大，形成一批质量效益一流的世界级产业集群。

——区域质量水平整体跃升。区域主体功能定位和产业布局更加合理，区域特色资源、环境容量和产业基础等资源优势充分利用，产业梯度转移和质量升级同步推进，区域经济呈现互联互通和差异化发展格局，涌现出一批特色小镇和区域质量品牌。

——国家质量基础设施效能充分释放。计量、标准、检验检测、认证认可等国家质量基础设施系统完整、高效运行，技术水平和服务能力进一步增强，国际竞争力明显提升，对科技进步、产业升级、社会治理、对外交往的支撑更加有力。

二、全面提升产品、工程和服务质量

（四）增加农产品、食品药品优质供给

健全农产品质量标准体系，实施农业标准化生产和良好农业规范。加快高标准农田建设，加大耕地质量保护和土壤修复力度。推行种养殖清洁生产，强化农业投入品监管，严格规范农药、抗生素、激素类药物和化肥使用。完善进口食品安全治理体系，推进出口食品农产品质量安全示范区建设。开展出口农产品品牌建设专项推进行动，提升出口农产品质量，带动提升内销农产品质量。引进优质农产品和种质资源。大力发展农产品初加工和精深加工，提高绿色产品供给比重，提升农产品附加值。

完善食品药品安全监管体制，增强统一性、专业性、权威性，为食品药品安全提供组织和制度保障。继续推动食品安全标准与国际标准对接，加快提升营养健康标准水平。推进传统主食工业化、标准化生产。促进奶业优质安全发展。发展方便食品、速冻食品等现代食品产业。实施药品、医疗器械标准提高行动计划，全面提升药物质量水平，提高中药质量稳定性和可控性。推进仿制药质量和疗效一致性评价。

（五）促进消费品提质升级

加快消费品标准和质量提升，推动消费品工业增品种、提品质、创品牌，支撑民众消费升级需求。推动企业发展个性定制、规模定制、高端定制，推动产品供给向“产品＋服务”转变、向中高端迈进。推动家用电器高端化、绿色化、智能化发展，改善空气净化器等新兴家电产品的功能和消费体验，优化电饭锅等小家电产品的外观和功能设计。强化智能手机、可穿戴设备、新型视听产品的信息安全、隐私保护，提高关键元器件制造能力。巩固纺织服装鞋帽、皮革箱包等传统产业的优势地位。培育壮大民族日化产业。提高儿童用品安全性、趣味性，加大“银发经济”群体和失能群体产品供给。大力发展民族传统文化产品，推动文教体育休闲用品多样化发展。

（六）提升装备制造竞争力

加快装备制造业标准化和质量提升，提高关键领域核心竞争力。实施工业强基工程，提高核心基础零部件（元器件）、关键基础材料产品性能，推广应用先进制造工艺，加强计量测试技术研究和应用。发展智能制造，提高工业机器人、高档数控机床的加工精度和精度保持能力，提升自动化生产线、数字化车间的生产过程智能化水平。推行绿色制造，推广清洁高效生产工艺，降低产品制造能耗、物耗和水耗，提升终端用能产品能效、水效。加快提升国产大飞机、高铁、核电、工程机械、特种设备等中国装备的质量竞争力。

（七）提升原材料供给水平

鼓励矿产资源综合勘查、评价、开发和利用，推进绿色矿山和绿色矿业发展示范区建设。提高煤炭洗选加工比例。提升油品供给质量。加快高端材料创新，提高质量稳定性，形成高性能、功能化、差别化的先进基础材料供给能力。加快钢铁、水泥、电解铝、平板玻璃、焦炭等传统产业转型升级。推动稀土、石墨等特色资源高质化利用，促进高强轻合金、高性能纤维等关键战略材料性能和品质提升，加强石墨烯、智能仿生材料等前沿新材料布局，逐步进入全球高端制造业采购体系。

（八）提升建设工程质量水平

确保重大工程建设质量和运行管理质量，建设百年工程。高质量建设和改造城乡道路交通设施、供热供水设施、排水与污水处理设施。加快海绵城市建设和地下综合管廊建设。规范重大项目基本建设程序，坚持科学论证、科学决策，加强重大工程的投资咨询、建设监理、设备监理，保障工程项目投资效益和重大设备质量。全面落实工程参建各方主体质量责任，强化建设单位首要责任和勘察、设计、施工单位主体责任。加快推进工程质量管理标准化，提高工程项目管理水平。加强工程质量检测管理，严厉打击出具虚假报告等行为。健全工程质量监督管理机制，强化工程建设全过程质量监管。因地制宜提高建筑节能标准。完善绿色建材标准，促进绿色建材生产和应用。大力发展装配式建筑，提高建筑装修部品部件的质量和安全性能。推进绿色生态小区建设。

（九）推动服务业提质增效

提高生活性服务业品质。完善以居家为基础、社区为依托、机构为补充、医养相结合的多层次、智能化养老服务体系。鼓励家政企业创建服务品牌。发展大众化餐饮，引导餐饮企业建立集中采购、统一配送、规范化生产、连锁化经营的生产模式。实施旅游服务质量提升计划，显著改善旅游市场秩序。推广实施优质服务承诺标识和管理制度，培育知名服务品牌。

促进生产性服务业专业化发展。加强运输安全保障能力建设，推进铁路、公路、水路、民航等多式联运发展，提升服务质量。提高物流全链条服务质量，增强物流服务时效，加强物流标准化建设，提升冷链物流水平。推进电子商务规制创新，加强电子商务产业载体、物流体系、人才体系建设，不断提升电子商务服务质量。支持发展工业设计、计量测试、标准试验验证、检验检测认证等高技术服务业。提升银行服务、保险服务的标准化程度和服务质量。加快知识产权服务体系建设。提高律师、公证、法律援助、司法鉴定、基层法律服务等法律服务水平。开展国家新型优质服务业集群建设试点，支撑引领三次产业向中高端迈进。

（十）提升社会治理和公共服务水平

推广“互联网＋政务服务”，加快推进行政审批标准化建设，优化服务流程，简化办事环节，提高行政效能。提升城市治理水平，推进城市精细化、规范化管理。促进义务教育优质均衡发展，扩大普惠性学前教育和优质职业教育供给，促进和规范民办教育。健全覆盖城乡的公共就业创业服务体系。加强职业技能培训，推动实现比较充分和更高质量就业。提升社会救助、社会福利、优抚安置等保障水平。

提升优质公共服务供给能力。稳步推进进一步改善医疗服务行动计划。建立健全医疗纠纷预防调解机制，构建和谐医患关系。鼓励创造优秀文化服务产品，推动文化服务产品数字化、网络化。提高供电、供气、供热、供水服务质量和安全保障水平，创新人民群众满意的服务供给。开展公共服务质量监测和结果通报，引导提升公共服务质量水平。

（十一）加快对外贸易优化升级

加快外贸发展方式转变，培育以技术、标准、品牌、质量、服务为核心的对外经济新优势。鼓励高技术含量和高附加值项目维修、咨询、检验检测等服务出口，促进服务贸易与货物贸易紧密结合、联动发展。推动出口商品质量安全示范区建设。完善进出口商品质量安全风险预警和快速反应监管体系。促进“一带一路”沿线国家和地区、主要贸易国家和地区质量国际合作。

三、破除质量提升瓶颈

（十二）实施质量攻关工程

围绕重点产品、重点行业开展质量状况调查，组织质量比对和会商会诊，找准比较优势、行业通病和质量短板，研究制定质量问题解决方案。加强与国际优质产品的质量比对，支持企业瞄准先进标杆实施技术改造。开展重点行业工艺优化行动，组织质量提升关键技术攻关，推动企业积极应用新技术、新工艺、新材料。加强可靠性设计、试验与验证技术开发应用，推广采用先进成型方法和加工方法、在线检测控制装置、智能化生产和物流系统及检测设备。实施国防科技工业质量可靠性专项行动计划，重点解决关键系统、关键产品质量难点问题，支撑重点武器装备质量水平提升。

（十三）加快标准提档升级

改革标准供给体系，推动消费品标准由生产型向消费型、服务型转变，加快培育发展团体标准。推动军民标准通用化建设，建立标准化军民融合长效机制。推进地方标准化综合改革。开展重点行业国内外标准比对，加快转化先进适用的国际标准，提升国内外标准一致性程度，推动我国优势、特色技术标准成为国际标准。建立健全技术、专利、标准协同机制，开展对标达标活动，鼓励、引领企业主动制定和实施先进标准。全面实施企业标准自我声明公开和监督制度，实施企业标准领跑者制度。大力推进内外销产品“同线同标同质”工程，逐步消除国内外市场产品质量差距。

（十四）激发质量创新活力

建立质量分级制度，倡导优质优价，引导、保护企业质量创新和质量提升的积极性。开展新产业、新动能标准领航工程，促进新旧动能转换。完善第三方质量评价体系，开展高端品质认证，推动质量评价由追求“合格率”向追求“满意度”跃升。鼓励企业开展质量提升小组活动，促进质量管理、质量技术、质量工作法创新。鼓励企业优化功能设计、模块化设计、外观设计、人体工效学设计，推行个性化定制、柔性化生产，提高产品扩展性、耐久性、舒适性等质量特性，满足绿色环保、可持续发展、消费友好等需求。鼓励以用户为中心的微创新，改善用户体验，激发消费潜能。

（十五）推进全面质量管理

发挥质量标杆企业和中央企业示范引领作用，加强全员、全方位、全过程质量管理，提质降本增效。推广现代企业管理制度，广泛开展质量风险分析与控制、质量成本管理、质量管理体系升级等活动，提高质量在线监测、在线控制和产品全生命周期质量追溯能力，推行精益生产、清洁生产等高效生产方式。鼓励各类市场主体整合生产组织全过程要素资源，纳入共同的质量管理、标准管理、供应链管理、合作研发管理等，促进协同制造和协同创新，实现质量水平整体提升。

（十六）加强全面质量监管

深化“放管服”改革，强化事中事后监管，严格按照法律法规从各个领域、各个环节加强对质量的全方位监管。做好新形势下加强打击侵犯知识产权和制售假冒伪劣商品工作，健全打击侵权假冒长效机制。促进行政执法与刑事司法衔接。加强跨区域和跨境执法协作。加强进口商品质量安全监管，严守国门质量安全底线。开展质量问题产品专项整治和区域集中整治，严厉查处质量违法行为。健全质量违法行为记录及公布制度，加大行政处罚等政府信息公开力度。严格落实汽车等产品的修理更换退货责任规定，探索建立第三方质量担保争议处理机制。完善产品伤害监测体系，提高产品安全、环保、可靠性等要求和标准。加大缺陷产品召回力度，扩大召回范围，健全缺陷产品召回行政监管和技术支撑体系，建立缺陷产品召回管理信息共享和部门协作机制。实施服务质量监测基础建设工程。建立责任明确、反应及时、处置高效的旅游市场综合监管机制，严厉打击扰乱旅游市场秩序的违法违规行为，规范旅游市场秩序，净化旅游消费环境。

（十七）着力打造中国品牌

培育壮大民族企业和知名品牌，引导企业提升产品和服务附加值，形成自己独有的比较优势。以产业集聚区、国家自主创新示范区、高新技术产业园区、国家新型工业化产业示范基地等为重点，开展区域品牌培育，创建质量提升示范区、知名品牌示范区。实施中国精品培育工程，加强对中华老字号、地理标志等品牌培育和保护，培育更多百年老店和民族品牌。建立和完善品牌建设、培育标准体系和评价体系，开展中国品牌价值评价活动，推动品牌评价国际标准化工作。开展“中国品牌日”活动，不断凝聚社会共识、营造良好氛围、搭建交流平台，提升中国品牌的知名度和美誉度。

（十八）推进质量全民共治

创新质量治理模式，注重社会各方参与，健全社会监督机制，推进以法治为基础的社会多元治理，构建市场主体自治、行业自律、社会监督、政府监管的质量共治格局。强化质量社会监督和舆论监督。建立完善质量信号传递反馈机制，鼓励消费者组织、行业协会、第三方机构等开展产品质量比较试验、综合评价、体验式调查，引导理性消费选择。

四、夯实国家质量基础设施

（十九）加快国家质量基础设施体系建设

构建国家现代先进测量体系。紧扣国家发展重大战略和经济建设重点领域的需求，建立、改造、提升一批国家计量基准，加快建立新一代高准确度、高稳定性量子计量基准，加强军民共用计量基础设施建设。完善国家量值传递溯源体系。加快制定一批计量技术规范，研制一批新型标准物质，推进社会公用计量标准升级换代。科学规划建设计量科技基础服务、产业计量测试体系、区域计量支撑体系。

加快国家标准体系建设。大力实施标准化战略，深化标准化工作改革，建立政府主导制定的标准与市场自主制定的标准协同发展、协调配套的新型标准体系。简化国家标准制定修订程序，加强标准化技术委员会管理，免费向社会公开强制性国家标准文本，推动免费向社会公开推荐性标准文本。建立标准实施信息反馈和评估机制，及时开展标准复审和维护更新。

完善国家合格评定体系。完善检验检测认证机构资质管理和能力认可制度，加强检验检测认证公共服务平台示范区、国家检验检测高技术服务业集聚区建设。提升战略性新兴产业检验检测认证支撑能力。建立全国统一的合格评定制度和监管体系，建立政府、行业、社会等多层次采信机制。健全进出口食品企业注册备案制度。加快建立统一的绿色产品标准、认证、标识体系。

（二十）深化国家质量基础设施融合发展

加强国家质量基础设施的统一建设、统一管理，推进信息共享和业务协同，保持中央、省、市、县四级国家质量基础设施的系统完整，加快形成国家质量基础设施体系。开展国家质量基础设施协同服务及应用示范基地建设，助推中小企业和产业集聚区全面加强质量提升。构建统筹协调、协同高效、系统完备的国家质量基础设施军民融合发展体系，增强对经济建设和国防建设的整体支撑能力。深度参与质量基础设施国际治理，积极参加国际规则制定和国际组织活动，推动计量、标准、合格评定等国际互认和境外推广应用，加快我国质量基础设施国际化步伐。

（二十一）提升公共技术服务能力

加快国家质检中心、国家产业计量测试中心、国家技术标准创新基地、国家检测重点实验室等公共技术服务平台建设，创新“互联网＋质量服务”模式，推进质量技术资源、信息资源、人才资源、设备设施向社会共享开放，开展一站式服务，为产业发展提供全生命周期的技术支持。加快培育产业计量测试、标准化服务、检验检测认证服务、品牌咨询等新兴质量服务业态，为大众创业、万众创新提供优质公共技术服务。加快与“一带一路”沿线国家和地区共建共享质量基础设施，推动互联互通。

（二十二）健全完善技术性贸易措施体系

加强对国外重大技术性贸易措施的跟踪、研判、预警、评议和应对，妥善化解贸易摩擦，帮助企业规避风险，切实维护企业合法权益。加强技术性贸易措施信息服务，建设一批研究评议基地，建立统一的国家技术性贸易措施公共信息和技术服务平台。利用技术性贸易措施，倒逼企业按照更高技术标准提升产品质量和产业层次，不断提高国际市场竞争力。建立贸易争端预警机制，积极主导、参与技术性贸易措施相关国际规则和标准的制定。

五、改革完善质量发展政策和制度

（二十三）加强质量制度建设

坚持促发展和保底线并重，加强质量促进的立法研究，强化对质量创新的鼓励、引导、保护。研究修订产品质量法，建立商品质量惩罚性赔偿制度。研究服务业质量管理、产品质量担保、缺陷产品召回等领域立法工作。改革工业产品生产许可证制度，全面清理工业产品生产许可证，加快向国际通行的产品认证制度转变。建立完善产品质量安全事故强制报告制度、产品质量安全风险监控及风险调查制度。建立健全产品损害赔偿、产品质量安全责任保险和社会帮扶并行发展的多元救济机制。加快推进质量诚信体系建设，完善质量守信联合激励和失信联合惩戒制度。

（二十四）加大财政金融扶持力度

完善质量发展经费多元筹集和保障机制，鼓励和引导更多资金投向质量攻关、质量创新、质量治理、质量基础设施建设。国家科技计划持续支持国家质量基础的共性技术研究和应用重点研发任务。实施好首台（套）重大技术装备保险补偿机制。构建质量增信融资体系，探索以质量综合竞争力为核心的质量增信融资制度，将质量水平、标准水平、品牌价值等纳入企业信用评价指标和贷款发放参考因素。加大产品质量保险推广力度，支持企业运用保险手段促进产品质量提升和新产品推广应用。

推动形成优质优价的政府采购机制。鼓励政府部门向社会力量购买优质服务。加强政府采购需求确定和采购活动组织管理，将质量、服务、安全等要求贯彻到采购文件制定、评审活动、采购合同签订全过程，形成保障质量和安全的政府采购机制。严格采购项目履约验收，切实把好产品和服务质量关。加强联合惩戒，依法限制严重质量违法失信企业参与政府采购活动。建立军民融合采购制度，吸纳扶持优质民口企业进入军事供应链体系，拓宽企业质量发展空间。

（二十五）健全质量人才教育培养体系

将质量教育纳入全民教育体系。加强中小学质量教育，开展质量主题实践活动。推进高等教育人才培养质量，加强质量相关学科、专业和课程建设。加强职业教育技术技能人才培养质量，推动企业和职业院校成为质量人才培养的主体，推广现代学徒制和企业新型学徒制。推动建立高等学校、科研院所、行业协会和企业共同参与的质量教育网络。实施企业质量素质提升工程，研究建立质量工程技术人员评价制度，全面提高企业经营管理者、一线员工的质量意识和水平。加强人才梯队建设，实施青年职业能力提升计划，完善技术技能人才培养培训工作体系，培育众多“中国工匠”。发挥各级工会组织和共青团组织作用，开展劳动和技能竞赛、青年质量提升示范岗创建、青年质量控制小组实践等活动。

（二十六）健全质量激励制度

完善国家质量激励政策，继续开展国家质量奖评选表彰，树立质量标杆，弘扬质量先进。加大对政府质量奖获奖企业在金融、信贷、项目投资等方面的支持力度。建立政府质量奖获奖企业和个人先进质量管理经验的长效宣传推广机制，形成中国特色质量管理模式和体系。研究制定技术技能人才激励办法，探索建立企业首席技师制度，降低职业技能型人才落户门槛。

六、切实加强组织领导

（二十七）实施质量强国战略

坚持以提高发展质量和效益为中心，加快建设质量强国。研究编制质量强国战略纲要，明确质量发展目标任务，统筹各方资源，推动中国制造向中国创造转变、中国速度向中国质量转变、中国产品向中国品牌转变。持续开展质量强省、质量强市、质量强县示范活动，走出一条中国特色质量发展道路。

（二十八）加强党对质量工作领导

健全质量工作体制机制，完善研究质量强国战略、分析质量发展形势、决定质量方针政策的工作机制，建立“党委领导、政府主导、部门联合、企业主责、社会参与”的质量工作格局。加强对质量发展的统筹规划和组织领导，建立健全领导体制和协调机制，统筹质量发展规划制定、质量强国建设、质量品牌发展、质量基础建设。地方各级党委和政府要将质量工作摆到重要议事日程，加强质量管理和队伍能力建设，认真落实质量工作责任制。强化市、县政府质量监管职责，构建统一权威的质量工作体制机制。

（二十九）狠抓督察考核

探索建立中央质量督察工作机制，强化政府质量工作考核，将质量工作考核结果作为各级党委和政府领导班子及有关领导干部综合考核评价的重要内容。以全要素生产率、质量竞争力指数、公共服务质量满意度等为重点，探索构建符合创新、协调、绿色、开放、共享发展理念的新型质量统计评价体系。健全质量统计分析制度，定期发布质量状况分析报告。

（三十）加强宣传动员

大力宣传党和国家质量工作方针政策，深入报道我国提升质量的丰富实践、重大成就、先进典型，讲好中国质量故事，推介中国质量品牌，塑造中国质量形象。将质量文化作为社会主义核心价值观教育的重要内容，加强质量公益宣传，提高全社会质量、诚信、责任意识，丰富质量文化内涵，促进质量文化传承发展。把质量发展纳入党校、行政学院和各类干部培训院校教学计划，让质量第一成为各级党委和政府的根本理念，成为领导干部工作责任，成为全社会、全民族的价值追求和时代精神。

各地区各部门要认真落实本意见精神，结合实际研究制定实施方案，抓紧出台推动质量提升的具体政策措施，明确责任分工和时间进度要求，确保各项工作举措和要求落实到位。要组织相关行业和领域，持续深入开展质量提升行动，切实提升质量总体水平。

河北雄安新区规划纲要
（节选）

第八章　建设绿色智慧新城

按照绿色、智能、创新要求，推广绿色低碳的生产生活方式和城市建设运营模式，使用先进环保节能材料和技术工艺标准进行城市建设，营造优质绿色市政环境，加强综合地下管廊建设，同步规划建设数字城市，筑牢绿色智慧城市基础。

第一节　坚持绿色低碳发展

严格控制碳排放。优化能源结构，推进资源节约和循环利用，推广绿色低碳的生产生活方式和城市建设运营模式，保护碳汇空间、提升碳汇能力。

确定用水总量和效率红线。按照以水定城、以水定人的要求，强化用水总量管理。实行最严格水资源管理制度，实施节约用水制度化管理，对城市生活、农业等各类用水强度指标严格管控，全面推进节水型社会建设。

建设海绵城市。尊重自然本底，构建河湖水系生态缓冲带，提升城市生态空间在雨洪调蓄、雨水径流净化、生物多样性等方面的功能，促进生态良性循环。综合采用“雨水花园、下沉式绿地、生态湿地”等低影响开发设施，实现中小降雨100%自然积存、净化，规划城市建设区雨水年径流总量控制率不低于85%。

推广绿色建筑。全面推动绿色建筑设计、施工和运行，开展节能住宅建设和改造。新建政府投资及大型公共建筑全面执行三星级绿色建筑标准。

使用绿色建材。引导选用绿色建材，开发选用当地特色的自然建材、清洁生产和更高环保认证水准的建材、旧物利用和废弃物再生的建材，积极稳妥推广装配式、可循环利用的建筑方式。

第二节　构建绿色市政基础设施体系

建设集约高效的供水系统。划分城镇供水分区，各分区间设施集成共享、互为备用，提高供水效率。因地制宜推进雨水和再生水等各类非常规水资源利用，实现用水分类分质供应，采用管网分区计量管理，提高管网精细化、信息化管理水平，有效节约水资源。

完善雨污分流的雨水排除工程系统。加强城市排水河道、排涝渠、雨水调蓄区、雨水管网和泵站等工程建设，实现建成区雨水系统全覆盖。新建雨水系统全部实行雨水、污水分流制，逐步将容城、雄县、安新县城现有合流系统改造为分流制。

建设循环再生的污水处理系统。统筹考虑污水收集处理和再生利用的便捷性、经济性，建设适度分散的设施。在特色小城镇、村庄推广分散式生态化的污水处理技术。

完善保障有力的供电系统。增强区域电力供应，建设区域特高压供电网络。改造提升现有变电站，新建500千伏和220千伏变电站。积极引入风电、光电等可再生能源，作为新区电力供应的重要来源。新区供电可靠率达到99.999%。

建设安全可靠燃气供应系统。根据新区发展需要，以长输管道天然气为主要气源，LNG为调峰应急气源，新建若干门站、LNG储配站，形成多源多向、互联互通的新区燃气输配工程系统。

建设清洁环保的供热系统。科学利用地热资源，统筹天然气、电力、地热、生物质等能源供给方式，形成多能互补的清洁供热系统。

建设先进专业的垃圾处理系统。按照减量化、资源化、无害化的要求，全面实施垃圾源头分类减量、分类运输、分类中转、分类处置，建设兼具垃圾分类与再生资源回收功能的交投点、中转站、终端处理设施、生态环境园，最终实现原生垃圾零填埋，生活垃圾无害化处理率达到100%，城市生活垃圾回收资源利用率达到45%以上。

第三节　合理开发利用地下空间

有序利用地下空间。按照安全、高效、适度的原则，结合城市功能需求，积极利用浅层、次浅层空间，有条件利用次深层空间，弹性预留深层空间；协调各系统的空间布局，制定相互避让原则，明确各系统平面及竖向层次关系，实施分层管控及引导。

优先布局基础设施。在城市干路、高强度开发和管线密集地区，根据城市发展需要，建设干线、支线和缆线管廊等多级网络衔接的市政综合管廊系统。建设地下综合防灾设施，形成平灾结合、高效利用的地下综合防灾系统。

建立统筹协调机制。坚持统筹规划、整体设计、统一建设、集中管理，健全管理体制和运行机制，完善用地制度和权籍管理，推进地下空间管理信息化建设，保障地下空间有序利用。

第四节　同步建设数字城市

坚持数字城市与现实城市同步规划、同步建设，适度超前布局智能基础设施，推动全域智能化应用服务实时可控，建立健全大数据资产管理体系，打造具有深度学习能力、全球领先的数字城市。

加强智能基础设施建设。与城市基础设施同步建设感知设施系统，形成集约化、多功能监测体系，打造城市全覆盖的数字化标识体系，构建城市物联网统一开放平台，实现感知设备统一接入、集中管理、远程调控和数据共享、发布；打造地上地下全通达、多网协同的泛在无线网络，构建完善的城域骨干网和统一的智能城市专网；搭建云计算、边缘计算等多元普惠计算设施，实现城市数据交换和预警推演的毫秒级响应，打造汇聚城市数据和统筹管理运营的智能城市信息管理中枢，对城市全局实时分析，实现公共资源智能化配置。

构建全域智能化环境。推进数字化、智能化城市规划和建设，建立城市智能运行模式，建设智能能源、交通、物流系统等；构建城市智能治理体系，建设全程在线、高效便捷，精准监测、高效处置，主动发现、智能处置的智能政务、智能环保、数字城管。建立企业与个人数据账户，探索建立全数字化的个人诚信体系。健全城市智能民生服务，搭建普惠精准、定制服务的智能教育医疗系统，打造以人为本、全时空服务的智能社区。

建立数据资产管理体系。构建透明的全量数据资源目录、大数据信用体系和数据资源开放共享管理体系。建设安全可信的网络环境，建立安全态势感知、监测、预警、溯源、处置网络系统，打造全时、全域、全程的网络安全态势感知决策体系，加强网络安全相关制度建设。

国家发展改革委　科技部关于构建市场导向的绿色技术创新体系的指导意见

发改环资〔2019〕689号

教育部、工业和信息化部、财政部、人力资源社会保障部、自然资源部、生态环境部、住房城乡建设部、水利部、农业农村部、商务部、中国人民银行、国务院国资委、税务总局、市场监管总局、中国银保监会、中国证监会、国家能源局、国家林草局、国家知识产权局，各省、自治区、直辖市发展改革委、科技厅（委、局）：

绿色技术是指降低消耗、减少污染、改善生态，促进生态文明建设、实现人与自然和谐共生的新兴技术，包括节能环保、清洁生产、清洁能源、生态保护与修复、城乡绿色基础设施、生态农业等领域，涵盖产品设计、生产、消费、回收利用等环节的技术。绿色技术创新正成为全球新一轮工业革命和科技竞争的重要新兴领域。伴随我国绿色低碳循环发展经济体系的建立健全，绿色技术创新日益成为绿色发展的重要动力，成为打好污染防治攻坚战、推进生态文明建设、推动高质量发展的重要支撑。为强化科技创新引领，加快推进生态文明建设，推动高质量发展，现对构建市场导向的绿色技术创新体系提出以下意见。

一、总体要求

（一）总体思路

以习近平新时代中国特色社会主义思想为指导，全面贯彻党的十九大和十九届二中、三中全会精神，认真落实党中央、国务院决策部署，坚持节约资源和保护环境的基本国策，围绕生态文明建设，以解决资源环境生态突出问题为目标，以激发绿色技术市场需求为突破口，以壮大创新主体、增强创新活力为核心，以优化创新环境为着力点，强化产品全生命周期绿色管理，加快构建企业为主体、产学研深度融合、基础设施和服务体系完备、资源配置高效、成果转化顺畅的绿色技术创新体系，形成研究开发、应用推广、产业发展贯通融合的绿色技术创新新局面。

（二）基本原则

坚持绿色理念。贯彻人与自然和谐共生的理念，通过建立绿色技术标准体系、产品全生命周期管理、绿色金融等措施，塑造绿色技术创新环境，汇聚社会各方力量，着力于降低消耗、减少污染和改善生态技术供给和产业化，为经济社会向绿色发展方式和生活方式转变提供基本动力。

坚持市场导向。尊重和把握绿色技术创新的市场规律，充分发挥市场在绿色技术创新领域、技术路线选择及创新资源配置中的决定性作用。充分发挥企业在绿色技术研发、成果转化、示范应用和产业化中主体作用，培育发展一批绿色技术创新龙头企业。发挥企业的带动作用，推进“产学研金介”深度融合、协同创新。

坚持完善机制。加快生态文明体制改革，推动环境治理从末端应对向全生命周期管理转变。加快科技体制改革，创新政府对绿色技术创新的管理方式，通过进一步强化服务、完善体制机制，提高绿色技术创新的回报率，激发创新活力，促进成果转化应用。

坚持开放合作。以国际视野谋划绿色技术创新，积极参与全球环境治理，加强绿色技术创新国际交流合作。加大绿色技术创新对外开放，积极引进、消化、吸收国际先进绿色技术，促进国内企业“走出去”，全面提升我国绿色技术创新对外开放格局和地位。

（三）主要目标

到2022年，基本建成市场导向的绿色技术创新体系。企业绿色技术创新主体地位得到强化，出现一批龙头骨干企业，“产学研金介”深度融合、协同高效；绿色技术创新引导机制更加完善，绿色技术市场繁荣，人才、资金、知识等各类要素资源向绿色技术创新领域有效集聚，高效利用，要素价值得到充分体现；绿色技术创新综合示范区、绿色技术工程研究中心、创新中心等形成系统布局，高效运行，创新成果不断涌现并充分转化应用；绿色技术创新的法治、政策、融资环境充分优化，国际合作务实深入，创新基础能力显著增强。

二、培育壮大绿色技术创新主体

（四）强化企业的绿色技术创新主体地位

研究制定绿色技术创新企业认定标准规范，开展绿色技术创新企业认定。开展绿色技术创新“十百千”行动，培育10个年产值超过500亿元的绿色技术创新龙头企业，支持100家企业创建国家绿色企业技术中心，认定1000家绿色技术创新企业。积极支持“十百千”企业承担国家和地方部署的重点绿色技术创新项目。研究制定支持经认定的绿色技术创新企业的政策措施。

加大对企业绿色技术创新的支持力度，财政资金支持的非基础性绿色技术研发项目、市场导向明确的绿色技术创新项目都必须要有企业参与，国家重大科技专项、国家重点研发计划支持的绿色技术研发项目由企业牵头承担的比例不少于55%。（科技部、国家发展改革委按职责分工负责）

（五）激发高校、科研院所绿色技术创新活力

健全科研人员评价激励机制，增加绿色技术创新科技成果转化数量、质量、经济效益在绩效考核评优、科研考核加分和职称评定晋级中的比重。允许绿色技术发明人或研发团队以持有股权、分红等形式获得技术转移转化收益，科研人员离岗后仍保持持有股权的权利。以技术转让、许可或作价投资方式转化职务绿色技术创新成果的，发明人或研发团队获净收入的比例不低于50%。科技人员从转化绿色技术创新成果所获现金收入，符合现行税收政策规定条件的，可享受减按50%计入科技人员当月“工资、薪金所得”计征个人所得税优惠政策。高校、科研院所科研人员依法取得的绿色技术创新成果转化奖励收入，不受本单位绩效工资总量限制，不纳入绩效工资总量核定基数。

加强绿色技术创新人才培养，在高校设立一批绿色技术创新人才培养基地，加强绿色技术相关学科专业建设，持续深化绿色领域新工科建设，主动布局绿色技术人才培养。选好用好绿色技术创新领军人物、拔尖人才，选择部分职业教育机构开展绿色技术专业教育试点，引导技术技能劳动者在绿色技术领域就业、服务绿色技术创新。（科技部、教育部、财政部、人力资源社会保障部、税务总局按职责分工负责）

（六）推进“产学研金介”深度融合

支持龙头企业整合高校、科研院所、产业园区等力量建立具有独立法人地位、市场化运行的绿色技术创新联合体，科研人员可以技术入股、优先控股，推动科研人员、企业、高校、科研院所、金融机构等“捆绑”，实现人力资本、技术资本和金融资本相互催化、相互渗透、相互激励。

鼓励和规范绿色技术创新人才流动，高校、科研院所科技人员按国家有关政策到绿色技术创新企业任职兼职、离岗创业、转化科技成果期间，保留人员编制，三年内可在原单位正常申报职称，创新成果作为职称评定依据；高校、科研院所按国家有关政策通过设置流动性岗位，引进企业人员兼职从事科研，不受兼职取酬限制，可以担任绿色技术创新课题或项目牵头人，组建科研团队。

发挥龙头企业、骨干企业带动作用，企业牵头，联合高校、科研院所、中介机构、金融资本等共同参与，依法依规建立一批分领域、分类别的专业绿色技术创新联盟。更大力度实施绿色技术领域产学合作协同育人项目，支持联盟整合产业链上下游资源，联合开展绿色技术创新技术攻关研究。（科技部、教育部、农业农村部、人力资源社会保障部、国家发展改革委、国家能源局按职责分工负责）

（七）加强绿色技术创新基地平台建设

在绿色技术领域培育建设一批国家工程研究中心、国家技术创新中心、国家科技资源共享服务平台等创新基地平台，优先在京津冀、长江经济带、

珠三角等地区布局。在全国建设基础性长期性野外生态观测研究站等科研监测观测网络和一批科学数据中心，并按规定向社会开放数据。高等院校、科研院所、国有企业以及政府支持建设的各类绿色技术创新基地平台均应向社会开放共享，向全社会主动发布绿色技术研发成果并持续动态更新。建立各类创新基地平台的评估考核激励机制，淘汰不达标的创新基地平台，建立动态调整机制。国家科技计划项目向绿色技术创新基地平台倾斜。（科技部、国家发展改革委牵头，自然资源部、水利部、农业农村部、国家林草局等参与）

三、强化绿色技术创新的导向机制

（八）加强绿色技术创新方向引导

制定发布绿色产业指导目录、绿色技术推广目录、绿色技术与装备淘汰目录，引导绿色技术创新方向，推动各行业技术装备升级，鼓励和引导社会资本投向绿色产业。

强化对重点领域绿色技术创新的支持，围绕节能环保、清洁生产、清洁能源、生态保护与修复、城乡绿色基础设施、城市绿色发展、生态农业等领域关键共性技术、前沿引领技术、现代工程技术、颠覆性技术创新，对标国际先进水平，通过国家科技计划，前瞻性、系统性、战略性布局一批研发项目，突破关键材料、仪器设备、核心工艺、工业控制装置的技术瓶颈，推动研制一批具有自主知识产权、达到国际先进水平的关键核心绿色技术，切实提升原始创新能力。

健全政府支持的绿色技术科研项目立项、验收、评价机制。树立“项目从需求中来，成果到应用中去”的理念，建立常态化绿色技术需求征集机制，紧紧围绕重大关键绿色技术需求部署科研项目。改革科研绩效评价机制，建立科学分类、合理多元的评价体系，强化目标任务考核和现场验收，重点考核技术的实际效果、成熟度与示范推广价值。（国家发展改革委、科技部、住房城乡建设部、生态环境部、工业和信息化部、自然资源部、水利部、农业农村部、国家能源局、国家林草局按职责分工负责）

（九）强化绿色技术标准引领

实施绿色技术标准制修订专项计划，明确重点领域标准制修订任务。强化绿色技术通用标准研究，在生态环境污染防治、资源节约和循环利用、城市绿色发展、新能源、能耗和污染物协同控制技术等重点领域制定一批绿色技术标准，明确绿色技术关键性能和技术指标，开展绿色技术效果评估和验证。

依法完善产品能效、水效、能耗限额、碳排放、污染物排放等强制性标准，定期对强制性标准进行评估，及时更新修订。强化标准贯彻实施，倒逼企业进行绿色技术创新、采用绿色技术进行升级改造。（市场监管总局、科技部、国家发展改革委、生态环境部、住房城乡建设部牵头，工业和信息化部、自然资源部、水利部、农业农村部、国家能源局等参与）

（十）建立健全政府绿色采购制度

扩大政府绿色采购范围，在现有节能环保产品的基础上增加循环、低碳、再生、有机等产品政府采购。鼓励国有企业、其他企业自主开展绿色采购。

遴选市场急需、具有实用价值、开发基础较好的共性关键绿色技术，政府以招标采购等方式购买技术，通过发布公告等形式向社会免费推广应用。（财政部、国家发展改革委、科技部、生态环境部牵头，国务院国资委等参与）

（十一）推进绿色技术创新评价和认证

推行产品绿色（生态）设计，发布绿色（生态）设计产品名单，编制相关评价技术规范。大力推动绿色生产，健全绿色工厂评价体系，开展绿色工厂建设示范。推动企业运用互联网信息化技术，建立覆盖原材料采购、生产、物流、销售、回收等环节的绿色供应链管理体系。

继续推进建立统一的绿色产品认证制度，对家用电器、汽车、建材等主要产品，基于绿色技术标准，从设计、材料、制造、消费、物流和回收、再利用环节开展产品全生命周期和全产业链绿色认证。积极开展第三方认证，加强认证结果采信，推动认证机构对认证结果承担连带责任。（工业和信息化部、市场监管总局、国家发展改革委、住房城乡建设部按职责分工负责）

四、推进绿色技术创新成果转化示范应用

（十二）建立健全绿色技术转移转化市场交易体系

建立综合性国家级绿色技术交易市场，通过市

场手段促进绿色技术创新成果转化。鼓励各地区、有关单位依托或整合现有交易场所，建设区域性、专业性特色鲜明的绿色技术交易市场。建立健全市场管理制度，规范市场秩序。对通过绿色技术交易市场对接成交的技术，国家和项目所在地地方政府应积极支持项目落地。推广科技成果转移转化与金融资本结合的综合性服务平台与服务模式，提高绿色技术转移转化效率。

加强绿色技术交易中介机构能力建设，制定绿色技术创新中介机构评价规范和管理制度，培育一批绿色技术创新第三方检测、评价、认证等中介服务机构，培育一批专业化的绿色技术创新“经纪人”。（科技部、国家发展改革委牵头，财政部、中国银保监会、中国证监会等参与）

（十三）完善绿色技术创新成果转化机制

落实首台（套）重大技术装备保险补偿政策措施，支持首台（套）绿色技术创新装备示范应用。继续实施重点新材料首批次应用保险补偿机制，运用市场化手段促进重点新材料推广应用。

支持企业、高校、科研机构等建立绿色技术创新项目孵化器、创新创业基地。建设绿色技术中试公共设施，研究制定相关制度，为绿色技术中试设施建设创造宽松条件。采取政府购买服务等方式，健全绿色技术创新公共服务体系，扶持初创企业和成果转化。

积极发挥国家科技成果转化引导基金的作用，每年遴选一批重点绿色技术创新成果支持转化应用。引导各类天使投资、创业投资基金、地方创投基金等支持绿色技术创新成果转化。（科技部、国家发展改革委、工业和信息化部、住房城乡建设部牵头，生态环境部、中国银保监会、中国证监会等参与）

（十四）强化绿色技术创新转移转化综合示范

选择绿色技术创新基础较好的城市，建设绿色技术创新综合示范区。鼓励绿色技术创新综合示范区创新“科学＋技术＋工程”的组织实施模式，组织优势创新力量，实施城市黑臭水体治理、渤海综合治理、长江保护修复、农业农村污染治理、煤炭清洁高效利用、固体废弃物综合利用、工业节能节水、绿色建筑、建筑节能、清洁取暖、海绵城市、高效节能电器、清洁能源替代、海洋生物资源开发利用、海水淡化与综合利用等技术研发重大项目和示范工程，探索绿色技术创新与政策管理创新协同发力，实现绿色科技进步和技术创新驱动绿色发展。建立绿色技术创新示范区考核评价机制，淘汰不达标的示范区。

采用“园中园”模式，在国家级高新技术开发区、经济技术开发区等开展绿色技术创新转移转化示范，推动有条件的产业集聚区向绿色技术创新集聚区转变。推进绿色生态城市建设，鼓励绿色生态城市建设过程中积极采用绿色新技术。（科技部、国家发展改革委、住房城乡建设部牵头，工业和信息化部、自然资源部、生态环境部、商务部、水利部、农业农村部、国家林草局、国家能源局等参与）

五、优化绿色技术创新环境

（十五）强化绿色技术知识产权保护与服务

健全绿色技术知识产权保护制度，强化绿色技术研发、示范、推广、应用、产业化各环节知识产权保护。知识产权部门会同有关方面共同建立绿色技术知识产权保护联系机制、公益服务机制、工作联动机制，开展打击侵犯绿色技术知识产权行为的专项行动。建立绿色技术侵权行为信息记录，将有关信息纳入全国公共信用共享平台。强化绿色技术创新知识产权服务，推进建立绿色技术知识产权审查“快速通道”，为绿色技术知识产权提供快速审查、快速确权、快速维权一体化的综合服务，完善绿色技术知识产权统计监测。（国家知识产权局牵头，科技部、国家发展改革委等参与）

（十六）加强绿色技术创新金融支持

引导银行业金融机构合理确定绿色技术贷款的融资门槛，积极开展金融创新，支持绿色技术创新企业和项目融资。研究制定公募和私募基金绿色投资标准和行为指引，把绿色技术创新作为优先支持领域。发展多层次资本市场和并购市场，健全绿色技术创新企业投资者退出机制。鼓励绿色技术创新企业充分利用国内外市场上市融资。鼓励保险公司开发支持绿色技术创新和绿色产品应用的保险产品。鼓励地方政府通过担保基金或委托专业担保公司等方式，对绿色技术创新成果转化和示范应用提供担保或其他类型的风险补偿。涉及绿色金融对绿色技术创新的相关试点，在国务院批复的绿色金融改革创新试验区先行先试。（中国人民银行、国家发展改革委、中国银保监会、中国证监会按职责分工负责）

（十七）推进全社会绿色技术创新

组织开展绿色技术创新创业大赛，对大赛获奖企业、机构和个人予以奖励。鼓励相关单位开展绿色技术创新比赛、投资大会、创业路演、创新论坛和创新成果推介会、拍卖会、交易会等服务活动，推动绿色技术创新创业者与投融资机构对接。国家按照科学技术奖励的有关规定对攻克绿色重大关键技术、创造显著经济社会效益或生态环境效益的个人或组织给予奖励。

推进绿色技术众创，在创新资源集中的科技园区、创业基地建立绿色技术众创空间，引导高校科研人员创办绿色技术创新企业。鼓励企业、科研机构开展绿色技术创新活动、建立激励机制，提高员工的绿色创新意识。

通过全国“双创”周、全国节能宣传周、六五环境日、全国低碳日等平台加强绿色技术创新宣传，引导各类媒体加大宣传力度，发掘典型案例，推广成功经验。在全社会营造绿色技术创新文化氛围，促进绿色技术创新信息和知识传播，积极引导绿色发展方式和生活方式。（科技部、国家发展改革委、生态环境部、住房城乡建设部牵头，中国银保监会、中国证监会等参与）

六、加强绿色技术创新对外开放与国际合作

（十八）深化绿色技术创新国际合作

深度参与全球环境治理，促进绿色技术创新领域的国际交流合作。以二十国集团(G20)、一带一路、金砖国家等合作机制为依托，推进建立“一带一路”绿色技术创新联盟等合作机构，强化绿色技术创新国际交流。

通过举办博览会、论坛等形式积极传播绿色技术创新理念和成果，促进绿色技术国际交易和转移转化，推动龙头企业在部分国际绿色技术研发领域发挥引领作用。开展国际十大最佳节能技术和十大最佳节能实践（“双十佳”）评选和推广，促进优秀绿色技术成果推广应用。（科技部、国家发展改革委、生态环境部按职责分工负责）

（十九）加大绿色技术创新对外开放

积极引进国际先进绿色技术，鼓励国际绿色技术持有方通过技术入股、合作设立企业等方式，推动绿色技术创新成果在国内转化落地，强化对国际绿色技术的产权保护。支持国家级经济技术开发区等建设国际合作生态园区，国外绿色技术创新企业独资或合资在国内设立绿色技术创新园区或建设“园中园”，按规定享有与国内企业同等优惠的政策。

积极创造便利条件，鼓励有条件的企业、本科高校、职业院校和科研院所“走出去”，按照国际规则开展互利合作，促进成熟绿色技术在其他国家转化和应用。（科技部、国家发展改革委、教育部、商务部、工业和信息化部、生态环境部、住房城乡建设部按职责分工负责）

七、组织实施

（二十）加强统筹协调

国家发展改革委、科技部牵头建立绿色技术创新部际协调机制。各地区、各部门要结合各自实际，加强政策衔接，制定落实方案或强化对相关领域的创新支持，加强组织领导，明确责任，加大投入力度，切实落实各项任务措施。（国家发展改革委、科技部牵头）

（二十一）强化评价考核

加强绿色技术创新政策评估与绩效评价，建立绿色技术创新评价体系，将绿色技术创新成果、推广应用情况等纳入创新驱动发展、高质量发展、生态文明建设评价考核内容。（科技部、国家发展改革委牵头）

（二十二）加强示范引领

发挥绿色技术创新综合示范区、绿色技术工程研究中心、绿色技术创新中心、绿色企业技术中心等作用，探索绿色技术创新与绿色管理制度协同发力的有效模式，及时总结可复制推广的做法和成功经验，发挥示范带动作用。（科技部、国家发展改革委牵头）

国家发展改革委等七部门联合印发的《绿色产业指导目录（2019年版）》

（发改环资〔2019〕293号）

加强生态文明建设、推进绿色发展，需要强有力的技术支撑和产业基础。发展绿色产业，既是推进生态文明建设、打赢污染防治攻坚战的有力支撑，也是培育绿色发展新动能、实现高质量发展的重要内容。近年来，各地区、各部门对发展绿色产业高度重视，出台了一系列政策措施，有力促进了绿色产业的发展壮大。但同时也面临概念泛化、标准不一、监管不力等问题。为进一步厘清产业边界，将有限的政策和资金引导到对推动绿色发展最重要、最关键、最紧迫的产业上，有效服务于重大战略、重大工程、重大政策，为打赢污染防治攻坚战、建设美丽中国奠定坚实的产业基础，国家发展改革委会同有关部门研究制定了《绿色产业指导目录（2019年版）》（以下简称《目录》）。现印发你们，并就有关事项通知如下。

一、各地方、各部门要以《目录》为基础，根据各自领域、区域发展重点，出台投资、价格、金融、税收等方面政策措施，着力壮大节能环保、清洁生产、清洁能源等绿色产业。

二、国家发展改革委将联合相关部门，根据投资、价格、金融等不同支持政策的实际需要，逐步制定以《目录》为基础的细化目录或子目录，指导各机关、团体、企业、社会组织更好支持绿色产业发展，着力提高《目录》的可操作性。

三、国家发展改革委将会同相关部门，依托社会力量，设立绿色产业专家委员会，为《目录》在各领域的落实、细化目录和子目录的制定、绿色产业标准制定等工作提供相关专业意见。逐步建立绿色产业认定机制，有序引入社会中介组织开展相关服务。

四、各地方、各部门要进一步加强国际国内经验交流，推广壮大绿色产业的经验做法，推动建立《目录》同相关国际绿色标准之间的互认机制。国家发展改革委将联合各部门，在权限范围内对各地区和从事相关工作的协会、委员会、认证机构、企业等进行指导或检查。各地方在贯彻执行《目录》的过程中，如遇新情况、新问题，请及时向相关部门报告。

五、各地方、各部门要加强《目录》与既有绿色产业支持政策的衔接，妥善处理存量资金和项目，逐步根据《目录》调整政策支持范围。既有政策的数据统计可按《目录》公布前、《目录》公布后分别进行统计。

六、国家发展改革委将会同有关部门，根据国家生态文明建设重大任务、资源环境状况、污染防治攻坚重点、科学技术进步、产业市场发展等因素，适时对《目录》进行调整和修订。

附件：1. 绿色产业指导目录（2019年版）

2.《绿色产业指导目录（2019年版）》的解释说明

国家发展改革委
工业和信息化部
自然资源部
生态环境部
住房城乡建设部
人民银行
国家能源局
2019年2月14日

市场监管总局关于发布《绿色产品标识使用管理办法》的公告

为贯彻落实中共中央、国务院印发的《生态文明体制改革总体方案》（中发〔2015〕25 号）和《国务院办公厅关于建立统一的绿色产品标准、认证、标识体系的意见》（国办发〔2016〕86 号）相关任务要求，推动绿色产品标识整合，配合绿色产品认证工作开展，市场监管总局制定了《绿色产品标识使用管理办法》，现予以公告。

市场监管总局

2019 年 5 月 5 日

绿色产品标识使用管理办法

第一章　总则

第一条　为加快推进生态文明体制建设，规范绿色产品标识使用，依据国家有关法律、行政法规以及《生态文明体制改革总体方案》（中发〔2015〕25 号）、《国务院办公厅关于建立统一的绿色产品标准、认证、标识体系的意见》（国办发〔2016〕86 号）的相关要求，按照“市场导向、开放共享、社会共治”的原则，制定本办法。

第二条　市场监管总局统一发布绿色产品标识，建设和管理绿色产品标识信息平台（以下简称信息平台），并对绿色产品标识使用实施监督管理。

结合绿色产品认证制度建立实际情况，相关认证机构、获证企业根据需要自愿使用绿色产品标识。使用绿色产品标识时，应遵守本办法所规定相关要求。

第三条　绿色产品标识适用范围。

（一）认证活动一：认证机构对列入国家统一的绿色产品认证目录的产品，依据绿色产品评价标准清单中的标准，按照市场监管总局统一制定发布的绿色产品认证规则开展的认证活动；

（二）认证活动二：市场监管总局联合国务院有关部门共同推行统一的涉及资源、能源、环境、品质等绿色属性（如环保、节能、节水、循环、低碳、再生、有机、有害物质限制使用等，以下简称绿色属性）的认证制度，认证机构按照相关制度明确的认证规则及评价依据开展的认证活动；

（三）市场监管总局联合国务院有关部门共同推行的涉及绿色属性的自我声明等合格评定活动（以下简称其他绿色属性合格评定活动）。

第二章　绿色产品标识的样式

第四条　绿色产品标识的基本图案如下所示。

获得认证的产品或其随附文件使用本标识时，应同时在绿色产品标识右侧标注发证机构标志；同一产品获得两家及以上认证机构颁发的绿色属性认证证书时，标注相应全部发证机构标志。

认证活动一的绿色产品标识样式为：

认证活动二的绿色产品标识样式为：

对认证活动二，若需要在基本图案上标注其他识别信息的，须在相应制度方案中予以明确。

其他绿色属性合格评定活动如使用绿色产品标识的，样式在相应制度方案中予以明确。

第五条 绿色产品标识基本图案的矢量图可在信息平台自行下载。绿色产品标识可按比例放大或缩小，标注后应清晰可识。

第三章 绿色产品标识的使用

第六条 除相关制度方案或认证机构另行要求外，企业可自主选择任意制作工艺（如印制、模压等）在产品本体、铭牌、包装、随附文件（如说明书、合格证等）、操作系统、电子销售平台等位置使用或展示绿色产品标识。

绿色产品标识的颜色应选用白色底版、绿色图案。

第七条 从事本办法所述认证活动一、认证活动二的认证机构应经市场监管总局批准，并在批准范围内从事认证活动、使用绿色产品标识。

获得批准的认证机构应结合本办法要求，制定并公布本机构绿色产品标识使用管理要求。认证机构授权获证企业使用绿色产品标识时，应在信息平台（www.chinagreenproduct.cn）上完成认证信息报送，所报送内容包括产品及企业信息、认证模式、认证 / 检验检测机构信息、获证证书信息及产品绿色属性的评价依据、评价项目、限值指标等。

第八条 对同一产品获得两家及以上认证机构颁发的绿色属性认证证书的，信息平台通过企业数据及产品型号对该产品所涉及全部绿色属性认证信息予以整合发布。

第九条 完成认证信息报送后，信息平台将生成含有对应产品全部绿色属性信息的二维码并提供下载链接，企业可自愿将二维码标注在所对应产品的适当位置（如：产品本体、铭牌、包装、随附文件、操作系统、电子销售平台等），以供政策采信或消费识别选择。

第十条 其他绿色属性合格评定活动如使用绿色产品标识的，具体使用方式及符合性信息报送要求须在相应制度方案中予以明确。

第四章 绿色产品标识的监督管理

第十一条 绿色产品标识使用方（认证机构、获证企业等）应建立具体管理措施，确保绿色产品标识依据本办法正确使用和标注。

第十二条 认证及自我声明等合格评定活动中存在的绿色产品标识违规使用相关情况，依据有关法律法规进行处罚。对涉企行政处罚信息，将通过国家企业信用信息公示系统依法向社会公示。

第五章 附则

第十三条 本办法由市场监管总局负责解释。

第十四条 本办法自 2019 年 6 月 1 日起实施。

市场监管总局办公厅　住房城乡建设部办公厅　工业和信息化部办公厅关于印发绿色建材产品认证实施方案的通知

市监认证〔2019〕61号

各省、自治区、直辖市及新疆生产建设兵团市场监管局（厅、委）、住房和城乡建设厅（委、局）、工业和信息化主管部门：

为贯彻落实《质检总局 住房城乡建设部 工业和信息化部 国家认监委 国家标准委关于推动绿色建材产品标准、认证、标识工作的指导意见》（国质检认联〔2017〕544号），推进绿色建材产品认证工作，市场监管总局、住房城乡建设部、工业和信息化部制定了《绿色建材产品认证实施方案》，现印发给你们，请结合实际认真组织实施。

市场监管总局办公厅
住房和城乡建设部办公厅
工业和信息化部办公厅
2019年10月25日
（此件公开发布）

绿色建材产品认证实施方案

为推进实施绿色建材产品认证制度，健全绿色建材市场体系，增加绿色建材产品供给，提升绿色建材产品质量，促进建材工业和建筑业转型升级，根据《质检总局　住房城乡建设部　工业和信息化部　国家认监委　国家标准委关于推动绿色建材产品标准、认证、标识工作的指导意见》（国质检认联〔2017〕544号，以下简称《指导意见》），制定本方案。

一、组织领导与保障

成立绿色建材产品标准、认证、标识推进工作组（以下简称推进工作组），由市场监管总局、住房城乡建设部、工业和信息化部有关司局负责同志组成，负责协调指导全国绿色建材产品标准、认证、标识工作，审议绿色建材产品认证实施规则和认证机构技术能力要求，指导绿色建材产品认证采信工作。组建技术委员会，为绿色建材认证工作提供决策咨询和技术支持。

各省、自治区、直辖市及新疆生产建设兵团市场监管局（厅、委）、住房和城乡建设厅（委、局）、工业和信息化主管部门成立本地绿色建材产品工作组，接受推进工作组指导，负责协调本地绿色建材产品认证推广应用工作。

二、认证组织实施

（一）从事绿色建材产品认证的认证机构应当依法设立，符合《认证机构管理办法》基本要求，满足GB/T 27065《合格评定产品、过程和服务认证机构要求》、RB/T 242《绿色产品认证机构要求》相关要求，具备从事绿色建材产品认证活动的相关技术能力。

（二）申请从事绿色建材认证的认证机构，可由省级住房和城乡建设主管部门、工业和信息化主管部门推荐，由市场监管总局商住房和城乡建设部、工业和信息化部后作出审批决定。

（三）绿色建材产品认证机构可委托取得相应资质的检测机构开展与绿色建材产品认证相关的检测活动，并对依据有关检测数据作出的认证结论负责。

（四）绿色建材产品认证目录由市场监管总局、住房城乡建设部、工业和信息化部根据行业发展和认证工作需要，共同确定并发布。认证实施规则由市场监管总局商住房和城乡建设部、工业和信息化部后发布。

（五）绿色建材产品认证按照《指导意见》、本实施方案及《绿色建材评价标识管理办法》（建科〔2014〕75号）进行实施，实行分级评价认证，由低至高分为一、二、三星级，在认证目录内依据绿色产品评价国家标准认证的建材产品等同于三星级绿色建材。

三、认证标识

按照《绿色产品标识使用管理办法》（市场监管总局2019年第20号公告）要求，对认证目录内依据绿色产品评价国家标准认证的建材产品，适用“认证活动一”的绿色产品标识样式；对按照《绿色建材评价标识管理办法》（建科〔2014〕75号）认证的建材产品，适用“认证活动二”的绿色产品标识样式，并标注分级结果。

四、推广应用

（一）住房和城乡建设主管部门建立绿色建材采信应用数据库，并向社会公开。通过绿色建材评价认证的建材产品经审核后入库。对出现违规行为的企业或认证机构，要及时将相应的建材产品从数据库中清除。

（二）工业和信息化主管部门建立绿色建材产品名录，根据不同地域特点和市场需求，加强与下游用户的衔接，促进绿色建材推广应用，培育绿色建材示范产品和示范企业，推动绿色建材行业加快发展。

（三）各地住房和城乡建设主管部门、工业和信息化主管部门要结合实际制定本地绿色建材认证推广应用方案，鼓励工程建设项目使用绿色建材采信应用数据库中的产品，在政府投资工程、重点工程、市政公用工程、绿色建筑和生态城区、装配式建筑等项目中率先采用绿色建材。

五、监督管理

（一）各级市场监管、住房和城乡建设、工业和信息化部门充分发挥各自职能，对绿色建材产品生产、认证、采信应用等进行监督管理。

（二）对认证活动中出现的违法违规行为，应依法进行处罚，并将涉企行政处罚信息通过国家企业信用信息公示系统及全国绿色建材评价标识管理信息平台公布。

认监委关于发布绿色产品认证机构资质条件及第一批认证实施规则的公告

根据《国务院办公厅关于建立统一的绿色产品标准、认证、标识体系的意见》（国办发〔2016〕86号）及《市场监管总局关于发布绿色产品评价标准清单及认证目录（第一批）的公告》（市场监管总局公告2018年第2号）、《市场监管总局办公厅 住房和城乡建设部办公厅 工业和信息化部办公厅关于印发绿色建材产品认证实施方案的通知》（市监认证〔2019〕61号）要求，申请从事绿色产品认证的认证机构应当依法设立，符合《中华人民共和国认证认可条例》《认证机构管理办法》规定的基本条件，并具备与从事绿色产品认证相适应的技术能力。

具备上述资质条件的认证机构，可按照绿色产品认证第一批目录范围向认监委提出申请，经批准后方可依据相关认证实施规则（见附件）开展绿色产品认证。

附件：

1. 绿色产品认证实施规则 人造板和木制地板
2. 绿色产品认证实施规则 涂料
3. 绿色产品认证实施规则 卫生陶瓷
4. 绿色产品认证实施规则 建筑玻璃
5. 绿色产品认证实施规则 太阳能热水系统
6. 绿色产品认证实施规则 家具
7. 绿色产品认证实施规则 绝热材料
8. 绿色产品认证实施规则 防水密封材料
9. 绿色产品认证实施规则 陶瓷砖（板）
10. 绿色产品认证实施规则 纺织产品
11. 绿色产品认证实施规则 木塑制品
12. 绿色产品认证实施规则 纸和纸制品

认监委

2020年3月26日

住房城乡建设部　国家发展改革委　教育部　工业和信息化部　人民银行　国管局　银保监会关于印发绿色建筑创建行动方案的通知

建标〔2020〕65 号

各省、自治区、直辖市住房和城乡建设厅（委、管委）、发展改革委、教育厅（委）、工业和信息化主管部门、机关事务主管部门，人民银行上海总部、各分行、营业管理部、省会(首府)城市中心支行、副省级城市中心支行，各银保监局，新疆生产建设兵团住房和城乡建设局、发展改革委、教育局、工业和信息化局、机关事务管理局：

为贯彻落实习近平生态文明思想和党的十九大精神，依据《国家发展改革委关于印发〈绿色生活创建行动总体方案〉的通知》（发改环资〔2019〕1696 号）要求，决定开展绿色建筑创建行动。现将《绿色建筑创建行动方案》印发给你们，请结合本地区实际，认真贯彻执行。

中华人民共和国住房和城乡建设部
中华人民共和国国家发展和改革委员会
中华人民共和国教育部
中华人民共和国工业和信息化部
中国人民银行
国家机关事务管理局
中国银行保险监督管理委员会
2020 年 7 月 15 日
（此件公开发布）

绿色建筑创建行动方案

为全面贯彻党的十九大和十九届二中、三中、四中全会精神，深入贯彻习近平生态文明思想，按照《国家发展改革委关于印发〈绿色生活创建行动总体方案〉的通知》(发改环资〔2019〕1696 号)要求，推动绿色建筑高质量发展，制定本方案。

一、创建对象

绿色建筑创建行动以城镇建筑作为创建对象。绿色建筑指在全寿命期内节约资源、保护环境、减少污染，为人们提供健康、适用、高效的使用空间，最大限度实现人与自然和谐共生的高质量建筑。

二、创建目标

到 2022 年，当年城镇新建建筑中绿色建筑面积占比达到 70%，星级绿色建筑持续增加，既有建筑能效水平不断提高，住宅健康性能不断完善，装配化建造方式占比稳步提升，绿色建材应用进一步扩大，绿色住宅使用者监督全面推广，人民群众积极参与绿色建筑创建活动，形成崇尚绿色生活的社会氛围。

三、重点任务

（一）推动新建建筑全面实施绿色设计。制修订相关标准，将绿色建筑基本要求纳入工程建设强制规范，提高建筑建设底线控制水平。推动绿色建筑标准实施，加强设计、施工和运行管理。推动各地绿色建筑立法，明确各方主体责任，鼓励各地制定更高要求的绿色建筑强制性规范。

（二）完善星级绿色建筑标识制度。根据国民经济和社会发展第十三个五年规划纲要、国务院办公厅《绿色建筑行动方案》（国办发〔2013〕1 号）等相关规定，规范绿色建筑标识管理，由住房城乡建设部、省级政府住房和城乡建设部门、地市级政府住房和城乡建设部门分别授予三星、二星、一星绿色建筑标识。完善绿色建筑标识申报、审查、公示制度，统一全国认定标准和标识式样。建立标识撤销机制，对弄虚作假行为给予限期整改或直接撤销标识处理。建立全国绿色建筑标识管理平台，提高绿色建筑标识工作效率和水平。

（三）提升建筑能效水效水平。结合北方地区清洁取暖、城镇老旧小区改造、海绵城市建设等工作，推动既有居住建筑节能节水改造。开展公共建筑能效提升重点城市建设，建立完善运行管理制度，推广合同能源管理与合同节水管理，推进公共建筑能耗统计、能源审计及能效公示。鼓励各地因地制宜提高政府投资公益性建筑和大型公共建筑绿色等级，推动超低能耗建筑、近零能耗建筑发展，推广可再生能源应用和再生水利用。

（四）提高住宅健康性能。结合疫情防控和各地实际，完善实施住宅相关标准，提高建筑室内空气、水质、隔声等健康性能指标，提升建筑视觉和心理舒适性。推动一批住宅健康性能示范项目，强化住宅健康性能设计要求，严格竣工验收管理，推动绿色健康技术应用。

（五）推广装配化建造方式。大力发展钢结构等装配式建筑，新建公共建筑原则上采用钢结构。编制钢结构装配式住宅常用构件尺寸指南，强化设计要求，规范构件选型，提高装配式建筑构配件标准化水平。推动装配式装修。打造装配式建筑产业基地，提升建造水平。

（六）推动绿色建材应用。加快推进绿色建材评价认证和推广应用，建立绿色建材采信机制，推动建材产品质量提升。指导各地制定绿色建材推广应用政策措施，推动政府投资工程率先采用绿色建材，逐步提高城镇新建建筑中绿色建材应用比例。打造一批绿色建材应用示范工程，大力发展新型绿色建材。

（七）加强技术研发推广。加强绿色建筑科技研发，建立部省科技成果库，促进科技成果转化。积极探索 5G、物联网、人工智能、建筑机器人等新技术在工程建设领域的应用，推动绿色建造与新技术融合发展。结合住房城乡建设部科学技术计划和绿色建筑创新奖，推动绿色建筑新技术应用。

（八）建立绿色住宅使用者监督机制。制定《绿色住宅购房人验房指南》，向购房人提供房屋绿色性能和全装修质量验收方法，引导绿色住宅开发建设单位配合购房人做好验房工作。鼓励各地将住宅绿色性能和全装修质量相关指标纳入商品房买卖合同、住宅质量保证书和住宅使用说明书，明确质量保修责任和纠纷处理方式。

四、组织实施

（一）加强组织领导。省级政府住房和城乡建设、发展改革、教育、工业和信息化、机关事务管理等部门，要在各省（区、市）党委和政府直接指导下，认真落实绿色建筑创建行动方案，制定本地区创建实施方案，细化目标任务，落实支持政策，指导市、县编制绿色建筑创建行动实施计划，确保创建工作落实到位。各省（区、市）和新疆生产建设兵团住房和城乡建设部门应于 2020 年 8 月底前将本地区绿色建筑创建行动实施方案报住房城乡建设部。

（二）加强财政金融支持。各地住房和城乡建设部门要加强与财政部门沟通，争取资金支持。各地要积极完善绿色金融支持绿色建筑的政策环境，推动绿色金融支持绿色建筑发展，用好国家绿色发展基金，鼓励采用政府和社会资本合作（PPP）等方式推进创建工作。

（三）强化绩效评价。住房城乡建设部会同相关部门按照本方案，对各省（区、市）和新疆生产建设兵团绿色建筑创建行动工作落实情况和取得的成效开展年度总结评估，及时推广先进经验和典型做法。省级政府住房和城乡建设等部门负责组织本地区绿色建筑创建成效评价，及时总结当年进展情况和成效，形成年度报告，并于每年 11 月底前报住房城乡建设部。

（四）加大宣传推广力度。各地要组织多渠道、多种形式的宣传活动，普及绿色建筑知识，宣传先进经验和典型做法，引导群众用好各类绿色设施，合理控制室内采暖空调温度，推动形成绿色生活方式。发挥街道、社区等基层组织作用，积极组织群众参与，通过共谋共建共管共评共享，营造有利于绿色建筑创建的社会氛围。

财政部　住房城乡建设部关于政府采购支持绿色建材促进建筑品质提升试点工作的通知

财库〔2020〕31 号

各省、自治区、直辖市、计划单列市财政厅（局）、住房和城乡建设主管部门，新疆生产建设兵团财政局、住房和城乡建设局：

为发挥政府采购政策功能，加快推广绿色建筑和绿色建材应用，促进建筑品质提升和新型建筑工业化发展，根据《中华人民共和国政府采购法》和《中华人民共和国政府采购法实施条例》，现就政府采购支持绿色建材促进建筑品质提升试点工作通知如下：

一、总体要求

（一）指导思想。

以习近平新时代中国特色社会主义思想为指导，牢固树立新发展理念，发挥政府采购的示范引领作用，在政府采购工程中积极推广绿色建筑和绿色建材应用，推进建筑业供给侧结构性改革，促进绿色生产和绿色消费，推动经济社会绿色发展。

（二）基本原则。

坚持先行先试。选择一批绿色发展基础较好的城市，在政府采购工程中探索支持绿色建筑和绿色建材推广应用的有效模式，形成可复制、可推广的经验。

强化主体责任。压实采购人落实政策的主体责任，通过加强采购需求管理等措施，切实提高绿色建筑和绿色建材在政府采购工程中的比重。

加强统筹协调。加强部门间的沟通协调，明确相关部门职责，强化对政府工程采购、实施和履约验收中的监督管理，引导采购人、工程承包单位、建材企业、相关行业协会及第三方机构积极参与试点工作，形成推进试点的合力。

（三）工作目标。

在政府采购工程中推广可循环可利用建材、高强度高耐久建材、绿色部品部件、绿色装饰装修材料、节水节能建材等绿色建材产品，积极应用装配式、智能化等新型建筑工业化建造方式，鼓励建成二星级及以上绿色建筑。到 2022 年，基本形成绿色建筑和绿色建材政府采购需求标准，政策措施体系和工作机制逐步完善，政府采购工程建筑品质得到提升，绿色消费和绿色发展的理念进一步增强。

二、试点对象和时间

（一）试点城市。试点城市为南京市、杭州市、绍兴市、湖州市、青岛市、佛山市。鼓励其他地区按照本通知要求，积极推广绿色建筑和绿色建材应用。

（二）试点项目。医院、学校、办公楼、综合体、展览馆、会展中心、体育馆、保障性住房等新建政府采购工程。鼓励试点地区将使用财政性资金实施的其他新建工程项目纳入试点范围。

（三）试点期限。试点时间为 2 年，相关工程项目原则上应于 2022 年 12 月底前竣工。对于较大规模的工程项目，可适当延长试点时间。

三、试点内容

（一）形成绿色建筑和绿色建材政府采购需求标准。财政部、住房城乡建设部会同相关部门根据建材产品在政府采购工程中的应用情况、市场供给情况和相关产业升级发展方向等，结合有关国家标准、行业标准等绿色建材产品标准，制定发布绿色建筑和绿色建材政府采购基本要求（试行，以下简称《基本要求》）。财政部、住房城乡建设部将根据试点推进情况，动态更新《基本要求》，并在中华人民共和国财政部网站（www.mof.gov.cn）、住房城乡建设部网站（www.mohurd.gov.cn）和中国政府采购网（www.ccgp.gov.cn）发布。试点地区可根据地方实际情况，对《基本要求》中的相关设计要求、建材种类和具体指标进行微调。试点地区要通过试点，在《基本要求》的基础上，细化和完善绿色建筑政府采购相关设计规范、施工规范和产品标准，形成客观、量化、可验证，适应本地区实际和不同建筑类型的绿色建筑和绿色建材政府采购需求标准，报财政部、住房城乡建设部。

（二）加强工程设计管理。采购人应当要求设计单位根据《基本要求》编制设计文件，严格审查或者委托第三方机构审查设计文件中执行《基本要求》的情况。试点地区住房和城乡建设部门要加强政府采购工程中落实《基本要求》情况的事中事后监管。同时，要积极推动工程造价改革，完善工程概预算编制办法，充分发挥市场定价作用，将政府采购绿色建筑和绿色建材增量成本纳入工程造价。

（三）落实绿色建材采购要求。采购人要在编制采购文件和拟定合同文本时将满足《基本要求》的有关规定作为实质性条件，直接采购或要求承包单位使用符合规定的绿色建材产品。绿色建材供应商在供货时应当提供包含相关指标的第三方检测或认证机构出具的检测报告、认证证书等证明性文件。对于尚未纳入《基本要求》的建材产品，鼓励采购人采购获得绿色建材评价标识、认证或者获得环境标志产品认证的绿色建材产品。

（四）探索开展绿色建材批量集中采购。试点地区财政部门可以选择部分通用类绿色建材探索实施批量集中采购。由政府集中采购机构或部门集中采购机构定期归集采购人绿色建材采购计划，开展集中带量采购。鼓励通过电子化政府采购平台采购绿色建材，强化采购全流程监管。

（五）严格工程施工和验收管理。试点地区要积极探索创新施工现场监管模式，督促施工单位使用符合要求的绿色建材产品，严格按照《基本要求》的规定和工程建设相关标准施工。工程竣工后，采购人要按照合同约定开展履约验收。

（六）加强对绿色采购政策执行的监督检查。试点地区财政部门要会同住房和城乡建设部门通过大数据、区块链等技术手段密切跟踪试点情况，加强有关政策执行情况的监督检查。对于采购人、采购代理机构和供应商在采购活动中的违法违规行为，依照政府采购法律制度有关规定处理。

四、保障措施

（一）加强组织领导。试点地区要高度重视政府采购支持绿色建筑和绿色建材推广试点工作，大胆创新，研究建立有利于推进试点的制度机制。试点地区财政部门、住房和城乡建设部门要共同牵头做好试点工作，及时制定出台本地区试点实施方案，报财政部、住房城乡建设部备案。试点实施方案印发后，有关部门要按照职责分工加强协调配合，确保试点工作顺利推进。

（二）做好试点跟踪和评估。试点地区财政部门、住房和城乡建设部门要加强对试点工作的动态跟踪和工作督导，及时协调解决试点中的难点堵点，对试点过程中遇到的关于《基本要求》具体内容、操作执行等方面问题和相关意见建议，要及时向财政部、住房城乡建设部报告。财政部、住房城乡建设部将定期组织试点情况评估，试点结束后系统总结各地试点经验和成效，形成政府采购支持绿色建筑和绿色建材推广的全国实施方案。

（三）加强宣传引导。加强政府采购支持绿色建筑和绿色建材推广政策解读和舆论引导，统一各方思想认识，及时回应社会关切，稳定市场主体预期。通过新闻媒体宣传推广各地的好经验好做法，充分发挥试点示范效应。

附件：绿色建筑和绿色建材政府采购基本要求（试行）

中华人民共和国财政部

中华人民共和国住房和城乡建设部

2020年10月13日

国家发展改革委　司法部印发《关于加快建立绿色生产和消费法规政策体系的意见》的通知

发改环资〔2020〕379号

各省、自治区、直辖市人民政府，新疆生产建设兵团，中央和国家机关有关部门：

《关于加快建立绿色生产和消费法规政策体系的意见》已经中央全面深化改革委员会审议通过，现印发给你们，请结合实际认真贯彻落实。

国家发展改革委
司法部
2020年3月11日
（此件公开发布）

关于加快建立绿色生产和消费法规政策体系的意见

推行绿色生产和消费是建设生态文明、实现高质量发展的重要内容，党中央、国务院对此高度重视。改革开放特别是党的十八大以来，我国在绿色生产、消费领域出台了一系列法规和政策措施，大力推动绿色、循环、低碳发展，加快形成节约资源、保护环境的生产生活方式，取得了积极成效。但也要看到，绿色生产和消费领域法规政策仍不健全，还存在激励约束不足、操作性不强等问题。为加快建立绿色生产和消费法规政策体系，提出以下意见。

一、总体要求

（一）指导思想。以习近平新时代中国特色社会主义思想为指导，全面贯彻党的十九大和十九届二中、三中、四中全会精神，深入践行习近平生态文明思想，坚持以人民为中心，落实新发展理念，按照问题导向、突出重点、系统协同、适用可行、循序渐进的原则，加快建立绿色生产和消费相关的法规、标准、政策体系，促进源头减量、清洁生产、资源循环、末端治理，扩大绿色产品消费，在全社会推动形成绿色生产和消费方式。

（二）主要目标。到2025年，绿色生产和消费相关的法规、标准、政策进一步健全，激励约束到位的制度框架基本建立，绿色生产和消费方式在重点领域、重点行业、重点环节全面推行，我国绿色发展水平实现总体提升。

二、主要任务

（三）推行绿色设计。健全推行绿色设计的政策机制。建立再生资源分级质控和标识制度，推广资源再生产品和原料。完善优先控制化学品名录，引导企业在生产过程中使用无毒无害、低毒低害和环境友好型原料。强化标准制定统筹规划，加强绿色标准体系建设，扩大标准覆盖范围，加快重点领域相关标准制修订工作，根据实际提高标准和设计

规范。（国家发展改革委、工业和信息化部、生态环境部、市场监管总局等按职责分工负责）

（四）强化工业清洁生产。严格实施清洁生产审核办法、清洁生产审核评估与验收指南，进一步规范清洁生产审核行为，保障清洁生产审核质量。出台在重点行业深入推进强制性清洁生产审核的政策措施。完善重点行业清洁生产评价指标体系，实行动态调整机制。完善基于能耗、污染物排放水平的差别化电价政策，支持重点行业企业实施清洁生产技术改造。制定支持重点行业清洁生产装备研发、制造的鼓励政策。（国家发展改革委、生态环境部、工业和信息化部等按职责分工负责）

（五）发展工业循环经济。健全相关支持政策，推动现有产业园区循环化改造和新建园区循环化建设。完善共伴生矿、尾矿、工业“三废”、余热余压综合利用的支持政策。以电器电子产品、汽车产品、动力蓄电池、铅酸蓄电池、饮料纸基复合包装物为重点，加快落实生产者责任延伸制度，适时将实施范围拓展至轮胎等品种，强化生产者废弃产品回收处理责任。支持建立发动机、变速箱等汽车旧件回收、再制造加工体系，完善机动车报废更新政策。建立完善绿色勘查、绿色矿山标准和政策支持体系。建立健全高耗水行业节水增效政策机制。（国家发展改革委、工业和信息化部、自然资源部、生态环境部、水利部、商务部、市场监管总局等按职责分工负责）

（六）加强工业污染治理。全面推行污染物排放许可制度，强化工业企业污染防治法定责任。加快制定污染防治可行技术指南，按照稳定连贯、可控可达的原则制修订污染物排放标准，严格环境保护执法监督，实现工业污染源全面达标排放，鼓励达标企业实施深度治理。完善危险废物集中处置设施、场所作为环境保护公共设施的配套政策。建立健全责任清晰、程序合理、科学规范的生态环境突发事件预警和应急机制，建立生态环境突发事件后评估机制。健全工业污染环境损害司法鉴定工作制度，建立完善行政管理机关、行政执法机关与监察机关、司法机关的衔接配合机制，促进工业污染治理领域处罚信息和监测信息共享，充分发挥检察机关公益职能作用，形成工业污染治理多元化格局。（最高人民法院、最高人民检察院、公安部、司法部、生态环境部、工业和信息化部、国家发展改革委、财政部等按职责分工负责）

（七）促进能源清洁发展。建立完善与可再生能源规模化发展相适应的法规、政策，按照简化、普惠、稳定、渐变的原则，在规划统筹、并网消纳、价格机制等方面作出相应规定和政策调整，建立健全可再生能源电力消纳保障机制。加大对分布式能源、智能电网、储能技术、多能互补的政策支持力度，研究制定氢能、海洋能等新能源发展的标准规范和支持政策。建立健全煤炭清洁开发利用政策机制，从全生命周期、全产业链条加快推进煤炭清洁开发利用。建立对能源开发生产、贸易运输、设备制造、转化利用等环节能耗、排放、成本全生命周期评价机制。（能源局、国家发展改革委、科技部、工业和信息化部、司法部、财政部、自然资源部、生态环境部、交通运输部、市场监管总局等按职责分工负责）

（八）推进农业绿色发展。以绿色生态为导向，创新农业绿色发展体制机制，开展农业绿色发展支撑体系建设，创新技术体系、健全标准体系、延伸产业体系、强化经营体系、完善政策体系，为农业绿色发展提供保障。大力推进科学施肥，建立有机肥替代化肥推广政策机制。实施化学农药减量替代计划，建立生物防治替代化学防治推广政策机制，支持研发推广农作物病虫害绿色防控技术产品。制定农用薄膜管理办法，建立全程监管体系，支持推广使用生物可降解农膜。加快制定农药包装废弃物回收处理管理办法。完善农作物秸秆综合利用制度，以县为单位整体推进秸秆全量化综合利用。以肥料化和能源化为主要利用方向，落实畜禽粪污资源化利用制度。完善落实水产养殖业绿色发展政策，依法加强养殖水域滩涂统一规划。建立饲料添加剂和兽药使用规范，健全病死畜禽无害化处理机制。稳步推进耕地轮作休耕制度试点。健全农业循环经济推广制度，建立农业绿色生产技术推广机制。落实农业绿色发展税收支持政策。建立健全农业绿色发展相关标准，加快清理、废止与农业绿色发展不适应的标准和行业规范。（农业农村部、国家发展改革委、工业和信息化部、财政部、自然资源部、生态环境部、水利部、税务总局、市场监管总局等按职责分工负责）

（九）促进服务业绿色发展。在市政公用工程设施和城乡公共生活服务设施的规划、建设、运营、管理有关标准和规范制修订中，全面贯彻绿色发展理念，提升绿色化水平。完善绿色物流建设支持政策。加快建立健全快递、电子商务、外卖等领域绿色包装的法律、标准、政策体系，减少过度包装和一次性用品使用，鼓励使用可降解、可循环利用的包装材料、物流器具。健全再生资源分类回收利用等环节管理和技术规范。（住房城乡建设部、自然资源部、国家发展改革委、工业和信息化部、司法部、生态环境部、交通运输部、商务部、市场监管总局、铁路局、民航局、邮政局等按职责分工负责）

（十）扩大绿色产品消费。完善绿色产品认证与标识制度。建立健全固体废物综合利用产品质量标准体系。落实好支持节能、节水、环保、资源综合利用产业的税收优惠政策。积极推行绿色产品政府采购制度，结合实施产品品目清单管理，加大绿色产品相关标准在政府采购中的运用。国有企业率先执行企业绿色采购指南，建立健全绿色采购管理制度。建立完善节能家电、高效照明产品、节水器具、绿色建材等绿色产品和新能源汽车推广机制，有条件的地方对消费者购置节能型家电产品、节能新能源汽车、节水器具等给予适当支持。鼓励公交、环卫、出租、通勤、城市邮政快递作业、城市物流等领域新增和更新车辆采用新能源和清洁能源汽车。（国家发展改革委、工业和信息化部、财政部、生态环境部、住房城乡建设部、交通运输部、商务部、国资委、税务总局、市场监管总局、铁路局、民航局、邮政局等按职责分工负责）

（十一）推行绿色生活方式。完善居民用电、用水、用气阶梯价格政策。落实污水处理收费制度，将污水处理费标准调整至补偿污水处理和污泥处置设施运营成本并合理盈利水平。加快推行城乡居民生活垃圾分类和资源化利用制度。制定进一步加强塑料污染治理的政策措施。研究制定餐厨废弃物管理与资源化利用法规。推广绿色农房建设方法和技术，逐步建立健全使用绿色建材、建设绿色农房的农村住房建设机制。（国家发展改革委、生态环境部、住房城乡建设部、财政部等按职责分工负责）

三、组织实施

根据党中央、国务院决策部署和改革需要，统筹推动绿色生产和消费领域法律法规的立改废释工作。各有关部门要按照职责分工，加快推进相关法律法规、标准、政策的制修订工作。各地区要根据本意见的要求，结合实际出台促进本地区绿色生产和消费的法规、标准、政策，鼓励先行先试，做好经验总结和推广。各级财政、税收、金融等部门要持续完善绿色生产和消费领域的支持政策。各级宣传部门要组织媒体通过多种渠道和方式，大力宣传推广绿色生产和消费理念，加大相关法律法规、政策措施宣传力度，凝聚社会共识，营造良好氛围。

附件：重点任务清单

住房城乡建设部等部门关于推动智能建造与建筑工业化协同发展的指导意见

建市〔2020〕60号

各省、自治区、直辖市及计划单列市、新疆生产建设兵团住房和城乡建设厅（委、管委、局）、发展改革委、科技厅（局）、工业和信息化厅（局）、人力资源社会保障厅（局）、生态环境厅（局）、交通运输厅（局、委）、水利厅（局）、市场监管局，北京市规划和自然资源委，国家税务总局各省、自治区、直辖市和计划单列市税务局，各银保监局，各地区铁路监督管理局，民航各地区管理局：

建筑业是国民经济的支柱产业，为我国经济持续健康发展提供了有力支撑。但建筑业生产方式仍然比较粗放，与高质量发展要求相比还有很大差距。为推进建筑工业化、数字化、智能化升级，加快建造方式转变，推动建筑业高质量发展，制定本指导意见。

一、指导思想

以习近平新时代中国特色社会主义思想为指导，全面贯彻党的十九大和十九届二中、三中、四中全会精神，增强“四个意识”，坚定“四个自信”，做到“两个维护”，坚持稳中求进工作总基调，坚持新发展理念，坚持以供给侧结构性改革为主线，围绕建筑业高质量发展总体目标，以大力发展建筑工业化为载体，以数字化、智能化升级为动力，创新突破相关核心技术，加大智能建造在工程建设各环节应用，形成涵盖科研、设计、生产加工、施工装配、运营等全产业链融合一体的智能建造产业体系，提升工程质量安全、效益和品质，有效拉动内需，培育国民经济新的增长点，实现建筑业转型升级和持续健康发展。

二、基本原则

市场主导，政府引导。充分发挥市场在资源配置中的决定性作用，强化企业市场主体地位，积极探索智能建造与建筑工业化协同发展路径和模式，更好发挥政府在顶层设计、规划布局、政策制定等方面的引导作用，营造良好发展环境。

立足当前，着眼长远。准确把握新一轮科技革命和产业变革趋势，加强战略谋划和前瞻部署，引导各类要素有效聚集，加快推进建筑业转型升级和提质增效，全面提升智能建造水平。

跨界融合，协同创新。建立健全跨领域跨行业协同创新体系，推动智能建造核心技术联合攻关与示范应用，促进科技成果转化应用。激发企业创新创业活力，支持龙头企业与上下游中小企业加强协作，构建良好的产业创新生态。

节能环保，绿色发展。在建筑工业化、数字化、智能化升级过程中，注重能源资源节约和生态环境保护，严格标准规范，提高能源资源利用效率。

自主研发，开放合作。大力提升企业自主研发能力，掌握智能建造关键核心技术，完善产业链条，强化网络和信息安全管理，加强信息基础设施安全保障，促进国际交流合作，形成新的比较优势，提升建筑业开放发展水平。

三、发展目标

到2025年，我国智能建造与建筑工业化协同发展的政策体系和产业体系基本建立，建筑工业化、数字化、智能化水平显著提高，建筑产业互联网平台初步建立，产业基础、技术装备、科技创新能力以及建筑安全质量水平全面提升，劳动生产率明显提高，能源资源消耗及污染排放大幅下降，环境保护效应显著。推动形成一批智能建造龙头企业，引领并带动广大中小企业向智能建造转型升级，打造“中国建造”升级版。

到2035年，我国智能建造与建筑工业化协同发展取得显著进展，企业创新能力大幅提升，产业整体优势明显增强，“中国建造”核心竞争力世界领先，建筑工业化全面实现，迈入智能建造世界强国行列。

四、重点任务

（一）加快建筑工业化升级。

大力发展装配式建筑，推动建立以标准部品为基础的专业化、规模化、信息化生产体系。加快推动新一代信息技术与建筑工业化技术协同发展，在建造全过程加大建筑信息模型（BIM）、互联网、物联网、大数据、云计算、移动通信、人工智能、区块链等新技术的集成与创新应用。大力推进先进制造设备、智能设备及智慧工地相关装备的研发、制造和推广应用，提升各类施工机具的性能和效率，提高机械化施工程度。加快传感器、高速移动通讯、无线射频、近场通讯及二维码识别等建筑物联网技术应用，提升数据资源利用水平和信息服务能力。加快打造建筑产业互联网平台，推广应用钢结构构件智能制造生产线和预制混凝土构件智能生产线。

（二）加强技术创新。

加强技术攻关，推动智能建造和建筑工业化基础共性技术和关键核心技术研发、转移扩散和商业化应用，加快突破部品部件现代工艺制造、智能控制和优化、新型传感感知、工程质量检测监测、数据采集与分析、故障诊断与维护、专用软件等一批核心技术。探索具备人机协调、自然交互、自主学习功能的建筑机器人批量应用。研发自主知识产权的系统性软件与数据平台、集成建造平台。推进工业互联网平台在建筑领域的融合应用，建设建筑产业互联网平台，开发面向建筑领域的应用程序。加快智能建造科技成果转化应用，培育一批技术创新中心、重点实验室等科技创新基地。围绕数字设计、智能生产、智能施工，构建先进适用的智能建造及建筑工业化标准体系，开展基础共性标准、关键技术标准、行业应用标准研究。

（三）提升信息化水平。

推进数字化设计体系建设，统筹建筑结构、机电设备、部品部件、装配施工、装饰装修，推行一体化集成设计。积极应用自主可控的BIM技术，加快构建数字设计基础平台和集成系统，实现设计、工艺、制造协同。加快部品部件生产数字化、智能化升级，推广应用数字化技术、系统集成技术、智能化装备和建筑机器人，实现少人甚至无人工厂。加快人机智能交互、智能物流管理、增材制造等技术和智能装备的应用。以钢筋制作安装、模具安拆、混凝土浇筑、钢构件下料焊接、隔墙板和集成厨卫加工等工厂生产关键工艺环节为重点，推进工艺流程数字化和建筑机器人应用。以企业资源计划（ERP）平台为基础，进一步推动向生产管理子系统的延伸，实现工厂生产的信息化管理。推动在材料配送、钢筋加工、喷涂、铺贴地砖、安装隔墙板、高空焊接等现场施工环节，加强建筑机器人和智能控制造楼机等一体化施工设备的应用。

（四）培育产业体系。

探索适用于智能建造与建筑工业化协同发展的新型组织方式、流程和管理模式。加快培育具有智能建造系统解决方案能力的工程总承包企业，统筹建造活动全产业链，推动企业以多种形式紧密合作、协同创新，逐步形成以工程总承包企业为核心、相关领先企业深度参与的开放型产业体系。鼓励企业建立工程总承包项目多方协同智能建造工作平台，强化智能建造上下游协同工作，形成涵盖设计、生产、施工、技术服务的产业链。

（五）积极推行绿色建造。

实行工程建设项目全生命周期内的绿色建造，以节约资源、保护环境为核心，通过智能建造与建筑工业化协同发展，提高资源利用效率，减少建筑垃圾的产生，大幅降低能耗、物耗和水耗水平。推动建立建筑业绿色供应链，推行循环生产方式，提高建筑垃圾的综合利用水平。加大先进节能环保技术、工艺和装备的研发力度，提高能效水平，加快淘汰落后装备设备和技术，促进建筑业绿色改造升级。

（六）开放拓展应用场景。

加强智能建造及建筑工业化应用场景建设，推动科技成果转化、重大产品集成创新和示范应用。发挥重点项目以及大型项目示范引领作用，加大应用推广力度，拓宽各类技术的应用范围，初步形成集研发设计、数据训练、中试应用、科技金融于一体的综合应用模式。发挥龙头企业示范引领作用，在装配式建筑工厂打造“机器代人”应用场景，推动建立智能建造基地。梳理已经成熟应用的智能建造相关技术，定期发布成熟技术目录，并在基础条件较好、需求迫切的地区，率先推广应用。

（七）创新行业监管与服务模式。

推动各地加快研发适用于政府服务和决策的信息系统，探索建立大数据辅助科学决策和市场监管的机制，完善数字化成果交付、审查和存档管理体系。通过融合遥感信息、城市多维地理信息、建筑及地上地下设施的BIM、城市感知信息等多源信息，探索建立表达和管理城市三维空间全要素的城市信息模型（CIM）基础平台。建立健全与智能建造相适应的工程质量、安全监管模式与机制。引导大型总承包企业采购平台向行业电子商务平台转型，实现与供应链上下游企业间的互联互通，提高供应链协同水平。

五、保障措施

（一）加强组织实施。各地要建立智能建造和建筑工业化协同发展的体系框架，因地制宜制定具体实施方案，明确时间表、路线图及实施路径，强化部门联动，建立协同推进机制，落实属地管理责任，确保目标完成和任务落地。

（二）加大政策支持。各地要将现有各类产业支持政策进一步向智能建造领域倾斜，加大对智能建造关键技术研究、基础软硬件开发、智能系统和设备研制、项目应用示范等的支持力度。对经认定并取得高新技术企业资格的智能建造企业可按规定享受相关优惠政策。企业购置使用智能建造重大技术装备可按规定享受企业所得税、进口税收优惠等政策。推动建立和完善企业投入为主体的智能建造多元化投融资体系，鼓励创业投资和产业投资投向智能建造领域。各相关部门要加强跨部门、跨层级统筹协调，推动解决智能建造发展遇到的瓶颈问题。

（三）加大人才培育力度。各地要制定智能建造人才培育相关政策措施，明确目标任务，建立智能建造人才培养和发展的长效机制，打造多种形式的高层次人才培养平台。鼓励骨干企业和科研单位依托重大科研项目和示范应用工程，培养一批领军人才、专业技术人员、经营管理人员和产业工人队伍。加强后备人才培养，鼓励企业和高等院校深化合作，为智能建造发展提供人才后备保障。

（四）建立评估机制。各地要适时对智能建造与建筑工业化协同发展相关政策的实施情况进行评估，重点评估智能建造发展目标落实与完成情况、产业发展情况、政策出台情况、标准规范编制情况等，并通报结果。

（五）营造良好环境。要加强宣传推广，充分发挥相关企事业单位、行业学协会的作用，开展智能建造的政策宣传贯彻、技术指导、交流合作、成果推广。构建国际化创新合作机制，加强国际交流，推进开放合作，营造智能建造健康发展的良好环境。

中华人民共和国住房和城乡建设部
中华人民共和国国家发展和改革委员会
中华人民共和国科学技术部
中华人民共和国工业和信息化部
中华人民共和国人力资源和社会保障部
中华人民共和国生态环境部
中华人民共和国交通运输部
中华人民共和国水利部
国家税务总局
国家市场监督管理总局
中国银行保险监督管理委员会
国家铁路局
中国民用航空局
2020年7月3日

住房城乡建设部等部门关于加快新型建筑工业化发展的若干意见

建标规〔2020〕8号

各省、自治区、直辖市住房和城乡建设厅（委、管委）、教育厅（委）、科技厅（委、局）、工业和信息化主管部门、自然资源主管部门、生态环境厅（局），人民银行上海总部、各分行、营业管理部、省会(首府)城市中心支行、副省级城市中心支行，市场监管局（厅、委），各银保监局，新疆生产建设兵团住房和城乡建设局、教育局、科技局、工业和信息化局、自然资源主管部门、生态环境局、市场监管局：

新型建筑工业化是通过新一代信息技术驱动，以工程全寿命期系统化集成设计、精益化生产施工为主要手段，整合工程全产业链、价值链和创新链，实现工程建设高效益、高质量、低消耗、低排放的建筑工业化。《国务院办公厅关于大力发展装配式建筑的指导意见》（国办发〔2016〕71号）印发实施以来，以装配式建筑为代表的新型建筑工业化快速推进，建造水平和建筑品质明显提高。为全面贯彻新发展理念，推动城乡建设绿色发展和高质量发展，以新型建筑工业化带动建筑业全面转型升级，打造具有国际竞争力的“中国建造”品牌，提出以下意见。

一、加强系统化集成设计

（一）推动全产业链协同。推行新型建筑工业化项目建筑师负责制，鼓励设计单位提供全过程咨询服务。优化项目前期技术策划方案，统筹规划设计、构件和部品部件生产运输、施工安装和运营维护管理。引导建设单位和工程总承包单位以建筑最终产品和综合效益为目标，推进产业链上下游资源共享、系统集成和联动发展。

（二）促进多专业协同。通过数字化设计手段推进建筑、结构、设备管线、装修等多专业一体化集成设计，提高建筑整体性，避免二次拆分设计，确保设计深度符合生产和施工要求，发挥新型建筑工业化系统集成综合优势。

（三）推进标准化设计。完善设计选型标准，实施建筑平面、立面、构件和部品部件、接口标准化设计，推广少规格、多组合设计方法，以学校、医院、办公楼、酒店、住宅等为重点，强化设计引领，推广装配式建筑体系。

（四）强化设计方案技术论证。落实新型建筑工业化项目标准化设计、工业化建造与建筑风貌有机统一的建筑设计要求，塑造城市特色风貌。在建筑设计方案审查阶段，加强对新型建筑工业化项目设计要求落实情况的论证，避免建筑风貌千篇一律。

二、优化构件和部品部件生产

（五）推动构件和部件标准化。编制主要构件尺寸指南，推进型钢和混凝土构件以及预制混凝土墙板、叠合楼板、楼梯等通用部件的工厂化生产，满足标准化设计选型要求，扩大标准化构件和部品部件使用规模，逐步降低构件和部件生产成本。

（六）完善集成化建筑部品。编制集成化、模块化建筑部品相关标准图集，提高整体卫浴、集成厨房、整体门窗等建筑部品的产业配套能力，逐步形成标准化、系列化的建筑部品供应体系。

（七）促进产能供需平衡。综合考虑构件、部品部件运输和服务半径，引导产能合理布局，加强市场信息监测，定期发布构件和部品部件产能供需情况，提高产能利用率。

（八）推进构件和部品部件认证工作。编制新型建筑工业化构件和部品部件相关技术要求，推行质量认证制度，健全配套保险制度，提高产品配套能力和质量水平。

（九）推广应用绿色建材。发展安全健康、环境友好、性能优良的新型建材，推进绿色建材认证和推广应用，推动装配式建筑等新型建筑工业化项目率先采用绿色建材，逐步提高城镇新建建筑中绿色建材应用比例。

三、推广精益化施工

（十）大力发展钢结构建筑。鼓励医院、学校等公共建筑优先采用钢结构，积极推进钢结构住宅和农房建设。完善钢结构建筑防火、防腐等性能与技术措施，加大热轧H型钢、耐候钢和耐火钢应用，推动钢结构建筑关键技术和相关产业全面发展。

（十一）推广装配式混凝土建筑。完善适用于不同建筑类型的装配式混凝土建筑结构体系，加大高性能混凝土、高强钢筋和消能减震、预应力技术的集成应用。在保障性住房和商品住宅中积极应用装配式混凝土结构，鼓励有条件的地区全面推广应用预制内隔墙、预制楼梯板和预制楼板。

（十二）推进建筑全装修。装配式建筑、星级绿色建筑工程项目应推广全装修，积极发展成品住宅，倡导菜单式全装修，满足消费者个性化需求。推进装配化装修方式在商品住房项目中的应用，推广管线分离、一体化装修技术，推广集成化模块化建筑部品，提高装修品质，降低运行维护成本。

（十三）优化施工工艺工法。推行装配化绿色施工方式，引导施工企业研发与精益化施工相适应的部品部件吊装、运输与堆放、部品部件连接等施工工艺工法，推广应用钢筋定位钢板等配套装备和机具，在材料搬运、钢筋加工、高空焊接等环节提升现场施工工业化水平。

（十四）创新施工组织方式。完善与新型建筑工业化相适应的精益化施工组织方式，推广设计、采购、生产、施工一体化模式，实行装配式建筑装饰装修与主体结构、机电设备协同施工，发挥结构与装修穿插施工优势，提高施工现场精细化管理水平。

（十五）提高施工质量和效益。加强构件和部品部件进场、施工安装、节点连接灌浆、密封防水等关键部位和工序质量安全管控，强化对施工管理人员和一线作业人员的质量安全技术交底，通过全过程组织管理和技术优化集成，全面提升施工质量和效益。

四、加快信息技术融合发展

（十六）大力推广建筑信息模型（BIM）技术。加快推进BIM技术在新型建筑工业化全寿命期的一体化集成应用。充分利用社会资源，共同建立、维护基于BIM技术的标准化部品部件库，实现设计、采购、生产、建造、交付、运行维护等阶段的信息互联互通和交互共享。试点推进BIM报建审批和施工图BIM审图模式，推进与城市信息模型（CIM）平台的融通联动，提高信息化监管能力，提高建筑行业全产业链资源配置效率。

（十七）加快应用大数据技术。推动大数据技术在工程项目管理、招标投标环节和信用体系建设中的应用，依托全国建筑市场监管公共服务平台，汇聚整合和分析相关企业、项目、从业人员和信用信息等相关大数据，支撑市场监测和数据分析，提高建筑行业公共服务能力和监管效率。

（十八）推广应用物联网技术。推动传感器网络、低功耗广域网、5G、边缘计算、射频识别（RFID）及二维码识别等物联网技术在智慧工地的集成应用，发展可穿戴设备，提高建筑工人健康及安全监测能力，推动物联网技术在监控管理、节能减排和智能建筑中的应用。

（十九）推进发展智能建造技术。加快新型建筑工业化与高端制造业深度融合，搭建建筑产业互联网平台。推动智能光伏应用示范，促进与建筑相结合的光伏发电系统应用。开展生产装备、施工设备的智能化升级行动，鼓励应用建筑机器人、工业机器人、智能移动终端等智能设备。推广智能家居、智能办公、楼宇自动化系统，提升建筑的便捷性和舒适度。

五、创新组织管理模式

（二十）大力推行工程总承包。新型建筑工业化项目积极推行工程总承包模式，促进设计、生产、施工深度融合。引导骨干企业提高项目管理、技术创新和资源配置能力，培育具有综合管理能力的工程总承包企业，落实工程总承包单位的主体责任，保障工程总承包单位的合法权益。

（二十一）发展全过程工程咨询。大力发展以市场需求为导向、满足委托方多样化需求的全过程工程咨询服务，培育具备勘察、设计、监理、招标代理、造价等业务能力的全过程工程咨询企业。

（二十二）完善预制构件监管。加强预制构件质量管理，积极采用驻厂监造制度，实行全过程质量责任追溯，鼓励采用构件生产企业备案管理、构件质量飞行检查等手段，建立长效机制。

（二十三）探索工程保险制度。建立完善工程质量保险和担保制度，通过保险的风险事故预防和费率调节机制帮助企业加强风险管控，保障建筑工程质量。

（二十四）建立使用者监督机制。编制绿色住宅购房人验房指南，鼓励将住宅绿色性能和全装修质量相关指标纳入商品房买卖合同、住宅质量保证书和住宅使用说明书，明确质量保修责任和纠纷处理方式，保障购房人权益。

六、强化科技支撑

（二十五）培育科技创新基地。组建一批新型建筑工业化技术创新中心、重点实验室等创新基地，鼓励骨干企业、高等院校、科研院所等联合建立新型建筑工业化产业技术创新联盟。

（二十六）加大科技研发力度。大力支持 BIM 底层平台软件的研发，加大钢结构住宅在围护体系、材料性能、连接工艺等方面的联合攻关，加快装配式混凝土结构灌浆质量检测和高效连接技术研发，加强建筑机器人等智能建造技术产品研发。

（二十七）推动科技成果转化。建立新型建筑工业化重大科技成果库，加大科技成果公开，促进科技成果转化应用，推动建筑领域新技术、新材料、新产品、新工艺创新发展。

七、加快专业人才培育

（二十八）培育专业技术管理人才。大力培养新型建筑工业化专业人才，壮大设计、生产、施工、管理等方面人才队伍，加强新型建筑工业化专业技术人员继续教育，鼓励企业建立首席信息官（CIO）制度。

（二十九）培育技能型产业工人。深化建筑用工制度改革，完善建筑业从业人员技能水平评价体系，促进学历证书与职业技能等级证书融通衔接。打通建筑工人职业化发展道路，弘扬工匠精神，加强职业技能培训，大力培育产业工人队伍。

（三十）加大后备人才培养。推动新型建筑工业化相关企业开展校企合作，支持校企共建一批现代产业学院，支持院校对接建筑行业发展新需求、新业态、新技术，开设装配式建筑相关课程，创新人才培养模式，提供专业人才保障。

八、开展新型建筑工业化项目评价

（三十一）制定评价标准。建立新型建筑工业化项目评价技术指标体系，重点突出信息化技术应用情况，引领建筑工程项目不断提高劳动生产率和建筑品质。

（三十二）建立评价结果应用机制。鼓励新型建筑工业化项目单位在项目竣工后，按照评价标准开展自评价或委托第三方评价，积极探索区域性新型建筑工业化系统评价，评价结果可作为奖励政策重要参考。

九、加大政策扶持力度

（三十三）强化项目落地。各地住房和城乡建设部门要会同有关部门组织编制新型建筑工业化专项规划和年度发展计划，明确发展目标、重点任务和具体实施范围。要加大推进力度，在项目立项、项目审批、项目管理各环节明确新型建筑工业化的鼓励性措施。政府投资工程要带头按照新型建筑工业化方式建设，鼓励支持社会投资项目采用新型建筑工业化方式。

（三十四）加大金融扶持。支持新型建筑工业化企业通过发行企业债券、公司债券等方式开展融资。完善绿色金融支持新型建筑工业化的政策环境，积极探索多元化绿色金融支持方式，对达到绿色建筑星级标准的新型建筑工业化项目给予绿色金融支持。用好国家绿色发展基金，在不新增隐性债务的前提下鼓励各地设立专项基金。

（三十五）加大环保政策支持。支持施工企业做好环境影响评价和监测，在重污染天气期间，装配式等新型建筑工业化项目在非土石方作业的施工环节可以不停工。建立建筑垃圾排放限额标准，开展施工现场建筑垃圾排放公示，鼓励各地对施工现场达到建筑垃圾减量化要求的施工企业给予奖励。

（三十六）加强科技推广支持。推动国家重点研发计划和科研项目支持新型建筑工业化技术研发，鼓励各地优先将新型建筑工业化相关技术纳入住房和城乡建设领域推广应用技术公告和科技成果推广目录。

（三十七）加大评奖评优政策支持。将城市新型建筑工业化发展水平纳入中国人居环境奖评选、国家生态园林城市评估指标体系。大力支持新型建筑工业化项目参与绿色建筑创新奖评选。

中华人民共和国住房和城乡建设部
中华人民共和国教育部
中华人民共和国科学技术部
中华人民共和国工业和信息化部
中华人民共和国自然资源部
中华人民共和国生态环境部
中国人民银行
国家市场监督管理总局
中国银行保险监督管理委员会
2020 年 8 月 28 日

2 特别报道

TEBIEBAODAO

国检集团成功举办 2019 绿色建材大会暨第五届绿色建筑选材高峰论坛

近日，由国检集团、国家新材料测试评价平台先进无机非金属材料行业中心共同主办的“2019 绿色建材大会暨第五届绿色建筑选材高峰论坛”在北京举行，来自绿色建材与绿色建筑产业链的建筑师、设计师、地产商、科研院所、生产企业等近 300 位代表出席。

本届论坛由国检集团副总经理陈璐和认证评价中心副总经理闫浩春主持。

论坛特别邀请到中国建材集团总工程师、中国建材总院院长姚燕和中国防伪协会理事长、原国家质检总局总工程师刘卓慧等领导莅临指导。

建材行业标准现状与 CSTM 建材领域标准体系

——CSTM/FC03 主任委员、中国建材集团总工、中国建材总院院长，姚燕

先进防伪技术助力绿色产品及其认证体系发展

——中国防伪协会理事长，刘卓慧

此外，本届论坛还特邀工信部国合中心能源资源环境研究所所长毛涛、中国中建设计集团总建筑师薛峰、清华大学建筑环境检测中心主任张寅平、国检集团总工程师蒋荃、GIGA 循绿创始人 Reafer Wallis、清华设计院协同创新中心主任黄献明、中国城市科学研究会绿建中心主任孟冲等知名专家作了专题报告。

以绿色供应链推动建材行业绿色发展

——工信部国合中心能源资源环境研究所所长，毛涛

建筑师主导的绿色设计新方法

——中国中建设计集团总建筑师，薛峰

围绕新时代建筑评估体系的选材技术

——国检集团总工程师，蒋荃

宜居建筑健康微气候系统设计理念与解决方案
——中德合资米格（浙江）创新科技有限公司副总经理，刘浩

挑战和机遇：中国健康建筑室内空气质量研究
——清华大学建筑环境检测中心主任，张寅平

营造绿色产业链，促进绿色建材推广应用
——天津生态城绿色建筑研究院助理院长，王瀛

优质的建材数据：健康空间的开始
——GIGA 循绿创始人，Reafer Wallis

易派客电商平台与质量评价体系介绍
——中石化物资装备部主管，胡鹏军

中国绿色产品认证最新政策与技术进展
——国检集团认证评价中心部长，刘翼

光伏光热一体化系统在建筑中的应用

——廊谷天津新能源科技有限公司总经理，崔雅楠

GB/T 50378—2019《绿色建筑评价标准》修订情况简介

——中国城市科学研究会绿建中心主任，孟冲

学校建筑的绿色选材需求与标准

——清华设计院协同创新中心主任，黄献明

奥润顺达超低能耗建筑绿色建筑中国实践
——奥润顺达集团总工办主任，赵及建

在本届论坛上，国检集团为近50家企业通过评价的绿色建材产品举行了颁牌仪式。

本届论坛为新型建材单位提供了产品展示平台，米格（浙江）创新科技有限公司、廊谷（天津）新能源科技有限公司等单位在论坛上发布了各自领域的新型建材产品。

论坛次日上午，国检集团为与会代表提供了建材行业绿色评价认证的专题培训，下午安排与会代表共赴国家建筑节能技术国际创新园区进行了实地参观考察。

2019 年上半年，主管部门针对建材行业绿色发展相关的文件密集发布。无论是建筑需求侧的变化，还是供给侧的结构性改革，种种迹象表明，绿色建材、绿色建筑的新时代即将到来。围绕这些最新的形势，国检集团作为我国绿色建材评价技术的发源地和领跑者，为更好地推动绿色建材与绿色建筑协同发展，特邀来自绿色建材产业链所涉及的研发、生产、设计、应用等各路代表齐聚一堂，深入探讨绿色建材与绿色建筑如何通过第三方评价认证和服务平台实现有效衔接，协同创新，共同发展的话题。国检集团已是第五次成功举办该论坛。

中欧绿建创新论坛暨第六届中国绿色建材大会圆满举行

在常州市人民政府、中国房地产业协会、中国绿色供应链联盟、工业和信息化部国际经济技术合作中心、住房城乡建设部科技与产业化发展中心、中国建筑材料科学研究总院的指导下，由常州市武进区人民政府主办，常州市武进绿色建筑产业集聚示范区、中国建材检验认证集团股份有限公司（国检集团）承办的“中欧绿建创新论坛暨第六届中国绿色建材大会”10月14日—15日在武进举行。活动以“绿色低碳发展、创新合作共赢”为主题，参加活动的领导有：全国政协经济委员会副主任刘利华，江苏省政协副主席、党组副书记阎立，中国绿色供应链联盟理事长、工业和信息化部原党组成员金书波，十一届全国政协常委、人口资源环境委员会副主任、建设部原副部长、党组副书记刘志峰，中国房地产业协会副会长兼秘书长、住房城乡建设部原总工程师陈宜明，中国工程院院士、东南大学学术委员会主任、江苏省建筑科学研究院有限公司董事长缪昌文，工业和信息化部国际经济技术合作中心主任郑红，工业和信息化部国际经济技术合作中心副主任李毅锴，住房城乡建设部科技与产业化发展中心副主任梁俊强，江苏省政府外事办公室副主任杨菁，常州市政协主席白云萍，常州市副市长、武进区委书记李林，武进区政协主席石伟东，武进区委常委、副区长刘志峰。参加活动的外宾有：欧盟驻华使团气候行动与能源参赞 Octavian STAMATE，丹麦驻华使馆行业参赞 CHRISTINA ANDERSKOV，奥地利驻华使馆技术参赞 Max Pfeiler。参加活动的还有中国建材集团科技管理部总经理郅晓，同济大学中德工程学院院长冯晓，中国建材检验认证集团股份有限公司总经理朱连滨，常州工程职业技术学院副院长潘玉琴以及来自国家相关职能部门、行业协会、企业界代表和常州市、武进区相关职能部门400余人相聚武进，共同探讨绿色低碳发展，谋求创新合作共赢。

常州市副市长、武进区委书记李林致欢迎词

欧盟驻华代表团傅维恩（Octavian STAMATE）参赞视频致辞

丹麦驻华使馆安娜娜（Christina ANDERSKOV）参赞致辞

奥地利驻华使馆孙晓龙（Max PFEILER）参赞致辞

中国绿色供应链联盟理事长金书波讲话

全国政协经济委员会副主任刘利华讲话

江苏省政协副主席、党组副书记阎立宣布中欧绿建创新论坛暨第六届中国绿色建材大会启动

活动现场，首先发布了“中欧（常州）绿色创新园”规划；有关领导为“中欧（常州）绿色创新园”、“中欧绿建国际交流中心”、“中欧绿色建筑教育研究培训基地”进行了揭牌，发布《中国绿色供应链联盟常州宣言》；绿建区及园区企业与有关合作方进行了项目签约；中国绿色供应链联盟为中国绿色供应链联盟绿色建材产品专委会主任成员单位国检集团和执行主任单位武进绿建区分别授牌；国检集团和绿建区领导为有关企业颁发了绿色产品认证证书，为中国绿色供应链联盟绿色建材产品专委会专家、中欧绿建国际交流中心专家颁发了聘书并为中国绿色供应链联盟绿色建材产品专委会副主任成员单位授牌。

“中欧（常州）绿色创新园”揭牌

为绿色建材产品专委会主任委员、执行主任委员授牌

工业和信息化部国际经济技术合作中心副主任李毅锴发布《中欧（常州）绿色创新园区发展规划》

“中欧绿建国际交流中心”和“中欧绿色建筑教育研究培训基地”同步揭牌

常州市武进区委常委、副区长刘志峰发布《中国绿色供应链联盟常州宣言》

14 月上午的启动仪式上，中国房地产业协会副会长兼秘书长陈宜明的发言和中国工程院院士缪昌文围绕绿色建筑和绿色建材的前沿技术和应用前景的主旨演讲，带领大家共同感受了未来美好生活的愿景。

14日下午的论坛由国检集团认证评价中心总经理、绿色建材专委会秘书长闫浩春主持，中国建材集团科技管理部郅晓、工业和信息化部国际经济技术合作中心能源资源环境研究所所长毛涛、国检集团总工程师蒋荃、住房城乡建设部科技中心张澜沁、阿拉善的高级项目经理卢之遥、中国中元国际工程有限公司智慧城市与绿色建筑中心主任毕超、龙瑞新能源工程（杭州）有限公司首席执行官包钢等12位知名专家和行业代表围绕绿色建材与绿色建筑最新的形势作了专题发言，以更好地推动绿色建材与绿色建筑协同发展。

在圆桌会议环节，为加强绿色建筑和建材领域的国际合作，推动绿色建材在建筑领域的广泛运用，更好服务建材领域产业和企业。中欧业界权威人士与与会代表就共同推动中欧绿色企业合作发展、欧洲在绿色建筑产业方面的先进理念、绿色园区建设前景、企业绿色发展中的机遇与诉求等热点问题以及房地产商与绿色地产需求、房地产绿色供应链指数等话题进行深度对话。

活动尾声，国检集团为通过儿童安全级产品等认证评价的到会企业授牌，中国绿色供应链联盟绿色建材产品专委会为 35 家成员单位进行了授牌。

根据活动安排，15日上午与会代表共赴江苏省绿色建筑博览园、研砼治筑、绿和环境等绿建项目进行了实地参观考察。

此次活动的举办，将架起中国常州与欧盟在绿色产业特别是绿建产业方面的桥梁，搭建产业合作交流平台，更好地服务绿建领域产业和企业，带动绿色建材和绿色建筑行业的快速发展。凝聚引领绿色建材专委会成员单位共同走向“绿色”的最前沿，感受最高端的“绿色”风暴，掀开绿色建筑与建材发展的新篇章。

3 标准化工作

BIAOZHUNHUAGONGZUO

中国建材检验认证集团股份有限公司

国检集团函〔2018〕143号

关于征集认证认可行业标准《室内装饰装修服务认证要求》参编单位的函

各有关单位：

根据国家认监委“关于下达2018年第一批认证认可行业标准制（修）订计划项目的通知”（国认科〔2018〕39号），由中国建材检验认证集团股份有限公司负责认证认可行业标准《室内装饰装修服务认证要求》的编制工作，完成时间为2020年4月30日。

《质量发展纲要（2011~2020年）》提出，认证认可工作重点之一是“加快实施服务认证”，提出至2020年全国实现服务质量的标准化、规范化和品牌化，服务业质量水平显著提升，达到或接近国际先进水平，服务业品牌价值和效益大幅提升，推动实现服务业大发展的总体安排。

当前，我国室内装饰装修服务行业发展正在“从小规模到产业化”，“从无序竞争到品牌较量”的转变阶段，形成集成化、工厂化生产，选择联合、加盟、合作等各种形式的发展模式，企业制度、经营模式、增长方式正面临重大改变。如何在新的发展阶段，规范室内装饰装修服务行业，创造标准化的服务模式和监督体制，已成为关系到室内装饰装修行业做大做强和“二次发展创业”成败的关键所在。通过采取国际通行的服务认证和分级认证的模式，将服务质量评价的结果明示给服务购买者，可促进室内装饰装修服务行业的规范性和一致性，打造透明、可信和可靠的消费环境，提高顾客满意度水平，对促进品牌培育，引领转型升级具有重要的现实意义。

《室内装饰装修服务认证要求》旨在为认证机构提供室内装饰装修服务认证要求及其评价准则和方法。为保证该标准的科学性、合理性和可操作性，现面向行业征集参编单位，共同完成标准的编制工作。有意愿参编的单位，请填写申请表（附件）并加盖公章，将扫描件发送至xuxin@ctc.ac.cn。

联系人：许欣、赵春芝、马丽萍、张启龙、文刚、刘翼

电　话：010-51167148，51167578，51167005

邮　箱：xuxin@ctc.ac.cn

附件：参编申请表

中国建材检验认证集团股份有限公司

2018年8月2日

综合管理部　　2018年8月2日印发

中国建材检验认证集团股份有限公司

关于征集《健康建材评价标准》参编单位的函

各有关单位：

中共中央、国务院发布的《“健康中国2030”规划纲要》明确提出，到2030年要实现主要健康危险因素得到有效控制，全民健康素养大幅提高，健康生活方式得到全面普及。2020年突如其来的“新冠疫情”让我们充分意识到，要实现“健康中国”的目标还任重道远，需要各行各业更多的创新和行动。其中与居民衣、食、住、用、行中的“住”密切相关的健康建筑是“健康中国”战略的重要组成部分和载体。健康建筑及其配套的健康建材产业链将会是一个规模巨大、潜力无限的行业。

在此情形下，当前市场上出现了众多以“健康”冠名的建材产品，不过相应的权威评价标准和第三方认证却出现了空白和缺位。这直接导致了部分企业将名不符实、借题炒作的产品流入市场，误导消费者购买，造成消费市场混乱。

鉴于此，为健全健康建材市场体系，增加健康建材产品供给，提升健康建材产品质量，支撑健康建筑选材需求，推进绿色建材向健康建材深层次发展，中国建材检验认证集团股份有限公司（国检集团）会同中国建材市场协会人居健康分会、中国健康管理协会标准化与评价分会和红星美凯龙家居集团股份有限公司北京人居健筑工程技术研究院、中国大家居教育平台等单位，组织相关科研院所和骨干企业、行业专家在绿色建材的基础上，共同制定“以人为本”、满足健康建筑需求和行业发展要求的《健康建材评价标准》，该团体标准已在中国建材市场协会立项（附件一）。后续，国检集团将依托该标准，打造具有行业认可度和市场认知度的“中国健康建材”认证项目。

为保证标准编制的科学性、权威性和可操作性，现面向健康建材行业征集有意参与该项工作的企事业单位。本标准拟在各类建材和制品符合严苛的有害物质和污染源控制的基础上，突出“主动健康”的功能性，包括以下方面：

1. 具有空气净化功能，可改善居室空气质量的；
2. 具有防霉抗菌功能，可改善居室水质或微生物环境的；
3. 具有调节功能，可改善居室声、光、热、湿等建筑物理环境舒适度的；
4. 产品符合人体工程学设计，使用中具有舒适、安全或健康等功能的；
5. 其他可提升人居环境健康水平的。

有意参与该项标准的单位，请填写标准参编申请表（附件二），盖章扫描发送至：

联系人：刘翼、马丽萍、蒋荃

电　话：010-51167005、51167148

邮　箱：liuyi@ctc.ac.cn

中国建材检验认证集团股份有限公司

二〇二〇年四月十五日

中国建筑材料联合会
金属复合材料分会文件

中建材联金属分会秘发[2019]012 号

关于邀请参加建材行业标准《金属复合装饰材料行业绿色工厂评价要求》和《金属复合装饰材料行业绿色供应链管理 导则》编制工作的函

各有关单位：

为贯彻落实《中国制造 2025》和《工业绿色发展规划（2016-2020 年）》，工业和信息化部等多部门联合印发了《绿色制造工程实施指南（2016-2020 年）》，其明确了到 2020 年要在我国工业企业中初步建立包含绿色工厂、绿色供应链、绿色产品、绿色园区在内的绿色制造体系，各省市也依此陆续出台了创建省市级绿色工厂、绿色供应链的政策文件。2019 年，国家发展和改革委、科技部联合印发的《关于创建市场导向的绿色技术创新体系的指导意见》中，进一步明确提出“要健全绿色工厂评价体系，开展绿色工厂建设示范”、“推动企业运用互联网信息化技术，建立覆盖原材料采购、生产、物流、销售、回收等环节的绿色供应链管理体系”。

为支撑金属复合装饰材料行业的绿色制造体系规范化创建、管理与评估等工作，根据《工业和信息化部办公厅关于印发2019年第二批行业标准制修订项目计划的通知》（工信厅科函【2019】195号）的要求，由中国建材检验认证集团股份有限公司和中国建材联合会金属复合材料分会牵头负责两项建材行业标准《金属复合装饰材料行业绿色工厂评价要求》和《金属复合装饰材料行业绿色供应链管理 导则》的编制工作，计划编号分别为：2019-0667T-JC和2019-0668T-JC。

为使标准内容更加科学、合理、协调、可操作，现征集业内有代表性的骨干企业、机构、专家学者参与标准制定工作。如有意愿参加，请填写参编申请（附件一）并加盖公章后，将扫描件发送至1113011048@qq.com。

联系人：汪一强、马丽萍

电　话：010-51167662

邮　箱：1113011048@qq.com

附件一：标准参编申请

中国建筑材料联合会金属复合材料分会

2019年10月15日

中国建材检验认证集团股份有限公司

关于邀请参加《建材产品水足迹核算、评价与报告通则》认证认可行业标准编制工作的函

各有关单位：

根据国家认证认可监督管理委员会“认监委关于下达2019年认证认可行业标准制修订计划项目的通知”（国认监[2019]13号）要求，由中国建材检验认证集团股份有限公司牵头负责认证认可行业标准《建材产品水足迹核算、评价与报告通则》的编制工作，计划编号：2019RB009。

水是事关国计民生的基础性自然资源和战略性经济资源，是生态环境的控制性要素。习近平总书记在党的十九大报告中提出要“实施国家节水行动”。2019年，发改委、水利部联合印发了《国家节水行动方案》，提高水资源利用效益、建设节水型社会上升为国家战略。在此情形下，基于全生命周期理念，着眼统筹兼顾源头控制、过程用水效率提升和末端污染防控的水资源综合管控体系，同时充分利用评价、认证等国际通行的技术手段和市场化机制，构建以水足迹理念为基础的水资源观，对于落实国家“节水优先”方针具有重要意义，也将为“以水定城、以水定地、以水定人、以水定产”等制度的落实提供切实可行的技术方案。

本标准将立足于建材行业，运用基于生命周期的水足迹思维，通过实现对建材行业产品生命周期内水资源利用及水污染管控的可核查、可评价、可报告，一方面为建材行业节水型标杆产品的评价认证工作提供科学、合理、可操作的技术支撑，同时也有助于为建材工业企业加强水资源取用、产排污管控，为行业和政府部门制定节水减排管控政策提供参考，具有较好的行业示范意义。

为保证该标准的科学、合理和可操作性，现征集业内有代表性的骨干企业、机构、专家学者参与标准制定工作。如有意愿参加，请填写申请表（附件）并加盖公章后，将扫描件发送至 mlp@ctc.ac.cn。

联系人：马丽萍、张艳姣、刘翼、蒋荃

电　话：010-51167148、51167005

E-mail：mlp@ctc.ac.cn

中国建材检验认证集团股份有限公司

二〇二〇年六月八日

中国建材检验认证集团股份有限公司
中国民族建筑研究会标准办公室

关于征集《近零能耗建筑用产品评价外窗》等四项标准参编单位的函

各有关单位:

当前，在全球积极构建应对气候变化机制、追逐高质量可持续发展的浪潮中，以“低能耗建筑、超低能耗建筑、近零能耗建筑、（净）零能耗建筑”为代表的建筑新业态成为推进建筑节能工作的重要内容，获得了世界各国的广泛关注。2017 年 2 月，住房和城乡建设部发布的《建筑节能与绿色建筑发展“十三五”规划》提出“积极开展超低能耗建筑、近零能耗建筑建设示范”，“到 2020 年，建设超低能耗、近零能耗建筑示范项目 1000 万平方米以上”。在此背景下，近零能耗建筑在中国得到了迅猛发展，年建造量持续攀升，已成为引领新时期建筑节能发展航向的新舵手，同时也对担当其关键支撑要素的建筑材料提出了更高更严格的要求。然而，针对“近零能耗建筑用产品”的权威的评价标准和第三方认证却出现了空白和缺位，制约着近零能耗建筑的推广和应用。

鉴于此，中国建材检验认证集团股份有限公司（国检集团）联合中材绿建（北京）建筑节能技术有限公司（中材绿建）会同中国民族建筑研究会，组织相关科研院所和骨干企业、行业专家，基于当前建筑材料在近零能耗建筑中的应用发展实际，共同制定科学、规范、系统的近零能耗建筑用产品评价标准。目前已成功立项以下四项标准：

1.《近零能耗建筑用产品评价　防水透气、隔气材料》

2.《近零能耗建筑用产品评价　外窗》

3.《近零能耗建筑用产品评价　遮阳产品》

4.《近零能耗建筑用产品评价　保温系统材料》

为保证标准编制的科学性、权威性和可操作性，现面向行业征集有意参与该项工作的企事业单位。有意参与者，请填写标准参编申请表（见附件），盖章扫描发送至以下联系方式：

（一）中国建材检验认证集团股份有限公司

联系人：刘翼、马丽萍、蒋荃

电　话：010-51167005，51167148

邮　箱：lsjc@ctc.ac.cn

（二）中国民族建筑研究会标准办公室

联系人：赵红元、康健、王涛、郑小芹、王艳、何心

电　话：010-63266752

邮　箱：zgmzljw@163.com

中国建材检验认证集团股份有限公司
二〇二〇年六月二十三日

中国民族建筑研究会标准办公室
二〇二〇年六月二十三日

中国建材检验认证集团股份有限公司

关于邀请参加《绿色建材评价系列标准》编制工作的函

各有关单位：

为大力发展绿色建材，支撑建筑节能、绿色建筑和新型城镇化建设需求，促进建材工业转型升级，落实中共中央、国务院《关于开展质量提升行动的指导意见》中关于完善绿色建材标准的要求，依据《中国工程建设标准化协会2017年第三批产品标准试点项目计划》，受住房和城乡建设部科技与产业发展中心委托，由中国建材检验认证集团股份有限公司牵头负责其中29项绿色建材评价标准的编制任务(见编制任务清单)。

为使标准的编制更加科学、先进和可操作，并保证按时完成，现征集业内有代表性的科研院所和骨干企业作为参编单位。如贵单位有意愿参加，请填好参编申请表并加盖公章后，将扫描件发送至Lsjc@ctc.ac.cn。

联系人：任世伟、马丽萍、许欣、文刚、刘翼、蒋荃

电　话：010-51167578　　　邮　箱：Lsjc@ctc.ac.cn

中国建材检验认证集团股份有限公司

2018年12月30日

编制任务清单

绿色建材评价 智能坐便器

绿色建材评价 刚性防水材料

绿色建材评价 建筑玻璃用功能膜

绿色建材评价 防霉抗菌材料

绿色建材评价 弹性地板

绿色建材评价 集成式卫浴

绿色建材评价 金属给排水管材管件

绿色建材评价 泡沫铝板

绿色建材评价 镀锌钢龙骨

中国建材检验认证集团股份有限公司

关于邀请参加《“领跑者”标准评价要求 聚氯乙烯弹性地板》等七项标准编制的函

各有关单位：

2018年6月，国家市场监管总局、发展改革委、科技部、工业和信息化部、财政部、生态环境部、交通运输部、人民银行等八部门联合印发《关于实施企业标准“领跑者”制度的意见》，（国市监标准〔2018〕84号），提出建立实施企业标准“领跑者”制度，以通过高水平标准引领、增加中高端产品供给，支撑国家高质量发展。目前，企业标准领跑者制度正在有序推进，且形成了一定的社会认知度和行业影响力。各省市亦陆续出台了经济奖励、政府优先采购、信贷支持等激励政策，逐步引导市场资源向“领跑者”企业倾斜，推进企业标准“领跑者”制度向纵深发展。

为贯彻落实企业标准“领跑者”制度，支撑企业标准“领跑者”评估与选拔，中国建材检验认证集团股份有限公司（国检集团）联合中国标准化研究院、中国建材联合会、中国技术经济协会等共同立项、制定以下七项企业标准“领跑者”系列标准：

1.《“领跑者”标准评价要求　聚氯乙烯弹性地板》

2.《“领跑者”标准评价要求　木门》

3.《“领跑者”标准评价要求　木质地板》

4.《“领跑者”标准评价要求　纸面石膏板》

5.《“领跑者”标准评价要求　儿童床》

6.《“领跑者”标准评价要求　儿童高椅》

7.《“领跑者”标准评价要求　儿童柜》

为使标准的编制更加科学、权威和可操作，现征集业内有代表性的科研院所和骨干企业作为参编单位。有意参与者，请填写参编申请（见附件）并加盖公章后，发送至以下联系方式：

联系人：张启龙、刘佳、冯玉启、任世伟

电　话：010-51167578，51167148

邮　箱：fengyuqi@ctc.ac.cn

附件：标准参编申请

中国建材检验认证集团股份有限公司

2020 年 12 月 11 日

4 绿色评价·认证服务

LÜSEPINGJIA·RENZHENGFUWU

中国绿色产品认证

认证简介

“绿色产品”是指在全生命周期过程中，符合环境保护要求，对生态环境和人体健康无害或危害小、资源能源消耗少、品质高的产品。以终端消费品为主，具有资源节约、环境友好、消费友好的内涵。“绿色产品认证”是指由具备资质的认证机构，依据国家绿色产品认证相关要求，按照国家统一发布的《绿色产品评价标准清单及产品目录》以及相应的实施规则所开展的自愿性产品认证。

开展“绿色产品认证”是贯彻落实2015年9月中共中央、国务院印发的《生态文明体制改革总体方案》及随后印发的《国务院办公厅关于建立统一的绿色产品标准、认证、标识体系的意见》等的重要举措；是助力国家实现“建立统一的绿色产品体系，将目前分头设立的环保、节能、节水、循环、低碳、再生、有机等产品统一整合为绿色产品，减轻企业制度性交易成本”的有效途径。其深远意义，在于通过“绿色产品认证”，增加绿色产品有效供给，引导绿色生产和绿色消费，全面提升绿色发展质量和效益，增强社会公众的获得感。

相关政策

中共中央、国务院《生态文明体制改革总体方案》

《国务院办公厅关于建立统一的绿色产品标准、认证、标识体系的意见》（国办发〔2016〕86号）

《质检总局 住房城乡建设部 工业和信息化部 国家认监委 国家标准委关于推动绿色建材产品标准、认证、标识工作的指导意见》（国质检认联〔2017〕544号）

《国家认监委关于发布绿色产品认证标识的公告》（认监委2018年第13号）

《国家市场监督管理总局关于绿色产品评价标准清单及认证目录（第一批）的公告》（2018年第2号）

《市场监管总局关于发布绿色产品标识使用管理办法的公告》（2019年第20号）

《国家认监委关于支持湖州市开展绿色产品认证试点的复函》（国认证函〔2018〕12号）

湖州试点：《湖州市人民政府办公室关于开展绿色产品认证试点工作的实施意见》（湖政办发〔2018〕55号）

绿色产品标准清单与认证目录（第一批）

序号	标准编号	标准名称
1	GB/T 35601—2017	绿色产品评价 人造板和木质地板
2	GB/T 35602—2017	绿色产品评价 涂料
3	GB/T 35603—2017	绿色产品评价 卫生陶瓷
4	GB/T 35604—2017	绿色产品评价 建筑玻璃
5	GB/T 35606—2017	绿色产品评价 太阳能热水系统
6	GB/T 35607—2017	绿色产品评价 家具
7	GB/T 35608—2017	绿色产品评价 绝热材料
8	GB/T 35609—2017	绿色产品评价 防水与密封材料
9	GB/T 35610—2017	绿色产品评价 陶瓷砖（板）
10	GB/T 35611—2017	绿色产品评价 纺织产品
11	GB/T 35612—2017	绿色产品评价 木塑制品
12	GB/T 35613—2017	绿色产品评价 纸和纸制品

联系方式

联系人：马丽萍、任世伟、黄梦迟、刘翼、许欣

电话：51167148、51167578

住房城乡建设部、工业和信息化部绿色建材评价标识

标识简介

为落实国家政策，为大力发展绿色建材，支撑建筑节能、绿色建筑和新型城镇化建设需求，落实节约资源、保护环境的基本国策，加快转变城乡建设模式和建筑业发展方式，改善需求结构，培育新兴产业，促进建材工业转型升级，推动工业化和城镇化良性互动，住房城乡建设部、工业和信息化部启动了绿色建材评价标识工作。

绿色建材评价标识，是指依据绿色建材评价技术要求，按照本办法确定的程序和要求，对申请开展评价的建材产品进行评价，确认其等级并进行信息性标识的活动，标识分一、二、三星级。

相关政策

住建部、工信部《关于成立绿色建材推广和应用协调组的通知》（建办科〔2013〕30 号）

住建部、工信部《绿色建材评价标识管理办法》（建科〔2014〕75 号）

工信部、住建部《促进绿色建材生产和应用行动方案》（工信部联原〔2015〕309 号）

住建部、工信部《绿色建材评价标识管理办法实施细则》和《绿色建材评价技术导则（试行）》（建科〔2015〕162 号）

住建部、工信部《关于加快开展绿色建材评价有关工作的通知》（建科墙函〔2016〕23 号）

激励措施

绿色建筑、绿色生态城区、政府投资和使用财政资金的建设项目，应使用获得评价标识的绿色建材。

——《绿色建材评价标识管理办法》第六条

到 2020 年，城镇新建民用建筑全部达到节能标准要求，城镇绿色建筑占新建建筑比重达到 50%，绿色建材应用比例达到 40%。

——住房城乡建设部《建筑业发展“十三五”规划》

北京城市副中心建设全部使用三星级绿色建材。

——《北京日报》

2017 年 6 月底前，全市既有预拌商品混凝土搅拌站基本达到“绿色混凝土搅拌站”一星以上标准。

——《厦门市建设局关于加强预拌商品混凝土搅拌站生产管理工作的通知》（厦建科〔2017〕6 号）

湖南省将绿色建材推广应用工作纳入建筑工程建设管理程序并拟对标识产品予以专项资金支持。

河北省建材产品备案证上标明是否获得绿色建材评价标识及等级。

评价对象

《绿色建材评价技术导则（试行）》（第一版）包括七类产品：砌体材料、保温材料、预拌混凝土、建筑节能玻璃、陶瓷砖、卫生陶瓷、预拌砂浆

联系方式

联系人：任世伟、黄梦迟、刘翼、许欣

电话：010-51167578、51167148

工业和信息化部绿色制造评价

业务简介

为贯彻落实《中国制造 2025》、《绿色制造工程实施指南（2016—2020 年）》、《工业和信息化部办公厅关于开展绿色制造体系建设的通知》（工信厅节函〔2016〕586 号），加快推进绿色制造体系建设，率先打造一批绿色制造先进典型，发挥示范带动作用，引领相关领域工业绿色转型的国家需求，CTC 作为工业和信息化部公开的工业节能与绿色发展评价中心第三方评价机构目前已正式开展绿色制造体系第三方评价工作。

绿色制造体系建设的意义

是实现产业转型升级和绿色发展的有效途径，也是企业主动承担社会责任、践行绿色发展理念的必然选择；

助推企业自身降低能源资源消耗、减少环保风险、降低运行成本，进一步创造竞争优势，提升品牌价值；

有望获得包括工业转型升级资金、专项建设基金、绿色信贷等在内的中央财政支持及地方资金配套。

相关政策

《中国制造 2025》（国发〔2015〕28 号）

《工业绿色发展规划（2016—2020 年）》（工信部规〔2016〕225 号）

工信部、发改委、科技部、财政部联合印发《绿色制造工程实施指南（2016—2020 年）》

《关于开展绿色制造体系建设的通知》（工信厅节函〔2016〕586 号）

激励措施

“进一步加大财政资金支持力度……充分利用各级工业转型升级、技术改造、节能减排、科技计划（专项、基金）等资金渠道及政府和社会资本合作（PPP）模式，加大绿色制造相关专项支持力度。完善绿色产品政府采购和财政支持政策。”——《绿色制造工程实施指南（2016—2020 年）》

全国各地绿色工厂补贴汇总：

北京、上海、天津、重庆、安徽、河南、江苏、浙江、广东、江西、湖南、山东烟台、贵州、湖北、河北、四川、福建、新疆、陕西、山西、青海、内蒙古、宁夏、辽宁、黑龙江、吉林、广西、海南、云南、甘肃等多地均有绿色制造财税补贴制度。

联系方式

联系人：张艳姣、马丽萍、刘翼、王晨

电话：010-51167148、51167578

绿色建筑选用产品证明商标

标识简介

证明商标，是指由对某种商品或者服务具有监督能力的组织所控制，而由该组织以外的单位或个人使用于其商品或者服务，用以证明该商品或者服务的原产地、原料、制造方法、质量或者其他特定品质的标志。

绿色建筑选用产品证明商标是国家建筑材料测试中心经国家商标局合法注册，用于证明建材产品符合绿色建筑设计选材需求的特定标志，受法律保护。国家建筑材料测试中心拥有证明商标的管理权和专用权。绿色建筑选用产品证明商标将助力和引导开发商、建筑师绿色选材，提升企业市场竞争力，凸显产品高端价值。

绿色建筑选用产品

联系方式

联系人：王莹、任世伟、许欣
电话：010-51167578、51167148
邮箱：renshiwei@ctc.ac.cn

中国儿童安全级建材产品认证

认证简介

儿童是家庭的希望，国家民族的未来。给所有儿童创造安全舒适的家庭、社会和学习环境，让他们健康成长，一直是我们共同努力的目标。据统计，在我国每年约新增4万名白血病患者，其中50%是儿童，且90%的白血病儿童家中在半年之内曾经装修过。近年来各地质监和工商部门公布的儿童家具抽检不合格率居高不下，令人忧心。与此同时，作为国家级权威的第三方检验认证机构，我们始终关注着儿童的安全成长。

《中共中央、国务院关于开展质量提升行动的指导意见》和《国务院办公厅关于印发消费品标准和质量提升规划（2016—2020）的通知》等一系列支持性政策文件中，家居装饰装修材料和儿童用品是国家质量提升战略的主攻关键领域。中国建材检验认证集团股份有限公司（CTC）作为我国绿色建材认证技术的发源地与领跑者，在多年的科研与实践基础上，开发了家居装饰装修材料儿童安全级高端产品认证，并在国家认监委备案，CTC建材产品儿童安全级认证将重点关注建材的有害物质限量指标，为您和孩子的室内环境健康保驾护航！

ctc
儿童安全级产品
中国建材认证
China Building Material Certification

受理对象：内墙涂覆材料、壁纸、木地板、弹性地板、家具、木塑制品、集成墙面、运动场地合成材料面层

指标对比

有害物质限量比对（以内墙涂覆材料为例）

认证/标准技术要求		CTC建材产品儿童安全级认证			GB 18582《室内装饰装修材料 内墙涂料中有害物质限量》	
		水性内墙涂料	腻子	无机干粉涂料	水性墙面涂料	水性墙面腻子
挥发性有机化合物（VOC）		≤10g/L	≤5g/kg	≤1g/kg	≤120g/L	≤15g/kg
总挥发性有机化合物释放量/（mg/m^3）		≤1.0			未做限制	
游离甲醛/（mg/kg）		≤10	≤5	≤5	≤100	
甲醛释放量/（mg/m^3）		≤0.1			未做限制	
苯、甲苯、乙苯、二甲苯总和/（mg/kg）		≤50			≤300	
重金属/（mg/kg）	铅	≤10			≤90	
	镉	≤10			≤75	
	汞	≤10			≤60	
	六价铬	≤10			未做限制	
	砷	≤20			未做限制	
	钡	≤100			未做限制	
	硒	≤20			未做限制	
	锑	≤20			未做限制	
	钴	≤20			未做限制	
放射性	内照射指数	—		≤1.0	未做限制	
	外照射指数	—		≤1.3	未做限制	

联系方式

联系人：马丽萍、任世伟、黄梦迟、赵春芝、许欣　　电话：010-51167578、51167148

健康建材产品认证

认证简介

在后疫情时代，健康人居成为风向标，同时随着健康建筑的深入推进，社会各界对于健康建材的需求愈加迫切。国检集团认为，健康建材是在符合严苛的有害物质和污染源控制指标的基础上，具有“主动健康”功能性的建材产品。

为健全健康建材市场体系，增加健康建材产品供给，提升健康建材产品质量，CTC作为该领域的权威机构，会同相关社会团体、科研院所和骨干企业共同编制了《健康建材评价标准》。同时，由于健康建材的第三方权威认证处于长期空白和缺位，导致部分名不符实、借题炒作的产品流入市场，误导消费者购买，造成消费市场混乱，而由“新冠”疫情催生出的巨大消费市场导致这一矛盾空前突出。鉴于此，CTC率先启动了健康建材产品认证。

受理对象

空气净化材料;抗菌防霉材料;具有调节声、光、热、湿等建筑物理环境功能的材料；符合人类功效学的材料。

联系方式

联系人：马丽萍、黄梦迟、任世伟、冯玉启

电话：010-51167148、51167578

环境产品声明（EPD）/碳足迹核查

业务简介

随着全球资源与环境问题的凸显，着眼系统性、全局性、全过程性的生命周期理念日益成为国际上制定各项绿色环保政策的基本依据。进入“十三五”以后，全生命周期思想频繁出现在我国政府的政策文件中，包括《“十三五”生态环境保护规划》《中国制造2025》等均明确提出要强化产品全生命周期绿色管理。由此，生命周期评价（Life cycle assessment，简称LCA），以及基于LCA的环境产品声明（Environmental product declaration，简称EPD）和碳足迹（Carbon footprint，简称CFP），迅速发展为当前国家绿色制造体系建设、绿色建材评价认证，及绿色建筑评价的技术支撑。

EPD是以LCA为方法论基础，提供基于生命周期全过程的量化环境信息报告。CFP同样以LCA为基础，量化评价产品在整个生命周期内的温室气体排放。因其可向消费者、经销商等提供与产品相关的科学、可验证、可比的环境信息，被认为是对政府绿色采购及产品生态设计等最有力的支持工具。

评估意义

作为当前绿色产品认证、绿色制造体系评价、绿色建材评价的重要指标；

服务LEED等国内外绿色建筑评价；

通过量化表达产品的绿色低碳环保特征，增强企业及其产品的品牌影响和市场竞争力；

彰显企业实施节能减排和改善环境质量的决心和责任，提升企业社会形象；

有效应对国际绿色贸易壁垒，促进出口。

标识及证书样本

碳足迹标识样式

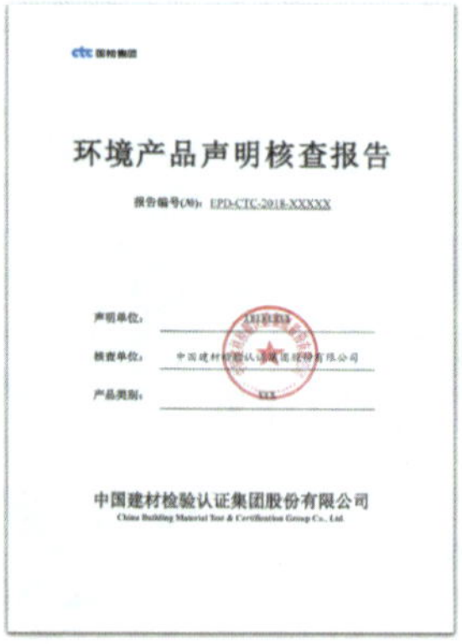

环境产品声明核查报告

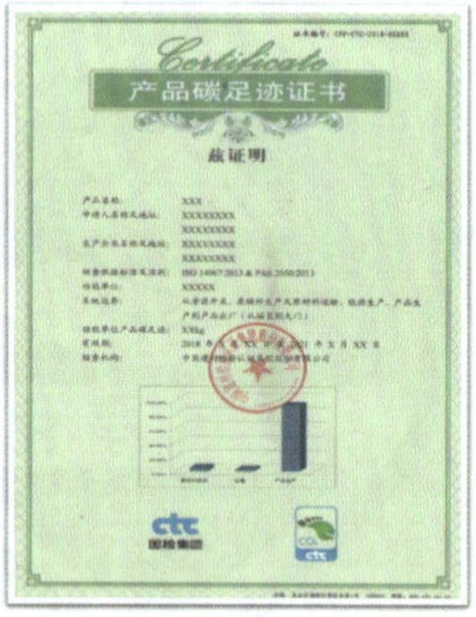

Certificate

产品碳足迹证书

环境产品声明核查报告、产品碳足迹证书样本

联系方式

联系人：张艳姣、马丽萍、赵春芝
电话：010-51167148、51167578

5 入选产品技术资料

RUXUANCHANPINJISHUZILIAO

证书编号：LB2019BW001

陆腾 LT 预制膨胀玻化微珠板材

产品简介

公司生产的 LT 预制膨胀玻化微珠（聚苯颗粒）内外墙体板、屋面板、楼层板等系列产品，实现了板材轻质化，是集轻质、承重、保温、隔热、抗渗、节能、防火、防腐、抗风、抗震等功能于一体的型建筑构件，既保持了传统钢筋混凝土板安全度、使用寿命长的优点，又满足了现代建筑对轻质、节能、环保的要求，实现了建筑轻型板行业的重大突破。

LT 预制膨胀玻化微珠（聚苯颗粒）板材主要由轻钢架、冷拔低碳钢丝网、轻质无机保温复合芯材及复合抗渗涂层组成。钢骨架轻型保温板的主要受力部件为钢框型钢骨架，骨架断面按荷载大小和跨度要求调整，板跨度可根据柱距大小灵活布置；无机轻质保温复合芯材为填充材料，其厚度可根据要求调整，可满足中国各地区的建筑保温隔热要求；各种材料通过合理的设计和工艺措施保证了钢骨架轻型保温板各项功能的实现。钢骨架轻型保温板节点设计合理、安装快捷、维护方便、板型灵活、不受固定磨具限制，可以按照建筑设计要求分配板，最大限度地满足用户需求。LT 预制膨胀玻化微珠（聚苯颗粒）板材在众多领域均有精彩表现，产品主要用于各类工业厂房、大型仓储、超市、公共建筑、体育场馆、学校、房屋加（夹）层、栈桥走道及其他工业与民用建筑，可以与混凝土结构、钢结构及大跨度空间结构等配套使用，用途广泛。

适用范围

LT 产品应用于建筑领域，适用范围：装配式围护结构建筑；用于各类工业厂房、民用建筑、大型仓储、超市、公共建筑、体育场馆、学校、房屋加（夹）层、栈桥走道及其他工业，可以与混凝土结构、钢结构及大跨度空间结构等配套使用，用途广泛。

技术指标

LT 内隔墙板执行的标准：建筑用轻质隔墙条板 GB/T 23451—2009；建筑轻质条板隔墙技术规程 JGJ/T 157—2014；国家建筑标准设计图集 10J113-1；LT 预制膨胀玻化微珠（聚苯颗粒）板材执行的标准：企业标准、图集正在制作中。企业标准参照：钢框架发泡水泥复合板 GB/T 33499—2017；钢边框保温隔热轻型板 JG/T 513—2017；国家建筑标准设计图集 19CJ20、19CG12。

LT（100 mm）内隔墙的参数：抗压强度 4.0MPa；隔声量 40dB；耐火极限 2 小时。

LT（180 mm）外墙板的参数：燃烧性能 A 级；传热系数 0.38W/（$m^2 \cdot K$）；抗压强度 7.5MPa；面密度 127kg/m^2。

LT（120 mm）屋面板的参数：承载力 2500N/m^2；短期挠度 4.4mm。

LT（120 mm）楼层板的参数：承载力 5000N/m^2；短期挠度 9.62mm。

工程案例

1. 天津市同顺心工贸有限公司办公楼：外墙板、内隔墙板、屋面板。
2. 天津远洋心里：楼层板

天津陆腾低碳建材科技有限公司
地址：天津市静海区
电话：022-81674677
官方网站：tjluteng.com

3. 北京密云县垃圾处理中心项目：屋面板
4. 天津大中畜牧养殖有限公司：外墙板
5. 中国科学电子学研究所：内隔墙
6. 内蒙古乌兰察布红海子体育公园
7. 北京海淀区龙湖别墅地产项目
8. 中国天津技术研究所

生产企业

陆腾公司坐落于天津市静海区国际商贸物流园北华路 88 号，厂房面积 12000 平方米，员工 80 人，其中技术人员 38 人，大型外墙板全自动生产线一条，年生产能力 50 万平方米；内墙板全自动生产线一条，年生产能力为 60 万平方米，是一家集设计、研发及生产建筑材料于一体的现代化工厂。

证书编号：LB2019BW002

振申泡沫玻璃保温装饰一体板

产品简介

泡沫玻璃保温装饰一体板由泡沫玻璃板、装饰面以及胶粘剂复合而成，在工厂预制成型的块状制品。其具有保温、防水、防火、装饰等功能。适用于外墙外保温或者外墙内保温。表面可以根据设计要求加工成不同造型的凹凸装饰板或者线条；装饰层直接喷涂在泡沫玻璃板上；装饰层可以采用真石漆、仿石涂料等涂装材料，以实现泡沫玻璃保温、装饰、防水、防火一体化的功能。

适用范围

1. 新建的公共建筑、民用建筑的外墙外保温。
2. 既有建筑的节能改造。
3. 框架结构的节能围护系统。
4. 室内外装修工程。

技术指标

产品执行 Q/ZJZS 011—2014《泡沫玻璃保温装饰一体板外墙保温系统材料》标准要求，部分技术指标如下：

项目		性能指标		试验方法
		Ⅰ型	Ⅱ型	
单位面积质量，kg/m^2		＜20	20～30	JG/T 287
拉伸粘结强度，MPa	原强度	≥0.10，破坏泡沫玻璃板内	≥0.15，破坏泡沫玻璃板内	JG/T 287
	耐水强度	≥0.10	≥0.15	
	耐冻融强度	≥0.10	≥0.15	
吸水量，g/m^2		≤500		GB/T 29906
抗弯荷载，N		不小于板材自重		JG/T 287
不透水性		系统内侧未渗透		JG/T 287
抗冲击性	二层及以上	3J 级		JG/T 287
	首层	10J 级		
燃烧性能等级		A1 级		JG/T 287

工程案例

甘肃荣芳商贸中心	2016.6	外墙	3 万 m^2
山西华北油田公寓楼	2015.11	外墙	1.5 万 m^2
嘉兴澳太建材厂房及办公楼	2015.12	外墙	2 万 m^2
宝石公馆别墅	2015.10	内装	2500m^2
南通小海八期住宅项目	2013	墙面	15000m^2
御宫艺墅	2013	墙面	5200m^2
尚海湾项目	2013	墙面	15000m^2

浙江振申绝热科技股份有限公司

地址：浙江省嘉兴市秀洲区王店镇东西二路北侧沿塘路西侧
电话：13758075631
官方网站：http://www.zhenshen.cn

生产企业

浙江振申绝热科技股份有限公司位于长三角杭州湾经济圈、上海经济圈、环太湖经济圈的黄金腹地，是长江经济带嘉兴市秀洲区王店镇工业园区的国家高新技术企业。

“振华工程”“振申绝热”公司现总资产 11 亿元，厂区占地 230 亩，生产科研、办公用房 20 余万平方米，是集绝热保温为主的工程设计、产品研发、集成制作、施工安装、维修服务一体化运营的公司，特别专注于绝热保温领域的前沿技术研究应用。研发团队为省级企业技术中心、省级高新技术研究开发中心，具有先进的检测设备和研发设施，承担过国家重大科技计划和火炬计划，拥有科技进步奖、科技成果和自主发明专利核心技术，主导产品泡沫玻璃及系统部件达到 ASTM 标准和 CINI 规范要求，技术水平先进。

公司是《泡沫玻璃绝热制品》《工业设备及管道绝热工程设计规范》《泡沫玻璃外墙外保温系统材料技术要求》《设备及管道绝热技术通则》《设备及管道绝热效果的测试与评价》等国家和行业标准的主要参与制定者。

公司围绕国家节能减排、绿色建筑、低碳经济的基本国策和战略方针，进行转型升级和集成创新，自主研发的“振申”泡沫玻璃先进工艺和制造方法，是防火性能 A1 级、防腐防水永久性的保温隔热材料，在节能环保领域大有前途。“振申”泡沫玻璃生产工艺采用废玻璃回收的循环经济模式，被列入《中国资源综合利用技术政策大纲》推广的资源节约型、环境友好型产品，是国务院《关于印发工业转型升级规划（2011—2015 年）的通知》明确的“新材料”。

公司年产配套系统产品建筑结构胶、无机粘结剂、聚氨酯（PUR）、聚异氰脲酸酯（PIR）、高密度管托，能根据客户的要求设计制造各种型号的高密度聚异氰脲酸酯保冷管托，珍珠岩保冷垫块，保冷辅助材料玛琋脂、密封胶、粘结剂等。产品质量符合 ASTM 和 CINI 标准。

公司实行 ISO 9001 质量管理体系、ISO 14001 环境管理体系、ISO 18001 职业健康安全管理运行体系，具有防腐保温资质、船级社认证资质和安全生产许可证等。

公司“振申”“ZES”商标在国内、国际市场有着良好声誉。“ZES”商标在欧盟、美国、日本、韩国、俄罗斯联邦、印度以及中东、东南亚等 32 个国家和地区注册，是我国泡沫玻璃的主要出口企业。

浙江振申绝热科技股份有限公司
地址：浙江省嘉兴市秀洲区王店镇东西二路北侧沿塘路西侧
电话：13758075631
官方网站：http://www.zhenshen.cn

证书编号：LB2019BW003

晟蒙气凝胶复合保温板（SMXT 保温板）

产品简介

SMXT 保温板是由科学配伍的混合纤维材料采用先进工艺压缩成型与复合纤维材料压制而成的新型保温绝热板材。其导热系数低，保温绝热性能优异；表面材料兼容性好，与各种基墙粘接牢固，尺寸稳定，不变形，不开裂；无机材料，性能稳定，抗老化性强；耐酸碱，抗腐蚀，无毒、无味、绿色环保；水蒸气渗透系数适宜，具有呼吸性，隔声防潮；防火不燃，燃烧等级 A1 级。

SMXT 保温板适用于新建建筑外墙外保温工程与既有建筑节能改造工程，是高标准节能（75%）的先导型产品。

适用范围

SMXT 保温板适用范围广泛。可应用于新建建筑外墙内、外保温；既有建筑外墙（内、外）保温改造。可用做各种气候区墙体、屋面保温隔热。

SMXT 保温板导热系数低，保温性能优异，3 ～ 4cm 达到严寒寒冷地区与节能 75%标准地区节能标准要求，较之一般有机材料保温层厚度 5 ～ 10cm，无机材料 8 ～ 15cm，SMXT 保温板以薄取胜，节省材料与空间，是严寒寒冷地区与节能 75%标准地区外墙保温的优选材料。

SMXT 保温板防火等级 A1 级，满足公共建筑与高层建筑防火要求。

SMXT 保温板作为夏热冬冷地区保温隔热材料，使建筑物冬暖夏凉；作为夏季炎热地区隔热材料，在节省空调能耗的同时，墙体保持呼吸通透，居住舒适。

技术指标

产品执行《SMXT 复合保温板及其系统》（呼和浩特市晟蒙保温防腐有限责任公司企业标准 Q/HSM 001—2016），产品及系统性能指标如下：

项目		指标	试验方法
干密度，kg/m^3		≤ 280	JG/T 159
抗拉强度，MPa		≥ 0.1	GB/T 10295
抗压强度，MPa		≥ 0.2	GB/T 4111
导热系数，W/（m · K）		≤ 0.012	GB/T 10295
热阻，$m^2 \cdot K/W$		≥ 2.5	GB/T 10295
干燥收缩值，mm/m		≤ 0.30	GB/T 4111
软化系数		≥ 0.6	GB/T 4111
含水率，%		≤ 5.0	GB/T 4111
体积吸水率，%		≤ 10	GB/T 4111
抗冻性	质量损失，%	≤ 5	GB/T 4111
	强度损失，%	≤ 25	
燃烧性能		A 级	GB 8624

内蒙古晟蒙保温节能材料有限公司
地址：呼和浩特市金川开发区创业园 1313 号
电话：0471–5165329
官方网站：www.same2018.com

工程案例

项目名称	保温面积，m^2	层数	饰面	使用时间	备注
呼市赛罕区医院	4000	4	涂料	2015.7	外墙
呼市税苑幼儿园	1000	2	涂料	2015.10	外墙
呼市玉泉大厦	15000	22	真石漆	2015.10	外墙
北京丰台区九号公馆	300	2	涂料	2015.5	外墙（别墅）
大连斯瑞公司办公楼	500	3	涂料	2015.4	外墙
北京加州原野宿舍楼	3000			2016.8	外墙
北京新干线托老所、幼儿园	5400			2016.4	外墙
北京亦庄新城别墅项目	2000			2017.3	外墙

生产企业

内蒙古晟蒙保温节能材料有限公司，为专业研发生产建筑保温隔热与工业保温绝热材料的科技型企业。公司有专业的产品研发团队、管理团队、营销团队，长期稳定的一线生产员工，专业的保温施工队伍。公司自2006年成立以来，以“诚信务实、优质创新”为理念；以高科技产品研发为导向，始终不懈地致力于高效保温性能的无机不燃保温材料的研发。公司在建筑外墙保温领域独树一帜，开创了无机保温材料低导热、高效保温的先河，成为无机防火保温材料的佼佼者。

公司参与编制了《既有建筑节能改造》国家建筑标准设计图集（16J908-7）、《内蒙古公共建筑节能设计标准》、《内蒙古居住建筑节能设计标准》。

公司主要产品有SMXT保温板、SMXT保温装饰一体板、SMXT保温结构一体化板、SMXT保温浆料系列。

SMXT保温板为我公司自主研发的全新一代无机防火、超低导热外墙保温材料。该产品实现了A级防火不燃与高效保温相统一的重大技术突破，是目前国内外保温材料领域中的前沿产品。SMXT保温板获国家专利，通过了内蒙古自治区、辽宁省、山东省科技成果认证，被评为中国保温工程十大A级防火品牌、全国建筑工程节能防火优选产品、全国建筑节能重点推广产品，获全国建筑保温隔热行业产品质量奖、科技创新产品奖、绿色建筑节能推荐产品证书，选编进入《全国建筑节能与建设科技政策与产品技术应用手册》《全国既有建筑节能改造外墙外保温及新型墙材优秀技术选型手册》。SMXT复合保温板将开启建筑节能保温领域A1级防火与高效保温同步的新里程。

内蒙古晟蒙保温节能材料有限公司
地址：呼和浩特市金川开发区创业园1313号
电话：0471-5165329
官方网站：www.same2018.com

证书编号：LB2019BW004

固克天工石岩棉保温装饰一体板、天工石 XPS 保温装饰一体板、天工石 EPS 保温装饰一体板

产品简介

固克天工石外墙系统是固克秉承和诠释建筑创新理念，贯彻国家建筑节能政策，拥有自主知识产权的建筑装饰节能系统，完全遵循建筑外墙实效功能化设计，以外墙基础“三防”（防水、防裂、防污染）为设计出发点，以天工石节能板为核心构造材料，经合理安装方式装配并固定于建筑墙体上，形成“独立板块、整体密闭、防水透气、完美外效”构造形式的节能板系统，即整体的建筑墙体保温装饰系统，是低碳、节能、环保建筑时代下科技创新的现行典范。

固克天工石外墙系统由粘接层、天工石节能板、专用锚固连接件、防水透气阀、密封材料、填缝材料相互结合组成，即将独立板块大小的天工石装饰节能板通过粘贴＋锚固或干挂等方式，装配固定于墙面上，通过锚固连接件锁紧，板间缝隙嵌实并密封，于建筑墙体上形成装饰性完美、高强耐久性的装配式成品一体化，从而实现建筑墙体系统节能保温、隔热、防火、装饰耐久的一体多重功效。

固克天工石外墙系统凸显建筑实效需求功能性，综合性能卓越，具有节能效力突出、保温隔热效能确切、轻质安全牢固、高等级防火阻燃、系统强度高、经久耐用、饰面丰富多样、装饰性完美、便捷安装、施工周期短、应用地域广、全天候适用等多重功效。相比传统建筑保温装饰系统形式而言，天工石节能板系统完全突破了传统限制，突破了传统建筑保温、装饰工程中分时分工构造做法的烦琐性和差异性以及不可控自然因素施工环境条件的限制，可有效消除和规避传统保温装饰系统固有的缺陷和不足，以及工地现场施工中不可控因素所导致的质量、安全问题，能够彻底解决建筑外墙基础“三防”问题，让建筑外墙装饰真正实现“一次性安装、受用终身”的完美追求。

天工石——产品构造与解析

适用范围

固克天工石外墙系统能够彻底解决建筑外墙基础“三防”（防水、防裂、防污染）问题，让建筑外墙装饰真正实现“一次性安装、受用终身”，广泛适用于各类公共建筑，也适用于住宅建筑的外墙外保温。

技术指标

1. 保温装饰一体化应用标准及规范实况

◇ 产品标准：JG/T 287—2013《保温装饰板外墙外保温系统材料》

JG/T 480—2015《外墙保温复合板通用技术要求》

◇ 系统规范：JGJ 144《外墙外保温工程技术标准》

GB 50441《建筑节能工程施工质量验收标准》

JGJ/T 350—2015《保温防火复合板应用技术规程》

RISN-TG028—2017《保温装饰板外墙保温工程技术导则》

厦门固克涂料集团有限公司
地址：厦门市同安区莲花镇莲美三路 136 号
电话：0592-5896666
官方网站：http://www.kuck-paint.com/

◇ 参考图集：10J121《外墙外保温建筑构造》《TGS 保温装饰板系统》

2. 天工石系统应用建筑节能与防火设计

节能热工设计：节能热工计算等效于同等厚度保温板材的薄抹灰型外墙外保温系统，即使按保温板厚度、导热系数（蓄热系数）、修正系数计算热阻值、K 值；

防火设计：天工石系统防火设计取决于保温层（芯材）的自身防火等级；

具体应依据 GB 50016《建筑设计防火规范》的规定。

工程案例

工程名称	产品型号	承包方式	时间	面积（m^2）
万科 · 西安万科高新华府四期	岩棉（真石漆）	供货	2018	32000
万科 · 无锡天一新著一期	EPS（多彩石）	供货	2018	10000
烟台天和新城外墙保温工程	天工石（岩棉）	供货	2017	3000
烟台工商联综合体	天工石	供货	2015	40000
烟台龙源电力新办公楼项目	天工石（挤塑板 3cm）	双包	2014	11000
山东菏泽中达尚城	天工石（氟碳面）	双包	2011	30000
中达广场项目外墙岩棉保温一体板工程	岩棉（多彩）	双包	2017	80000

生产企业

厦门固克涂料集团有限公司创立于 2001 年，公司位于厦门市同安区莲花镇莲美三路 136 号，注册资金 6375 万元，是集中国高端水性建筑涂料、保温装饰一体板生产制造和销售服务于一体的外墙装饰领域的品牌。公司经过十几年的发展，拥有厦门及天津两大生产基地，40 多个办事处，营销网络遍布全国。 2016 年年产值 2.8 亿元，2017 年产值 4 亿元，其中天津生产基地是目前国内较大的保温一体板生产企业。

面对中国生态城镇化与成熟旧房节能改造的巨大需求，固克涂料集团制定了以先进的节能技术助力打造绿色生态人居为企业的战略目标，提出了“以节能涂料取代瓷砖，以天工石取代石材”的墙体节能减排理念，以满足房产和建筑企业打造绿色生态人居的需要。公司旗下两大涂饰品牌：固克漆、天工石，为建筑外墙装饰领域提供一站式服务解决方案，推动了中国绿色建筑装饰领域可持续发展。

同时与国内多家知名房产开发商有战略合作或长期深入合作，如绿地、万科、华润置地、中海、保利、富力、碧桂园、中建、绿城、建发、路劲地产、阳光城集团、新城控股、协信控股、海亮地产、中南地产、正荣地产、中梁地产、国贸、北京联东集团、和泓置地、鑫苑集团、星空地产、京汉置业等。

固克涂料集团还与国家权威组织和众多国际知名厂商建立了战略合作关系，参与制定多项行业标准、拥有多项国家专利，并有系列产品通过住房城乡建设部组织的专家鉴定。

创立至今，固克涂料集团凭借精准的市场定位、独特先进的营销理念、精湛的技术、优质的产品、完善的服务体系获得了飞速的发展，成为建筑涂料领域的标杆。未来，固克涂料集团将不断创新突破，推动国家绿色建筑及住宅产业化的发展。

厦门固克涂料集团有限公司
地址：厦门市同安区莲花镇莲美三路 136 号
电话：0592-5896666
官方网站：http://www.kuck-paint.com/

证书编号：LB2019BW005

贝斯特外墙外保温用岩棉板

产品简介

岩棉作为具有不燃、保温、透气、吸声、热稳定的保温材料，是一种理想的燃烧等级 A 级保温材料。岩棉保温板是以天然岩石，如玄武岩、白云石等为主要原料，经高温熔化、纤维化处理、毡板成型及制品后加工而制成的节能材料。岩棉保温板的生产及其应用属于中国绝热节能材料行业，岩棉保温板具有优良的绝热性能、防火性能、吸声隔音性能。特别对于节能，据有关部门测试，在工业热力设备上每采用 1m^3 的岩棉保温板进行保温，平均可节省能量 2500 千卡 / 小时，相当于每年节省 3 吨标准煤。在建筑上每使用 1 吨岩棉保温板进行保温，一年至少可节省相当于 1 吨石油的能量。

适用范围

岩棉保温板在建筑、石油、化工、电力、冶金、交通运输、农业等行业有广泛的应用。

技术指标

产品质量标准达到《建筑外墙外保温用岩棉制品》（GB/T 25975—2010）要求，具体见表。

产品质量标准

名称	酸度系数	短期吸水量	抗拉强度	燃烧性能
单位	/	kg/m^2	kPa	/
标准值	≥ 1.6	≤ 1.0	≥ 10	不燃（A 级均质材料）
项目产品	1.8	0.5	12	不燃

名称	平均纤维直径	渣球含量		可燃性	产品厚度	产品密度	平方米重
		>0.25mm	>0.063mm				
单位	μm	%	%		mm	kg/m^3	kg/m^2
指标	4 ~ 6	≤ 8	≤ 30%	不燃	40 ~ 120	50 ~ 220	3 ~ 15

甘肃贝斯特岩棉科技有限公司
地址：甘肃省武威市凉州区金太阳新能源高新技术集中区三区
电话：0935-2355777 4007799066
官方网站：http://gsbstym.com

工程案例

本公司已与甘肃九星装饰工程有限公司签订关于张掖市智能终端产业科技城项目，预计使用 22500 立方米；与金昌市佰融实业有限公司签订关于金昌市八冶集团老城改造项目，预计使用 2700 立方米；与甘肃中东建设工程有限公司签订关于天水市和武威市碧桂园项目，预计使用 2000 立方米；与甘肃巴斯德节能建筑材料科技有限公司、四川中嘉建筑工程有限公司等一批实力雄厚的公司建立了长期稳定的合作关系。

生产企业

甘肃贝斯特岩棉科技有限公司成立于 2017 年 9 月，是一家大型的建筑用保温岩面制品的专业制造商和销售服务商。公司主要生产岩棉复合板、外墙岩棉板、彩钢岩棉条、多功能岩棉卷毡等环保节能型保温材料。

公司产品具有优异的保温、隔热、吸声、降噪、抗潮、无腐蚀等特性，完全符合国家建筑防火规范的不燃性 A1 级要求。已成熟并广泛应用于公共与民用建筑、工业厂房、设备管道等外墙保温系统中。

公司项目总投资 1.6 亿元，占地面积 55317.3m²，位于甘肃省武威市凉州区金太阳新能源高新技术集中区三区；建设年产 6 万吨的岩棉生产线，形成年产外墙面保温岩棉板 20000 吨；年产彩钢夹芯板 10000 吨，屋顶保温板 20000 吨，其他岩棉制品 10000 吨的生产规模。

公司拥有雄厚的资金、人才、科技和技术优势；始终坚持环保、节能、再利用的原则，坚持走科、工、贸为一体的发展道路，严格遵守诚实守信的服务承诺，精益求精、开拓创新，不断将公司发展壮大；公司致力于研制、生产优质节能环保产品，为节约型、环保型社会的建设贡献自己的力量。

公司以良好的信誉、优质的产品、合理的价格和完善的服务，与各界朋友合作，真诚期待您的到来。

甘肃贝斯特岩棉科技有限公司

地址：甘肃省武威市凉州区金太阳新能源高新技术集中区三区
电话：0935-2355777 4007799066
官方网站：http://gsbstym.com

证书编号：LB2019BW006

九龙橡塑板、建筑外墙用保温岩棉板

产品简介

橡塑海绵为闭孔弹性材料，具有柔软、耐屈绕、耐寒、耐热、阻燃、防水、导热系数低、减震、吸声等优良性能。可广泛用于中央空调、建筑、化工、医药、轻纺、冶金、船舶、车辆、电器等行业和部门的各类冷热介质管道、容器，能达到降低冷损和热损的效果。又由于它施工方便、外观整洁美观，没有污染，因此是一种高品质的跨世纪新一代绝热保温材料。

岩棉是以玄武岩等天然矿石为原料进行高温熔融加工制成，再经过后期热固成型剪裁等工艺加工而成的。岩棉具有良好的耐候性、耐冻融性，在高温低温之间转换不会产生空鼓、脱落等状况；吸水率低，有憎水性，有效减少潮湿度；良好的抗冲击性与强度；不燃性，在火灾发生时能够有效阻止火势；较低的导热系数，确保保温隔热效果。

适用范围

公司产品广泛适用于热电、火电、建筑、石油化工、冶金、船舶机车、航天航空、中央空调、冰箱制冷等行业。

技术指标

橡塑海绵产品执行标准 GB/T 17794—2008《柔性泡沫橡塑绝热制品》，具体指标如下：

检验项目	标准要求	实测值
表观密度，kg/m^3	≤ 95	43
氧指数，%	≥ 32	36
导热系数，W/(m · K) 平均温度：40℃	≤ 0.041	0.036
真空吸水率	≤ 10	5
压缩回弹率，% 压缩率 50%，压缩时间 72h	≥ 70	83
抗老化，150h	轻微起皱，无裂纹，无针孔，不变形	符合

河间市九龙建材有限公司
地址：河间市束城镇高辛庄村
电话：0317-3215400
官方网站：www.jljc.com.cn

岩棉产品执行标准 GB/T 11835—2016《绝热用岩棉、矿渣棉及其制品》、GB 8624—2012《建筑材料及制品燃烧性能分级》，具体指标如下：

检验项目	标准要求	实测结果
外观	表面平整，不应有妨碍使用的伤痕、污渍、破损	符合标准要求
纤维平均直径，pm	≤ 6.0	4.8
渣球含量，%	≤ 7.0	5.5
直角偏离度，mm/m	≤ 5	4
酸度系数	≥ 1.6	1.7
质量吸湿率，%	≤ 1.0	0.6
憎水率，%	≥ 98.0	99.3
压缩强度，kPa	≥ 40	40

工程案例

太原恒大华府、恒大名都；哈尔滨科海机械设备制造有限公司；德州实华化工有限公司。

生产企业

河间市九龙建材有限公司，坐落在河北省河间市束城镇高辛庄工业区，是国内研发、设计、生产制造耐火保温隔声材料的大型骨干企业，公司以生产“九龙”牌橡塑海绵；“九龙”牌硅酸铝、玻璃棉、聚氨酯四大系列产品为龙头，涉足岩棉、PEF、挤塑、玻璃棉、针刺毯等多个领域，公司产品广泛适用于热电、火电、建筑、石油化工、冶金、船舶机车、航天航空、中央空调、冰箱制冷等行业。

九龙以改善生存环境，提高生活质量为己任，致力于新型环保耐火保温材料的研发、设计和创新，企业发展突飞猛进。经过十二年的磨砺与探索，九龙已初具规模，其占地 26600m^2，厂房 18000m^2，拥有国内先进的生产设备和技术，总资产超过 8000 万元，年生产橡塑制品 50 万立方米，聚氨酯黑白料 1.8 万吨；成品 10 万立方米，硅酸铝等耐火材料 2.8 万吨，玻璃棉 1.5 万吨，岩棉 3.2 万吨，在解决近 500 人就业问题的同时创造了可观的经济效益和社会效益。

九龙公司结合产品特点，确立了立足河北，依托京津，辐射全国的营销策略，几年来公司凭借优良的品质、稳定的性能、合理的价格、完善的服务、诚信的行为，铸就了九龙自己的品牌，产品畅销全国 29 个省市自治区，在全国各主要城市设有区域销售部，形成了健全的营销网络。

九龙崇尚“以人为本，创新求实”的经营理念，引进大批高技术人才和管理人才，以提高公司的知识架构和管理水平，从而增加产品的科技含量，确保产品种类推陈出新，并坚持全面发展。特别是“九龙”牌橡塑保温材料和“九龙”牌硅酸铝耐火纤维系列产品，顺利通过 ISO 9001 国际质量体系认证，九龙还先后获得了省工商局“重合同守信用单位”、国家级“建筑施工首选环保优质建材”、省级“乡镇企业名牌产品”等荣誉称号，从而得到有关专家的好评和广大用户的信赖。

九龙秉承安全、理性、持续发展的战略思想，坚持求实进取、团结奉献的创业精神，以高质量的产品泽惠百姓，服务社会，用智慧和激情去描绘百年九龙的宏伟蓝图！

河间市九龙建材有限公司
地址：河间市束城镇高辛庄村
电话：0317-3215400
官方网站：www.jljc.com.cn

证书编号：LB2019BW007

福启源无机复合聚苯板、石墨无机复合聚苯板、模塑聚苯板

产品简介

无机复合聚苯板是以改性石墨烯、白水泥、煅烧高岭土、硅藻土、碳酸钙、PVA、憎水剂为原料、合理配伍充分反应的胶状物经轻量发泡，混合适量级配合理的膨胀聚苯乙烯泡沫颗粒，经模压养护后数字裁切成成品。

该产品拥有优异的保温隔热性能、无机纳米材料A级防火性能，不老化、不褪色，吸水率远低于岩棉、真金板和渗透板。由高压成型，成品板材质地均匀，施工性能好，一边贴板一边打钉固定，不存在岩棉扎人不易粘、真金板粉化不好的困扰；由胶状物轻量发泡，满足建筑轻量化需求。

适用范围

该产品可与大理石结合、硅酸钙板一体化、铝板一体化等，外墙保温、室内隔声、保温保冷均可使用。

技术指标

产品执行Q/B008412FQY001-2019《无机复合聚苯板薄抹灰外墙外保温系统》。

青岛福启源新型建材有限公司
地址：山东省青岛市即墨市大信镇大信村北、兰岙路北
电话：13335097318

生产企业

公司位于即墨大信镇，占地 100 亩，注册资金 300 万元，经 20 多人团队多年研发生产出 A 级防火板，该产品已经达到了国家外墙环保节能要求，填补了国内空白，是一款解决外墙脱落、渗水问题的高端产品。公司现发展全国七个省市大力生产此产品，每天产能可达到 10000 立方米，现已与潍坊联创、金茂公司、恒达集团等签订合作协议。可以说，客户是我们的老师，和他们合作使我们得到很多的学习机会来提高自身的技术水平和管理水平，是我们生产和发展的动力。公司本着“千方百计生产出满足顾客期望和要求的产品”的宗旨，坚持“工厂出产的不仅仅是产品，更重要的是信誉和质量”的经营理念，不断吸收新技术、引进新设备，使公司的经济效益蒸蒸日上。公司将会永不停止探索和发展的脚步，和中国国内以及世界国际性大公司同步发展。

青岛福启源新型建材有限公司

地址：山东省青岛市即墨市大信镇大信村北、兰岙路北
电话：13335097318

证书编号：LB2019BW008

德森挤塑保温装饰板、改性聚苯保温装饰板、岩棉保温装饰板

产品简介

一体板是由保温层、无机树脂板、装饰面，粘结层等组成。主要功能为保温节能、隔热隔声、防水防霉。保温层材料有岩棉、挤塑板、聚苯板、改性聚苯板、石墨聚苯板、聚氨酯板。成品板尺寸为2440×1220mm，安装尺寸一般为1200×600、1200×800、800×600等。

适用范围

不仅适用于新建筑的外墙保温与装饰，也适用于旧建筑的节能和装饰改造；既适用于各类公共建筑，也适用于住宅建筑的外墙外保温；既适用于北方寒冷地区的建筑，也适用于南方炎热地区的建筑。

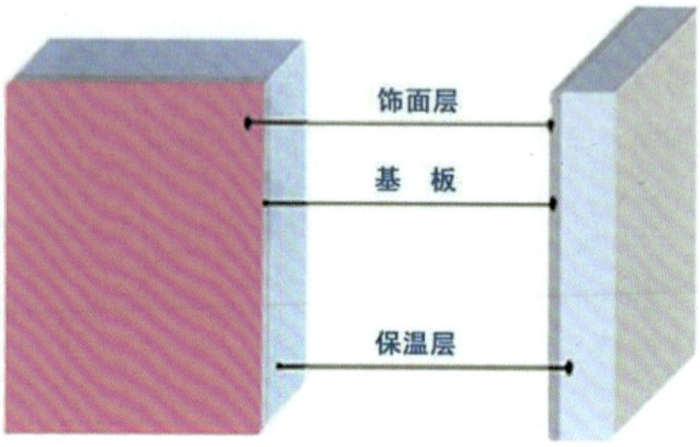

技术指标

产品执行JG/T 287—2013《保温装饰板外墙外保温系统材料》、GB 8624—2012《建筑材料及制品燃烧性能分级》，其中吸水率为0.4%，导热系数（平均温度25℃）为0.028W/(m · K)，燃烧性能B1级。

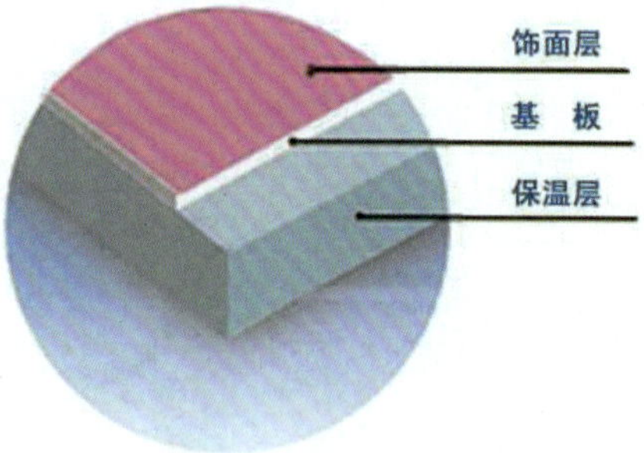

工程案例

1. 工程名称：唐山市盛城建筑工程有限公司

工程规模：2498m^2

应用情况：

（1）项目位于唐山市北新道与建华道交叉口东侧500米富强楼小区内悦富强小区。

（2）工程项目经理：李志光。

（3）项目工期节点完成：2016年3月。

（4）板材耐候性强，稳定性佳。

（5）抗冲击、保温隔热、防潮隔声、节能降耗。

（6）视觉效果好，无凯雷空鼓的现象

（7）工期竣工符合各项检测数据，至今质量效果，使用性得到认可。

2. 工程名称：邯郸市颐景蓝湾

工程规模：1400m^2

应用情况：

（1）项目位于邯郸市中华南大街与南环路交汇处西行200米路北。

（2）工程委任项目经理：张付彬。

（3）工程质量精度按期完成，无安全事故。

（4）保温性能好，施工方便，外观精美。

（5）耐久性好，稳定性强，使用寿命长。板材无变形、开裂的现象。

3. 工程名称：保定电谷科技项目

工程规模：15265m^2

应用情况：

河北德森建材科技股份有限公司
地址：临漳邺都工业园区
电话：0317-7777068
传真：0317-7777977
官方网站：www.hbdsen.com

（1）项目位于保定市乐凯大街北二环红星美凯龙南侧电谷科技园。

（2）工程委任项目经理：刘少坤。

（3）工程质量进度按期完成，无安全事故。

（4）做到文明施工，收到广泛好评。

（5）施工中严格按照施工方案、技术交底进行施工，施工完毕符合各项规定，各检测数据正常。

（6）板材无脱落、空鼓、变形的现象。

（7）板面无退色、自洁性好。

（8）起到保温隔热的作用，节能降耗效果好。

（9）至今未出现质量问题及不良效果的发生。

生产企业

德森有限公司主要生产外墙外保温装饰一体化复合板，生产规模为年产 500 万 m^2。自投产以来，生产过程中各环节、各部位的所有设备装置运转正常。机械、电气设备安全防护设施运行良好；职业病防护设施能正常运行。该企业在生产过程中无工伤、设备和生产事故，无工艺变更，完全满足工艺设计要求，可保障正常运转和正常生产。

证书编号：LB2019BW009

银辉建筑楼地面隔声板、纳米橡塑保温隔声板

产品简介

建筑楼地面隔声板是对石墨模塑聚苯板进行加工后，在其顶面覆盖保护膜，将其底面切割成波纹状，用于建筑楼地面保温隔声的复合板。

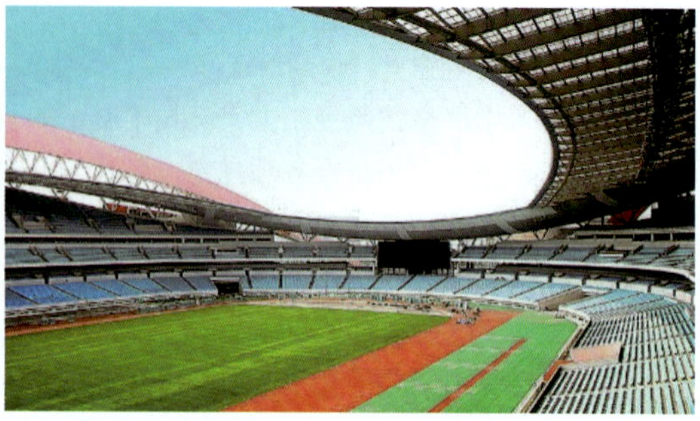

BGL 浮筑楼板保温隔声系统是以天然橡胶为原材料，高温发泡，经纳米技术制成的高密度隔声保温板材，是控制噪声在传递途径中逐渐衰减的一种新型隔声材料，兼具阻尼性、保温性和环保阻燃特性，对撞击声在整个频率范围内均具有相当好的抑制作用，能有效隔绝撞击噪声和空气传播噪声。

适用范围

适用于新建、扩建、改建的工业与民用建筑中的保温隔声。

技术指标

建筑楼地面隔声板产品和纳米橡塑保温隔声板企业执行 Q/320581GYM001-2018 企业标准。

建筑楼地面隔声板产品技术指标如下：

试验项目	性能指标	试验方法
表观密度（kg/m^3）	18～22	GB/T 6343
体积吸水率（%）	≤ 15	GB/T 8810
导热系数［W/(m · K)］	≤ 0.035	GB/T 10294
压缩强度（kPa）	5～20	GB/T 8813
压缩弹性模量（MPa）	≤ 0.5	GB/T 8813
燃烧性能	不低于 B1 级	按 GB/T 8626 和 GB/T 11785 试验，按 GB 8624 判定
产烟特性	S1 级	按 GB/T 11785 试验，按 GB 8624 判定
烟气毒性	准安全 ZA1 级	按 GB/T 20285 试验，按 GB 8624 判定

纳米橡塑保温隔声板技术指标如下：

项目	指标	尺寸要求、性能
表观密度（kg/m^3）	≥ 120	GB/T 6343
导热系数［W/(m · K)］	≤ 0.035	GB/T 10294
吸水率（v/v）（%）	≤ 1	GB/T 8810
压缩强度（kPa）	≥ 25	GB/T 8813
压缩蠕变（23℃，4kPa，168h）	≤ 10	GB/T 8813
游离甲醛［mg/（m^2 · h）］	≤ 0.050	GB 50325
总挥发性有机化合物［mg/（m^2 · h）］	≤ 0.500	GB 50325
燃烧性能	不低于 B1 级	不低于 B1 级，且符合设计及 GB 50016 要求

江苏银辉生态科技有限公司
地址：常熟市支塘镇项桥村
电话：0512-52836759
官方网站：www.jsyinhui.com

工程案例

盐城西城中央花园、溧阳上兴安置房、张家港中南世纪城、扬州宝丽花园、苏州吴江安置房、常熟中南世纪城

生产企业

江苏银辉生态科技有限公司是银辉集团旗下专门从事新型建筑保温隔声系统产品研发、生产、销售、施工于一体的高新技术产业。由陈忠银先生在2003年创立，自公司成立以来，把建筑新型保温隔声产品研发推广作为支柱产业，坚持以科研质量、技术服务为公司立足之本，大量实验和反复测试，尤其在材料的热工性能、热学性能、经济价格与施工操作等寻求平衡点，综合性能在同行业中位居前列，公司产品已通过国家权威部门检测及ISO 9001质量管理体系认证和ISO 14001环境管理体系认证。公司依托住房城乡建设部及高等院校的科技优势作为发展动力，瞄准市场，聘请了高级职称人员4名，中级职称人员8名。公司以“环保节能”为时代责任，秉承“精益求精，至优至胜”的企业精神，锐意进取、服务客户专业化。高质量是银辉永远的追求，真诚希望与各界朋友们共谋发展，共创美好未来。

江苏银辉生态科技有限公司
地址：常熟市支塘镇项桥村
电话：0512–52836759
官方网站：www.jsyinhui.com

证书编号：LB2019BW010

深科 SK 聚苯复合保温板、SK 轻质隔墙板、SK 复合保温砌块

产品简介

企口拼装复合保温板是由河北深科建筑材料有限公司预制成型的，用于建筑外墙保温的板状制品（简称 SK 复合保温板）。

本产品分为三类：

第一种由保护层（抗裂砂浆＋网格布）、防火层（A2 级高强轻集料）、保温层（B1 级 XPS、SXPS 板）、底衬（抗裂砂浆＋网格布）组成；

第二种由保护层（抗裂砂浆＋网格布）、防火层（A2 级无机复合聚苯板或 A2 级石墨无机复合聚苯板）、保温层（B1 级 XPS、SXPS 板）、底衬（抗裂砂浆＋网格布）组成；

第三种由保护层（抗裂砂浆＋网格布）、保温层（A2 级无机复合聚苯板或 A2 级石墨无机复合聚苯板）、底衬（抗裂砂浆＋网格布）组成。

主要规格型号为：长（2900mm、3000mm、3150mm）× 宽（600mm）× 厚（95 ～ 150mm）。根据客户和设计要求，长度、厚度均可进行调整。

SK 复合保温砌块的保温芯材的复合方式分为Ⅰ型和Ⅱ型。Ⅰ型为将结构料（水泥、粉煤灰、炉渣等）与保温芯材聚苯板直接压在一起成型；Ⅱ型为结构料（水泥、粉煤灰、炉渣等）压制成型后再插入保温芯材聚苯板。

适用范围

SK 复合保温板适用于抗震设防裂度 8 度及以下，建筑高度小于 100m 的新建、改建和扩建的框架结构、剪力墙结构、框剪结构等现浇混凝土外墙保温工程 (第三种在用于公共建筑外墙保温时，不需做防火隔离带和防火门窗)。SK 复合保温板可直接作为现浇混凝土外模板。

SK 轻质隔墙板主要应用于公共与民用建筑的分户、分室墙、走廊、厨房、卫生间、电梯井墙、储物间等内部隔墙，也可作为隔声、防火墙使用。

SK 复合保温砌块主要应用于新建、改建和扩建的框架结构、框剪结构、钢结构建筑的外围护墙体和施工洞、窗口的填充。

河北深科建筑材料有限公司
地址：河北深泽经济开发区西环路南段路西
电话：0311-87512561 13933031214 13832383638
官方网站：http//www.hbskjzcl.com/

技术指标

SK 复合保温板 A、B 型执行 Q/SK1.2—2016 标准，C 型执行 Q/HB1.1—2019 标准，具体性能如下：

项目		单位	性能指标			试验方法
			A 型	B 型	C 型	
面密度		kg/m^2	≤ 32	≤ 28	≤ 28	JG/T 287
抗弯荷载		N	≥ 2500	≥ 2500	≥ 2500	GB/T 19631
层间拉伸粘结强度	原强度	MPa	≥ 0.15	≥ 0.12	≥ 0.12	JG/T 287
	耐水		≥ 0.15	≥ 0.10	≥ 0.10	
	耐冻融		≥ 0.15	≥ 0.10	≥ 0.10	JGJ 144
水蒸气透过性能		$g/(m^2\ h)$	≥ 0.85	≥ 0.85	≥ 0.85	JG/T 480
静曲强度		MPa	≥ 35	≥ 35	≥ 35	GB/T 17656
弹性模量		MPa	≥ 4500	≥ 4500	≥ 4500	GB/T 17656
耐火极限		h	4.0	4.0	4.0	GB/T 9978.1 GB/T 9978.8

SK 轻质隔墙板产品执行的标准：GB/T 23451—2009《建筑用轻质隔墙条板》，具体性能如下：

项目　　型号	100 系列	120 系列	150 系列
面密度（kg/m^2）	62±5	72±5	88±5
燃烧性能	A2	A2	A2
抗弯荷载 / 板自重倍数	≥ 3	≥ 3	≥ 3
吊挂力（N）	≥ 1000	≥ 1000	≥ 1000
隔声（dB）	≥ 35	≥ 43	≥ 45
导热系数［W/（$m^2 \cdot K$）］	≤ 1.0	≤ 1.0	≤ 1.0
耐火极限（h）	≥ 1	≥ 1	≥ 1

SK 复合保温砌块产品执行标准：GB/T 29060—2012《复合保温砖和复合保温砌块》，具体性能如下：

项目	主要技术参数指标
密度（kg/m^3）	≤ 700
抗冲击性（次）	≥ 5
传热系数［W/（$m^2 \cdot K$）］	≤ 0.41
抗压强度（MPa）	≥ 3.5

工程案例

邯郸市永年区永美花苑、邯郸市永年区永美别苑、邯郸市荣科翔苑、邯郸市万浩繁华锦苑、邯郸市肥乡区万浩御景、邯郸市邱县万浩御城、邯郸市大树康城、邯郸市中南置地御府雅居、邯郸市荣盛锦绣官邸、邯郸市荣盛锦绣志园、邯郸市恒大华耀悦府、邯郸市泽信和熙府、邯郸市峰峰矿区清泉小区、恒大房地产——国际葡萄酒文化旅游城、张家口鼎越地产——涿鹿鼎越·山水御园小区、张家口恒达地产——涿鹿阳光学府小区、北京鸿坤房地产——怀来香水湾、河北炫城房地产——上谷水郡、怀来——枫树湾学区房、涿鹿矾山——养老中心、怀来——金秋家园等。

生产企业

河北深科建筑材料有限公司成立于 2013 年 11 月，是一家与中国新型房屋集团有限公司（中国建材集团合资子公司）合作的，集研发、生产、销售、施工、售后服务于一体的高科技公司，公司占地 200 亩，现有员工 300 余人，年产 5500 万平方米各类新型建筑材料。公司与中国建材、清华大学、北方设计院、河北设计院、石家庄铁道大学长期保持技术合作关系，现有发明专利 2 项，实用新型专利 10 项，2019 年再次申报发明专利 1 项、实用新型专利 9 项。公司现有三大产品：SK 复合保温板、SK 轻质隔墙板、SK 复合保温砌块。公司编制的 SK 复合保温板企业标准（Q/SK1.2-2016）已上升为河北省地方标准，现正参与国家《免拆复合保温模板结构一体化应用技术规程》的编写制定工作。

证书编号：LB2019BW011

神州硅酸铝保温材料、橡塑保温材料、玻璃棉保温材料

产品简介

硅酸铝纤维又叫陶瓷纤维，是一种新型轻质耐火材料，该材料具有密度小、耐高温、热稳定性好、热传导率低、热容小、抗机械振动好、受热膨胀小、隔热性能好等优点，经特殊加工，可制成硅酸铝纤维板、硅酸铝纤维毡、硅酸铝纤维绳、硅酸铝纤维毯等产品。新型密封材料具有耐高温导热系数低、密度小、使用寿命长、抗拉强度大、弹性好、无毒等特点，是取代石棉的新型材料，广泛用于冶金、电力、机械、化工的热能设备上的保温。

橡塑保温材料是引进国外最新技术和先进的全自动连续生产线，采用性能优异的丁腈橡胶、聚氯乙烯（NBR/PVC）为主要原料，配以各种优质辅助材料，经特殊工艺发泡而成的软质绝热保温节能材料。其具有很高的弹性，因而能最大限度地减少冷冻水和热水管道在使用过程中的振动和共振。并且具有良好的绕性及韧性，施工中容易处理弯曲和不规则的管道，可以省工、省料。

离心玻璃棉板是离心玻璃棉经固化处理后制成的具有一定强度的板材制品，无论在高温或低温环境中都能保持良好的保温隔热性能，主要用于高级建筑的内墙隔间、天花吊顶、铁皮风管或风箱内壁的保温，机房内的吸声降噪，金属天棚的流汗控制等，具有广泛的应用前景。离心玻璃棉毡是适应大面积铺设需要而制成的卷材，除保持了保温隔热的特性外，还具有十分优异的吸声、减震特性，尤其对中低频和各种震动噪声均有良好的吸收效果，有效改善工作环境。这种材料可以根据需要任意裁剪，主要用于建筑室内、消声系统、交通工具、制冷系统、家用电器的减震、降噪等领域，效果十分理想。

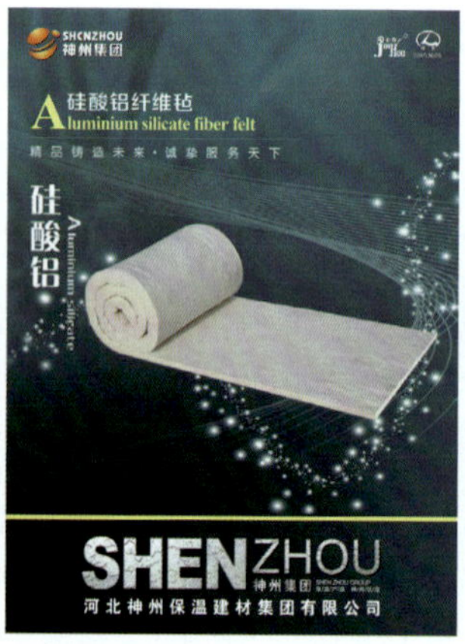

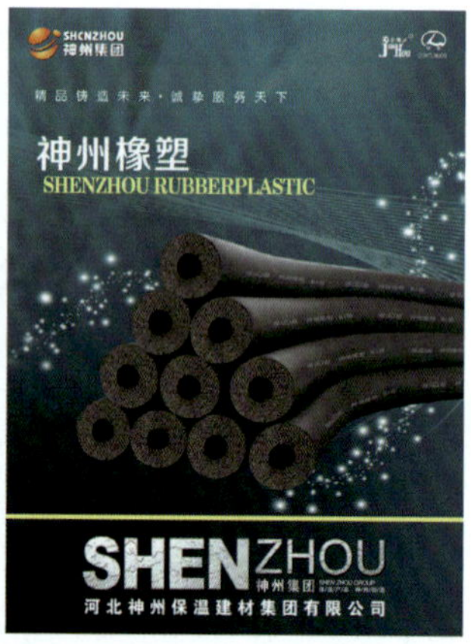

适用范围

硅酸铝保温材料产品适用于电力工业、电力锅炉、汽轮机及核电隔热；船舶工业的防火隔热；建筑业、防火门的防火隔热；化工工业高温反应设备及加热设备的壁衬；汽车、火车制造业的防火、隔热；窑炉砌衬、炉门、顶盖密封。

橡塑保温材料产品被广泛用于中央空调冷冻机房和建筑、船舶、车辆等行业的各类水汽管道的保温、隔热。可加工制作健身器材、医疗器械、日用品的把套、扩套。

玻璃棉产品适用于屋顶用保温、吸声材料、建筑用保温材料、娱乐场所（影院、KTV 等）及设备（计算机、空压机）的吸声处理和空调管道、冷冻及冷藏仓库的隔热。

神州节能科技集团有限公司
地址：河北省廊坊市大城县留各庄镇工业园区
电话：0316-3280110
官方网站：www.shenzhou.cc

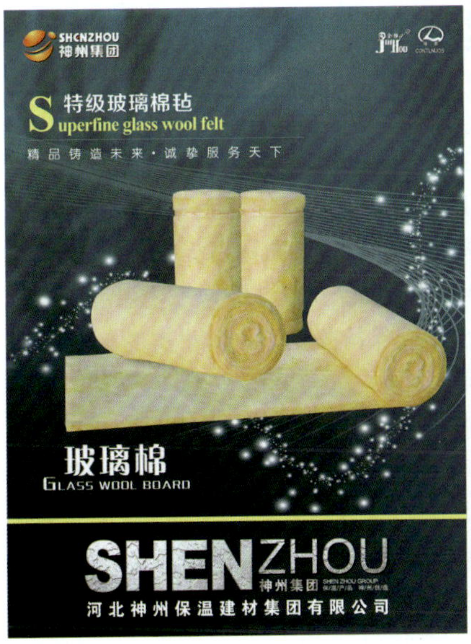

技术指标

硅酸铝保温材料执行 GB/T 16400—2015《绝热用硅酸铝棉及其制品》，其中硅酸铝板：纤维平均直径：5.0 ～ 6.0 μm；渣球含量：≤ 10%；导热系数≤ 0.153W/(m·K)；甲醛释放量≤ 0.5mg/L。硅酸铝毡：纤维平均直径：5.0 ～ 7.0 μm；渣球含量：≤ 10%；导热系数≤ 0.153W/(m · K)；甲醛释放量≤ 0.5mg/L。

橡塑保温材料产品执行 GB/T 17794—2008《柔性泡沫橡塑绝热制品》和 GB/T 8624—2012《建筑材料及制品燃烧性能分级》标准，其中导热系数≤ 0.034W/(m·K)；真空吸水率≤ 10%；尺寸稳定性≤ 10%；压缩回弹率≥ 70%；燃烧性能 B1 级。

玻璃棉产品执行 GB/T 13350—2017《绝热用玻璃棉及其制品》、GB/T 8624—2012《建筑材料及制品燃烧性能分级》，其中玻璃棉板：纤维平均直径：5.0 ～ 6.0 μm；渣球含量：0.0；导热系数≤ 0.043 W/(m · K)；热荷重收缩温度≥ 350℃；甲醛释放量≤ 0.5mg/L。玻璃棉毡：纤维平均直径：5.0 ～ 7.0 μm；渣球含量：0.0；导热系数≤ 0.043W/(m · K)；热荷重收缩温度≥ 350℃；甲醛释放量≤ 0.5mg/L。

工程案例

北京友谊广场、中国进口银行工程、北京人民大学体育馆、济南军区总医院、北京锦湖轮胎、廊坊东方大学城、南京奥体中心、上海浦发大厦、天津师范大学、国家天津消防研究所、张家口发电总厂、湖南湘潭电厂等项目。

生产企业

神州以改善生存环境，提高生活质量为己任，致力于新型环保耐火保温材料的研发、设计和创新，企业发展突飞猛进。经过十余年的磨砺与探索，神州已初具规模，拥有国内先进的生产设备和技术。神州公司结合产品的特点，确立了立足河北，依托京津，辐射全国的营销策略，几年来公司凭借优良的品质、稳定的性能、合理的价格、完善的服务、诚信的行为，铸就了自己的品牌，产品畅销全国 29 个省市自治区，并在全国各主要城市设有区域销售部，形成了健全的营销网络。

神州保温材料在满足国内需求的同时，还远销俄罗斯、欧美、韩国、马来西亚等国家，产品质量堪与跨国同行企业相媲美，神州品牌逐步为国际所接受，“神州产品，温暖世界”的风采将风靡寰宇。神州秉承安全、理性、持续发展的战略思想，坚持求实进取、团结奉献的创业精神。以高质量的产品泽惠百姓，服务社会，用智慧和激情去描绘百年神州的宏伟蓝图！

神州节能科技集团有限公司
地址：河北省廊坊市大城县留各庄镇工业园区
电话：0316-3280110
官方网站：www.shenzhou.cc

证书编号：LB2019BW012

智博 EPS 模块、SEPS 石墨模块、绝热用模塑聚苯乙烯泡沫塑料板

产品简介

EPS 空腔模块采用内外双层保温，中间采用塑料连接件连接，中间形成宽度 13cm 的空腔，配合单层钢筋网片现浇混凝土浇筑，内外各 6cm 的保温层；墙体内外两层保温，导热系数低，仅为 0.028W/(m · K)，节能指标高于 75%。在华北、西北地区用 EPS 空腔模块建房子，冬天不用生火炉，仅靠阳光照射、家用电器和人体活动产生的热量，室内温度就能达到 15 ～ 22℃；夏天不用开空调，只要通过调节窗帘，避免阳光直射入内，室内温度就能保持在 27℃，真正实现冬暖夏凉。EPS 空腔模板本身就经过了防火阻燃处理，主体结构完成后，内外墙面更会有一层砂浆层，大大提高了其防火性能，经权威部门验证，能达到 B_1 级防火。楼板与传统的框架结构房屋一样，采用现浇的钢筋混凝土楼板，与墙体混凝土通过预留的钢筋相连，整个房屋的结构就是一个整体，抗震性能好，可抗八级地震！施工简单、操作灵活，建造过程中完全取代墙体各种砌块、浇筑模板、外墙保温材料；每个墙体模块高度为 30cm，一般安装 3 ～ 4 层模块后浇筑混凝土，混凝土浇筑完成即可继续往上安装模块，不需要等混凝土养护完成才进行下一层的模块安装，这加快了施工速度。EPS 模板形状、尺寸多样，适应墙体的不同造型。每个构件上，四周边都有插接企口，内外表面有均匀分布的燕尾槽，符合建筑模数和节能标准需求，并与建筑构造和施工工法及制造工艺有机结合。在施工过程中，只要对准方向，就可以利用表面的凹凸企口，完美的无缝搭接，避免浇筑混凝土过程中跑浆，保证了混凝土的强度。

适用范围

产品主要应用于住宅建筑领域，适用于高层底层住宅，以及别墅、农村住宅。

技术指标

项　目		性能指标				试验方法
		普通模块		石墨模块		
表观密度，kg/m^3		≥ 20	≥ 30	≥ 20	≥ 30	GB/T 10801.1
压缩强度，MPa		≥ 0.14	≥ 0.20	≥ 0.14	≥ 0.20	
导热系数，W/（m · K）		≤ 0.037	≤ 0.033	≤ 0.032	≤ 0.030	
尺寸稳定性，%		≤ 0.3				
水蒸气透过系数，mg/（Pa · m · s）		≤ 4.0				
吸水率（体积分数），%		≤ 2.0				
熔结性能 1）	断裂弯曲负荷，N	≥ 30	≥ 40	≥ 30	≥ 40	
	弯曲变形，mm	≥ 20				
燃烧性能等级		不低于 B_2 级				GB 8624
垂直于板面方向的抗拉强度，MPa		≥ 0.15	≥ 0.25	≥ 0.15	≥ 0.25	GB/T 29906
1）断裂弯曲负荷或弯曲变形有一项符合指标要求即为合格						

河北智博保温材料制造有限公司

地址：博野县经济开发区东区
电话：0312-5833669
传真：0312-5833669
官方网站：http://www.zhibobaowen.com/

生产企业

河北智博保温材料制造有限公司位于博野县经济开发区东区。总投资3.58亿元，注册资金3000万元。企业去年销售额1.1亿元，纳税220余万元，逐年递增。现有职工300余人，其中管理及技术人员55人。智博公司拥有间歇式预发机4台，聚苯乙烯泡沫板材机4台，切割机10台，全自动进口成型机30台，注塑机设备20台，拔丝机5台、焊网机6台，EPS包装设备10台，EPP设备10台，另有挤塑板生产线一条，砂浆生产线一条。

公司的经营范围有：模塑聚苯乙烯泡沫塑料板（EPS）、聚苯乙烯线条（EPS）、挤塑聚苯板（XPS）、石墨聚苯乙烯泡沫板（SEPS）、EPS建筑结构与保温一体化模块（EPS模块一体化）、EPP制品（汽车零件及玩具类）、EPS包装箱、粘接砂浆和罩面砂浆等一系列泡塑产品的研发、生产和销售。我们力争打造成京津冀乃至全国颇具影响力的泡塑生产基地。

河北智博保温材料制造有限公司

地址：博野县经济开发区东区
电话：0312-5833669
传真：0312-5833669
官方网站：http://www.zhibobaowen.com/

证书编号：LB2019BW013　　HB2019BW001

格瑞离心玻璃棉制品

产品简介

格瑞离心玻璃棉产品是一种纤维细长，导热系数低的保温材料，特殊的构造决定了它能够很好地禁锢空气，使之无法流动，杜绝了空气的对流传热，同时也能快速地减弱声音的传输，从而起到保温和吸声的作用。格瑞离心玻璃棉包括玻璃棉卷毡和玻璃棉板两大系列。

格瑞离心玻璃棉卷毡主要分为无贴面毡和复合贴面毡两大类别。产品被广泛应用于厂房、仓库、冷冻室、体育馆、展览中心、养殖种植保温棚、钢结构建筑以及各种室内游乐场所等。

格瑞离心玻璃棉板也可以分为无贴面板和复合贴面板两大类别，是将玻璃棉加入热固性粘结剂，通过加压处理、加温固化成型的板材。较玻璃棉卷毡而言，板材具有更加卓越稳定的吸声降噪性能，被广泛应用于工业、住宅建筑外墙保温体系以及空调调节等领域。

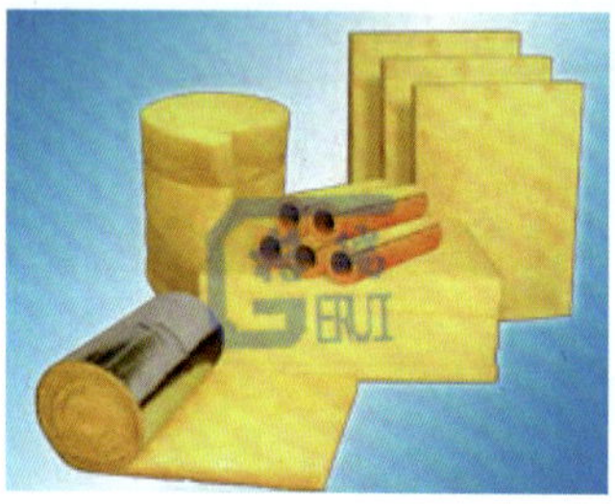

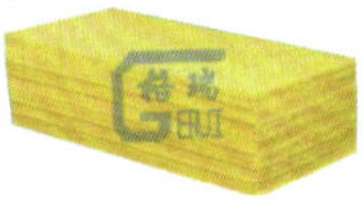

适用范围

格瑞公司生产的玻璃棉施加热固性粘结剂，通过加压、加温固化成型的板材，适用于各种不同规格空调风管及其他风管的保温和隔声，表面可以粘贴铝箔等贴面，具有保温效果好、密度小、阻燃、抗震吸声等优异性能。

格瑞公司采用先进的离心喷吹法生产工艺，为墙体保温提供了相应的卷毡、板材以及复合材料等产品。可适应用户对各式轻体保温隔热的要求，施工经济、简捷方便、性能优异。

格瑞公司考虑到用户对隔声吸声以及降噪的需求，为客户准备了玻璃棉卷毡以及复合材等产品，广泛应用于房屋的隔断，不仅具有降噪吸声的效果，而且施工方便、质量轻、厚度小，相应增大房屋的使用面积。

格瑞公司生产的玻璃棉施加粘结剂加温固化成型的圆柱体保温管材，广泛应用于电力、石油化工等热力管道以及冷、热水管和水蒸气管的隔热保温，施工方便，节能显著。表面粘贴铝箔等贴面，既可保温、防潮、防辐射，还有一定装饰性。

格瑞玻璃棉可用于火车车厢、空调客车箱体的保温隔热。

技术指标

产品执行 GB/T 13350—2008《绝热用玻璃棉及其制品》，GB/T 17795—2008《建筑绝热用玻璃棉制品》国家标准，具体指标如下：

项目	单位	产品指标	标准
密度	kg/m³	10 ~ 80	GB/T 5480.3
纤维平均直径	μm	5 ~ 8	GB/T 5480.4
含水率	%	≤ 1	GB/T 16400—2003
燃烧性能级别		不燃 A 级	GB 8624—1997
热荷重收缩温度	℃	250-400	GB/T 11835—2007
导热系数	W/（m·K）	0.034-0.06	GB/T 10294

续表

项目	单位	产品指标	标准
憎水率	%	≥ 98	GB/T 10299
吸湿性		≤ 5	GB/T 5480.7
吸声系统	%	1.03 产品混响定法	GBJ 47—1983
渣球含量		≤ 0.3	GB/T 5480.5

工程案例

北京友谊广场、北京鑫茂大厦、北京中关村科技园成果展示厅、北京黑庄户工业园、北京宝山建筑钢结构工程、北京人民大学体育馆、北京恒基大厦、北京自行车体育馆、北京 CEC 大厦、北京市石景山电厂、北京市东郊热电厂、北京市石热工程、北京生物制品研究所、北京工人体育馆、北京京广中心、北京市首都机场航站楼及外网供热工程、北京首钢冷轧板厂、法国大使馆、中日友好医院等。

生产企业

河北格瑞玻璃棉制品有限公司是一家集研究、开发、生产和销售于一体的大型企业，下设三个产业园区。格瑞公司为首批全国诚信守法乡镇企业，国家推荐建材企业，全国电力行业保温材料定点生产企业，在国内同行业首批获得建材防火环保标识使用证企业，河北省科技型企业，全国电力系统进网单位，河北重合同守信用单位，2003 年已顺利通过 ISO 9001 质量体系认证，并荣获欧盟 CE 认证，格瑞公司也参加了国标 GB/T 13350—2008、GB/T 17795—2008 的起草，凸显了行业的影响力和优异的技术性能，成为中国绝热节能材料行业标志型企业。

公司采用 21 世纪具有先进世界水平的离心法玻璃棉生产技术生产的新型保温隔热吸声材料——离心玻璃棉系列制品，主要用于钢结构、墙体保温、管道、电厂等领域。公司技术力量雄厚，拥有现代化生产设备，实行科学化管理，严格按照国际标准组织生产，并以优质的服务为广大用户提供高性能、高品质的离心玻璃棉系列产品，包括离心玻璃棉、高温玻璃棉、彩色玻璃棉、憎水玻璃棉、无甲醛玻璃棉等品种繁多的玻璃棉制品。公司有八条生产线，年生产能力在 10 万吨左右。公司产品现已远销欧美、日本、东南亚、非洲、俄罗斯、澳大利亚等国家和地区。

格瑞人严谨务实，不断进取，精益求精，着力打造更加优质环保节能的新型建材。

河北格瑞玻璃棉制品有限公司
地址：河北省廊坊市大城县留各庄镇工业园区
电话：0316-5797000
官方网站：http://www.grblm.com

证书编号：LB2019QC001

陆腾轻质隔墙条板

产品简介

LT 预制玻化微珠（聚苯颗粒）板材主要由轻钢架、冷拔低碳钢丝网、轻质无机保温复合芯材及复合抗渗涂层组成。钢骨架轻型保温板的主要受力部件为钢框型钢骨架，骨架断面按荷载大小和跨度要求调整，板跨度可根据柱距大小灵活布置；无机轻质保温复合芯材为填充材料，其厚度可根据要求调整，可满足中国各地区的建筑保温隔热要求；各种材料通过合理的设计和工艺措施保证了钢骨架轻型保温板各项功能的实现。钢骨架轻型保温板节点设计合理，安装快捷，维护方便，板型灵活，不受固定磨具限制，可以按照建筑设计要求分配板，最大限度地满足用户需求。

适用范围

LT 产品应用于建筑领域，适用范围：装配式围护结构建筑：用于各类工业厂房、民用建筑、大型仓储、超市、公共建筑、体育场馆、学校、房屋加（夹）层、栈桥走道及其他工业。可以与混凝土结构、钢结构及大跨度空间结构等配套使用，用途广泛。

技术指标

LT 内隔墙板执行的标准：GB/T 23451—2009《建筑用轻质隔墙条板》；JGJ/T 157—2014《建筑轻质条板隔墙技术规程》；国家建筑标准设计图集 10J113-1。

工程案例

1. 天津市同顺心工贸有限公司办公楼：外墙板、内隔墙板、屋面板。
2. 天津远洋心里：楼层板
3. 北京密云县垃圾处理中心项目：屋面板
4. 天津大中畜牧养殖有限公司：外墙板
5. 中国科学院电子学研究所：内隔墙
6. 内蒙古乌兰察布红海子体育公园
7. 北京海淀区龙湖别墅地产项目
8. 中国天津技术研究所

天津陆腾低碳建材科技有限公司
地址：天津市静海区
电话：022-81674677
官方网站：tjluteng.com

生产企业

天津陆腾低碳建材科技有限公司位于天津市静海区国际商贸物流园，是一家集研发、设计、生产、销售安装于一体的高新建材企业，公司联合南京航空航天大学共同研发出硫磷酸盐水泥及保温砂浆技术，获得两项国家发明专利，在此基础上公司研究人员与施工人员凭借多年经验，在理论与实践相结合的基础上研制成功了轻型保温芯材与墙一体化的大型墙体板、轻质内隔墙板、屋面板、楼层板，并达到国家四部节能要求，节能75%，实现了保温与墙同寿命，填补了我国自保温节能低碳建材行业的一项空白，并取得了骄人的成绩。

天津陆腾低碳建材科技有限公司
地址：天津市静海区
电话：022-81674677
官方网站：tjluteng.com

证书编号：LB2019QC002

和顺粉煤灰砖制品

产品简介

加气混凝土产品属硅酸盐制品，主要材料有硅质材料粉煤灰及钙质材料水泥、石灰、石膏以及铝粉等。其生产工艺为：原材料处理、配料搅拌、静停切割，经蒸压养护即为成品。它可以制成各种规格的砌块和板材。由于其具有质量轻、强度好、防水抗震、保温隔热等优点，而得到广泛推广和应用，是一种理想的新型墙体材料。

适用范围

成品粉煤灰蒸压加气混凝土砌块砌筑应用范围：高层住宅、写字楼、宾馆、医院、学校等建筑物非承重墙体；钢结构建筑围护墙体；建筑物屋面保温层、隔热层；恒温实验室保温、隔热墙；防火隔墙；房屋改造分户隔墙。

技术指标

产品执行 GB 11968—2006《蒸压加气混凝土砌块》标准，按强度可分为：A3.5、A5.0，按干密度可分为：B05、B06。

工程案例

保定市碧桂园、保定市电谷酒店、保定市万博广场、保定市红星美凯龙。

生产企业

保定市和顺粉煤灰制品有限公司位于保定市新市区郝庄村，2007 年 11 月 15 日在竞秀区工商行政管理局注册成立，注册资本为 700 万元人民币，在公司发展壮大的 12 年里，始终为客户提供好的产品和技术支持、健全的售后服务，主要经营粉煤灰砖制造、销售。

保定市和顺粉煤灰制品有限公司
地址：保定市新市区郝庄村
电话：0312–5950699
传真：0312–5950699

地址：保定市新市区郝庄村
电话：0312-5950699
传真：0312-5950699

证书编号：LB2019SR001

宝希石墨烯电热膜

产品简介

电热膜是通电后能够发热的一种薄膜，是由电绝缘材料与封装在其内的发热电阻材料组成的平面型发热元件。其特征是电阻材料表面积与体积比很大，是一种二维形式，即平面型。电热膜作为平面型发热元件，具有表面功率密度大、发热效率高、散热好、不易烧蚀和可以做成各种复杂形状等优点，被广泛应用于建筑、工业、农业、军事、家庭用品等加热或供暖领域。

宝希石墨烯电热膜使用的发热电阻材料为石墨烯电热浆料，即在有机复合电热浆料的基础上添加石墨烯。然后，通过自主设计、制造和集成的智能化生产设备，均匀地将石墨烯电热浆料印刷到聚酯薄膜上，制成石墨烯电热膜。石墨烯电热膜采用并联的膜电路结构，用银金属膜做电极，可靠性高。石墨烯电热膜通电后能产生热能，热能主要通过远红外线（控制波长在 3 ～ 15 μm）热辐射的形式传递热能，其有效电热能总转换率达 99.9% 以上。宝希石墨烯电热膜有效地改善了电热膜的性能，其发热响应、功率密度、发热稳定性、发热效率都有着显著提高。

宝希石墨烯电热膜产品特点如下：

（1）电热膜的电热浆料，有着良好可控的正温度系数，保证在使用寿命周期内性能稳定、功率不衰减；

（2）电热膜基材：采用经欧盟认证的可承受耐压 3750V 以上的优质 PET 基材；

（3）电热膜电极：采用自主研发的银含量为 99.99% 的纯银作为电极主要材料，保证导电性能稳定、长久；

（4）吸收层：分布电容电流吸收层采用宝希低电阻材料和独立绝缘的复合材料制成，保证了防漏电，可使用漏电保护开关（其他产品均无此结构，无法使用漏电保护开关）；

（5）防护层；宝希防护层材料采用通过欧盟 (ROHS) 认证厚度为 (0.6mm) 的 PVC 制成作为电热膜的保护层，并且表面通过特殊处理，防水、防潮、阻燃使其保护效果更安全、寿命更长久；

项目名称	西藏天宇藏秘主题酒店
项目地址	西藏林芝米林县
项目类型	酒店
建筑面积	8千平方米
供暖方式	宝希石墨烯电热膜房屋供暖系统
运行情况	2年

项目名称	酒泉第七中学
项目地址	酒泉
项目类型	学校
建筑面积	6.5万平方米
供暖方式	宝希电暖器供暖系统
运行情况	1年

（6）专用电缆线：宝希采用专业生产厂家提供的带有 3C 认证等符合国家电气安规标准的电缆线，线与线间均带隔离槽。

适用范围

本产品适用于新建、改造、高大空间、辅助加热建筑等，以及民用建筑、公共建筑、工农畜牧业采暖等领域。

技术指标

本产品执行的标准如下：

（1）GB 51348—2019《民用建筑电气设计标准》；

（2）JG/T 286—2010《低温辐射电热膜》；

（3）JGJ 319—2013《低温辐射电热膜供暖系统应用技术规程》；

（4）JGJ 26—2018《严寒和寒冷地区居住建筑节能设计标准》；

（5）GB 50736—2012《民用建筑供暖通风与空气调节设计规范》；

（6）GB 50189—2015《公共建筑节能设计标准》。

宝希（北京）科技有限公司
地址：北京市朝阳区金桐西路 10 号远洋光华 B 座 1703
电话：400-100-3936
官方网站：http://www.baoxihome.com/

宝希石墨烯电热膜节能先进性如下：

（1）用于民用住宅能耗约为国家建筑节能标准的 65%；

（2）用于公用建筑能耗约为国家建筑节能标准的 50%；

（3）与国内外同类技术主要指标对比见下表。

与国内外同类技术主要指标比较

序号	检验项目（单位）	同类技术主要指标	样本检验结果
1	功率偏差	±10%	4%
2	工作温度（℃）	≤ 80	41
3	温度不均匀（℃）	≤ 7	4
4	升温时间（min）	≤ 10	3
5	最高温度（℃）	≤ 90	52.3
6	电 - 热辐射转换效率	≥ 55%	83%
7	法向全发射率	≥ 0.83	0.87

工程案例

项目名称	项目地址	项目类型	建筑面积	供暖方式	运行情况
陕西咸阳幸福家园	陕西咸阳彩虹一路和兴业路十字东北角	社会保障房 20 栋	63.3 万平方米	宝希石墨烯电热膜房屋供暖系统	2018 年采暖季交付并使用
西藏天宇藏秘主题酒店	西藏林芝米林县	酒店	8000 平方米	宝希石墨烯电热膜房屋供暖系统	2 年
陕西咸阳西安铁路局经适房	陕西咸阳人民东路南侧	企业家属楼	3.8 万平方米	宝希石墨烯电热膜房屋供暖系统	3 年
酒泉第七中学	酒泉	学校	6.5 万平方米	宝希电暖器供暖系统	1 年

项目名称	陕西咸阳幸福家园
项目地址	陕西咸阳彩虹一路和兴业路十字东北角
项目类型	社会保障房20栋
建筑面积	63.3万平方米
供暖方式	宝希石墨烯电热膜房屋供暖系统
运行情况	2018年采暖季交付并使用

项目名称	陕西咸阳西安铁路局经适房
项目地址	陕西咸阳人民东路南侧
项目类型	企业家属楼
建筑面积	3.8万平方米
供暖方式	宝希石墨烯电热膜房屋供暖系统
运行情况	3年

生产企业

宝希（北京）科技有限公司（简称“宝希科技”）隶属于国内石墨烯产业先进企业——宝泰隆新材料股份有限公司（简称“宝泰隆”，证券代码：601011），是一家集石墨烯下游应用产品研发、生产和销售于一体的新锐科技公司。宝希科技在黑龙江省七台河市新材料产业园建有大型石墨烯应用生产基地，拥有年产 200 万平方米最新第四代（4.0 版）石墨烯电热膜智能化全自动生产线、500 吨智能化全自动配比系统水性石墨烯导电油墨生产线、500 吨智能化全封闭石墨烯水性散热涂层生产线。

宝希科技依托宝泰隆完整的新能源新材料产业链，借助其在石墨烯材料生产和研发优势以及多年的技术积累，为宝希科技石墨烯应用产品提供高品质材料保障。宝希科技自成立之初即致力于开发石墨烯导电导热、功能增强、防腐涂料、节能环保等领域系列产品，研究石墨烯材料对相关领域产品的改性。公司在技术研发领域得到了北京石墨烯研究院、中科院苏州纳米所南昌分院等知名研究院所的战略支持，必将进一步开拓石墨烯行业终端应用。

公司拥有较强的生产能力、专业的石墨烯研发团队以及营销团队，将持续为石墨烯产业链下游产品的研发创新、产品拓展而不懈努力，为广大用户贡献更多高品质石墨烯应用产品。

宝希（北京）科技有限公司

地址：北京市朝阳区金桐西路 10 号远洋光华 B 座 1703

电话：400-100-3936

官方网站：http://www.baoxihome.com/

证书编号：LB2019BL001

福莱特中空玻璃、钢化玻璃、夹层玻璃、太阳能光伏组件用减反射膜玻璃

产品简介

中空玻璃是由两片或多片平板（Low-E）玻璃组合而成，玻璃片之间夹有充填了干燥剂的铝合金（钢条）隔框，之间用丁基胶粘结密封后，再用聚硫胶或结构胶密封。中空玻璃是一种良好的隔热、隔声、美观适用，并可降低建筑物自重的新型建筑材料。

钢化玻璃是通过水平钢化炉将玻璃加热到软化点，利用冷风将其快速均匀冷却，使其表面形成均匀的压应力，而内部则形成张应力，有效提高了玻璃的抗弯和抗冲击性能。

夹层玻璃是由两片或多片平板玻璃或 Low-E 玻璃，之间夹了一层或多层有机聚合物中间膜（简称 PVB），经过特殊的高温预压 (或抽真空) 及高温高压工艺处理后，使玻璃和中间膜永久粘合为一体的复合玻璃产品。

太阳能光伏组件用减反射膜玻璃（减反射高透过率超白压延玻璃）是在超白压延玻璃的表面镀上一层增透膜后，再经过钢化处理后得到的产品。它能有效地降低玻璃表面的反射比，提高透射比，从而提升组件的光电转化效率，提高光伏组件输出功率，此产品的综合透射比高 2.5% ～ 4%，透光率达到 94% ～ 95%。

适用范围

中空玻璃采用平板玻璃与 Low-E 镀膜、钢化、夹层等玻璃组合成各种复合产品，可以得到多种最佳效果，广泛用于高档建筑物的门窗、天棚、写字楼，需要隔声的学校、医院、体育场馆、机场等场所，还应用于制冷电器、飞机、船舶、机车等领域。

随着产品的种类及加工技术的不断更新，现在钢化玻璃的应用范围也随之变得越来越广泛。通常钢化玻璃可以应用在以下几个行业：

1. 建筑装饰行业 (例：门窗、幕墙、室内装修等)
2. 家具制造行业 (玻璃茶几、家具配套、户外沙滩桌等)
3. 家电制造行业 (电视机、烤箱、空调、冰箱等产品)
4. 日用制品行业 (玻璃菜板等)
5. 汽车制造行业 (汽车挡风玻璃等)

夹层玻璃具体应用：公共建筑物的玻璃门窗，玻璃屏障，阳台的门窗，室内隔断玻璃，门窗两侧的玻璃隔断，浴室玻璃，楼梯间窗玻璃及护板，大球类场馆；银行、金库、博物院、展览厅、陈列厅、珠宝店、高级商业大厅的橱窗、展橱、陈列柜、珍奇宠物的展橱等采用防弹夹层玻璃，飞机风挡玻璃广泛采用全无机复合夹层玻璃、有机无机复合夹层玻璃等。可以具有高强度、抗鸟撞、防雾、除霜、抗冰雹、防静电、抗辐射及防弹等性能。

太阳能光伏组件用减反射膜玻璃适用于光伏屋顶发电以及道路交通发电、光伏发电站。

福莱特玻璃集团股份有限公司
地址：中国浙江嘉兴市秀洲区运河路 1999 号
电话：0573-82793999
官方网站：www.flatgroup.com.cn

技术指标

中空玻璃产品执行 GB/T 11944—2012《中空玻璃》标准，钢化玻璃执行 GB 15763.2—2005《建筑用安全玻璃 第 2 部分：钢化玻璃》，夹层玻璃执行 GB 15763.3—2009《建筑用安全玻璃 第 3 部分：夹层玻璃》，太阳能光伏组件用减反射膜玻璃执行 JC/T 2170—2013《太阳能光伏组件用减反射膜玻璃》，其中中空玻璃产品具体性能指标如下：

	配置 Combination	颜色 Color	可见光透射比 Trans.	可见光反射比（室外）Relf.Out	太阳热获得系数 SHGC	遮阳系数 SC	相对热增益 RHG W/m^2	传热系数 U 值 W/（m^2·K）
双银	6DET152II 钢化 +12A+6	浅蓝 light blue	46	12	0.26	0.3	199	1.60
	6DET158II 钢化 +12A+6	灰色 grey	51	14	0.31	0.36	232	1.60
	6DET163II 钢化 +12A+6	灰色 grey	58	15	0.33	0.38	252	1.60
	6DET174II 钢化 +12A+6	浅蓝 light blue	68	17	0.34	0.42	265	1.60
	6FYN168+12A+6	无色 Clear	60	14	0.35	0.4	264	1.60
	6FYN152+12A+6	浅蓝 light blue	46	16	0.28	0.32	220	1.60
	6FYN145+12A+6	浅蓝 light blue	41	16	0.27	0.31	206	1.60
高透	6SET180II 钢化 +12A+6	无色 Clear	73	12	0.55	0.64	416	1.72
	6SET185II 钢化 +12A+6	无色 Clear	75	12	0.56	0.66	426	1.68
	6SET1.16II 钢化 +12A+6	无色 Clear	77	12	0.54	0.62	407	1.64
	4SET1.16II 钢化 +12Ar+4	无色 Clear	80	12	0.57	0.65	422	1.16

工程案例

杭州西溪智慧谷（15mm 超白 Low-E 钢化 +12A+15mm 钢化）

CCTV 新影时空一期（8mm 钢化 +12A+8mm 钢化双银）

杭州广源之江门（8mm 钢化 +12A+8mm 钢化超白双银）

生产企业

福莱特玻璃集团股份有限公司是一家集玻璃研发、制造、加工和销售为一体的综合性大型企业，创建于 1998 年 6 月，集团在上海、浙江、安徽、香港、越南等地投资九家全资控股公司。福莱特通过二十年的努力，目前总资产已达人民币约 60 亿元，并于 2015 年 11 月 26 日在香港联交所主板上市，股票代码：06865HK。2019 年 2 月 15 日在上海证券交易所主板上市，股票代码：601865。

福莱特涉及太阳能光伏玻璃、优质浮法玻璃、节能玻璃、家居玻璃四大领域，以及太阳能光伏电站的建设和石英岩矿开采，形成了比较完整的产业链。公司始终坚持“以人为本，科技创新，诚信经营，可持续发展”的经营战略，树立“健康、安全、绿色、环保”的现代高新技术企业发展经营理念；成为浙江省高新技术企业、省级高新技术企业研究开发中心，有发明专利 3 项，实用新型专利 101 项，主导和参与国家、行业、团体标准 25 项。

福莱特集团节能玻璃事业部是专业生产各类工程玻璃的生产基地，主要设备有行业先进的 Low-E 玻璃镀膜生产线、全自动玻璃切割机、双边磨边机、四边磨边机、双室强对流钢化炉、全自动中空玻璃生产线、夹层玻璃生产线，2014 年引进整套智能化、全自动李赛克连续玻璃深加工系统，该系统是将传统的切割、磨边、钢化、合中空单机独立设备整合成一套全自动玻璃深加工连续生产线，整个生产过程玻璃无须落地、几乎无须手工接触玻璃，避免了人为因素对产品品质的影响，确保了质量的稳定性和交货的及时性。从订单到成品整个过程实现生产自动化、管理自动化、信息自动化。

福莱特玻璃凭借先进的节能玻璃生产设备，以及强大的生产管理团队，竭诚为国内外广大客户提供优质的服务和优良的品质，福莱特集团欢迎您的光临并期待与您合作。

福莱特玻璃集团股份有限公司

地址：中国浙江嘉兴市秀洲区运河路 1999 号
电话：0573-82793999
官方网站：www.flatgroup.com.cn

证书编号：LB2019BL002

中诚内置百叶遮阳中空玻璃

产品简介

1. 保温性能

中空百叶玻璃的传热系数由 K=2.0W/(m^2 · K) 至 K=2.9W/(m^2 · K)，当百叶垂直状态时传热系数 K=2.0W/(m^2 · K)；当百叶水平状态时传热系数 K=2.7W/(m^2 · K)；当百叶收起状态时传热系数 K=2.9W/(m^2 · K)。中空百叶玻璃当百叶在垂直状态的传热系数大大低于百叶收起状态时的传热系数，当窗的内外温差较大，致使中空玻璃内外的温差也较大，空气借助冷辐射和热传导作用，首先在中空玻璃的两侧产生对流，然后通过中空玻璃整体传递过去，形成能量的流失，而在中空玻璃百叶垂直状态下能够有效地降低中空玻璃内的气体对流与传导，从而降低能量的对流与传导损失，达到比中空玻璃更好的保温性能。

2. 遮阳性能

百叶中空玻璃的遮阳系数由 Sc=0.18 至 Sc=0.90。百叶垂直状态时满足 GB 50189—2015《公共建筑节能设计标准》中有遮阳系数要求的所有地区使用。当百叶垂直状态时遮阳系数 Sc=0.18；当百叶水平状态时遮阳系数 Sc=0.83；当百叶收起状态遮阳系数 Sc=0.90。百叶水平和收起状态时的遮阳系数为玻璃的遮阳系数，但当百叶垂直时遮阳系数 Sc=0.18。太阳能直接透射比为 0.16，说明了当百叶垂直状态时室内还有一定程度的可见光。能有效地阻挡夏季南方强烈的太阳辐射而造成的阳光直射到室内，改善室内的光环境，从而降低室内温度，减少建筑空调能耗。

3. 优异的密封性能

本产品利用磁性物理原理传动方式，在中空玻璃内外设置了两组磁性铁，克服了以往利用机械传动方式外挂百叶的缺陷，解决了中空玻璃的封闭问题，使之能完全符合 GB/T 11944—2012 中空玻璃五项检测标准，实现了性能优越的隔热、隔声、阻挡紫外线、防火、防凝霜、防灰尘、防油烟、防病毒交叉传染等优点。另外使用双道密封的中空玻璃技术使之具有良好的节能效果，大大减少了因为其他方式采暖所造成的 CO_2、SO_2 等有害气体的排放，实现了国家提倡的环保要求。

4. 良好的隔声性能

本产品使用了先进的中空玻璃技术，尤其在中空玻璃内部加入了百叶窗帘，使得产品在隔声性能方面更加优越。产品的空气声计权隔声量和频谱修正量 Rw=32db，大大减少了由于环境噪声引起的污染，给居住者一个宁静舒适的居住环境。

适用范围

适用于住宅楼（高档公寓、写字楼幕墙、别墅、学校、医院、酒店及民用住宅）。

技术指标

本公司从事百叶窗技术和开发工作的技术人员有 20 多名，其中中级以上职称 10 人，平均从事百叶行业研发 6.5 年，

江苏中诚建材集团有限公司
地址：常熟市梅李镇赵市
电话：0512-52388888
官网：www.chinactg.com

具有丰富的研发经验，是一个优秀的开发团队。拥有百叶窗方面的各项专利 10 多项，聘请美国 ODL 公司技术人员为顾问。

依据 JG/T 255—2009《内置遮阳中空玻璃制品》，所检样品露点性能合格。

工程案例

万科地产南京 - 九都荟、保利地产南京 - 中央花园、恒大地产南京 - 恒大华府、南京奥和雅苑、扬州三盛国际广场、扬州九龙湾、常州第二人民医院、无锡恒大 - 绿洲等。

生产企业

常熟市中勤建材有限公司作为“中诚建材集团”旗下公司，成立于 2003 年 8 月，是一家发展快速的成长型企业。在吸取现代外遮阳产品优点的基础上，同时摒弃欧美等发达国家传统外遮阳产品的弊端，研发出取代欧美市场传统遮阳产品的新型“内置中空百叶玻璃”，完美实现了外遮阳与中空玻璃合二为一的新型外遮阳体化节能门窗。中诚百叶窗是将百叶中空玻璃制品与节能门窗型材结合，具有良好的遮阳、保温、隔热、隔声、调节采光性能，同时具有良好的抗风压和免清洁维护性，适用于现行的外遮阳体化节能门窗系统。这几年公司生产的“中诚”牌内置中空百叶窗，通过完成两百多个大型高档小区的安装和使用，已成为住房城乡建设部、江苏省住房城乡建设厅等权威部门的重点推广产品，得到了广大开发商和业主的好评。

2009 年 6 月 18 日中华人民共和国住房和城乡建设部发布了《中华人民共和国建筑工业行业标准》，并于 2009 年 12 月 11 日强制性实施本标准，将江苏省的南京、苏州、无锡、常州、镇江、南通、泰州、扬州划为夏热冬冷地区，东、西、南向窗户，必须安装活动遮阳设施。2010 年 3 月 26 日扬州市城乡建设局执行该标准，印发《扬州市建筑节能材料和产品备案管理暂行办法》通知，按通知要求本公司于 2010 年 5 月将“中诚”牌外遮阳中空内置百叶玻璃制品在扬州墙改办注册备案，成为扬州墙改办重点推荐的外遮阳产品。目前，公司已与扬州、泰州、常州和南京等多家设计院、开发商及门窗厂签订了长期战略联盟和供货合同。“中诚”牌外遮阳中空内置百叶玻璃产品，已被扬州阳光美地、江南品、峰尚、俊和国际公馆、运河一品；南京奥体、奥体 * 桐园、复地幯都国际、高科镱、仙综林苑;常州大民城、颐和南园、九龙仓繁华里;无锡悦城银城京梁合；苏州积水裕沁庭、太仓积水裕沁庭社区；泰州美好上郡、宜居城；淮安郦城国际这些城市的许多小区指定使用，并已和我公司签订了金额为数千万元人民币的供货合同。在国际市场上，“中诚”内置百叶中空玻璃产品成为美国、加拿大、墨西哥、法国、英国等发达国家外遮阳产品的潮流品牌，在欧美各大建材超市均占有地位。在中诚科技人员的努力下，“中诚牌中空百叶玻璃”获得国家 7 项专利，其中 1 项发明专利，6 项实用新型专利。2010 年获得“江苏省建筑节能优势企业”和“江苏省建设科技成果推广项目”等荣誉；2013 年获得江苏省住房城乡建设厅科技发展中心颁发的遮阳行业权威荣誉奖项：“江苏建筑节能年度优势企业”，“江苏省建筑节能技术产业化基地”。

证书编号：LB2019GP001

永达 PE 给水管材、PE 燃气管材

产品简介

1. PE 给水管材（下面简称 PE 给水管）主要采用 PE 原材料，经混合、挤出、定径、冷却、切割等工艺加工成型。浙江永达实业集团有限公司生产的 PE 给水管材是按国标和 ISO 标准，采用独特的生产工艺，经先进的挤出设备生产的，具有多种规格。本公司采用 PE 管材专用料生产的给水用 PE 管材适用于自来水管网更换，新铺设自来水管道，农村安全饮水工程、污水工程等。

2. 燃气管材主要采用 PE 原材料，经混合、挤出、定径、冷却、切割等工艺加工成型。本公司生产的燃气用 PE 管材是按国标和 ISO 标准，采用独特的生产工艺，经先进的挤出设备生产的，具有多种规格。本公司采用 PE 管材专用料生产的燃气用 PE 管材适用于城镇燃气管道工程。

适用范围

主要应用于：建筑给水管道、市政供水管道、燃气管道以及工业用输水管。

技术指标

产品执行标准 GB/T 13663.2—2018《给水用聚乙烯（PE）管道系统 第 2 部分：管材》；GB 15558.1—2015《燃气用埋地聚乙烯（PE）管道系统 第 1 部分：管材》。

1. PE 给水管材产品技术参数：外观符合标准，颜色黑色，带蓝色色条，平均外径不同规格参照国家标准执行，壁厚不同规格参照国家标准执行，20° 静液压强度不破裂、不渗漏，80° 静液压强度不破裂、不渗漏，断裂伸长率≥ 350%，氧化诱导时间≥ 20min，纵向回缩率≤ 3%，加工前后溶体质量流动速率（MFR）变化率不超过 25%。

2. PE 燃气管材产品技术参数：外观符合标准，颜色黑色、黄色，带橙色色条，平均外径不同规格参照国家标准执行，壁厚不同规格参照国家标准执行，静液压强度（20℃ 100h）不破裂、不渗漏，静液压强度（80℃ 1000h）不破裂、不渗漏，断裂伸长率≥ 350%，耐慢速裂纹增长符合标准。

生产企业

浙江永达实业集团有限公司 - 塑业制造中心成立于 2009 年，扎根于压力管道领域，致力于打造集技术咨询、制造销售、工程施工于一体的压力管道综合服务企业。公司位于浙江省长兴县南部重镇和平镇永达工业园，位于湖州市区、长兴县城和安吉县城构成的“金三角”的中心，紧邻 11 省道，交通便捷。公司占地面积 45000 平方米，注册资金 2.18 亿元。公司主导产品为 PE 燃气管、PE 给排水管、PE 农村灌溉管、HDPE 双壁波纹管、CPVC 电力电缆导管和 UPVC 电力电缆导管、

浙江永达实业集团有限公司

地址：浙江省长兴县和平镇 11 省道 7 号桥
电话：13735186276
传真：0572-6650079
官方网站：http://www.zjydgroup.com

水泥电杆及混凝土制品保护层塑料扣等产品。

公司产品广泛应用于国内石油天然气长输管线、城市管网、重化工、大型输水管线、高压输电线路等领域，是国内各大燃气公司、自来水公司的优秀管道供应商。公司产品远销我国云南省、江西省、江苏省、河南省、山东省、安徽省、湖南省等。

目前公司拥有各类管材挤塑机生产线十余条，注塑机 20 台，其中引进德国巴顿菲尔公司的挤塑机生产线，国内知名双林公司、贝尔公司各类专业生产线，可生产 PE80、PE100 原料，*DN*20 ～ *DN*1200mm 各个管系列的 PE 燃气管和给排水管，设备居国内同行业先进水平。同时公司拥有先进的管材检测设备及高分子专业的检测人员，先进的工艺流程、严格的质量管理和完备的检测设施，确保了良好的产品品质。

公司还制定了适应企业发展需要的管理方针、安全方针、质量方针和环境方针，并在行业内率先通过了 ISO 9000 国际质量管理体系认证和 ISO 14000 国际环保管理体系认证，建立了省级质量检验检测中心。“永达”跻身“浙商全国 500 强企业”行列。

经过不断努力，塑业制造中心先后获得了“建设工程产品认证证书（燃气、给水用聚乙烯 PE 管材）”“特种设备制造许可证（压力管道元件）聚乙烯管材 A1 级”“浙江省涉及饮用水卫生安全产品卫生许可批件”“中国绿色环保产品”等生产资质，并先后成为中国塑料加工工业协会塑料管道专业委员会委员单位、中国工业防腐蚀技术协会会员单位、上海市化学建材行业协会团体会员单位。

塑业制造中心 2013 年获得长兴县“工人先锋号”称号；2014 年获得长兴县“安康杯”竞赛优胜企业；2015 年获得长兴县“我为企业献一计——十佳金点子”荣誉称号，还获得了上海市管道行业颁发的“质量诚信三星级企业”、浙江省中小企业局授予的“省级中小企业技术中心”、由浙江众诚资信评估有限公司颁发的信用等级证书——“2015 年、2016 年、2017 年度信用等级 AAA 级”。

浙江永达实业集团有限公司
地址：浙江省长兴县和平镇 11 省道 7 号桥
电话：13735186276
传真：0572-6650079
官方网站：http://www.zjydgroup.com

证书编号：LB2019GP002

正大低压流体输送用焊接钢管（热镀锌）、钢塑复合管

产品简介

热镀锌管（燃气专用管）

Hot-dip galvanized steel pipe

热镀锌管产品标准名称为“低压流体输送用焊接钢管”，标准代号为GB/T 3091，是在焊接钢管的基础上进行内外热镀锌，使钢管内外壁同时镀有锌层，大大提高钢管防腐性能，达到普通钢管的20倍左右。

本产品参照企业标准：Q/HZD01-2013，国家标准：GB/T 13793—2008、GB/T3091—2008，EN10240：1998，美国标准：ASTM A53/A53M-05 适用。

高频焊管

ERW pipe

直缝焊接钢管产品标准名称为“低压流体输送用焊接钢管”，钢管按壁厚分为普通钢管和加厚钢管。4分～8寸高频焊管产品在出厂前都已经过严格检验和测试。焊管在焊接及外径、椭圆度、定尺长度、管端质量、壁厚公差、包装等方面根据美国ASTM A53、国家GB/T 3091、GB/T 700、GB/T 21835和GB/T 13793等相关标准，严格制定并执行严于国家标准的内控标准。

螺旋焊管

SSAW steel pipe

螺旋焊管标准名称为“普通流体输送管道用埋弧焊接钢管”，是采用热轧钢带作为原材料，在常温下经过螺旋方式成型，螺旋缝采用自动埋弧焊法焊接，其内外各有一条埋弧焊缝。公司严格按照API Spec 5L、SY/T 5037、SY/T 5040和GB/T 9711等标准。

钢塑复合管按内防腐形式分为：衬塑、涂塑和外覆塑复合钢管。公司根据GB/T 28897生产的内衬塑复合管分为冷水管和热水管两种，冷水用衬塑复合管使用温度一般不超过45℃；热水衬塑复合管使用温度一般不超过70℃。据测试，衬塑复合管内壁使用寿命为镀锌管的3倍以上。与塑料管相比，具有机械强度高、耐压、耐热性好等优点。由于基体是钢管，所以不存在脆化、老化问题，可广泛应用于生活饮用水、自来水、燃气、消防化工产品等流体输送及取暖工程，是镀锌管的升级换代产品。由于其安装使用方法、管件形式与传统的镀锌管基本相同，深受客户欢迎，已成为管道市场最具竞争力的新产品之一。

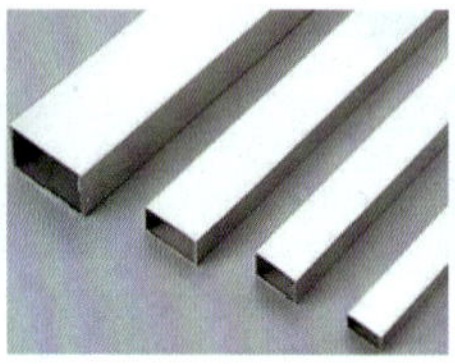

适用范围

热镀锌钢管（燃气专用管）：用于水、污水、燃气、消防、空气、油、采暖蒸汽等低压流体输送和机械结构等使用。热镀锌钢管作为输送管道或金属结构，在消防工程、天然气输送、石油加工工业、水利工程建筑以及住宅建筑等领域得到广泛使用。

直缝焊接钢管：输送水、煤燃气、消防、空气、油和取暖蒸汽等低压流体，以及农业大棚、家具、脚手架等机械结构用途的焊接钢管。

螺旋焊管：用于石油、天然气等承压长输管线（国家西气东输等重点工程领域），也可用于燃气、水、煤气、消防、空气和采暖蒸汽等普通流体的输送，同时可应用于打桩、结构等建筑领域。

钢塑复合管：用于生活饮用水、自来水、燃气、消防、化工产品等流体输送及取暖工程等。

邯郸市正大制管有限公司

地址：成安县聚良大道9号
电话：0310-5231739
传真：0310-5231989
官方网站：http://www/hdzdzg.com

技术指标

检验项目		标准要求	检验结果	单项判定
尺寸	外径，mm	21.3±0.5	21.12；21.28；21.26	合格
	壁厚，mm	≥ 2.2% ~ 10% t	2.46；2.70；2.72	合格
	不圆度，mm	≤ 0.30	0.22	合格
化学成分	碳（C），%	≤ 0.20	0.12	合格
	硫（S），%	≤ 0.045	0.02	合格
	硅（Si），%	≤ 0.35	0.11	合格
	锰（Mn），%	≤ 1.40	0.45	合格
	磷（P），%	≤ 0.045	0.029	合格
力学性能	屈服强度 R_{eh}，MPa	≥ 235	352	合格
	拉伸强度 R_m，MPa	≥ 370	476	合格
	断后伸长率 A，%	≥ 15	20.9	合格
工艺性能	弯曲	弯曲角度 90°，r=6D 试验后，试样上不允许出现裂纹	未见裂纹；完好	合格
表面质量	表面缺陷	钢管内外表面应光滑，不允许有折叠、裂纹、分层、搭焊、断弧、烧穿及其他深度超过壁厚下偏差的缺陷存在	复合要求	合格
镀锌层	质量，g/m²	内外表面锌层总质量不小于 300g/m²	333	合格
	均匀性	钢管试样（焊缝处除外）在硫酸铜溶液中连续浸渍 5 次不变红（镀铜色）	未见变红	合格
	附着力	弯曲角度 90°，r=8D 试验后，试样上不允许出现镀锌层剥离现象	未见剥离；完好	合格

工程案例

公司系列钢管产品广泛使用于国家及省市众多重点工程建设，如南水北调工程、上海世博会、杭州湾大桥，河南城际铁路黄河大桥、武汉长江隧道、三峡大坝、济南奥体中心、南京地铁 3 号线、石武高铁、昆明长水国际机场、万科地产、万达广场、晋煤 300 万吨煤制造油项目、山东液化天然气（LNG）项目、贵州省农村安全饮用水项目等。

生产企业

正大制管是国家级高新技术企业、全国守合同重信用企业、国家两化融合管理体系贯标试点企业、中国制造业 500 强、中国民营企业 500 强、河北省百强企业，是一家以高频焊管、热镀锌管、螺旋焊管、方矩管、钢塑复合管制造、销售为主导，集科、工、贸、文为一体的现代化综合型企业。

公司先后通过中国船级社 ISO 9001、ISO 14001、ISO 18001 质量、环境、职业健康与安全三体系认证，美国石油学会 API5L 认证、欧盟 CE 认证。“天虹”“吉立”系列钢管产品普遍应用于石油管线、油气输送和给排水、自来水、消防、燃气、集中供暖、采暖蒸汽等低压流体输送及支架、穿线、钢结构、冷弯型材等用途。

公司已成为中建、中铁、中冶、中石化、中石油、中海油等国家诸多大型企业的指定供应商，国内销售网络远及新疆、青海、云贵，遍布全国。目前，“天虹”牌钢管已出口到德国、法国、葡萄牙、美国、加拿大、秘鲁、乌拉圭、哥伦比亚、利比亚、巴西、印度、菲律宾、马来西亚等国家。

文化是企业发展的精神支柱，博大精深的中华传统文明赋予正大制管丰富的企业文化内涵，公司创造性地提出“儒家待人、法家治厂”的管理理念。在“做正派人、干大事业”企业精神的感召下，形成了以“德”为基，以“正”为本的企业核心价值观，打造了一支“群策群力、勇于拼搏、致力发展、奉献社会”的钢铁团队。“正气、正派、正直，大方、大气、大度”是正大人的品德；“雷厉风行、令行禁止，钢铁意志、博爱奉献”是正大人的作风；“行成于思、业精于勤；逆水行舟、不进则退”是正大人的发展观。

壁立千仞，无欲则刚；广博为贤，唯正乃大。正大人以山的浑厚、海的广博，诚信务实的品质，敬业创新的作风，追求卓越、创造永恒的信念，传承千年炼钢文化，成就百年制管企业！

证书编号：LB2019GP003

文远三格式化粪池，给水用聚乙烯（PE）管材、管件，塑料检查井

产品简介

P E管材、管件：

文远环保一直致力于为客户提供优质的产品和一流的售后服务，是国内最大的塑料管材管件生产基地之一。公司立足市政和民建领域，不断以百分百的投入缔造一流的产品和价值，文远环保生产的管材系列和管件系列，经过市场的考验、专家的检验、用户的体验，成为当之无愧的优质精典产品。

这些优质产品，不仅给飘雪的北国和四季如春的南方带去优质生活的保障，也汇集着文远人的荣耀和信誉，公司产品远销欧美、俄罗斯、非洲、东南亚、中东等国家和地区，传播着文远环保的美好品质和声誉，开辟着塑料管道流体输送的新时代。

塑料检查井：

塑料检查井是市政工程领域一场划时代的革命。

作为目前中国塑料检查井设计、生产领域的佼佼者，文远环保不断加大科技投入力度，提升自主研发与创新能力，始终保持与国内知名塑料检查井企业及专业科研院所的全力合作，实现由中国制造到中国创造的飞跃，在持续提升产品品质的同时，更延伸出良好的品牌形象和信誉评价，已经成长为一家真正具备自主知识产权的高新技术企业。

塑料化粪池：

塑料化粪池拉开了新农村建设旱厕革命的序幕。

文远环保按照 GB 19379—2012《农村户厕卫生规范》标准，研发出一种适合我国农村使用的塑料化粪池系列产品，该产品以高分子树脂为原料，一次注塑成型。具有高强度、耐腐蚀、耐老化、安装快捷、省时省工、密封性好、便于装卸运输等优点。使用该产品后，粪便发酵后的肥料能达到灭虫杀菌、无害化的标准。该系列产品无论在设计水平或产品质量上都达到甚至超过国家对此类产品技术要求。

公司以优良的品质、优惠的价格、至高的信誉和完善的服务，在广大客户心目中建立了良好的公司形象。文远环保生产的塑料化粪池产品，销售网络遍布全国各地，是新农村建设积极推广的环保产品。

适用范围

管材管件：应用于市政供水、农田灌溉、城市排水；

塑料检查井：应用于市政排水、建筑小区排水；

塑料化粪池：农村旱厕改造工程；

塑料建筑模板：建筑项目、市政工程、包装等领域。

技术指标

管材管件执行标准为：GB/T 13663—2000《给水用聚乙烯（PE）管道系统》和 GB/T 13663.2—2005《给水用聚乙烯（PE）管道系统 第 2 部分：管材》

塑料检查井执行标准为：CJ/T 233—2006《建筑小区排水用塑料检查井》和 CJ/T 326—2010《市政排水用塑料检查井》。

塑料化粪池执行标准为：GB 19379—2012《农村户厕卫生规范》

塑料化粪池技术指标：

序号	指标	指标要求
1	拉伸强度，MPa	≥ 18
2	断裂伸长率，%	≥ 150
3	氧化诱导时间（200℃），min	≥ 20
4	冲击强度	无破裂
5	常温跌落	2m 高度无破裂

塑料管材技术指标：

序号	项目	单位	合格要求	试验参数
1	热稳定性	min	≥ 20	200℃
2	断裂伸长率	%	≥ 350	—
3	纵向回缩率	%	≤ 3	110℃
4	80℃静液压试验 (165h)		环应力 5.5MPa 不破裂 不渗漏	

山东文远环保科技股份有限公司
地址：山东省淄博市临淄区金岭回族镇艾庄村
电话：0533-8170282
官方网站：www.wenyuanplastic.cn

塑料管件技术指标：

序号	项目	单位	合格要求	试验参数
1	热稳定性	min	≥ 20	200℃
2	80℃静液压试验 (165h)		环应力 5.5MPa 不破裂 不渗漏	

工程案例

近三年申报产品典型工程案例			
工程名称	竣工时间	应用部位	应用量
沂源县住房和城乡建设局	尚未竣工	旱厕改造、化粪池	433 万元
中宁县住房和城乡建设局	尚未竣工	污水处理	362 万元
青州市农村无害化卫生厕具采购	尚未竣工	地上、地下	380 万元
济宁市任城区公共资源交易服务中心	尚未竣工	农村户厕改造	722 万元
利辛县 2018 农村无害化卫生改厕“一体式三格化粪池”采购项目	2013-9	地下	827 万元

生产企业

山东文远环保立足于城乡污水处理、市政基础建设领域，坚持技术领先和产品创新，为客户提供优质的产品和服务，是国内城乡水污染治理环保产业的龙头企业，引领着行业发展的潮流。

公司始建于 2011 年，占地面积 7 万余平方米，具有自己的研发、生产基地，配备行业内齐全的挤塑、滚塑、注塑和压塑生产设备，拥有富有经验的管理团队。严格按照国家相关标准生产六大系列 2000 余种产品：智能污水处理净化槽系列；疏浚浮体容器系列；塑料给水、燃气、排水、电力通信等管材、管件系列；建筑小区、市政管网塑料检查井系列；海绵城市雨水收集利用系列；塑料建筑模板系列。具备为城乡分散式污水处理、海绵城市及城市地下管廊建设提供高效系统解决方案的综合能力和实力。

作为技术先进的高新技术企业，文远环保与国内多所高校和科研机构建立长期合作关系，拥有 50 多项专利和创新技术成果，主编、参编多项国家标准。公司全面贯彻实施 ISO 9001、ISO 14001、OHSAS 18001 质量 / 环境 / 职业健康管理体系和知识产权管理体系，被列入政府绿色采购清单，并取得中国环境标志产品认证证书，荣获“山东省高新技术企业”“山东省著名商标”“省级重合同守信用单位”“山东省瞪羚企业”“山东省中小企业隐形冠军”“淄博高成长企业 50 强”等荣誉。

文远环保营销和服务网络遍及全国，拥有专业的销售服务团队，产品以优良的品质、完善的售后服务赢得广大客户的信赖。公司产品通过了美标（ASTMF714）、澳标（AS/NZS4130）、欧标（EN12201）的国际严苛检测以及 CE 认证，远销欧洲、南美洲、非洲、俄罗斯、东南亚等国家和地区。

“聚焦水安全与水生态·成为行业的优质企业”是文远环保的使命和愿景，秉承“因为安全·我们传得更远”的企业宗旨，文远环保与您携手并进，共创美好未来！

山东文远环保科技股份有限公司

地址：山东省淄博市临淄区金岭回族镇艾庄村
电话：0533-8170282
官方网站：www.wenyuanplastic.cn

证书编号：LB2019GP004　　HB2019GP002　　JK2019GP002

浙江中财给水用聚乙烯（PE）管材、管件，冷热水用聚丙烯（PPR）管材、管件，聚乙烯缠绕结构壁管材（A型管、B型管）

产品简介

给水用聚乙烯（PE）管材、管件

优质的原料：浙江中财管道科技股份有限公司采用国内外一线品牌的聚乙烯管道专用料。优质的原料是生产质优产品的必要保证；国外先进生产线：公司引进德国巴顿菲尔、韦伯、克劳斯玛菲等世界先进生产线，自动化生产控制，保证产品的稳定；专用干燥系统：采用先进的德国摩丹大型干燥系统和ATN专利技术，严格控制原料的含水量，保证原料的完全干燥，不受污染：专业的MSA布线机：PE给水电熔管件布线设备采用英国MSA新款布线机，采用两刀三步法先进生产工艺，嵌入式布线，确保电阻丝不易氧化，布线完成后管件内壁光滑，焊接方便等。

冷热水用聚丙烯（PPR）管材、管件

产品优势 质量保证 专用混配料：中财采用的生产原料是国内外先进厂家生产的混配料，独特的颜色注定不能用简单的混合料就可以生产，采用色母加本色料生产会造成分散不均而引起应力集中；进口专用生产线：公司引进国内外一流的生产厂家管材挤出生产线，使PPR原料在生产中塑化效果更好，更能保证产品质量的稳定；撞击敲打不会碎裂：10℃以上敲不碎裂，公司采用独特的后处理技术，完全解决PPR管材本身的传统脆性问题，有效地解决了PPR隐形裂纹漏水事故问题；焊接完美、天衣无缝：管材件的配套以及尺寸精度控制，是保证焊接完美、不漏水的重要条件，焊接翻边均匀呈双眼皮状，不仅美观，而且是不易漏水的可靠保证。

聚乙烯缠绕结构壁管材（A型管、B型管）

高密度聚乙烯（HDPE）中空壁缠绕管，具有平整的内外表面，在内外壁之间由方形、螺旋形肋连接的管材，属于柔性管，其延伸性好、抗压和不均匀沉降能力强，提高了公用设施抗震、减灾的能力。产品以高密度聚乙烯树脂（HDPE）为原料，先用一台挤出机挤出异型管，放在缠绕成型机上，用另一台挤出机挤出HDPE熔料柱，经过一边缠绕一边挤料热熔焊接，同时进行轴向压紧的成型方法而生产的一种新型塑料管材。该产品具有生产工艺可靠、生产范围宽广、产品性能稳定的特点，是新近发展较快的新型埋地排水用管材，为市场接受并广泛使用。

适用范围

冷热水用聚丙烯（PPR）管材、管件

建筑物的冷热水系统，包括集中供热系统；建筑物内的采暖系统，包括地板、壁板及辐射采暖系统；可直接饮用的纯净水供水系统；中央（集中）空调系统；输送或排放化学介质等工业用管道系统。

聚乙烯缠绕结构壁管材（A型管、B型管）

市政排水：市政排水、排污管道；煤炭工业：矿井工程、各类通风系统；化学工程：化学容器，特别是有腐蚀性流体输送管道；环保工程：深海排污、污水处理、垃圾场排污、排毒管道；电力工程：主要应用于电力电缆管护套。

浙江中财管道科技股份有限公司

地址：浙江绍兴新昌大道东路658号
电话：15988251232
官方网站：http://zcgd.zhongcai.com/zcgd/indexkh.htm

技术指标

给水用聚乙烯（PE）管材、管件执行

聚乙烯缠绕结构壁管材（A 型管、B 型管）执行 GB/T 19472.2—2004《埋地用聚乙烯（PE）结构壁管道系统 第 2 部分：聚乙烯缠绕结构壁管材》和管道施工执行行业标准 CECS 164—2004《埋地聚乙烯排水管管道工程技术规程》，其中给水用聚乙烯（PE）管材、管件具体指标要求如下：

序号	性能	要求	试验参数	
1	密度	≥ 930kg/m³	试验温度	23℃
2	熔体质量流动速率	（0.2 ≤ MFR ≤ 1.4）g/10min，最大偏差不应超过混配料标称值的 ±20%	试验温度 负荷质量	190℃ 5kg
3	氧化诱导时间	≥ 20min	试验温度	210℃
4	挥发分含量	≤ 350mg/kg	—	—
5	水分含量	≤ 300mg/kg （相当于≤ 0.03%，质量分数）	—	—
6	炭黑含量（仅适用于黑色混配料）	2.0% ～ 2.5%（质量分数）	—	—
7	炭黑分散（仅适用于黑色混配料）/颜料分散（仅适用于蓝色混配料）	≤ 3 级 外观级别：A1，A2，A3 或 B	—	—
8	灰分	≤ 0.08%（质量分数）	试验温度	（850±50）℃
9	拉伸标称应变	≥ 350%	试验温度	23℃
10	拉伸屈服应力	PE80：≥ 18MPa PE100：≥ 21MPa	试验温度	23℃

生产企业

浙江中财管道科技股份有限公司创建于 1995 年，总资产 16 亿元，是一家专业从事塑料管道产品设计、生产、研发、销售的知名企业，年生产能力 30 万吨。 公司现有员工 1100 多人，其中专业技术人员 360 人，拥有一支专业配置合理、技术素质过硬的员工队伍。

近年来公司先后荣获国家重点高新技术企业、国家级火炬计划企业、全国塑料制品标准化技术委员会杰出贡献奖、省级技术开发中心、浙江省著名商标、绍兴市专利示范企业等诸多荣誉，同时公司还是全国塑料制品标准化技术委员会（SC3）核心委员、中国塑料协会塑料管道专业委员会副理事单位、上海化学建材协会副理事长单位、浙江省化学建材协会的副会长单位，被浙江省技术监督局指定为唯一的 PE 焊工资格培训定点协作企业，整体规模与实力在国内同行业中名列前三甲。经过共同努力，2011 年中财商标被国家工商总局认定为中国驰名商标，进一步提升了公司的品牌效应。

公司一直以“强化科技创新、致力持续改进、铸就中财品牌、满足客户需求”为质量方针，始终本着用户第一、顾客至上的企业经营之道，形成了一整套有自己特色的质量管理体系，产品质量一直保持着稳定的水平，得到了广大用户的一致好评。公司生产的 PVC、PE、PP-R 等塑料管道产品涉及城镇基础建设、农村水利及水改工程、住宅建筑及其他许多特殊应用领域，围绕建筑给排水、家装、农村给水、暖通、市政、电力通信等六大系统，成功开发出了多种产品。同时公司先后通过 ISO 9001 质量、ISO 14001 环境、GB/T 28001 职业健康、3A 级测量管理等一系列体系的认证、节水产品认证、环境标志认证。

作为大型的管道系统集成商，公司将继续走管道制造专业化道路，服务于市场，立足于自主创新，进一步深化管道系统应用方案的内涵，以我们专业、专注的精神更好地满足用户的需求。

公司以诚信、务实、创新为经营理念；秉承“诚实、认真、谦让”的中财精神，以顾客为本，致力于创造“制造和服务的价值”，提供管道生产的整体解决方案，共创双赢局面，开创美好生活为经营使命。我们秉承专业、信赖的形象与精密盛装工艺的精神标杆。

浙江中财管道科技股份有限公司

地址：浙江绍兴新昌大道东路 658 号
电话：15988251232
官方网站：http://zcgd.zhongcai.com/zcgd/indexkh.htm

证书编号：LB2019GP005

伟星给水用聚乙烯（PE）管材、管件，埋地用聚乙烯（PE）双壁波纹管材，冷热水用聚丙烯（PPR）管材、管件

产品简介

本公司专业生产伟星牌PE管材、管件。产品不仅具有良好的经济性，而且具备接口稳定可靠、材料抗冲击、抗开裂、耐老化、耐腐蚀、搬运方便、施工安装简便等一系列优点。产品在使用温度不超过40℃和特定的工作压力下，使用寿命可达到50年以上，具体性能特点如下：

连接可靠	聚乙烯管道系统之间采用电热熔方式连接，接头的强度高于管道本体强度
低温抗冲击性好	聚乙烯的低温脆化温度极低，可在-60～60℃环境温度范围内安全使用。冬期施工时，因材料抗冲击性好，不会发生管道脆裂
耐化学腐蚀性好	HDPE管道可耐多种化学介质的腐蚀，土壤中存在的化学物质不会对管道造成任何降解作用。聚乙烯是电的绝缘体，因此不会发生腐烂、生锈或电化学腐蚀现象；此外，它也不会促进藻类、细菌或真菌生长
耐老化，使用寿命长	含有2%～2.5%的均匀分布的碳黑的聚乙烯管道能够在室外露天存放或使用50年，不会因遭受紫外线辐射而损害
耐磨性好	HDPE管道与钢管的耐磨性对比试验表明，HDPE管道的耐磨性为钢管的4倍。在泥浆输送领域，同钢管相比，HDPE管道具有更好的耐磨性，这意味着HDPE管道具有更长的使用寿命和更好的经济性
可挠性好	HDPE管道的柔性使得它容易弯曲，工程上可通过改变管道走向的方式绕过障碍物，在许多场合，管道的柔性能够减少管件用量并降低安装费用

高密度聚乙烯（HDPE）是一种新型管道材料，内外壁是中空且紧密熔接的环状结构；双壁波纹管具有优异的化学稳定性、耐老化及耐环境应力开裂的性能，管材波谷中嵌有密封橡胶圈，具有很好的防水密封性，工程造价比普通塑料管降低；其优良的物理化学特性和优异的管壁结构设计在国内外得到广泛的应用。详细的性能特点如下：

抗外压能力强	外壁呈环形波纹状结构，大大增强了管材的环刚度，从而增强了管道对土壤负荷的抵抗力，在这个性能方面，HDPE双壁波纹管与其他管材相比较具有明显的优势
工程造价低	在等负荷的条件下，HDPE双壁波纹管只需要较薄的管壁就可以满足要求。因此，与同材质规格的实壁管相比，能节约一半左右的原材料，所以HDPE双壁波纹管造价也较低。这是该管材的又一个很突出的特点
施工方便	由于HDPE双壁波纹管质量轻，搬运和连接都很方便，所以施工快捷、维护工作简单。在工期紧和施工条件差的情况下，其优势更加明显
良好的耐低温、抗冲击性能	HDPE双壁波纹管的脆化温度是-70℃。一般低温条件下(-30℃以上)施工时不必采取特殊保护措施，冬期施工方便，而且，HDPE双壁波纹管有良好的抗冲击性
化学稳定性佳	由于HDPE分子没有极性，所以化学稳定性极好。除少数的强氧化剂外，大多数化学介质对其不起破坏作用。一般使用环境的土壤、电力、酸碱因素都不会使该管道破坏，不滋生细菌，不结垢，其流通面积不会随运行时间增加而减少
使用寿命长	在不受阳光紫外线条件下，HDPE的双壁波纹管的使用年限可达50年以上
优异的耐磨性能	PE材料是一种耐磨材料，耐磨性为钢管的4倍，使用寿命长
轻质	聚乙烯的密度为0.95g/cm^3，比水轻，产品米重为传统水泥管的1/8，施工非常方便

随着PP-R管道在国内建筑给水领域的大力推广，目前已成为我国建筑物内给水市场的首选产品。PP-R管道系统具有以下特点：

质量轻	PP-R密度为0.9g/cm^{3}左右，仅为不锈钢的1/9。搬运及施工强度低
水力性好	PP-R管道内壁光滑，不结垢、水阻小，水利条件好
耐温、耐压性能好	完全可满足建筑物内冷热水管道系统的应用要求，设计寿命可达50年
连接便利、可靠	PP-R管道可用电热熔方式连接，管材、管件形成整体化，杜绝漏水隐患
卫生性能好	PP-R管道通过权威的卫生性能检测，各项指标完全可满足涉水材料要求，输水过程中不产生二次污染
保温性好	PP-R管道导热系数低，仅为金属管道的1/200

适用范围

伟星牌PE管材、管件产品主要应用于城镇供水、天然气和煤气输送、食品及化工流体输送、矿砂和泥浆输送、园林

浙江伟星新型建材股份有限公司
地址：浙江省临海市柏叶中路229号
电话：0576-85179027
官方网站：https://www.china-pipes.com/

绿化管网、旧管网改造等领域。

埋地用聚乙烯（PE）双壁波纹管材应用领域：市政工程雨水、污水排放；工业废水排放，小区排水工程；盐业输卤，渔业输水，农林排灌；矿井通风、排水工程；凿进工程的进壁管（开孔的双壁波纹管）；水利工程；农林排灌；低压电缆与通信电缆护套管；高速公路预埋管道。

冷热水用聚丙烯（PPR）管材应用领域：建筑冷热水领域、采暖领域、空调领域、工业领域等。

技术指标

给水用聚乙烯管材、管件执行 GB/T 13663.2—2018《给水用聚乙烯（PE）管道系统 第 2 部分：管材》和 GB /T 13663.3—2018《给水用聚乙烯（PE）管道系统 第 3 部分：管件》标准。

埋地用聚乙烯（PE）双壁波纹管材执行 GB/T 19472.1—2019《埋地用聚乙烯(PE) 结构壁管道系统 第 1 部分 聚乙烯双壁波纹管材》标准。

冷热水用聚丙烯（PPR）管材产品执行 GB/T 18742.2—2017《冷热水用聚丙烯管道系统 第 2 部分：管材》、GB/T 18742.3—2017《冷热水用聚丙烯管道系统 第 3 部分:管件》和 Q/WXCY 1101—2018《冷热水用无规共聚聚丙烯(PP-R)管材》标准。

工程案例

杭州德胜快速路改造工程、天台污水处理工程、玉环县清水工程、上海航星污水管道工程、江苏靖江污水处理工程、永康市城市排污工程、台州发电厂排水工程、北京奥运会鸟巢、水立方、上海世博会的中国馆、吉利西安新能源汽车产业园、“曼谷新地标”大型商场暹罗天地等。

生产企业

浙江伟星新型建材股份有限公司（以下简称“公司”）创建于 1999 年，专业研发、制造、销售各类高品质、高附加值的新型塑料管道，是国内 PPR 管道的技术先驱与龙头企业，也是国内塑料管道行业高端管道典范，于 2010 年 3 月在深交所中小板挂牌上市（证券简称：伟星新材，证券代码：002372）。公司是中国塑料加工工业协会副理事长单位、中塑协塑料管道专业委员会副理事长单位，获得“高新技术企业”“国家企业技术中心”“中国塑料管道工程技术研究开发中心”“国家知识产权示范企业”“中国轻工业百强企业”“中国轻工业塑料行业（塑料管材）十强企业”“中国中小板上市公司投资价值五十强前十强”“浙江省创新型示范企业”“浙江省专利奖”等荣誉。

公司在浙江、上海、天津、重庆、西安建有五大现代化生产基地，主要管道产品分为三大系列：一是 PPR 系列管材、管件，用于建筑内冷热给水；二是 PE 系列管材、管件，主要应用于市政供水、采暖、燃气、市政排水排污、工业等领域；三是 PVC 系列管材、管件，主要应用于建筑内排水、市政和农村排水排污。未来公司在做好管道业务的同时，积极布局防水、净水两大领域。一方面以“家装领域专业的隐蔽工程系统供应商”为目标，高标准开启国内家装防水新时代；另一方面以用水健康为己任，开启洁净用水新时代。

浙江伟星新型建材股份有限公司
地址：浙江省临海市柏叶中路 229 号
电话：0576-85179027
官方网站：https://www.china-pipes.com/

证书编号：LB2019GP006

永通球墨铸铁管

产品简介

永通公司生产球墨铸铁管的原料采用自己生产的具有低磷、低硫、低钛特点的球墨铸造用生铁。

外喷锌、喷沥青漆，涂环氧树脂、内衬水泥等措施保证了球墨铸铁管的内外抗腐蚀性能，永通公司喷锌质量符合 ISO 8179 的规定，每平方米管道最小喷锌量为 130g，沥青漆的厚度不低于 70μm，水泥砂浆内衬质量符合 GB/T 17456.1—2009《球墨铸铁管外表面锌涂层 第 1 部分：带终饰层的金属锌涂层》的规定，保证砂浆坚固密实、光滑、附着力强，可满足不同用户的需求，产品具有韧性好、耐腐蚀、易安装的特点，广泛应用于供水、排水等行业。

适用范围

水及燃气管道球墨铸铁管、管件和附件，广泛应用于供水、排水等行业。

技术指标

球墨铸管的机械性能：

		离心球墨铸铁管	普通灰铸管	钢管
抗拉强度 (MPa)		⩾ 420	150 ～ 260	⩾ 400
延伸率 (%)	<1000（mm）	⩾ 10	忽略	⩾ 18
	>1000（mm）	⩾ 7	忽略	⩾ 18
布氏硬度 (HBS)		⩽ 230	⩽ 230	约 140
退火后球墨铸铁管，其金相组织为铁素体加少量珠光体，机械性能较好。				

球墨铸管的其他性能：

球墨铸铁管的水压试验压力如下表：	
公称直径 DN（mm）	水压试验压力（MPa）
80 ⩽ DN ⩽ 300	5.0
350 ⩽ DN ⩽ 600	4.0
700 ⩽ DN ⩽ 1000	3.2
1100 ⩽ DN ⩽ 2000	2.5

安钢集团永通球墨铸铁管有限责任公司
地址：安阳县水冶镇永通大道（北环路）西段
电话：0372-5803213
官方网站：www.ytpipes.com.cn

工程案例

近一年申报产品典型工程案例			
工程名称	竣工时间	应用部位	应用量
南昌市水环境综合治理工程	2019 年 2 月	前湖水系及乌江上游段	1500 吨
武威市城乡融合核心区供水工程配套管网	2019 年 1 月	甘肃省武威市	4428 吨
宁夏中宁县喊叫水工程	2018 年 11 月	宁夏中宁县	3000 吨
神华宁煤能源工程公司宁东煤化工园区至南湖输水管线环保工程	2018 年 1 月	宁夏银川宁东镇	7300 吨
新沂市 2013 年度区域供水工程	2018 年 12 月	江苏省新沂市	5700 吨
汝城县城乡给排水一体化 PPP 项目经理部	2018 年 7 月	湖南郴州汝城县	3800 吨
遵化污水处理厂至现代物流区中水	2018 年 11 月	河北省遵化市	2500 吨

生产企业

安钢集团永通球墨铸铁管有限责任公司，是河南炼铁行业的先导者和技术上的传播者。1958 年 5 月 1 日，炼出中州大地第一炉现代高炉冶炼的铁水，拉开了河南现代钢铁工业发展的序幕。2001 年 12 月 20 日，中原第一支球墨铸铁管从这里拉出。2011 年 3 月 28 日，安钢与巴西淡水河谷公司合资建设的豫河永通氧化球团工程竣工投产。

伴随安钢“三步走”发展战略，永通公司实现了生产工艺和装备水平的升级换代，形成了三条生产线，即炼铁生产线、球墨铸铁管生产线、豫河永通 120 万吨球团生产线。

炼铁生产线：2 座 450m^3 高炉，3 座 10m^2 球团竖炉，3 套 3000kW 高炉煤气发电机组，年产生铁 130 万吨。生产的优质球墨铸造用生铁，具有低磷、低硫、低锰等特点，产品多次被评为省优、部优，被国内大型精密铸造企业普遍采用。

铸管生产线：年产球墨铸铁管 30 万吨。接口型式有 T 型、K 型及自锚式等，产品采用外喷金属锌和无毒无害涂料、内衬水泥等多种处理方式，是河南省优质产品、河南省名牌产品，中国工程建设重点推广应用产品、中国绿色环保建材推荐产品，中国知名铸管产品十佳品牌。

安钢集团永通球墨铸铁管有限责任公司
地址：安阳县水冶镇永通大道（北环路）西段
电话：0372-5803213
官方网站：www.ytpipes.com.cn

证书编号：LB2019GP007

超力给水用聚乙烯（PE）管材、管件

产品简介

给水用聚乙烯（PE）管是以专用聚乙烯为原材料经塑料挤出机一次挤出成型，应用于城镇给水管网、灌溉引水工程及农业喷灌工程，特别适用于耐酸碱、耐腐蚀环境的塑料管材。由于 PE 管道采用热熔、电热熔连接，实现了接口与管材的一体化，并可有效抵抗内压力产生的环向应力及轴向的抗冲应力，而且 PE 管材不添加重金属盐稳定剂，材质无毒，不结垢、不滋生细菌，避免了饮水的二次污染。

适用范围

农村、城镇水管网系统、园林绿化供水管网、农用灌溉管道、工业基础设施建设给排水管网等。

技术指标

产品执行 GB/T 13663—2000《给水用聚乙烯（PE）管材》，具体产品特点如下：

◆ 卓越的耐腐性能——除少数强氧化剂外，可耐多种化学介质的侵蚀；无电化学腐蚀。

◆ 长期的使用寿命——在额定温度压力状况下，PE 管道可安全使用 50 年以上。

◆ 卓越的抗磨损性能——试验表明，超立牌 PE 管道抗磨损性能为钢管的 4 倍。

◆ 较宽的使用温度范围——PE 管道有较宽的安全使用范围。

◆ 可靠的连接性能——PE 管热熔或电熔接口的强度高于管材本体，接缝不会由于土壤移动或地壳运动的作用而断开。

◆ 可靠的安全性能——抗快速开裂性能高，$P_{c,s4} \geqslant 0.9$MPa。

◆ 优良的输送性能——超立牌 PE 管内壁光滑，绝对粗糙度 k=0.01mm，且 k 值不随时间变化。

◆ 较好的耐冲击性——PE 管韧性好，耐冲击强度高，重物直接压过管道，不会导致管道破裂。

◆ 良好的施工性能——管道质轻，焊接工艺简单，施工方便，工程造价低。

广州超力管业有限公司
地址：广州市花都区车城路 25 号 101
电话：020-28600066
官方网站：http://www.gzclgy.com/

序号	项目	要求	试验参数	
1	熔体质量流动速率 (g/10min)	加工前后 MFR 变化不大于 20%	负荷质量试验温度	5kg 190 ℃
2	氧化诱导时间	⩾ 20 min	试验温度	210 ℃
3	纵向回缩率	⩽ 3%	试验温度试样长度	110 ℃ 200mm
4	炭黑含量	2.0% ～ 2.5%	—	—
5	炭黑分散 / 颜料分散	⩽ 3 级	—	—
6	灰分	⩽ 0.1%	试验温度	(850±50)℃
7	断裂伸长率 en ⩽ 5mm	⩾ 350%	试样形状 试验速度	类型 2 100mm/min
	断裂伸长率 5mm<en ⩽ 12mm	⩾ 350%	试样形状 试验速度	类型 1 50 mm/min
	断裂伸长率 en>12mm	⩾ 350	试样形状试验速度	类型 1 25 mm/min
			或	
			试样形状 试验速度	类型 3 10 mm/min
8	耐慢速裂纹增长 en ⩽ 5mm(锥体试验)	<10 mm/24h	—	—
9	耐慢速裂纹增长 en>5mm(切口试验)	无破坏，无渗漏	试验温度	80 ℃
			内部试验压力：	
			PE80，SDR11	0.80 MPa
			PE100，SDR11	0.92 MPa
			试验时间	500h
			试验类型	水 - 水

工程案例

工程名称	竣工时间	应用部位	应用量
四会市村村通自来水第一标段	2019 年 3 月	肇庆市	7405993.2 元
韶关市曲江区村村通自来水工程第二期（白土镇）	2018 年 10 月	韶关市	3422548.07 元
胪岗镇管道工程	2019 年 12 月	汕头市	16913606.28 元

生产企业

广州超力管业有限公司位于广州花都区新华镇，邻近花都汽车城，交通便利。是一间专业从事 PE 塑料管道的研究、开发、生产和销售的企业。公司技术力量雄厚、生产设备先进、质量可靠、管理科学、生产质量指标均严格按照国家标准，公司通过 ISO9001：2008 质量管理体系认证、ISO14001：2004 环境管理体系认证。

主要产品包括：PE 给水管、PE 实壁排水管、PE 双壁波纹管、PE 中空壁缠绕管、PE 钢带增强螺旋波纹管、PE 注塑管件及焊制管件等。超力管业是 PE 管道口径多样、品种齐全的生产企业，公司生产的管材、管件一直以可靠的品质赢得行业市场青睐，产品被广泛应用于自来水、污水处理、市政给排水、农田灌溉等领域。

公司经过多年发展，在技术层面上积累了丰富的经验，在技术研发、企业管理、生产销售等方面培养了一支优秀的专业管理团队，和全国各地的管材用户、专业施工单位及经销商等建立了良好广泛的合作关系，公司始终贯彻“超越自我，力创新篇”为理念，坚持“质量第一，顾客至上”的经营方针，为打造品牌而努力拼搏。为此我们将以优质的产品和完善的服务，诚邀各界朋友开展广泛合作，共创双赢！

广州超力管业有限公司

地址：广州市花都区车城路 25 号 101
电话：020-28600066
官方网站：http://www.gzclgy.com/

证书编号：LB2019GP008

大洋 PE 给水管材、管件，燃气用埋地聚乙烯管材，PVC-M 给水管材

产品简介

PE 给水管道采用 100% 全新高密度聚乙烯（HDPE)PE100 级原料，配备德国巴顿菲尔辛辛那提挤出生产线，辅以科学合理的工艺控制加工而成。成型过程中采用德国进口 INOEX 米重控制系统，精确控制产品重量及厚度，误差在 2% 以内，保证产品质量始终如一。得益于自主研发的专利技术，大洋 PE 给水管道具有非凡的光洁外观，表里如一，流体阻力大大低于普通 PE 管。

PE 燃气管材采用进口北欧化工 3490LS 等燃气管道专用料，引进国际先进水平的挤出生产线，辅以科学合理的工艺技术加工而成。产品执行 GB 15558.1—2015 标准的要求。管材具有柔韧性好、耐腐蚀性强、质轻、良好的抗冲击性等特点，能完全替代金属管等耐腐蚀性差的管道。

抗冲改性 PVC-M 给水管是一种新型 PVC 给水管材，兼具 PVC-U 给水管材的高强度优点，同时又具有优异的韧性。

韧性介于 PVC-U 和 PE 之间，抗冲击性大幅提升，更加有效抵抗点载荷的地基沉降。

与同规格的 PVC-U 管材相比，PVC-M 饮用水管材壁厚更薄，通径更大，输水能力更强。

管材的高抗冲性能，大幅提高了管材的抗水锤能力，杜绝了管网运行中发生破坏。

耐环境应力开裂性能提高：有效抵抗外力冲击对管材的破坏，防止刻痕效应和快速裂纹增长引起的管材破坏。

耐化学腐蚀性能强：具有较强的耐化学腐蚀性能，可用于任何适用普通 PVC-U 管道的工程。

适用范围

1. PE 给水管材、管件

市政供水、埋地消防、园林绿化、高档小区、工业企业埋地输水、城镇老旧管道改造、林业、轻工、造纸、食品、化工领域、农田灌溉、虹吸排水、深海养殖等。

2. APE 燃气管材、管件

聚乙烯（PE）燃气管道以其卓越的使用性能和安全性已成功在燃气输送领域得到了广泛应用。主要用于天然气、液化石油气、人工煤气的输配，也可用于化工、医药、造纸等领域。在 -20 ～ 40℃温度范围内，使用寿命长达 50 年以上。

3. APVC-M 给水管材

市政输配水管网、民用建筑、工业建筑供水、中水系统、居民区，工业园区埋地供水系统、水厂水处理管网系统、城乡给排水、灌溉及植被浇水等。

技术指标

PE 给水管材、管件产品执行的技术标准 GB/T 13663.2—2018《给水用聚乙烯（PE）管道系统 第 2 部分：管材》；PE 燃气管材、管件产品执行的技术标准 GB/T 15558.1—2015《燃气用埋地聚乙烯（PE）管道系统 第 1 部分：管材》；PVC-M 给水管材产品执行的技术标准 CJ/T 272—2008《给水用抗冲改性聚氯乙烯（PVC-M）管材及管件》，具体指标如下：

1. PE 给水管材、管件

序号	项目				指标
1	静液压强度试验	试验条件	PE80 环应力，MPa	PE80 环应力，MPa	不破裂，不渗透
		20℃静液压强度（10h）	9.0	12.4	
		80℃静液压强度（165h）	4.6	5.5	
		80℃静液压强度（1000h）	4.0	5.0	
2	断裂伸长度，%				≥ 350
3	纵向回缩率（100℃），%				≤ 3
4	氧化诱导时间（200℃），min				≥ 20

湖北大洋塑胶有限公司

地址：湖北省广水市广水开发区沿河大道 3 号
电话：0722-6663666
官方网站：www.hbdysj.com

2. PE 燃气管材、管件

序号	项目	性能要求
1	静液压强度	不破裂，不渗透
2	断裂伸长率，%	≥ 350
3	耐快速裂纹扩展	符合 GB/T 15558.1—2015 标准要求
4	耐慢速裂纹增长	符合 GB/T 15558.1—2015 标准要求
5	氧化诱导时间（min，200℃）	>20
6	熔体质量流动速率（MFR） 190℃，5kg，g/10min	加工前后变化率 <20%
7	纵向回缩率，%	≤ 3

3. PVC-M 给水管材

序号	项目	技术指标
1	密度 /（kg/m^3）	1350 ～ 1460
2	维卡软化温度 /℃	≥ 80
3	纵向回缩率 /%	≤ 5
4	高速落锤冲击试验 /（23℃，20m）	不允许出现脆性破裂现象
5	液压试验（22℃、1h）	无破裂、无渗漏
6	长期静液压试验 /MPa	0℃ LPL ≥ 24.5
7	切口管材液压试验	无破裂、无渗漏
8	C- 环韧性试验	韧性破坏

工程案例

松滋市 2015 年度农村饮水安全工程管材管件采购第五标段等

生产企业

湖北大洋塑胶有限公司始创于 1993 年，以塑料管道为立业之本，始终专注塑料管道的研发、生产、销售与服务，迅速成长为中部地区具有发展潜力的塑料管道系统制造商。公司位于湖北省广水市开发区，拥有国内先进的挤出生产线 80 多条，注塑机 100 多台 / 套，年生产能力达到 10 万吨以上，产品配套齐全。公司现为中国塑料管道专业委会员理事单位、国家高新技术企业，拥有“院士专家工作站”及“湖北省校企共建高分子塑料管道研发中心”，授权专利 60 余项。

主要产品：e-PSP 钢塑复合压力管道系统、缠绕成型高强度塑料容器、PP-R 冷热水管道系统；PE 给水 / 燃气管道系统、PE-RT 地暖管道系统、PVC-U/M 环保给排水管道系统、PVC-U 阻燃绝缘电工套管 / 线槽及配件以及市政排污工程管道系统：HDPE 双壁波纹管、HDPE 钢带增强螺旋波纹管、HDPE 中空壁缠绕管 / 双平壁钢带复合管、克拉管等。产品广泛应用于建筑给排水、供暖、燃气、水利工程、市政工程、电力通信、污水处理、环境保护等领域。

公司先后通过国家高新技术企业认定、中国环境标志产品认证、ISO9001/14001/OHSAS 18001 国际质量 / 环境 / 职业安全健康管理体系，并荣获“湖北省守合同重信用企业”称号。

湖北大洋塑胶有限公司
地址：湖北省广水市广水开发区沿河大道 3 号
电话：0722-6663666
官方网站：www.hbdysj.com

证书编号：LB2019GP009

中海给水用聚乙烯 PE 管材、给水用抗冲改性聚氯乙烯 PVC-M 管材、给水用硬聚氯乙烯 PVC-U 管材

产品简介

聚乙烯或聚氯乙烯管材是以专用聚乙烯、聚氯乙烯为原材料经塑料挤出机一次挤出成型，应用于城镇给水管网、灌溉引水工程及农业喷灌工程，特别适用于耐酸碱、耐腐蚀环境的塑料管材，由于管道采用热熔、电热熔连接，实现了接口与管材的一体化，并可有效抵抗内压力产生的环向应力及轴向的抗冲应力，而管材不添加重金属盐稳定剂，材质无毒，不结垢、不滋生细菌，避免了饮水的二次污染。

适用范围

我公司产品已广泛应用于城镇自来水供应、市政排污、电信电力工程、矿场、石油化工、天燃气管道、建筑住宅、室内采暖、农田水利灌溉等领域。

技术指标

给水用聚乙烯 PE 管材执行 GB/T 13663—2018《给水用聚乙烯（PE）管材》，给水用抗冲改性聚氯乙烯 PVC-M 管材产品执行 CJ/T 272—2008《给水用抗冲改性聚氯乙烯（PVC-M）管材及管件》，给水用硬聚氯乙烯 PVC-U 管材产品执行 GB/T 10002.1—2006《给水用聚氯乙烯（PVC-U）管材》，给水用聚乙烯 PE 管材具体产品性能如下：

序号	项目	要求	试验参数	
1	熔体质量流动速率 (g/10 min)	加工前后 MFR 变化不大于 20%	负荷质量试验温度	5kg 190 ℃
2	氧化诱导时间	≥ 20 min	试验温度	210 ℃
3	纵向回缩率	≤ 3%	试验温度试样长度	110 ℃ 200 mm
4	炭黑含量	2.0% ~ 2.5%	—	—
5	炭黑分散 / 颜料分散	≤ 3 级	—	—
6	灰分	≤ 0.1%	试验温度	(850 ± 50)℃
7	断裂伸长率 en ≤ 5 mm	≥ 350%	试样形状 试验速度	类型 2 100mm/min
	断裂伸长率 5mm<en ≤ 12 mm	≥ 350%	试样形状 试验速度	类型 1 50mm/min
	断裂伸长率 en>12 mm	≥ 350	试样形状 试验速度	类型 1 25mm/min
			或	
			试样形状 试验速度	类型 3 10mm/min
8	耐慢速裂纹增长 en ≤ 5 mm(锥体试验)	<10 mm/24h	—	—

山东中海塑胶有限公司
地址：山东省聊城市阳谷县祥光经济开发区
电话：18363552555
官方网站：http://www.sdzhsj.net.cn/

工程案例

工程名称	竣工时间	应用部位	应用量
费县 2018 年农村饮水安全维修工程项目材料采购	2019 年 1 月	费县	148800.93 元
台儿庄区农田水利项目县 2019 年度项目管材采购项目	2018 年 12 月	台儿庄区	2168495.06 元
清涧县水务局农村饮水工程管材采购项目	2018 年 12 月	清涧县	2246400.00 元
费县农田水利项目县 2017 年度工程结余资金项目	2018 年 12 月	费县	572006.79 元
威县 2018 年地下水超采综合治理地下水高效节水灌溉项目	2018 年 12 月	威县	1630744.00 元

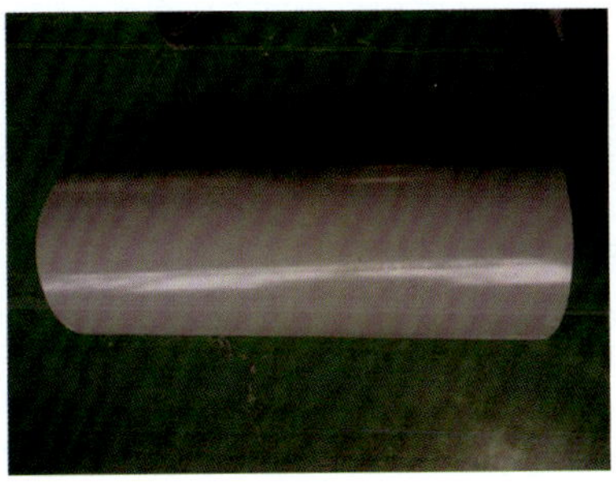

生产企业

山东中海塑胶有限公司成立于 2005 年 04 月，注册资金 16060 万元，公司位于山东省阳谷县经济技术开发区。公司总投资 10 亿元，企业厂房面积 11 万平方米。

公司采用国际先进技术，拥有 50 余条国际先进水平的管材生产线，主要产品有：HDPE 给水管材、PVC-M 高抗冲给水管材、PVC-U 低压灌溉管材、PP-R 给水管材、PE-RT 地暖管材、PVC-U 实壁排水管材、PVC-U 螺旋消音管材、中空双壁螺旋静音排水管材、PVC-U 电工、电信管材、HDPE 燃气、矿用管材、PVC-U、HDPE 双壁波纹管材，一体式双瓮漏斗式化粪池、一体式三格化粪池等，以及与各种管材相配套的管件，年生产能力可达 20000 吨。

公司已通过了 ISO 9001:2008 质量管理体系认证、ISO 14001:2004 环境管理体系认证、GB/T 28001—2011 职业健康安全管理体系认证，荣获“中国绿色环保产品”“中国 AAA 级重质量守信用企业”“中国管材十大品牌”“中国政府采购首选品牌”等称号，是中国产品质量监督协会理事单位、中国环境标志产品认证企业，取得中国水利企业协会灌溉企业等级证书。全部产品是通过国家化学建筑材料测试中心的质量检测和国家科学院环境卫生检测所检测合格的绿色环保产品。

我公司将始终以“塑造专业团队，争创优质品牌，勇担社会责任，共享企业发展”为企业使命，坚持“以品质为顾客创造价值，做行业内具有品牌影响力的企业”为企业愿景，秉承“专业品质，真诚服务”的经营理念，视产品品质为企业生命，不断加强自主创新，追求以“优质的产品、合理的售价、贴切的服务”奉献社会，不辜负各界朋友和广大用户多年来对我公司的支持与关爱。

山东中海塑胶有限公司
地址：山东省聊城市阳谷县祥光经济开发区
电话：18363552555
官方网站：http://www.sdzhsj.net.cn/

证书编号：LB2019GP010　　HB2019GP001　　JK2019GP001

康泰给水用聚乙烯 PE 管材、管件，PVC-M 给水管材、管件，给水用 PVC-U 管材、管件

产品简介

聚乙烯（PE）是一种新型的高分子材料，原料组分完全由碳、氢两种元素组成，生产加工中只需添加紫外光吸收剂，经挤塑成型制得产品。我公司生产的“康泰”牌 PE 给水管材早在 2003 年已通过专家委员会鉴定，在产品设计、材料优化、生产工艺、加工设备、检测手段等方面均达到国内先进水平。

给水用硬聚氯乙烯（PVC- M）管材、管件是以聚氯乙烯为主要原料，辅以热稳定剂、润滑剂、填充剂等辅料经混料机组混合，由双螺杆挤出机或注塑机加热挤出或注塑成型的制品。PVC- M 管材因其优异的品质、完善的服务而受到行业认可和客户青睐。

PVC-U 给水管材、管件产品各项理化性能指标及卫生指标均达到国家标准的要求。我公司生产的“康泰”牌 PVC-U 给水管材、管件早在 2003 年已通过专家委员会鉴定，在产品设计、材料优化、生产工艺、加工设备、检测手段等方面均达到国内先进水平。

适用范围

给水用聚乙烯（PE）管材、管件主要适用于水温不高于 45℃，一般用途的压力输水以及饮用水的输送。

给水用硬聚氯乙烯（PVC- M）管材、管件应用于输送温度不超过 45℃的水，包括一般用途和饮用水的输送。因其具有优异的耐腐蚀性，也可用来输送温度低于 45℃的酸性或碱性液体。

主要适用范围如下：

1. 居民饮用水工程
2. 建筑用给排水管
3. 城镇水源地输水工程
4. 钻井用补水管
5. 工业盐水输送管
6. 造纸厂给排水管道
7. 酿造发酵厂给排水管道
8. 镀厂给排水管道
9. 矿山给排水管道
10. 养殖厂给排水管道
11. 渔牧业给排水管道

PVC-U 给水管材、管件主要适用于水温不高于 45℃，一般用途的压力输水以及饮用水的输送。

康泰塑胶科技集团有限公司
地址：成都崇州经济开发区宏业大道北段
电话：028-82218488
官方网站：www.ktsj.com.cn

技术指标

公司生产的“康泰”牌 PE 给水管材规格、尺寸及性能均严格执行 GB/T 13663.2—2018《给水用聚乙烯（PE）管道系统　第 2 部分：管材》标准的要求；管件符合 GB/T 13663.3—2018《给水用聚乙烯（PE）管道系统　第 3 部分：管件》标准的要求；产品卫生性能符合 GB/T 17219—1998《生活饮用水输配水设备及防护材料的安全性评价标准》要求。

PVC-M 给水管执行的标准为：GB/T 32018—2015《给水用抗冲改性聚氯乙烯（PVC-M）管道系统》，康泰牌 PVC-M 管材的各项指标均符合或优于 GB/T 32018—2015 的规定。产品卫生性能符合 GB/T 17219—1998《生活饮用水输配水设备及防护材料的安全性评价标准》要求。

PVC-U 给水管材按照 GB/T 10002.2—2006《给水用硬聚氯乙烯（PVC-U）管件》标准，PVC-U 给水管件按照 GB/T 10002.3—2006《给水用硬聚氯乙烯（PVC-U）阀门》标准组织生产和进行验收，产品各项理化性能指标及卫生指标均达到国家标准的要求。产品卫生性能符合 GB/T 17219—1998《生活饮用水输配水设备及防护材料的安全性评价标准》要求。

工程案例

定远县 2019 年农村饮水安全巩固提升工程管材采购 1 标，由我公司负责提供管材管件的供应，并于 2019 年 4 月完成本工程材料供应，工程完工，顺利通过验收。

靖州苗族侗族自治县农村饮水安全工程管材（第四批）PE、PVC-M 给水管材管件采购，由我公司负责提供管材管件的供应，并于 2018 年 4 月完成本工程材料供应，工程完工，顺利通过验收。

生产企业

康泰塑胶科技集团有限公司，创立于 1998 年，是一家集专业研发、生产、销售为一体的大型塑料建材民营股份制企业集团。公司以“成为全球化学建材供应基地”为愿景，以“为每个家庭提供安全实惠的管道”为使命，牢固树立“市场第一、合作共赢、务实勤俭，以人、以诚、以效”的企业核心价值观为做人做事原则。集团继成立以来一直保持着健康、稳定、快速的增长发展势头，组建了康泰集团（成都康泰基地、河南康泰基地、江西康泰基地、上海康泰基地、河北康泰基地、长春康泰基地、合肥康泰基地、德清康泰基地和辽宁康泰基地 9 家生产基地成员企业）并建立了完善的企业法人治理结构。公司在全国成立了 30 个销售分公司和覆盖全国各区、县、乡镇完善的营销网络系统，拥有国际先进水平的全自动电脑数控挤出、注塑、塑钢门窗装配等专用生产设备 1000 余台（套），现有员工 1800 余名，总资产 20 亿元，年生产量 30 万吨以上。

康泰塑胶科技集团始终坚持“以质量求生存、以价格求竞争、以服务求发展”的市场竞争理念，长期以来，康泰品牌不仅以“品质高、配套齐、网络全、服务快”的竞争优势享誉海内外市场，而且还以其雄厚的集团综合实力在行业界中占据着重要的影响地位。康泰塑胶科技集团连年被中国农业银行评为“AAA 级信用等级企业”，连年被四川省政府评为“优质民营企业”等荣誉称号，并成为中国塑料协会副理事长单位，是住房城乡建设部发布的中国具有规模的化学建材生产基地之一。

康泰塑胶科技集团有限公司

地址：成都崇州经济开发区宏业大道北段
电话：028-82218488
官方网站：www.ktsj.com.cn

证书编号：LB2019GP011

枫叶给水用聚乙烯（PE）管材

产品简介

“枫叶牌”聚乙烯管道采用世界知名化工企业的优质 PE100 级管道专用料生产，具有韧性好、安全卫生、不结垢、不生锈、耐腐蚀、耐磨损、抗穿刺、重量轻、易施工、抗低温脆化、抗地基沉降、使用寿命长等多种优点。

适用范围

枫叶牌聚乙烯管道适用于下列领域：

市政给水管网、农田灌溉管网、市政绿化灌溉、化工管道、污水压力输送、垃圾填埋场污水搜集、污水深海排放、地源热泵系统。

技术指标

枫叶牌聚乙烯管道符合以下产品标准：

国家标准：GB/T 13663—2018《给水用聚乙烯（PE）管道系统》

欧盟标准：BS EN 12201：2011《供水用塑料管道系统聚乙烯管道》

国际标准：ISO 4427：2007《塑料管道系统给水用聚乙烯（PE）管和管件》

序号	项 目	标准要求	实测典型值
1	断裂伸长率	⩾ 350%	⩾ 500%
2	热稳定性（210℃）	>20min	>45min
3	静液压强度（20℃）	>100h	>200h
4	静液压强度（80℃）	>165h	>500h
5	熔体流动速率变化率（190℃，5kg）	⩽ ±20%	⩽ ±15%

工程案例

公司作为国内市政 PE 管道的龙头企业，承接了大量国内具有代表性的项目，如下所示：

1. 北京市城市河湖补水工程（奥运会配套工程）
2. 大连新海湾开发区配套引供水工程
3. 江苏国内最大海洋聚乙烯管道工程
4. 缙云县水利工程
5. 宜兴市农村污水治理工程
6. 2018 年泰和县农村饮水安全巩固提升项目
7. 2018 年淳安县农村饮用水提升工程

浙江枫叶管业科技股份有限公司

地址：浙江省诸暨市店口镇中央路 478 号
电话：0575-87068897
官方网站：http://www.fengyeholding.com

8. 2019 年深圳龙岗区龙岗河、观澜河流域消除黑臭及河流水质保障工程

9. 2019 年广正街（广电中心门前道路）污水管网新建工程

10. 2019 年中铁二十局集团市政工程有限公司冷水滩区学位建设装配式 PC 项目

生产企业

浙江枫叶管业科技股份有限公司坐落于诸暨市店口镇中央路 478 号，占地 16.7 万平方米，建筑面积 12.5 万平方米，总资产 6 亿元，注册资金 1.02 亿元。公司集科研、生产、销售、安装、服务为一体，是国内规模较大的 PE 管专业生产厂家之一。

公司现有员工 150 余人，工程技术人员 50 余人，是城乡建设部定点生产聚乙烯管材、管件系列产品的专业厂家。公司在同行业率先获得国家管道安全注册认证、ISO 9001 质量体系认证、ISO 14001 环境体系认证、OHSAS 18001 职业健康体系认证，是“中国质量万里行”全国先进单位，“浙江省高新技术企业”，“AAA 级守合同重信用单位”，“AAA 纳税企业”，“市工业规模企业”；产品先后被评为“全国优质科技产品”“中国环境标志产品”。

具有国际先进水平的枫叶系列给水用高密度聚乙烯（HDPE）管材及管件、燃气用（埋地）聚乙烯管材及管件、排水排污用（埋地）高密度聚乙烯（HDPE）双壁波纹管及管件，是当今国际、国内大力推广使用的绿色环保型管道，具有环保、卫生、节能、防腐、防漏、抗震、使用寿命长、安装简单、施工方便快捷等诸多优点。产品广泛用于城市供水、燃气输送、排水排污、石油化工、农用灌溉等管道系统，受到用户的广泛好评和赞誉。

浙江枫叶管业科技股份有限公司

地址：浙江省诸暨市店口镇中央路 478 号
电话：0575-87068897
官方网站：http://www.fengyeholding.com

证书编号：LB2019GP012

日丰冷热水用交联聚乙烯（PE-Xb）管材，冷热水用耐热聚乙烯（PE-RT）管材，冷热水用聚丙烯（PP-R）管材、管件

产品简介

冷热水用交联聚乙烯（PE-Xb）管材采用创新第二代交联工艺，三维分子结构更稳定，有出色的耐温耐压和抗蠕变、耐氧化性能。

冷热水用耐热聚乙烯（PE-RT）管材高温耐久，寿命长，抵抗严寒，防冻裂：在 -70℃低温以内管道材料不脆裂，能适应低温下施工；柔韧性好，施工方便：良好的柔韧性，可直可盘，易弯曲，施工简便。

冷热水用聚丙烯（PP-R）管材、管件卫生环保：采用优质的 PP-R 管材、管件专用料，符合国家卫生指标要求；安全不漏水：用同质热熔管件连接，安全无渗漏，提高安全性能和暗装效率；具有极高的性价比：耐温耐压性能优良，使用寿命达 50 年，有效降低更换成本。

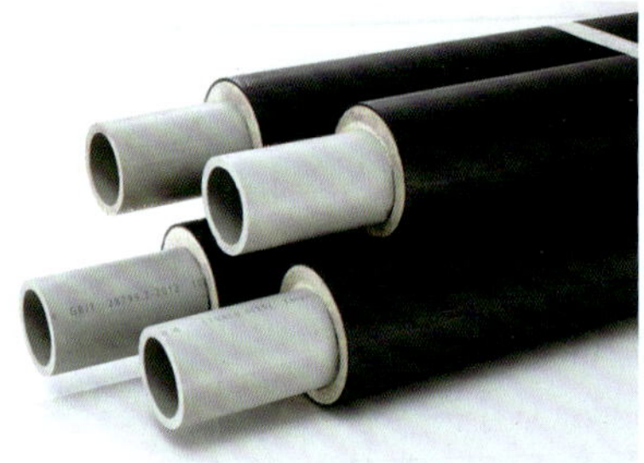

适用范围

产品应用领域：供水、排水、供暖、燃气、通信护套、电力护套管道等家装管道、市政管道领域；

适用范围：冷热水、天然气、液化气、煤气管道、通信光缆护套、电力电缆护套。

技术指标

冷热水用交联聚乙烯（PE-Xb）管材

序号	项目	性能
1	耐静液压	20℃，静液压应力 12.0MPa，1h，试样无破裂，渗漏
		90℃，静液压应力 4.8MPa，1h，试样无破裂，渗漏
		90℃，静液压应力 4.7MPa，22h，试样无破裂，渗漏
		90℃，静液压应力 4.6MPa，165h，试样无破裂，渗漏
		90℃，静液压应力 4.4MPa，1000h，试样无破裂，渗漏
2	纵向回缩率（%）	≤ 3
3	交联度（%）	≥ 65

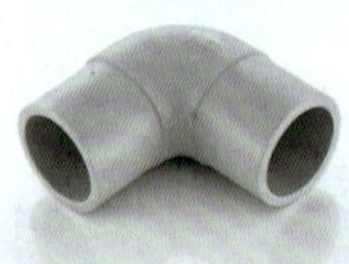

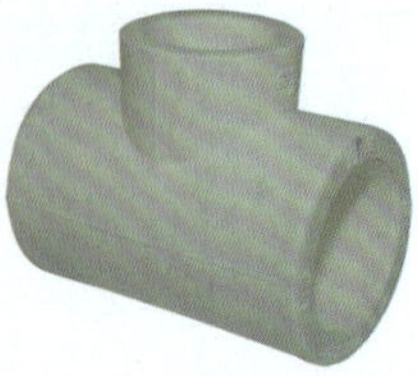

日丰企业集团有限公司

地址：广东省佛山市三水区乐平镇三水工业园日丰路 1 号（邮编：528137）
电话：0757-66893791
官方网站：www.rifeng.com.cn

冷热水用耐热聚乙烯（PE-RT）管材

序号	项目	性能
1	耐静液压	20℃，静液压应力 9.9MPa，1h，试样无破裂，渗漏
		95℃，静液压应力 3.8MPa，22h，试样无破裂，渗漏
		95℃，静液压应力 3.6MPa，165h，试样无破裂，渗漏
		95℃，静液压应力 3.4MPa，1000h，试样无破裂，渗漏
2	纵向回缩率（%）	≤ 2

冷热水用聚丙烯（PP-R）管材、管件

序号	项目	性能
1	耐静液压	20℃，静液压应力 16.0MPa，1h，试样无破裂，渗漏
		95℃，静液压应力 4.2MPa，22h，试样无破裂，渗漏
		95℃，静液压应力 3.8MPa，165h，试样无破裂，渗漏
		95℃，静液压应力 3.5MPa，1000h，试样无破裂，渗漏
2	纵向回缩率（%）	≤ 2
3	内压试验	95℃，试验压力 0.68MPa，1000h 试验中管材、管件及连接处应无破裂、泄漏
4	耐冷热水循环性能	试验压力 1.0MPa，高温 90℃，低温 20℃，循环次数 5000，管材、管件及连接处应无破裂、泄漏

工程案例

供水工程：幸福小镇三期（银川）、绿都锦苑施工一标（浙江）

排水工程：鞍山红星山南府(鞍山)、抚顺信达天厦小区

生产企业

日丰企业集团有限公司创建于 1996 年，前身为佛山市日丰企业有限公司，2015 年 11 月 17 日正式更名。日丰企业集团有限公司是一家集研发、生产、销售、服务为一体的大型国家高新技术企业，是新型管道全球知名品牌、卫浴行业新兴品牌杰出代表，产品涵盖给水、排水、供暖、燃气、套管、卫浴等领域，产品畅销世界一百多个国家和地区。

自公司成立以来，日丰一直将产品品质视为企业发展壮大的核心竞争力，坚持走品质为先的发展道路。日丰拥有国家认定企业技术中心、CNAS 认证实验室等研发机构，获得近四百项国内外专利，这些都为产品品质提供了有力的坚实保障。在涉及产品的原料选购、生产运输等环节，日丰公司严格把控，把每个工序、每个细节都做到精益求精。

以其优良产品品质，日丰通过了美国 NFS、德国 SKZ 等六十多项国际认证，获得全球亿万用户的广泛认可。

日丰企业集团有限公司
地址：广东省佛山市三水区乐平镇三水工业园日丰路 1 号（邮编：528137）
电话：0757-66893791
官方网站：www.rifeng.com.cn

证书编号：LB2019GP013

岷江塑胶给水用聚乙烯（PE）管材、管件（热熔管件），燃气用埋地聚乙烯（PE）管材、管件，冷热水用聚丙烯（PP-R）管材、管件

产品简介

PE 系列管道产品：均选用优质的聚乙烯树脂为原材料，聚乙烯材质无毒、不腐蚀、不结垢。管道安装采用熔融对接方式方式，安装方便，具有强度高、耐冲击抗应力强、重量轻、运输方便等特点，主要用于市政及民用供水管网。

PVC 系列管道产品：选用聚氯乙烯树脂为主要原料的塑料制品，拥有给水、排水、绝缘电工三个系列产品。均具有安装运输方便、耐压强、抗冲击性强的特点。给水系列卫生无毒、耐压；排水系列质轻耐用、理化性能优越；绝缘电工系列防潮耐酸、阻燃防虫，广泛用于民用建筑、商住物业给排水、电路安装系统工程、市政管网、公共设施工程。

PP-R 系列管道产品：选用聚丙烯为原料的塑料制品，具有产品重量轻、使用寿命厂、耐热耐腐蚀的特点，是新一代卫生无毒的绿色环保建材产品。广泛用于工业与民用建筑物内的冷水、热水系统，食品、化工、电子工业管网输送各类腐蚀性介质，饮用水、纯净水及矿泉水的生产管网系统。

球墨铸铁系列管道产品：主要采用优质球墨铸铁为原材料，铸铁为我国的人参铁，具有低 P、低 S、低 Ti 等特点，产品生产标准符合国家标准要求，主要用于市政及民用大口径供水管网建设使用。

埋弧焊螺旋钢管系列管道产品：采用热扎钢带 Q235、Q345（或钢板）做原料，经常温成型，并采用自动埋弧焊法将对缝焊接在一起的管道产品，产品符合国家和行业相关标准，主要用于供水、排水管道系统。

适用范围

PE 系列管道产品，均选用优质的聚乙烯树脂为原材料，聚乙烯材质无毒、不腐蚀、不结垢。管道安装采用熔融对接方式，安装方便，具有强度高、耐冲击抗应力强、重量轻、运输方便等特点，主要用于市政及民用供水管网。

PP-R 系列管道产品，选用聚丙烯为原料的塑料制品，具有产品重量轻、使用寿命长、耐热耐腐蚀的特点，是新一代卫生无毒的绿色环保建材产品。广泛用于工业与民用建筑物内的冷水、热水系统，食品、化工、电子工业管网输送各类腐蚀性介质，饮用水、纯净水及矿泉水的生产管网系统。

技术指标

给水用聚乙烯（PE）管材执行 GB/T 13663.2—2018《给水用聚乙烯（PE）管道系统　第 2 部分：管材》

给水用聚乙烯（PE）管件执行 GB/T 13663.3—2018《给水用聚乙烯（PE）管道系统　第 3 部分：管件》

燃气用埋地聚乙烯（PE）管材执行 GB/T 15558.1—2015《燃气用埋地聚乙烯管（PE）管道系统 第 1 部分：管材》

燃气用埋地聚乙烯（PE）管件执行 GB/T 15558.2—2005《燃气用埋地聚乙烯管（PE）管道系统 第 2 部分：管件》

钢丝骨架塑料（聚乙烯）复合管及管件执行 CJ/T 189—2007《钢丝网骨架塑料（聚乙烯）复合管材及管件》

钢带增强聚乙烯螺旋波纹管执行 CJ/T 225—2011《埋地排水用钢带增强聚乙烯（PE）螺旋波纹管》

冷热水用聚丙烯（PP-R）管材执行 GB/T 18742.2—2017《冷热水用聚丙烯管道系统 第 2 部分：管材》

冷热水用聚丙烯（PP-R）管件执行 GB/T 18742.3—2017《冷热水用聚丙烯管道系统 第 3 部分：管件》

工程案例

工程名称	竣工时间	应用部位	应用量
美姑县现代农业产业化基地建设项目设备、材料采购	在建	饮水管网	1041 万元
夹江县青衣水厂输配水管网工程钢丝骨架塑料采购	在建	饮水管网	2884 万元
眉山市东坡区益民供排水有限公司管材管件采购	在建	饮水管网	935 万元

崇州市岷江塑胶有限公司
地址：成都崇州经济开发区晨曦大道中段 11 号
电话：028-82188695
官方网站：www.scmjsj.com

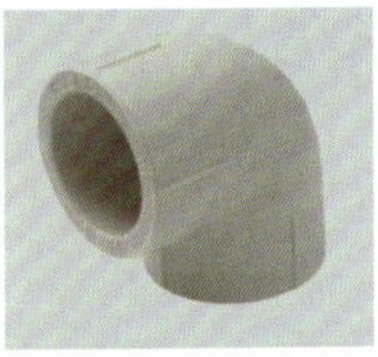 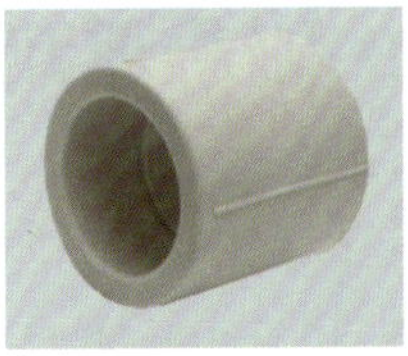 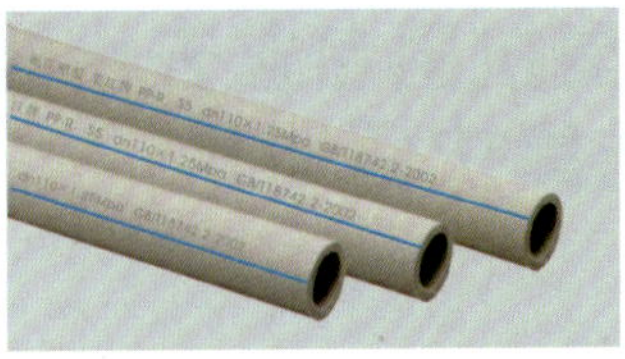 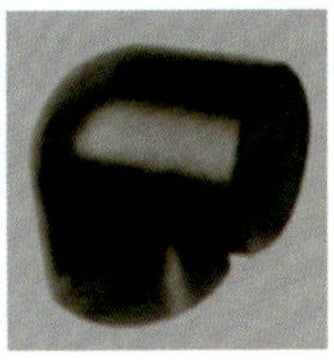  

生产企业

崇州市岷江塑胶有限公司（前身创建于 1978 年的黑卤给排水管铸造厂，属于村办集体所有制企业，到 1992 年，在国家大力倡导民营经济发展的推动下，转制成立了崇州市岷江铸管有限公司，成为民营经济的先行者，到 20 世纪末岷江铸管公司响应国家推广科技新型塑胶管材产品的政策导向，于 1999 年转产成立了崇州市岷江塑胶有限公司）主要生产 PE、PVC、PP-R 等科技新型塑胶管道系列产品。

在近半个世纪的发展进程中，岷江铸管在 20 世纪 90 年代，已发展成为西南地区生产规模较大的铸铁给、排水管及市政设施产品的专业生产、销售企业之一，其中市政设施用铸铁产品被列为“成都市五路一桥”工程定点使用产品，迅速打开了川内外市场，在中西部尤其是川、滇、渝、黔等地区有极大的影响力。在随后十多年的发展中，岷江塑胶不断开发新产品、拓展新市场，成为塑管行业一支不可小觑的生力军。

2010 年，公司面对塑胶行业竞争日益激烈的形势，更好地占领城乡及城市供排水工程产品市场，果断在山西投资建立水冷金属型离心球墨铸铁管生产基地并成立了铸管分公司，大举进军球墨铸管生产、销售、安装市场，极大地弥补了塑料管材产品在大口径、高压力给水管道领域的空缺。

2011 年底，公司为满足广大用户对防水材料系列产品的需求，投资兴建了成都市美源建材有限公司，从事新型防水材料系列产品的研发与制造，同时组建四川省美江防水工程有限公司，专业从事防水材料研发、生产、销售和防水工程施工。

2017 年底，公司斥资购进了数条先进的螺旋钢管生产线，并引进先进的工艺技术，完善了检测系统和检测设备 (超声波探伤、X 光探伤、水压检测等物理及多元素成分化学检测等设备)，建立了完整的集螺旋钢管生产、防腐 (无溶剂聚氨酯防腐、陶瓷芯内衬防腐和内外涂塑防腐)、安装及服务一体化的产品质量控制流程和售后服务体系，确保了公司生产的螺旋钢管产品品质的优良性，安装的规范性，服务的及时性。

经过岷江人几十年的潜心耕耘，公司现已发展成为占地近 20 万平方米，建筑面积 10 万平方米，拥有具备国内先进水平的生产设备数百台套，生产基地三处、员工逾千人，逐步形成具有塑管、铸管、防水、螺旋钢管等四大类系列产品、2000 余个品种的研发、设计、制造、销售、施工于一体，年产值达 10 亿元的大型现代化、多元化民营科技制造集团企业。

崇州市岷江塑胶有限公司本着“以人为本、追求卓越”的发展理念，建立了完善、高效的质量、环境和职业健康安全管理体系相应的管理制度，使产品生产过程始终处于有效的受控状态下。公司确立以总经理为质量管理第一责任人，切实保证每一道工序的质量都处于受控状态，从而保证了产品生产全过程质量可靠。

公司不断完善管理，不断加大投入，不断引进新的技术和装备，保证产品产量、质量和品种的持续增长和改进。公司产品质量长期保持稳定，质量优良，历年在国家、省、市的质量监督抽查均为合格产品。

公司高度重视产品的售后服务，建立了完善的售后服务体系和售后服务制度，积极做好产品的售前、售中和售后服务，满足了用户的需要，获得了用户的一致好评。凭借雄厚的实力、严格的质量管理及完善的售后服务，公司取得了一系列荣誉，赢得了市场和社会的广泛赞誉。公司塑胶管材、管件系列产品先后获得“中国建设工程推荐产品”“中国十大知名品牌”“中国绿色、环保、节能产品”等诸多荣誉称号，并从 2005 年起连续多年入选环保部“全国农村饮水安全工程材料设备产品企业信息年报”推荐目录。公司产品先后通过原环保部环境标志产品认证和水利部节水产品认证，燃气管材、管件产品和螺旋钢管产品还取得国家质检总局颁发的特种设备制造许可证。

“没有最好、只有更好”，追求永无止境，在实现民族复兴中国梦的伟大征程上，岷江公司将本着“诚信、团结、求实、创新”的经营理念，秉承“质量信誉的保证，滴水不漏的承诺”的质量宗旨，继续坚持“诚信经营、团结工作、求实发展、创新服务”的发展方针，使“美江”品牌成为您的理想选择，为共圆中国梦、岷江梦而不懈努力。

崇州市岷江塑胶有限公司

地址：成都崇州经济开发区晨曦大道中段 11 号
电话：028-82188695
官方网站：www.scmjsj.com

证书编号：LB2019GP014

返必克磁悬浮双密封防臭抗菌台盆去水器、磁悬浮双密封防臭抗菌地漏

产品简介

返必克磁悬浮防臭抗菌台盆去水器以健康、环保为理念，2013 年获得国家发明专利（专利授权号：ZL 2011 1 0267240.4），2015 年荣获“德国红点奖 · 产品设计”，产品具有以下优势：

内置磁悬浮芯子，2010 年获得国家实用新型专利（专利授权号 ZL 2009 20314302.0），内芯的防臭原理为排水打开，无水密封。底部装有蝶形硅胶密封圈，无毒无味，化学性能稳定，不溶于水及化学溶剂，等同于水杯、保鲜盒的密封效果，防臭、防菌性能强。启闭清盈，只需要 14g 水打开，排水量大（达到 42L/min）。内置双层过滤装置直接连接在弹跳头上，可直接取出清理，公司设计上非常贴心地配备刷子和安装工具，清理和安装都非常方便。台盆去水器采用全铜设计，铜材质本身就具备自灭菌性；设计万向连接结构，植入人体关节连接，实现 270° 旋转；去水管长度可伸缩，伸缩范围覆盖国家规定的地排、墙排安装高度范围，真正实现任意调节、自由安装。旋转、伸缩装置设计隐蔽，外观简洁大气。

返必克双密封磁悬浮防臭抗菌地漏，属于建筑技术领域。2015 年获得国家发明专利（专利授权号：ZL 2015 1 0334420.8），它解决了现有的地漏套筒口容易被堵塞、不能有效防臭的问题。双密封磁悬浮防臭抗菌地漏包括具有进水口和出水口的筒体和位于筒体上方的面板，筒体的出水口处设有密封板，筒体的下方还设有能使密封板垂直于面板上下平动的导向机构，在密封板的下方设有利用磁性使密封板密封出水口的复位机构。双密封磁悬浮防臭抗菌地漏具有不堵塞，能有效防止臭气外溢、使用寿命长的优点。

适用范围

磁悬浮双密封防臭抗菌地漏及地漏安装新方法已申报国家发明专利 1 项，实用新型专利 3 项。磁悬浮双密封防臭抗菌地漏已通过万科住宅性能足尺实验塔测试，符合国家标准及建筑给排水规范，防臭和防干涸性能优异。磁悬浮双密封防臭抗菌地漏分为侧排式和直排式，适用于同层排水和隔层排水结构。得益于模型先装的地漏安装方法，磁悬浮双密封防臭抗菌芯子打破传统地漏安装高度的限制，适用于所有建筑。

返必克公司在地漏、去水器等住宅排水设施领域投入大量人力、财力的首要目的即通过创新防臭结构，从根本上赋予排水设施隔绝臭气、细菌的功能，为家庭健康提供可靠的保障。同时，返必克公司旨在市场营销过程中提升消费者对于返必克排水设备防臭及防菌功能、管道清洁等问题的重视，尽可能地减少由管道病菌带来的慢性病及传染性公共卫生事件对人体健康造成的风险。

技术指标

双密封磁悬浮防臭抗菌地漏执行标准 GB/T 27710—2011《地漏》，磁悬浮台盆去水器执行标准 JC/T 932—2013《卫生洁具排水配件》。

工程案例

公司近期与上海市浦明路 X 小区开发商合作，改造卫生间排水设备 (地漏、台

浙江返必克排水科技有限公司
地址：浙江省台州市玉环市楚门镇筠岗工业区
电话：0576-87468657 /13634071623
官方网站：www.fbkdrain.com

盆去水器）防臭效果工程。该小区 2012 年建造高层建筑，高档楼盘，卫生间采用同层排水结构，排水管道及排水设备（地漏、台盆去水器）选用国外某知名品牌。国外品牌目前采用水封密封结构防臭原理，由于该楼盘单户房型大，每套房屋在 250 ～ 350 平方米，每套房屋有 3 ～ 4 个卫生间，空置卫生间比例较大，由于不经常使用卫生间，造成水封防臭功能失效，导致卫生间与排污管道直接连通，卫生间臭气难以忍受，特别阴雨天气低气压的情况下，臭气更加严重。住户反映强烈，要求进行防臭功能改造。经技术人员使用臭气浓度检测仪检测，卫生间臭气严重超标，根据现场排水设备情况，专门与该小区调制了一套解决方案，在原来的地漏内部加装了磁悬浮防臭芯子，更换了台盆去水器，彻底解决了卫生间臭气的困扰。受到了住户的一致好评，整个小区业主 400 多户，每户改造费用 5000 元，该小区改造费用 200 多万元。小区开发商表示，将今后的新开发项目卫生间排水设备全部采用返必克台盆去水产品，并积极推荐给同行使用。让进口卫生间排水设备（地漏、台盆去水器）退出高档楼盘，让优质的民族品牌走向世界！

生产企业

返必克的使命是专注于住宅排水健康新领域，打造健康住宅环境。

浙江返必克排水科技有限公司位于中国水暖阀门之都、美丽的东海之滨玉环，注册资本 1000 万元，是国家住宅与居住环境工程研究中心合作单位、中国建筑卫生陶瓷协会卫浴分会理事单位、浙江省水暖阀门行业协会理事单位。2016 年，返必克在上海浦东新区成立了上海返必克排水科技有限公司，注册资本 500 万元。

返必克根据国内住宅排水系统特性及当前用户生活习惯，创新应用永磁磁悬浮专利技术，提升排水装置防臭抗菌性能，营造健康的室内环境，减少管道臭气、病菌对人体健康的危害。

返必克的业务包括提供地漏、台盆下水、浴缸下水等具有自主知识产权的住宅排水健康产品，以及提供室内排水防臭改造解决方案和产品定制服务。自 2005 年成立研发团队以来，返必克已经拥有国家发明专利 8 项和实用新型专利 14 项，外观专利 4 项。

返必克所开创的住宅排水健康新领域潜藏着巨大的机遇和挑战，我们将为提升住宅排水健康而努力。

返必克大事记

2018 返必克被评为浙江省高新技术企业

返必克获得 2018 年德国 IF 国际设计奖

2016 返必克受邀参加北京国际设计周“绿色人居 智慧生活”主题展览

返必克被评为中国地漏十大品牌

2015 返必克台盆去水器荣获德国红点奖

返必克通过美国国际管道暖通器械协会（IAPMO）cUPC 认证

返必克被评为台州市级高新技术企业，设立海天磁悬浮防臭排水设备市级研究开发中心

返必克进驻京东商城

2014 返必克通过欧盟 CE 认证

2011 返必克通过 ISO 9001—2008 质量管理体系认证

返必克进驻天猫商城

2009 返必克产品进入市场

2005 返必克组建住宅排水健康研发团队

浙江返必克排水科技有限公司
地址：浙江省台州市玉环市楚门镇筠岗工业区
电话：0576-87468657 /13634071623
官方网站：www.fbkdrain.com

证书编号：LB2019GP015

航天康达给水用聚乙烯（PE）管材、管件

产品简介

PE 给水管具有强度高、柔韧性好，耐高温、卫生无毒、耐磨，良好的耐腐蚀性，可耐多种化学介质的侵蚀，无电化学腐蚀，不需要防腐层；内部光滑，摩擦系数极低，压力损失小，通水性能高，良好的施工性能等特点。PE 给水管焊接工艺简单，施工方便，维护费用低，工程综合造价低，被广泛应用于城市供水、城市燃气供应及农田灌溉等领域。

适用范围

产品可用于城镇自来水网系统、园林绿化供水管网、污水排放、农用灌溉、工业原料输送管道等领域。

技术指标

“航天康达”管材结构新颖，强度高，属于柔性管，在正确设计和施工条件下，完全满足敷设的抗外负载要求。优异的水力特性，内壁光滑，阻力小，同等直径及设计坡度上，流量较混凝土管道输送能力大。密封圈承插连接，柔性接口，抗沉降，密封性好，不泄漏，对环境无污染。耐腐蚀、抗磨损、耐老化，使用寿命可达到 60 年以上。

工程案例

主要工程案例：贵州烟草项目、二十三冶岳阳项目部、隆回自来水公司、汨罗水利局、湖北监利水利局、隆回自来水公司、岳阳经开区污水处理厂、华容工业园污水处理厂等。

生产企业

湖南航天康达塑胶有限公司始创于 1999 年 10 月，公司位于风景秀美的岳麓山下，隶属湖南航天管理局的大型化学建

湖南航天康达塑胶有限公司

地址：湖南省长沙市岳麓区枫林三路 1068 号
电话：0731-88769050
传真：0731-88769051
官方网站：www.htkd.com

材生产企业。目前，公司分别在长沙、岳阳等地设有三个分公司，公司年产值位列同行业前茅。航天康达是湖南省高新技术企业，目前拥有近1000套品种各异的模具，主导产品涵盖管材、型材、板材三大系列。公司产品集科学化与环保性于一身，既体现其产品的美观大方，又体现产品的节能环保，为以塑代木，以塑代钢探寻了一条新的发展之路。

航天康达凭借航天技术的雄厚实力，严谨务实的科学管理，先后获得了ISO 9001国际质量体系认证、ISO 14001环境管理体系认证、HS 18001职业健康安全管理体系认证、高新技术企业认证、湖南省建设科技成果推广项目、全国质量信誉服务AAA级会员示范单位、质量诚信承诺单位、2008年中国诚信投标企业称号和质量、服务、信誉AAA级企业等证书。公司先后成为中国塑料加工工业协会、湖南省建筑节能协会、湖南省装饰协会会员单位，公司的发展受到了各级政府的关注，先后被授予“创新型企业”“湖南省守合同重信用企业”“2011—2013年湖南省小巨人计划企业”，2014年被列为湖南省首批“专精特精”示范企业。

多样化的产品结构，严格的质量保证体系，优良的设备、科学的管理，使航天康达赢得了广大用户的青睐。公司已构建了全国性的市场营销体系，产品畅销全国各地，并出口俄罗斯、泰国、越南等国家。

公司秉承“质量优良、信誉至上、航天品质”的经营理念和“诚信、务实、创新、开拓”的企业精神，以制造优质绿色环保建材，提升康居生活品质为己任，愿同广大用户携手为“两型社会”创建贡献自己的力量。

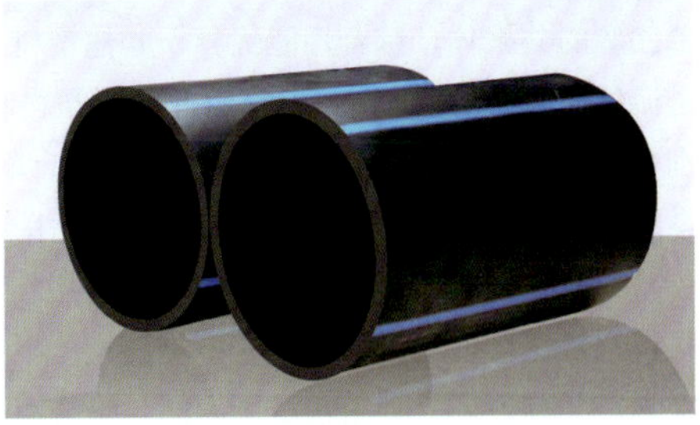

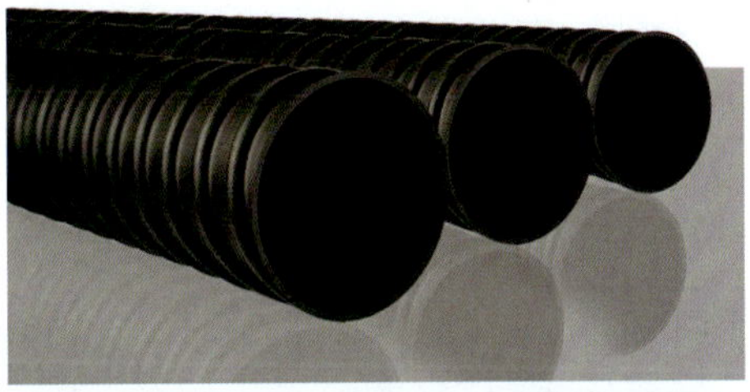

湖南航天康达塑胶有限公司
地址：湖南省长沙市岳麓区枫林三路1068号
电话：0731-88769050
传真：0731-88769051
官方网站：www.htkd.com

证书编号：LB2019GP016

崇泰 ABS 给排水管材、管件，HDPE 给排水管材、管件，PP-R 给水管材、管件

产品简介

化学工业及一般用丙烯腈 - 丁二烯 - 苯乙烯（ABS）管材管件：绿色环保 ABS 给排水管材管件是以 ABS 树脂为原料经挤出机塑化熔融后，通过成型模具而成型的一种塑料管材。ABS 树脂是丙烯腈、丁二烯、苯乙烯的共聚体，综合性能优异于其他塑料，特别适合用于制造各类输送流体的 ABS 管路系统。用 ABS 工程塑料制造的管材及管件，强度高，刚性好，且韧性适中。耐冲击、耐腐蚀、耐水压、耐老化。ABS 管路系统是以塑代钢，用于给、排水系统的优良选择。

绿色环保 HDPE 给排水管材管件采用优质聚乙烯原材料制成，用于雨污水输送及雨水渗管，具有不易沉积，不易滋生细菌的特点，管材强度高，柔韧性好，管道输送能力高。管材用于雨水输送及雨水渗管，可为高效、绿色雨水技术提供经济的解决方案。HDPE 管材管件产品，绿色环保、性能突出，100%可回收再利用，节省资源、保护环境。在 -30℃至 +60℃其材质不破裂、不变形、不老化，寿命可达数十年以上。

绿色环保 PP-R 给排水管材管件采用优质聚丙烯原材料制成，用于建筑物内的冷热水管道系统，包括集中供热系统。其产品重量轻、强度高，韧性好，耐冲击耐高温，可为采暖系统、纯净水供水系统提供经济解决方案。PP-R 管材管件产品，绿色环保、性能突出。

适用范围

广泛应用于给排水系统和集中供热系统等工程。

技术指标

ABS 管材执行 GB/T 20207.1—2006《丙烯腈 - 丁二烯 - 苯乙烯（ABS）压力管道系统　第 1 部分：管材》；ABS 管件执行 GB/T 20207.2—2006《丙烯腈 - 丁二烯 - 苯乙烯（ABS）压力管道系统　第 2 部分：管件》；HDPE 给排水管材管件执行 GB/T13663—2000《给水用聚乙烯（HDPE）管道系统 第 1 部分：管材》和 GB/T 13663.2—2005《给水用聚乙烯（PE）管道系统 第 2 部分：管件》；PP-R 给排水管材管件分别执行 GB/T 18742.2—2017《冷热水用聚丙烯管道系统 第 2 部分：管材》和 GB/T 18742.3—2017《冷热水用聚丙烯管道系统 第 3 部分：管件》，其中 ABS 管材产品性能指标如下：

序号	检验项目		单位	标准要求	检验结果	结论
1	外观		——	不允许有气泡，明显划伤、凹陷、杂质	无气泡、无划伤、无凹陷、无杂质	符合
2	颜色		——	灰色	灰色	符合
3	不透光性		——	应不透光	符合要求	符合
4	尺寸	平均外径公差	mm	0 ～ +0.2	+0.1 ～ +0.2	符合
5		壁厚偏差	mm	0 ～ +0.5	+0.2 ～ +0.4	符合
6		不圆度	mm	≤ 0.5	0.3	符合
7	物理力学性能	密度	kg/m^3	1000 ～ 1070	1061	符合
8		维卡软化温度	℃	≥ 90	92	符合
9		落锤冲击试验 TIR	%	≤ 10	共冲击 40 次，破坏 1 个，TIR<10	符合
10		纵向回缩率	%	≤ 5	3	符合
11		静液压试验	——	20℃。25.0MPa，1h，无破裂、无渗漏	无破裂、无渗漏	符合
12			——	20℃。25.6MPa，100h，无破裂、无渗漏	无破裂、无渗漏	符合

天津崇泰环保新材料有限公司
地址：天津开发区黄海一街 50 号
电话：022-25295403
官方网站：www.chong-tai.com

工程案例

工程名称	项目地点	使用面积
天津市中新生态城市政管网工程	天津滨海新区	23.8 万平方米
天津市中新生态城服务中心	天津滨海新区	30680.58 平方米
天津市中心渔港迎宾线道路绿化工程	天津市中心渔港	38990 平方米
天津市生态城动漫园	天津市中新生态城	54872.9 平方米
天津市七里海水产基地	天津市芦台	15.32 万平方米
天津市西部中环快速路排水工程	天津滨海新区	18.9 万平方米
天津市滨海大道二期	天津滨海新区	15.83 万平方米
天津市卓尔室外管道工程	天津市西青区	63080.5 平方米
天津市生态城绿廊景观工程	天津市中新生态城	37308.6 平方米
天津市盛世大道、荣成路	天津市芦台开发区	198305.2 平方米

生产企业

天津崇泰环保新材料有限公司专业研发生产新型环保建筑材料，公司成立于2000年，占地3万多平方米，建筑面积12000多平方米，总资产8000多万元。

公司坐落于天津经济技术开发区黄海一街50号，拥有多年经验的专业技术研发、管理团队，并引进先进的全自动高速共挤生产线和进口注塑机，专业生产ABS、HDPE、PP-R、给排水、地暖管材管件。产品全部采用进口原料，ABS管材、管件采用台湾奇美PA-709专用原料，HDPE管材采用北欧高密度聚乙烯原料，PP-R采用巴塞尔H5416K原料，PE-RT采用韩国LG生产的SP980原料。

产品全部由中国平安保险承保，广泛销售于全国各大城市，并积极开拓海外市场，现已销售到朝鲜、韩国、越南、印度、埃及等国家。

我公司严格按照国家标准生产，产品质量稳定可靠，并通过了ISO质量管理体系认证，中国水协城镇供水理事单位，天津市自来水集团、法国天津津滨威立雅水务、塘沽中法水务自来水用管及68万户直饮水户网改造民心工程合格供应商。

崇泰管业始终坚持“以环保为理念、以质量为生命、以科技为龙头、以客户满意为宗旨”的经营方针，不断强化科技创新，以优质的产品、合理的价位、完善的服务，全力打造“崇泰”知名品牌。积极与社会各界广泛合作，促进新型环保塑胶管业及相关产业的发展，合作、共赢，为提高人类健康和生活品质而不懈努力。

天津崇泰环保新材料有限公司
地址：天津开发区黄海一街50号
电话：022-25295403
官方网站：www.chong-tai.com

证书编号：LB2019GP017

申康给水用聚乙烯（PE）管材、管件，非开挖用改性聚丙烯塑料电缆导管

产品简介

给水用聚乙烯（PE）管材、管件

1. PE 给水管具有良好的耐腐蚀性，可耐多种化学介质的侵蚀，无电化学腐蚀，不需要防腐层。
2. 卫生无毒，不含重金属添加剂，不结垢，不生锈。
3. 内部光滑，摩擦系数极低，压力损失小，通水性能高。
4. 密封性能好，采用热熔连接，连接强度高，可靠性好。
5. 具备高韧性，其断裂伸长率一般超过 500%，对基地不均匀沉降的适应力非常强，也是一种抗震性能优良的管道。
6. 良好的抗刮痕能力可有效避免给水管道系统因刮痕而造成材料应力集中，引发管道破坏的事故发生。
7. 良好的施工性能；PE 给水管焊接工艺简单，施工方便，维护费用低，工程综合造价低。
8. 使用寿命长可达 50 年以上。

非开挖用改性聚丙烯塑料电缆导管

1. MPP 电力电缆保护管具有优良的电气绝缘性。
2. 具有较高的热变形温度和低温冲击性能。
3. 抗拉、抗压性能高。
4. 重量轻、光滑、摩擦阻力小、可热熔焊接、施工方便，广泛应用于非开挖工程施工。
5. 使用寿命长。

适用范围

给水用聚乙烯（PE）管材、管件适用于城镇自来水网系统、园林绿化供水管网、污水排放、农用灌溉、工业原料输送管道置换水泥管、铸铁管和钢管。

非开挖用改性聚丙烯塑料电缆导管适用于城市电网改造、市政、电力、电线等管线工程。

技术指标

给水用聚乙烯（PE）管材产品执行 GB/T 13663.2—2018《给水用聚乙烯（PE）管道系统 第 2 部分：管材》，标准中断裂伸长率为≥ 350%，我司 PE 给水管的断裂伸长率＞ 500%；氧化诱导（210℃）时间标准中≥ 20min，我司 PE 给水管时间远远大于 20min。

非开挖用改性聚丙烯塑料电缆导管产品执行 DL/T 802.7—2010《电力电缆用导管技术条件 第 7 部分：非开挖用改性聚丙烯塑料电缆导管》，其断裂伸长率远远优于标准中的＞ 400%。

工程案例

1. 盱眙县农村“十三五”饮水项目

浙江申康管业有限公司
地址：浙江省桐乡市濮院镇恒业路 600 号
电话：0573-88877168
官方网站：www.skgy88.com

2. 响水县城乡供水一体化工程，二级三级管网工程，陈家港镇项目
3. 湖州市城乡供水一体化乡镇配水管网改造项目
4. 淮安区区域供水三级管网改造工程城东、茭陵、苏嘴等五个乡镇
5. 白银城区供水管网改扩建工程、白银市银东工业园供水管网工程及白银区污水处理再生利用生态管网项目
6. 常州工地公司 2016 年第二批服务项目 -10kV 滨河线等线路主体修理
7. 220kV 水北变 35kV 城北线、金虹线、常宝线、北镇线等迁改工程
8. 金坛 2017 年下半年 35kV 及 110kV 变电工程
9. 常州 2017 配网资本性项目工程

生产企业

浙江申康管业有限公司地处中国县域经济最为活跃的长三角南翼——浙江桐乡濮院，紧靠 320 国道，距上海 110 公里、杭州 56 公里，交通方便、环境优美、地理优越。

浙江申康管业有限公司成立于 2004 年，注册资金 10880 万元整，现拥有专业生产、管理人才 120 多人。发展至今，公司已成为中国境内一家从事各种塑料管材管件研发、生产、销售、服务为一体的高科技专业化管道企业。

公司专业生产埋地用聚乙烯燃气管（DN20 ～ DN630），PE80、PE100（DN20 ～ DN1600）给排水管，HDPE（D200 ～ D2600）塑钢缠绕排水管，MPP 改性聚丙烯电力电缆保护管，双壁波纹管等。产品主要销往全国各省市水务集团和电力、燃气公司等。

公司现有资产 6.8 亿元，占地面积 10 万多平方米，现拥有国内外先进的生产设备三十余条及先进的注塑设备与完善的检测设备。其中引进德国克劳斯马菲全自动管材生产线 6 条，配备意大利百旺烘干集中供料系统，台丽水恒温冷却控制系统。各种系列产品年生产能力达到 10 万吨以上。持续地引进先进设备已成为我公司实施品牌战略的一个重要过程。

通过多年的不断发展，公司规模逐步壮大。建立了完善的质量保证体系，通过了 ISO 9001 质量管理体系认证、ISO 14001 环境管理体系认证、OHSAS 18001 职业健康体系认证。所有产品均通过省级、国家级的检测和鉴定，各项指标均达到或超过国家标准和行业标准的要求。公司先后获得浙江省知名商号，浙江省科技型中小企业、高新技术企业，浙江省守合同重信用 AAA 级企业等荣誉。

展望未来，前景光明。申康管业将以产品经营为基础、资本经营为手段、全球化经营为目标，着力做精专业、做大产业、做强企业，为打造产业规模集约化、资本结构多元化、企业管理现代化的百年申康而努力奋斗！

浙江申康管业有限公司
地址：浙江省桐乡市濮院镇恒业路 600 号
电话：0573-88877168
官方网站：www.skgy88.com

证书编号：LB2019GP018

博大给水用聚乙烯(PE)管材、管件，冷热水用耐热聚乙烯(PE-RT)管材，冷热水用聚丙烯（PP-R）管材、管件

产品简介

给水用聚乙烯（PE）管材、管件

博源牌 PE 给水管材、管件，采用 PE100 级给水专用料：沙比克 P6006N、上海石化 YGH041 和台塑 8001；产品质量稳定，无毒、卫生，属于绿色建材，不结垢，可有效提高管网水质；耐腐蚀，聚乙烯是惰性材料，除少数强氧化剂外，可耐多种化学介质的侵蚀，无电化学腐蚀，不需要防腐层；使用寿命为 50 年以上；符合国家卫生指标要求，卫生环保；安全不漏水；耐压强度高；用同质热熔管件连接，安全无渗漏，提高了安全性能和安装效率。

冷热水用耐热聚乙烯（PE-RT）管材

采用韩国 LG 原料生产的博源牌 PE-RT 管材，具有优异的长期热稳定性，长期耐老化，使用寿命长达 50 年以上；优异的耐低温脆性（低至 -40℃），能适应低温下施工；热的不良导体，保温性能好；良好的柔韧性，可直可盘，易弯曲，施工简单方便。

冷热水用聚丙烯（PP-R）管材、管件

采用北欧化工 RA140E 原料生产的博源牌 PP-R 管材、管件，耐腐蚀、不结垢，耐热、耐用、寿命长，寿命可达 50 年以上；卫生、无毒，符合国家卫生指标要求；可直接用于纯净水、饮用水系统；保温节能效果佳；耐压强度高、韧性好、耐冲击；具有良好的热熔连接性，用同质热熔管件连接，安全无渗漏，提高安全性能和安装效率。

适用范围

博源牌 PE 给水管材、管件：适应于温度不超过 40℃的市政供水、饮用水、建筑给水、农田灌溉、排水、化工、医药等领域；

博源牌 PE-RT 管材：主要用于工业及民用热水供热管道系统；

博源牌 PP-R 管材、管件：适应于冷热水系统、纯净水系统、热水循环系统、饮料生产输送系统等其他工农业管道系统。

技术指标

给水用聚乙烯（PE）管材、管件执行 GB/T 13663.2—2018《给水用聚乙烯 (PE) 管道系统　第 2 部分　管材》及 GB/T 13663.3—2018《给水用聚乙烯（PE）管道系统 第 3 部分　管件》，具体性能指标如下：

序号	项目	性能
1	静液压强度	20℃，环应力 12.4MPa，100h，试样不破裂，不渗漏 80℃，环应力 5.5MPa（管件 5.4MPa），165h，试样不破裂，不渗漏 80℃，环应力 5.0MPa，1000h，试样不破裂，不渗漏
2	断裂伸长率，%	≥ 350
3	氧化诱导时间（200℃），min	≥ 20
4	纵向回缩率（110℃），%	≤ 3

冷热水用耐热聚乙烯（PE-RT）管材执行 GB/T 28799.2—2012《冷热水用耐热聚乙烯（PE-RT）管道系统 第 2 部分管材》，具体性能指标如下：

序号	项目	性能
1	静液压试验	20℃，环应力 10.0MPa，1h，试样无破裂，无渗漏 95℃，环应力 3.55MPa，165h，试样无破裂，无渗漏 95℃，环应力 3.50MPa，1000h，试样无破裂，无渗漏
2	纵向回缩率 (110℃)，%	＜ 3

冷热水用聚丙烯（PP-R）管材、管件执行 GB/T 18742.2—2017《冷热水用聚丙烯管道系统 第 2 部分：管材》及 GB/T 18742.3—2017《冷热水用聚丙烯管道系统 第 3 部分：管件》，具体性能指标如下：

山东博大管业有限公司
地址：山东省日照市山东路中段（市高科技工业园）
电话：0633-2205626
官方网站：www.bodaguanye.com

序号	项目	性能
1	静液压试验	20℃，静液压应力 16.0MPa，1h，试样无破裂，无渗漏
		95℃，静液压应力 4.2MPa，22h，试样无破裂，无渗漏
		95℃，静液压应力 3.8MPa，165h，试样无破裂，无渗漏
		95℃，静液压应力 3.5MPa，1000h，试样无破裂，无渗漏
2	纵向回缩率（135±2）℃，%	≤ 2
3	内压试验	95℃，S5 系列，试验压力 0.68MPa（S4 系列，试验压力 0.80MPa；S3.2 系列，试验压力 1.11MPa；S2.5 系列，试验压力 1.31MPa；S2 系列，试验压力 1.64MPa），1000h 试验中管材、管件及连接处应无破裂、无泄漏
4	耐冷热水循环性能	试验压力 1.0MPa，高温 90℃，低温 20℃，循环次数 5000，管材、管件及连接处应无破裂、无泄漏

工程案例

天津市华澄供水工程设备及材料采购项目（PE）

玉田县自来水工程供水项目采购 (PE)

山东省日照市岚山区 2018 年农田水利项目县工程（PE）

山东洁晶集团股份有限公司供热管道（PE-RT PP-R）

济南市华通城市建设集团有限公司（PE-RT PP-R）

生产企业

山东博大管业有限公司成立于 2000 年 9 月，占地面积 60000m^2，厂房建筑面积 16548m^2，是一家专业生产“博源”牌 PE 燃气、给水、护套、喷灌、滴灌、地源热泵、PE-RT Ⅰ型地暖、PE-RT Ⅱ型供热、MPP 护套、PP-R 冷热水管材管件及智能水肥一体机的高科技企业。

公司拥有先进的克劳斯玛菲生产线、伊诺埃克斯称重加料系统、伊诺埃克斯超声波在线壁厚测量仪、集中供料系统、摩丹卡勒多尼分子筛除湿干燥机组、克劳斯玛菲无屑切割机、光纤激光打标机，产品畅销国内 23 个省、自治区、直辖市，实现了经济效益和社会效益的同步发展。

公司质量检测中心为 CNAS 国家认可实验室，可满足对原材料及产成品的检测检验。

公司是中国塑料加工工业协会塑料管道专业委员会理事单位，中国城市燃气协会、中国水利灌排企业协会会员单位。

公司及产品荣获全国诚信守法民营企业、中国著名品牌、绿色建筑选用产品、山东省知名品牌、山东省守合同重信用企业、山东省高新技术企业等 30 多项荣誉称号，并入选 CCTV《品质》《全国农村水利工程材料设备产品信息年报》。

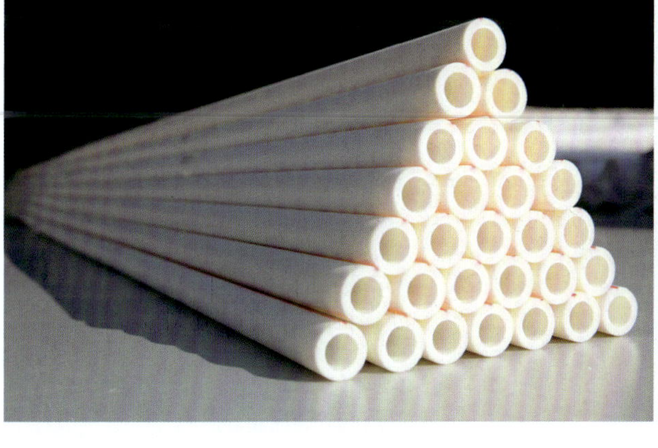

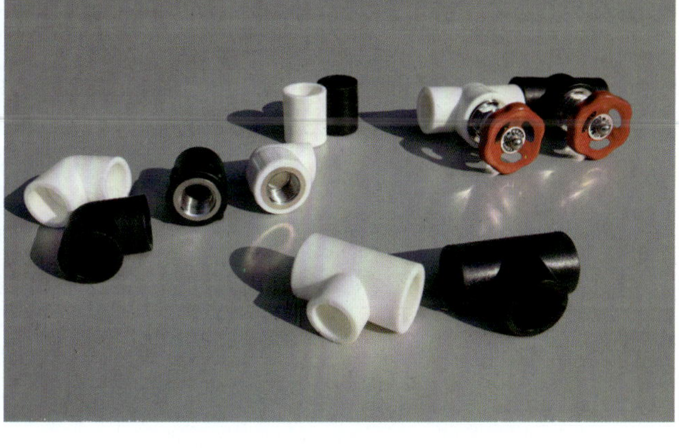

山东博大管业有限公司

地址：山东省日照市山东路中段（市高科技工业园）

电话：0633-2205626

官方网站：www.bodaguanye.com

证书编号：LB2019GP019

联塑给水用聚乙烯（PE）管材、管件

产品简介

给水用聚乙烯 (PE) 管材、管件在正常条件下，最少寿命达 50 年；PE 管材、管件无毒，不含重金属添加剂，不结垢，不滋生细菌，很好地解决了饮用水二次污染的问题；符合 GB/T 17219—1998《生活饮用水输配水设备及防护材料的安全性评价标准》规定以及国家卫生和计划生育委员会相关的卫生安全评价规定；可耐多种化学介质的腐蚀，无电化学腐蚀；内壁光滑，摩擦系数极低，介质的通过能力相应提高并具有优异的耐磨性能；柔韧性好，抗冲击强度高，耐强震、扭曲；重量轻，运输、安装便捷；独特的电熔连接、热熔对接和热熔承插使接口强度高于管材本身，保证接口的安全可靠；焊接工艺简单，施工方便，工程综合造价低。

适用范围

给水用聚乙烯 (PE) 管材、管件适用于市政供水系统、建筑给水系统以及居住小区、厂区埋地给水系统、工业和水处理管道系统等。

技术指标

管材主要技术指标如下：

序号	项目		技术要求	
1	熔体质量流动速率 (g/10min)		加工前后 MFR 变化 不大于 20%	
2	氧化诱导时间		≥ 20min	
3	断裂伸长率		≥ 350%	
4	静液压强度	80℃，165h	无破坏，无渗漏	
		20℃，100h		
		80℃，1000h		
5	纵向回缩率		≤ 3%	
6	炭黑含量		2.0%~2.5%	
7	炭黑分散 / 颜料分散		≤ 3 级	
8	灰分		≤ 0.1%	
9	耐慢速裂纹增长		en ＞ 5mm (切口试验)	无破坏，无渗漏
10	卫生要求		符合 GB/T 17219 的规定	

管件静液压强度指标如下：

序号	项目	要求	试验参数
1	静液压强度 （20℃，100h）	无破裂，无渗漏	试验温度：20℃，试验时间：100h 环应力： PE80：σ =10.0MPa PE100：σ =12.0MPa
2	静液压强度 （80℃，165h）	无破裂，无渗漏	试验温度：80℃，试验时间：165h 环应力： PE80：σ =4.5MPa PE100：σ =5.4MPa
3	静液压强度 （80℃，1000h）	无破裂，无渗漏	试验温度：80℃，试验时间：1000h 环应力： PE80：σ =4.0MPa PE100：σ =5.0MPa

广东联塑科技实业有限公司
地址：广东佛山市顺德区龙江镇联塑工业区
官方网站：http://www.liansu.com

管件力学性能要求如下：

序号	项目	要求
1	承口端的熔接强度	脆性破坏所占百分比不大于 33.3%
2	对接管件拉伸强度	韧性：通过 脆性：未通过

管件的物理性能要求如下：

序号	检测项目	技术要求
1	熔体质量流动速率（MFR）	管材 MFR 的变化小于混配料 MFR 值的 ±20%
2	氧化诱导时间 a（OIT）	≥ 20min
3	灰分	≤ 0.1% （质量分数）

生产企业

中国联塑集团控股有限公司（简称：中国联塑，股份代号：02128.HK）是国内大型建材家居产业集团，业务涵盖管道、建材家居、环保、现代农业、渠道与服务等板块，产品涉及管道、水暖卫浴、整体厨房、整体门窗、装饰板材、净水设备、防水与密封胶、消防器材、阀门、电线电缆、照明、卫生材料、环境保护、农业设施、海洋养殖网箱等领域。2019 年集团营业收入达 263.45 亿元人民币。

随着国际化、全球化进程的推进，中国联塑已拥有逾 80 家控股子公司和超过 23 个主要生产基地，分布于全国 18 个省份及加拿大、印尼等国家，中国联塑不断完善战略布局，拓宽销售网络和市场空间，能够及时、高效地为顾客提供产品和服务。

中国联塑建有集团研究院，拥有各类科研人员 1000 多名，集团现拥有 10 家国家高新技术企业，建有 1 个国家认定企业技术中心、2 个博士后科研工作站、5 个 CNAS 国家认可实验室、1 个广东省塑料成型加工技术企业重点实验室和 1 个广东省塑料管道产业技术创新联盟。目前，中国联塑拥有和正在申请的专利有 1817 项。科研成果先后入选国家火炬计划项目、国家重点新产品、全国建设行业科技成果推广项目和政府绿色采购清单；先后被国家有关部门授予制造业单项冠军示范企业、中国建设科技自主创新优势企业、国家知识产权优势企业、建设部产业化示范基地、广东省政府质量奖、广东省科技进步一等奖、中国轻工业联合会科学技术进步一等奖等荣誉称号和奖项。

现阶段，中国联塑拥有 10000 多种产品，是国内建材家居领域产品体系齐全的生产商。中国联塑的产品被广泛应用于家居装修、民用建筑、市政给排水、电力通信、燃气、消防、环境保护及农业、海洋养殖等领域。

未来，中国联塑将继续秉持“为居者构筑轻松生活”的品牌信仰，以全新的姿态，为客户提供更多高性价比的产品和服务，缔造舒适、高品质家居生活。

广东联塑科技实业有限公司
地址：广东佛山市顺德区龙江镇联塑工业区
官方网站：http://www.liansu.com

证书编号：LB2019JS001

奥华集成吊顶

产品简介

智尊1号空调型取暖器，采用军工级微电脑控制芯片——意法半导体，iGlass智显，无线遥控控制，实现360°无死角控制，可根据不同的季节、地域、使用者体质和特征选择最合适的洗浴温度；采用金属PTC，使用安全，取暖效果好，更有双模取暖，置有安全“芯”！

不止于此，在产品上追求卓越的奥华，将智尊1号全机采用V0级阻燃材料，从根本上杜绝生锈、机箱漏电等安全隐患。此外，还具有负离子杀菌功能，内循环旋转送风，立体暖房，超静音换气，行业突出的薄机身设计，安装无所不适。

适用范围

1）使用环境温度：0−40℃

2）储存温度：−10℃～+60℃

3）使用环境湿度：<90%

家装：浴室

技术指标

奥华牌产品严格执行国家标准GB 4706.1—2005《家用和类似用途电器的安全 第1部分：通用要求》、GB 4706.23—2007《家用和类似用途电器的安全 第2部分：室内加热器的特殊要求》、GB 4706.27—2008《家用和类似用途电器的安全 第2部分：风扇的特殊要求》、GB/T 22769—2008《浴室电加热器具（浴霸）》组织生产，产品各项性能指标达到国内先进水平。国家红外产品质量监督中心或浙江省质量技术监督局每年对产品进行定期监督检查，检查结果均符合国家标准要求。

生产企业

浙江奥华电气有限公司是一家专业从事家用电器研发、生产、销售于一体的国家高新技术企业，位于浙江省嘉兴市秀洲区王店镇梅嘉路与兴乐路口。公司成立于2002年，注册资金为2800万元人民币。

生产经营

公司秉承“专业炼就品质、规模成就发展”的经营理念，经过十余年的发展，现在已经成为同行业中产品生产配套设施完善，配套能力强的专业化集成吊顶生产商之一，并在国内处于先进水平。公司围绕“专业化生产”的发展目标建有技术力量强大的产品研发中心、具备国内先进水平的产品测试中心和实验室；工欲善其事、必先利其器，公司深知其中的道理，在生产设备、检测设备投入、技术团队组建等方面不遗余力，重金打造。只有建立了“专业化”生产体系，才能让公司得到永续；只有建立了“专业化”生产体系，才能让公司产品在激烈的市场竞争中得以生存。

浙江奥华电气有限公司
地址：浙江省嘉兴市秀洲区王店镇梅嘉路与兴乐路路口
电话：400-005-5988
传真：0573-83252778
官方网站：www.ouraohua.com

市场开拓

“奥华”产品销售收入多年来稳步增长，销售量连续 3 年在国内同行中名列前茅。

奥华公司作为浙江省专业生产室内取暖器（浴霸）和集成吊顶的骨干企业，其生产的“奥华”牌系列产品连续多年产销量在省内同行业中均名列前茅。奥华电气自 2003 年以来就十分强调和重视自主品牌的发展，公司的“奥华”牌系列产品现已在全国范围内建立有 800 余家统一形象、统一规范服务的专卖店。

品牌建设

公司致力于自身品牌的建设，通过不懈的努力先后获得了“国家高新技术企业”“浙江省高新技术企业研究开发中心”“浙江省质量信得过产品”“浙江省专利示范企业”及“嘉兴市企业技术中心”“嘉兴市高新技术研发中心”等多项荣誉，并成为“《浴室电加热器具 (浴霸) 通用技术要求国家标准》及《建筑用集成吊顶》和《家用和类似用途集成式多功能吊顶装置安装技术要求》标准起草成员单位”。

公司积极推行国际质量体系、环境质量体系、测量管理体系，内部全面实施 6S 管理、标准化管理和绩效管理，电气产品均通过 3C 国家强制性认证。

技术创新

为了增加企业研究开发新技术、新产品的持续能力，提升企业的竞争力，公司设有奥华集成吊顶研究所，一直担当着集成吊顶文化、技术研讨的前沿阵地的角色。此外，公司还一直重视技术创新中的产学研方式，先后与多所高校、院所建立了良好的合作关系，与浙江科技学院开展产学研合作项目。到目前为止，公司获得授权专利 208 项，其中 4 项为发明专利，32 项为实用新型专利，172 项为外观专利。2010 年公司获得“浙江省专利示范企业”荣誉称号，2014 年公司通过知识产权管理体系认证，2015 年成为国家知识产权优势企业。

公司于 2002 年 3 月率先在同行业内通过 ISO 9001 国际质量管理体系认证，产品均通过“CCC”认证。2008 年 8 月，通过 ISO 14001 环境管理体系认证。

消费者权益保障

公司自开始建立销售网点开始就配套建立售后服务网点，公司内部成立有专职的客户服务部及售后服务部。公司销售服务主要执行依据为《奥华公司产品售后服务规范》，具体由各地经销商专业售后服务团队负责区域的售后服务。对于申请加入公司售后服务网点的经营商，公司首先对其相关资历进行考评：对相关产品的安装、维修经营的合法许可，服务人员必须具备相应的上岗资格，必须具备相应的软、硬件条件。符合申报条件的与本公司签订售后服务协议书，售后服务活动统一按《奥华公司产品售后服务管理规则》执行。公司定期对售后服务人员开展技术培训活动、现场安装指导、售后服务业务技能培训等。同时公司按规定定时发放《顾客满意度调查表》，收集客户对公司产品质量、售后服务的满意程度，收集相关意见和建议。根据公司售后服务质量评价规定，对售后服务网点进行考核，以保证服务网点优质的服务质量。公司设立 24 小时售后服务热线，安排专职人员 24 小时不间断提供用户服务。

企业公益活动、社会责任：公司按照“规范经营、稳步发展和可持续发展战略”的方针，严格遵守《公司法》《安全生产法》《清洁生产促进法》等各项法律法规要求，根据国家政策法规要求，坚持环保与节能优先的原则，采取各种环保节能有效措施，实现产品更节能、环保；企业“三废”的减少，使厂区的环境面貌有了很大的改观。公司积极履行公民义务，支持各项公益事业：为地震灾后捐款，关爱社会，培育员工的责任感；支持教育文化事业，对幼儿园、学校进行捐款，与贫困大学生结对帮扶；在节能环保方面投入大量资金进行改善和落实，在产品节能、环保方面始终坚持和持续进行。坚持走节能、环保、可持续发展之路，贡献企业应尽力量。

浙江奥华电气有限公司
地址：浙江省嘉兴市秀洲区王店镇梅嘉路与兴乐路路口
电话：400-005-5988
传真：0573-83252778
官方网站：www.ouraohua.com

证书编号：LB2019JS002

山东吉祥铝塑复合板、铝单板、铝天花

产品简介

“中名”牌铝塑复合板，俗称铝塑板，是由经表面处理并用涂层烤漆的铝板作为表面，聚乙烯塑料板作为芯材，经过一系列工艺过程加工复合而成的新型装饰材料，具有许多无可比拟的优越性。产品通过复合获得许多原组分材料所没有的新性能，是一种高新技术产品，无论生产还是应用都含有很高的技术含量。主要特点：重量轻，刚性好，色彩丰富，平整度高，耐久性好，防火性能好，成本特性好，环境协调性好，用途广泛。

铝单板是以铝板为主要原材料，经剪板、冲压或折压等精加工及表面涂装而成。产品具有重量轻、刚性好、强度高、耐候性和耐腐蚀性好，自清洁性，色彩丰富，可回收利用等特点，充分迎合人们向往绿色，崇尚环保，追求时尚的理念。广泛用于建筑装饰，如建筑外墙、梁柱、阳台、宾馆、酒店、会议厅、歌剧院、写字楼、商场、车站、候机、候车、站楼、地铁、体育馆、接待大堂、人行天桥、门头等现代化建筑的幕墙，室内外装饰及广告标志牌等。铝单板是一种十分流行，使用在外墙及室内吊顶的高级装修材料，采用厚质铝板而成，表面采用氟碳喷涂，能有效抵抗酸雨、空气污染及紫外线的侵蚀，色彩非常持久稳定，可保持最少十年甚至二十五年不变色。防火防潮，环保耐用，安装施工方便、快捷，韧性高，耐冲击性强。产品在设计结构、颜色表现及使用功能等各个方面都能达到唯美的平衡，满足客户对高品质、时尚及环保的追求。

中名金属吊顶以铝合金为主要原材料，经剪板、冲压或辊压等精加工及表面涂装而成，产品具有重量轻、强度高、耐腐蚀、防火、防潮、阻燃、耐磨、抗裂、耐候性高等特性，结构简单，安装方便。具有良好的吸声性能，能有效控制和调整室内混响、改善音质、降低噪声。不燃性能满足各类建筑防火的设计要求，适用于高级建筑的内装修，如机场、车站、地铁站、银行、医院、加油站、体育馆、写字楼、购物中心及各种公共建筑。

适用范围

铝塑复合板：建筑幕墙、室内外装饰、旧楼改造、看板、标识牌、广告招牌、通道、隧道内墙、围墙、阳台、室内隔间、车辆内外装修等。

铝单板：公司生产的产品以多样化的设计、丰富多变的造型、缤纷耐久的色彩、装卸简易的构造及先进化的设备等优势，广泛用于建筑装饰，如宾馆、酒店、写字楼、商场、机场、体育馆等现代化建筑的幕墙、室内外标志装饰及广告标识牌等。成功参与了国内众多大中型公共项目的建设，在国内市场占有重要地位。

中名吊顶以新颖的设计、丰富的种类、缤纷的色彩、耐久的涂层、简易的结构、美观的外形及持久耐用等优势，广泛应用于政府办公大楼、机场、地铁、火车站、展馆、体育场以及电力电信、银行保险、医院等各个行业、各种不同风格建筑的室内外吊顶、墙体装饰，并成功参与了国内众多大型公共项目的建设。

技术指标

公司生产的铝塑复合板，达到或超过相应国家标准要求，并开发出一系列特殊要求和场合下应用的产品，如纳米光媒

山东吉祥装饰建材有限公司
地址：山东费县探沂工业园
电话：0539-2111828
官方网站：www.cnjxjc.com

空气净化板，是在氟碳涂层中添加纳米光触媒材料，能够吸附空气中的甲醛、甲苯等有害气体并迅速分解成无毒气体，能有效净化空气，改善环境，是一种绿色环保的新型高科技装饰材料。钛及钛合金塑料复合板，是用钛及钛合金板代替铝板和塑料复合而成，具有超优的耐候性和机械强度，特别是耐盐雾性能突出。不锈钢镜面塑料复合板，具有较高的机械强度和完美的镜面装饰效果，比铝镜面板更耐划擦。

公司研发团队在分析了当前存在几种双曲板制造工艺的优缺点的基础上，独辟蹊径研发出以数控技术为中心的双曲面制作工艺，可实现对复杂双曲或多曲面造型的铝单板的制造。其先进性主要有以下几点：

1. 采用 3 D绘图软件建立双曲或多曲板模型，并进行数控编程，通过全自动数控机加工中心制造模具，使双曲板参数得到精确再现，表面光滑美观，同时也可以制造复杂的多曲板。

2. 采用先进的快速制模工艺和拉型工艺，生产周期缩短 4 倍以上，使交期更短。

3. 采用三维数控切边技术，准确地对应整体的分割曲线，体现完美的整体效果。

4. 采用三维数控雕刻技术，可准确地在双曲面上完成镂空雕刻，显现美轮美奂的艺术效果。

工程案例

滨州体育学院，郴州人防大厦，广汽菲亚特 4S 店，杭州东方府邸，嘉兴羊毛衫城，胶州湾隧道收费站，金轮时代广场，靖边火车站，连云港市革命纪念馆，龙之梦购物广场，洛阳万基大厦，南宁丽原天际城，青岛东方城购物中心，青岛凤凰岛中学，太原万达广场，唐山火车站，通辽环境监测执法中心，西安机场，银川公安局办公楼，郑州图书馆等。

生产企业

山东吉祥装饰建材有限公司是一家集集成吊顶、铝塑复合板、防火铝塑板、铝单板等新型装饰材料的研发、生产、销售于一体的高新技术企业，公司成立于 2003 年，注册资本 3188 万元，位于费县探沂工业园，占地 4 万平方米。

公司于 2007 年通过 ISO 14001：2004 环境管理体系认证和 ISO 9001：2000 质量管理体系认证，同年被山东省科学技术厅认定为省级“高新技术企业”、省级“成长型企业”；2008 年，公司产品又通过欧盟 CE 认证，并通过中国建筑材料检验认证中心 CTC 认证，公司被评为山东省“守合同重信用企业”和山东省第七届、第八届“消费者满意单位”，并被中国农业银行山东省分行评定为 AA 级信用企业；公司被山东省高新技术企业认定管理机构认定为“高新技术企业”，被山东省知识产权局评为“山东省知识产权试点企业”。2010 年被山东省工商局评为“消费者满意单位”；2012 年 10 月公司和中国建材院、清华大学联合成立科技发展委员会，11 月公司被认定为“铝塑行业常务副理事长单位”。

山东吉祥装饰建材有限公司
地址：山东费县探沂工业园
电话：0539-2111828
官方网站：www.cnjxjc.com

证书编号：LB2019JS003

奥普集成吊顶（浴顶、吊顶装置）

产品简介

集成吊顶——由若干吊顶板和功能器具组合而成的一种吊顶装置，它包括了功能器具、吊顶板、安装附件等组件，又称多功能吊顶；功能器具分照明模块、取暖模块、换气模块。

适用范围

主要应用于车站、宾馆、会议室、办公室、厨房、卫生间、过道、阳台、客厅、卧室等领域，适用于建筑内外装饰。

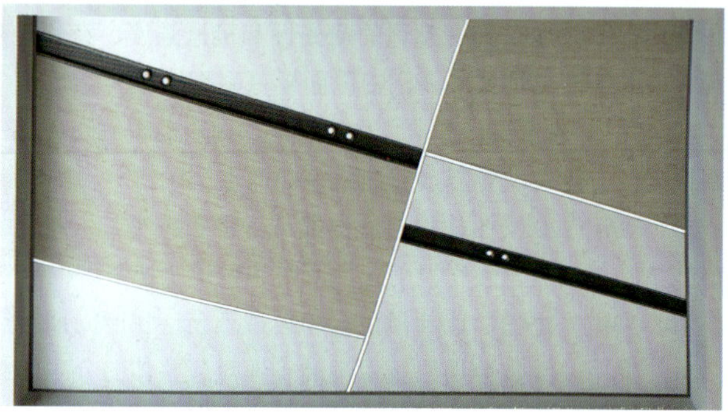

技术指标

产品执行标准 JG/T 413—2013《建筑用集成吊顶》。

工程案例

1. 万科房产：上海金色城市项目、合肥万科金色民郡二期、万科城、万科白沙洞园一期一标、中粮万科长阳项目 1-4 号楼精装工程、万科森林住宅、万科金色里程、万科新都会、万科沁园、太原万科（紫台、金域国际、蓝山、朗润苑）、无锡万科信诚道、万科惠斯勒小镇等项目均使用杭州奥普公司的集成吊顶（扣扳和电器）。

2. 恒大地产集团：广州恒大御景半岛等项目均使用杭州奥普公司的集成吊顶（扣扳和电器）。

3. 绿城房产：浙江翡翠城、浙江蓝庭等项目均使用杭州奥普公司的集成吊顶（扣扳和电器）。

4. 保利地产：保利上海维拉家园等项目均使用杭州奥普公司的集成吊顶（扣扳和电器）。

5. 华润房产：江苏华润悦府、沈阳华润中央公园、嘉兴华润中央花园等项目均使用杭州奥普公司的集成吊顶（扣扳和电器）。

生产企业

1993 年，第一台浴霸在奥普诞生，由此改变了国人千百年来的沐浴方式，引发了一场影响深远的温暖沐浴革命。作为浴霸行业的佼佼者，20 多年来，奥普一直专注于温暖事业的奉献，以“做全球优质的浴霸”作为立身之本，潜心研发、精工制造，凭借优良的产品品质和完善的服务体系持续领先整个卫浴取暖市场，成为全球 4000 万用户的温暖选择。

奥普家居股份有限公司创建于 2004 年 9 月，投资总额 2500 万美元，注册资本 36000 万元，是一家集取暖器、换气扇（包括新风机）、灯具、吊顶装置（集成吊顶 / 浴顶）、晾衣机、集成灶、集成墙面的设计开发、生产、销售和服务为一体的国家高新技术企业。产品先后获得了“中国 CCC 认证”“SAA 国际安全认证”、“UL 认证”“欧盟 CE 安全认证”“ISO 9001 质量管理体系认证”“ISO 14001 环境体系认证”和“ISO 18001 职业健康体系认证”等多项安全和体系认证。公司相继获得“浙

奥普家居股份有限公司

地址：中国杭州经济技术开发区 21 号大街 210 号
电话：0517-88172888
官方网站：http://www.aupu.net

江省知名商号”等荣誉。2017 年，世界品牌实验室基于财务分析、消费行为分析和品牌强度分析，发布了 2017 年中国 500 最具价值品牌，奥普以 128.42 亿品牌价值连续第十年荣登榜单。据中国行业企业信息发布中心统计，奥普浴霸全国市场销量连续多年名列前茅。

公司是国家高新企业，积极参与国家 / 行业标准的制定工作，以组长身份参与了《浴霸》《红外线灯泡》《集成吊顶》等国家标准的制定工作，主编 / 参编 5 项国家标准、1 项行业标准和 2 项浙江制造团体标准。并建有省级研发中心，坚持不懈地推动原创设计与技术研发，先后获得 378 多项专利，其中发明专利 8 项，实用新型专利 144 项，获得省级工业新产品开发项目 3 项，以及“中国小家电原创奖”“中国家电创新奖”“顶天艺术奖”等诸多荣誉。

公司拥有 10 万平方米的研发中心和生产中心，是亚洲较大的卫浴产品生产基地之一，并拥有高标准的质量检测中心，同时通过了 CNAS 国家实验室认证，按照国际标准由 16 个独立实验室对产品进行 257 项检测以确保优良性能。

作为行业的领导者，奥普潜心研发的脚步从未停止。为应对室内外的空气不断恶化，改善人们的家庭居住环境，奥普研发了致力于改善家庭空气新鲜度、纯净度、温度、干湿度以及灯光氛围的“新风取暖”系统，能够有效地营造舒适健康的生活氛围，带给人们健康清新的呼吸体验。

未来，奥普将继续秉承“为爱设计，给家创造温暖、健康与美”的理念，不断加大科技创新力度，在消费需求的引导下，从卫浴走向全屋，从传统制造走向现代“智造”，形成了“成为电器美家的佼佼者”的新的使命和愿景，为消费者打造全方位的温暖生活体验。

奥普家居股份有限公司

地址：中国杭州经济技术开发区 21 号大街 210 号
电话：0517-88172888
官方网站：http://www.aupu.net

证书编号：LB2019JS004

金言防火铝塑板、铝制装饰板、金属保温装饰一体板

产品简介

序号	产品名称	产品简介
1	建筑幕墙用铝塑复合板	铝塑复合板简称铝塑板，面板采用 0.08 ~ 0.5mm 厚高刚性铝板，板面涂装为氟碳预辊涂或单面阳极处理，芯材为 2 ~ 3mm 高密度聚乙烯板，经过先进工艺热复合而成，其颜色艳丽多彩，性能安全可靠，是幕墙和室内装饰的理想材料。铝塑复合板具有如下特点：1）双面烤漆，倍抗腐蚀；2）优质铝板，坚固耐用；3）进口涂料，耐候性长；4）容易加工，安装简单；5）涂层均匀，色彩丰富。
2	建筑装饰用铝单板	建筑装饰用铝单板外观时尚、现代、挺拔，材料耐久、节能、可回收，是近年来公共和地产建筑幕墙流行装饰板材；铝单板造型大气灵动，风格多样，其非标定制和任意造型的特点使产品得到广泛应用。建筑装饰用铝单板具有如下特点：1）外观时尚：大气挺拔，富有金属质感；2）色泽丰富：电脑调色，可定制任何颜色；3）造型幻变：可实施三维造型，适于创意；4）耐候性高：对抗阳光直晒、酸雨侵蚀，十五年不变色；5）节能环保：材质轻便，回收价值高；6）自洁优良：涂层细腻常新，保养清洁费用低；7）消防保障：防火等级 A 级，无消防隐患；8）安全可靠：所有部位均采用刚性连接；9）安装简便：非标定制生产，按图组装极为便捷。
3	铝天花	铝天花采用进口基材，从根本上解决传统天花泛黄、变形等问题，“金言”异型天花拥有独特高新的设计理念，凸显现代科技气息，能根据各种环境要求，制造风格迥异的产品，将现代空间感体现得淋漓尽致。铝天花具有如下特点：抗老化能力强、易清洗、色泽均匀、经久不退、新颖高丽。

适用范围

序号	产品名称	适用范围
1	建筑幕墙用铝塑复合板	机场、火车站 / 动车站、商场 / 写字楼、剧院、体育馆、学校，产品广泛应用于航空、轨道交通、公共建筑等建筑物内、外立面、顶部装修装饰。
2	建筑装饰用铝单板	机场、火车站 / 动车站、商场 / 写字楼、剧院、体育馆、学校，产品广泛应用于航空、轨道交通、公共建筑等建筑物内、外立面、顶部装修装饰。
3	铝天花	机场、火车站 / 动车站、商场 / 写字楼、剧院、体育馆、学校，产品广泛应用于航空、轨道交通、民用建筑等室内顶部装饰。

技术指标

序号	产品名称	商标	产品执行的技术标准
1	建筑幕墙用铝塑复合板	金言	GB/T 17748—2016《建筑幕墙用铝塑复合板》
2	建筑装饰用铝单板	金言	GB/T 23443—2009《建筑装饰用铝单板》
3	铝天花	金言	GB/T 22412—2016《普通装饰用铝塑复合板》

成都金言实业有限公司

地址：成都市青白江区祥福镇金芙蓉大道三段 88 号
电话：028-83623333，15928609888
官方网站：www.cdjinyan.com

工程案例

序号	用户名称	项目名称 / 地址	货物名称
1	成都市华旭永利建筑工程有限公司	成都地铁 10 号线二期机电装修工程	铝单板
2	江苏一诺钢结构工程有限公司	地铁 5 号线沿线装修工程	铝单板
3	四川华铝建设工程有限公司	南充火车站	铝单板、铝塑板
4	四川时代建设集团有限公司	万源火车站	铝单板
5	深圳市佳科金属屋面系统有限公司	重庆西站商业夹层幕墙	铝单板
6	四川时代建设集团有限公司	地铁二号线羊西线红色村等站口	铝单板
7	四川互联空间钢结构有限公司	新建成都（南站）至绵阳至乐山铁路客运专线江油至眉山段 CMLZF	铝单板、铝塑板
8	成都市华工装饰工程有限公司	地铁二号线龙泉地铁站	铝单板、铝塑板
9	中铁八局集团有限公司成渝铁路客运专线站房 CYZFSG-2 标段项目经理部	永川东站站房	铝单板
10	四川宽立建筑防腐工程有限公司	成都地铁二号线	铝单板

生产企业

成都金言实业有限公司成立于 2010 年 4 月 19 日，注册资金 10000 万元，公司位于成都市青白江区祥福镇金芙蓉大道三段 88 号，公司占地近 200 亩。公司紧邻成金青快速通道、成南高速、成渝铁路，距市区仅 15 公里，四通八达，交通便捷。

公司已通过 ISO 9001:2008 国际质量管理体系认证，ISO 14001 环境体系认证，ISO 18001 职业健康安全管理体系认证，系中国金属复合材料协会常务理事单位，荣获四川省、成都市两级名优产品等荣誉称号；是“建筑装饰用单涂层氟碳铝板（带）、建筑装饰用烤瓷铝板”两项中华人民共和国建材行业标准起草单位，2017 年获得了由中国金属复合材料协会颁发的“铝单板优质品牌”和铝单板“优质工程应用奖”。公司目前是西部地区专业从事新型铝单板、铝天花板、铝保温节能复合板、铝瓦楞板、不锈钢装饰板、铝塑板（防火铝塑板）等金属装饰板材研发、生产、销售为一体的新材料企业，产品广泛应用于航空、轨道交通、公共建筑等领域。

专业优势

作为川内较早专业从事金属装饰材料生产的企业，经过多年发展，公司积累了较为丰富的核心技术（与国家建材测试中心常年保持技术信息交流，现系国家行业协会常务理事单位），系行业产品国家标准起草参编企业。公司拥有 10 余项产品专利，技术力量雄厚，设备先进，拥有多条进口生产流水线，公司具备铝单板、铝天花板等金属装饰板年生产能力 200 万平方米以上，规模优势明显。

公司一直秉承“金品质、言天下”的经营理念，坚持以优质产品服务优质客户，与主要客户形成了长期、稳定的战略合作关系，客户资源优势明显，现拥有如：中建、中铁、万科、龙湖、绿地、碧桂园、恒大、城投、华西、成都建工等众多优质客户。

先后承接了诸如“成都地铁”“双流机场”“蛟龙工业港”“成青快铁”“成都火车东站”“成阿工业园”“德阳火车站”“达州机场”“新希望大厦”“城市中心”“财富中心”“三峡大厦”“量力国际”“汇融国际”“大鼎国际”“康普雷斯国际商贸”“北新国际商贸城”等上百个大型项目。目前销售业绩很好，许多大型企业如：“沈阳远大集团”“北京江河幕墙”“荷兰一亨特道格拉斯”“沈飞幕墙”“中铁”“中建”“华西集团”“建工集团”“厦门邝沛集团”“武城幕墙”“泰兴幕墙”等国内外多家知名企业与我公司建立了长期的战略合作关系。

公司系中国建筑材料工业协会理事单位，连续六年经国家权威机构抽检全项合格品牌，国家强制性标准专项整治合格达标企业；连续两届受国家建材测试中心颁发产品合格证的生产企业。

公司以提高中国西部地区建筑装饰铝制品行业发展水平为目标，打造中国铝制品行业品牌。

成都金言实业有限公司
地址：成都市青白江区祥福镇金芙蓉大道三段 88 号
电话：028-83623333，15928609888
官方网站：www.cdjinyan.com

证书编号：LB2019JS005

雅丽泰铝复合板

产品简介

ALUTILE 雅丽泰铝复合板严格选用各类最佳用材，面、底铝板均经过严格的化成处理，所有产品采用双涂双烤、连续热贴复合工艺，产品质量稳定，性能指标优异，经国家建筑材料测试中心连续检测合格，总体性能指标达到国际优等品标准。

ALUTILE 雅丽泰铝复合板采用双面烤漆，其背板已经过彻底的清洗及表面化成处理，而且背板同样具有很高的剥离强度，这是区别于其他品牌的重要标志。

适用范围

机场　码头　车站　地铁　商场　酒店　娱乐场所　高档住宅　别墅　办公楼的幕墙装饰及室内装饰

大型广告牌　展示橱窗　路边报亭　书摊　电话亭　交通岗亭　路边油站

室内墙壁　天花板　隔间　厨房　卫生间　墙脚护壁

店面装修　铺内层架　层柜　包柱　家具

列车　汽车　轮船　客车车厢装饰

旧楼翻新改造

技术指标

产品执行 GB/T 17748—2016《建筑幕墙用铝塑复合板》、GB/T 22412—2016《普通装饰用铝塑复合板》，具体性能如下：

超强剥离强度：采用了新工艺，将铝塑幕墙板最关键的技术指标——剥离强度，提高到了极佳状态，剥离强度 230N.mm/mm。

超耐候性：以 Hylar5000 或 Kynar500 为基料的 PVDF 涂层耐腐蚀、耐污染、耐候性都有独特的优势，无论在炎热的阳光下或严寒的风雪中都无损于产品漂亮的外观。 耐人工气候老化（4000h） 色差 ΔE1.38。

易保养：自洁性好，即使在污染较为严重的部分地区，也只需要用中性清洗剂清洁即可，清洗后使板材长久如新。耐沾污性：1.4% 。

耐冲击性强、韧性高、弯折不损面漆，在风沙较大的地区也不会出现因风沙造成的破损情形。耐冲击性：50kg · cm 耐磨耗性：6.2L/ μm。

工程案例

	工程名称	规模 / 数量	备注
近三年主要应用案例	中石油项目	294762.51m^2	2016—2018 年度
	工商银行	97227.17m^2	2016—2018 年度
	格力电器	36843.58m^2	2016—2018 年度
	安徽邮政	36085.36m^2	2016—2018 年度
	广汽丰田	26123.82m^2	2017 年度
	澳门监狱	21583.45m^2	2018 年度
	锦屏一级水电站	18783.77m^2	201—2017 年度
	中国银行	17315.12m^2	2016—2018 年度
	合肥移动	15473.41m^2	2016—2018 年度
	景德镇艺术中心	14337.25m^2	2016 年度
	中建产业园	9079.252m^2	2018 年度

江西雅丽泰建材股份有限公司
地址：南昌高新开发区创新二路 1155 号
电话：86-791-88169315
官方网站：www.alutile.com

生产企业

江西雅丽泰建材股份有限公司隶属于泓泰集团，是一家按上市公司要求规范运营的现代股份制企业，位于江西南昌国家级高新技术产业开发区。

公司以“雅丽泰”“ALUTILE”两大主导品牌面向建筑产品领域，集科研、开发、制造、销售、加工与服务为一体，致力成为全球性建筑装饰、节能等相关产品应用、开发之优质企业。主营包括系列幕墙用铝塑复合板、铝单板、铝天花板、保温板、钛鑫板等全球最新主流建筑装饰产品、系统集成产品（金属幕、节能玻璃幕、光电幕等），多个产品拥有完全自主知识产权。

公司创造性地将建筑装饰产品和功能产品完美结合，致力于成熟技术与应用创新，为用户带来良好价值体验。公司拥有专业化、职业化的生产制造、技术、功能研（开）发及市场营销团队，依托辐射全球的营销网络提供及时、细致、全面的服务，力求成为社会和用户信赖的企业。

证书编号：LB2019JS006

力尔电泳涂漆型材、粉末喷涂型材、隔热型材

产品简介

● 电泳型材：将氧化后的型材进行电泳涂装，然后对漆膜进行烘烤固化，这样就在原有的氧化层铝材表面形成一层坚而硬的漆膜。

表面处理方式：阳极氧化加电泳涂漆；阳极氧化、电解着色加电泳涂漆。

● 粉末喷涂型材：利用静电极吸附，在经严格处理的铝合金型材表面，喷涂上一层特种热固性树脂粉末，经过特殊高温固化加工制成。

● 隔热型材：以隔热材料连接铝合金型材而制成的具有隔热功能的复合型材。隔热型材分为浇注式和穿条式。隔热材料将铝合金型材分为内外两部分，从而阻隔了铝的热传导。

浇注式：把液态隔热注入铝合金型材浇注槽内并固化，切除铝合金型材浇注槽内的临时连接桥使之断开金属连接，通过隔热材料将铝合金型材断开的两部分结合在一起的复合方式。

穿条式：通过开齿、穿条、滚压工序，将条形隔热材料穿入铝合金型材穿条槽内，并使之被铝合金型材牢固咬合的复合方式。

适用范围

公司配备科研中心，具有雄厚的技术力量及研发能力，依托高科技手段，采用先进的挤压技术和生产工艺，满足不同客户的需求。主导产品有铝管材、铝棒材、铝排材、铝型材和 PVC 型材等，涉及几十种合金、几十个行业、三千多个品种、上万种规格。广泛应用于交通运输领域（航空、航天、船舶、汽车、火车、轨道交通等）、电力领域、装备制造领域和建筑领域等。

技术指标

产品执行标准：GB/T 5237.3—2017《铝合金建筑型材 第 3 部分：电泳涂漆型材》、GB/T 5237.4—2017《铝合金建筑型材 第 4 部分：粉末喷涂型材》、GB/T 5237.6—2017《铝合金建筑型材 第 6 部分：隔热型材》，具体性能如下：

电泳型材——电泳型材表面复合膜为主要技术指标，A 级复合局部膜厚≥ 21μm，B 级复合局部膜厚≥ 16μm；漆膜硬度≥ 3H；附着性达到 0 级；涂层抗压痕≥ 80。

河北力尔铝业有限公司
地址：河北省邯郸市广平经济开发区
电话：0310-2515888 2515666
官方网站：http://chinalear.com

粉末喷涂型材——涂层性能为主要技术指标，涂层局部膜厚≥ 40μm，附着性达到 0 级。

隔热型材——产品的纵向剪切和横向拉伸性能为主要技术指标，穿条式与浇注式室温下其特征值均≥ 24N/mm。

工程案例

万科集团—七宝国际一期，万科集团—七宝国际三期，万科集团—蓝山花园，万科集团—沁园，万科集团—南京南站幕墙（2012），万科集团—南京玲珑湾（2011）等；复地集团—新都国际，复地集团—宴南都，复地集团—复城国际，复地集团—御溪雅苑，复地集团—蓝孔雀，复地集团—真大苑，复地集团—高福坊，复地集团—御香山，复地集团—东湖国际，复地集团—复地悦城等；中海集团—中海瀛台，中海集团—紫御豪庭，中海集团—凤凰熙岸，中海集团—西溪别墅，中海集团—中海山湖一号，中海集团—中海国际社区，中海集团—八号公馆，中海集团—世纪公馆，中海集团—凯旋门等；绿地集团—房山大学城，绿地集团—景溪商业中心，绿地集团—房山拱晨，绿地集团—高铁 D1 幕墙，绿地集团—新都会二期，绿地集团—紫峰公馆，绿地集团—海珀云翡，绿地集团—大兴启航国际，绿地集团—北外滩中心等。

生产企业

河北力尔铝业有限公司是国内大型高精度特种合金型材专业制造商。公司总部位于河北省邯郸市，公司制造、研发方向主要专注于为交通运输领域、电力领域提供高精度的特种工业铝型材产品，并为建筑领域提供高质量的建筑铝型材和 PVC 型材。

公司通过 ISO 9001:2015 国际质量体系认证、ISO 14001:2015 环境管理体系认证、GB/T 28001—2011 职业健康安全管理体系认证，并获得国家专利 200 多项。

公司引进美国、德国、意大利、瑞士等先进的生产装备和技术，产品档次与欧美国家同步。拥有先进的意大利大型、中型各种铝挤压生产线，20 米立式淬火炉装置，铸造炉 3 吨—30 吨装置；Trevisan（戴维信）公司和 Itwgema（金马）公司的立式、卧式喷涂和氧化电泳生产线；Theysohn（泰森）公司和 Tof（托普夫）公司一模双出 PVC 型材生产线和混配系统等；并拥有完善的熔炼、铸造、均质、挤压、时效、静电喷涂、氟碳喷涂、氧化、电泳等铝加工专业生产设备及配套的动力、工模具、检验等辅助设备。

河北力尔铝业有限公司
地址：河北省邯郸市广平经济开发区
电话：0310-2515888 2515666
官方网站：http://chinalear.com

证书编号：LB2019JS007　　　　HB2019JS001

蓝天七色铝塑板、铝单板

产品简介

铝塑复合板简称铝塑板，它是以聚乙烯塑料为芯材，以经过化学处理的涂装铝板(亦称铝箔、铝卷、铝带)为表层材料，经一定加工处理（连续热压复合）而成的一种复合材料。

铝单板是以铝或铝合金板（带材）为基材，经加工成型且装饰表面具有保护性和装饰性涂层或阳极氧化膜的建筑装饰用单层板。

适用范围

铝塑板适用于大型建筑墙面装饰、商场门面的装修、大型广告招牌、标语牌、车站、机场、展示台架、净化防尘工程等的装修，是理想的室外装饰用板材。

铝单板适用于各种建筑内外墙、大堂门面、柱饰、高架走廊、人行天桥、电梯包边、阳台包装、广告指示牌、阳台、雨棚、隔板包饰、室外装饰、机场、车站、医院、会议厅、歌剧院、体育场馆、室内异形吊顶等的装饰建筑物外墙，现在普及到了家居装饰。

技术指标

铝塑板具体性能指标如下：

序号	检验项目	技术参数	检验值	单项判定
1	铝材厚度	平均值≥标称值 最小值≥标称值 -0.02	平均值≥标称值 最小值≥标称值 -0.02	合格
2	涂层厚度	平均值≥ 16 μm；最小值≥ 14 μm	平均值≥ 16 μm；最小值≥ 14 μm	合格
3	光泽度偏差	≤ 10	3	合格
4	铅笔硬度	≥ HB	1H	合格
5	涂层柔韧性	≤ 3T	2T	合格
6	涂层附着力	不次于 1 级	划圈法 1 级	合格
7	耐冲击	≥ 20kg · cm 不脱漆、无裂痕	≥ 20kg · cm 不脱漆、无裂痕	合格
8	耐溶剂	不露底	不露底	合格
9	耐盐酸	无变化	无变化	合格
10	耐碱性	无变化	无变化	合格
11	耐热水性	无异常	无异常	合格
12	耐盐雾	≤ 1 级	1 级	合格
13	耐人工 气候老化	色差≤ 2.0　失光等级≤ 2 级 其他老化性能 0 级	色差 1.16　失光等级：1 级 其他老化性能 0 级	合格

东阿蓝天七色建材有限公司
地址：山东省东阿县大桥驻地
电话：0635-3584120
传真：0635-3584305
官方网站 www.sevenpanel.com

铝单板具体性能指标如下：

序号	检验项目	技术参数	检验值	单项判定
1	外观质量	无明显流挂、条纹、气泡、漆渣等缺陷	无明显流挂、条纹、气泡、漆渣等缺陷	合格
2	膜厚	三涂：平均膜厚≥ 40 μm 最小值≥ 34 μm 四涂：平均膜厚≥ 65 μm 最小值≥ 55 μm	三涂：平均膜厚≥ 42 μm 最小值≥ 34 μm 四涂：平均膜厚≥ 67 μm 最小值≥ 55 μm	合格
3	铅笔硬度	≥ 1H	2H	合格
4	光泽度	光泽度＜ 30 ±5	±2	合格
		30 ≤光泽度＜ 70 ±7	±3	合格
		光泽度＜ 70 ±10	±4	合格
5	耐冲击	50kg · cm 不脱漆	50kg · cm 不脱漆	合格
6	附着力	干式 划圈法 1 级	划圈法 1 级	合格
		沸水煮 划圈法 1 级	划圈法 1 级	合格
7	耐化学性	耐盐酸 无任何变化	无任何变化	合格
		耐硝酸 无起泡等变化 $\Delta E \leq 5.0$	无起泡等变化 $\Delta E \leq 5.0$	合格
		耐溶剂 不露底	不露底	合格

工程案例

铝塑板：

旺座曲江工程 15000 平方米、石家庄石药工程 20000 平方米、喀什纺织城工程 12000 平方米、山东胜利油田加油站 5000 平方米

铝单板：

南通高新区科技之窗 100000 平方米；郑大一附院 60000 平方米；河北安国市新药都 40000 平方米；唐山火车站西站 28016 平方米

生产企业

东阿蓝天七色建材有限公司位于山东东阿县，坐落在黄河之滨、阿胶故里。最早成立于 1996 年初，系江北规模较大、较具实力的专业铝幕墙生产企业之一，公司主要产品为七色牌铝塑板、铝单板、涂层铝卷，产品远销国内外，企业综合实力强，是一家获得多项殊荣的铝幕墙专业生产企业。

东阿蓝天七色建材有限公司
地址：山东省东阿县大桥驻地
电话：0635-3584120
传真：0635-3584305
官方网站 www.sevenpanel.com

证书编号：LB2019JS008

阿鲁考铝合金瓦楞板、铝单板、铝蜂窝板

产品简介

铝单板墙板

面板说明	角码体系说明	产品特点
1. 面板规格：根据设计要求 2. 面板厚度：2.0mm、3.0mm 3. 面板材质：AA3000 铝锰合金 4. 表面处理：粉末或液体烤瓷喷涂	角码锚固体系：使用铆钉将角码固定于墙板结构边，使用自攻螺钉将板面固定于墙面钢架基层。	板面平整，系统分隔简洁、便于拆装、安全可靠，抗污，耐刻划能力强，防火防潮，绿色环保。

采用 2.0mm 的 AA3000 铝锰合金为基础材料采用先进的加工设备制作出的铝单板产品，有着精度高、平整度好、质感优良的特点。

表面处理选用粉末或液体烤瓷喷涂烤漆进行处理，表面具有硬度高、易擦洗等适合地铁车站使用的优点。长效耐候（使用寿命超过 10 年）；防火不燃，火灾时不产生有害气体；极好的抗污染能力，具有自洁性；油性笔、粘合剂、胶带、标贴等污染物难附着并易于除去，防人工涂鸦；因具高硬度，不会轻易划伤；卓越的耐盐雾和耐化学介质性能；质感独特、色彩多样，可提供实色漆或金属漆。

适用范围

产品涵盖了条板、方板、挂片、格栅、铝单板、蜂窝板、瓦楞板、饰面板等国内几乎所有能见到的建筑装饰用金属材料。广泛应用于机场、高铁、轨道交通枢纽；会展、体育、演艺中心；以及各类功能的行政商务办公和文化服务等现代科技建筑。

技术指标

产品执行国家标准 GB 23443—2009《建筑装饰用铝单板》、建材行业标准 JC/T 1059—2007《金属及金属复合材料吊顶板》标准。

工程案例

公共交通			
项目名称	数量（m^2）	完工时间	产品及区域位置
浦东机场 T1 改建项目	12000	2014	U 型挂片、铝合金墙板
大连高铁北站	120000	2012	U 型挂片、条板
上海虹桥国际机场交通枢纽中心	120000	2009	天花吊顶、装饰墙板
上海地铁 2 号线（陆家嘴站）	8600	2010	墙板、蜂窝板、异型吊顶
上海国际客运中心 - 港务大楼	7500	2009	顶楼观光层天花及墙体铝板
上海虹桥国际机场 T1 航站楼 - 到达区	2000	2008	300 条板、墙板
上海浦东国际机场 T2 航站楼 -VVIP	2500	2008	异型天花、墙板
辽宁丹东火车站	2500	2008	异型天花、墙板
沈抚城际交通	4300	2008	异型天花、墙板
办公楼宇、商业设施			
项目名称	数量（m^2）	完工时间	产品及区域位置
郑州绿地广场	56000	在建	设备带
	15000		包柱铝板
上海张江绿地	30000	在建	铝单板、铝瓦楞板
成都中海一、二期	130000	在建	400mm 标准板
天津津塔	5300	2011	斜切异型圆柱板
办公楼宇、商业设施			
上海卢湾绿地海珀 - 日晖 CBD	53000	2010	竹木异型板、墙板，吊顶
上海万嘉商业广场	15000	2010	标准板及异型板
上海期货大厦二期	6000	2010	300 条板、挂片、异型板
上海 X2 国际金融中心	15000	2010	天花吊顶
中房置业大厦	8000	2009	全楼层标准板及异型板
苏州圆融广场（新加坡利福广场）	22000	2009	全楼层异型板

上海阿鲁考装饰材料有限公司
地址：上海浦东新区沪南公路 5425 弄 29 号
电话：21-58144323
官方网站 www.aluca.cn

续表

项目名称	数量（m^2）	完工时间	产品及区域位置
政府办公楼			
项目名称	数量（m^2）	完工时间	产品及区域位置
915 项目（国家审计署）	10000	2014	铝单板
安徽滁州市政府大楼	5000	2010	瓦楞板及异型板
上海市第二中级人民法院	6000	2009	标准板及异型板
上海市南汇区政府临港办事中心	3000	2009	格栅
天津滨海新区办公中心	3000	2009	600 方板及挂片
青海省公安厅	4500	2009	300 条板
上海市人民政府	12000	2008	400 走道板、600 方板、异型板
公共展馆、展示厅			
项目名称	数量（m^2）	完工时间	产品及区域位置
中国博览会会展综合体	50000	2014	600 方板
牡丹江会展中心一、二期	50000	2014	U 型挂片、实木饰面蜂窝板、铝单板
鲁台经贸会展中心	40000	2012	条板、U 型挂片、铝墙板
天津北洋园体育馆	11000	2011	挂片、非标板
上海国歌纪念馆	5100	2010	天花吊顶、墙板
上海中国航海博物馆	20000	2010	蜂窝板、天花吊顶、墙板
世博中国馆（地区主题馆）	7500	2010	异型板、墙板
移动电信、电力			
项目名称	数量（m^2）	完工时间	产品及区域位置
宁夏电力调度中心	8000	2013	铝瓦楞板
中国移动总部大厦	5000	2010	天花吊顶
中国电信信息园区	3000	2010	天花吊顶
中国移动通讯上海移动公司网管中心	8000	2010	天花吊顶、墙板
中国移动上海信息中心	5000	2009	铝蜂窝幕墙板
中国网通上海产业园	10000	2009	全楼层天花及铝幕墙板
东北电力调度中心	3000	2009	金属墙板
其他			
项目名称	数量（m^2）	完工时间	产品及区域位置
诺华生物一期	15000	2014	金属网板
上海总工会杭州基地	8000	2013	异型板
中航商用飞机发动机研发中心	15000	2013	蜂窝板、瓦楞板
华为科技研发中心	2500	2010	木纹天花

生产企业

上海阿鲁考装饰材料有限公司成立于 2003 年。从较早进入中国地区的德国金属装饰板的合作伙伴，成长为国内拥有自主品牌的天花吊顶、幕墙系统等建筑装饰用金属材料，集生产和研发于一体的综合性企业。

公司现拥有面积达 50000 平方米的新老两大加工基地，分别位于航头大麦湾的高新技术产业园和四团的临港产业园，毗邻浦东机场和洋山深水港，交通便利、区域优势明显。公司自成立起来，先后引进了德国、日本、意大利等国家制造的数控加工平台、成型流水线、自动涂装线等先进的生产设备和高精度的检验监测仪器。 公司设备齐全、技术实力雄厚。注册 ALUCA® 品牌的产品，涵盖了条板、方板、挂片、格栅、铝单板、蜂窝板、瓦楞板、饰面板等国内几乎所有能见到的建筑装饰用金属材料。广泛应用于机场、高铁、轨道交通枢纽；会展、体育、演艺中心；以及各类功能的行政商务办公和文化服务等现代科技建筑。目前年可产各类标准和非标铝合金板 100 万平方米以上，在生产能力、技术水平、产品质量、市场占有率等方面名列前茅。

公司严格执行 ISO 9001:2008 国际质量管理体系和 ISO 14001:2000 环境管理体系。秉承“管理求效益、质量占市场、服务攒口碑”的理念，竭诚为国内外广大用户提供臻致细微的产品服务和技术关怀。

上海阿鲁考装饰材料有限公司
地址：上海浦东新区沪南公路 5425 弄 29 号
电话：21-58144323
官方网站 www.aluca.cn

证书编号：LB2019JS009

金霸 GKs® 金属吊顶、GKs® 金属墙柱饰面板、GKs® 金属龙骨系统

产品简介

“金霸”金属吊顶产品采用金霸专属结构，为安装简捷、开启灵活的铝制天花吊顶产品，主要用于地铁公共区、机场航站楼、政府机关、会议会展中心、博物馆、金融保险、电力电信、工商税务、高级写字楼、宾馆等各个不同行业、不同建筑风格建筑的室内外装饰装修中；具备防火、防潮、耐腐蚀及良好的抗老化、抗冲击、耐洗涤剂等性能，且具有保温、隔热、隔声、吸声的作用，同时也是电气、通风空调、通信和防火、报警管线设备等工程的隐蔽层。

金霸墙柱饰面板产品，整个组成有铝单板、10～25mm 厚蜂窝铝板、瓦楞板、铝塑板、石材、玻璃等。板面安装采用角码错位干挂式工艺，整体平整度好，安装拆卸方便；此外，可灵活调节，保证安装纵横直线进度高，主要用于地铁公共区、机场航站楼、政府机关、会议会展中心、博物馆、金融保险、电力电信、工商税务、高级写字楼、宾馆等各个不同行业、不同建筑风格建筑的墙面装修中。

金霸金属吊顶精选优质原材料，喷涂前处理采用纳米陶化工艺，避免了传统的铬化工艺对环境的污染，产品经过工业化加工手段，可制作成各种特殊规格和特殊形状，且平整度高、板缝严密，同时兼具环保防火防潮、耐腐蚀、坚固耐用等各种突出特点。此外，金霸拥有整套成熟的吊装骨架系统和面层吊顶方案，产品安全性高，通用性强，坚固耐用，安装维修简便，满足不同功能需求，完美实现设计师们的各种建筑艺术构想，产品深受客户的表彰与认可。

适用范围

产品主要用于地铁公共区、机场航站楼、政府机关、会议会展中心、博物馆、金融保险、电力电信、工商税务、高级写字楼、宾馆等各个不同行业、不同建筑风格建筑的室内外吊顶装饰装修中。

技术指标

吊顶产品按 GB/T 23444—2009《金属及金属复合材料吊顶板》标准进行检测，附着力、耐酸性、耐碱性等各项指标均符合要求。每件开启式吊顶板轴向两端均固定于两侧铝型材龙骨框架上，另外两端设开启导轨孔，与龙骨框架上移动滑块相连。开启时，移动滑块从导轨脱出，吊顶板沿固定轴垂直向下打开；复位时，将板上托，滑块嵌入导轨，吊顶板托举至原位即可；吊顶板侧导轨孔是板块打开、复位的关键，设计时充分考虑到板块的运动轨迹，按一定长度和弧线度加工成型，侧面折边高度不低于 40mm。

金霸吊顶已获得多项实用新型专利，包括一种滑动式开启天花结构（专利号：ZL201320741001.2）等专利，该专利技术为产品的主要核心技术之一，通过该专利技术的应用，可实现组合式安装，灵活开启，有效地提高了产品的实用性、方便性、安全性，深受市场的肯定。

金属饰面墙面板产品：墙面铝板：厚度 3.0mm，主要规格 800mm×1800mm，折边高度 30mm；各项尺寸精度均达到 GB/T 23443—2009《建筑装饰用铝单板》优等品级别；表面处理为氟碳喷涂（三涂二烤）或者阳极氧化。氟碳喷涂膜厚要求≥ 40μm，铅笔硬度不低于 2H；阳极氧化铝板膜厚不低于 15μm。二者耐候性能均为优；安装系统：纵向主龙骨为 30mm×30mm×3.0mm 镀锌钢管，横向加镀锌钢片组成稳固的框架，与建构墙体之间通过 L 型镀锌钢片相连，钢片排布间距 500～600mm。铝板与主龙骨采用干挂式安装，拆装灵活。

广州金霸建材股份有限公司
地址：广州市天河区金穗路 1 号邦华环球广场 14 楼
电话：020-38682033
官方网站：http://www.gold-kings.com

金霸钩挂龙骨系统为常用吊顶吊装系统，其系统组成为三层结构：第一层结构为主龙骨系统，通常采用国标 50/60 轻钢龙骨作为主龙骨；第二层结构为安装副龙骨系统，副龙骨为 Z 型钩挂副龙骨；第三层结构为饰面板系统。主副龙骨组合吊装，主龙骨按 1000 ～ 1200mm 的间距排布，Z 型钩挂副龙骨按设计要求的间距排布，Z 型钩挂副龙骨与轻钢主龙骨纵、横排布，形成“井”字架构。Z 型龙骨用专用挂件与主龙骨连接，面板折边内折成反钩状，钩挂于 Z 型副龙骨上。

产品优势

吊顶产品：建筑室内天棚顶部通风空调电缆桥架等设备检修时，如果安装的是传统天花吊顶，必须将检修区域附近吊顶产品拆除，之后再安装复位，所需时间长，而且很容易在拆装过程中造成损坏；金霸开启式结构吊顶，可以将吊顶产品在原位旋转开启，完成检修后直接往上托举复位，非常方便简单，也不会损坏吊顶产品，对于地铁车站公共区吊顶装修来说，这是一项创新性的技术。

金属墙面饰面板：传统的同类结构为纵横钢管架焊接，整个系统自重较大，要求建筑墙体的荷载承受大；而且工艺复杂，现场需要焊接，存在安全隐患。新型结构荷载小近 30%，无需焊接工艺，安装简捷灵活，工效高；板面安装采用角码错位干挂式工艺，整体平整度好，安装拆卸方便；此外，可灵活调节，保证安装纵横直线精度高。

生产企业

广州金霸建材股份有限公司前身为广州市荔湾区金霸装饰材料厂，创立于 1994 年。经过二十多年的不懈努力，已经发展成为国内较大的金属装饰材料制造商之一，跻身于中国建筑家居 18 大具备影响力民族品牌和百强企业之列，2015 年荣获广东省“高新技术企业”称号。

金霸建材总部位于广东省广州市，在广东河源市建有占地面积约 13 万平方米的金属装饰材料研发制造基地，设立研发中心、数控钣金加工、复合材料和喷涂加工中心。专业制造 GKS® 金属吊顶、金属墙柱饰面、建筑遮阳产品，以及广告灯箱和标识标牌系列产品，年产金属吊顶和墙柱饰面板 300 万平方米，各类灯箱逾 5 万台，标识标牌 10 万套以上。

金霸建材成立之初就制定了“以非标产品为导向，以技术支持为核心竞争力”的发展战略，在坚持自主创新的同时，广泛开展与高等院校的科研合作。二十多年来不断推广应用新产品和新技术，金霸建材已经逐步建成、完善了具有金霸特色的集成技术服务体系，为广大客户提供专业的产品开发、前期方案设计和技术支持服务，产品研发设计水平较高，技术团队力量雄厚。

二十多年里，金霸 GKS® 产品和服务遍及国内外，先后应用于包括北京人民大会堂在内的国内无数标志性建筑，国内外近 40 个 4E 级以上机场的航站楼，国内 80 余条地铁线和 20 多个高铁车站，建筑高端市场占有率可观。

金霸建材已通过 ISO 9001 质量管理体系、ISO 14001 环境管理体系、OHSAS 18001 职业健康安全管理体系以及欧盟 CE 认证，并通过国家“高新技术企业”认定。GKS® 品牌已获国家绿色建筑选用产品商标证明。

广州金霸建材股份有限公司
地址：广州市天河区金穗路 1 号邦华环球广场 14 楼
电话：020-38682033
官方网站：http://www.gold-kings.com

证书编号：LB2019JS010

丰丽铝单板

产品简介

采用保温性能的氟碳铝单板应在建筑上可以达到在一定程度上节约空调用电的效果，完全可以满足节能 50% 甚至 65% 标准要求。因此，正确执行建筑节能标准、正确选择外墙保温技术能使节能标准得到保证，更有利于建筑节能标准全面有效的落实。做到加强应对气候变化和控制温室气体排放的目的。

另外，运用铝单板幕墙可加工成弧形及异型，表面可喷涂成多种颜色，在墙面形成各种美丽的图案，并且可以和玻璃幕墙等组合成不同的外观形体，使建筑物更具高贵典雅的风格。

氟碳铝单板的性能如下：

◆外观形状多样化：铝单板幕墙可加工成弧形及异型，表面可喷涂成多种颜色，在墙面形成各种美丽的图案，并且可以和玻璃幕墙等组合成不同的外观形体，使建筑物更具高贵典雅的风格。

◆耐腐蚀性：表面氟碳喷涂 KYNAR500 树脂含量高，能有效抵抗酸雨、空气污染及紫外线的侵蚀。

◆无光污染：由于氟碳涂层亚光表面（光泽度为 35 左右），所以漫反射，不会造成污染。

◆自清洁性：由于氟碳涂层中 KYNAR500 特殊的分子结构，其表面灰尘根本不能依附，故有极强的清洁性。

◆颜色丰富：氟碳涂料颜色多达 100 种，还可根据用户要求创作特殊色彩。

◆高强度：所采用的优质防锈铝强度高，且由于开口处采用焊接工艺，大大提高了铝板的刚度，确保了幕墙的抗风、防震、防雨水渗漏、防空气渗透、防雷、抗冲击效果。铝单板可加工成不同规格的平板、双曲面板、异型板等各种复杂形状，钣金成型后，经过表面处理，可进行氟碳喷涂、丙烯酸喷涂及粉末喷涂，色彩可任意选定，广泛用于室内外装饰。

◆避雷特性强：这个问题一直争论了很久，人们一真以为铝单板是纯铝的，导电性能更好。针对这个问题，德国 ALUSUISSESINGEN GMBH 公司在德国慕尼黑一个军事实验室里做了两种材料的抗雷击实验。结果表明，在雷击时瞬间冲击时，在雷击持续电流作用时，在金属板或者金属面层的雷击处容易发生熔化。

◆防火特性强：防火性能好，完全可以满足工程消防的需要。

◆安装施工方便快捷：铝板在工厂成型，施工现场不需裁切，固定在骨架上即可。

◆可回收再利用，有利环保：铝板可 100% 回收，不同于玻璃、石材、陶瓷、铝塑板等装饰材料，回收残值高。

适用范围

铝单板广泛应用于建筑物外墙、梁柱、阳台、机场、车站、医院、会议厅、歌剧院、体育场馆、接待大堂等。

上海丰丽集团有限公司

地址：上海市松江区小昆山镇镇中心路 390 号
电话：021-57850952
官方网站：www.fongly.com

技术指标

序号	项目		技术要求
1	平均涂层度		二涂 30 ≥ μm，三涂≥ 40 μm
2	色差		目视检查无明显色差或单色涂料用电脑色差计测 E ≤ 2ANBS
3	光泽		规定值 ±5
4	铅笔硬度		≥ HB
5	附着力		划格法 0 级
6	耐冲击		160 lb-in 没有损失
7	耐磨性		≥ 5L/ μm
8	耐盐酸		15min 点滴，无气泡，外观无变化
9	耐硝酸		颜色变化不超过 E ≤ 6NBS
10	耐沙浆		无任何变化
11	耐洗涤剂		无气泡，漆膜无脱落
12	耐湿		4000h，二级以上
13	耐盐雾		4000h，二级以上
14	耐候性	褪色	10 年后，E ≤ 5NBS
15		粉化	10 年后，GB/T 1766.1 级
16		光泽保持率	10 年后，保持率 50%
17		膜厚损失	10 年后≤ 10%
18	耐人工老化	褪色	200h 后 E ≤ 5NBS
19		粉化等级	200h 后 0
20		失光等级	200 h 后不次于 2 级

工程案例

松江名人府邸	松江	氟碳铝单板	150000 平方米
非洲几内亚体育场	非洲几内亚	氟碳铝单板	60000 平方米
昆山国际展览馆	昆山	氟碳铝单板	30000 平方米
悦达、时代广场	上海	氟碳铝单板	25000 平方米
宝山商汇都市工业楼	上海	氟碳铝单板	16000 平方米
舟山国际大酒店	舟山	氟碳铝单板	20000 平方米
武汉火车站	武汉	氟碳铝单板	45000 平方米
泉州火车站	泉州	氟碳铝单板	20000 平方米
上海市汇华大厦	上海	氟碳铝单板	18000 平方米
上海市北工业园	上海	氟碳铝单板	50000 平方米
温岭开元山庄	浙江	氟碳铝单板	80000 平方米
杭州城市阳台	浙江	氟碳铝单板	30000 平方米
上海兴荣大厦	上海	氟碳铝单板	10000 平方米
武当山体育馆	武当山	氟碳铝单板	15000 平方米
广西南宁国际大厦	南宁	氟碳铝单板	25000 平方米
山东省立医院	济南	氟碳铝单板	15000 平方米
沈阳万达广场	沈阳	氟碳铝单板	7000 平方米
嘉善中央花园	嘉善	氟碳铝单板	8000 平方米
漕河泾大厦	上海	氟碳铝单板	10000 平方米
诸暨广川大厦	诸暨	氟碳铝单板	10000 平方米

生产企业

上海丰丽集团是幕墙系统、室内冷热辐射吊顶系统及室内隔断冷热控制系统整体解决方案供应商，集团总部设在上海松江，主要从事建筑产品的设计、制造、安装及售后服务。集团旗下拥有丰丽 FONGLY、豪士德 husetech 等行业著名品牌。

产品广泛应用于建筑装饰，如宾馆、酒店、写字楼、商场、车站、机场、体育馆等现代化建筑的幕墙，室内外装饰及广告标识牌等。主要经营业绩如：几内亚体育场、上海金茂大厦、上海市民航管理局、上海科技绿洲大厦、上海兴荣大厦、上海南方友谊商城、上海市青浦海关、上海嘉正国际大厦、上海市中山医院、嘉杰国际广场、山东省立医院、宝山都市商汇工业楼、天津一航院、烟台规划展览馆、烟台旅游大世界、天津地铁大厦、青岛琴畅大厦、武汉光谷花园、芜湖华亿国际购物中心、悦达时代广场、银川市第一人民医院、漕河泾大厦、青岛雁山世纪、武汉青山火车站等工程，得到了客户的一致好评。

公司通过建立先进的生产工艺和技术研发系统，科学合理的质量、安全、健康管理体系和完善的售后服务保障，已通过 ISO 9001 质量管理体系认证、ISO 14001 环境管理体系认证。公司已建立企业技术中心，并创建了实验室和大学、院所研发实验基地。其技术水平经中国科学院和上海市情报研究所查新检索，均达到先进水平。 公司以产业化为目标，形成专业配套、设计、施工一体化发展新机制，建立先进完备的生产工艺，引进的德国、意大利激光雕刻机、数控折弯机、氟碳及静电粉末喷涂等幕墙生产加工设备一应俱全，足以保证各种幕墙系统加工复杂、精度高的要求。并长期与国内知名建筑材料科研机构联手开发新产品，提高了产品的科技含量。

丰丽以优良的信誉及口碑受到客户与业界人士的好评，公司被认定为“高新技术企业”“上海小巨人培育企业”，被评为“上海市守合同重信用企业”。公司研制开发的产品被列入“上海市火炬计划项目”“国家级火炬计划项目”“国家重点技术改造项目”，丰丽企业技术中心被评为“松江区技术中心”。

上海丰丽集团有限公司

地址：上海市松江区小昆山镇镇中心路 390 号
电话：021-57850952
官方网站：www.fongly.com

证书编号：LB2019JS011

伟业铝合金隔热型材

产品简介

广东伟业铝厂集团有限公司自主研发的隔热铝型材，通过合理设计和与配件的多种形式配合，实现了内平开、内上悬、外平开、外下悬和各种推拉等多种开启方式，能满足用户的各种需求。

隔热节能门、窗，采用欧洲标准设计的五金件安装槽，体现了门窗型材与五金件的完美结合；室内、外型材表面颜色可不一致，适应不同的室内装修格调并和建筑物外侧环境协调；室内与室外型材采用合理的多腔结构，保证隔热窗中的中空玻璃、扇窗型材、窗框型材的断热部分处于同一接口上，可增强保温效果，隔声也有显著提高。

隔热型材制成的节能门、窗与国内外现有同类产品相比，具有方案合理、结构设计先进、造型美观等特点，而且各项性能指标优于国内外同类产品，特别是保温性能良好，是一种适合中国国情的节能门窗，经建设行业科技成果评估认为“技术成果达到国际先进水平”。

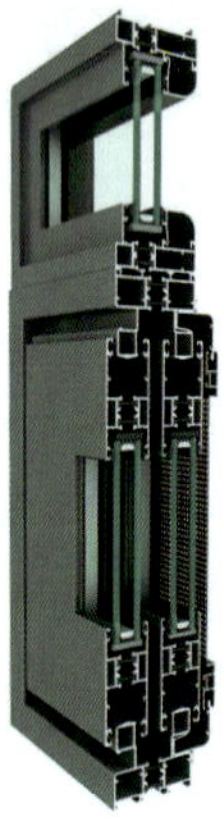
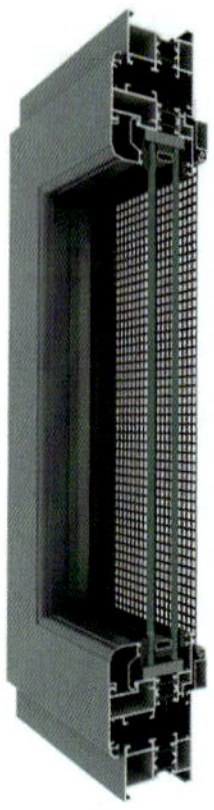
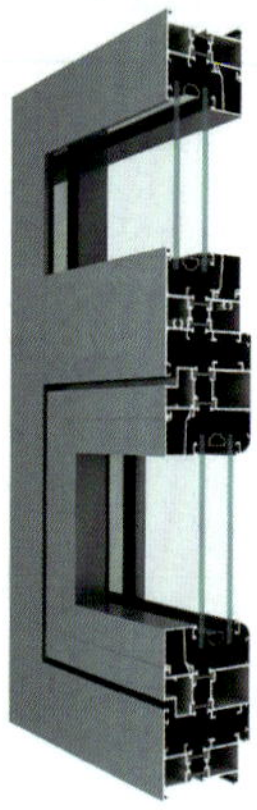
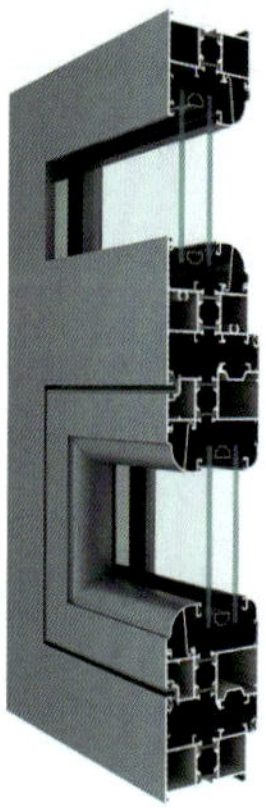

适用范围

产品应用领域：建筑的门、窗、幕墙和塑钢。

产品适用范围：适合于全球大部分地区的节能建筑使用。

技术指标

产品执行 GB/T 5237.6—2017《铝合金建筑型材 第 6 部分：隔热型材》标准，具体指标如下：

试验项目	复合方式	试验结果						
		纵向抗剪特性值（N/mm）			横向抗拉特性值（N/mm）			隔热材料变形平均值（mm）
		室温	低温	高温	室温	低温	高温	—
纵向剪切试验	穿条式	≥ 35	≥ 35	≥ 30	—	—	—	—
	浇注式	≥ 60	≥ 60	≥ 50	—	—	—	—
横向拉伸试验	穿条式	—	—	—	≥ 30	—	—	—
	浇注式	—	—	—	≥ 35	≥ 35	≥ 18	—
高温持久负荷	穿条式	—	—	—	—	≥ 35	≥ 24	≤ 0.6
热循环试验	浇注式	≥ 30	—	—	—	—	—	0.6

工程案例

随着现代化社会的发展，高层建筑 CBD 商务圈逐步成为一个城市、一个区域乃至一个国家的经济发展中枢，同时也是彰显财富、智慧的城市新地标。高层建筑的特性决定了门窗幕墙系统在防水、抗风压等性能上需要有突出的表现。

广东伟业铝厂集团有限公司
地址：广东省佛山市南海区狮山镇虹岭四路 1 号
电话：0757-85592702
官方网站：www.weiye-alu.com

华为上饶云数据中心用地面积 30 亩，建筑面积 2.55 万 m^2，地下一层，地上四层。采用模块化设计，按国家 A 级机房标准建设，容纳机柜 2000 组，其中一期 700 个为 4kW 机柜，300 个为 6kW 机柜，主要布局为数据机房、办公、展厅、公寓及其他辅助用房。项目总投资额为 54898.6 万元。也可以说，云数据中心就相当于一个最高等级的数据机房。这座注定是高耗能大户的华为上饶云数据中心，如何让其最大的外墙围护玻璃幕墙做好隔热遮阳节能是当务之急。

项目所用幕墙性能优势

此次项目采用的伟业铝材 160 隔热幕墙系列属于框架式玻璃幕墙，框架式玻璃幕墙是将工厂制作的一根根元件（立柱、横梁）和一块块玻璃（组件）运往工地，将立柱用连接件安装在主体结构上，再在立柱上安装横梁，形成幕墙框格后安装固定玻璃（组件）。按幕墙形式分为：明框玻璃幕墙、隐框玻璃幕墙、半隐框玻璃幕墙。

160 隔热幕墙系列采用镶嵌槽夹持方法安装玻璃，安装简捷，易于更换、拆卸，便于维护，同时，幕墙采用浮动式连接结构，吸收变位能力强。能够实现建筑上的平面幕墙和曲面幕墙效果。

160 隔热幕墙的性能及优势：

1. 采用 14.8 尼龙 66 加 25 玻璃纤维（PA66GF25）作为隔热材料，有效保证隔热效果；
2. 采用分体结构，竖向及横向均以压板压到竖框和横框上，辅以自攻螺钉拧紧，即可定位，既牢固可靠又方便施工；
3. 玻璃板块采用承重铝托条将玻璃自重直接传到横梁的结构形式，避免隔热条直接受力，提高连接可靠性；
4. 立柱与主体结构之间采用螺栓连接，通过三维调整消除主体结构施工误差的不利影响；
5. 横梁与立柱间采用贯通立柱的不锈钢螺栓连接，具有较强的传力能力及抗衡梁扭转的能力；
6. 开启窗的窗扇和窗框都采用在工厂先组框的设计形式，保证开启扇的精度和整体性；
7. 开启扇采用上部吊挂、防脱、防噪声设计，在提高开启扇安全度的同时，保证开启灵活、轻松；
8. 开启扇装配可靠性较高的欧式多点锁和限位伸缩臂。

生产企业

成立于 1992 年的广东伟业集团坐落于广东南海，是一家富有社会责任感的大型综合铝型材挤压加工生产企业。旗下拥有伟业铝材、伟业门窗、伟业铝家具三大品牌，产品广泛应用于建筑工程、交通运输、电子电器、卫生洁具、定制家装、家居办公等多个行业领域。

在中国，伟业集团历经 20 多年的高速发展，目前已经拥有南海狮山生产基地 A 区和南海狮山生产基地 B 区，江苏徐州 3 大产业基地，目前拥有 65 条国际先进的铝挤压生产线，年产能超过 40 万吨；伟业铝材为工业轻量化发展配备亚洲大型全自动立式氧化电泳生产线、华南地区 7000 吨挤压机、全自动立式仓储等智能化生产系统；科技是企业的灵魂，创新是企业的核心竞争力，从拥有独立的研发检测中心，到省级认定的“企业技术中心”，再到“国家认可实验室”落户伟业，都诠释着企业雄厚的科技研发实力。

在激烈的市场竞争中，伟业铝材实现品牌根植本土，着眼“一带一路”中国发展战略，开拓进取，构建全球供应链服务体系，将绿色铝应用循环产业链系统延伸至全球市场。凭借严格的国际标准、军工品质、良好的品牌形象和系统的解决方案，“伟业”赢得了铝型材领域的标杆形象；先后获得“佛山市政府质量奖”“中国工业铝挤压材十强企业”“中国建筑铝型材十强企业”“中国房地产开发企业 500 强首选供应商”“亚洲品牌 500 强企业”“高新技术企业”“全国铝合金型材产业知名品牌创建示范区十大骨干企业”等系列名誉称号，全面展示了伟业铝材在铝加工行业的地位。

21 世纪，信息技术飞速发展，物联网、云服务是未来技术的发展方向。广东伟业集团以“改善和提高人类生活环境”为使命感，以“助推行业发展”为责任感，将在持续践行低碳、环保科技创新的基础上，加速产业的信息化和智能化布局，致力打造具有影响力的铝型材产业集团。

广东伟业铝厂集团有限公司
地址：广东省佛山市南海区狮山镇虹岭四路 1 号
电话：0757-85592702
官方网站：www.weiye-alu.com

证书编号：LB2019JS012

中泓辊涂印花铝板、辊涂屋面板、辊涂彩涂铝卷

产品简介

辊涂印花铝板与传统石材相比：

1. 安全性：锚固结构，更安全可靠。
2. 循环经济：拆除后，可以按当期铝锭价 80% 以上回收。
3. 可塑性强：各种造型很容易实现。
4. 耐腐蚀性强。
5. 色差均匀，若干年后补料容易，不会出现缺货和色差问题。
6. 材质轻，对墙体负载轻。
7. 造价低，整体造价成本低于石材。
8. 供货效率快，不受环保大环境影响停产。

与其他印花铝板相比：

1. 真石漆：自干，无须烘烤，附着力差 3 ～ 5 年，颜色耐候性 5 ～ 7 年，批量生产色差无法控制，仿真度 40% ～ 50%，效率低。

2. 水泡水：自干，无须烘烤，附着力差 3 ～ 5 年，长期下雨容易起皮，颜色耐候性 5 ～ 7 年，批量生产色差无法控制，仿真度 50% ～ 60%，冬天无法生产。

喷涂打点：只能做点状石纹，花纹无规律，色差无法把控，效率低。

江苏中泓铝业有限公司
地址：江苏省盐城市亭湖区太湖路 27 号
电话：0515-88892688
官方网站：www.zomaxbond.com

适用范围

辊涂印花铝板产品被广泛应用于建筑物的内墙、外墙、立柱、天花、窗口、屋顶等需要装饰的表面。

技术指标

辊涂印花铝板执行 GB/T 23443—2009《建筑装饰用铝单板》，除满足 GB/T 23443—2009 标准以外，还能达到以下要求：漆膜硬度大于等于 2H，90° 折弯不开裂（在背面不开槽的情况下）。

工程案例

深圳龙光地产“玖龙台”项目、杭州武林邸小区、杭州绿城留香园小区、深圳都市铭荟小区、厦门海峡明珠广场、北大附属嘉兴实验学校、武汉阳光 100 项目、广州盛禾水悦城、深圳壹方中心城、杭州第三人民医院、杭州余杭区第二人民医院、长春金汇广场、吉林大学 55 号院、上海金地奂亿科技项目、太原万象城、上海古北一号、深圳华为办公楼、霍尔果斯会展中心、上海古北 SOHO、上海保利绿地广场、北外滩白玉兰广场、上海环球金融中心、宿迁广电大楼、上海恒隆广场等。

生产企业

江苏中泓铝业有限公司为中马集团全资子公司，2012 年引进一条超厚、规模较大、系统先进的五涂六烤辊涂生产线，使用德国辊涂技术，本项目总投资 2 亿元，占地 200 亩，建筑面积 50000 平方米，项目已实现年产辊涂铝板 3 万吨。

地址：江苏省盐城市亭湖区太湖路 27 号
电话：0515-88892688
官方网站：www.zomaxbond.com

江苏中泓铝业有限公司

证书编号：LB2019JS013

方大建筑装饰用氟碳铝单板、建筑装饰用粉末铝单板、建筑装饰用铝塑复合板

产品简介

公司生产的建筑装饰用铝单板产品根据涂层不同主要分为：氟碳喷涂铝单板、粉末喷涂铝单板、真石漆喷涂铝单板、稀土陶瓷铝单板等十几种产品。采用优质的高强度铝合金材料通过下料、数冲、折弯、氩焊、打磨等一系列复杂的工序加工而成，最终根据客户要求喷涂形成不同的装饰效果。公司生产的建筑装饰用铝单板产品重量轻、刚度好、强度大并且具有极佳的耐候性能和抗紫外线性能；另一方面，色彩选择性广、外表面喷涂效果多样，可以形成丰富多彩的外墙装饰效果。

公司生产的建筑装饰用铝塑复合板产品根据涂层不同主要分为：氟碳喷涂铝塑复合板、粉末喷涂铝塑复合板、仿石材铝塑复合板、仿木纹铝塑复合板等十几种产品。采用优质的高强度铝合金材料通过下料、数冲、折弯、氩焊、打磨等一系列复杂的工序加工而成，最终根据客户要求喷涂形成不同的装饰效果。

适用范围

建筑幕墙、柱梁、阳台、隔板包饰、室内装饰、广告标识牌、车厢、家具、展台、仪器外壳、仪表板等。

技术指标

建筑装饰用氟碳铝单板、建筑装饰用粉末铝单板执行 GB/T 23443—2009《建筑装饰用铝单板》，建筑装饰用铝塑复合板执行 GB/T 22412—2016《普通装饰用铝塑复合板》，产品具体性能如下：

方大新材料（江西）有限公司
地址：江西省南昌市高新区高新大道 1189 号方大科技园
电话：0791-88132397
官方网站：http://xcl.fangda.com/index.html

项目			标准要求
氟碳	颜色及色差		颜色符合客户色板封样要求。色差正面 $\Delta E \leqslant 0.8$NBS，异型板侧面 $\Delta E \leqslant 1.0$NBS
	膜厚	二涂	平均膜厚≥30μm，最薄处≥25μm
		三涂	平均膜厚≥40μm，最薄处≥35μm
	外观		在自然光照条件下，近距离目视涂层表面，无明显的流痕、起泡、裂纹、起皱、色差、打磨纹路、焊缝、漏涂、露底及其他表面缺陷
粉末	颜色及色差		颜色符合要求。色差 $\Delta E \leqslant 1.2$
	膜厚		最小局部膜厚≥40 μm，膜厚标准大于60 μm≤膜厚≤120 μm
	外观		外面整洁，色泽基本一致。无明显划伤，装饰面不得有明显压痕、压印和凹凸等残迹，涂层应平滑、均匀，不允许有皱纹、流痕、起泡、裂纹、发粘等不良现象

工程案例

鲁班奖获奖工程

序号	工程名称	供货面积	装饰材料
1	上海科技城	25000m^2	铝单板、铝天花
2	广东奥林匹克体育馆	12000m^2	铝单板、铝天花
3	深圳大梅沙隧道	30000m^2	铝单板
4	上海城市规划展示厅	14000m^2	铝单板、铝天花
5	首都机场	13000m^2	铝单板、铝天花
6	深圳五洲宾馆	17000m^2	铝单板
7	深圳宝安体育馆	14000	铝单板
8	深圳金海湾花园	11000	铝单板
9	重庆时代广场	12000	铝单板、蜂窝板
10	成都双流机场	13200	铝单板、铝天花
11	晋江电力大厦	15000	铝单板
12	江苏省检验检疫综合实验楼	13000	铝单板
13	湖北肿瘤医院	15000	铝单板、铝天花

生产企业

方大新材料（江西）有限公司是由方大集团股份有限公司与香港俊佳集团有限公司共同投资兴建的中外合资企业，注册资金1200万美元，工厂占地300亩，生产厂房建筑面积9万平方米，总投资12亿元人民币，是我国目前规模较大的新型建材生产企业之一，属于江西省重点企业和国家高新技术企业。

方大新材料（江西）有限公司自成立以来，一直致力于金属幕墙装饰产品的研究开发，现已形成集产品研发、生产、销售、服务于一体的大型铝板生产加工基地。拥有氟碳喷涂铝单板、金属吊顶、纳米自洁氟碳喷涂铝单板、仿石材氟碳喷涂铝单板、共挤工艺铝塑复合板、防火铝塑复合板、铝蜂窝板、保温板等多种铝板幕墙装饰产品，配备了多工位数控冲床、数控折弯机、板材加工中心、全自动静电喷涂生产线、韩国铝塑复合板生产线、华星铝塑复合板生产线等100多套先进的高精度铝板生产加工设备。公司年生产氟碳喷涂铝单板200万平方米和铝塑复合板达300万平方米以上。

方大新材料（江西）有限公司通过了ISO 9001:2008和GB/T 19001—2008双重质量管理体系认证，已全面实行产供销一体的ERP管理流程，构建了高效、严谨的供货管理体系和质量控制管理体系。在长期为国内外众多厂商提供优质产品和服务的过程中，方大新材料（江西）有限公司对先进的铝板技术和工艺有着独到的理解和把握。如今，公司已拥有配备电光分析天平、熔体流动速率仪、拉力实验机、热变形维卡温度测量仪等多套高精度试验仪器的物理实验中心和化学实验中心，并且与国际涂料巨头AKZO和PPG合作设立了调漆中心，以实现行业内铝板调色色差最小化。公司培养了一支由产品研发人员和工艺设计人员组成的科研队伍，将产品研发与市场需求相结合，推动着国内铝板幕墙行业的潮流。

方大新材料（江西）有限公司自成立以来，依托方大集团的资源优势，秉承“科技为本、创新为源”的经营理念，以独道的战略视角，持规模化运作、规范化经营的发展思路，不断研发和生产市场适销的新材料产品，满足国家重点工程项目的需求，销售网络遍及国内，远销欧美及东南亚国家，优质的产品和服务为“方大”赢得了国内外用户的普遍赞誉。

方大新材料（江西）有限公司
地址：江西省南昌市高新区高新大道1189号方大科技园
电话：0791-88132397
官方网站：http://xcl.fangda.com/index.html

证书编号：LB2019JS014

高丽 CEP 板

产品简介

CEP 板是用经过科学配方自主研发的发泡芯层，两面金属表皮作为装饰面，通过特殊工艺进行复合成型的集保温、防火、装饰一体化的新型材料。

CEP 板与其他保温材料的比较：

聚氨酯泡沫的缺陷	遇火易燃烧，易产生毒气，危害人类健康
聚苯乙烯泡沫的缺陷	遇火易燃烧，用久会收缩，保温性能差
岩棉、玻璃棉的缺陷	危害环境，滋生细菌，吸水率高，绝热效果差，强度差，使用寿命短
铝蜂窝的缺陷	粘结层脆，加工性差，成本高，生产产能低
铝单板的缺陷	保温、隔声性能差，生产产能低

1. 优异的防火性能：遇火不燃，表面只是呈碳化现象，无熔滴。
2. 优良的绝热性能：导热系数低，是保温、隔热的优良材料。
3. 密度小，重量轻：降低建筑承重及施工强度。
4. 耐腐蚀：耐酸、碱，对大部分油类及有机溶剂均不产生作用。
5. 吸水率低：经科学配方生产出的发泡芯层，密闭气孔率达 95% 以上，耐水防潮及隔声性好。
6. 施工简便：现场裁切、拼装，施工灵活、简便。
7. 应用广泛：可用于工业、民用、军用等领域。
8. 色彩丰富：板面色彩可选性广，图纹真实，华丽精致，装饰效果极佳。

适用范围

1. 建筑外墙，例如居民楼、酒店、商业大厦、医院、地铁墙面。
2. 旧楼改造。
3. 广告板，标识板，展示平台。
4. 工业基地厂房，车厢和船体。
5. 室内装修，大堂、天花、浴室、厨房、隔断、阳台、家具。

技术指标

检验项目	检验结果	检验依据
滚筒剥离强度	154N · mm/mm	GB/T 1457—2005
180 剥离强度	11.1N/mm	GB/T 2790—1995
平拉强度	1.01M Pa	GB/T 1452—2005
压缩强度	1.03M Pa	BG/T 8813—2008
（10% 变形） 弯曲刚度	4.78×10^8N · mm^2 1.23×10^5N	BG/T 1456—2005
耐热水性	外观无变化，滚筒剥离强度 165N · mm/mm	GB/T 1457—2005
耐温差性	外观无变化，滚筒剥离强度 132N · mm/mm	GB/T 17748—2008
传热系数	2.02W/(m^2 · K)	GB/T 20311—2006
导热系数 （平均温度 25.76℃）	0.058W/(m · K)	GB/T 10295—2008
吸水率（96h）	1.32%	GB/T 8810—2005
尺寸稳定性 （70℃，48h）	长度：-0.15% 宽度：-0.07%	GB/T 8811—2008

广东高丽铝业有限公司

地址：广东省佛山市高明区杨和镇工业开发区
电话：0757-22280019/0757-22280039
官方网站：http://www.xingaoli.com

工程案例

序号	工程名称	工程地址
1	迪拜地铁站	迪拜
2	曼德勒政府大楼	缅甸
3	Gena & Kachestvo Hospital	俄罗斯
4	Cornish Dream Mansion	沙特
5	Siam Phathumwan Hospital	泰国
6	Harda Bank	印度尼西亚
7	邮轮码头	香港
8	广州南站	广州
9	顺德人民医院	佛山
10	沈阳龙之梦	辽宁
11	招商大厦	昆明
12	株洲汽车城	湖南
13	财富中心	北京
14	滨州公路大厦	山东
15	凤凰岛	三亚
16	广西柳州珍酒馆	广西
17	南京建设银行	南京
18	地产大厦	重庆
19	上海长峰酒店	上海
20	福州火车站	福州
21	河南信阳百花之声	信阳
22	哈尔滨西城红场商业综合体	哈尔滨
23	贵阳花果园	贵阳
24	中部国际农创园商业区提质改造建设项目	长沙市
25	体育馆	湖南桃源

生产企业

广东高丽铝业有限公司创建于1998年，地处经济发达的珠东三角洲核心地带——中国广东省佛山高明区。公司占地面积30000平方米，中文品牌名为“新高丽”。

目前，高丽公司已经发展成为一家集铝塑板、铝单板、铝蜂窝板和CEP板（轻质高强节能板）幕墙设计、制造于一体的大型装饰材料生产企业。公司率先引进德国自动热压复合铝塑板生产线，德国技术的CEP生产线，先进的日本电脑数控钣金加工设备，日本兰氏全自动喷涂生产线等先进生产设备，年产能达：铝塑板380万平方米，CEP板100万平方米，氟碳铝单板30万平方米，蜂窝板30万平方米，铝型材喷涂2000吨。

同时，高丽公司也是“中国铝塑复合材料协会会员”及相关产品标准的起草单位之一。产品选用瑞典、美国及国内的优质原材料，多年以来一直致力于高品质的产品生产。

公司按照ISO 9001:2008国际质量标准，制定了一套严格的质量控制体系，以优质的产品和专业的服务，赢得国内外众多客户的一致好评。新高丽产品按照美国ASTM标准和英国BS消防安全标准，通过了SGS实验室的测试，获得俄罗斯防火认证、欧盟CE认证和新加坡防火认证等多项国际证书。同时荣获“中国产品质量认证证书、中国铝塑复合板优质品牌产品等。

提供优质的产品和服务，是高丽公司持续发展的有力保证。我们将紧贴市场需求，不断开拓新产品。高丽公司在国内外市场一直享有广泛的口碑和保持着良好的销售业绩。经过多年的努力，已经建立了分公司、办事处、代理商等多种销售网络及渠道，产品畅销全国，并远销中东、欧洲、美洲、东南亚等国家及地区，以专业的技术和热忱的服务意识承接了许多国内外的大型工程，赢得了广大客户的一致好评。

高丽公司全体同仁期待着与您真诚合作，共同致力于建设现代都市，创造和谐社会。

广东高丽铝业有限公司

地址：广东省佛山市高明区杨和镇工业开发区
电话：0757-22280019/0757-22280039
官方网站：http://www.xingaoli.com

证书编号：LB2019JS015

上海吉祥铝塑复合板

产品简介

吉祥铝塑板是以塑料为芯层，两面为铝材的三层复合板材，并在产品表面覆以装饰性和保护性的涂层或薄膜作为装饰面的新型材料。铝塑板中塑料芯层95%都是采用回收废弃的聚乙烯，是一种新型的生态建材产品。铝塑复合板的发明使金属板材从单一的各向同性材料如铝、铜、锌发展到不同材质之间复合，使金属板材的性能如表面质量、材料重量以及加工性能等方面得到极大的改观和提升。主要特点如下：质量小、刚性好、色彩丰富、平整度高、耐久性好、加工性好、防火性能高、成本特性好、环境协调性好，用途广泛。

适用范围

建筑幕墙、室内外装饰、旧楼改装、翻新、看板、标识牌、广告招牌、通道、隧道内墙、围墙、阳台、室内隔间、车辆内外装修。

技术指标

产品执行GB/T 17748—2008《建筑幕墙用铝塑复合板》标准，具体性能指标如下：

涂层性能

项目			技术要求
涂层厚度/μm	三涂	平均值	32
		最小值	30
表面铅笔硬度			2H
光泽度偏差			5
柔韧性/T			1
附着力[a]/级	划格法		0
	划圈法		1
耐冲击性/（kg•cm）			50
耐磨耗性/（L/μm）			6.2
耐盐酸性			无变化
耐油性			无变化
耐碱性			无鼓泡、凸起、粉化等异常，色差 Δ*E*=0.2
耐硝酸性			无鼓泡、凸起、粉化等异常，色差 Δ*E*=0.5
耐溶剂性			不露底
耐沾污性/%			3
耐人工气候老化性	色差 Δ*E*		1.0
	失光率/%		20
	其他老化性能/级		0
耐盐雾性/级			1

a 划圈法和划格法可任选一种，仲裁时采用划圈法。

上海吉祥塑铝制品有限公司
地址：上海市松江区松蒸公路2188号
电话：021-57750077
官方网站：http://www.ccjx.cc/

力学性能

项目			技术要求
弯曲强度 /MPa			121
弯曲弹性模量 /MPa			2.5×10^{4}
贯穿阻力 /kN			8.1
剪切强度 /MPa			25.6
滚筒剥离强度 /（N•mm/mm）	平均值		132
	最小值		121
耐温差性	滚筒剥离强度下降率 /%		4
	涂层附着力[a]/ 级	划格法	0
		划圈法	1
	外观		无变化
热膨胀系数 /℃$^{-1}$			2.10×10^{-5}
热变形温度 /℃			102
耐热水性			无异常

a 划圈法和划格法可任选一种，仲裁时采用划圈法。

工程案例

深圳报业大楼、上海华夏金融广场、壮京富凯大夏、上海 F1 国际方程式赛车场、北京会计师培训中心、虎门港海关办公大楼、山东体育学院办公楼、吐鲁番国际大酒店、浙江精动大厦、南京电视台演播中心、湖南贺龙体育馆。

生产企业

上海吉祥塑铝制品有限公司是中国吉祥集团下属公司，是一家专业从事高科技内外墙建筑装饰板的生产、科研、贸易、服务于一体的经济实体，拥有雄厚的技术力量、精悍的生产工艺、先进的检测设备、完善的科学管理体系。大型铝塑复合生产流水线 11 条，主要生产铝塑复合板、天然花岗岩和天然木纹板，年生产能力 500 万张，销售网点遍及全国各大中城市，产品广泛用在各种大型建筑之中并受到用户的一致好评。公司自成立以来，始终坚持高起点、超常规的发展思路，以品牌形象打造市场需求，以优良的品质和完善的服务来赢得广大客户的赞赏和信赖。

上海吉祥塑铝制品有限公司
地址：上海市松江区松蒸公路 2188 号
电话：021-57750077
官方网站：http://www.ccjx.cc/

证书编号：LB2019JS016

吉利幕墙用防火铝塑复合板、普通装饰用铝塑复合板、铝塑贴面板

产品简介

铝塑板在近几年已进入家庭装修，因其具有表面光滑、色彩艳丽、耐冲击力强、清洁方便、坚固耐用、施工快捷等优点而被广泛采用。铝塑板分建筑幕墙用铝塑复合板、普通装饰用铝塑复合板和塑铝贴面板三大类。表面喷漆质量好，采用进口热压喷涂工艺，漆膜颜色均匀，附着力强，划碰后不易脱漆。产品规格：厚度：3mm、4mm、6mm；宽度：1220mm、1250mm、1500mm；长度：1000mm、2440mm、3000mm、3200mm、6000mm。铝塑板标准尺寸：1220mm×2440mm，特殊规格由供需双方商定。

适用范围

除可应用于幕墙、内外墙、门厅、饭店、商店、会议室等的装饰外，还可用于旧建筑的改建，柜台、家具的面层，车辆的内外壁等。

技术指标

执行国家标准 GB/T 17748—2016《建筑幕墙用铝塑复合板》、GB/T 22412—2016《普通装饰用铝塑复合板》和行业标准 JG/T 373—2012《铝塑贴面板》，具体指标如下：

项目		建筑幕墙用铝塑复合板	普通装饰用铝塑复合板	铝塑贴面板
涂层光泽度偏差		≤ 10	≤ 10	≤ 10
涂层柔韧性 /T		≤ 2	≤ 3	/
涂层附着力 / 级	划格法	0	0	0
	划圈法	1	1	/
耐冲击性 /(kg · cm)		≥ 50	≥ 20	/
涂层耐磨耗性 /(L/μm)		≥ 5	/	/
涂层耐盐酸性		无变化	无变化	无变化
涂层耐油性		无变化	无变化	无变化
涂层耐碱性		无鼓泡、凸起、粉化等异常，色差 $\Delta E \leq 2$	无变化	无变化
涂层耐硝酸性		无鼓泡、凸起、粉化等异常，色差 $\Delta E \leq 5$	/	/
涂层耐溶剂性		不露底	不露底	不露底
涂层耐沾污性 /%		≤ 5	≤ 5	≤ 5
耐人工气候老化	色差 ΔE	≤ 4.0	≤ 2.0	≤ 2.0
	失光等级 / 级	不次于 2	不次于 2	不次于 2
	其他老化性能 / 级	0	0	≤ 2
耐盐雾性 / 级		不次于 1	不次于 1	≤ 1，试件不应有开胶现象

浙江吉利装璜材料有限公司
地址：中国浙江省台州市路桥区路南机场路吉利大道
电话：0086-576-82520396
官方网站：www.jlzh.cn

续表

项目			建筑幕墙用铝塑复合板	普通装饰用铝塑复合板	塑铝贴面板
涂层耐湿热性					不次于 1 级
耐温差性					无开胶、鼓泡、剥落、开裂及涂层变色
弯曲强度 /MPa			≥ 100	≥标称值	
弯曲弹性模量 /MPa			≥ 2.0×10^4		
贯穿阻力 /kN			≥ 7.0		
剪切强度 /MPa			≥ 22.0		
剥离强度		平均值	≥ 130(N · mm/mm)	≥ 4.0（N/mm）	≥ 3.5（N/mm）
		最小值	≥ 120(N · mm/mm)	≥ 3.0（N/mm）	≥ 3.0（N/mm）
耐温差性	剥离强度下降率 /%		≤ 10	≤ 10	
	涂层附着力 / 级	划格法	0	0	
		划圈法	1	1	
	外观		无变化	无变化	
热膨胀系数 /℃$^{-1}$			≤ 4.00×10^{-5}		
热变形温度 /℃			≥ 95	≥ 85	
耐热水性			无异常	无变化	无开胶、鼓泡、剥落、开裂及涂层变色
燃烧性能 / 级			不低于 C	不低于 C	不应低于 GB 8624—2006 规定的 B 级
剥离粘结性					剥离破坏面无粘结破坏
拉伸强度 /MPa					≥ 13
弯曲试验					转弯半径为 250mm 时，试件无开裂
平面拉伸粘结强度 /MPa					≥ 0.15MPa，且破坏面在基材上

工程案例

椒江区冠郡铭苑、路桥台州客运南站、台州中国日用品商城等。

生产企业

浙江吉利装璜材料有限公司（浙江国美装璜材料有限公司）成立于 1998 年 8 月，是中国吉利集团的核心层企业，也是吉利集团成为世界 500 强企业的奠基石。

公司主要生产防火氟碳幕墙用铝塑复合板、PE 广告铝塑复合板、PVC 发泡铝塑板、氟碳铝单板、涂装铝卷等各类装璜材料；其中铝塑复合板经中国建材检验认证集团股份有限公司（CTC) 抽检，全项指标均符合国家标准，连年获得其颁发的产品合格证证书，并于 2017 年荣获“金属复合材料行业优秀质量奖”。

公司是铝塑复合板国家标准起草修订单位之一；公司拥有十余条美、德、日等国际先进水平的制造设备和检测仪器；公司产品销往全国各地，并实现了大批量出口，公司的业绩也得到了各级政府部门的嘉奖。

公司于 2001 年通过天祥集团 (Intertek) ISO 9001 国际质量体系认证，并严格按体系要求实施，把“时刻对品牌负责，永远让顾客满意”作为自己的质量方针。

融入世界，走向未来是吉利人的愿望；追求卓越，缔造完美是吉利人永恒的追求。吉利装璜期待着与您的真诚合作，携手共创美丽家园。

证书编号：LB2019JS017

浦飞尔金属吊顶

产品简介

金属生态木系列，是在铝合金板的表面做出木纹的效果。古典奢华的底色，配备尊贵优雅的面色，是古典与现代的完美结合。长城状的凸起和槽位都在小长城的基础上有了较大的提升，给人以更加突出的效果，天然木纹的效果，彰显大气非凡。金属生态木是铝合金挤压成型的，其物理表面性能具有实木的特性，不含甲醛，产品安全环保、无污染，是一种真正意义上的绿色装饰材料，具防酸、防碱、防水、防火、防腐、硬度高、重量轻、不变形、经久耐用、安装简单等特有性能，即装即住，是现代装修的主要环保材料。

型材长城格，天然的木纹，精心的设计，用艺术的思维凝结自然的气息，吊顶也可以拥有如此纯粹的高贵与典雅，为建筑装饰一道唯美的景致，忍不住陶醉于此。其造型创意热情释放，熟练运用木纹元素，营造出独具一格的魅力，精巧的结构设计耐水、耐腐蚀、耐老化，不上油，经久耐用、健康环保。

方通，具有开放的视野，通风、透气，其线条明快整齐，层次分明，体现了简约明了的现代风格，安装拆卸简单方便。成为近几年风靡装饰市场的主要产品。产品有着开透、吸声和装饰等功能，并且具备现代化时尚的超前效果。通过面板高度、方向以及照明和颜色的变化，将吊顶表现得更加通透，时尚视觉极强。这是一种装饰性天幕型吊顶，可调节房屋视觉高度，并可隐藏天花顶的所有管道和其他设施，同时还可以使进入房间的日光或灯光柔和均匀。

适用范围

金属生态木系列主要用于墙面背景、吊顶（含异型吊顶）、商铺门头等。

型材长城格，不仅可以运用于室内，也可以运用于室外。其在建筑、建材、装饰材料行业，家具行业及其他工业产品领域同样适合；可以加工成吸声板、护墙板、柜门板、门框、窗框、踢脚线、腰线、边角线、门边等各种装饰材料，其延伸出来的产品可以达到数百个品种，应用于各个行业，具有巨大的发展空间。

方通广泛应用于酒吧、商场、写字楼、图书馆、会所、广场、会展、地铁站、机场等场所。

技术指标

符合 GB/T 23444—2009《金属及金属复合材料吊顶板》标准要求，具体指标如下：

检测项目	标准要求	检测结果	单项判定
附着力	铝及铝合金基材：0 级	0	合格
漆膜硬度	≥ HB	3H	合格
耐冲击性	铝及铝合金基材：≥ 4 N · m，冲击后试样涂层应无开裂或脱落且正反面基材无明显裂纹	符合	合格
耐酸性	无变化	符合	合格
耐碱性	无变化	符合	合格
耐油性	无变化	符合	合格

工程案例

嘉兴浦飞尔建材有限公司主要产品：铝单板、铝方通、铝扣板、铝条扣、铝格栅、铝蜂窝板、铝方通、铝挂片、铝条扣、组合造型铝天花、木纹系列铝天花等。

U 型铝方通采用铝板加工而成，型材铝方通采用铝型材。型材铝方通种类比较多一些，有 A 型铝方通、弧形铝方通、凹槽铝方通等。型材铝方通与 U 型铝方通在安装上有本质的区别，型材材质比较硬，采用的龙骨都是穿孔和吊杆连接固定，不用 U 型龙骨。

铝方通的优点主要表现在以下三点：

第一，性能优点。型材铝方通采用铝合金材质，质地较硬，因此比较抗压，防风。优良的铝合金具有不阻燃、耐高温的特点，

嘉兴浦飞尔建材科技有限公司
地址：浙江省嘉兴市桐乡市屠甸工业园区 1 幢 1 层
电话：0573-88868587
官方网站：www.pufeier1.com

防火效果良好。并且铝合金型材表面处理光滑细腻，颜色艳丽、纯正，感官好。

第二，安装效率高。型材铝方通安装简单，只需要主龙骨和吊杆，然后用螺丝固定拧紧就可以了。拆卸的时候也只是把螺丝拧掉，由于每一根型材铝方通是独立的，所以就不会出现大面积拆卸的现象出现。即使多次拆卸型材铝方通也不会变形。

第三，装饰效果突出，个性化明显。型材铝方通硬度好，直线型远远优于 U 型铝方通，所以方便切割。比如型材铝方通硬度可以切割成 45° 角不变形，其他材料就做不到。正是因为这样的优点型材铝方通做造型合适。

如果是档次比较高的大酒店，一定要采用质量好、处理工艺先进的铝方通，比如转印技术的铝方通，因为这种工艺的铝方通耐腐蚀能力强，使用很久颜色也不掉，具有很强的实用性。至于规格和型号，选择的规则是，整体装饰需要大规格、异型铝方通，也就是墙体和吊顶采用的都是铝方通安装。

铝方通安装离不开配件，各种铝方通配件对安装至关重要，也是铝方通系统中很重要的一个组成部分，这样才可以让铝方通系统更加牢固和结实。配件在安装中的具体作用主要是支撑作用，配件主要是支撑铝方通和一些配置设备。

生产企业

嘉兴浦飞尔建材科技有限公司专业提供浙江铝方通、杭州铝方通、嘉兴铝方通、绍兴铝方通、金华铝方通等铝方通产品，被业界誉为“方通大王”。浦飞尔凭借十几年的原创坚持、优良品质和先进战略，在当地建材市场占有较大的比重，公司也形成较为系统的研发、制造、销售三者合一的经营管理体系。

浦飞尔的发展得力于公司殷实的实力，公司采用国内外先进技术设备，不仅在生产上进行改造，在铝方通产品上也不断进行创新。拥有专业的团队，集生产设计、产品造型款式设计、经营渠道管理、市场拓展、售后服务为一体，为广大客户提供专业的铝方通、天花吊顶服务。浦飞尔推出的金属生态木、方通、圆通、暗架方板、条扣、挂片、铝单板等系列产品，都经过冷弯、挤压成型、打磨、热转印、喷漆等多道工艺精工制造。

浦飞尔在产品制造和服务体系上会保持一贯的精益求精的态度，在新产品开发道路上始终坚持求新、求变的探索态度。

企业历程

1997 年，创始人陈建龙先生投入天花吊顶事业，立志于为国人提供健康环保的建材产品。

2001 年，进驻上海首家红星美凯龙卖场，开设第一家形象卖场店。

2004 年，开设杭州天花板厂，是浙江进入吊顶行业的大型企业。

2007 年，斥巨资成立欧之杰浙江嘉兴分公司，全面进入家装材料领域。

2010 年，引入进口高端设备，拥有多条工程用喷涂生产线。

2012 年，杭州 2 万平方米的新厂落成，成为行业规模较大的知名企业。

2013 年，斥巨资成立广东佛山分公司，成为拥有工装家装领域的巨头型企业。

2014 年，第十届经销商大会在杭州隆重召开，同年 10 月在人民大会堂召开的天花吊顶协会年获颁“中国吊顶十大品牌”称号，这是公司连续 5 年蝉联此称号。荣获集成吊顶“具市场影响力十大品牌”荣誉。

2015 年，在北京、上海、广州同时参加中国建材博览会，知名度再次扩大。荣获集成墙面“十大影响力品牌”以及集成家具“十大影响力品牌”荣誉。

2016 年，欧之杰全屋集成嘉兴基地正式营业，办公生产面积逾 1.2 万平方米，是真正实现全国战略布局的重要里程碑。荣获“中国天花吊顶行业十大品牌”以及“中国天花吊顶行业产品创新奖”荣誉。

2017 年，设立浙江省桐乡生产基地，完善浙江工装与家装生产能力的齐头并进，同年还获得广东省天花吊顶“十大品牌”和“创新品牌”称号。

嘉兴浦飞尔建材科技有限公司
地址：浙江省嘉兴市桐乡市屠甸工业园区 1 幢 1 层
电话：0573-88868587
官方网站：www.pufeier1.com

证书编号：LB2019JS018

烨辉辉彩® 消光矿纤彩涂钢卷

产品简介

辉彩消光矿纤彩涂钢卷是烨辉（中国）科技材料有限公司生产的具有特殊网纹纹理的高品质镀55%铝锌彩涂钢卷。厚度0.4～1.5mm，宽度700～1300mm，强度DX51D、S350GD等，镀铝锌量AZ100、AZ150。面漆。特殊强化聚酯23μm，底漆：聚氨酯7μm，背漆：环氧8μm，背底漆：聚氨酯3μm。

适用范围

产品广泛应用于工业、民用、公共建筑的外围屋顶、墙面材料。

技术指标

执行GB/T 12754—2019《彩色涂层钢板及钢带》等标准，通过1000h中性盐雾试验，通过1000h紫外灯加速老化试验，通过1000h润湿试验。

工程案例

中核泰与项目二期、日照立盈机械制造、苏州创泰金属等。

生产企业

烨辉（中国）科技材料有限公司［下称烨辉（中国）］乃台湾烨辉企业股份有限公司（下称烨辉企业）100%转投资设立，总投资金额6.398亿美元，注册资本2.362亿美元。

烨辉（中国）科技材料有限公司

地址：江苏省常熟市经济开发区沿江工业区烨辉路1号
电话：0512-52298888
官方网站：http://www.yiehphuichina.com

烨辉（中国）秉承台湾烨辉企业高度重视质量与环境保护的理念，除了已于2007年1月获得质量管理体系要求（ISO 9001）认证；于2008年7月获得环境管理体系（ISO 14001）、职业健康安全管理体系（OHSAS 18001）认证；更于2008年10月通过符合欧盟RoHS指令有害物质流程管理体系（QC 080000 IECQ HSPM）认证，是同时取得四项认证的钢铁公司，更加符合全球买主对绿能环保钢材（Green steel）的需求，开创竞争新优势。

烨辉（中国）主要镀制产品有热浸镀锌钢卷、热浸镀5%铝锌钢卷（提供绝佳之成型性与冲压性、优良之涂装性及良好的熔接性），热浸镀55%铝锌钢卷（镀层铝含量约55%、硅含量约1.5%）与热浸镀铝钢卷（镀层铝含量约90%、硅含量约10%，具有优良之抗腐蚀性、抗高温氧化性和热反射性及良好的涂装性）等产品，除一般建材或家电用镀制钢品外，烨辉（中国）持续开发结构级（G550）镀制钢品应用于轻型钢结构标准屋桁架成型用途，并广获市场上之肯定。目前针对汽车与高强钢种产品已逐步开发与量产，未来更将发展以汽车用平板钢材为方向，以优越之质量及服务创造客户更高之价值，创造更高之营收与利润。

彩涂产品方面，可生产热浸镀锌彩涂钢卷，热浸镀5%铝锌彩涂钢卷，热浸镀55%铝锌彩涂钢卷；彩涂钢板之涂膜除可使用聚酯树脂（PE）、硅质强化树脂（SMP）、压克力树脂（AC）、聚胺基甲酸树脂（PU）及聚偏二氟乙烯树脂（PVDF）等涂料外，亦可生产高膜厚涂膜之PVDF高级彩涂钢卷，与特殊性能之彩涂钢卷；如消光艺术彩涂钢板等、白板、绿板、木纹钢板、抗静电彩涂钢板、自清洁彩涂钢板、抗菌钢板、节能高耐候彩涂钢板、家电用途高鲜映度彩涂钢板、液晶电视背盖成型用途彩涂钢板等。

烨辉（中国）科技材料有限公司
地址：江苏省常熟市经济开发区沿江工业区烨辉路1号
电话：0512-52298888
官方网站：http://www.yiehphuichina.com

证书编号：LB2019JS019

帷森铝合金蜂窝板、三明治一体板、铜蜂窝板

产品简介

帷森铝蜂窝板采用“蜂窝式夹层”结构，即以高强度合金铝板作为面、底板与铝蜂窝芯经高温高压复合制造而成的复合板材，具有重量轻、强度高、刚度好、耐蚀性强、性能稳定等特点。由于面、底板之间的空气层被蜂窝分隔成众多封闭孔，热量和声波的传播受到极大的限制，与其他幕墙装饰材料相比，铝蜂窝板具有良好的保温、隔热性能。铝蜂窝板属全铝制造，面、底板、芯材均采用高强度合金铝，是绿色环保产品，易于回收，是今后新型建材的发展方向。

帷森 MWCP 三明治板集装饰和保温隔热性能于一体，造型灵活美观，其芯材选用保温隔热性能绝佳的材料，无论是在寒冷的东北地区还是在炎热的南方地区，均可直接作为功能性墙体、建筑屋面、建筑吊顶以及建筑隔墙。帷森三明治板作为帷森建筑产品中的明星产品之一，自 2006 年上市以来，就以其优越的功能性优势受到众多建筑设计师的青睐，产品已经成功应用于天津梅江国际会展中心、一汽大众、红塔卷烟厂、沙特费萨尔国王大学、内蒙古电厂等国内外知名项目。帷森研发团队以不懈的努力，始终坚持“专业创造价值，创新引领行业”的研发理念不断开发升级岩棉三明治板系统，使其成为防火、保温、隔热、吸声降噪的全面系统化的建筑解决方案。

适用范围

应用领域：公共交通：机场、城市轨道交通、公路和铁路；公共建筑：文化和会展、体育、教育、医疗；办公楼：政府、金融、电信、商务楼；工业：烟草、汽车、能源。

适用范围：建筑外墙装饰、内墙装饰、吊顶装饰、屋面装饰、包柱。

技术指标

铝蜂窝板符合 GB 8624—2012《建筑材料及制品燃烧性能分级》规定要求，防火等级可达 A1 级；甲醛释放量符合 GB 18580—2017《室内装饰装修材料 人造板及其制品中甲醛释放限量》强制性标准，甲醛释放量为零，可直接用作室内使用。

三明治板符合 GB 8624—2006《建筑材料及制品燃烧性能分级》规定要求，防火等级可达 A1 级；甲醛释放量经检测，符合 GB 18580—2017《室内装饰装修材料 人造板及其制品中甲醛释放限量》强制性标准，甲醛释放量 E1 级，可直接用作室内使用。

生产企业

帷森（厦门）建材工业有限公司由维森（香港）建材科技有限公司在国内投资创立，是一家致力于绿色高新材料开发，集产品研发、制造、销售和服务于一体的高新技术企业。工厂位于厦门经济特区同安工业集中区，销售中心设立在厦门经济特区翔云一路云泰国际中心。

帷森建筑产品以蜂窝板系列、三明治板系列、建筑遮阳系列、金属天花系列为主要产品体系；产品应用领域涵盖幕墙装饰、室内装饰、墙体围护、建筑遮阳等，可满足客户的多元化要求，如：保温吸声一体化、保温装饰墙体功能一体化、智能式遮阳系统、防水遮阳墙体系统、遮阳夜景集成系统等；帷森秉持一切从客户需求出发，为客户提供量身定做的个性化的建筑产品解决方案，让建筑师的创造天赋不受限制，业主得到无与伦比的建筑体验。

作为专业的制造厂家，帷森（厦门）工厂配备目前行业内领先的生产设备：超大规格自动辊压成型生产线、全自动数控喷胶线、超大型热压复合生产线、异型板生产线、专业的质量实验室及各种配套的辅助设备。帷森产品的制造均基于行业领先、成熟稳定的生产工艺，可实现复合板年产量 1000000m^2，节能遮阳产品年产量 600000 LM。

产品创新始终是帷森建筑产品的核心优势，扎实强大的研发技术团队则是帷森建筑产品始终保持科技创新的有力保证。帷森的研发技术团队拥有 10 年以上行业经验，其自主研发的新型建筑产品中已获得 10 个国家专利，并成功为众多的国内外大型项目如：天津滨海机场、辽宁省体育中心、厦门海沧体育中心、厦门 BRT 快速公交系统、澳洲墨尔本地铁、昆明理工大学、厦门集美大学、天津梅江会展中心、成都大魔方演艺中心、湖北省图书馆、一汽大众等提供了出色的产品解决方案。

在行业竞争日趋激烈的环境下，帷森始终以扎实稳健的步伐跻身于金属建筑装饰材料行业的市场前沿；以令客户信服的产品、质量与服务屡获殊荣。

帷森（厦门）建材工业有限公司

地址：福建省厦门市同安工业集中区集祥路 59 号
电话：0592-7119368
官方网站：Http://www.winsom.com.cn

工程案例

项目名称	完成情况	应用产品	项目所在地
成都大魔方演艺中心	按期履约质量优良	蜂窝板	中国 - 成都
北京西三期工商银行总行数据中心	按期履约质量优良	蜂窝板	中国 - 北京
厦门快速公交系统（BRT）高架站	按期履约质量优良	蜂窝板	中国 - 厦门
新疆黑油山油田公司数据中心	按期履约质量优良	蜂窝板	中国 - 新疆
北京中办网球馆	按期履约质量优良	蜂窝板	中国 - 北京
集美大学诚毅学院体育馆	按期履约质量优良	蜂窝板	中国 - 厦门
天津贝克厂房	按期履约质量优良	蜂窝板	中国 - 天津
北京国际大厦	按期履约质量优良	蜂窝板	中国 - 北京
国投（上海）公司内装项目	按期履约质量优良	蜂窝板	中国 - 北京
辽宁省交通规划设计院大楼	按期履约质量优良	蜂窝板	中国 - 沈阳
云南普洱梅子湖指挥部网球馆	按期履约质量优良	蜂窝板	中国 - 云南
南京苏宁总部	按期履约质量优良	蜂窝板	中国 - 南京
上海科泰电源设备有限公司综合楼	按期履约质量优良	蜂窝板	中国 - 上海
贵阳国际会议中心	按期履约质量优良	蜂窝板	中国 - 贵阳
郑州黄河迎宾馆	按期履约质量优良	蜂窝板	中国 - 郑州
苏宁南京中山会所游泳池	按期履约质量优良	蜂窝板	中国 - 南京
福建省少儿图书馆	按期履约质量优良	蜂窝板	中国 - 福州
湖北省图书馆	按期履约质量优良	蜂窝板	中国 - 武汉
厦门五通码头候船厅	按期履约质量优良	蜂窝板	中国 - 厦门
哈尔滨国际机场	按期履约质量优良	蜂窝板	中国 - 哈尔滨
厦门海西金谷广场	按期履约质量优良	蜂窝板	中国 - 厦门

2009 年，帷森公司通过 SGS 国际认证、ISO 质量管理体系认证；

2010 年，帷森公司被授予“绿色建筑材料制造企业”称号；

2011 年，帷森产品获准使用“环保建材证明商标准用证”；

2011 年，帷森公司成为 2010—2011 年中国建设工程鲁班奖获奖项目——天津梅江国际会展中心外墙产品（节能保温装饰一体化墙体系统）唯一供应商；

2012 年，帷森自主研发的轻便型节能保温移动隔墙系统首次应用于上海科泰电源股份有限公司新厂房建设；

2012 年，帷森自主研发的木质吸声蜂窝板在湖北省图书馆室内精装修工程中得到大面积应用；

2012 年，帷森自主研发的蜂窝结构建筑遮阳产品接连应用于澳大利亚达尔文学院、墨尔本地铁等项目，标志着帷森建筑产品全面进入澳大利亚市场；

2012 年，帷森自主研发的倍荷力 ™ 蜂窝板首次应用于芜湖卷烟厂“都宝”线技改工程外墙装饰；

2013 年，帷森公司荣获国家“高新技术企业”称号；

2013 年，获选为厦门市地产工业品推荐品牌、帷森公司成为厦门市轨道交通材料供应商名录入选单位；

2013 年，帷森公司为昆明理工大学图书馆提供的建筑遮阳解决方案获得项目总承包单位颁发的表彰证书，表彰帷森节能遮阳产品系统以其节能环保的产品理念为该项目荣获 2012—2013 年鲁班奖提供了有力的保证；

2013 年，帷森公司获选为北京交通大学参加 SDChina 国际太阳能十项全能大赛的独家外墙材料赞助商，北京交通大学的参赛建筑作品 iYard 太阳能屋在此次 SD 国际大赛中荣获能量平衡大奖；

2014 年，帷森公司连续 8 年为一汽大众新厂房建设提供了保温节能装饰一体化墙体解决方案。

路漫漫其修远兮，吾将上下而求索。帷森公司将继续秉承谦虚、进取的态度，始终以“公司的价值等同于为客户创造价值”为企业经营理念，在社会发展的浪潮中奋勇争先，致力于成为行业的佼佼者。

帷森（厦门）建材工业有限公司
地址：福建省厦门市同安工业集中区集祥路 59 号
电话：0592-7119368
官方网站：Http://www.winsom.com.cn

证书编号：LB2019JS020

恒美铝合金建筑型材

产品简介

建筑型材产品具有强度高、重量轻、耐腐蚀、装饰性好、使用寿命长、色彩丰富等优点，尤其是通过选择不同的颜色和花纹，为家庭装修环境增添光彩。通常，品质优良的产品其表面在20年内不失光、不变色，是非常好的节能产品。恒美铝业产品结构合理，生产工艺成熟，产品系列齐全。

适用范围

铝合金建筑型材用于建筑之中，是目前大厦、公寓、高楼等建筑必不可少的材料，在建筑中通常可采用铝合金建筑型材作为门、窗、幕墙、封口的原材料。

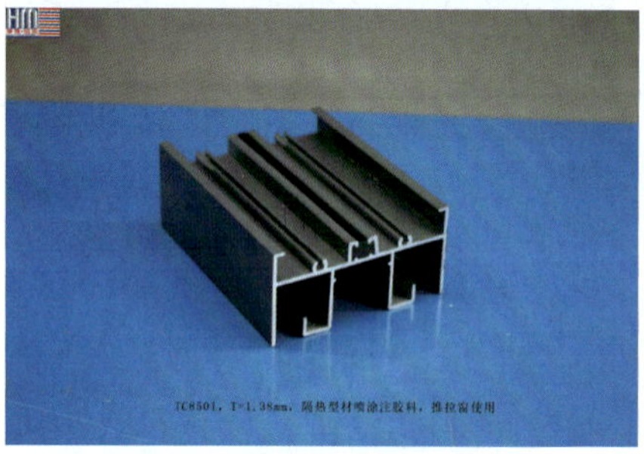

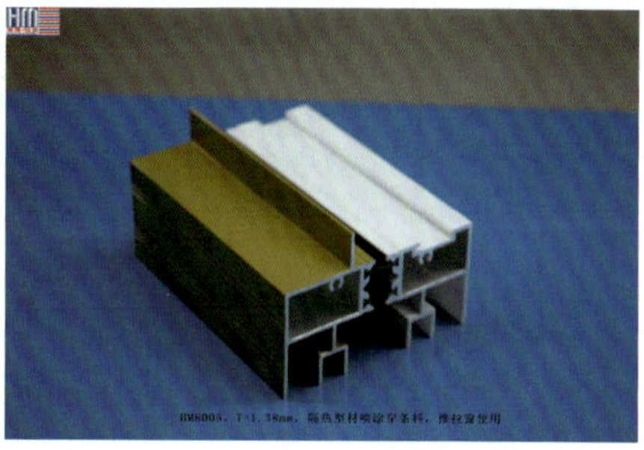

技术指标

型材具体性能指标如下：

试验项目	试验结果[a]						
	纵向抗剪特征值 /(N/mm)			横向抗拉特征值 /(N/mm)			隔热型材变形量平均值 /mm
	室温（23±2）℃	低温（−20±2）℃	高温（80±2）℃	室温（23±2）℃	低温（−20±2）℃	高温（80±2）℃	
纵向剪切试验		≥ 24		—	—	—	—
横向拉伸试验		—		≥ 24	—	—	—
高温持久荷载横向拉伸试验	—	—	—	—	≥ 24		≤ 0.6

a 经供需双方商定，可不进行除室温纵向抗剪特征值以外的其他性能试验。对于这些不进行试验的性能，允许根据相似产品进行推断，而相似产品的性能试验结果应符合表中规定。

试验项目		试验结果[a]						
		纵向抗剪特征值 /(N/mm)			横向抗拉特征值 /(N/mm)			隔热型材变形量平均值 /mm
		室温（23±2）℃	低温（−30±2）℃	高温（70±2）℃	室温（23±2）℃	低温（−30±2）℃	高温（70±2）℃	
纵向剪切试验			≥ 24		—	—	—	—
横向拉伸试验			—		≥ 24		≥ 12	—
热循环试验	60次热循环	≥ 24	—	—	—	—	—	≤ 0.6

河南恒美铝业有限公司
地址：河南省登封市阳城工业区
电话：0371-85500888
传真：0371-85500600
官方网站：http://www.hnhmly.com/

工程案例

万科美景龙堂、郑州曼哈顿商业广场、武汉大华滨江花园、上海新港大厦、上海汇京国际、石家庄国际机场、山东济宁罗马假日等项目。

生产企业

恒美铝业有限公司是中国铝业国际（集团）有限公司在河南省登封市投资新建的一家铝合金建筑节能隔热型材、工业型材的高科技股份制企业，一期资金投入近3亿元，是中原大型铝型材生产基地。公司主营产品有铝合金隔热节能环保建筑型材，工业型材的生产、加工、销售，生产能力为年产中高档铝合金型材5万吨，年产值超10亿元。首期建有包括3600吨在内的大型挤压机18台，已配套先进的喷砂、氧化、电泳、立式喷涂、卧式喷涂、穿条隔热、注胶隔热、木纹转印等生产线，公司年审通过了ISO 9001国际质量管理体系认证和ISO 14001环境管理体系认证，是河南省规模较大、结构较新的专业生产各种高精度级规格铝合金型材的现代企业之一。

河南恒美铝业有限公司自2009年投资兴建以来始终秉承“恒久品质，美誉全球”的宗旨，以诚信经营打造信誉品牌，以优质产品打造质量品牌，严格按照现行国标或严于国标的欧盟、美国、日本企业内控标准生产铝型材。公司在品质管控提出高标准、严要求，向客户保证零缺陷出厂，首先从原辅材料严格执行出入检验标准（包括隔热条、隔热胶、电泳漆、粉末喷涂、铝棒化学成分及包装物等），测量仪器方面除必备的尺寸检验工具外，还配备有专一的化验室和实验室［拉伸试验机、盐雾试验箱、杯突试验仪、韦氏硬度计GB/T4340（1.2）、可见光分度计等一系列铝合金型材检验仪器］，加上现场采用的冲击试验、划格试验、沸水试验等，以检验漆膜与型材的附着力，不断加大品质检验队伍，同时还与国家建筑装修材料质量监督检验中心联合培养检验人员和委托检验，以保证优异的产品质量，达到稳定、长期、批量向客户供货的生产能力。

河南恒美铝业有限公司

地址：河南省登封市阳城工业区
电话：0371-85500888
传真：0371-85500600
官方网站：http://www.hnhmly.com/

证书编号：LB2019JS021

摩登时代新型护墙板

产品简介

摩登时代新型护墙板精选材质肌理色彩线条，深度模块化、标准化、平台化。同步全球时尚潮流，秉持“同产品适用不同风格、同空间适用不同产品”柔性应用理念。通过专业搭配，呈现百变家居装饰效果，满足消费者情感与功能的多元化追求。负离子空气净化专利技术，进口 PUR 环保复合工艺，航空级铝锰合金材质，防潮，防虫蛀，阻燃。

适用范围

产品适用于家装、工装领域。

技术指标

护墙板主要技术指标如下：

表面质量：无明显缺陷

表层厚度：150 ～ 180mm

抗冲击力：≤ 160N/mm^2

铝板要求：3003 系

光泽度偏差：≤ 10

平整度 /(mm/m)：≤ l/500

拼缝间距 /mm：≤ 1

拼缝高低差 /mm：≤ 0.5

燃烧性能：B 级

燃烧增长速度指数（FIGRA0.2MJ），W/s：≤ 120

火焰横向蔓延试样长度（LFS），m：试样边缘

600s 内总放热量（THR600s），MJ：≤ 7.5

60s 内焰尖高度（Fs），mm：≤ 150

浙江摩登新型材料有限公司

地 址：浙江省嘉兴市秀洲区王店镇常庆路 56 号浙

网 址：www.modengshidai.cn

网址：www.mod

60s 内燃烧滴落物引燃滤纸现象：无

600s 内总产烟量（TSR600s），m^2：≤ 50

烟气生成速率指数（SMOGRA），m^2/s^2：≤ 30

导热系数：≤ 0.026W/(m^2 · K)

甲醛释放量：≤ 0.01mg/m^3

TVOC：≤ 0.50mg/(m^2 · h)

苯乙烯：< 0.002mg/(m^2 · h)

二甲苯：< 0.002mg/(m^2 · h)

工程案例

雍锦半岛、祥源金港湾、万达森林公园、万达悦湖苑、世贸翡翠首府、世纪家园、静安新城等项目。

生产企业

摩登时代是集环保、美学、定制于一体理念的装饰装配企业，由知名经营商、制造商与运营设计师联合创办，于 2016 年成立于浙江嘉兴。摩登时代是国内较早为房地产楼盘提供配套护墙板、墙面材料的厂家之一，凭借环保的理念、创新的思维，“售楼配摩登时代”已成为众多住宅楼盘的一大亮点以及常规配置，将为更多的终端客户、更多的合作伙伴，提供优质的产品服务体验。

“让家更健康”是摩登家人的初心，“让装修更健康”是摩登团队的努力。

公司秉承“精、勤、俭、孝”的为人处则，为我们的用户、员工及合作者打造一个“共创、共享、共赢”的平台，让每一位使用摩登时代产品的家人感受到健康与美学。

浙江摩登新型材料有限公司

地 址：浙江省嘉兴市秀洲区王店镇常庆路 56 号浙

网 址：www.modengshidai.cn

网址：www.mod

证书编号：LB2019JS022

德风广行铝单板

产品简介

铝单板是采用优质铝合金板材为基材，再经过数控折弯等技术成型，表面喷涂装饰性涂料的一种新型幕墙材料。

适用范围

1. 建筑物外墙、梁柱、阳台、雨篷；
2. 机场、车站、医院；
3. 会议厅、歌剧院；
4. 体育场馆；
5. 接待大堂等高层建筑物。

技术指标

产品执行 GB/T 23443—2009《建筑装饰用铝单板》，2.5mm 铝单板与 4mm 厚的铝塑复合板，性能比较如下：

1. 外观质量

前者：平板平整度不高，看上去有局部凹凸，但可以加工成各种不规则形状；喷涂、辊涂质量，眼观质量好，色差和膜厚偏差，局部损坏可以修补。

后者：平板平整度比较高，但加工型状受限；由于人工技术的不稳定，有局部色差 不明显，但损坏不可局部修补。

2. 抗拉强度　130 N/mm^2　38-61N/mm^2
3. 伸长度　5% ~ 10%　12% ~ 17%
4. 折弯强度　84.2 N/mm^2　34N/mm^2
5. 弹性模量　70.00N/mm^2　26.136 ~ 49.050N/mm^2

工程案例

工程名称	北京地铁 7 号线	所用产品	铝吊顶板及铝墙面板
建 设 方	北京市轨道交通建设管理有限公司	供货时间	2014 年 2 月

工程名称	北京地铁 14 号线	所用产品	铝吊顶板及铝墙面板
建 设 方	北京市轨道交通建设管理有限公司	供货时间	2014 年 7 月

北京德风广行建材有限公司
地址：北京市大兴区采育镇龙门庄工业园 3 号院
电话：010-69280031
官方网站：www.dfgxchina.com

工程名称	京广铁路保定站改造工程	所用产品	铝条板及铝墙面板
建设方	京广铁路保定站改造工程指挥部	供货时间	2014 年
建筑面积	中铁建设集团有限公司	合同金额	500 万元

工程名称	昆明南站	所用产品	铝条板及铝单板
建设方	中铁建设集团有限公司	供货时间	2016 年

工程名称	济南省会文化艺术中心（三馆）	所用产品	铝复合板
建设方	济南市文化局	供货时间	2013 年

工程名称	三亚美丽之冠	所用产品	双曲异型铝板
建设方	沈阳远大铝业集团	供货时间	2013 年

工程名称	哈尔滨大剧院	所用产品	双曲异型铝板
建设方	沈阳远大铝业集团	供货时间	2014 年

工程名称	北京朝阳区六里屯办公楼	所用产品	双曲异型铝板
建设方	江河创建集团	供货时间	2015 年

工程名称	贵阳市西路环境综合整治工程	所用产品	铝单板
建设方	中铁建设集团有限公司	供货时间	2015 年

生产企业

北京德风广行建材有限公司始创于 2010 年，地处北京市大兴区采育开发区，交通发达，周边配套设施完美。德风广行坚持以品质、创新、服务、共赢为发展战略，以技术先进、服务完善、品质优良为竞争之优势面对同行的竞争和挑战毫不畏惧。德风广行迄今为止仍是国内可以批量加工制造高难度双曲面铝单板的供应商。同时拥有完善的双曲面铝单板幕墙产品解决方案，充分满足建筑大师和工程业主对建筑的个性化需求，赋予建筑物更加鲜明的时代主题和专有品质。通过多年探索与创新，不仅培养了高素质专业化营销及管理团队，更建立了行业内很强的技术队伍，这已经成为诸多客户选择与德风广行合作的重要因素，成为从事新型幕墙材料研发与制造的骨干企业，“德风”牌铝单板以高技术含量的外墙板为主，为中国市场及国际建材市场提供了广泛需求，是替代同类进口产品的主要品牌和广大建筑设计师、工程商推崇的品牌。

北京德风广行建材有限公司
地址：北京市大兴区采育镇龙门庄工业园 3 号院
电话：010-69280031
官方网站：www.dfgxchina.com

证书编号：LB2019TC002

和美陶质砖、瓷质砖、炻瓷砖

产品简介

瓷质砖、炻瓷砖：

E石代系列：3D喷墨技术，使得瓷砖表面图案更加清晰、精确，色彩效果艳丽，还原图纹的真实度。采用干粒技术，表面的凹凸质感犹如历代统领者兴衰更替，跌宕起伏，触手可及，美观自然，低碳环保，打造绿色心境。纹理细腻，细节动人，穿越时空尊享王室品质。

工业风系列：采用德国扫描雕刻工艺和多层釉料叠加技术，多种模具与图案纹理匹配；采用意大利Airpower最先进的喷釉设备，3倍提升产品釉面致密度，强化产品质感；全新多通道通体布料技术，40度对应的作为工业革命时期的代表性符号，是工业风不可或缺的一部分。运用模具效果，真实赋予产品表面如同布纹的编织状纹理，疏密、凹凸都恰到好处。不规则几何分割、地毯花纹等不同风格的配件，使产品拥有更多风格，适用于不同的空间。配件采用三度烧工艺，在铺贴中，图案可以精准对位，体现整体感。

真石系列：甄选全球高级石材，节选最美的图案纹理，采用意大利Airpower最先进的换喷墨设备、行业领先的多版面多通道三维布料系统，3倍提升产品釉面致密度、强化产品质感，高精喷墨渗花技术（3倍耐磨）、雕刻石纹线工艺、全抛90度亮光面，使产品纹理变化多样，石纹解理清晰，图案颜色丰富，层次细腻，贴近石材原生。采用时下流行拼贴方法的多重运用，家居空间尽显内敛的奢华。

瓷质全抛系列：采用3D喷墨打印技术，通体布料工艺，应用下陷墨水，实现石纹纹理，以超越天然石材的丰富色彩和质感，高度迎合了高品质家居生活人群对简洁和自然的极致追求。饱满、湿润、厚实的质地，尊贵典雅的花色，再加上更好的立体可加工性，实现了瓷质全抛的实用性、装饰性互相叠加，满足不同风格设计需求。

陶质砖：

瓷片系列：3D喷墨打印技术时代的到来，给瓷片带来了终端营销方面的便利，以及产品的个性化设计。对产品的品质提升也是显而易见的，表面纹理和花色图案更趋细腻、多变，其花色、规格、搭配、应用开始呈多元化的趋势发展。色彩纯正的釉层，质面光洁，用在厨卫空间不怕油烟侵蚀。平整度高，尺寸差异小，工人易铺贴，铺贴效果更上档次。

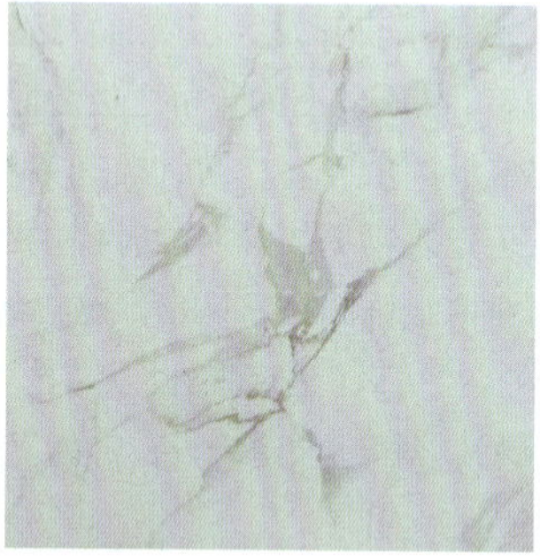

适用范围

适用于室内墙地面铺贴。

技术指标

陶质砖执行标准GB/T 4100—2015《陶瓷砖》附录L BIII类，有釉（GL）；瓷质砖执行GB/T 4100—2015《陶瓷砖》附录G BIa类，有釉(GL)；炻瓷砖执行GB/T 4100—2015《陶瓷砖》附录H BIb类，有釉(GL)以及GB 6566—2010《建筑材料放射性核素限量》放射性水平A类，部分产品企业内控标准及国标指标对比：

江西和美陶瓷有限公司
地址：江西省宜春市丰城市高新技术产业园区创新大道2号
电话：0795-6768131
官方网站：http://com362847.shop.hao315.tv/

续表

检测指标		国家标准（GB/T 4100—2015 附录 G）	内控标准（以产品规格 800mm×800mm 为例）
吸水率（%）		平均值≤ 0.5，单个值≤ 0.6	平均值＜ 0.4，单个值＜ 0.5
尺寸（%）		±0.6，最大值 ±2.0mm	±0.5mm
厚度（%）		±5，最大值 ±0.5mm	±0.3mm
边直度（%）		±0.5，最大值 ±1.5mm	±0.5mm
直角度（%）		±0.5，最大值 ±2.0mm	±0.5mm
表面平整度（%）	边曲度	±0.5，最大值 ±2.0mm	±0.8mm
	翘曲度	±0.5，最大值 ±2.0mm	±0.4mm
	中心弯曲度	±0.5，最大值 ±2.0mm	-0.8mm+1.0mm
表面质量		至少 95% 的砖其主要区域无明显缺陷	至少 95% 的砖其主要区域无明显缺陷
破坏强度（N）		≥ 1300	＞ 1500
断裂模数（MPa）		平均值≥ 35，单个值≥ 32	平均值≥ 38，单个值≥ 35
抗釉裂性		在 500kPa±20kPa 蒸汽压力下 2 小时无釉裂	在 1000kPa±50kPa 蒸汽压力下 2 小时无釉裂
抗热震性		试样在 15 ～ 145℃之间 10 次循环不裂	温差（170±5）℃热交换 3 次不裂
耐磨性能		报告陶瓷砖耐磨级数和转数	不低于 3 级
耐化学腐蚀性		不低于 GB 级	不低于 GLB 级
耐污染性		≥ 3 级	≥ 4 级
地砖摩擦系数		≥ 0.5	摩擦系数≥ 0.60（干法）
放射性核素限量		A 类：内照指数 $IR_a \leq 1.0$；外照指数 $I_r \leq 1.3$	A 类：内照指数 $IR_a \leq 0.8$；外照指数 $I_r \leq 1.0$

工程案例

万科、恒大、保利、富力、中海、绿地、碧桂园、北京现代、一汽大众等项目。

生产企业

江西和美陶瓷有限公司建立于 2007 年，地处江西丰城，是一家专业从事“建筑陶瓷产品的制造”的工厂，隶属于广东唯美陶瓷有限公司。本公司在“为实为适，唯新唯美”的经营理念倡导下，本着“从本务实，同创共享，永续经营”的经营宗旨，将传统和现代相结合、艺术和技术相结合、中国文化和欧洲文化相结合，以高新技术提升传统行业，以装饰文化塑造全球品牌。

旗下“马可波罗”品牌瓷砖以其仿古风格，尽显欧式建筑装饰的艺术魅力，成为仿古砖领域的有影响力品牌，推动了中国哑光仿古装饰潮流，被誉为“个性化艺术装饰全集”“仿古砖家”，主要包括仿古砖、抛光砖、亮光和哑光瓷片、丽晶石等。2019 年马可波罗连续三年入选央视“国家品牌计划”。公司的战略目标是通过对资本、人才、知识、技术和信息资源的整合运营，培植企业的核心竞争力，实施名牌战略，为社会提供超值的产品和服务，让顾客满意，成为能持续健康发展、促进社会进步的优质企业。

江西和美陶瓷有限公司

地址：江西省宜春市丰城市高新技术产业园区创新大道 2 号
电话：0795-6768131
官方网站：http://com362847.shop.hao315.tv/

证书编号：LB2019TC003

德惠来纤瓷板（陶质墙板）

产品简介

（1）质量特点：大轻薄净

本产品具有超大（1000mm×2000mm）、超薄（4～5mm）、重量轻（7.5kg/m^2）、高强度、高弹性、耐高温、耐腐蚀、耐冲击、耐刮、抗菌、抗污、阻燃、防火、易清洗等特点，产品已被广泛应用于城市标志性建筑物的室内、室外装修，是具有推广价值的新型建材之一。

（2）耐久性：独特配方经 1160℃高温特殊工艺烧成，经抗折强度试验、蒸压釜试验、抗冻性试验、吸水率试验、耐污染性试验等方法检验，具有高度耐久性，颜色永不褪色、不变形、不开裂、不龟裂。

（3）美观性：该产品规格大、花色丰富，可任意烧印各种图案，并可任意切割拼花，可营造并保持华贵大气的视觉效果，而且通过无缝化施工，可使铺设效果更精致完美、美轮美奂。

（4）防火性：本品以天然晶状、无机陶瓷原料和无机纤维，经 1160℃高温烧制而成，经国家权威部门鉴定，被评为 A 级不燃性防火材料。

（5）环保性：本品所有原料经特殊粒化处理，并经高温烧成，经国家建筑材料放射性监督检验测试中心检验，符合 GB 6566—2001《建筑材料放射性核素限量》标准的 A 类装饰材料要求，通过了 ISO 14001：2000 标准环境管理体系认证。由于产品大、薄、轻的特点，提高了资源、能源的有效利用率，而且由于减轻了建筑物的承重负荷，能有效降低建筑成本，所以本产品的综合社会效益和经济效益双重兼具，被中国建材市场协会评为绿色环保健康性材料。

(6) 公共空间的适应性：由于本产品具有耐腐蚀、耐冲击、防菌、抗污、防火阻燃、超大、超薄、超轻、高弹性、耐刮等特点，而且采用专用的胶粘剂，防水防潮，粘贴牢固，完全满足公共空间所处环境的要求。

适用范围

“薄斯美”纤瓷板适用环境铺贴：

1. 医疗空间：医院、化验室、手术室、无菌室；
2. 室内空间：饭店、大厦、集合住宅、别墅、工厂修改工程；
3. 外墙空间：饭店、大厦、集合住宅、别墅、公共设备、摩天大楼；
4. 教学空间：无灰黑白板、实验室、体育馆；
5 . 广告空间：看板、招牌、幕墙；
6 . 公共空间：捷运地铁站、车站内外、机场、商场、博物馆；
7. 医疗空间：医院、化验室、手术室、无菌室；
8. 厨卫浴空间：个人住宅、集合住宅、别墅、饭店、大厦、工厂、公共卫浴；
9. 艺术空间：公共艺术景观工程、酒店大楼改装、电梯间、纪念碑、观光引导图案、地图、标识、赠品、艺术品；
10. 地下公共空间：隧道采光墙、地下道。

技术指标

产品执行 GB/T 23266—2009《陶瓷板》相应技术指标。

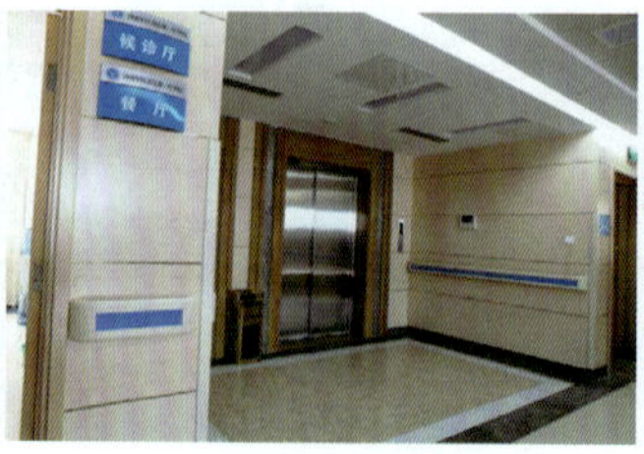

山东德惠来装饰瓷板有限公司

地址：淄博市高新区技术开发区鲁泰大道 111 号
电话：0533–3983977
官方网站：www.sddhl.net

工程案例

项目名称	产品用量
北京地铁 4 号、5 号、7 号线	约 1.8 万 m^2
上海地铁 7 号、9 号、11 号线	约 1.5 万 m^2
长沙南高铁车站	约 2 万 m^2
江苏常州高铁站	约 8000m^2
郑州东高铁车站	约 2 万 m^2
贵州东高铁站	约 1.2 万 m^2
中国中央党校	约 5000m^2
山东省党校	约 3000m^2
山东省济南市政府	约 4500m^2
山东省淄博市财政局	约 1.5 万 m^2
山东省淄博日报社	约 3000m^2
山东省淄博市体育馆	约 2.5 万 m^2
山东省淄博市地税局	约 3000m^2
山东省淄博市档案馆	约 1.2 万 m^2
山东省淄博市文化馆	约 1.5 万 m^2
山东省体育局	约 5000m^2
山东省科技情报中心	约 2000m^2
山东省滨州市财政局	约 8000m^2
山东济宁孔子文化中心	约 3 万 m^2
山东省济宁体育馆	约 1 万 m^2
江苏南通机场	约 6000m^2
山东济宁嘉祥机场	约 4800m^2
福建省安全厅	约 3500m^2
中南大学湘雅医院	约 3 万 m^2
南京军区福州总院	约 8000m^2
泉州第一人民医院	约 10000m^2
福建省漳州市 175 医院	约 5000m^2
福建省漳浦县人民医院	约 6000m^2
福建省福州市儿童医院	约 4000m^2
河北医科大学第三医院	约 3 万 m^2
河北医科大学中医院	约 8000m^2
河北唐山工人医院	约 3500m^2
河北唐山脑中风医院	约 4500m^2
冀东油田医院	约 3000m^2
秦皇岛市第一人民医院	约 1.5 万 m^2
秦皇岛市卢龙县医院	约 1 万 m^2

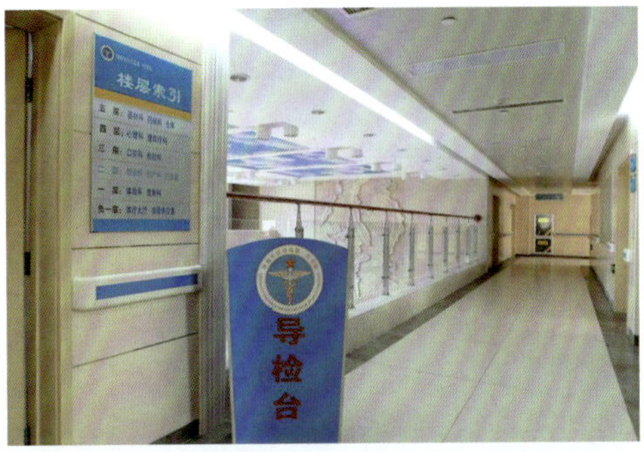

生产企业

山东德惠来装饰瓷板有限公司是一家股份制高新技术企业，位于淄博高新区，公司总投资 3.6 亿元，设计生产能力 100 万平方米 / 年，是国内成立较早陶瓷薄板生产企业之一。该产品填补了国内空白，其主要性能指标达到国际同类产品先进水平。该产品工艺先进，设备创新程度高，技术成熟，产品性能稳定，于 2004 年被国家科委列入“十五”国家科技攻关计划。

“薄斯美”陶瓷薄板具有面大、体轻、壁薄、高弹性、耐冲击、耐腐蚀、抗污抗菌、耐火、阻燃性佳、易洗等特点，性能优良、色彩丰富、华丽大气、施工方便，产品可广泛使用于摩天大楼内外空间、机场隧道、地下铁、车站等公共空间、实验室、医院等特殊空间及大型艺术景观。

产品通过了国家建筑卫生陶瓷质量监督检验中心、国家建筑材料工业建材放射性监督检验测试中心、国家建筑材料工业陶瓷产品质量监督检验测试中心、国家防火建筑材料质量监督检验中心、国家建筑装修材料质量监督检验中心等单位抽样检测，产品符合国标各项标准，被评为绿色建材。被国家四部委认定为“国家重点新产品”，荣获“中国建筑卫生陶瓷行业知名品牌”“2005 中国陶瓷力量排行榜十大创造力品牌企业”等荣誉并通过了 ISO 9001、ISO 14001 体系认证和中国环境标志产品认证。

德惠来公司秉持“质量第一，用户至上”的企业宗旨。实行利益共享，与客户共荣的营销策略，贯彻以创新求发展的经营方针，树立与时俱进的精品意识，把“薄斯美”打造成为世界知名品牌，让德惠来“德布四海，惠及全球”。

山东德惠来装饰瓷板有限公司
地址：淄博市高新区技术开发区鲁泰大道 111 号
电话：0533-3983977
官方网站：www.sddhl.net

证书编号：LB2019TC004

维统陶瓷砖

产品简介

更先进：通过以当地电厂的粉煤灰经高科技处理制成的新型建材原料替代传统陶瓷粉料，并选用进口专业生产设备利用其生产制造新型建材产品。其产品在工业矿物质和建筑材料市场上更具价值，并且具有显著的可持续性，变废为宝，引起世界各国的高度关注，被政府和专家称赞为全球建材领域的一场绿色革命。在生产过程中，采用高速干粉粉磨机和干粉制粒机等新型设备替代传统的球磨机、喷雾干燥塔，减少了这两个传统陶瓷生产过程中高耗能、高污染生产环节。

更节能：经过专业处理，粉煤灰掺量可达 30% ～ 70%。先进的处理加工技术比传统生产工艺节水 80%，节约燃料 20%，节约综合能耗 20%。同时，使用清洁能源天燃气作燃料，可大大减少污染气体的排放。该生产工艺，不仅能有效防止粉煤灰作为废弃物对环境的污染，大大降低传统生产过程中的水、电等能源资源消耗，还能有效节约矿产资源、保护人类赖以生存的生态环境，对促进经济、社会、人口、资源与环境协调发展意义重大。

更环保：公司产品来自世界顶尖的技术生产，它严苛的产品生产要求加上不断的创新设计造就维统的高科技新型绿色产品。从原料到成型，各个环节层层把关，确保了维统产品抗菌、防滑、易洁、抗污、防腐、无辐射的特点，为消费者带来更环保安全的家居生活。

适用范围

产品广泛应用于室内外墙、地铺贴。

技术指标

产品符合国家标准 GB/T 4100—2015《陶瓷砖》，国家标准 GB/T 35610—2017《绿色产品评价 陶瓷砖（板）》，团体标准 T/CAGP 0013—2016、T/CAB 0013—2016《绿色设计产品评价技术规范 陶瓷砖》技术参数要求，包括吸水率、放射性、耐污染性等。主要技术指标如下：(1) 吸水率≤ 0.5%；(2) 断裂模数≥ 31MPa；(3) 破坏强度≥ 1430N。

工程案例

公司产品先后被应用于淄川区高新创业服务中心 A 座、公司办公楼等场所的装修铺贴，产品质量可靠，性能稳定。

山东维统科技有限公司

地址：山东省淄博市淄川经济开发区
电话：0533-6021900
官方网站：www.vtongchina.com

生产企业

山东维统科技有限公司位于山东省淄博市淄川经济开发区，成立于2013年11月21日。公司依托澳大利亚新南威尔士大学、北京大学、山东理工大学等科研院校机构作强大技术后盾，主导起草了2项地方、团体标准，建有淄博市粉煤灰建材工程技术研究中心，并拥有4项国际发明专利使用权和10项国家专利，一举攻克粉煤灰综合利用制造新型建材产品的难题，成为一家拥有粉煤灰综合利用制造新型建材产品核心专利技术的先进制造企业。

公司拥有的粉煤灰综合利用制造新型建材产品技术可以使粉煤灰掺量达30%～70%。先进的处理加工技术比传统生产工艺节水80%，节约燃料20%，节约综合能耗20%。在利用粉煤灰资源综合利用技术生产新型建材产品的基础上，与意大利、英国、德国等众多全球化顶级制造商展开合作。通过不断整合国际先进技术和设备，向全国乃至世界输出高端技术和专业设备，大力推动建材行业的快速转型升级。

近年来，公司先后被工业和信息化部列为“京津冀及周边地区工业资源综合利用产业协同发展示范工程项目”建设单位，被国家标准委和国家发改委联合确定为“国家循环经济标准化试点单位”，并荣获“山东省循环经济示范单位”“尾矿综合利用产业技术创新战略联盟副理事长单位”“中国建材行业低碳环保企业奖”“‘十二五’中国陶瓷行业科技创新先进集体”等多项荣誉。公司粉煤灰综合利用制造新型建材产品技术被科技部、环境保护部和工业和信息化部联合列入《节能减排与低碳技术成果转化推广清单（第二批）》，引起了各方关注，被誉为建材行业的一场绿色变革。

公司计划与辽宁、宁夏、四川、云南、广西等全国10余个省份和地区展开战略合作，完成在意大利、澳大利亚等欧美亚十余个国家和地区的战略扩张，并计划在纳斯达克上市，成功打造高科技低碳节能环保产业，助推世界建材行业的转型升级，推进人类环保工程建设，用中国健康改变世界！

金属及金属复合装饰材料
陶瓷砖、石材与人造石
卫生陶瓷
PVC-U型材
密封胶
胶粘剂
防水材料
混凝土、砂浆外加剂
混凝土
砂浆
水泥
预制件
地坪材料
建筑模板
其他

山东维统科技有限公司
地址：山东省淄博市淄川经济开发区
电话：0533-6021900
官方网站：www.vtongchina.com

证书编号：LB2019TC011

玛雅森林负氧离子大理石瓷砖

产品简介

玛雅森林现有产品主要包括负氧离子水性涂料系列；负氧离子健康泥系列；环保腻子系列；负氧离子瓷砖系列；负氧离子板材系列。公司产品最大的特点一是降解甲醛、苯、氨等有害气体；净化 $PM_{2.5}$、飘尘、雾霾、焦烟、二手烟、油烟，尤其是 2.5 微米（$PM_{2.5}$）以下的微小颗粒净化作用最为明显；灭活空气中、物品表面的微生物、细菌、病毒，高浓度空气负氧离子可形成无菌环境。二是除腻子外，其他产品能持续释放负氧离子，释放量最低能满足世界卫生组织规定的清新空气标准，即空气中每立方厘米 1000 ~ 1500 个负氧离子，最高释放量能达几十万、几百万级。

适用范围

公司产品以人居空间为导向，专注于室内环境污染综合治理，研发、生产、销售环保级负氧离子的系列装修材料，以及生产安全且高质量的负氧离子系列家用电器产品和家居产品。产品主要适用于家庭装修，居家环境治理。

技术指标

序号	项目		标准要求	指标
1	抗细菌性能（%）	大肠杆菌	≥ 90	98.34
		金黄色葡萄球菌		99.73
2	A 类产品		内照射指数≤ 1.0	0.2
			外照射指数≤ 1.3	0.5

玛雅森林（北京）国际科技有限公司

地址：北京通州区宋庄艺术东区双翼街人民幸福大院
电话：400-921-8978
官方网站：www.maiasonlly.com

工程案例

1. 人民日报大楼。大楼 15 层以上楼层所有会议室使用玛雅森林涂料、负离子板和瓷砖，经过考察验收，绿色环保评分达到 91.4 分，故决定 14 层以下楼层继续安装使用。人民日报社内工作人员对玛雅森林产品普遍给予好评。安装后的会议室、办公室让人在开会时不易犯困，且室内空气清新。

2. 上海中心。世界第二高楼、中国第一高楼—“上海中心”，大楼底下一、二、三层办公室都使用了玛雅森林涂料、负离子板、瓷砖，安装后办公室负离子含量高达 12000 多个 /cm³。

3. 深圳资本市场学院。位于深圳西丽湖，由中国建筑设计大师何镜堂院士设计，学院室内天花及墙面使用了玛雅森林负离子板和涂料，地面使用玛雅森林负离子大理石瓷砖，有效地解决了房间潮湿霉变的难题。受到业主方高度评价，也引起当地建筑装饰装修业界的高度关注。

生产企业

玛雅森林（北京）国际科技有限公司隶属于人民幸福集团，注册资金 1 亿元人民币，注册地址在首都北京。它是人民幸福集团旗下专注经营环保型、科技型装饰工程、装修材料、人工智能与信息技术、电器、灯具、家居、家具等产业而组建的控股子公司。

公司产品以人居空间为导向，专注于室内环境污染综合治理，研发、生产、销售环保及负氧离子的系列装修材料，以及能产生安全且高质量的负氧离子的系列家用电器产品和家居产品。

玛雅森林（北京）国际科技有限公司

地址：北京通州区宋庄艺术东区双翼街人民幸福大院
电话：400-921-8978
官方网站：www.maiasonlly.com

证书编号：LB2019TC012

信益陶质砖、炻质砖、瓷质砖

产品简介

冠军瓷砖品牌作为我国知名的陶瓷品牌，产品种类丰富，品牌涵盖瓷质施釉砖、全抛釉砖、抛光砖、陶质砖等高档瓷砖。冠军瓷砖始终坚持“永远做第一的典范企业”，以其卓越的品质、精致的工艺、时尚的设计、贴心的服务，成为名副其实的“冠军”品牌。

冠军瓷砖拥有先进的生产设备，全线 95% 设备都为进口，比如萨克米 ACMI 和西蒂 SITI 公司的 7500 吨（亚洲第一台最大的的高压成型机）、7200 吨、4600 吨等高压成型机、精密高温电脑控温窑炉及 CMF 全程电脑自控供粉系统；釉料采用西班牙顶级釉料公司——陶丽西公司的产品；窑炉燃料全部采用天然气，与一般煤气相比，虽成本高出很多，但对环境的保护有重要意义，可减少碳排放，且窑炉一直保持恒温，可有效保证瓷砖的平整度、色差、颜色这几个核心指标的优异性。冠军瓷砖拥有完善且先进的高精密实验设备，为生产完美优质的产品提供了保障。

率先成立以 Champion-V 技术平台为核心的研发中心，融合中西前沿时尚理念，从意大利、西班牙邀请世界知名产品研发工程师加盟公司产品研发中心，组成水平较高的产品研发团队，为公司带来全新的产品设计理念，使公司产品能不断推陈出新，并且力争代表瓷砖文化潮流，与世界同步风行。

而在瓷砖原料方面，冠军瓷砖独特采用华南优异的黏土、东北最好的钾钠长石、意大利进口釉料，再用天然气生产生成，确保瓷砖质地纯正、坯体杂质少且强度高、吸水率低、发色好等卓越性能。

适用范围

主要适用于室内室外建筑装饰，譬如：地面、墙面、台面、空间内部装饰以及外墙等其他建筑空间装饰铺贴。

技术指标

冠军瓷砖拥有业界最好的硬件设备、最严格的 QC 品质控制管理体系，优品率、品质性能指标远超国标、欧标。冠军产品拥有的 8 项优秀性能 (高硬度、高平整、高强度、高防污、高光泽、高保真、高防滑、高环保)，是“品质冠军”的全方位解读。

序号	项目名称	标准指标	检验结果
1	表面平整度	±2.0mm，n=10，Ac=0，Re=2	0.12 ～＋ 0.22mm　d=0
2	表面质量	至少砖的 95% 的主要区域无明显缺陷 n=10，Ac=0，Re=2	无明显缺陷　d=0
3	吸水率	平均值：E ≤ 0.5 单块值：E ≤ 0.6 n=5，Ac=0，Re=2	平均值：0.02　最大值：0.02　d=2
4	破坏强度	厚度≥ 7.5mm，≥ 1300；厚度≥ 7.5mm，≥ 700　n=7，Ac=0，Re=2	平均值：3026　d=0
5	光泽度	≥ 55　n=5，Ac=0，Re=2	92.91.92.91.90　d=0
6	断裂模数（MPa)	平均值：≥ 35　单块值：≥ 32　n=7，Ac=0，Re=2	平均值：44　最小值：43
7	抗冻性	经试验无裂纹或剥落　n=10，Ac=0，Re=1	无裂纹和剥落　d=0
8	静摩擦系数	单块值≥ 0.50	干法最小值：0.62
9	抗冲击性	经试验报告平均恢复系数	0.87
10	耐污染性	经试验后报告耐污污染级别	5 级

工程案例

◆ 明星案例：

大兴机场、鸟巢、老山自行车管、上海浦东国际机场、上海磁悬浮车站、首都机场航站楼等。

◆ 政府机关：

宝鸡行政中心、河南省地税局、十堰市人民政府、河南省司法厅、江苏省社保中心等。

◆ 地产战略合作伙伴：

信益陶瓷（中国）有限公司

地址：江苏省昆山市玉山镇元丰路 8 号
电话：0512-57537755
官方网站：http://www.champion-tile.com.cn

万科地产、上海绿地集团、远洋地产、万达集团、浙江绿城集团、华润地产、兴龙控股、SOHO 地产、江苏中南建设集团等。

◆ 地产案例：

杭州绿城蓝庭、北京橡树湾、佛山保利水城、深圳万科东海岸、北京万达大湖公馆。

◆ 连锁工程：

麦当劳、肯德基、红星美凯龙、好利来、中行全国网点、工行全国网点、农行全国网点、德克士、别克汽车全国 4S 店、道奇汽车全国 4S 店、雷克萨斯汽车全国 4S 店、东北区阳光 100、北京区南汽名爵汽车展厅、上海区乐购连锁大卖场、上海区邮政局网点工程、浙江区玫琳凯化妆品连锁专卖店工程、浙江区南苑 E 家连锁酒店工程、福建区中国移动营业厅网点工程等。

◆ 干挂案例：

北京日升酒店干挂工程、徐州行政中心(内装)干挂工程、同济大学游泳馆干挂工程、无锡君帆科技干挂工程、苏州金墅国际干挂工程、南京朗诗国际街区一期干挂工程、沭阳行政中心干挂工程等。

生产企业

1972 年，林田村先生在台湾创建冠军建材集团，自创“冠军”品牌，至今享誉业界。1990 年，林荣德先生接任公司董事长，1992 年，以第一类股票在台湾成功上市，在高度注重品质及理性消费的台湾市场持续保持高销量。

冠军瓷砖自成立以来尤为重视绿色环保，始终坚持“绿色建材、绿色工厂、绿色工艺”的环保理念，采用热风回收、电力节能、水资源回收、砖料回收，废料回收率高达 90% 以上；推行节能减碳的瓷砖幕墙干挂工法，获得国家“绿色选择”标志建材企业称号，为瓷砖界树立起绿色企业典范。此外，在台湾斥资亿元建立首座绿色瓷砖观光工厂——冠军绿概念馆，推动绿色建材瓷砖、还原绿色优质生活：用最贴近大众生活的方式，期盼唤醒参观者节能减碳的环保意识，关怀自然环境，享受与大自然和谐共生的健康生活；借鉴台湾工厂成功经验，在大陆以江苏昆山为全国营销中心，在山东蓬莱、安徽宿州建立专业化绿色瓷砖生产基地。冠军瓷砖全线采用世界先进设备，其中 95% 的设备为意大利进口，拥有 7500 吨高压成型机、精密高温电脑控温窑炉、CMF 全程电脑自控供粉系统及 3D 数码喷墨印刷设备等。

冠军瓷砖专研工艺，始终坚持原厂原料把控，确保生产环节符合行业高标准，开创冠军“Champion-V”技术平台，截至目前，已荣获负离子、抗菌、止滑等多项国家重点专利。冠军瓷砖以“坚持生产高品质瓷砖”和“诚信为本”为企业信念，一步一个脚印，奠定了今日在业界的坚实基础和优良声誉。

2010 年入选为上海世博会零碳馆指定用砖；2011 年，通过 PAS 2050 产品碳足迹认证；连续十年荣获“中国 500 最具价值品牌”；2013 年品牌价值高达 80.72 亿元；2015 年，冠军瓷砖申请通过欧盟生态标签；2016 年荣获“企业信用评价 AAA 级信用企业”；2017 年荣获由中国质量认证中心颁发的 CQC 低碳产品认证、诚信企业信用 AAA 等级等；2018 年荣获家居绿色环保推荐品牌，截至 2019 年已连续两年荣获家居“十大瓷砖品牌”，自 2012 年至今，冠军连续多年代表中国瓷砖企业受邀参加意大利博洛尼亚展，向世界展示了中国陶瓷精湛的工艺和魅力。世界的肯定，让冠军品质无愧冠军之名。

凭借品质、服务等优势成为众多明星工程的重要合作伙伴，如：北京奥运鸟巢和水立方、上海浦东国际机场、上海磁悬浮车站、台北火车站等，并与国际知名连锁品牌肯德基、麦当劳、星巴克、宝马、凯迪拉克、盒马鲜生等结成战略合作关系，成为万科、绿地、保利、万达等知名地产、酒店、豪宅等高档装修优选品牌。良好的信誉及过硬的品质，得到了市场的高度认可，产品畅销美、日、德、法、英、韩、澳、非、东南亚等 70 多个国家和地区。

冠军瓷砖，让消费者拥有的不只是瓷砖，更是世界级的选择！自 2013 年起，冠军瓷砖携手中国人保推出 15 年质保服务，为消费者带来瓷砖无忧品质承诺，再次刷新行业标准。2014 年开始，冠军磁砖更倾力打造六星级服务，与顾客真诚互动，用心提供优质的产品和服务给每一个家庭。

信益陶瓷（中国）有限公司

地址：江苏省昆山市玉山镇元丰路 8 号
电话：0512-57537755
官方网站：http://www.champion-tile.com.cn

证书编号：LB2019WT001

日丰淋浴房、浴室柜、便器

产品简介

淋浴房

采用灵活独特的设计，活动式屏风，优质的不锈钢、铝合金边框与扶手，特制的玻璃面板，使用安心、放心。

浴室柜

选用优质环保木材，表面经 6 层喷涂处理，超低甲醛汽车专用漆，防水、防潮、防裂；进口闭门缓冲系统和五金配件，平稳顺畅。

卫生陶瓷（便器、洗手盆、洗涤槽）

纳米抗菌釉面，易清洁，先进的管道技术，超强冲水，优质耐用配件，更加实用。

智能坐便器

全程洁净使用，干净卫生；35 ～ 39℃恒温清洗，富氧活水按摩；一键全自动清洗功能；自动冲水；自动节能；72 小时活水置换；双重守护，6 重安全；自动翻盖，脚踢感应翻盖，男士合盖冲水（部分机型）。

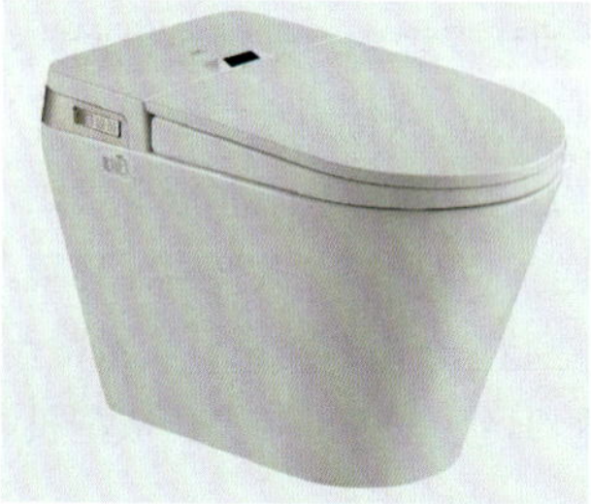
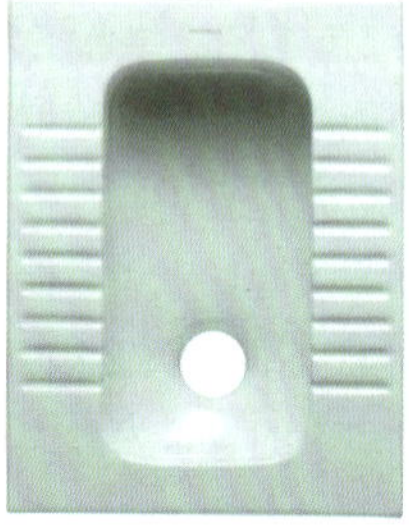
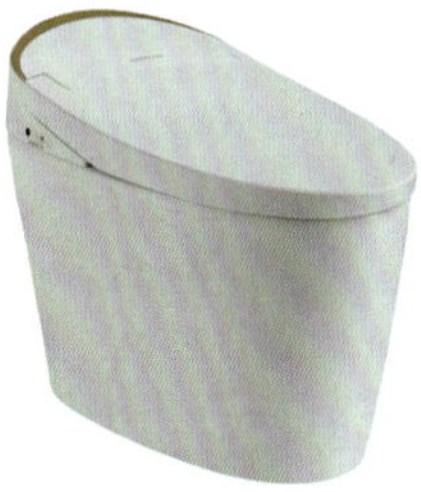

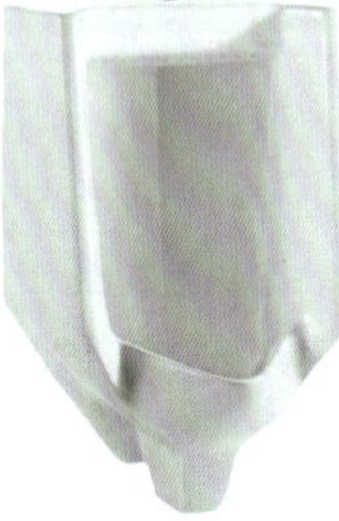

适用范围

产品应用领域：卫浴领域；适用范围：卫浴五金、卫浴洁具。

技术指标

淋浴房

序号	项目	性能
1	荷重要求	底面中央 1.47kN，保持 3min，试验后无裂纹、剥离、变形等缺陷
		上缘面水平中央 1.57kN，保持 3min，试验后无裂纹、剥离、变形等缺陷
		内侧面水平中央 0.2kN，保持 3min，试验后无裂纹、剥离、变形等缺陷
2	房体结构强度	对挡水屏冲击最薄弱部位，在直径约 200mm 的布袋中，装满质量为 15kg 的干沙，将干沙袋拉至高低差为 134mm 时，冲击其 5 次。挡水屏无变形、破损、裂纹，门能开启

浴室柜

外观要求、理化性能要求、卫生指标要求均符合标准要求。

卫生陶瓷（便器、洗手盆、洗涤槽）

外观、性能、卫生指标要求均符合 GB/T 6952—2015《卫生陶瓷》标准要求。

节水产品用水等级符合 GB 25502—2017《坐便器水效限定值及水效等级》标准要求。

智能坐便器

产品外观、冲水性能符合 GB/T 6952—2015《卫生陶瓷》标准要求。

节水产品用水等级符合 GB 25502—2017《坐便器水效限定值及水效等级》标准要求。

日丰企业集团有限公司

地址：广东省佛山市三水区乐平镇三水工业园日丰路 1 号（邮编：528137）

电话：0757-66893791

官方网站：www.rifeng.com.cn

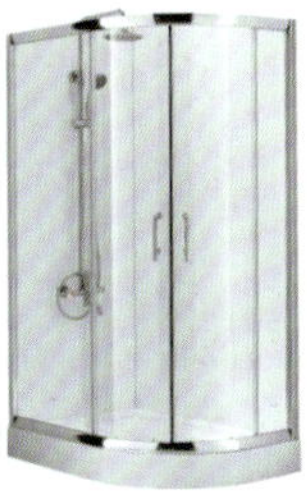
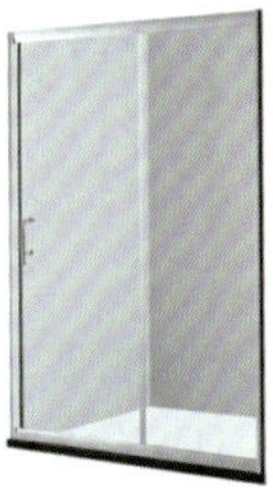

电器电子部件，符合 GB 4706.1—2005《家用和类似用途电器的安全 第 1 部分：通用要求》、GB 4706.53—2008《家用和类似用途电器的安全 坐便器的特殊要求》标准要求。

工程案例

敏捷地产、岭南天地、云浮天湖半岛、河南开封华庭、盛禾地产 · 水悦城、美的花湾城、景业名邦地产、广州体院人才公寓等。

生产企业

日丰企业集团有限公司创建于 1996 年，前身为佛山市日丰企业有限公司，2015 年 11 月 17 日正式更名。日丰企业集团有限公司是一家集研发、生产、销售、服务为一体的大型国家高新技术企业，是新型管道全球优质品牌、卫浴行业新兴品牌杰出代表，产品涵盖给水、排水、供暖、燃气、套管、卫浴等领域。产品畅销世界一百多个国家和地区。

自公司成立以来，日丰一直将产品品质视为企业发展壮大的核心竞争力，坚持走品质为先的发展道路。日丰拥有国家认定企业技术中心、CNAS 认证实验室等研发机构，获得近四百项国内外专利，这些都为产品品质提供了有力的坚实保障。在涉及产品的原料选购、生产运输等环节，日丰公司严格把控，把每个工序、每个细节，都做到精益求精。

以其优良的产品品质，日丰通过了美国 NFS、德国 SKZ 等六十多项国际认证，获得全球亿万用户的广泛认可。

日丰企业集团有限公司
地址：广东省佛山市三水区乐平镇三水工业园日丰路 1 号（邮编：528137）
电话：0757-66893791
官方网站：www.rifeng.com.cn

证书编号：LB2019XC001

正大热镀锌结构用冷弯空心型钢（热镀锌方形管）

产品简介

方矩管又名方形和矩形冷弯空心型钢，简称副昂管和矩管，代号分别为F和J。方管按材质分为：普碳钢方管、低合金方管。普碳钢分为：Q195、Q215、Q235、SS400、20# 钢、45# 钢等；低合金钢分为 Q345、16Mn、Q390、ST52-3 等。

适用范围

用途：机械设备、太阳能设备、钢结构用钢，汽车部件、桥梁地桩、护栏、船舶。

技术指标

方矩管：执行标准 GB/T 6728—2017《结构用冷弯空心型钢》，GB/T 6725—2017《冷弯型钢通用技术要求》，GB/T 3094—2000《冷拔异型钢管》，JG/T 178—2005《建筑结构用冷弯矩形钢管》，ASTM A500 JIS G3466，EN10210 或技术协议应用领域。

工程案例

公司系列钢管产品广泛使用于国家及省市众多重点工程建设，如南水北调工程、上海世博会、杭州湾大桥、河南城际铁路黄河大桥、武汉长江隧道、三峡大坝、济南奥体中心、南京地铁 3 号线、石武高铁、昆明长水国际机场、万科地产、万达广场、晋煤 300 万吨煤制造油项目、山东液化天然气（LNG）项目、贵州省农村安全饮用水项目等。

生产企业

正大制管是国家级高新技术企业、全国守合同重信用企业、国家两化融合管理体系贯标试点企业、中国制造业 500 强、中国民营企业 500 强、河北省百强企业，是一家以高频焊管、热镀锌管、螺旋焊管、方矩管、钢塑复合管制造、销售为主导，集科、工、贸、文为一体的现代化综合型企业。

公司先后通过中国船级社 ISO 9001、ISO 14001、ISO 18001 质量、环境、职业健康与安全三体系认证，美国石油学会 API5L 认证、欧盟 CE 认证。“天虹”“吉立”系列钢管产品普遍应用于石油管线、油气输送和给排水、自来水、消防、燃气、集中供暖、采暖蒸汽等低压流体输送及支架、穿线、钢结构、冷弯型材等用途。

公司已成为中建、中铁、中冶、中石化、中石油、中海油等国家诸多大型企业的指定供应商，国内销售网络远及新疆、青海、云贵，遍布全国。目前，“天虹”牌钢管已出口到德国、法国、葡萄牙、美国、加拿大、秘鲁、乌拉圭、哥伦比亚、利比亚、巴西、印度、菲律宾、马来西亚等国家。

邯郸市正大制管有限公司

地址：成安县聚良大道 9 号
电话：0310-5231739
官方网站：http://www/hdzdzg.com

文化是企业发展的精神支柱，博大精深的中华传统文明赋予正大制管丰富的企业文化内涵，公司创造性地提出“儒家待人、法家治厂”的管理理念。在“做正派人、干大事业”企业精神的感召下，形成了以“德”为基，以“正”为本的企业核心价值观，打造了一支“群策群力、勇于拼搏、致力发展、奉献社会”的钢铁团队。“正气、正派、正直，大方、大气、大度”是正大人的品德；“雷厉风行、令行禁止，钢铁意志、博爱奉献”是正大人的作风；“行成于思、业精于勤；逆水行舟、不进则退”是正大人的发展观。

壁立千仞，无欲则刚；广博为贤，唯正乃大。正大人以山的浑厚、海的广博，诚信务实的品质，敬业创新的作风，追求卓越、创造永恒的信念，传承千年炼钢文化，成就百年制管企业！

证书编号：LB2019XC002

天津中财 PVC-U 门窗型材

产品简介

PVC-U 型材是被广泛应用的一种新型建筑材料，它是氯乙烯树脂添加一定的添加剂（如稳定剂、润滑剂、填充剂等）经挤出而成，该材料性能优良、加工方便、用途广泛。由于其物理性能如刚性、弹性、耐腐蚀、抗老化性能优异，是一种新型节能建筑门窗材料。

适用范围

PVC-U 型材性能优良、加工方便，通过内部安装增强型钢，可大幅提高强度，可广泛应用于各种建筑中。中财公司根据不同地区的气候特点，开发了不同的型材系列，供客户选用：

针对冬季寒冷、夏季炎热地区，中财开发了“平开 60 系列”“平开 60 三密封系列”等产品。

针对高寒地区和高档建筑，中财开发了“平开 65 三密封系列”“平开 70 三密封系列”“尊享 65 平开系列”等产品。

针对华北华南地区的气候特点，中财开发了“推拉 80 系列”产品。

针对西北地区风沙较大、气候干燥的特点，中财开发了“推拉四滑道六密封系列”产品。

针对华北华南地区的气候特点，中财在传统“推拉 80 系列”的基础上，推出了“推拉 60-88 系列”“推拉 92 系列”等产品。

技术指标

产品执行 GB/T 8814—2017《门、窗用未增塑聚氯乙烯（PVC-U）型材》、GB/T 28887—2012《建筑用塑料窗》、GB/T 28886—2012《建筑用塑料门》，具体指标如下：

A 类型材可视面壁厚不应小于 2.8mm，非可视面不应小于 2.5mm；

B 类型材可视面壁厚不应小于 2.5mm，非可视面不应小于 2.2mm；

长度为 1m 的主型材直线偏差应≤ 1mm，长度为 1m 的辅型材直线偏差应≤ 3mm；

主型材每米长度的质量应不小于每米长度标称质量的 95%；

主型材两个相对最大可视面的加热后尺寸变化率为 ±2.0%；每个试样两可视面的加热后尺寸变化率之差应≤ 0.4%；

焊角的平均应力≥ 35MPa，试样的最小应力≥ 30MPa。

工程案例

序号	项目名称	合同金额（万元）	时间
1	郑州航空港经济综合实验区	约 380.5 (万元)	2018-05-09 至 2018-12-31
2	郑州市郑东新区新城社区 B 区	约 371.2 (万元)	2018-02-05 至 2018-12-31
3	辛集京州幸福城	约 367.5 (万元)	2016-06-15 至 2016-12-31

天津中财型材有限责任公司

地址：天津市经济技术开发区第十一大街 55 号
电话：022-66230468
邮箱地址：tjzc@zhongcai.com

续表

序号	项目名称	合同金额（万元）	时间
4	剑桥城	约 350 (万元)	2017-01-01 至 2017-12-31
5	郑州市二七区侯寨滨河花园及幼儿园	约 334 (万元)	2018-04-16 至 2018-12-31
6	渑池县锦绣花苑三期棚户区改造工程	约 331.2 (万元)	2018-09-18 至 2019-06-30
7	河南派普建工集团有限公司	约 328 (万元)	2018-04-09 至 2020-12-31
8	东胜集团	约 285 (万元)	2018
9	中铁十二局集团河东五棚户区	约 285 (万元)	2018-03-28 至 2018-12-31
10	安丘云湖 · 未来城工程	约 277.2 (万元)	2017-03-16 至 2017-12-31
11	首钢地产二通厂地块项目	约 270 (万元)	2018-03-01 至 2018-12-23
12	郑州航空港经济综合实验区	约 268.9 (万元)	2018-09-13 至 2018-12-31
13	中牟绿博文化产业园区	约 255.4 (万元)	2018-06-12 至 2018-12-31
14	天鑫现代城	约 244 (万元)	2018-05-09 至 2018-12-31
15	上阳城（瞿家屯）	约 239.3 (万元)	2018-06-07 至 2019-06-07
16	盛世佳园	约 230.4 (万元	2018-06-12 至 2018-12-31
17	肥城康城丽都	约 224.96 (万元)	2018-04-17 至 2018-04-27
18	大厂孔雀城项目	约 222.6 (万元)	2018
19	裕昌九州国际	约 221 (万元)	2017-04-11 至 2017-12-31
20	廊坊市鸿坤理想澜湾项目	约 220(万元)	2017-09-20 至 2018-09-19
21	华夏孔雀城项目	约 218 (万元)	2016-08-01 至 2016-12-31
22	渑池县仰韶社区棚户区改造项目	约 215.8 (万元)	2018-08-10 至 2018-12-31
23	中牟绿博文化产业园区	约 210.3 (万元)	2018-05-03 至 2018-12-31
24	翰林居 · 新郑市辛店镇贾嘴村	约 205.5 (万元)	2018-03-22 至 2018-12-31
25	周口天明城项目	约 198.75 (万元)	2018-02-28 至 2018-12-31
26	郑州航空港经济综合实验区	约 191.1 (万元)	2018-04-13 至 2018-12-31
27	捷安庄园二期工程	约 189 (万元)	2018-06-12 至 2018-12-31
28	盛和社区四期	约 183.2 (万元)	2018-08-16 至 2018-12-31
29	津南区 2018 年既有居住建筑节能改造工程	约 180(万元)	2018-06-26 至 2018-11-01

生产企业

天津中财型材有限责任公司是中财招商投资集团化学建材制造业的重要生产基地之一，公司于 2002 年 4 月成立，于同年 12 月投产运行。公司坐落于美丽的国家级开发区——天津经济技术开发区，占地 150 亩，注册资金 5000 万元，拥有近 200 条国内先进的高速挤出生产线，已形成塑料型材和管道 20 余万吨的年生产能力，拥有天津市企业技术中心，主持参与国家与行业标准 19 项。

公司型材产品主要有平开 60、平开 60 三密封、平开 65、平开 70、推拉 80、四滑道六密封、推拉 60-88 系列，畅销全国 30 个省、市、自治区、直辖市及东欧、俄罗斯、东南亚、北非、北美、大洋洲等 20 多个国家和地区。

公司先后通过了 ISO 9001 质量管理体系、ISO 14001 环境管理体系、OHSAS 18001 职业健康安全管理体系认证，获得国家科学技术进步奖、技术发明奖、国家级高新技术企业认定证书、3A 级企业信用等级证书、2016 年滨海新区质量奖、发明专利证书、实用新型专利证书等多项荣誉。中财型材在短短几年时间内，生产、销售连上台阶，销量稳居国内三甲。

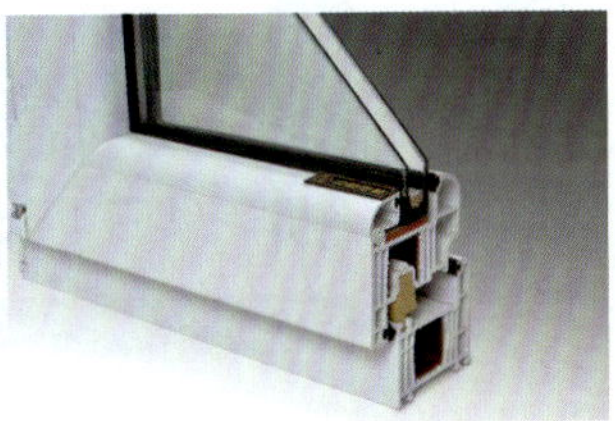

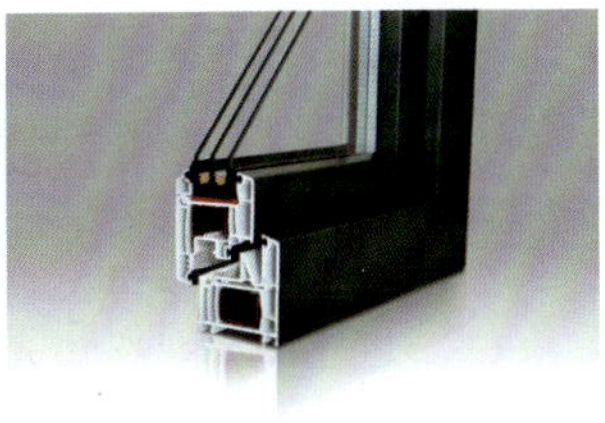

天津中财型材有限责任公司

地址：天津市经济技术开发区第十一大街 55 号
电话：022-66230468
邮箱地址：tjzc@zhongcai.com

证书编号：LB2019MF001

双源 9800 高性能幕墙硅酮结构胶、9600 高性能幕墙硅酮耐候胶、966 幕墙门窗硅酮耐候胶

产品简介

双源 9800 高性能幕墙硅酮结构胶：单组分、中性室温固化建筑用硅酮结构密封胶；超高的强度、优异的弹性；具有耐臭氧、耐紫外线等良好的耐气候性能；长久的使用寿命；对金属、镀膜玻璃、混凝土及大理石无腐蚀；对大部分建筑材料具有良好的粘接性；卓越的耐气候老化性能；与其他中性胶具有良好的相容性。

双源 9600 高性能幕墙硅酮耐候胶：单组分、中性室温固化的高性能硅酮耐候密封胶；优异的耐气候性能，抗紫外线能力强;通常条件下无需底涂,对大部分建材具有良好的粘结性;卓越的耐气候老化性能;对大部分建筑材料具有良好的粘接性;与其他中性硅酮胶具有良好的相容性。

双源 966 幕墙门窗硅酮耐候胶：单组分、酮肟型、室温固化的门窗工程专用硅酮密封胶，具有优良的耐气候老化性；优异的附着力，对喷涂铝材、混凝土及其他大多数建材无需底涂即有良好的粘接。

适用范围

高性能幕墙硅酮结构胶主要用于幕墙玻璃与铝材结构性粘结，以及铝板幕墙、石材、玻璃、采光顶、中空玻璃的结构粘接密封；本产品能将玻璃直接和金属表面连接构成单一配件，满足全隐或半隐框幕墙的结构性装配。

高性能幕墙硅酮耐候胶用于各种玻璃幕墙的耐候密封；金属（铝板）石材、陶瓷、砖瓦等幕墙填缝耐候密封；各种建筑门窗的粘结密封；其他各类填缝粘结密封。

幕墙门窗硅酮耐候胶用于各种玻璃幕墙、金属铝板、陶瓷的耐候填缝密封；明框及半隐玻璃幕墙接缝密封；金属结构工程填缝密封；各类建筑门窗安装。

技术指标

双源 9800 高性能幕墙硅酮结构胶主要技术指标如下：

检测项目			技术指标	检测结果
下垂度	垂直放置 /mm		≤ 3	0
	水平放置		不变形	不变形
挤出性，S			≤ 10	2
表干时间 /h			≤ 3	1
硬度 / Shore A			20 ～ 60	41
热老化	热失重 / %		≤ 10	4
	龟裂		无	无
	粉化		无	无
拉伸粘结性	23℃	拉伸粘结强度 /MPa	≥ 0.6	1.15
		粘结破坏面积 /%	≤ 5	0
		最大拉伸强度时伸长率 /%	≥ 100	136
	90℃	拉伸粘结强度 /MPa	≥ 0.45	0.82
		粘结破坏面积 /%	≤ 5	0
	-30℃	拉伸粘结强度 /MPa	≥ 0.45	1.58
		粘结破坏面积 /%	≤ 5	0
	浸水后	拉伸粘结强度 /MPa	≥ 0.45	0.95
		粘结破坏面积 /%	≤ 5	0
	水 - 紫外线光照后	拉伸粘结强度 /MPa	≥ 0.45	0.89
		粘结破坏面积 /%	≤ 5	0

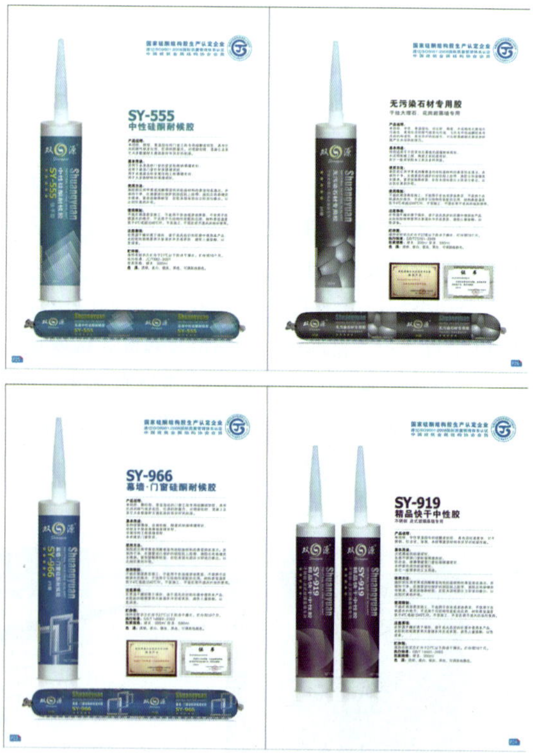

双源 9600 高性能幕墙硅酮耐候胶主要技术指标如下：

检测项目	技术指标	基材类型	检测结果
下垂度 /mm 垂直	≤ 3	非阳极氧化铝合金槽	0
表干时间 /h	≤ 3	玻璃板	1.2
挤出性 /(mL/min)	≥ 150		409
弹性恢复率 /%	≥ 80	U 型铝条	92
23℃拉伸模量 /MPa	>0.4	阳极氧化铝 - 浮法玻璃	0.8
定伸粘结性	无破坏	阳极氧化铝 - 浮法玻璃	无破坏
浸水后定伸粘结性	无破坏	阳极氧化铝 - 浮法玻璃	无破坏
冷拉 - 热压后粘结性	无破坏	阳极氧化铝 - 浮法玻璃	无破坏
浸水光照后粘结性	无破坏	阳极氧化铝 - 浮法玻璃	无破坏
质量损失率 /%	≤ 8	金属环	4
烷烃增塑剂	不得检出		未检出

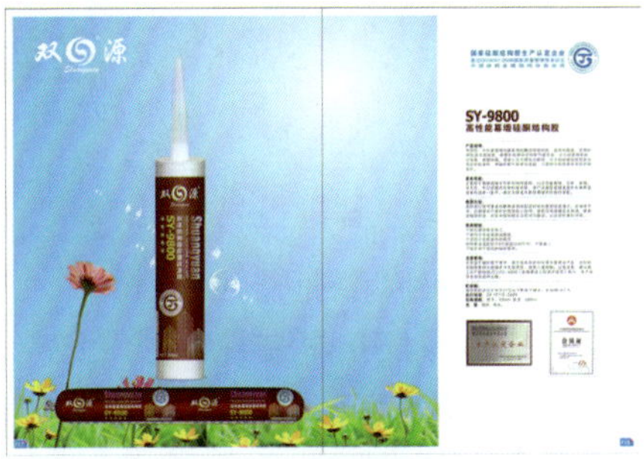

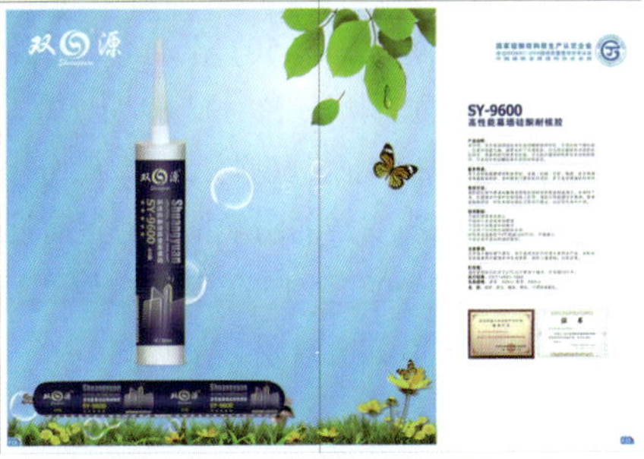

双源 966 幕墙门窗硅酮耐候胶主要技术指标如下：

检测项目	技术指标	基材类型	检测结果
下垂度 /mm 垂直	≤ 3	非阳极氧化铝合金槽	0
表干时间 /h	≤ 3	玻璃板	1
挤出性 /(mL/min)	≥ 150		400
弹性恢复率 /%	≥ 80	U 型铝条	94
23℃拉伸模量 /MPa	>0.4	阳极氧化铝 - 浮法玻璃	0.9
定伸粘结性	无破坏	阳极氧化铝 - 浮法玻璃	无破坏
浸水后定伸粘结性	无破坏	阳极氧化铝 - 浮法玻璃	无破坏
冷拉 - 热压后粘结性	无破坏	阳极氧化铝 - 浮法玻璃	无破坏
紫外线辐照后粘结性	无破坏	阳极氧化铝 - 浮法玻璃	无破坏
质量损失率 /%	≤ 8	金属环	4

工程案例

融侨城、金茂珑悦、九城时光、北大资源梦想城、金科中央公园城、华宇锦绣花城、万达广场、广州北站、恒大酒店等项目。

生产企业

佛山市双源有机硅实业有限公司选址于佛山市顺德区勒流众涌众富路 12 号 B 座。公司是一家专业从事玻璃胶生产与销售的民营企业，产品主要用于铝材、玻璃和其他幕墙结构工程的结构性粘结密封，目前生产产品分为酸性玻璃胶及中性玻璃胶两个品种，公司租用已建厂房，用地面积为 3363 平方米，经营面积 2400 平方米。主要设备为真空脱水釜、分散机、三辊研磨机等，辅助设备有真空泵、冷却塔等。

佛山市双源有机硅实业有限公司
地址：佛山市顺德区勒流众涌新工业区众富路 12 号
电话：0757-29899379
官方网站：www.zgshuangyuan.com

证书编号：LB2019MF002

天旗万豪门窗专用密封胶、万豪中性硅酮密封胶、万豪中性硅酮耐候密封胶、万豪硅酮结构密封胶

产品简介

万豪硅酮结构密封胶 WH-810

万豪 810 硅酮结构密封胶是单组分、高性能、中性固化，专为建筑幕墙的结构粘接装配而设计的硅酮结构密封胶。对多种基材具有优良的粘接性、耐气候老化性能和良好的伸缩位移能力，在 -50℃至 150℃范围内性能变化不大。

万豪中性硅酮耐候密封胶 WH-740

万豪中性硅酮耐候密封胶是单组分、中性固化，专为建筑幕墙、门窗安装的耐候粘接密封而设计的耐候密封胶，对多种基材具有优良的粘接性、耐气候老化性能和良好的伸缩位移能力，在 -50℃至 150℃范围内性能变化不大。

万豪中性硅酮密封胶 WH-730

万豪中性硅酮密封胶是单组分、中性固化，对多种基材具有优良的粘接性、耐气候抗老化性和良好的伸缩位移能力，在 -50℃至 150℃范围内性能变化不大。

适用范围

万豪硅酮结构密封胶 WH-810

主要用途：

玻璃幕墙、铝板幕墙、玻璃采光顶和其他金属结构工程的结构性粘接密封。适用于高层及超高层玻璃结构粘接装配；中空玻璃的二道粘接密封和其他多种工业建筑用途。

万豪中性硅酮耐候密封胶 WH-740

主要用途：

铝板幕墙、玻璃幕墙、外墙保温工程填缝密封、铝合金门窗、混凝土、陶瓷、石材、金属等多种建筑材料的粘接密封及其他多种用途。

万豪中性硅酮密封胶 WH-730

主要用途：

各类门窗安装、一般建筑工程填缝、防水密封。

可广泛用于铝合金门窗、塑钢门窗、铝板、玻璃、石材、金属、混凝土、陶瓷等多种用途。

技术指标

产品执行 GB 16776—2005《建筑用硅酮结构密封胶》、GB/T 14683—2017《硅酮和改性硅酮建筑密封胶》。万豪中性硅酮密封胶 WH-730 主要技术要求如下：

项目	标准规定	检验结果
挤出性	≥ 80ml/min	446
弹性恢复率	≥ 80%	93
定伸粘结性	无破坏	无破坏
质量损失率	≤ 10%	7

重庆天旗实业有限公司
地址：重庆市江津区珞璜工业园 B 区中兴四路 8 号
电话：023-47000710
传真：023-47600710
官方网站：www.cqwanhao.com

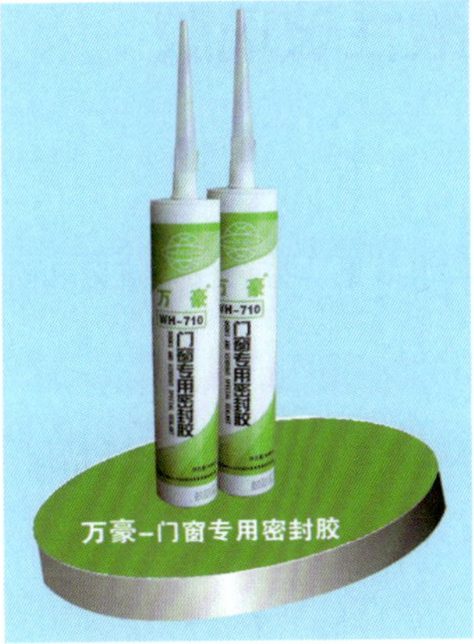

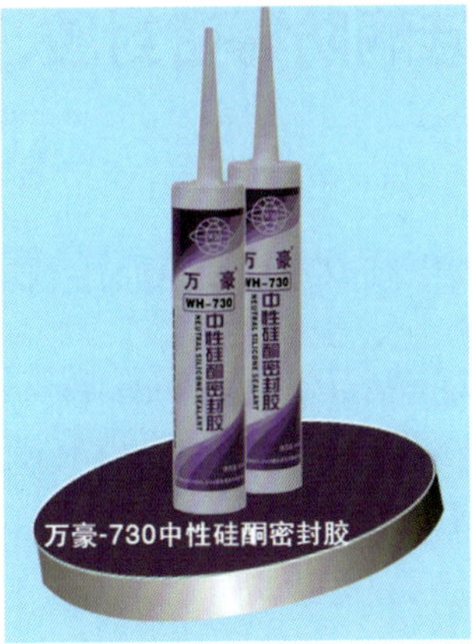

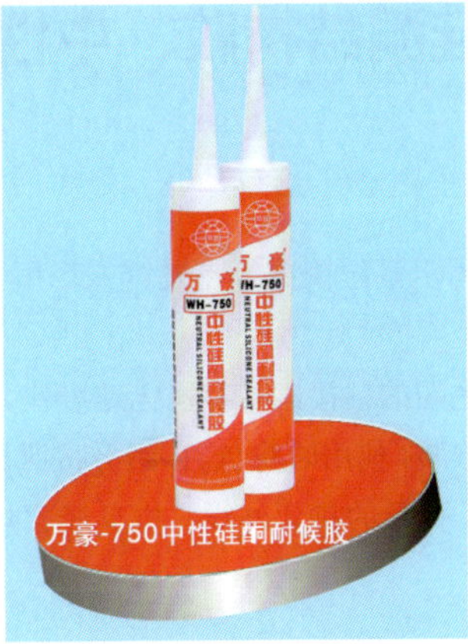

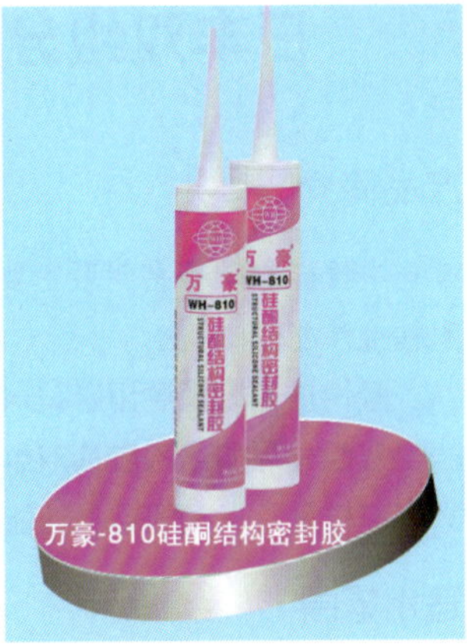

工程案例

融创滇池文旅城、长沙协信星澜汇、贵州首钢·贵州之光、西安银川博物馆等。

生产企业

重庆天旗化工有限公司（万豪胶）系重庆天旗实业有限公司控股子公司，公司成立于2000年2月18日，是一家专业从事研发、生产、销售幕墙胶、门窗胶、中空胶、家居胶、汽车胶等有机硅产品为一体的民营企业。已通过ISO 9001—2008国际质量管理体系认证，是国家硅酮结构胶生产认定企业；同时也被重庆工商行政管理局评为“守合同、重信用”单位。重庆天旗化工有限公司生产的“万豪”牌系列产品在中国门窗幕墙读者活动中荣获“用户喜爱品牌奖”。

作为重庆市高新技术产业，天旗化工取得一定的科学技术成果，并成功申请获得多个发明专利，技术经济实力雄厚，公司汇集了各类行业专业科研人才，拥有雄厚的技术研发能力，有严格的质量监控、产品检测设施。不断吸收国内外同行业的先进经验，经多年的研发和生产经验的积累，所研发生产的产品性能优良、质量稳定，畅销全国各地，被建筑装饰行业广泛应用，深受用户好评和信赖，已成为同行业的佼佼者。

天旗化工研发的“万豪牌”产品主要有硅酮结构密封胶、建筑阻燃密封胶、环保镜子专用胶、中性硅酮耐候胶、中性硅酮耐候密封胶、中性硅酮密封胶、大板玻璃专用胶、水族馆专用胶、家居专用密封胶、双组分硅酮结构密封胶、中空玻璃用弹性密封胶、汽车专用密封胶、电子胶等各种建筑胶；产品广泛用于建筑玻璃幕墙、石材、铝塑板、铝合金门窗、塑钢门窗、水族馆、汽车制造、机场道桥等各种装饰装修的粘结密封，根据不同城市的气候和市场需求，调整固化速度、生产各种彩色胶。不断完善、更新产品性能，研发新型产品，确保每一件产品均能满足客户的需求。

天旗以科学管理、以质兴企、不断创新、打造品牌企业为企业宗旨；以诚信作为基本准则来处理商业伙伴的关系；以勤奋不懈的努力来求得不断进取；把寻求紧密合作的商业伙伴作为市场营销的核心工作；把所有合作伙伴都纳入利益共享的经营模式中，长期合作、共同努力、共同发展。

重庆天旗实业有限公司

地址：重庆市江津区珞璜工业园B区中兴四路8号
电话：023-47000710
传真：023-47600710
官方网站：www.cqwanhao.com

证书编号：LB2019MF003

日丰双组分硅酮结构胶、中性硅酮防霉密封胶、酸性玻璃胶

产品简介

中性硅酮防霉密封胶主要用于潮湿阴凉等易发霉的场所，针对此环境具有较强的抗菌和防水效果，持久保持抗菌和防水粘接性能。

酸性玻璃胶主要用于玻璃之间的粘接，具有固化速度快、优异的耐候性能和粘接性能等。

双组分硅酮结构胶为双组分装，使用时将 A、B 组分按照比例混合之后使用，适用于玻璃幕墙、石材、金属等结构性粘接，具有高模量，卓越的粘接性能，优异的抗紫外线、抗臭氧、防水等耐候性能。

适用范围

产品应用领域：建筑、家装等领域密封、填缝和粘接。

适用范围：玻璃、铝合金门窗、石材、大理石、木材等材料之间的粘接。

技术指标

中性硅酮防霉密封胶主要技术指标如下：

序号	项目	性能
1	表干时间	≤ 2h
2	定伸粘结性	无破坏
3	冷拉 - 热压后粘结性	无破坏
4	浸水后定伸粘结性	无破坏
5	质量损失率	≤ 50%
6	抗菌等级	0 级 1 级

酸性玻璃胶主要技术指标如下：

序号	项目	性能
1	表干时间	≤ 2h
2	定伸粘结性	无破坏
3	冷拉 - 热压后粘结性	无破坏
4	浸水后定伸粘结性	无破坏
5	质量损失率	≤ 50% 或≤ 10%

双组分硅酮结构胶主要技术指标如下：

序号	项目			性能
1	适用期			≥ 20min
2	拉伸粘接性	拉伸粘接强度	23℃	≥ 0.6MPa
			90℃	≥ 0.45MPa
			-30℃	≥ 0.45MPa
			浸水后	≥ 0.45MPa
			水 - 紫外线光照后	≥ 0.45MPa
		粘结破坏面积		≤ 5%
		23℃时最大拉伸强度时伸长率		≥ 100%
3	热老化	热失重		≤ 10%
		龟裂		无
		粉化		无

日丰企业集团有限公司

地址：广东省佛山市三水区乐平镇三水工业园日丰路 1 号（邮编：528137）
电话：0757-66893791
官方网站：www.rifeng.com.cn

工程案例

昆明融创文旅城、恩详北师大、绿地 T7 空港国际中心等项目。

生产企业

日丰企业集团有限公司创建于 1996 年，前身为佛山市日丰企业有限公司，2015 年 11 月 17 日正式更名。日丰企业集团有限公司是一家集研发、生产、销售、服务为一体的大型国家高新技术企业。日丰是新型管道优质品牌、卫浴行业新兴品牌杰出代表，产品涵盖给水、排水、供暖、燃气、套管、卫浴等领域，产品畅销世界一百多个国家和地区。

自公司成立以来，日丰一直将产品品质视为企业发展壮大的核心竞争力，坚持走品质为先的发展道路。日丰拥有国家认定企业技术中心、CNAS 认证实验室等研发机构，获得近四百项国内外专利，这些都为产品品质提供了有力的坚实保障。在涉及产品的原料选购、生产运输等环节，日丰公司严格把控，把每个工序、每个细节，都做到精益求精。

以其优异的产品品质，日丰通过了美国 NFS、德国 SKZ 等六十多项国际认证，获得全球亿万用户的广泛认可。

日丰企业集团有限公司

地址：广东省佛山市三水区乐平镇三水工业园日丰路 1 号（邮编：528137）
电话：0757-66893791
官方网站：www.rifeng.com.cn

证书编号：LB2019MF004

固诺美盛中性硅酮密封胶、美盛聚氨酯泡沫填缝剂、泰朗聚氨酯泡沫填缝剂、凡惠聚氨酯泡沫填缝剂

产品简介

美盛、泰朗及凡惠聚氨酯发泡胶的产品特点是：发泡倍数 60 倍，施工温度如下：料罐：+10 ℃ ～ ±30 ℃，环境：+5℃～ ±30℃，最佳使用温度为 +18℃～ +25℃。固化后耐温范围为 -35℃～ +90℃。表干时间为 10min，可切割时间 40 ～ 60min（含冬季）。所有数据均在 25℃和 50% 相对湿度的实验室条件下得到。泡沫能黏附在大部分材料的表面，但不包括特氟龙和硅树脂。产品固化后对人体没有危害。

美盛硅酮胶产品特点是：本产品是一种单组分、中模量、中性固化硅酮密封胶。对玻璃、铝合金等大部分材料具有良好的粘结性，广泛适用于各类门、窗、内外墙的填缝密封，允许位移能力 +20%。

适用范围

美盛、泰朗及凡惠聚氨酯泡沫填充剂：用于固定门窗、门套安装中的粘结固定；填缝填堵空调洞及缝隙修补；密封自来水管道、下水道等漏洞的修补；隔音播音室、汽车等的隔音；包装易碎商品包裹，省时快捷，抗震耐压；造型模型沙盘的制作、展板修补。

美盛硅酮胶适用范围：各类铝合金门窗安装，玻璃装配；室内装修粘结密封；厨房卫浴设备安装；一般用途的填缝密封。

技术指标

美盛、泰朗及凡惠聚氨酯泡沫填充剂产品技术参数符合 JC 936—2004《单组分聚氨酯泡沫填缝剂》质量标准；

美盛硅酮胶产品技术参数符合 GB/T 14683—2017《硅酮和改性硅酮建筑密封胶》质量标准要求。

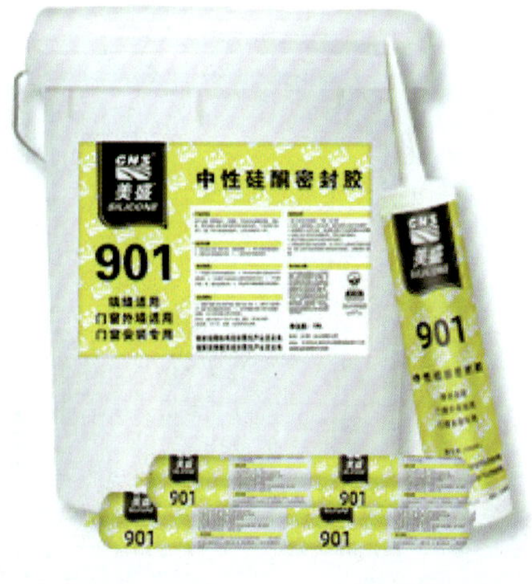

固诺（天津）实业有限公司

地址：天津市武清区汉沽港镇福远路 112 号
电话：400-1866-616
传真：022-82967400
官方网站 www.gnsealant.com

工程案例

1. 北京国贸三期 B 座，建筑面积 23 万平方米，开发商为国贸中心；

2. 重庆华润二十四城，建筑面积 200 万平方米，开发商为华润置地；

3. 广东保利中央公馆，建筑面积 20 万平方米，开发商为保利地产；

4. 天津融创城全运村，建筑面积 40 万平方米，开发商为融创、绿城；

5. 上海尚海郦景，建筑面积 65 万平方米，开发商为上海地产（集团）。

生产企业

固诺（天津）实业有限公司成立于 2010 年，坐落于天津市武清区京津科技谷产业园，2011 年引进先进的瑞士全自动生产线设备进行生产，2012 年创立美盛品牌并正式打入市场，2014 年通过了国家高新技术企业认定，2015 年泰朗品牌建立并正式打入市场，2018 年成功收购安徽威朗有限公司，作为固诺实业第二生产基地，公司积极引进国内外先进生产设备和吸收先进管理理念，产销量逐年上升。

企业规模

固诺（天津）实业有限公司属于集团性公司，是集研发、生产、销售为一体的创新型生产企业，主要从事聚氨酯泡沫填充剂与硅酮密封胶的研发生产，公司占地面积 208 亩，投资金额 3.5 亿元。公司拥有独立的进出口权，相关品牌在全国各地颇具知名度，并远销东南亚、中东、北欧、北美、俄罗斯、蒙古等 70 多个国家与地区。

固诺（天津）实业有限公司

地址：天津市武清区汉沽港镇福远路 112 号
电话：400-1866-616
传真：022-82967400
官方网站 www.gnsealant.com

证书编号：LB2019MF005

森聚柯硅酮密封胶、硅烷改性聚醚密封胶（MS）、聚氨酯密封胶

产品简介

中性硅酮密封胶耐气候老化性能、耐高低温性能良好，固化后在 -20℃的低温下仍不会变脆、硬化或开裂，在 +100℃高温下不会变软、降解，始终保持良好的弹性；中性固化对一般基材无腐蚀性、对大部分建筑材料粘结性好；适用于各类门窗及玻璃安装、各类门窗周围的边界接缝填缝及陶瓷、水泥、多种金属及屋顶的一般性密封。

硅烷封端聚醚密封胶兼具硅酮密封胶和聚氨酯密封胶的许多优点。对多种基材有稳定优异的粘接性，并具有可涂饰性，不污染基材如石材、混凝土等；中性固化对一般基材无腐蚀性；适用于各种建筑工程中如装配式建筑的 PC 板之间接缝、混凝土接缝、石材幕墙接缝、砖块接缝等的密封。

单组分聚氨酯密封胶是单组分、低模量、抗高位移、湿气固化的聚氨酯弹性密封胶。其对大多数基材黏附性良好，尤其是各种多孔基材，并且不污染基材如石材、混凝土、木材等；耐气候老化性能、耐高低温性能良好，固化后在 -30℃的低温下仍不会变脆、硬化或开裂，在 +100℃高温下不会变软、降解，始终保持良好的弹性；适用于各类多孔材料接缝如混凝土接缝、装配式建筑 PC 接缝、木质材料接缝、石材接缝、砖块接缝等的密封防水。

适用范围

中性硅酮密封胶、硅烷封端聚醚密封胶、聚氨酯密封胶耐气候老化性能、耐高低温性能优良，对大部分建筑材料粘结性好；适用于各类幕墙、门窗安装，玻璃装配，各类厨房用具、卫生洁具的安装，金属结构工程以及各种建筑工程中如装配式建筑的 PC 板之间接缝、混凝土接缝、石材幕墙接缝、砖块接缝等的密封。

技术指标

中性硅酮耐候密封胶（SJK-1150）位移能力 25%、弹性恢复率 86%、表干时间 0.3 小时；
中性硅酮密封胶（SJK-1110）位移能力 20%、弹性恢复率 93%、表干时间 1.2 小时；
单组分聚氨酯密封胶（SJK-1907）位移能力 25%、低模量、弹性恢复率 85%、表干时间 0.3 小时；
硅烷封端聚醚密封胶（SJK-1898）位移能力 25%、低模量、定伸永久变形率 53%、表干时间 0.3 小时；
中性硅酮密封胶（SJK-1109）位移能力 12.5%、弹性恢复率 85%、体积损失率 6%。

工程案例

中国尊停机坪及屋面防水。2018 年 7 月与中建三局集团有限公司签订中国尊停机坪及屋面防水工程协议，用森聚柯 SJKR-590 单组分聚脲，用量约 12 吨，面积 6000 平方米。

与山西太康公司合作，在山西、山东等冷库安装工程外墙填缝中使用森聚柯 SJK-1110 密封胶，用量合计 8680 支。

与陕西秦垒公司合作，在渭南华洲初级中学、商洛中学工程外墙填缝中使用森聚柯 SJK-1109 密封胶，用量合计 94000 条。

天津森聚柯密封涂层材料有限公司
地址：天津市武清区崔黄口镇电子商务产业园宏兴道 6 号
电话：022-29575323
传真：022-82972213
官方网站：shinjuker.com

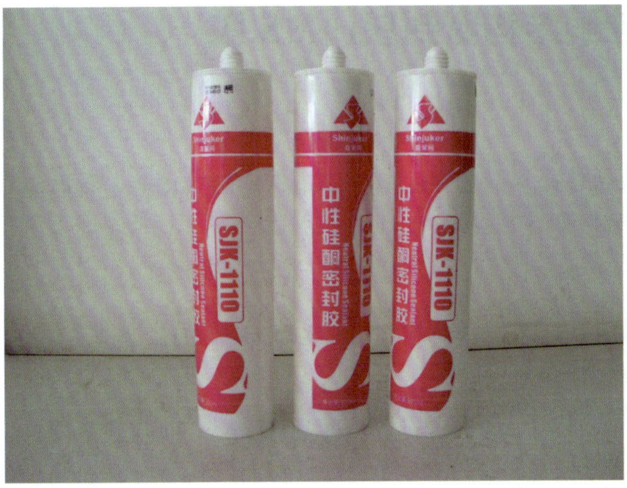

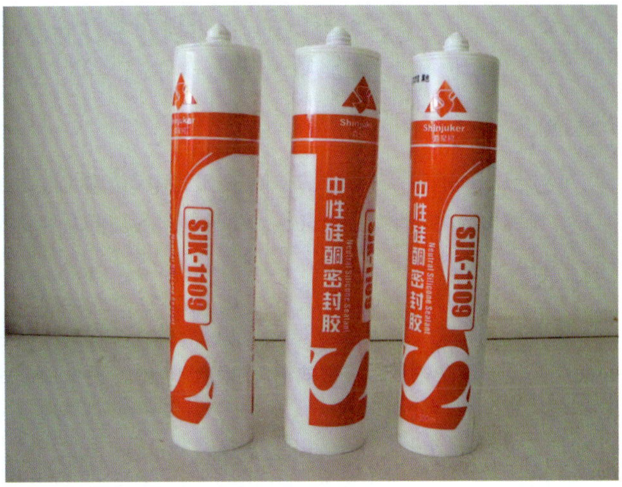

生产企业

天津森聚柯密封涂层材料有限公司成立于2010年7月，是一家集产品研发、生产、销售于一体的高科技型生产企业，主要研发生产高等级系列密封胶、高性能厚质涂层材料。公司所生产的暴露型单组分聚氨酯、聚氨酯（脲）、聚脲等厚质涂层材料产品技术由法国SOPREMA-Durgalith公司授权在大中华区生产销售，该类产品在技术上位居行业前列。同时公司生产高品质的有机硅密封胶、聚氨酯密封胶、硅烷改性聚醚(MS)密封胶系列产品和环氧涂层等产品。公司所生产的暴露型单组分厚质涂层材料和高性能密封胶为高品质高等级工程服务，用优质的产品提升客户的使用体验和生活品质，为客户创造价值。

天津森聚柯密封涂层材料有限公司

地址：天津市武清区崔黄口镇电子商务产业园宏兴道6号
电话：022-29575323
传真：022-82972213
官方网站：shinjuker.com

证书编号：LB2019MF006

联宇硅酮建筑密封胶、硅酮结构密封胶、MS 胶

产品简介

联宇系列硅酮胶，对铝材、玻璃、金属、镀膜玻璃、混凝土、大理石、花岗岩等建筑材料具有良好的粘结性能，形成耐寒、耐热、无腐蚀、抗老化、耐紫外线、耐臭氧和耐高低温等良好的性能。

适用范围

产品适用于幕墙工程、钢结构工程、铝材、铝单板、铝塑板、石材、玻璃、各类门窗玻璃安装、密封、汽车、船舶、包装广告及家庭装饰、大板玻璃门、橱窗、鱼缸、采光顶玻璃等其他多种用途。

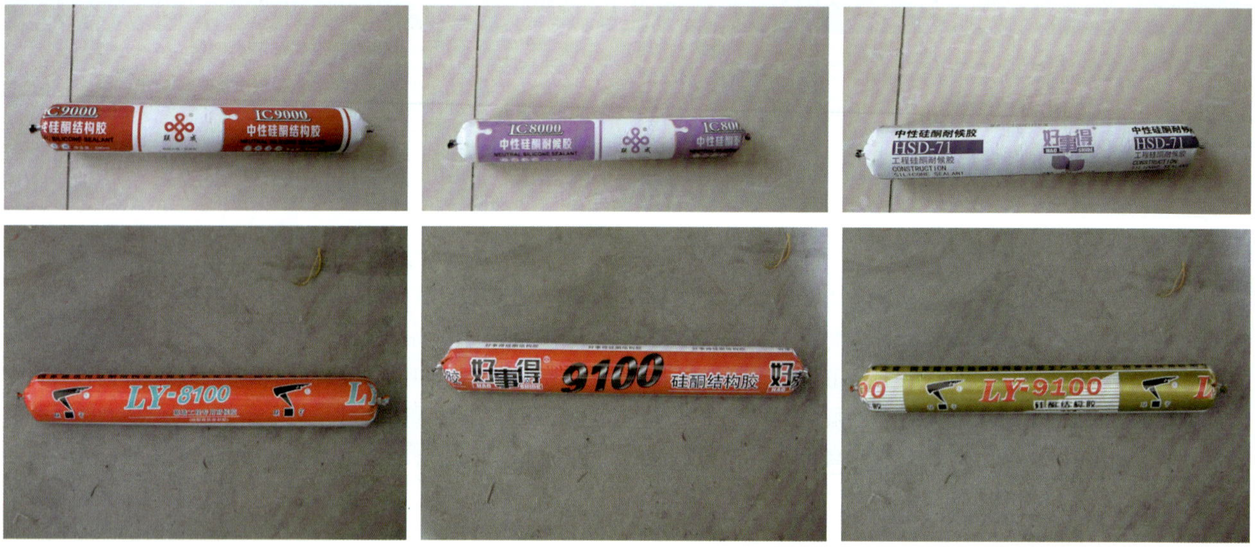

技术指标

硅酮胶主要技术指标如下：

下垂度 /mm	标准［23±2（℃）］表干时间 / min	邵氏硬度 A	适用期	拉伸强度 /MPa	定伸粘结性
0	≤ 0.9	30	≥ 20min	1.06	无破坏

工程案例

郑州民安北郡小区、黑龙江大庆市萨尔图区万达广场、河北邯郸宏达圣水湖畔、河南郑州万达广场、天津大港油田总医院、日照世纪之帆、天津大港油田港西新城楼群、广州军区武汉总医院大楼、上海奥克斯科技园创研智造基地生产研发中心、临沂市齐鲁园 CBD、济南蓝天绿园小区、菏泽第二人民医院、南通鸿铭摩尔、南通金贸国际中心、南通大学图书馆等。

生产企业

山东联宇胶业有限公司坐落于山东省临朐县东城工业园区。公司注册资金 500 万元人民币，占地 20000 平方米，是专业从事硅酮系列单双组分结构胶、耐候胶、中性透明胶、玻璃胶、丙烯酸系列密封胶的研制、开发、生产、销售为一体的民营企业。

公司奉行“以人为本，追求卓越”的经营理念，以“质量创新”为动力之源，拥有雄厚的技术研发能力；具有严格的

山东联宇胶业有限公司
地址：临朐东城开发区朐阳路以南（东环路以东 500 米处）
电话：0536-3716518
官方网站：http://ww.shandonglianyu.com

质量监控、产品检测设施和高素质的管理团队与科研技术人才。2008 年通过 ISO 9001 国际质量管理体系认证，2010 年通过中国建材认证，2011 年通过国家硅酮结构胶生产认定，2012 年成为山东省建设工业产品登记备案企业，为产品的质量稳定和公司的持续发展奠定了坚实的基础。公司经多年的研发和生产经验积累，不断吸收国内外同行业的先进经验，所生产的产品性能优越，质量稳定，被建筑装饰行业广泛应用，深受用户的好评和依赖，畅销全国各地。

公司始终以“全员参与，创新永恒；追求卓越，创造无限，为顾客提供尽善尽美的产品，共创美好未来”为质量方针，一如既往地承诺为客户提供高质量的产品和非常满意的全程服务。我们愿与社会各界人士精诚合作，共谋发展，实行双方共同发展的双赢合作方针，以满足日益膨胀的有机硅市场的发展需求。

山东联宇胶业有限公司
地址：临朐东城开发区朐阳路以南（东环路以东 500 米处）
电话：0536-3716518
官方网站：http://www.shandonglianyu.com

证书编号：LB2019MF007

宝龙达硅酮结构密封胶、中性硅酮耐候密封胶、中空玻璃用弹性密封胶

产品简介

BLD8200 系单组分硅酮结构密封胶产品，中性固化，对金属、镀膜玻璃、混凝土及大理石（花岗岩）无腐蚀性；优异的耐气候老化性能，通常的气候条件下使用寿命达 50 年；耐高低温性能卓越，在 -40 ～ 120℃的范围内性能变化不大；对大部分建筑材料具优良的粘接性，高强度、高模量、高柔韧。

BLD6200 系单组分、中性、室温固化的硅酮耐候胶，使用方便；卓越的耐候性，长久的使用寿命，紫外线、臭氧、雨水、冰雹、极端高低温都不会对其造成影响；良好的附着力，固化后对大多数建材都能产生强大的粘接力；具极佳的拉伸压缩性能。固化后的密封胶在 -40 ～ 120℃之间保持良好的弹性，依据老化试验推断：通常的气候条件下，不会硬化或脆裂。

适用范围

硅酮结构密封胶适用于大型玻璃幕墙的结构性粘接装配及中空玻璃结构性粘接密封。

技术指标

硅酮结构密封胶符合 GB 16776—2005《建筑用硅酮结构密封胶》标准中的相关要求。

中性硅酮耐候密封胶适用于大型玻璃幕墙非结构性搭接或对接密封、大型铝板幕墙、石材幕墙接缝密封、混凝土、砖瓦、陶瓷、塑料及金属板间接缝密封。

工程案例

郑州民安北郡小区、黑龙江大庆市萨尔图区万达广场、河北邯郸宏达圣水湖畔、河南郑州万达广场、天津大港油田总医院、日照世纪之帆、天津大港油田港西新城楼群、广州军区武汉总医院大楼、上海奥克斯科技园创研智造基地生产研发中心、临沂市齐鲁园 CBD、济南蓝天绿园小区、菏泽第二人民医院、南通鸿铭摩尔、南通金贸国际中心、南通大学图书馆等。

山东宝龙达实业集团有限公司
地址：山东省临朐县龙山高新技术产业园营龙路 008 号
电话：0536-3350889
传真：0536-3350889
官方网站：www.baolongda.net

生产企业

山东宝龙达实业集团有限公司是一家集科研、生产、贸易于一体的多元化高新技术企业。宝龙达以高标准创造“安全可靠、高性价比、实用、国际化”的优质产品，在中国硅酮胶市场鼎足而立。

公司先后荣获全国建筑密封胶十强企业、“十二五”中国石油和化工优秀民营企业、全国工商联科技装备业商会副会长单位、中国建筑幕墙行业三十年优秀企业、中国氟硅行业创新奖 、中国氟硅行业产业技术进步奖、中国氟硅行业典范企业、山东省瞪羚示范企业、山东省制造业单项冠军、山东省中小企业隐形冠军企业、山东省科技装备业商会副会长单位等。

公司技术研发力量雄厚，是《中空玻璃用硅酮结构密封胶》和《中空玻璃用弹性密封胶》国家标准、《建筑用防霉密封胶》行业标准、《彩色涂层钢板用建筑密封胶》行业标准的主起草单位。拥有发明专利6项，实用新型专利7项，外观设计专利4项。获得了“国家建筑用硅酮结构胶生产认证企业”“中国建材质量认证中心（CTC）认证企业”“中国建筑装饰协会推荐产品”等中国建筑密封产品行业资质。

我们秉承“敦本务实、龙腾志达”的企业价值观，致力于打造实现“年产 10 万吨超级有机硅新材料项目”。在高度专业化的基础上，结合市场发展需求，不断推出新技术、新工艺、新产品，坚持走科技创新发展道路，为日新月异的中国有机硅精细化工事业锦上添花！

山东宝龙达实业集团有限公司

地址：山东省临朐县龙山高新技术产业园营龙路 008 号
电话：0536-3350889
传真：0536-3350889
官方网站：www.baolongda.net

证书编号：LB2019JN001

WEISS 双组分聚氨酯组角胶、D3 级木材胶粘剂、防水雨布专用胶粘剂

产品简介

COSMOFEN DUO 双组分聚氨酯组角胶，具有很好的粘接强度和耐候性。由于其粘接范围广，可用于不同应用领域，如铝合金门窗角码组角、门窗中挺部位的粘接，窗体型材遮盖板和阳极氧化或粉末喷涂的铝合金型材的结构粘接，幕墙生产中的结构粘接；因其可填补 3 ～ 8mm 缝隙，也适用于硬 PVC、铝合金、防火板（HPL）、玻璃钢等材料之间的接缝粘接。

COSMOCOLL FL37 是中等黏度 D3 防水级别木材胶，用于木材的组装、表面粘接、缝隙填补和榫接粘接，以达到更高效的防水要求。适合粘接质地柔软、坚硬以及其他特殊的木材，满足各种专业公司的冷、热处理及高频粘接的要求。

COSMO HD-100.400C 改性聚合物胶粘剂是专为门窗防水雨布开发的产品，既有粘接又有密封作用。COSMO HD-100.400C 具有极佳耐候性，良好的涂抹性能和低收缩率，非常低的挥发物释放量等，集许多优点于一身，故粘接范围非常广泛。胶体固化后具有良好的弹性，有较高的断裂伸长率，主要用于窗户、门、外墙组件中室内外防水隔汽膜和透汽膜的粘接且具有非常好的密封效果，符合 RAL 安装指导的要求。

适用范围

双组分聚氨酯组角胶适用于合金门窗角码、窗体型材遮盖板和阳极氧化或粉末喷涂的铝合金型材的结构粘接、石膏纤维板的拼缝粘接以及不同材料表面，例如，木、层板、玻璃钢等。

D3 级木材胶粘剂适用于木材处理中的榫接，齿接粘接，软木、硬木及异国木材的冷、热高频粘接，木门窗的组角，组框楼梯及室内装修。

防水雨布专用胶粘剂适用于门窗、幕墙用各种防水隔汽膜和透汽膜的粘接与密封。

技术指标

双组分聚氨酯组角胶性能指标如下：

邵氏硬度　按照 DIN53505	大约 85D
黏度 +20℃时 混合 - COSMO PU-200.281 成分 A - COSMO PU-201.281 成分 B - COSMO PU-205.280	 低粘度 - 膏状 低粘度 - 膏状 低粘度 - 膏状
表干时间 100g，在 + 20℃	大约 60 分钟
操作时间 使用胶嘴，在 + 20℃	大约 45 分钟
	在 +30℃时，操作时间大约是 +20℃的一半； 在 +10℃时，操作时间大约是 +20℃的两倍。
达到功能强度 例如：角码粘接，在 + 20℃	大约 6 小时
固化时间 在 +20℃，50% 的相对湿度，达到 75% 的固化 达到最终的强度，完全固化	 大约 24 小时 大约 7 天
最低操作温度	+7℃以上
拉伸剪切强度　按照 DIN EN1465，铝 / 铝粘接， 0.2mm 接头 在 +20℃ 在 +80℃	 18.0N / mm^2 9.0N/mm^2

北京高分宝树科技有限公司
地址：北京市朝阳区朝阳北路非中心中弘国际商务花园 3 号楼 301 室
电话：+86 10 65581229/1232
官方网站：www.cofinetree.com

D3 级木材胶粘剂性能指标如下：

成分	分散的聚醋酸乙烯酯
pH 值 按照 EN1245 标准	pH=3
开放时间 在＋20℃，50%相对湿度　用量 150μm	约 12 分钟
高温粘接强度	
符合 DIN EN14257（WATT91）　无硬化剂	约 7.1N /mm^2
加入 5%的硬化剂 COSMOSP730.120	约 8.0 N /mm^2
施胶量 根据载体材料	约 150g /m^2
保压压力	0.2 ～ 0.4 N /mm^2
保压时间	
接头在＋20℃	22 分钟
接头在＋60℃	7 分钟
接头在＋80℃	3.5 分钟
高频粘接	0.5 ～ 4 分钟
大面积粘接在＋20℃	15 分钟
大面积粘接在＋60℃	10 分钟
最低操作温度	高于 +7℃

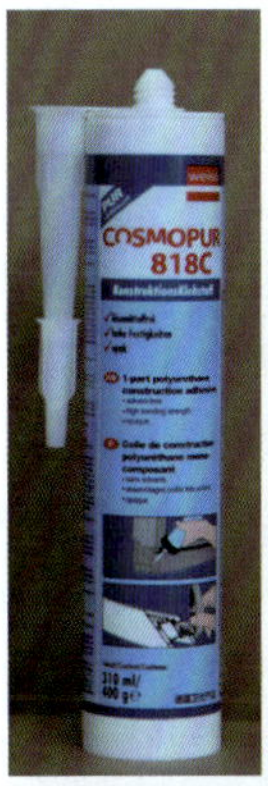

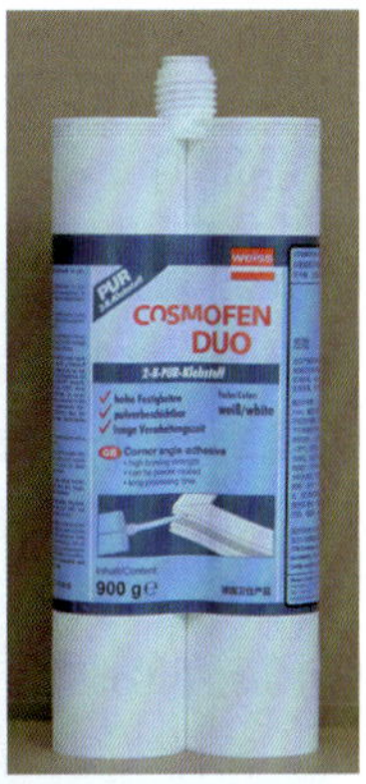

防水雨布专用胶粘剂性能指标如下：

邵氏硬度：按照 DIN53505	大约 55A
黏度： +25℃时	～ 480,000mPa•s
表干时间 - 干燥　在 +20℃，50% 的相对湿度 PE-PVC，打胶量 500μm	大约 7 分钟 随着空气湿度增加，或对胶粘剂喷水，表干时间会相应缩短
固化时间 在 +20℃，50% 的相对湿度	厚度 4mm，大约 24 小时
达到最终的强度，完全固化	7 天
体积收缩率	1.3%
断裂伸长率	350%
吸水量（储存 14 天）	3.0%
盐雾测试	良好
拉伸剪切强度（+20℃）	3.1N/mm^2
无需标记要求	√
不含溶剂	√

工程案例

2013 年 11 月底，首旅集团旗下民族高端酒店“诺金”宣布其第一家旗舰店建筑结构封顶。其外墙系统是由旭格公司提供，由江河创建公司负责安装，我们的德国卫仕 COSMOFEN DUO 是诺金酒店项目指定的单元体幕墙框架组角用胶粘剂。据了解，号称第一个属于中国人自己的奢华酒店品牌“诺金”，将被打造成具有中国特色的超五星级艺术型酒店，与半岛酒店、文华东方酒店、四季酒店等竞争。

生产企业

北京高分宝树科技有限公司致力于成为在结构加强及防水密封方面的系统材料集成商。目前，公司旗下有三大品牌：德国卫仕 weiss- 胶粘剂，三明治复合板；德国安所 ISO- 密封材料；普拉菲博 - 特氟龙制品。业务范围覆盖普通建筑、低能耗节能建筑、光伏、包装印刷、海事、轨道交通等领域。

北京高分宝树科技有限公司成立于 1995 年，总部位于北京。二十几年来，积攒了丰富的经验和制作工艺，同时不断寻求新的产品和创新应用，我们有能力通过产品整合，为不同用户提供多种系统解决方案并提供优质的服务！高质量的产品以及高品质的服务是我们的两大竞争力，公司一直秉承“带给你品质与安心”的经营理念，在业内得到一致好评！

北京高分宝树科技有限公司
地址：北京市朝阳区朝阳北路非中心中弘国际商务花园 3 号楼 301 室
电话：+86 10 65581229/1232
官方网站：www.cofinetree.com

证书编号：LB2019JN002

盛基 EPI 类无甲醛胶粘剂

产品简介

长开放时间 EPI 类无甲醛胶粘剂通过选用具有良好保水性能的丙烯酸盐或其聚合物为主要粘接材料，再适当添加一定量的助剂，可以使胶粘剂的开放时间（从涂胶组坯到进入压机的时间）达到 90 分钟以上，是唯一能满足长开放时间无甲醛人造板实现工业化量产的无甲醛胶粘剂，适用于胶合板、密度板、细木工板、复合地板、单板层积材等多类型板材。六大系列三十一种产品，无醛，无苯，无毒，VOC 排放几乎为零 。

适用范围

产品基本覆盖各种类型板材：胶合板、纤维板、细木工板、拼接竹片板、LVL、弯曲木胶合板、集成材复合地板贴面 / 纤维板、刨花板（定型中定向刨花板、颗粒板）。

技术指标

产品性能指标如下：

项目	主剂	固化剂
外观	乳白色黏稠液体	棕黑色液体
固含量，%	≥ 50	≥ 99
黏度（25℃）mPa · s	≥ 7000	150 ~ 250
pH 值	7±1	7±1
甲醛	未检出	
苯	未检出	
甲苯、二甲苯	未检出	
有机锡	未检出	
塑化剂	未检出	
重金属	未检出	

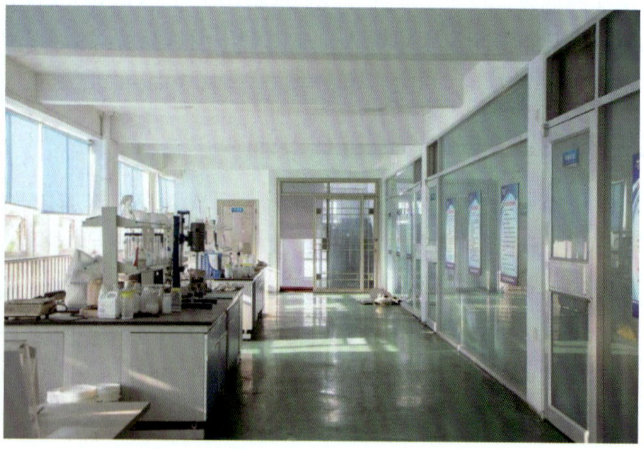

东营市盛基环保工程有限公司
地址：山东省东营市东营区云门山路 1123 号胜利石油科技创新园 10 号
电话：0546-8179638
官方网站：www.worldnaf.com

工程案例

1. 大连宜家　弯曲木椅制造　7年　800吨/年
2. 广西贵港泰翔木业　多层板生产　0.5年　10吨/月
3. 东营东康人造板有限公司　密度板生产　0.5年　20吨/月
4. 华为新总部装修工程　房屋装修　招标　10吨/次
5. 中车复兴二号　内饰装修　国际招标　5吨/次

生产企业

东营市盛基环保工程有限公司成立于2009年，专业致力于无甲醛胶粘剂的研发生产和推广，以推动家居装修无甲醛化为己任。作为主要起草人参与编制国家标准一项、行业标准一项、行业协会社团标准两项。拥有两项国际先进的科技成果，一项国际先进的新产品，获得“中国好技术”称号，已获得专利12项、科技部等创新奖励11项。2019年6月4日-5日，我公司承办2019中国（东营）无醛人造板及其制品产业发展高峰论坛暨无醛人造板国家创新联盟成立大会，来自全国近300家相关企业代表及专家齐聚黄三角，共商未来无醛人造板相关产业的发展，展示了我公司无醛产品技术及应用水平。

多年来，在我公司的倡导与推动下，无甲醛胶粘剂研发成果逐渐被业内专家接受，无甲醛人造板生产工艺的创新获得了行业及管理部门的高度认可。盛基正努力推动中国无甲醛绿色生产走在世界前列。

东营市盛基环保工程有限公司

地址：山东省东营市东营区云门山路1123号胜利石油科技创新园10号
电话：0546-8179638
官方网站：www.worldnaf.com

证书编号：LB2019FS001

瑞斯弹性体改性沥青防水卷材、自粘聚合物改性沥青防水卷材

产品简介

弹性体（SBS）改性沥青防水卷材是以苯乙烯 - 丁二烯 - 苯乙烯（SBS）热塑性弹性体改性沥青做浸渍和涂盖材料，以聚酯毡、玻纤毡和玻纤增强聚酯毡为胎基，上表面覆以聚乙烯膜、细砂或矿物片料等隔离材料所制成的可以卷曲的片状防水材料。

自粘聚合物改性沥青防水卷材是以自粘聚合物改性沥青为基料，非外露使用的无胎基或采用聚酯胎基增强的本体自粘防水卷材。

适用范围

产品广泛应用于各类民用建筑、地铁、隧道、水利、垃圾掩埋场、化工、冶金等多个领域的防水工程。

技术指标

产品性能指标如下：

序号	项目		指标		
			P	G	GL
1	中间胎基上面树脂层厚度 /mm ≥		0.40		
2	拉伸性能	最大拉力 N/cm ≥	250	—	120
		拉伸强度 /MPa ≥	—	10.0	—
		最大拉力时伸长率 /% ≥	15	—	—
		断裂伸长率 /% ≥	—	200	100
3	热处理尺寸变化率 /% ≤		0.5	0.1	0.1
4	低温弯折性		-25℃无裂纹		
5	不透水性		0.3MPa，2h 不透水		
6	抗冲击性能		0.5kg · m，不渗水		
7	抗静态荷载		20kg 不渗水		
8	接缝剥离强度 /(N/mm) ≥		3.0		
9	直角撕裂强度 /(N/mm) ≥		—	50	—
10	梯形撕裂强度 /N ≥		250	—	220
11	吸水率（70℃，168h）/%	浸水后 ≤	4.0		
		晾置后 ≥	-0.40		
12	热老化（80℃）	时间 /h	672		
		外观	无起泡、裂纹、分层、粘结和孔洞		
		最大拉力保持率 /% ≥	85	—	85
		拉伸强度保持率 /% ≥	—	85	—
		最大拉力时伸长率保持率 /% ≥	80	—	—
		断裂伸长率保持率 /% ≥	—	80	80
		低温弯折性	-20℃无裂纹		
13	耐化学性	外观	无起泡、裂纹、分层、粘结和孔洞		
		最大拉力保持率 /% ≥	85	—	85
		拉伸强度保持率 /% ≥	—	85	—
		最大拉力时伸长率保持率 /% ≥	80	—	—
		断裂伸长率保持率 /% ≥	—	80	80
		低温弯折性	-20℃无裂纹		
14	人工气候加速老化℃	时间 /h	1500b		
		外观	无起泡、裂纹、分层、粘结和孔洞		
		最大拉力保持率 /% ≥	85	—	85
		拉伸强度保持率 /% ≥	—	85	—
		最大拉力时伸长率保持率 /% ≥	80	—	—
		断裂伸长率保持率 /% ≥	—	80	80
		低温弯折性	-20℃无裂纹		

瑞斯（唐山）建材有限公司
地址：丰南区临港经济开发区
电话：010-65768399
官方网站：www.ruisifangshui.com

工程案例

1. 在与恒大地产 2016 年度合同履行中，供货约 45 万m²，使用在车库顶板防水，大约二十多个楼盘。

2. 哈尔滨城市轨道交通 3 号线二期防水材料 2 包的防水材料供应。

3. 中铁二局股份有限公司深圳地铁 11 号线的防水材料供应。

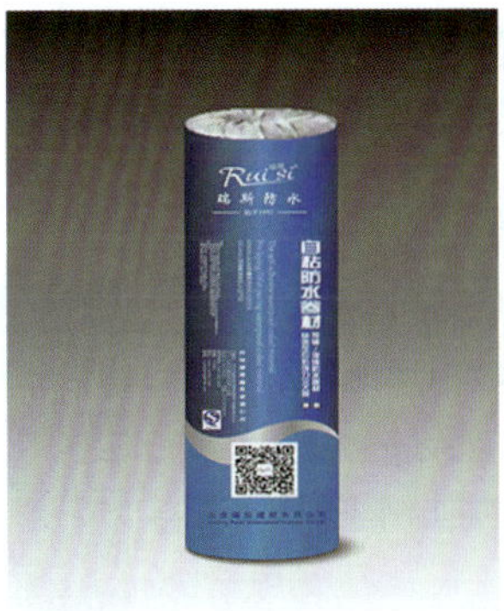

生产企业

瑞思集团是一家集防水材料、家装壁材、混凝土外加剂的研发、生产、销售及施工于一体的专业化综合型建材企业。集团旗下有北京瑞斯建材有限公司、北京中建瑞斯防水施工中心、瑞斯（唐山）建材有限公司、北京南极海新材料股份有限公司。

自 1992 年成立以来，集团始终贯彻“专业、专注、敬畏、服务”四大核心理念和“励精图治、厚积薄发、稳步发展、不断提高”的企业精神，见证并陪伴了中国改性沥青防水材料及混凝土添加剂的发展历程，我们坚信并在努力把集团打造成一个百年企业。

目前，集团各公司均通过了相关的 ISO 9000、ISO 14001、OHSAS 18001 认证，其中北京南极海新材料股份有限公司还获得国家专利 22 项，并获得北京市高新技术企业认证及北京市高新技术企业试点单位、中国建筑材料联合会理事单位、欧盟 CE 认证、CCTV 展播品牌和“国家生态绿色建筑产品”称号。

当下面对我国供给政策改革，经济转型与换挡期的新常态，瑞斯集团一定会紧抓市场机遇，积极应对挑战，竭诚为广大客户提供优质的产品、贴心的服务，始终与您风雨同舟、携手并进，共创美好明天！

瑞斯（唐山）建材有限公司

地址：丰南区临港经济开发区
电话：010-65768399
官方网站：www.ruisifangshui.com

证书编号：LB2019FS002

瑞斯 JS 聚合物水泥基防水涂料、单组分聚氨酯防水涂料

产品简介

JS 复合防水涂料（聚合物水泥防水涂料）是以优质改性丙烯酸乳液和多种添加剂组成的有机液料，再以高铝高铁水泥及多种添加剂组成的无机粉料，经科学配方加工制成的双组分水性防水涂料。

单组分聚氨酯防水涂料是以异氰酸酯、聚醚多元醇为主要原料、配以各种助剂和填料经聚合反应制成的，使用时涂覆于防水基层，经过聚氨酯预聚体中的 −NCO 端基与空气中的湿气接触后进行的化学反应，在基层表面形成坚韧、柔软、无接缝的橡胶防水膜。

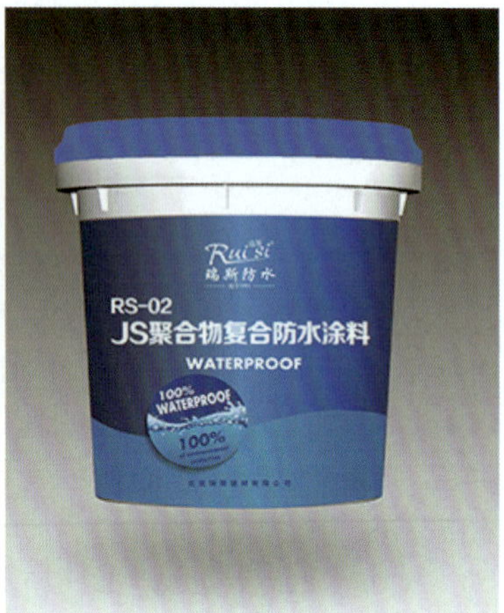

适用范围

产品广泛应用于各类民用建筑、地铁、隧道、水利、垃圾掩埋场、化工、冶金等多个领域的防水工程。

技术指标

产品符合 GB/T 23445—2009《聚合物水泥防水涂料》以及 GB/T 19250—2013《聚氨酯防水涂料》标准中的相关要求。

工程案例

1. 在与恒大地产 2016 年度合同履行中，供货约 45 万 m^2，使用在车库顶板防水，大约二十多个楼盘。
2. 哈尔滨城市轨道交通 3 号线二期防水材料 2 包的防水材料供应。
3. 中铁二局股份有限公司深圳地铁 11 号线的防水材料供应。

瑞斯（唐山）建材有限公司

地址：丰南区临港经济开发区
电话：010-65768399
官方网站：www.ruisifangshui.com

生产企业

瑞思集团是一家集防水材料、家装壁材、混凝土外加剂的研发、生产、销售及施工于一体的专业化综合型建材企业集团旗下有北京瑞斯建材有限公司、北京中建瑞斯防水施工中心、瑞斯（唐山）建材有限公司、北京南极海新材料股份有限公司。

自 1992 年成立以来，集团始终贯彻“专业、专注、敬畏、服务”四大核心理念和“励精图治、厚积薄发、稳步发展、不断提高”的企业精神，见证并陪伴了中国改性沥青防水材料及混凝土添加剂的发展历程，我们坚信并在努力把集团打造成一个百年企业。

目前，集团各公司均通过了相关的 ISO 9000、ISO 14001、OHSAS 18001 认证，其中北京南极海新材料股份有限公司还获得国家专利 22 项，并获得北京市高新技术企业认证及北京市高新技术企业试点单位、中国建筑材料联合会理事单位、欧盟 CE 认证、CCTV 展播品牌和“国家生态绿色建筑产品”称号。

当下面对我国供给政策改革，经济转型与换挡期的新常态，瑞斯集团一定会紧抓市场机遇，积极应对挑战、竭诚为广大客户提供优质的产品、贴心的服务，始终与您风雨同舟、携手并进，共创美好明天！

瑞斯（唐山）建材有限公司
地址：丰南区临港经济开发区
电话：010-65768399
官方网站：www.ruisifangshui.com

证书编号：LB2019FS003

科顺预铺防水卷材、自粘聚合物改性沥青防水卷材、APP 塑性体改性沥青防水卷材

产品简介

“科顺”牌预铺防水卷材是专门针对地下工程需用预铺法施工的工程部位而研发的一种性能优越的多层复合防水材料，其主要由高密度聚乙烯（HDPE）片材、高分子自粘胶膜和有特殊性能要求的表面颗粒保护层组成。后浇混凝土在初凝前，混凝土在重力作用下与卷材自粘胶层慢慢地产生交联啮合，在水泥固化过程中产生物理吸附和卯榫作用，使得卷材与后浇混凝土牢牢地粘接在一起，不易脱开。

“科顺”牌自粘聚合物改性沥青防水卷材是以高分子聚合物改性沥青和合成橡胶为基料，加入活性助剂，采用聚酯胎为加强层，以聚乙烯膜为表面材料，底面采用硅油防粘隔离纸 / 膜，具有环保性、可冷施工作业的防水卷材。

“科顺”牌 APP 塑性体改性沥青防水卷材是以优质沥青添加无规聚丙烯（APP）或聚烯烃类聚合物（APAO、APO）改性树脂，经特殊工艺配制成高聚物改性沥青材料，中置增强胎体，外覆盖多种表面材料共同构成。

适用范围

预铺防水卷材适用于一般民用建筑及大型市政地下工程。

自粘聚合物改性沥青防水卷材适用于各种非外露的地下工程、屋面工程、地铁、隧道、水池等各部位的防水防潮工程。

APP 塑性体改性沥青防水卷材适用于地铁、综合管廊、隧道、水利等工程的防水。

技术指标

预铺防水卷材性能指标如下：

序号	项目		指标 P
1	拉伸性能	拉力 /(N/50mm) ≥	600
		拉伸强度 /MPa ≥	16
		膜断裂伸长率，% ≥	400
		拉伸时现象	胶层与主体材料或胎基无分离现象
2	钉杆撕裂强度 /N ≥		400
3	抗穿刺强度 /N		350
4	抗冲击性能		无渗漏
5	抗静态荷载		20kg，无渗漏
6	耐热性		80℃，2h 无滑移、流淌、滴落
7	低温弯折性		主体材料 -35℃，无裂纹
8	低温柔性		胶层 -25℃，无裂纹
9	渗油性 / 张数≤		1
10	抗窜水性（水力梯度）		0.8MPa/35mm，4h 不窜水
11	不透水性（0.3MPa，120min）		不透水
12	与后浇混凝土剥离强度 / N/mm	无处理≥	1.5
		水泥粉污染表面≥	1.0
		泥沙污染表面≥	1.0
		紫外线老化≥	1.0
		热老化≥	1.0
13	与后浇混凝土浸水后剥离强度 / N/mm ≥		1.0
14	卷材与卷材剥离强度（搭接边）/(N/mm)	无处理≥	0.8
15		浸水处理≥	0.8
16	卷材防粘处理部位剥离强度 /(N/mm) ≤		0.1 或不粘合
17	热老化（70℃，168h）	拉力保持率 /% ≥	90
		伸长保持率 /% ≥	80
		低温弯折性	主体材料 -32℃，无裂纹
		低温柔性	胶层 -23℃，无裂纹
18	尺寸变化率 /% ≤		±1.5

科顺防水科技股份有限公司
地址：广东省佛山市顺德区容桂街道红旗中路 38 号之一
电话：0757-28603333
官方网站：www.keshun.com.cn

自粘聚合物改性沥青防水卷材性能指标如下：

序号	项目			指标	
				I	II
1	可溶物含量 / (g/m^2) ≥	3.0mm		2100	
		4.0mm		2900	
2	拉伸性能	拉力 / (N/50mm)	3.0mm	450	600
			4.0mm	450	600
		最大拉力时延伸率 /% ≥		30	40
3	耐热性			70℃无滑动、流淌、滴落	
4	低温柔性 /℃			-20	-30
				无裂纹	
5	不透水性			0.3MPa，120min 不透水	
6	剥离强度 / (N/mm) ≥	卷材与卷材		1.0	
		卷材与铝板		1.5	
7	钉杆水密性			通过	
8	渗油性 / 张数≤			2	
9	持粘性 /min ≥			15	
10	热老化	最大拉力时延伸率 /% ≥		30	40
		低温柔性 /℃		-18	-28
				无裂纹	
		剥离强度 卷材与铝板 /(N/mm) ≥		1.5	
		尺寸稳定性 /% ≤		1.5	1.0
11	自粘沥青再剥离强度 /(N/mm) ≥			1.5	

APP 塑性体改性沥青防水卷材性能指标如下：

序号	项目		指标	
			I	II
			PY	PY
1	可溶物含量 / (g/m^2) ≥	3.0mm	2100	
		4.0mm	2900	
2	耐热性	℃	110	130
		≤mm	2	
		试验现象	无流淌、滴落	
3	低温柔性 /℃		-7	-15
			无裂缝	
4	不透水性 30min		0.3MPa	0.3MPa
5	拉力	最大峰拉力 /(N/50mm) ≥	500	800
		试验现象	拉伸过程中，试件中部无沥青涂盖层开裂或与胎基分离现象	
6	延伸率	最大峰时延伸率 /% ≥	25	40
7	浸水后质量增加 /% ≤	PE、S	1.0	
		M	2.0	
8	热老化	拉力保持率 /% ≥	90	
		延伸率保持率 /% ≥	80	
		低温柔性 /℃	-2	-10
			无裂缝	
		尺寸变化率 /% ≤	0.7	0.7
		质量损失 /% ≤	1.0	
9	接缝剥离强度 / (N/mm) ≥		1.0	
10	矿物粒料粘附性 /g ≤		2.0	
11	卷材下表面沥青涂盖层厚度 c/mm ≥		1.0	
12	人工气候加速老化	外观	无滑动、流滴、滴落	
		拉力保持率 /% ≥	80	
		低温柔性 /℃	-2	-10
			无裂缝	

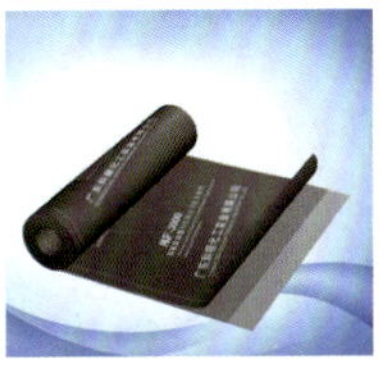

工程案例

莆田市涵江区江口镇实庭圆圈片区改造安置房建设工程、莆田市涵江溪游防水工程等项目。

生产企业

科顺防水科技股份有限公司（股票简称：科顺股份，股票代码：300737）成立于 1996 年，总部设在广东顺德，旗下拥有 12 家全资子公司及 7 家销售分公司，生产及销售服务网络遍布全国，是一家集建筑防水材料研发、制造、销售、技术服务和防水工程施工于一体的高新技术企业。目前是中国建筑防水协会副会长单位，是行业协会认定的建筑防水行业优质企业及行业综合实力前三名，连续 6 年当选“房地产 500 强防水材料品牌”。

科顺股份现有工程防水品牌“CKS 科顺”，民用建材品牌“ELOKT 依来德”，堵漏维修品牌“ZT 筑通”及金属屋面防护品牌“PLADEN 铂盾”。产品涵盖防水卷材及防水涂料两大类 100 多个品种，可为客户提供“一站式”建筑防水解决方案。

科顺的防水产品及解决方案广泛应用于多个国家与城市标志性建筑、市政工程、交通轨道工程、住宅商业地产及特种工程等领域。与此同时，公司已经先后与碧桂园、恒大、华夏幸福、万达、保利置业、绿地等超过 100 家知名房企签订战略合作协议。

科顺防水科技股份有限公司

地址：广东省佛山市顺德区容桂街道红旗中路 38 号之一
电话：0757-28603333
官方网站：www.keshun.com.cn

证书编号：LB2019FS004

科顺聚氨酯防水涂料、聚合物水泥防水灰浆、蠕变型橡胶沥青防水涂料

产品简介

“科顺”牌聚氨酯防水涂料类是以异氰酸酯、聚醚多元醇为主要原料，配以多种助剂、填料等混合制成。材料施工后与空气中的湿气接触，触发体系内封闭固化剂，从而固化成膜。反应过程中不产生气体，避免了传统材料固化时产生气体，使涂膜产生鼓泡的问题。

“科顺”牌聚合物水泥防水灰浆是采用进口高分子特种建筑材料用防水乳液配制而成，属水性环保材料，具有耐酸、耐腐蚀性、保水性好，干缩性小等特点。按特定比例添加在水泥砂浆中组成高分子聚合物水泥防水砂浆，形成刚性抗渗防水层，防水效果显著。

“科顺”牌蠕变型橡胶沥青防水涂料是一种新型环保、高固含量的热熔型沥青防水涂料。具有与空气长期接触后不固化，始终保持黏稠胶质的特性，自愈能力强，碰触即粘，难以剥离；它能解决因基层开裂应力传递给防水层而造成的防水层开裂、疲劳破坏或处于高应力状态下提前老化的问题，同时，蠕变型材料的黏滞性使其能够很好地封闭基层的毛细孔和裂缝，解决防水层的窜水难题；还能解决现有防水卷材和防水涂料复合使用时相容性差的问题。蠕变型橡胶沥青防水涂料可采用热刮涂和热注浆等多种施工方法，是有别于现有防水材料的新型防水涂料。

适用范围

聚氨酯防水涂料适用于建筑物各种平斜屋面、天台等不规则屋面的防水工程；地下建筑防水工程；卫生间、阳台、厨房、泳池、蓄水池、水闸地面、施工缝、伸缩缝、穿墙管、落水口等各种建筑物防水。

聚合物水泥防水灰浆适用于外墙整体抹压砂浆防水防渗；厨浴间、地下室、水池的防水防渗处理；加气混凝土、空心砖等多孔砌体材料的防渗漏及抹面处理；新旧建筑维修，背水面防渗，大理石、瓷砖、马赛克、人造石的平面粘贴。

蠕变型橡胶沥青防水涂料广泛用于工业及民用建筑屋面和地下防水工程；变形缝的注浆堵漏工程；本产品与卷材复合施工，形成可靠的复合防水系统。

技术指标

聚氨酯防水涂料性能指标如下：

序号	项目		技术指标
			I
1	固体含量 /% ≥		85.0
2	表干时间 /h ≤		12
3	实干时间 /h ≤		24
4	流平性		20min 时，无明显齿痕
5	拉伸强度 /MPa ≥		2.00
6	断裂伸长率 / % ≥		500
7	撕裂强度 /（N/mm）≥		15
8	低温弯折性		-35℃，无裂纹
9	不透水性		0.3MPa，120min，不透水
10	加热伸缩率 /%		-4.0 ～ +1.0
11	粘结强度 /MPa ≥		1.0
12	吸水率 /% ≤		5.0
13	定伸时老化（加热老化）		无裂纹及变形
14	热处理（80℃，168h）	拉伸强度保持率 /%	80-150
		断裂伸长率 /% ≥	450
		低温弯折性	-30℃，无裂纹
15	碱处理 [0.1%NaOH+ 饱和 $Ca(OH)_2$ 溶剂 ,168h]	拉伸强度保持率 /%	80 ～ 150
		断裂伸长率 /% ≥	450
		低温弯折性	-30℃，无裂纹
16	酸处理 (2%H_2SO_4 溶液 ,168h)	拉伸强度保持率 /%	80 ～ 150
		断裂伸长率 /% ≥	450
		低温弯折性	-30℃，无裂纹

科顺防水科技股份有限公司
地址：广东省佛山市顺德区容桂街道红旗中路 38 号之一
电话：0757-28603333
官方网站：www.keshun.com.cn

聚合物水泥防水灰浆性能指标如下：

类别		7d	28d
粘结强度	混凝土与水泥砂浆的粘结	≥ 0.8MPa	≥ 1.0MPa
抗渗压力	涂层试件	≥ 0.4MPa	—
	砂浆试件	≥ 0.8MPa	≥ 1.5MPa

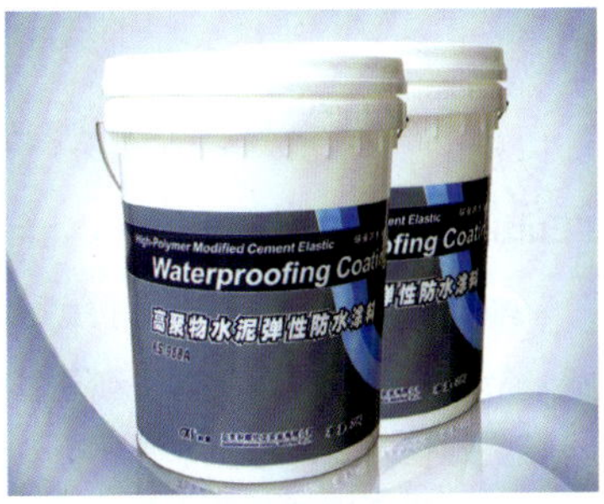

蠕变型橡胶沥青防水涂料性能指标如下：

序号	项目		技术指标
1	闪点 /℃		≥ 180
2	固含量 /%		≥ 98
3	粘结性能	干燥基面 潮湿基面	100% 内聚破坏
4	延伸性 /mm		≥ 15
5	低温柔性		-20℃，无断裂
6	耐热性 /℃		65 无滑动、流淌、滴落
7	热老化 70℃，168h	延伸性 /mm 低温柔性	≥ 15 -15℃，无裂纹
8	耐酸性（2%H_2SO_4 溶液）	外观 延伸性 /mm 质量变化 /%	无变化 ≥ 15 ±2.0
9	耐碱性 [0.1%NaOH+ 饱和 $Ca(OH)_2$ 溶液]	外观 延伸性 /mm 质量变化 /%	无变化 ≥ 15 ±2.0
10	耐盐性（3%NaCl 溶液）	外观 延伸性 /mm 质量变化 /%	无变化 ≥ 15 ±2.0
11	自愈性		无渗水
12	渗油性 / 张		≤ 2
13	应力松驰 /%	无处理 热老化 (70℃，168h)	≤ 35
14	抗窜水性 /0.6MPa		无窜水

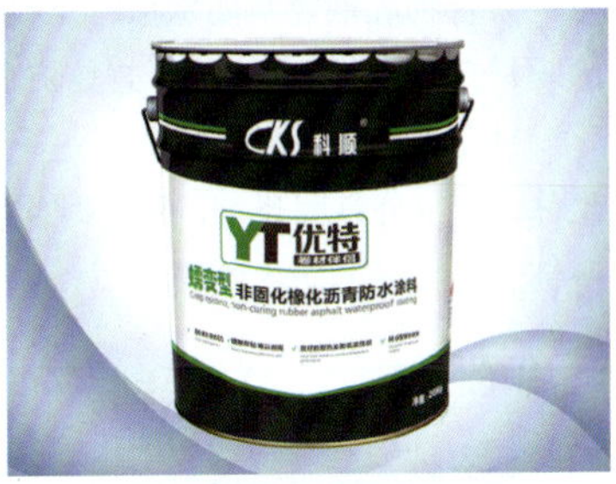

工程案例

莆田市涵江区江口镇实庭圆圈片区改造安置房建设工程、莆田市涵江溪游防水工程等项目。

生产企业

科顺防水科技股份有限公司（股票简称：科顺股份，股票代码：300737）成立于 1996 年，总部设在广东顺德，旗下拥有 12 家全资子公司及 7 家销售分公司，生产及销售服务网络遍布全国，是一家集建筑防水材料研发、制造、销售、技术服务和防水工程施工于一体的高新技术企业。目前是中国建筑防水协会副会长单位，是行业协会认定的建筑防水行业优质企业及行业综合实力前三名，连续 6 年当选"房地产 500 强防水材料品牌"。

科顺股份现有工程防水品牌"CKS 科顺"，民用建材品牌"ELOKT 依来德"，堵漏维修品牌"ZT 筑通"及金属屋面防护品牌"PLADEN 铂盾"。产品涵盖防水卷材及防水涂料两大类 100 多个品种，可为客户提供"一站式"建筑防水解决方案。

科顺的防水产品及解决方案广泛应用于多个国家与城市标志性建筑、市政工程、交通轨道工程、住宅商业地产及特种工程等领域。与此同时，公司已经先后与碧桂园、恒大、华夏幸福、万达、保利置业、绿地等超过 100 家知名房企签订战略合作协议。

科顺防水科技股份有限公司
地址：广东省佛山市顺德区容桂街道红旗中路 38 号之一
电话：0757-28603333
官方网站：www.keshun.com.cn

证书编号：LB2019FS005

依来德聚合物水泥防水涂料、聚合物乳液建筑防水涂料、铁路桥用聚氨酯防水涂料

产品简介

聚合物水泥防水涂料是以丙烯酸酯、乙烯 - 乙酸乙烯酯等聚合物乳液和水泥为主要原料，加入填料及其他助剂配制而成，经水分挥发和水泥水化反应固化成膜的双组分水性防水涂料。水性环保涂料无毒无害，能在潮湿（无明水）基面上施工，涂膜拉伸强度高，延伸率好，有效预防因基层的伸缩而产生的裂纹。

聚合物乳液建筑防水涂料是以丙烯酸酯与多种高分子聚合物乳液及添加剂复合而成的一种单组分水性环保高分子防水涂膜材料。以其施工简单，兼具防水、装饰、隔热三大功能而备受欢迎。广泛应用于混凝土屋面维修、室内防潮、防水等领域。

铁路桥用聚氨酯防水涂料是一种双组分反应固化型合成高分子防水涂料，由 A 组分和 B 组分组成。A 组分是聚氨酯预聚体，B 组分是固化剂，使用时将 A、B 两组分按一定比例混合、搅拌均匀后，刮涂在需要施工基面上，反应固化成连续、坚韧、无接缝的防水涂膜。

适用范围

聚合物水泥防水涂料适用于厨卫间、水池、游泳池的防水防渗；室内、外墙整体的防水防潮（用于外墙涂料饰面层前防水防潮处理）；适合长期浸水的环境使用，如卫生间、地下建筑等。

聚合物乳液建筑防水涂料适用于屋面、墙面、卫浴间、地下室等非长期浸水环境下的建筑防水、防渗工程；特别适用于轻型薄壳结构的屋面防水工程，也可用做粘结剂或外墙装饰涂料。

铁路桥用聚氨酯防水涂料适用于铁路混凝土桥梁的非外露桥面防水，其他重要部位的防水。

技术指标

聚合物水泥防水涂料性能指标如下：

序号	试验项目	技术指标		
		I 型	II 型	III 型
1	固体含量，% ≥	70	70	70
2	拉伸强度，MPa ≥	1.2	1.8	1.8
3	断裂伸长率，% ≥	200	80	30
4	低温柔性，ϕ10mm 棒	-10℃无裂纹	—	—
5	不透水性，0.3MPa，30min	不透水	不透水	不透水
6	潮湿基面粘结强度，MPa	0.5	0.7	1.0
7	抗渗性（砂浆背水面），MPa ≥	—	0.6	0.8

聚合物乳液建筑防水涂料性能指标如下：

序号	试验项目		指标	
			I 型	II 型
1	拉伸强度，MPa ≥		1.0	1.5
2	断裂延伸率，% ≥		300	
3	低温柔性，绕 ϕ10mm 棒弯 180°		-10℃，无裂纹	-20℃，无裂纹
4	不透水性，（0.3MPa，30min）		不透水	
5	固体含量，% ≥		65	
6	干燥时间，h	表干时间≤	4	
		实干时间≤	8	
7	处理后的拉伸强度保持率，%	加热处理≥	80	
		碱处理≥	60	
		酸处理≥	40	
		人工气候老化处理	—	80～150
8	处理后的断裂延伸率，%	加热处理≥	200	
		碱处理≥		
		酸处理≥		
		人工气候老化处理≥	—	200
9	加热伸缩率，%	伸长≤	1.0	
		缩短≤	1.0	

科顺防水科技股份有限公司

地址：广东省佛山市顺德区容桂街道红旗中路 38 号之一
电话：0757-28603333
官方网站：www.keshun.com.cn

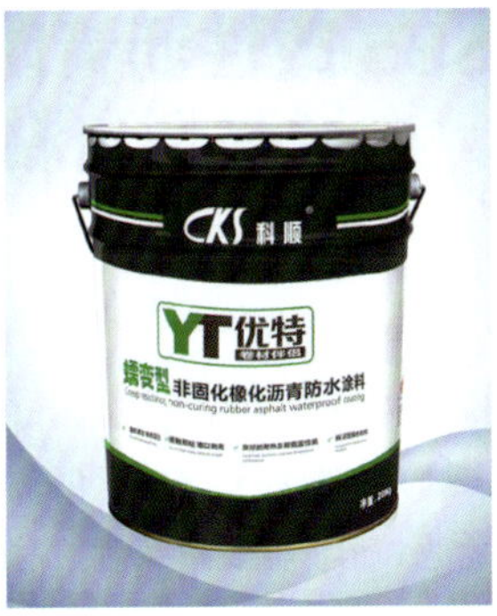

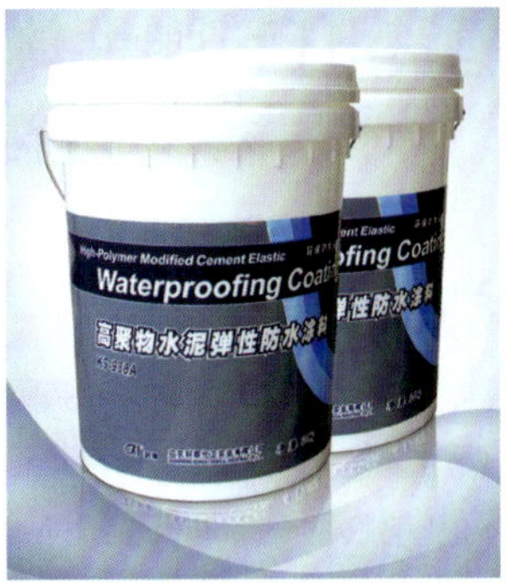

铁路桥用聚氨酯防水涂料性能指标如下：

序号	项目		指标 防水层用
1	拉伸强度		≥ 6.0MPa
2	拉伸强度保持率	加热处理	≥ 100%
3		碱处理	≥ 70%
4		酸处理	≥ 80%
5	断裂伸长率	无处理	≥ 450%
6		加热处理	≥ 450%
7		碱处理	≥ 450%
8		酸处理	≥ 450%
9	低温弯折性	无处理	-35℃，无裂纹
10		加热处理	
11		碱处理	
12		酸处理	
13	表干时间		≤ 4h
14	实干时间		≤ 24h
15	不透水性		0.4MPa，2h，不透水
16	加热伸缩率		≥ -4.0%，≤ 1.0%
17	耐碱性		饱和 $Ca(OH)_2$ 溶液，500h，无开裂，无起皮、剥落
18	固体含量		≥ 98%
19	潮湿基面粘结强度		≥ 0.6MPa
20	与混凝土粘结强度		≥ 2.5MPa
21	撕裂强度		≥ 35.0N/mm
22	与混凝土的剥离强度		≥ 3.5N/mm

工程案例

莆田市涵江区江口镇实庭圆圈片区改造安置房建设工程、莆田市涵江溪游防水工程等项目。

生产企业

科顺防水科技股份有限公司（股票简称：科顺股份，股票代码：300737）成立于 1996 年，总部设在广东顺德，旗下拥有 12 家全资子公司及 7 家销售分公司，生产及销售服务网络遍布全国，是一家集建筑防水材料研发、制造、销售、技术服务和防水工程施工于一体的高新技术企业。目前是中国建筑防水协会副会长单位，是行业协会认定的建筑防水行业优质企业及行业综合实力前三名，连续 6 年当选“房地产 500 强防水材料品牌”。

科顺股份现有工程防水品牌“CKS 科顺”，民用建材品牌“ELOKT 依来德”，堵漏维修品牌“ZT 筑通”及金属屋面防护品牌“PLADEN 铂盾”。产品涵盖防水卷材及防水涂料两大类 100 多个品种，可为客户提供“一站式”建筑防水解决方案。

科顺的防水产品及解决方案广泛应用于多个国家与城市标志性建筑、市政工程、交通轨道工程、住宅商业地产及特种工程等领域。与此同时，公司已经先后与碧桂园、恒大、华夏幸福、万达、保利置业、绿地等超过 100 家知名房企签订战略合作协议。

科顺防水科技股份有限公司

地址：广东省佛山市顺德区容桂街道红旗中路 38 号之一
电话：0757–28603333
官方网站：www.keshun.com.cn

证书编号：LB2019FS006

蓝翎环科弹性体 SBS 改性沥青防水卷材、高分子强力交叉膜自粘防水卷材、内增强型自粘聚合物改性沥青防水卷材

产品简介

蓝翎环科弹性体 SBS 改性沥青防水卷材以苯乙烯 - 丁二烯 - 苯乙烯（SBS）热塑性弹性体为改性剂，聚酯胎基布为加强层，表面以聚乙烯膜（PE）、细沙（S）、矿物粒料（M）做隔离材料所制成的可以卷曲的片状防水材料。产品具有抗拉强度高、对基层收缩变形和开裂适应能力强、耐低温、耐穿刺、耐硌破、耐撕裂、耐腐蚀、耐霉变、耐候化性能好、施工方便等特点。

蓝翎环科高分子强力交叉膜自粘防水卷材是以高分子片材为主体，强力交叉聚乙烯薄膜或可剥离的涂硅隔离膜作为上表面材料，能与水泥砂浆粘结的密封胶为粘结密封层，下表面覆可剥离的涂硅隔离材料制成的防水材料。

蓝翎环科内增强型自粘聚合物改性沥青防水卷材是以聚酯纤维和树脂芯片为增强层，聚乙烯膜（PE）、细沙（S）或隔离膜作为卷材上表面隔离层，下表面覆可剥离的涂硅隔离材料制成的一种自粘防水卷材。

适用范围

弹性体 SBS 改性沥青防水卷材适用于工业与民用建筑的屋面、地下等的防水防潮以及桥梁、停车场、游泳池、隧道等建筑物的防水。

高分子强力交叉膜自粘防水卷材适用于工业与民用建筑的屋面和地下防水工程、下沉式道路底板和外墙、明挖和暗挖隧道、地铁站底板及外墙、其他外防内贴防水构造。

内增强型自粘聚合物改性沥青防水卷材适用于非外露的屋面、地下工程防水；同时也适用于明挖法的地铁工程防水等，特别适用于不能动用明火的防水工程。

技术指标

弹性体 SBS 改性沥青防水卷材性能指标如下：

序号	项目		指标				
			I		II		
			PY	G	PY	G	PYG
1	可溶物含量 /（g/m^2）≥	3mm	2100				—
		4mm	2900				—
		5mm	3500				
		试验现象	—	胎基不燃	—	胎基不燃	—
2	耐热性	℃	90		105		
		≤ mm	2				
		试验现象	无流淌、滴落				
3	低温柔性		-20		-25		
			无裂缝				
4	不透水性 30min		0.3MPa	0.2MPa	0.3MPa		
5	拉力	最大峰拉力 /（N/50mm）≥	500	350	800	500	900
		次高峰拉力 /（N/50mm）≥	—	—	—	—	800
		试验现象	拉伸过程中，试件中部无沥青涂盖层开裂或与胎基分离现象				
6	延伸率	最大峰时延伸率 /% ≥	30		40		—
		第二峰时延伸率 /% ≥	—	—	—	—	15
7	浸水后质量增加 /% ≤	PE/S	1				
		M	2				
8	热老化	拉力保持率 /% ≥	90				
		延伸率保持率 /% ≥	80				
		低温柔性 /℃	-15		-20		
			无裂缝				
		尺寸变化率 /% ≤	0.7	—	0.7	—	0.3
		质量损失 /% ≤	1				
9	矿物粒料粘附性 /g ≤		2				
10	卷材下表面沥青涂盖层厚度 /mm ≥		1				

高分子强力交叉膜自粘防水卷材性能指标如下：

序号	项目		指标 P Ⅰ	指标 P Ⅱ
1	拉伸性能	拉力 /(N/50mm) ≥	150	200
		最大拉力时伸长率 /% ≥	30	150
	撕裂强度 /N ≥		12	25
2	耐热性		70℃，2h 无位移、流淌、滴落	
3	低温柔性 /℃		-15	-25
4			无裂纹	
5	透水性		0.3MPa，120min 不透水	
6	卷材与卷材剥离强度 ≥	无处理	1.0	
		热处理	1.0	
7	渗油性 / 张数 ≤		2	
	持粘性 /min ≥		15	
8	与水泥砂浆剥离强度 /(N/mm) ≥	无处理	2.0	
9		热处理	1.5	
10	与水泥砂浆浸水后剥离强度 /(N/mm) ≥		1.5	
11	热老化 (70℃，168h)	拉力保持率 /% ≥	90	
		伸长率保持率 /% ≥	80	
		低温柔性 /℃	-13	-23
12	热稳定性	外观	无起皱、滑动、流淌	
		尺寸变化 /% ≤	2.0	

内增强型自粘聚合物改性沥青防水卷材性能指标如下：

序号	项目			指标 Ⅰ	指标 Ⅱ
1	可溶物含量 / (g/m²) ≥		2.0mm	1300	—
			3.0mm	2100	
			4.0mm	2900	
2	拉伸性能	拉力 / (N/50mm) ≥	2.0mm	350	—
			3.0mm	450	600
			4.0mm	450	800
		最大拉力时延伸率 /% ≥		30	40
3	耐热性			70℃无滑动、流淌、滴落	
4	低温柔性 /℃			-20	-30
				无裂纹	
5	不透水性			0.3MPa，120min 不透水	
6	剥离强度 / (N/mm) ≥	卷材与卷材		1.0	
		卷材与铝板		1.5	
7	钉杆水密性			通过	
8	渗油性 / 张数 ≤			2	
9	持粘性 /min ≥			15	
10	热老化	最大拉力时延伸率 /% ≥		30	40
		低温柔性 /℃		-18	-28
				无裂纹	
		剥离强度 卷材与铝板 / (N/mm) ≥		1.5	
		尺寸稳定性 /% ≤		1.5	1.0
11	自粘沥青再剥离强度 / (N/mm) ≥			1.5	

工程案例

工程名称	竣工时间	应用部位	应用量
漯河湾景国际	2019.3	地下室底板	3 万㎡
万锦城	2019.5	地下室	4.8 万㎡
许昌鼎鑫地产蓉尚府	2019.7	地下室	8 万㎡
漯河湾景国际	2019.3	地下室外墙	3 万㎡
永恒理想世界	2019.5	地下室、车库、屋面	20 万㎡
永恒上宅苑	2018.12	地下室、车库、屋面	10 万㎡
源升金罗湾	2018.8	地下室、屋面	12 万㎡
幸福滨水家园	2019.3	地下室、屋面	28.2 万㎡

生产企业

河南蓝翎环科防水材料有限公司，生产基地位于中国建设工程防水之乡——河南省平舆县，是一家集新型防水材料研发、生产、销售、施工及技术服务于一体的防水综合服务商。同时也是国内较早取得非固化橡胶沥青防水涂料发明专利的企业，是非固化技术先进、产品优质的复合防水系统供应商。

在生产方面，公司拥有 5 大类、26 个系列、168 种产品。主要产品有 DFA 非固化橡胶沥青防水涂料、DFA 高分子强力交叉膜自粘防水卷材、DFA 自粘聚合物改性沥青防水卷材、DFA 弹性体 (SBS) 改性沥青防水卷材、DFA 高分子自粘胶膜（HDPE）防水卷材、TPO/PVC 高分子防水卷材、DFA 道桥用高聚物改性沥青防水卷材和防水涂料、DFA 聚氨酯防水涂料、DFA 喷涂速凝橡胶沥青防水涂料、DFA 聚合物水泥防水涂料、DFA 水泥基渗透结晶型防水涂料、DFA 丁基胶带、DFA 内外墙涂料、DFA 工业地坪漆、DFA 排水板、DFA 装饰保温一体化板、DFA 长纤聚酯布、DFA 建筑砂浆等。应用领域有房地产业、高铁、地铁、桥梁、隧道、管廊、粮库、污水处理厂等民用及工业建筑。

河南蓝翎环科防水材料有限公司

地址：驻马店市平舆县产业集聚区创业大道与朝阳路交叉口西南侧
电话：0396-5066196
官方网站：www.llhkfs.com

证书编号：LB2019FS007

蓝翎环科 DFA 非固化橡胶沥青防水涂料、DFA 聚合物水泥（JS）防水涂料、DFA 聚氨酯防水涂料

产品简介

非固化橡胶沥青防水涂料是以橡胶、沥青、软化油为主要组分，加入特殊添加剂制成的在使用年限内保持粘性膏状体的防水涂料。非固化本身具有的蠕变性、自粘自愈性、不固化性，充分结合了涂膜防水与卷材防水系统的优点，根本上解决涂料与卷材复合问题、基层开裂材料断裂问题、卷材无法与基层满粘问题。

聚合物水泥防水涂料是由改性丙烯酸共聚乳液、多种添加剂组成的有机液料和以特种水泥、多种添加剂组成的无机粉料，经科学配方加工制成的双组分水性防水涂料。

聚氨酯防水涂料是以异氰酸酯、聚醚多元醇为主要原料，配以各种助剂和填料经过加工聚合反应制成的。使用时通过聚氨酯预聚体中的 -NCO 端基与空气中的湿气接触后反应成膜，在基层表面形成坚韧、柔软、无接缝的防水膜。产品具有良好的施工性能；优异的物理力学性能；粘接性能好；优异的耐水和耐腐蚀性能；环保性能好等优势。

适用范围

非固化橡胶沥青防水涂料适用于工业民用建筑屋面及顶板防水工程；种植屋面防水工程；地下结构、地铁车站、隧道等防水工程；道路桥梁、铁路等防水工程；堤坝、水利设施等防水工程等。

聚合物水泥防水涂料适用于厕浴间、厨房、阳台、楼地面等部位防水工程；也可用于各种非外露天沟、雨棚及不规则的屋面其中一道防水工程。

聚氨酯防水涂料适用于地下室（建筑物地下室、地下车库、明挖法地铁和通道）、厕浴间、厨房、阳台、楼地面、停车场等部位的防水工程。也可用于非外露屋面的防水工程。

技术指标

非固化橡胶沥青防水涂料性能如下：

检测项目		技术指标	检测结果
固含量 /%		≥ 98	99.0
低温柔性		−20℃，无裂纹	通过
耐热性 / ℃		70℃无滑动、滴落、流淌	通过
粘结性能	干基面	无界面剥离、脱开 /100% 内聚破坏	通过
	潮湿基面		
自愈性（钉杆水密性）		无渗水	通过
抗窜水性		0.6MPa，不窜水	通过

聚合物水泥防水涂料性能如下：

检验项目		技术指标		
		I 型	II 型	III 型
1 固体含量 /% ≥			70	
2 拉伸强度	无处理 / MPa ≥	1.2	1.8	1.8
	加热处理后保持率 /%≥	80	80	80
	碱处理后保持率 /%≥	60	70	70
	浸水处理后保持率 /%≥	60	70	70
	紫外线处理后保持率 / ≥	80	—	—

河南蓝翎环科防水材料有限公司
地址：驻马店市平舆县产业集聚区创业大道与朝阳路交叉口西南侧
电话：0396-5066196
官方网站：www.llhkfs.com

续表

检验项目		技术指标		
		I 型	II 型	III 型
3 断裂伸长率	无处理 /%≥	200	80	30
	加热处理 /%≥	150	65	20
	碱处理 /%≥	150	65	20
	浸水处理 /%≥	150	65	20
	紫外线处理 /%≥	150	—	—
4 粘接强度	无处理 / MPa ≥	0.5	0.7	1.0
	潮湿基层 /MPa ≥	0.5	0.7	1.0
	碱处理 /MPa ≥	0.5	0.7	1.0
	浸水处理 /MPa ≥	0.5	0.7	1.0
5 不透水处理（0.3 MPa，30min）		不透水	不透水	不透水
6 抗渗性（砂浆背水面）/MPa ≥		—	0.6	0.8

聚氨酯防水涂料性能如下

序号	项目		技术指标		
			I	II	III
1	流平性			20min 时，无明显齿痕	
2	拉伸强度 /MPa ≥		2.00	6.00	12.0
3	断裂伸长率 /% ≥		500	450	250
4	撕裂强度 /(N/mm) ≥		15	30	40
5	低温弯折性 /℃ ≤			−35℃无裂纹	
6	不透水性			0.3MPa，120min 不透水	
7	加热伸缩率 /%			−4.0 ～＋1.0	
8	粘结强度 /MPa ≥			1.0	
9	吸水率 /% ≤			5.0	
10	定伸时老化	加热老化		无裂纹及变形	
		人工气候老化		无裂纹及变形	
11	热处理（80℃，168h）	拉伸强度保持率 /%		80 ～ 150	
		断裂伸长率 /% ≥	450	400	200
		低温弯折性 /℃≤		−30℃，无裂纹	
12	碱处理［0.1%NaOH+ 饱和 Ca（OH）$_2$ 溶液 168h］	拉伸强度保持率 /%		80 ～ 150	
		断裂伸长率 /% ≥	450	400	200
		低温弯折性 /℃≤		−30℃，无裂纹	
13	酸处理（2%H_2SO_4 溶液 168h）	拉伸强度保持率 /%		80 ～ 150	
		断裂伸长率 /% ≥	450	400	200
		低温弯折性 /℃≤		−30℃，无裂纹	
14	人工气候老化（1000h）	拉伸强度保持率 /%		80 ～ 150	
		断裂伸长率 /% ≥	450	400	200
		低温弯折性 /℃≤		−30℃，无裂纹	
15	燃烧性能外露材料适用			B2—E（点火 15s，燃烧 20s，Fs ≤ 150mm，无燃烧滴落物引燃滤纸）	

工程案例

永恒理想世界、郸城体育馆、理想名家项目、韩国仁川国际机场、国家体育场鸟巢、观音湖下穿隧道工程、东航滨水家园等。

生产企业

河南蓝翎环科防水材料有限公司，生产基地位于中国建设工程防水之乡——河南省平舆县，是一家集新型防水材料研发、生产、销售、施工及技术服务于一体的防水综合服务商。同时也是国内较早取得非固化橡胶沥青防水涂料发明专利的企业，是非固化技术先进、产品优质的复合防水系统供应商。

在生产方面，公司拥有 5 大类、26 个系列、168 种产品。主要产品有 DFA 非固化橡胶沥青防水涂料、DFA 高分子强力交叉膜自粘防水卷材、DFA 自粘聚合物改性沥青防水卷材、DFA 弹性体 (SBS) 改性沥青防水卷材、DFA 高分子自粘胶膜（HDPE）防水卷材、TPO/PVC 高分子防水卷材、DFA 道桥用高聚物改性沥青防水卷材和防水涂料、DFA 聚氨酯防水涂料、DFA 喷涂速凝橡胶沥青防水涂料、DFA 聚合物水泥防水涂料、DFA 水泥基渗透结晶型防水涂料、DFA 丁基胶带、DFA 内外墙涂料、DFA 工业地坪漆、DFA 排水板、DFA 装饰保温一体化板、DFA 长纤聚酯布、DFA 建筑砂浆等。应用领域有房地产业、高铁、地铁、桥梁、隧道、管廊、粮库、污水处理厂等民用及工业建筑。

证书编号：LB2019FS008

爱康聚合物水泥防水浆料（通用型）、聚合物水泥防水涂料、混凝土界面处理剂（墙面加固剂）

产品简介

通用型防水浆料是以优质丙烯酸酯乳液和多种添加剂组成的有机液料，再以特种水泥及多种填充料组成的无机粉料，经一定比例配制成的双组分水性防水浆料。防水浆料通过结晶方式与基层发生反应，形成坚固的、具有永久性的防水层。

高柔性防水涂料是以优质丙烯酸乳液和多种活性添加剂组成有机液料，并以特种水泥、多种精细骨料和精选助剂组成的无机粉料，经一定比例配置成的双组分水性防水涂料。涂刷于基体表面，固化后可形成具有高柔韧性的防水涂膜。

墙面加固剂是一类新型的水性高分子聚合物乳液水泥改性剂，具有优异的渗透性，能充分浸润墙面基层使基层密实，提高基层界面附着力，用其对混凝土表面进行处理，可取代传统凿毛工序，提高抹灰层与混凝土基层的粘结力，解决光滑混凝土或吸水量大的加气混凝土抹灰难、接层间的抹灰层空鼓、开裂、脱落等问题。

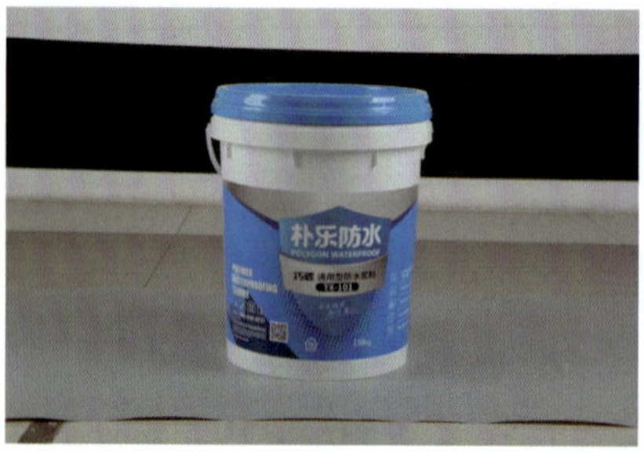

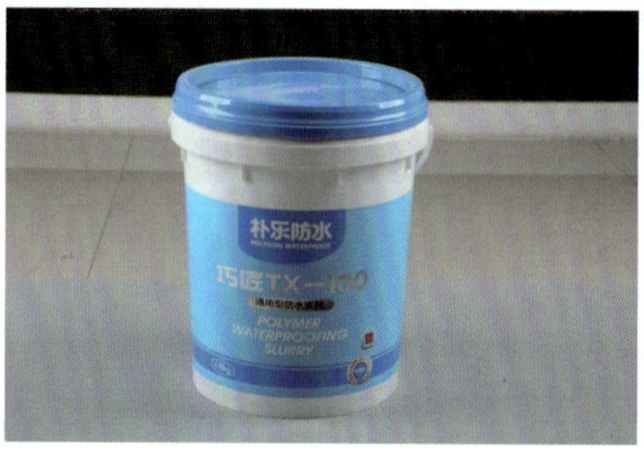

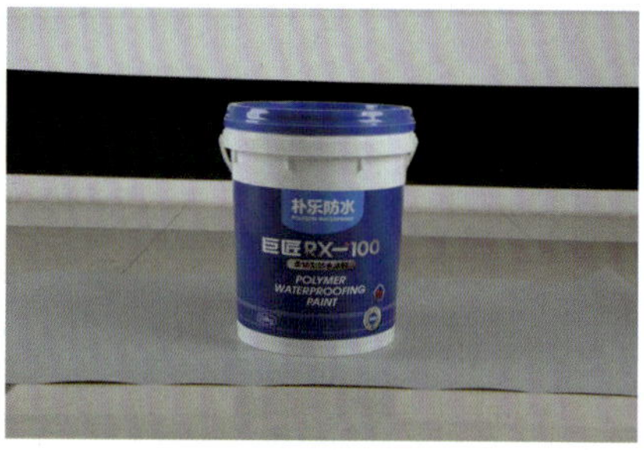

适用范围

通用型防水浆料适用于建筑内外墙，混凝土，厕浴间等的防水、防霉、防渗、防潮及渗漏修复工程。

高柔性防水涂料适用于卫生间、厨房、阳台、楼地面、水池、游泳池、地下室等水平面部位的防水、防潮。

墙面加固剂适用于混凝土、加气混凝土、抹灰层、砖混墙面和疏松砂灰墙的界面套胶、加固；混凝土层或防水层上的基层拉毛处理。

技术指标

通用型防水浆料性能指标如下：

序号	项目	指标
1	抗渗压力涂层试件，7d/MPa	1.2
2	粘结强度，7d/MPa	1.6
3	收缩率 /%	0.1

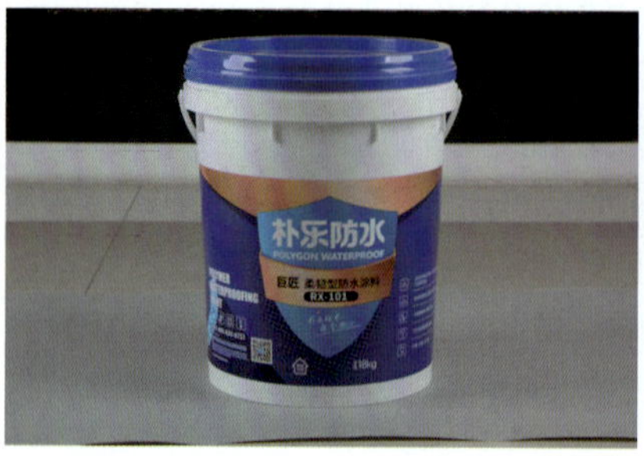

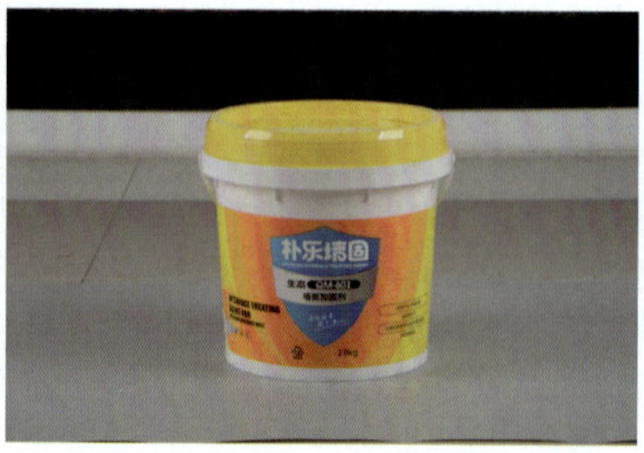

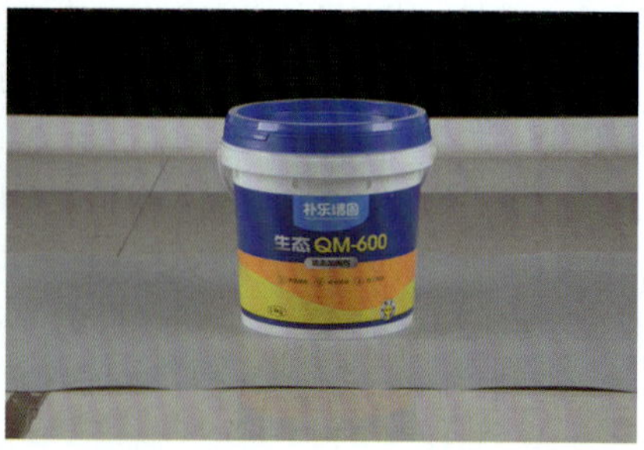

爱康企业集团（上海）有限公司

地址：上海市浦东新区申江南路 4828 号
电话：021-68153111
官方网站：http://www.pulewaterproof.com

高柔性防水涂料性能指标如下：

序号	项目	指标
1	固体含量 /%	89
2	粘结强度（无处理）/MPa	1.0
3	断裂伸长率（无处理）/%	120

墙面加固剂性能指标如下：

序号	项目	指标
1	外观	经搅拌后呈均匀状态，没有块状沉淀
2	剪切粘结强度 14d，MPa	1.7
3	拉伸粘结强度 14d，MPa	0.9

工程案例

工程名称	竣工时间	应用部位	应用量
德州禹城德百百货	2018.10 施工中	TX-101 通用型防水浆料	1200 平方米
德州德百集团	2018.11 施工中	TX-101 通用型防水浆料	60 万元
佳境龙园	2018.06 施工中	TX-101 通用型防水浆料	5000 平方米
开封梅陇公馆	2019.05 施工中	RX-101 高柔性防水涂料	3000 平方米
开封圣桦城	2018.02 施工中	RX-101 高柔性防水涂料	2000 平方米
郑州航空港二号地块	2018.06 施工中	QM-601 墙面加固剂	10 万平方米
鄂尔多斯景隆佳苑	2018.11 施工中	QM-601 墙面加固剂	15 万平方米
沧州孟村君澜湾	2019.03 施工中	QM-601 墙面加固剂	10 万平方米

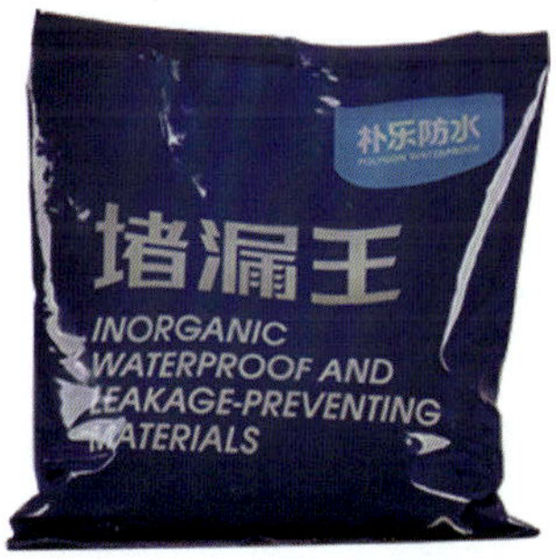

生产企业

2017 年 8 月，朴乐防水品牌正式创立，作为爱康企业集团（上海）有限公司旗下品牌之一。爱康企业集团（上海）有限公司创建于 2000 年 6 月，至今已成长为一家将创新科技与节能解决方案应用于产品，并行销世界各地的优质品牌，其产品线从塑料管道扩展至采暖、新风、辐射冷暖、防水等多个领域。

朴乐防水强调："朴乐防水、涂个安心。"提倡绿色家装，让家居生活滴水不漏的生活理念，通过传承严谨的"工匠精神"成为中国消费者信任的专业防水品牌，致力于为中国消费者提供安全、滴水不漏的家居环境。朴乐防水将各种专项防水系统成功应用于房屋建筑的厨房、卫生间、阳台、窗台、楼地面、水池、地下室、墙面和水泥地面加固处理等。朴乐防水产品涵盖了防水涂料系列、墙地面加固系列、防水堵漏王系列等，并研发出针对不同环境专用的产品。

爱康企业集团（上海）有限公司
地址：上海市浦东新区申江南路 4828 号
电话：021-68153111
官方网站：http://www.pulewaterproof.com

证书编号：LB2019FS009

天汇弹性体改性沥青防水卷材、聚氯乙烯 (PVC) 防水卷材、热塑性聚烯烃（TPO）防水卷材

产品简介

聚氯乙烯 (PVC) 防水卷材是一种性能优异的高分子防水材料，以聚氯乙烯树脂为原料。采用先进设备和先进的工艺生产制成。产品具有拉伸强度大、延伸率高、收缩率小、低温柔性好、使用寿命长等特点。产品性能稳定、质量可靠、施工方便。

热塑性聚烯烃（TPO）防水卷材，是以石油树脂及乙烯、乙酸、乙烯树脂为基料制成的新型防水卷材，TPO 防水卷材综合了 EPDM 和 PVC 的性能优点，具有前者的耐候能力、低温柔度和后者的可焊接特性。这种材料与传统的塑料不同，在常温显示出橡胶高弹性，在高温下又能像塑料一样成型。因此，这种材料具有良好的加工性能和力学性能，并且具有高强焊接性能。

弹性体改性沥青防水卷材是以 SBS（苯乙烯 - 丁二烯 - 苯乙烯）热塑性弹性体作石油沥青改性剂，以优质聚酯毡为胎基，以 PE 膜为覆盖材料，采用先进工艺精制而成，具有不透水性能强，耐高、低温性能好，耐穿刺、耐硌破、耐撕裂、耐腐蚀、耐霉变、耐候化性能好，抗拉强度高、延伸率大、尺寸稳定性能好、对基层收缩变形和开裂适应能力强等特点的弹性体改性沥青防水卷材。

适用范围

聚氯乙烯 (PVC) 防水卷材适用于工业与民用建筑的各种屋面防水，包括种植屋面、平屋面、坡屋面；建筑物地下防水，包括水库、堤坝、水渠以及地下室各种部位防水防渗；隧道、高速公路、高架桥梁、粮库、人防工程、垃圾填埋场、人工湖等。

热塑性聚烯烃类防水卷材具有抗老化、拉伸强度高、伸长率大、潮湿屋面可施工、外露无须保护层、施工方便、无污染等综合特点。

弹性体改性沥青防水卷材广泛应用于工业与民用建筑的屋面、地下室、卫生间等防水工程以及屋顶花园、道路、桥梁、隧道、停车场、游泳池等工程的防水防潮。

技术指标

聚氯乙烯 (PVC) 防水卷材性能指标如下：

序号	检验项目		技术要求	检验结果	判定
1	外观		表面应平整，边缘整齐，无裂纹、空洞、粘结、气泡和疤痕	符合要求	合格
2	低温弯折		-25℃无裂纹	无裂纹	合格
3	最大拉力 N/cm ≥	纵向	120	172	合格
		横向		165	合格
4	断裂伸长率 %/ ≥	纵向	150	160	合格
		横向		174	合格
5	热尺寸变化率 /%≤	纵向	1.0	-0.3	合格
		横向		-0.2	合格

山东天汇防水股份有限公司

地址：聊城市东阿县大桥镇
电话：0635-35853770635-
3585377
官方网站：www.sdthfs.com

热塑性聚烯烃类防水卷材性能指标如下：

序号	检验项目		技术要求	检验结果	判定
1	外观		表面应平整，边缘整齐，无裂纹、空洞、粘结、气泡和疤痕	符合要求	合格
2	低温弯折		-40℃无裂纹	无裂纹	合格
3	拉伸强度 /MPa ≥	纵向	12.0	16	合格
		横向		15.5	合格
4	断裂伸长率 %/ ≥	纵向	500	675	合格
		横向		690	合格
5	热尺寸变化率 /%≤	纵向	2.0	-0.4	合格
		横向		-0.2	合格

工程案例

聊城孟达东昌国际新城项目、济宁环保产业园、济南中宏广场、河南深圳工业园项目、山西阳泉豪门地产项目、浙江华能吕山电厂项目、鲁西集团、山东农业大学、济宁环保产业园、济南长清区孝里黄河滩区安置房等。

生产企业

山东天汇防水股份有限公司是集防水材料研发、生产、销售、施工、设计与服务于一体，以质量、价格、多渠道销售网络服务于国内外客户。公司引进自动化生产线，主要生产改性沥青 SBS/APP 防水卷材、聚氯乙烯（PVC）防水卷材、聚乙烯丙纶复合防水卷材、自粘系列防水卷材、彩色玻纤沥青瓦、聚氨酯防水涂料、JS 复合防水涂料等七大系列四十多个品种，年产防水卷材 3000 万平方米，防水涂料 10000 吨。其应用范围包括工业与民用及公共建筑防水工程、各种屋面、地下室、隧道、城市道桥、地铁及城市轨道、高速铁路、机场、水利设施等众多建筑防水领域。

公司拥有高标准实验室，配备相应检测和研发仪器，严格按照 ISO 9001 质量体系标准要求，对原材料进厂、过程产品控制、成品出厂进行严格把关。公司各地常设销售网点，配备 20 余名防水施工技术人员，安排在各省市销售机构，随时随地为客户提供及时、优质的服务。同时公司具有防水施工一级资质，可对外承接各类大型防水工程，并可提供专业技术指导。

山东天汇防水股份有限公司
地址：聊城市东阿县大桥镇
电话：0635-35853770635-3585377
官方网站：www.sdthfs.com

证书编号：LB2019FS010

天汇聚合物水泥防水涂料、聚氨酯防水涂料、非固化橡胶沥青防水涂料

产品简介

聚合物水泥（JS）防水涂料是绿色环保型防水涂料，属于国家推荐住宅建筑防水涂料。该材料是由有机液料和无机粉料复合而成的双组分防水涂料，具有有机材料弹性高、无机材料耐久性较好的双重特点，涂膜后可形成高强、坚韧的防水涂膜。

非固化橡胶沥青防水涂料是在应用状态下长期保持黏性膏状体的具有蠕变性的一种新型防水材料。该涂料能封闭基层裂缝和毛细孔，能适应复杂的施工作业面；与空气接触后长期不固化，始终保持黏稠胶质的特性，自愈能力强、碰触即粘、难以剥离，在 -20℃仍具有良好的粘结性能。它能解决因基层开裂应力传递给防水层造成的防水层断裂、挠曲疲劳或处于高应力状态下的提前老化等问题，还能解决现有防水卷材和防水涂料复合使用时的相容性问题。

单组分聚氨酯防水涂料是一种反应型湿固化成膜的高分子防水涂料，具有强度高、延伸率大、耐水性能好等特点，对基层变形的适应能力强。

适用范围

聚合物水泥（JS）防水涂料适用于工业及民用建筑的屋面防水；厕浴间、厨房防水、防潮工程；墙面、地下室、游泳池、槽罐的防水等。

聚氨酯防水涂料适用于非暴露屋面，彩钢瓦，地下室，地下车库、明挖地铁和通道、人防工程，厨卫间，涵洞，隧道，桥梁，水池、金属管道，车间地坪；木地板，水泥板，石棉制品，玻璃钢制品，陶瓷制品，地砖粘接；建筑结构的嵌缝材料。

非固化橡胶沥青防水涂料适用于工业与民用建筑屋面及侧墙防水工程；地下结构、地铁车站、隧道等防水工程；道路、桥梁、铁路等防水工程；堤坝、水利设施等防水工程；变形缝、沉降缝等各种缝隙注浆灌缝。

技术指标

聚合物水泥（JS）防水涂料性能指标如下：

序号	检验项目	检验结果
1	固体含量 /%≥	80
2	拉伸强度	无处理 /MPa ≥ 1.4
3	断裂伸长率	无处理 /%≥ 265
4	低温柔性（φ10mm 棒）	-10℃无裂纹
5	粘结强度	无处理 /MPa ≥ 0.7
6	不透水性（0.3MPa，30min）	不透水

山东天汇防水股份有限公司
地址：聊城市东阿县大桥镇
电话：0635-35853770635-3585377
官方网站：www.sdthfs.com

非固化橡胶沥青防水涂料性能指标如下：

序号	检验项目	检验结果
1	闪点/℃ ≥	180
2	固体含量/% ≥	98
3	延伸性/mm ≥	15
4	低温柔性	-20℃无断裂
5	耐热性/℃	65，无滑动、流淌、滴落
6	渗油性/张 ≤	2

聚氨酯防水涂料性能指标如下：

序号	检验项目	检验结果
1	外观	均匀黏稠体，无凝胶、结块
2	固体含量/% ≥	92
3	拉伸强度，MPa ≥	2.32
4	断裂伸长率，% ≥	580
5	表干时间/h ≤	5
6	实干时间/h ≤	10
7	撕裂强度/(N/mm)	17
8	流平性	20分钟时，无明显齿痕
9	低温弯折	-35℃无裂纹
10	不透水性	0.3MPa，120min，不透水

聚合物水泥（JS）防水涂料性能指标如下：

序号	检验项目	检验结果
1	固体含量/%≥	80
2	拉伸强度无处理/MPa≥	1.4
3	断裂伸长率无处理/%≥	265
4	低温柔性（φ10mm棒）	-10℃无裂纹
5	粘结强度无处理/MPa≥	0.7
6	不透水性（0.3MPa，30min）	不透水

工程案例

聊城孟达东昌国际新城项目、济宁环保产业园、济南中宏广场、河南深圳工业园项目、山西阳泉豪门地产项目、浙江华能吕山电厂项目、鲁西集团、山东农业大学、济宁环保产业园、济南长清区孝里黄河滩区安置房等。

生产企业

山东天汇防水股份有限公司是集防水材料研发、生产、销售、施工、设计与服务于一体，以质量、价格、多渠道销售网络服务于国内外客户。公司引进自动化生产线，主要生产改性沥青SBS/APP防水卷材、聚氯乙烯（PVC）防水卷材、聚乙烯丙纶复合防水卷材、自粘系列防水卷材、彩色玻纤沥青瓦、聚氨酯防水涂料、JS复合防水涂料等七大系列四十多个品种，年产防水卷材3000万平方米，防水涂料10000吨。应用范围包括工业与民用及公共建筑防水工程、各种屋面、地下室、隧道、城市道桥、地铁及城市轨道、高速铁路、机场、水利设施等众多建筑防水领域。

公司拥有高标准实验室，配备相应检测和研发仪器，严格按照ISO 9001质量体系标准要求，对原材料进厂、过程产品控制、成品出厂进行严格把关。公司各地常设销售网点，配备20余名防水施工技术人员，安排在各省市销售机构，随时随地为客户提供及时、优质的服务。同时公司具有防水施工一级资质，可对外承接各类大型防水工程，并可提供专业技术指导。

证书编号：LB2019FS011

宏源弹性体改性沥青防水卷材、自粘聚合物改性沥青防水卷材

产品简介

自粘聚合物改性沥青防水卷材是以 SBS 等合成橡胶、优质道路沥青及增稠剂为基料，以聚酯膜（PET）、聚乙烯膜（PE）、铝箔或涂硅隔离膜为上表面材料，下表面覆以涂硅隔离膜为防粘层而制成的无胎基防水卷材。

弹性体改性沥青防水卷材具有弹性大、抗拉强度和延伸率高、低温柔性好等特点，本产品可广泛适用于路桥、隧道及各种民建、商建一般防水等级工程的防水，聚脂胎特别适用于不稳定结构工程的防水。

适用范围

SBS 弹性体改性沥青防水卷材应用广泛：路桥、建筑屋面；地铁、隧道、地下室的防潮与防水；水库堤坝、水渠、运河、蓄水池防漏封水；高架桥梁、机场跑道的防水，以及伸缩量大、易变形及重要部位的防水；物资贮存仓库、临时工棚的防潮与防水；管道防腐、酸碱环境下的防水、防潮；建筑物的其他防水性能要求等。

自粘聚合物改性沥青防水卷材适用于地下室底板、立墙、屋面、地铁、人防工程、隧道、水池、木结构、彩钢瓦、人工湖等。

技术指标

自粘聚合物改性沥青防水卷材：拉伸性能：拉力（横向 620N/50mm、纵向 650N/50mm），最大拉力时延伸率（横向 53%、纵向 45%）；低温柔性：-30℃无裂纹；自粘沥青再剥离强度：1.9N/mm。

弹性体改性沥青防水卷材：最大峰值时延伸率：纵向 45%，横向 53%；低温柔性：-25℃无裂缝；人工气候加速老化：拉力保持率（纵向：86%，横向：90%）。

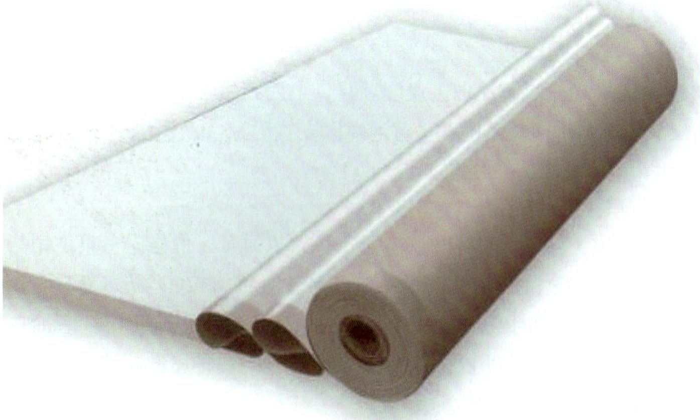

故城县宏源防水材料有限公司

地址：河北省故城县三朗乡前土营村

电话：0318-5313999

官方网站：WWW.deyufangshui.cn

生产企业

故城县宏源防水材料有限公司，创建于1996年，厂房占地面积10000平方米，是集生产、科研、销售于一体的专业化企业。主要生产德誉、隆源品牌的系列产品，公司有两条现代化的自粘和SBS生产线，年产量超600万平方米；我公司还生产快速反应强力交叉膜自粘、耐根穿刺系列防水卷材，喷涂速凝、非固化橡胶沥青防水涂料，水泥基渗透结晶型防水涂料等新型防水产品。公司是中国建筑防水材料工业协会会员单位，取得中国质量检验协会颁发的“国家权威检测达标产品”证书、全国工业产品生产许可证，自产品投放市场以来，以良好的质量获得了河北省建设委员会颁发的产品推广证书和准用证。公司被故城县工商局授予重合同守信用企业。以质量求生存，以信誉求发展是公司的宗旨。强化管理，提高质量标准，以质量优良、用户至上的工作方针为公司发展和回报社会的理念。公司愿以优良的产品性能、优质的服务与每位防水专家、经销商及各界朋友真诚合作，共创辉煌业绩。

故城县宏源防水材料有限公司

地址：河北省故城县三朗乡前土营村
电话：0318-5313999
官方网站：WWW.deyufangshui.cn

证书编号：LB2019FS012

苏博特单组分聚氨酯防水涂料、道桥用聚氨酯防水涂料、高铁专用聚氨酯防水涂料

产品简介

建筑防水关乎建筑安全、关乎百姓民生，长期以来、建筑防水没有得到应有的重视，通常作为防渗抗漏的一般功能性材料，忽略了其具有保护建筑结构安全、延长建筑使用寿命和保护实施建筑节能的主要功能。而目前通用的聚氨酯防水材料，添加有大量的污染组分（溶剂、焦油、沥青、橡胶油及其他有毒成分），力学性能差和寿命短，无法满足社会发展的需要。

博力康®系列聚氨酯防水材料，采用复合聚醚、异氰酸酯、潜固化剂、交联剂、各种功能助剂、颜填料、液体填料等通过真空脱水缩聚反应等系列化的合成制备工艺，得到单/双组分的聚氨酯系列防水材料。广泛应用在高铁、地铁、管廊、房建及地下空间的抗窜水防水工程。

博力康®系列聚氨酯防水材料，采用低挥发性的异氰酸酯代替传统的高挥发性的异氰酸酯原料，整个体系无游离TDI组分；采用无毒、不挥发、不析出的环保型液体填料，摆脱了传统聚氨酯材料一直使用焦油、橡胶油、芳烃油、沥青、溶剂等高污染、高毒性材料的现状，实现了生产、施工、应用中异氰酸酯、苯类等有害物质的零挥发；同时，采用独特的合成技术，力学性能成倍增加，韧性也有大幅提高，耐腐蚀、耐候性能突出，突破了传统聚氨酯涂料性能差、耐候性不足、服役周期短的缺陷；特种组分的添加，实现产品的高触变性能，可实现在立面、斜面等异型面厚涂施工，降低施工难度，减少工作量；高固体含量（高铁专用聚氨酯和粘贴卷材用聚氨酯固含达到99.8%），实现产品应用过程的零VOC挥发。

生产过程不添加任何溶剂，反应体系全封闭，无毒无污染，并简化了传统的合成工艺，优化反应釜清洗工艺和溶剂的回收再利用，实现整个过程有毒物质零排放，高效、环保、安全。

博力康®系列聚氨酯防水材料，适宜在高铁、城轨、桥梁、隧道、地铁、水电及民用建筑工程领域的防水、抗渗、堵漏等应用。主要技术特征如下：

（1）高环保性能，不含焦油、橡胶油、沥青、溶剂，施工时无气味、安全无毒，固含量可达99%；

（2）力学性能优异，高拉伸强度、高撕裂强度；

（3）高延伸率、高断裂伸长率、高弹性，对基层开裂和伸缩适应性强，断裂伸长率超过500%；

（4）低温柔性和耐高温性能优异，-40～80℃可长期使用；

（5）耐渗透性能优异，0.4MPa下恒压2h无渗漏；

（6）常温施工、流平性好、粘结力强、耐腐蚀。

适用范围

博力康®系列聚氨酯防水材料，应用在高铁、地铁、城轨、桥梁、隧道、民用建筑、地下空间、水电等工程领域的防水、抗渗、堵漏等领域。

技术指标

产品执行TB/T 2965—2018《铁路桥梁混凝土桥面防水层》、GB/T 19250—2013《聚氨酯防水涂料》、JC/T 2041—2010《聚氨酯灌浆材料》、JC/T 864—2008《聚合物乳液建筑防水涂料》及Q/320115 JJK 056—2019《博力康®系列聚氨酯防水涂料》。聚氨酯系列防水材料物理力学性能指标如下：

序号	试验项目		技术指标要求	
			P303（粘贴卷材用）	P306（直接防水用）
1	固体含量（%）		99.6	99.8
2	拉伸强度（MPa）		4.8	7.6
3	拉伸强度保持率（%）	加热处理	116	138
4		碱处理	82	86
5		酸处理	85	85

江苏苏博特新材料股份有限公司
地址：江苏省南京市江宁区醴泉路118号
电话：025-83278599
官方网站：www.sobute.com

续表

序号	试验项目		技术指标要求	
			P303（粘贴卷材用）	P306（直接防水用）
6	撕裂强度（N/mm）		27.8	38.0
7	断裂伸长率（%）	无处理	579	487
8		加热处理	576	521
9		碱处理	562	504
10		酸处理	580	463
11	低温弯折性	无处理	-40℃，2h，无裂纹	
12		加热处理		
13		碱处理		
14		酸处理		
15	不透水性（0.4MPa，2h）		不透水	不透水
16	表干时间（h）		3	2
17	实干时间（h）		15	6
18	加热伸缩率（%）		-0.8	-0.7
19	耐碱性		饱和 Ca（OH）$_2$ 溶液，500h，无开裂、无起皮剥落	
20	潮湿基面粘结强度（MPa）		1.1	1.6
21	与混凝土粘结强度（MPa）		2.6	2.6
22	与混凝土的剥离强度（N/mm）		3.4	3.7
23	与防水卷材的剥离强度（N/mm）		1.3	—

工程案例

博力康®系列聚氨酯防水材料，已在成都地铁轨道交通 18 号线土建 7 标、成都地铁轨道交通 18 号线轨道 3 标、京霸铁路、南京地铁、猴子岩水电站等重大工程中应用。

生产企业

江苏苏博特新材料股份有限公司（股票简称：苏博特，股票代码：603916）作为行业领先的新型土木工程材料供应商，主营混凝土外加剂的研发、生产和销售，在防水与修复材料、交通工程材料等功能性产品的研发和推广方面不断取得新突破。公司是混凝土外加剂行业龙头企业，被认定为国家高新技术企业、国家认定企业技术中心，获全国制造业单项冠军示范企业、工业强省六大行动重点项目单位等荣誉称号。2017 年 11 月 10 日，公司在上海证券交易所主板挂牌上市，正式登陆资本市场，开启了发展新篇章。

公司始终坚持走科技创新的发展道路，建有“高性能土木工程材料国家重点实验室”“江苏省功能性聚醚工程技术研究中心”等行业先进的科研平台，拥有专业配置齐全、年龄结构合理、创新能力强、技术推广与管理经验丰富的人才团队，包括中国工程院院士、国家杰出青年基金获得者、“万人计划”科技创新人才，多人次获得国家和省部级科研奖项。公司拥有国家授权专利 400 余项，其中发明专利 390 余项，国际专利 4 项，荣获中国专利银奖 1 项、中国专利优秀奖 4 项。“超高性能混凝土抗爆材料成套制备技术、结构设计及其应用”项目荣获 2014 年度国家科技进步二等奖，“超 500 米跨径钢管混凝土拱桥关键技术”荣获 2018 年度国家科技进步二等奖。

公司坚持“集团化管理，连锁化经营”运营模式，在江苏、四川、天津、新疆等多地建有生产基地，建立并保持质量、环境、职业健康安全和测量四合一管理体系，实现了生产全过程的自动化控制，生产过程的控制手段、产品质量分析和控制水平居国内同行前列。

公司基于多年来雄厚的技术储备和科技进步成果，坚持“以客户为中心”，以优良的专业技术人才为基础，以先进的试验条件为依托，为客户提供顾问式营销服务。加强服务网络建设，服务范围覆盖全国所有省、市、区；加强服务团队建设，公司营销服务人员全部为混凝土及相关专业人员。公司生产的混凝土外加剂产品以其优异的产品性能、稳定的产品质量、专业的技术服务，赢得了用户的信赖，也赢得了市场，同时提升了公司的品牌形象。公司产品成功应用于港珠澳大桥、田湾核电站、阳江核电站、溪洛渡水电站、向家坝水电站、兰新高铁、南水北调工程、青岛胶州湾隧道等一大批国家和地方重点工程。

公司基于“创造更好材料，构筑美好未来”的企业使命，秉承“开放、创新、诚信、共赢”的核心价值观，专注于土木工程材料事业的发展，推进混凝土外加剂及其应用产业的绿色化进程，以科研创新为原动力，以顾问式营销为核心竞争力，坚持科研以市场为中心，管理以客户为中心，经营以效益为中心，持续关注企业相关方利益，成为受社会尊敬的现代科技型企业。

江苏苏博特新材料股份有限公司
地址：江苏省南京市江宁区醴泉路 118 号
电话：025-83278599
官方网站：www.sobute.com

证书编号：LB2019FS013

鲁泰弹性体（SBS）改性沥青防水卷材、湿铺防水卷材、塑性体 APP 改性沥青防水卷材

产品简介

弹性体（SBS）改性沥青防水卷材产品是以 SBS 热塑性弹性体改性沥青做浸渍和涂盖材料，以聚氨酯、玻纤毡和玻纤增强聚酯毡为胎基，上表面覆以聚乙烯膜、细沙或矿物片料等隔离材料所制成的可以卷曲的片装防水材料。本产品具有优异的低温柔性和延伸性，适合用于各类工程防水，尤其适用于高纬度地区及寒冷地区。

湿铺防水卷材的主要原材料是活性物质，同时加入适量的辅助材料和防老化剂、促进剂及其他的一些助剂，经混炼压延而成，是一款能在潮湿基面上施工的防水产品，该特殊的活性物质能与水泥砂浆或素水泥浆实现反应，达到与基面或结构主体实现满粘的效果。

塑性体 APP 改性沥青防水卷材是以无规聚丙烯（APP）或聚烯烃类聚合物（APAO、APO 等）作石油沥青改性剂，以优质聚酯毡、玻纤毡、玻纤增强聚酯毡为胎基，两面覆以隔离材料所制成的防水卷材。

适用范围

弹性体（SBS）改性沥青防水卷材适用于工业与民用建筑屋面、地下等的防水防潮以及桥梁、停车场、游泳池、隧道等建筑物的防水，尤其适用于高温或有强烈阳光辐照地区的建筑物防水。

湿铺防水卷材适用于工业与民用建筑的地下室、屋面的防水工程及地铁、管廊、铁路、隧道的防水。

塑性体 APP 改性沥青防水卷材适用于各类工业与民用屋面工程、地下工程防水，市政工程防水，尤其适用于低纬度地区及湿热地区。

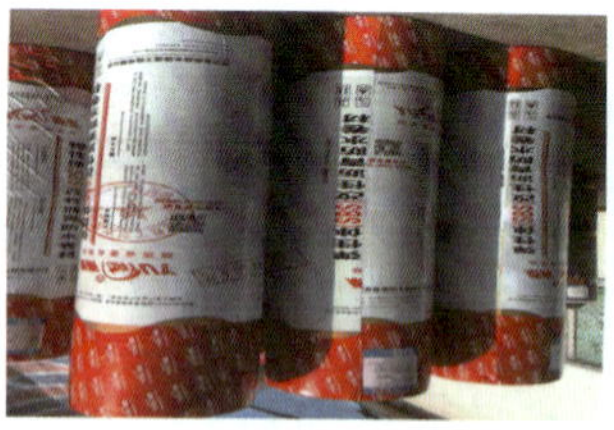

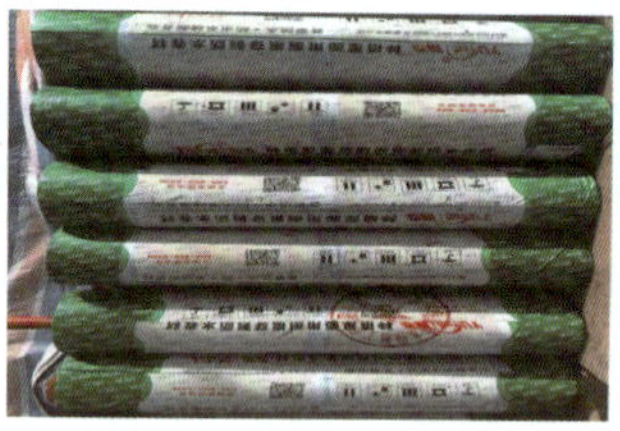
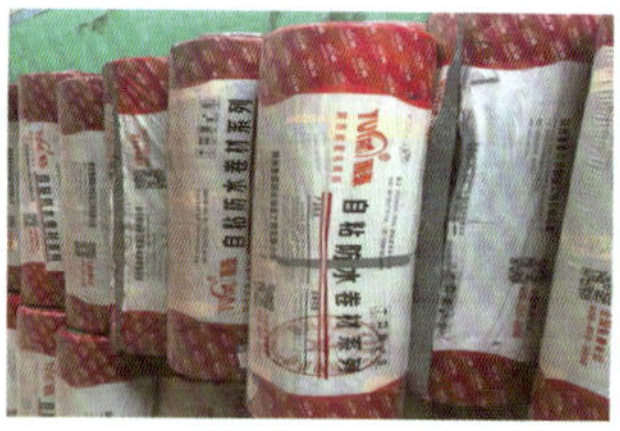

技术指标

序号	项目		指标				
			I		II		
			PY	G	PY	G	PYG
1	可溶物含量 / (g/ m²) ≥	3mm	2100				—
		4m	2900				—
		5mm	3500				
		实验现象	—	胎基不燃	—	胎基不燃	—
2	耐热性	℃	90		105		
		≤ mm	2				
		试验现象	无流淌、滴落				
3	低温柔性 / ℃		-20		-25		
			无裂缝				
4	不透水性 30min		0.3MPa	0.2MPa	0.3MPa		
5	拉力	最大峰拉力 / (N/50mm) ≥	500	350	800	500	900
		试验现象	拉伸过程中，试件中部无沥青涂盖层开裂或与胎基分离现象				

陕西鲁泰防水保温工程有限公司
地址：陕西省西安市灞桥区豁口村长坪路 246 号
电话：029-83340322
官方网站：www.sxltfs.com

续表

序号	项目		指标				
			I		II		
			PY	G	PY	G	PYG
6	延伸率	最大峰时延伸率/% ≥	30	—	40	—	—
7	浸水后质量增加/% ≤	PE、S	1.0				
		M	2.0				
8	热老化	拉力保持率/% ≥	90				
		延伸率保持率/% ≥	80				
		低温柔性/℃	-15		-20		
			无裂缝				
		尺寸变化率/% ≤	0.7	—	0.7	—	0.3
		质量损失/% ≤	1.0				
9	渗油性	张数≤	2				
10	接缝剥离强度/（N/mm）≥		1.5				
11	矿物粒料粘附性/g ≤		2.0				
12	卷材下表面沥青涂盖层厚度/mm ≥		1.0				
13	人工气候加速老化	外观	无滑动、流淌、滴落				
		拉力保持率/% ≥	80				
		低温柔性/℃	-15		-20		
			无裂缝				

工程案例

陕西建工第十建设集团有限公司（四季阳光项目）、宝鸡福慧城项目、渭滨区高新污水处理厂、中铁宝桥集团、宝鸡陈仓区南环路地下管廊项目、磻溪派出所、陇县二炮部队新建营房项目、陕西中岭大明万荟项目、安康福临新居、陕西建工集团司法小区、山西绛县红山机械厂、蟠龙新区小韩村管廊九冶建设有限公司、安康阳平关至安康铁路增建第二线站后工程、贵阳中铁二十局安置房项目等。

生产企业

鲁泰防水是一家集防水材料研究、生产、销售、施工于一体的科技型企业。旗下有陕西鲁泰防水保温工程有限公司、甘肃金雨洁防水科技有限公司、山东鲁泰防水科技有限公司、陕西鲁泰防水科技有限公司。集团总部位于陕西省咸阳市永寿工业园区，目前在职员工500余人，专业技术人员40余人。公司主要生产“雨泰”牌、“金雨洁”牌系列防水卷材及防水涂料。年产各类防水卷材6000万平方米，各类防水涂料5000吨。主要产品有弹性体(SBS)改性沥青防水卷材、塑性体(APP)改性沥青防水卷材、胶粉改性沥青聚酯毡与玻纤网格布增强防水卷材、高聚物改性沥青防水卷材、种植屋面用耐根穿刺防水卷材、带自粘层聚合物改性沥青耐根穿刺防水卷材、湿铺防水卷材、预铺防水卷材、自粘聚合物改性沥青防水卷材；环保水性单组分聚氨酯防水涂料、聚氨酯高分子防水涂料（单组分/双组分）、聚合物水泥（JS）复合防水涂料、水泥基渗透结晶防水材料、非固化橡胶沥青防水涂料、喷涂速凝橡胶沥青防水涂料等，13个系列，90余种产品。

本公司的经营理念是“专业、规范、求实、创新”，推动规范防水行业健康有序发展，积极致力于防水事业的大力发展。

目前，公司设立了60余家营销中心或办事机构，营销网络已覆盖陕西、甘肃、宁夏、青海、新疆、西藏、河南、山东、山西、湖北、安徽、河北等十二省市和地区。公司通过与国内知名房企、建筑企业的合作，产品已广泛应用于大型房地产、高铁、地铁、城市地下综合管廊、工矿厂房等领域，受到客户的高度信任和好评。同时，公司重视客户价值的实现，从工程初期介入，为客户实行全方位、全过程系统性防水技术服务。

公司率先通过ISO 9001:2015质量管理体系认证，具有监理规范的产品质量体系及优良的服务体系。产品在国家、省区、市级抽检中均呈现优良品质。公司先后荣获“陕西省AA级信誉企业”“质量诚信行业十强”“陕西省行业品牌企业”，企业应邀成为中国建筑防水材料协会会员单位。

证书编号：LB2019FS014

鲁泰非固化橡胶沥青防水涂料、水性单组分聚氨酯防水涂料、聚合物水泥（JS）复合防水涂料

产品简介

非固化橡胶沥青防水涂料是以高性能弹塑性高聚物为改性剂、优质沥青为基料，以高活性液态增粘树脂、功能型聚合物和稳定剂为助剂配制而成的一种新型环保、高固含量橡胶沥青涂料，所采用的原材料不含废轮胎胶粉和任何挥发性溶剂。

环保型单组分聚氨酯防水涂料是一种环保型高分子聚合物弹性防水材料。产品无毒无味，具有优异的弹性和不透水性，对砂浆水泥基石和石材、金属制品都有很强的粘附力，产品的化学性质稳定，能长期经受日光的照射，强度高，延伸率大，弹性好，防水效果好。

聚合物水泥（JS）复合防水涂料是由高分子有机液料和无机粉料复合形成的双组分防水涂料。它综合了有机材料的弹性高和无机材料耐久性好等特点，可在潮湿或干燥的多种材质的基面上直接施工，涂覆后可形成高弹高强的防水涂层膜，无毒无污染，可用于饮水工程，并具有施工简便，工期短及根据需要配置彩色涂层等优点。

适用范围

非固化橡胶沥青防水涂料适用于地铁、洞库、隧道、地下室、桥梁、水利堤坝、垃圾填埋场、污水处理厂等防水工程；结构复杂的屋面工程防水，变形缝的注浆堵漏工程；本产品和卷材复合施工，形成可靠的复合防水系统。

单组分聚氨酯防水涂料适用于各种屋面、地下室等防水工程，尤其适用于卫浴间、水池、阳台、停车场等工程防水。

聚合物水泥（JS）复合防水涂料适用于工业和民用建筑屋面和地下工程防水，尤其适用于饮水工程、水池等对环保性要求高的防水工程，适用于结构复杂、异型结构多的工程及厨房 / 卫生间防水。Ⅰ型适用于活动量较大的基层，Ⅱ型和Ⅲ型适用于活动量较小的基层。

技术指标

聚合物水泥（JS）复合防水涂料产品技术要求如下：

序号	项目		技术指标
1	闪点 /℃		180
2	固含量 /%		98
3	粘接性能	干燥基面 潮湿基面	100% 内聚破坏
4	延伸性		15
5	低温柔性		无断裂 -20℃
6	耐热性 /℃		65
7	热老化 70℃，168h	延伸性 /mm	15
8	耐酸性（2% 硫酸溶液）	外观 延伸性 /mm 质量变化 /%	无变化 15 ±2.0
9	耐碱性（0.1% 氢氧化钠＋饱和氢氧化钙溶液）	外观 延伸性 /mm ≥ 质量变化 /%	无变化 15 ±2.0
10	耐盐性（3% 氯化钠溶液）	外观 延伸性 /mm ≥ 质量变化 /%	无变化 15 ±2.0
11	自愈性		无渗水
12	渗油性 / 张≤		2
13	应力松弛 /% ≤	无处理 热老化（70℃，168h）	35
14	抗窜水性 /0.6MPa		无窜水

陕西鲁泰防水保温工程有限公司
地址：陕西省西安市灞桥区豁口村长坪路 246 号
电话：029-83340322
官方网站：www.sxltfs.com

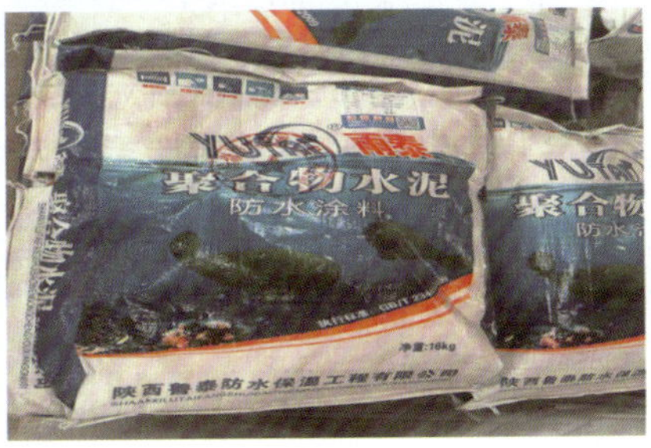

工程案例

陕西中岭大明万荟项目、安康波尔多庄园高层、先浐灞半岛、隆源国际城、山东成武王林片区棚改、咸阳秦汉医院、山西射击射箭训练基地及配套设施建设项目、陕西神渭管道输煤项目、平凉自来水公司等。

生产企业

鲁泰防水是一家集防水材料研究、生产、销售、施工于一体的科技型企业。旗下有陕西鲁泰防水保温工程有限公司、甘肃金雨洁防水科技有限公司、山东鲁泰防水科技有限公司、陕西鲁泰防水科技有限公司。集团总部位于陕西省咸阳市永寿工业园区，目前在职员工 500 余人，专业技术人员 40 余人。公司主要生产“雨泰”牌、“金雨洁”牌系列防水卷材及防水涂料。年产各类防水卷材 6000 万平方米，各类防水涂料 5000 吨。主要产品有弹性体(SBS)改性沥青防水卷材、塑性体(APP)改性沥青防水卷材、胶粉改性沥青聚酯毡与玻纤网格布增强防水卷材、高聚物改性沥青防水卷材、种植屋面用耐根穿刺防水卷材、带自粘层聚合物改性沥青耐根穿刺防水卷材、湿铺防水卷材、预铺防水卷材、自粘聚合物改性沥青防水卷材；环保水性单组分聚氨酯防水涂料、聚氨酯高分子防水涂料（单组分 / 双组分）、聚合物水泥（JS）复合防水涂料、水泥基渗透结晶防水材料、非固化橡胶沥青防水涂料、喷涂速凝橡胶沥青防水涂料等，13 个系列，90 余种产品。

本公司的经营理念是“专业、规范、求实、创新”，推动规范防水行业健康有序发展，积极致力于防水事业的大力发展。

目前，公司设立了 60 余家营销中心或办事机构，营销网络已覆盖陕西、甘肃、宁夏、青海、新疆、西藏、河南、山东、山西、湖北、安徽、河北等十二省市和地区。公司通过与国内知名房企、建筑企业的合作，产品已广泛应用于大型房地产、高铁、地铁、城市地下综合管廊、工矿厂房等领域，受到客户的高度信任和好评。同时，公司重视客户价值的实现，从工程初期介入、为客户实行全方位、全过程系统性防水技术服务。

公司率先通过 ISO 9001:2015 质量管理体系认证，具有监理规范的产品质量体系及优良的服务体系。产品在国家、省区、市级抽检中均呈现优良品质。公司先后荣获“陕西省 AA 级信誉企业”“质量诚信行业十强”“陕西省行业品牌企业”，企业应邀成为中国建筑防水材料协会会员单位。

陕西鲁泰防水保温工程有限公司
地址：陕西省西安市灞桥区豁口村长坪路 246 号
电话：029-83340322
官方网站：www.sxltfs.com

证书编号：LB2019FS015

飞翎 SBS 改性沥青防水卷材、聚乙烯（丙 / 涤）纶防水卷材、热塑性聚烯烃 (TPO) 防水卷材

产品简介

FLG-212 弹性体 SBS 改性沥青防水卷材是用 SBS（丙苯乙烯 - 丁二烯 - 苯乙烯）热塑性弹性体 -(SBS) 橡胶改性沥青为浸涂材料，以优质的聚酯毡、玻纤毡、玻纤增强聚酯毡为胎体，用金属铝箔、沙粒或 PE 膜等覆面材料，采用专用机械搅拌、研磨而成的弹性体改性沥青防水卷材。

FLB-311/312 聚乙烯（丙 / 涤）纶复合防水卷材是采用聚乙烯、高强（丙 / 涤）纶无纺布、紫外线隔光剂、抗老化剂等高分子原料，经物理和化学变化，通过自动化的专业生产线一次挤压成型的生产工艺制成。卷材的上下面为增强粘接层，卷材中间为防水层和抗老化层。

FL- 热塑性聚烯烃 (TPO) 防水卷材是以乙烯和 α 烯烃的聚合物为主要原料制成的防水卷材。

适用范围

适用于工业与民用建筑结构的屋面、地下室、冷库防水和防潮，以及消防水池、水利工程、游泳池等的防水；桥面、地铁、隧洞、隧道、污水处理场、垃圾填埋场等；亦可用于地下管道的防锈、防腐及各种防潮的内包装材料。

技术指标

SBS 改性沥青防水卷材产品执行 GB 18242—2008《弹性体改性沥青防水卷材》，聚乙烯（丙 / 涤）纶复合防水卷材产品执行 JC/T 1075—2008《种植屋面用耐根穿刺防水卷材》，热塑性聚烯烃（TPO）防水卷材产品执行 GB 27789—2011《热塑性聚烯烃（TPO）防水卷材》。其中 SBS 改性沥青防水卷材产品具体性能如下：

序号	项目		指标				
			I		II		
			PY	G	PY	G	PYG
1	可溶物含量 /（g/ m²）⩾	3mm	2100				/
		4mm	2900				/
		5mm	3500				
		试验现象	-	胎基不燃	-	胎基不燃	-
2	耐热度	℃	90		105		
		⩽ mm	2				
		实验现象	无流淌、滴落				
3	低温柔性 /℃		-20		-25		
			无裂缝				
4	不透水性 120min		0.3MPa	0.2MPa	0.3MPa		
5	拉力	最大峰拉力 /（N/50mm）⩾	500	350	800	500	900
		次高峰拉力 /（N/50mm）⩾	—	—	—	—	800
		实验现象	拉伸过程中，试件中部无沥青涂盖层开裂或胎基分离现象				
6	延伸率	最大峰延伸率 /% ⩾	30	—	40	—	—
		第二峰延伸率 /% ⩾	—		—		15
7	浸水后质量增加 /% ⩽	PE、S	1.0				
		M	2.0				
8	热老化	拉力保持率 /% ⩾	90				
		延伸率保持率 /% ⩾	80				
		低温柔性 /℃	-15		-20		
			无裂缝				
		尺寸变化率 /% ⩽	0.7	—	0.7	—	0.3
		质量损失 /% ⩽	1.0				
9	渗油性	张数 ⩽	2				
	接缝剥离强度 /（N/mm）⩾		1.5				
	钉杆撕裂强度[a]/N ⩾		—				300
	矿物粒料粘附性[b]/g ⩽		2.0				
	卷材下表面沥青涂盖层厚度[c]/mm ⩾		1.0				
10	人工气候加速老化	外观	无滑动、流淌、滴落				
		拉力保持率 /% ⩾	80				
		低温柔性 /℃	-15		-20		
			无裂缝				

a 仅适用于单层机械固定施工方式卷材。

b 仅适用于矿物粒料表面的卷材。

c 仅适用于热熔施工的卷材。

成都大邑县飞翎化工防水材料厂
地址：成都市青羊区日月大道 1501 号万和中心 1 栋 1308
电话：028-87368876
官方网站：http://www.scfeiling.com

工程案例

1. 五星大酒店
2. 八一鑫茂城
3. 广安天立 . 澜悦府

生产企业

飞翎防水总公司创建于 1995 年，是集建筑防水材料研发、生产、销售、施工、服务、技术咨询和指导于一体的专业化防水企业。目前旗下拥有四川省飞翎防水材料有限公司、四川省飞翎防水工程有限公司、成都大邑县飞翎化工防水材料厂。公司办公场地面积约 2000 平方米，位于四川省成都市青羊区，厂区占地面积约 150000 平方米，位于四川省成都市大邑县沙渠镇。公司产品销售及业务遍及全国，已分别在重庆、云南、陕西、湖北、湖南、广西、西藏、贵州等地设有分公司和办事处，是目前中国西部既先进又环保的现代化防水材料生产基地之一。

公司首批取得了全国工业产品生产许可证、安全生产许可证等相关行业证件、证书；拥有国家建筑业企业防水、防腐、保温工程专业承包一级资质；被成都市安全生产监督管理局评为“安全生产标准化三级企业”；公司的质量管理体系、环境管理体系、职业健康安全管理体系已通过 ISO 9001：2015、ISO 14001：2015、OHSAS18001：2007 认证；是中国建筑防水协会理事会理事、四川省建筑防水协会副会长单位。

公司拥有具备国内外先进水平的防水卷材和涂料生产线，主要生产改性沥青类防水卷材、自粘类防水卷材、高分子类防水卷材、各类防水涂料、交通轨道和地下管廊专用防水材料以及密封堵漏类材料等系列防水产品。公司产品广泛用于工业、民用、商用建筑和高铁、道桥、地下管廊等基础设施建设领域，并与许多开发商、中建、中铁、中交、中电等建立了长期稳定的战略合作关系，受到各个领域的信赖和好评。

公司始终坚持走“品牌”之路，“以质量求生存，以诚信求发展”是我们的理念，“务实、创新、诚信、共进”是我们的宗旨。我们将不断努力、不断进取、不断改进、不断创新，为建筑行业提供符合国家标准及行业标准的优质优价的高品质产品，同时也为全国广大用户提供专业的施工、技术咨询和指导，以及针对不同建筑领域制定防水专业技术方案等一条龙模式快捷服务。

成都大邑县飞翎化工防水材料厂
地址：成都市青羊区日月大道 1501 号万和中心 1 栋 1308
电话：028-87368876
官方网站：http://www.scfeiling.com

证书编号：LB2019FS016

飞翎聚合物水泥（JS）防水涂料、聚氨酯防水涂料

产品简介

FLJ-812 聚合物水泥防水涂料（JS）是以德国巴斯夫生产的丙烯酸酯 · 乙烯 - 乙酸 · 乙烯酯等优质乳液作为主要原材料，经科学配方和生产工艺生产出的有机液料和无机粉料现场搅拌合成的双组分防水涂料。

FLU-813 非焦油聚氨酯防水涂料（单组分）是一种反应型湿固化成膜的单组分高分子防水涂料，是以异氰酸酯、聚醚为主要原料，配以混合增塑剂、固化剂等多种助剂，采用先进的生产工艺经高温脱水、聚合反应而成。

FLU-813 非焦油聚氨酯防水涂料（双组分）是以双组分 A 料和 B 料现场配比产生化学反应固化所形成的高分子防水涂料。其中 A 料是由聚醚和异氰酸酯缩聚形成的异氰酸酯半预聚体。B 料是由增型剂、固化剂、增稠剂、促凝剂、填充剂形成的彩色液体。

适用范围

聚合物水泥（JS）防水涂料：

适用于工业、民用建筑的地下室、屋面、阳台、露台、空调板、消防水池、厨卫间防水施工。

对瓷砖、花砖、红砖及大理石等不做贴面勾缝。

适用于水电站、大坝、隧道、桥梁、水池、水塔、净化池、水库、游泳池、蓄水池等抗渗、抗压指标高的防水工程。

适用于填充补漏，其方法是用该产品与水、水泥等调成膏状，对穿墙孔洞缝隙、裂纹等进行填塞、修补、堵漏施工。

聚氨酯产品：

单组分：

产品用于民用和工业建筑的地下室、屋面、厨卫间、游泳池、喷水池、景观水池、地铁、隧道等工程。

适合异型部位和管道纵横部位的防水，以及对管口、接缝等做密封加强处理。

双组分：

屋面部分：混凝土屋面、种植屋面、坡屋面、平屋面以及木质、钢质、石棉瓦结构屋面。

地下部分：隧道、地铁、车库、管道外、地下室内外墙及底板、顶板等防水。

接缝嵌缝部分：建筑物沉降缝、施工缝、伸缩缝、穿墙管、落水口等做接缝的细部处理。还可用于道路、机场、停机坪的基面嵌缝处理。

技术指标

聚合物水泥（JS）防水涂料产品执行 GB/T 23445—2009《聚合物水泥防水涂料》，聚氨酯防水涂料产品执行 GB/T 19250—2013《聚氨酯防水涂料》标准。聚氨酯防水涂料产品性能如下：

成都大邑县飞翎化工防水材料厂

地址：成都市青羊区日月大道 1501 号万和中心 1 栋 1308
电话：028-87368876
官方网站：http://www.scfeiling.com

单组分：

序号	实验项目	I	II	III
1	拉伸强度 /MPa ≥	2	6	12
2	断裂延伸率 /% ≥	500	450	250
3	低温弯折性 /℃	-35 无裂纹		
4	不透水性 /0.3MPa 30min	0.3MPa 120min，不透水		
5	固体含量 % ≥	85		
6	表干时间 h ≤	12		
7	实干时间 h ≤	24		
8	粘接强度 MPa ≥	1		

双组分：

序号	实验项目	I	II	III
1	拉伸强度 /MPa ≥	2	6	12
2	断裂延伸率 /% ≥	500	450	250
3	低温弯折性 /℃	-35 无裂纹		
4	不透水性 0.3MPa 30min	0.3MPa 120min，不透水		
5	固体含量 % ≥	92		
6	表干时间 h ≤	12		
7	实干时间 h ≤	24		
8	粘接强度 MPa ≥	1		

工程案例

1. 金沙城四期
2. 多利桃花源二期
3. 西部地理信息科技产业园二期 1# 地块项目一标段（西部北斗中心）

生产企业

飞翎防水总公司创建于 1995 年，是集建筑防水材料研发、生产、销售、施工、服务、技术咨询和指导于一体的专业化防水企业。目前旗下拥有四川省飞翎防水材料有限公司、四川省飞翎防水工程有限公司、成都大邑县飞翎化工防水材料厂。公司办公场地面积约 2000 平方米，位于四川省成都市青羊区，厂区占地面积约 150000 平方米，位于四川省成都市大邑县沙渠镇。公司产品销售及业务遍及全国，已分别在重庆、云南、陕西、湖北、湖南、广西、西藏、贵州等地设有分公司和办事处，是目前中国西部既先进又环保的现代化防水材料生产基地之一。

公司首批取得了全国工业产品生产许可证、安全生产许可证等相关行业证件、证书；拥有国家建筑业企业防水、防腐、保温工程专业承包一级资质；被成都市安全生产监督管理局评为“安全生产标准化三级企业”；公司的质量管理体系、环境管理体系、职业健康安全管理体系已通过 ISO 9001：2015、ISO 14001：2015、OHSAS 18001：2007 认证；是中国建筑防水协会理事会理事、四川省建筑防水协会副会长单位。

公司拥有具备国内外先进水平的防水卷材和涂料生产线，主要生产改性沥青类防水卷材、自粘类防水卷材、高分子类防水卷材、各类防水涂料、交通轨道和地下管廊专用防水材料以及密封堵漏类材料等系列防水产品。公司产品广泛用于工业、民用、商用建筑和高铁、道桥、地下管廊等基础设施建设领域，并与许多开发商、中建、中铁、中交、中电等建立了长期稳定的战略合作关系，受到各个领域的信赖和好评。

公司始终坚持走“品牌”之路，“以质量求生存，以诚信求发展”是我们的理念，“务实、创新、诚信、共进”是我们的宗旨。我们将不断努力、不断进取、不断改进、不断创新，为建筑行业提供符合国家标准及行业标准的优质优价的高品质产品，同时也为全国广大用户提供专业的施工、技术咨询和指导，以及针对不同建筑领域制定防水专业技术方案等一条龙模式快捷服务。

成都大邑县飞翎化工防水材料厂

地址：成都市青羊区日月大道 1501 号万和中心 1 栋 1308
电话：028-87368876
官方网站：http://www.scfeiling.com

证书编号：LB2019FS017

北方创信 cx-SSE 喷涂速凝橡胶沥青防水涂料

产品简介

cx-SSE 喷涂速凝橡胶沥青防水涂料是采用特殊工艺将超细悬浮微乳型阴离子改性乳化沥青和合成高分子聚合物（A 组分）与特种成膜剂（B 组分）混合后生成高弹性防水、防腐、防渗、防护涂膜的防水涂料。经现场专用设备喷涂瞬间形成致密、连续、完整并具有极高伸长率、超强弹性、优异耐久性的，真正实现“皮肤式”防水的防水涂膜，是一种施工简便快捷、能够系统解决防水问题的节能减排产品。该产品具备的优异性能与科学施工工艺的有效结合，最大限度地使材料性能和工程质量得到完美体现和有效保障，积极地推进了新技术、新工艺、新材料、新设备的使用。

产品通过急性口毒性小白鼠实验，证明无毒无害，材料可安全应用于食品级防水防腐，通过了住房城乡建设部《建设行业科技成果评估》，被列为“全国建设行业科技成果推广项目”，该产品还被列为“中国防水材料未来最具发展前景的材料”，目前已广泛应用于地下交通枢纽、商业及工业与民用建筑等工程，取得了良好的社会效益和经济效益。

适用范围

住宅、别墅、公寓等民用建筑，体育馆、学校、医院等公共建筑；地下交通枢纽及停车场、机场、客运站等市政设施；道路、桥梁、隧道、港口等交通设施；金属屋面、钢结构建筑防水、防腐；河道、人工湖、水池等水利防水、防渗；污水处理池、垃圾填埋场等环保工程；粮库、仓库、储罐防水、防腐。

技术指标

产品执行技术标准如下：

（1）SSE-802 加强型，SSE-803 低温型产品的执行标准：Q/1623BFCX 001-2018。

（2）PB L I 道桥型和 PB L II 道桥型产品执行 JC/T 975—2005《道桥用防水涂料》。

（3）建筑防水涂料中有害物质限量执行 JC 1066—2008《釉面钢化及釉面半钢化玻璃》。

喷涂速凝橡胶沥青防水涂料具有以下多个特点：喷涂后 3 ～ 5 秒超快速成膜，一次喷涂即可达到所需厚度；与基面有良好的附着性，可实现真正满粘；粘接强度超过自身强度，不会整体剥离；施工方便，冷制冷喷无须加热，5℃以上即可施工；耐酸、碱、盐等腐蚀性能优异，既防水，也防腐；属水性产品，无毒、无味、无挥发物，绿色环保；抗紫外线、耐老化，使用寿命长；对基面的要求较低；触变性好，涂层在垂直面上施工时不流淌；成膜后具有超高弹性及 90% 以上的弹性恢复率。

山东北方创信防水科技股份有限公司
地址：山东省无棣县海丰一路棣州四路
电话：0543-6660111
官方网站：http://www.cxsse.com

工程案例

天津市北大资源新八大里三诚里防水、青岛地铁 8 号线防水、青岛高新区污水处理厂防腐、天津西站、上海世博园地下空间防水、北京庆丰包子铺防水防腐、云南玉溪和四川遂宁城市综合管廊防水、四川大英粮库等工业、民用、市政建筑项目工程均采用本公司 cx-SSE 喷涂速凝橡胶沥青防水涂料。

生产企业

目前，北方创信是一家以差异化决策持续推动创新发展的防水企业，通过对材料方向、施工应用、技术研发、企业文化及商业模式等差异化的决策，借助“中国制造 2025”，运用互联网逻辑思维方法，依托“城市合伙人”商业模式，落地百家“创信科技产业园区”。未来，以“创信基金”加“信之梦”商学院共同构建的孵化器为平台，不断充实“城市合伙人”内涵，立足于提升建材行业的整体水平，打造建材行业生态链，反向持续推动建筑地产的转型升级，逐步成长为一个与时俱进的、以全新经营思维为新常态的平台型企业。

公司拥有国家防水、防腐、保温壹级资质，被列为“全国建设行业科技成果推广项目”，获得全国“高新技术企业”“山东省瞪羚标杆企业”“山东省一企一技术”和“山东省新技术企业认定”，以及工程类最高奖项“防水工程金禹奖”等荣誉称号；在 2018 年全国创新创业大赛 · 新材料组全国总决赛中获得优秀企业的称号，成为整个防水行业少有的获奖企业，也是山东省仅有的两家获奖企业之一。该产品被列为中国防水材料未来具有发展前景的材料，被发展改革委列为“鼓励类防水涂料”，目前已广泛应用于地下交通枢纽、商业及工业与民用建筑等工程，取得了良好的社会效益和经济效益，使企业的社会责任得到了充分的体现。

山东北方创信防水科技股份有限公司
地址：山东省无棣县海丰一路棣州四路
电话：0543-6660111
官方网站：http://www.cxsse.com

证书编号：LB2019FS018

世纪联合喷涂聚脲防水涂料

产品简介

喷涂聚脲弹性体被称为21世纪“革命性”专业防护技术，具有极好的物理性能、抗化学腐蚀性和超长的使用寿命。

适用范围

适用于幼儿园、各级各类学校及专业体育场、田径场跑道，全民健身路径，室内体育馆训练跑道，游乐场道路铺面，公园、居民小区等活动场地。

技术指标

喷涂聚脲防水涂料产品执行GB 36246—2018《中小学合成材料面层运动场地》标准，具体性能指标如下：

检验项目		技术要求	检验结果
固体含量 / %		≥ 98	99.5
凝胶时间 /s		≥ 45	16
表干时间 /s		≤ 120	42
拉伸强度 /MPa		≥ 16.0	18.6
断裂强度伸长率 / %		≥ 450	454
撕裂强度（N/mm）		≥ 50	63.8
低温弯折性 / ℃		≤ -40	-35
粘结强度 /MPa		≥ 2.5	2.7
吸水率 %		≤ 5.0	1.4
人工气候老化	拉伸强度保持率，%	80 ～ 150	95
	断裂伸长率 / %	≥ 400	437
	低温弯折性 / ℃	≥ -35	-35
硬度 / 邵 A		≥ 80	88
耐磨性（750g/500r）/mg		≤ 30	26
耐冲击性（kg · m）		≥ 1.0	1.3

淄博世纪联合新型建筑材料有限公司
地址：山东省淄博市高新区南岭南路以北、淄东铁路以东
电话：0533-6213674
官方网站：www.cumchina.com

工程案例

济南现代学院、章丘体育馆、吉林松原前郭尔罗斯蒙古中学、甘肃庆阳华池体育局健身步道、河北故城郑口中学、淄博实验中学等。

生产企业

淄博世纪联合新型建筑材料有限公司，成立于2009年5月，厂区由最初的400m^2，3台反应釜小作坊模式的生产规模，历经发展厂房几次搬迁。于2014年7月，投资3.2亿元，成立淄博世纪联合新型建筑材料有限公司，占地7万m^2。历时两年的规划建设，一期项目15000m^{2}聚氨酯合成车间、4000m^{2}颗粒生产车间、3000m^{2}研发实验室及1000m^{2}公共设施于2016年8月竣工并投入使用。生产设备全部采用DCS自动化控制，日产能达200余吨，以满足市场对产品的需求。

公司主营塑胶跑道一系列产品，如EPDM颗粒、胶水、铺装材料、硅PU、TPE草坪颗粒、喷涂聚脲弹性体、聚氨酯弹性体、水性树脂系列产品，广泛用于学校、公园、体育场、健身路径、家装、工业等领域。

我公司是中国体育地材绿色生产企业联盟的发起单位，健身步道的参编单位，山东省运动场地专业委员会副秘书长单位，通过了质量管理体系认证证书、环境管理体系认证证书、职业健康安全管理体系认证证书，产品获得了中国环境标志产品认证证书、中国环境友好认证证书、国际田联认证证书、ROHS和CE的产品认证证书，还获得了山东半岛国家自主创新示范区计划科技奖，被评为淄博市重点实验室，产品被列入政府采购清单，有4项发明专利、1项实用新型专利，4项进入实质审查阶段。“创新赢得持续发展，新产品助推行业发展”是我公司的不懈追求。

淄博世纪联合新型建筑材料有限公司
地址：山东省淄博市高新区南岭南路以北、淄东铁路以东
电话：0533-6213674
官方网站：www.cumchina.com

证书编号：LB2019FS019

森聚柯密聚脲防水涂料

产品简介

单组分聚脲 (SJKR-590) 具有极高的力学性能和耐候性能，以及一次成膜厚度高的特点；尤其成膜后，膜层具有均质的特性；长期在低温（-45℃）、冰冻的条件下，仍然具有至少 50% 以上的延伸率。主要用于各类防水、防腐、耐磨地坪、防护等用途的弹性涂层。

暴露型单组分聚脲（氨酯）涂料（SJKR-1480）具有一定的力学性能和柔韧性，与混凝土、沥青混凝土以及无塑料薄膜的沥青卷材基层具有良好的相容性，以及较好的耐候性能。成膜后，膜层具有低温柔韧性。主要用于外露防水与一般性防腐等功能性弹性涂层。

喷涂聚脲（SJKR-909）涂料是由多异氰酸酯的 A 组分与氨基类物质的 B 料按照 1∶1（体积比构成）混合，通过专用喷涂设备喷涂后，快速固化，形成的一种高强度、高柔性的交联点全部为脲基的弹性体膜层材料。主要用于各类建筑物、水池及各类工业用途的防水、防护、防腐等功能性的弹性涂层。

适用范围

中性硅酮密封胶、硅烷封端聚醚密封胶、聚氨酯密封胶具有耐气候老化性能、耐高低温性能优良，对大部分建筑材料粘结性好；适用于各类幕墙、门窗安装、玻璃装配，各类厨房用具、卫生洁具的安装，金属结构工程以及各种建筑工程中如装配式建筑的 PC 板之间接缝、混凝土接缝、石材幕墙接缝、砖块接缝等的密封。

暴露型单组分聚脲（氨酯）涂料、单组分聚脲、喷涂聚脲主要用于各类防水、防腐、耐磨地坪、防护等用途的弹性涂层，外露防水与一般性防腐等功能性弹性涂层以及各类建筑物、水池和各类工业用途的防水、防护、防腐等功能性的弹性涂层。

技术指标

暴露型单组分聚脲（氨酯）涂料（SJKR-1480）产品执行 Q/12WQ 5341 标准，单组分聚脲 (SJKR-590) 产品执行 JC/T 2435—2018《单组分聚脲防水涂料》标准，喷涂聚脲（SJKR-909）产品执行 GB/T 23446—2009《喷涂聚脲防水涂料》。

暴露型单组分聚脲（氨酯）涂料（SJKR-1480）拉伸强度 3.96MPa、断裂伸长率 602%、潮湿混凝土粘结强度 1.02MPa、低温弯折性 -30℃无裂纹；

单组分聚脲 (SJKR-590)）拉伸强度 16.25MPa、断裂伸长率 316%、撕裂强度 76N/mm、低温弯折性 -45℃无裂纹、吸水率 3.4%；

喷涂聚脲 (SJKR-909) 凝胶时间 40s、表干时间 60s、拉伸强度 20.8MPa、断裂伸长率 474%、撕裂强度 88N/mm、低温弯折性 -40℃无裂纹、吸水率 2.0%。

天津森聚柯密封涂层材料有限公司

地址：天津市武清区崔黄口镇电子商务产业园宏兴道 6 号

电话：022–29575323

官方网站：http://www.shinjuker.com/

工程案例

工程名称：中国尊停机坪及屋面防水。2018 年 7 月与中建三局集团有限公司签订中国尊停机坪及屋面防水工程协议，用森聚柯 SJKR-590 单组分聚脲，用量约 12 吨，面积 6000 平方米。

与山西太康公司合作，在山西、山东等冷库安装工程外墙填缝中使用森聚柯 SJK-1110 密封胶，用量合计 8680 支。

与陕西秦垒公司合作，在渭南华洲初级中学、商洛中学工程外墙填缝中使用森聚柯 SJK-1109 密封胶，用量合计 94000 支。

生产企业

天津森聚柯密封涂层材料有限公司成立于 2010 年 7 月，是一家集产品研发、生产、销售于一体的高科技型生产企业，主要研发生产高等级系列密封胶、高性能厚质涂层材料。公司所生产的暴露型单组分聚氨酯、聚氨酯（脲）、聚脲等厚质涂层材料产品技术由法国 SOPREMA-Durgalith 公司授权在大中华区生产销售，该类产品在技术上处于行业前列。同时公司生产高品质的有机硅密封胶、聚氨酯密封胶、硅烷改性聚醚 (MS) 密封胶系列产品和环氧涂层等产品。公司所生产的暴露型单组分厚质涂层材料和高性能密封胶为高品质高等级工程服务，用优质的产品提升客户的使用体验和生活品质，为客户创造价值。

天津森聚柯密封涂层材料有限公司
地址：天津市武清区崔黄口镇电子商务产业园宏兴道 6 号
电话：022-29575323
官方网站：http://www.shinjuker.com/

证书编号：LB2019FS020

西卡渗耐聚氯乙烯（PVC）防水卷材、热塑性聚烯烃（TPO）防水卷材

产品简介

西卡渗耐防水卷材采用白色等浅色系表层作为常规色，旨在提高屋面的太阳光反射率，在实际屋面太阳能反射率达 0.83 以上，有效阻断太阳热量对建筑及其室内能源的消耗，建筑内部制冷及制热耗能也相应加快并得到有效降低。西卡渗耐 PVC 防水卷材有超过 50 年的应用记录，其表面覆有透明的特殊涂层的防水卷材，最大限度减少外部环境因素对卷材的影响，从而延长屋面系统的预期使用寿命。 而西卡渗耐的 TPO 防水卷材至今已生产 25 年之久。

西卡渗耐 PVC 防水卷材符合 LEED 认证体系可持续项中第 7.2 条的热导效应要求（1 分），其本身固有的良好的防火性能也使得卷材具有离火自熄的能力，为屋面的节能与安全方面加上一道更加可靠的防护壳。

适用范围

适用于各类型建筑屋面，如：轻钢屋面、混凝土屋面、旧屋面翻新工程、地下室顶板的防水。

技术指标

产品执行标准 GB 12952—2011《聚氯乙烯（PVC）防水卷材》、GB 27789—2011《热塑性聚烯烃（TPO）防水卷材》。

工程案例

1.2008 年由北京城建施工的北京奥林匹克五棵松篮球馆

五棵松体育馆是 2008 年北京奥运会正式体育场馆，位于北京市五棵松文化体育中心建筑组群的西部，东临西翠路，西临西四环，南临复兴路，总建筑面积 63400 平方米。体育馆主体结构分为二层及以下为现浇钢筋混凝土框架剪力墙结构，二层以上为现浇钢筋混凝土框架 - 剪力墙 - 钢支撑结构，其檐口高度为 40m，墙面采用玻璃幕墙。整个屋面由 5×5 即 25 个正方形四坡的单个锥体组成，屋面采用聚氯乙烯（PVC）防水卷材单层屋面系统，其层次自下而上为吸声板、防尘布、吸声棉、压型钢板、水泥板、隔汽层、保温层、无纺布、聚酯纤维织物内增强型聚氯乙烯（PVC）防水卷材等；此外，该屋面还包括配套天沟、檐口铝单板系统。整个屋面能同时满足防水、保温、隔声、通风等功能要求以及四坡锥体的建筑造型要求。

体育馆屋面板采用 0.8mm 厚 V125 型镀锌压型钢板，其下为 100mm 厚吸声棉、防尘布和 0.47mm 厚的高强 G550 深色穿孔镀铝锌吸声底板；其上为 9mm 厚水泥板、0.3mmPE 膜、2 层 60mm 厚挤塑聚苯保温层、130g/m^2 无纺布、1.5mm 聚酯纤维织物内增强型 PVC 防水卷材，以及配套使用的天沟系统、电动百叶系统、檐口铝单板系统等。

2.2010 年济南西卡工程有限公司施工方的上海世博会瑞士展馆项目

2010 年上海世博会瑞士展馆坐落于世博园 C 区，面积为 4000m^2，名为“自然乐园”。展馆主题为“城市和乡村的互动”。展馆主题结构由 2 个承重的大小圆柱和绿草如茵的屋顶组成。在屋面保温防水层上增加种植层及假山，营造自然的田园风光，因此，对于应用于种植屋面的防水卷材，不仅要满足普通防水卷材的要求，还要满足耐根穿刺性能，并且不影响植物的生长。

西卡渗耐防水系统（上海）有限公司
地址：上海市闵行区莘庄工业园华宁路 4555 号
电话：02134073788
官方网站：www.chn.sika.com

瑞士展馆屋面选用了西卡渗耐 PVC 防水卷材，该卷材不仅通过了德国园林研究协会（FLL）的根阻试验，同时也是国内较早通过中国防水协会及北京园林科学研究所组织的种植屋面防水卷材耐根穿刺试验的防水材料。该屋面层次依次为压型钢板、0.3mmPE 膜、40mm 岩棉保温板、西卡渗耐 PVC 防水卷材、保湿毯、蓄排水盘、过滤层、种植土、植被。

3.2015 年由长春市常客建筑安装工程有限公司施工的北车集团长春轨道客车有限公司旧屋面翻新项目

长春轨道客车项目位于吉林省长春市，该转向架车间已经使用 5 年，属于大跨度排架结构，屋面面积大约 50000 平方米。原屋面为夹心板板材，经过热胀冷缩多次循环后，夹心板搭接缝间密封胶因变形断裂或脱落而失效，因而在冰雪融化或雨季期间造成屋面大面积漏水，车间里面的机械设备需用塑料布加以覆盖进行保护，严重影响内部车间的正常运作。考虑到夹心板板厚较薄，不能进行机械固定在夹心板面板上，另外，该屋面无须增加额外的保温层，因此固定在檩条的方案亦不合适，2013 年甲方经过多次考察论证，并与西卡技术支持人员数次探讨，决定选用西卡聚氯乙烯卷材满粘于夹心板上的方案进行屋面维修翻新。事实证明，屋面使用满粘法翻新后，维修效果良好，屋面漏水问题得到了根治，车间机械正常运行。经过此次成功维修后，甲方又陆续维修了其他屋面，维修面积累计达 12 万平方米。

生产企业

1958 年，西卡在大中华区首先建立了香港公司，1992 年在广州开设广州西卡建筑材料有限公司并逐步在全中国建立了营销网络。2005 年将中国总部迁至苏州工业园区开启了西卡在中国的全新发展。

1998 年渗耐在济南建成了均质 PVC 卷材生产线，由此开始了在中国的业务。2004 年在上海建立内增强型 PVC 卷材生产线。2005 年西卡在全球范围内收购渗耐集团这一拥有超过 4 亿平方米屋面施工记录的公司，使西卡成为全球单层屋面系统市场的佼佼者。

西卡作为全球高分子 PVC 卷材生产商，首先把单层屋面系统的理念引入中国市场。在中国主要生产、销售高质量的均质及内增强型 PVC 防水卷材及系统配件，并提供相关施工指导和技术咨询服务。目前所生产的 PVC 防水卷材和系统配件，广泛运用于各种新屋面和屋面翻新等工程领域。

西卡渗耐防水系统（上海）有限公司
地址：上海市闵行区莘庄工业园华宁路 4555 号
电话：02134073788
官方网站：www.chn.sika.com

证书编号：LB2019FS021

正大 SBS 弹性体改性沥青防水卷材、湿铺防水卷材、预铺防水卷材、自粘聚合物改性沥青防水卷材

产品简介

防水卷材主要是用于建筑墙体、屋面以及隧道、公路、垃圾填埋场等处，起到抵御外界雨水、地下水渗漏的一种可卷曲成卷状的柔性建材产品。

适用范围

广泛应用于工业和民用建筑的屋面、地下室、卫生间等防水工程以及屋顶花园、道路、桥梁、隧道、停车场、游泳池等工程的防水防潮。变形较大的工程建议选用延伸性能优异的聚酯胎产品，其他建筑宜选用相对经济的玻纤胎产品。

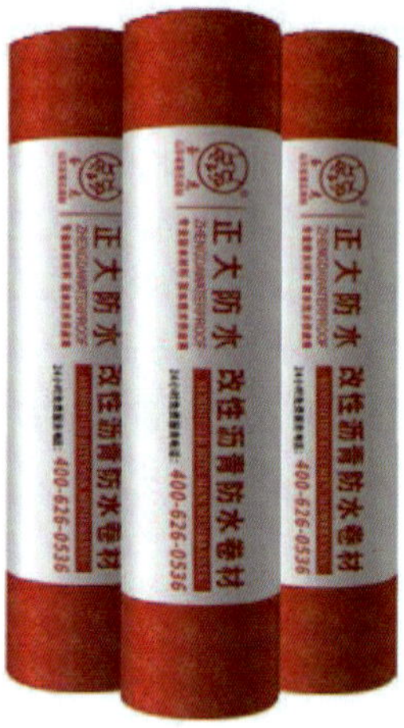

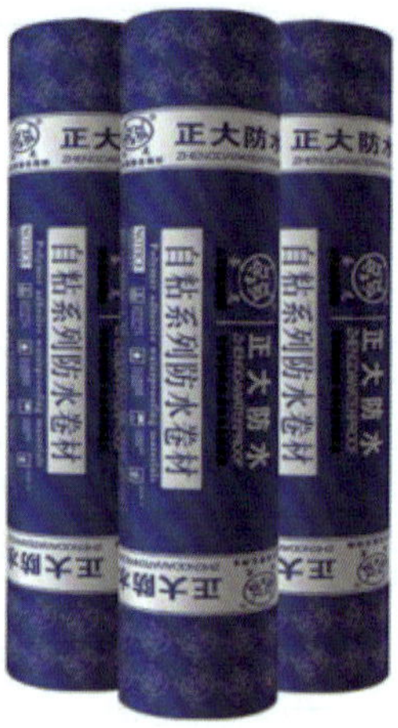

技术指标

防水卷材产品执行如下标准：GB 18242—2008《弹性体改性沥青防水卷材》、GB 18243—2008《塑性体改性沥青防水卷材》、GB 18173.1—2012《高分子防水材料 第 1 部分 片材》、GB/T 23457—2009《预铺防水卷材》、GB/T 23441—2009《自粘聚合物改性沥青防水卷材》、JC/T 1075—2008《种植屋面用耐根穿刺防水卷材》、TB/T 2965—2018《铁路桥梁混凝土桥面防水层》。部分性能指标如下：

单位面积质量平均值：4.9kg/m^2；面积平均值：10.02m^2/ 卷；

厚度平均值：4.1mm；可溶物含量：3580g/m^2；耐热性：90℃，无流淌、滴落；

低温柔性：-20℃，无裂缝；不透水性：0.3MPa，30min 不透水；

拉力（纵向）：1194 N/50mm；拉力（横向）：1053 N/50mm；

延伸率（纵向）：40%；延伸率（横向）：49%。

工程案例

项城市棚户区改造项目、莱芜东升社区安置区棚改项目、天元建设集团小香店安置区等。

金属及金属复合装饰材料 陶瓷砖、石材与人造石 卫生陶瓷 PVC-U型材 密封胶 胶粘剂 防水材料 混凝土、砂浆外加剂 混凝土 砂浆 水泥 预制件 地坪材料 建筑模板 其他

山东正大防水材料股份有限公司

地址：山东省寿光市台头镇工业园区
电话：0536-5512225
官方网站：www.zhengdafangshui.cn

生产企业

潍坊正大防水材料有限公司成立于2001年，占地面积20130平方米，注册资本10086万元。地处“中国建筑防水产业基地”“中国建筑防水之乡”的山东省寿光市台头工业园区。

经过近20年的发展与沉淀，公司成为目前国内规模较大的建材综合型专业生产厂家之一，是国内建材行业集成化佼佼者，是建筑防水行业中集研发、设计、生产、施工、销售于一体的高新技术企业。

公司目前已具备全系高品质防水材料的生产能力，建立了先进的标准生产车间，拥有多条自动化改性沥青防水卷材、防水涂料、高分子防水材料生产线。

公司主营的防水材料有：弹性体(SBS)改性沥青防水卷材、塑性体(APP)改性沥青防水卷材、自粘聚合物改性沥青防水卷材、高分子防水卷材、聚氨酯防水涂料等，产品广泛应用于建筑屋面、地下、铁路、桥梁、隧道、水利等防水工程。

本公司技术力量雄厚，拥有先进的原材料、成品检测设备及检测手段，经过十余名专业技术人员多年的研究开发和生产积累，引进国内外同类产品的先进技术经验，已建立起严格的产品质量控制体系和完善的产品售后服务体系，并于2002年获得由北京中润兴认证有限公司颁发的ISO9001国际质量体系认证证书。

公司下设行政部、财务部、采购部、市场部、生产部、技术部、质检部等部门。拥有员工125多名，其中高级技术人员15人，大专以上学历10人，高级职称5人，中级职称10人，是建筑防水行业中集研发、设计、生产、施工、销售于一体的高新技术企业。公司参与制定并修改了水泥基渗透结晶防水涂料、自粘防水卷材等多个材料的国家标准，是目前国内高速发展的防水建材专业生产厂家之一。

产品通过“建设部康居产品认证”，被中国质量检验协会评定为“国家权威检测合格产品”“国家质检合格建材绿色环保产品”“中国建设部建设工程推荐产品”“国家保障性住房优质供应商”，公司严格按照ISO 9001质量体系管理生产，产品质量全部达到行业标准和国家标准。本公司于2015年通过了铁路产品认证证书（CRCC）。同时，公司拥有国家防水防腐保温工程专业承包壹级资质，可承揽各种规模防水工程施工项目。

公司至2011年起，陆续参与了昆明地铁、格库铁路、符夹铁路等十余条国家铁路、地铁等重点项目的防水材料供应工作，与中铁十六局、二十四局等企业建立了长期合作关系，供货与合作期间，取得了业主及总包单位的一致好评，期间未发生过质量问题。

公司坚持“服务客户，回报社会”的经营理念，以“质量是第一竞争力”为宗旨，愿以优质的产品、专业的施工技术、完善的售后服务体系为我国防水事业作出更大的贡献。

山东正大防水材料股份有限公司
地址：山东省寿光市台头镇工业园区
电话：0536-5512225
官方网站：www.zhengdafangshui.cn

证书编号：LB2019FS022

正大聚氨酯防水涂料、聚合物水泥防水涂料、铁路桥用聚氨酯防水涂料

产品简介

防水涂料是以聚醚、异氰酸酯、乳液为基料，加入其他添加剂而制得的单双组分油性、水乳型防水涂料。防水涂料经固化后形成的防水薄膜具有一定的延伸性、弹塑性、抗裂性、抗渗性及耐候性，能起到防水、防渗和保护作用。防水涂料有良好的温度适应性，操作简便，易于维修与维护。

适用范围

室内外水泥混凝土结构、砂浆砖石结构的墙面、地面防水；

卫生间、浴室、厨房、楼地面、阳台、水池的地面和墙面防水；

用于铺贴石材、瓷砖、木地板、墙纸、石膏板之前的抹底处理，可达防止潮气和盐分污染的效果。

技术指标

防水涂料产品执行 GB/T 19250—2013《聚氨酯防水涂料》、GB/T 23445—2009《聚合物水泥防水涂料》，部分产品性能指标如下：

拉伸强度：4.01MPa；断裂伸长率：518%；撕裂强度：21N/mm；

低温弯折性：-35℃无裂纹；不透水性：0.3MPa，30min 不透水；

固体含量：95%；表干时间：5.5h；实干时间：7.0h；

潮湿基面粘结强度：0.84MPa；加热伸缩率：-3.3%。

工程案例

中铁十一局集团昆明五号线 8 标、项城市棚户区改造项目、莱芜东升社区安置区棚改项目等。

生产企业

潍坊正大防水材料有限公司成立于 2001 年，占地面积 20130 平方米，注册资本 10086 万元。地处“中国建筑防水产业基地”“中国建筑防水之乡”的山东省寿光市台头工业园区。

经过近 20 年的发展与沉淀，公司成为目前国内规模较大的建材综合型专业生产厂家之一，是国内建材行业集成化领跑者，是建筑防水行业中集研发、设计、生产、施工、销售于一体的高新技术企业。

公司目前已具备全系高品质防水材料的生产能力，建立了先进的标准生产车间，拥有多条自动化改性沥青防水卷材、防水涂料、高分子防水材料生产线。

公司主营的防水材料有：弹性体 (SBS) 改性沥青防水卷材、塑性体 (APP) 改性沥青防水卷材、自粘聚合物改性沥青防水卷材、高分子防水卷材、聚氨酯防水涂料等，产品广泛应用于建筑屋面、地下、铁路、桥梁、隧道、水利等防水工程。

山东正大防水材料股份有限公司
地址：山东省寿光市台头镇工业园区
电话：0536-5512225
官方网站：www.zhengdafangshui.cn

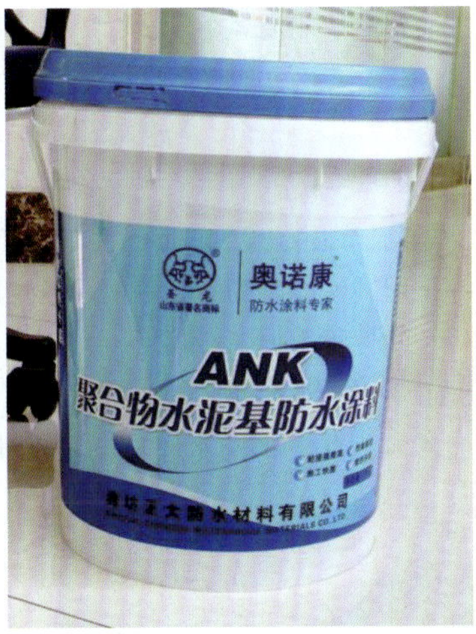

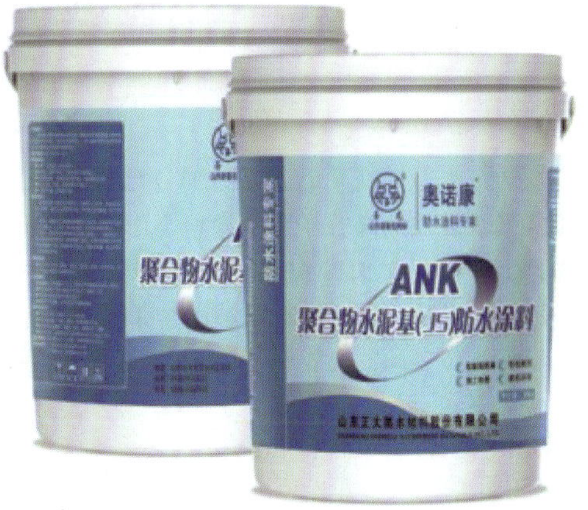

本公司技术力量雄厚，拥有先进的原材料、成品检测设备及检测手段，经过十余名专业技术人员多年的研究开发和生产积累，引进国内外同类产品的先进技术经验，已建立起严格的产品质量控制体系和完善的产品售后服务体系，并于2002年获得由北京中润兴认证有限公司颁发的ISO 9001国际质量体系认证证书。

公司下设行政部、财务部、采购部、市场部、生产部、技术部、质检部等部门。拥有员工125多名，其中高级技术人员15人，大专以上学历10人，高级职称5人，中级职称10人，是建筑防水行业中集研发、设计、生产、施工、销售于一体的高新技术企业。公司参与制定并修改了水泥基渗透结晶防水涂料、自粘防水卷材等多个材料的国家标准，是目前国内高速发展的防水建材专业生产厂家之一。

产品通过“建设部康居产品认证”，被中国质量检验协会评定为“国家权威检测合格产品”“国家质检合格建材绿色环保产品”“中国建设部建设工程推荐产品”“国家保障性住房优质供应商”，公司严格按照ISO 9001质量体系管理生产，产品质量全部达到行业标准和国家标准。本公司于2015年通过了铁路产品认证证书（CRCC）。同时，公司拥有国家防水防腐保温工程专业承包壹级资质，可承揽各种规模防水工程施工项目。

公司至2011年起，陆续参与了昆明地铁、格库铁路、符夹铁路等十余条国家铁路、地铁等重点项目的防水材料供应工作，与中铁十六局、二十四局等企业建立了长期合作关系，供货与合作期间，取得了业主及总包单位的一致好评，期间未发生过质量问题。

公司坚持“服务客户，回报社会”的经营理念，以“质量是第一竞争力”为宗旨，愿以优质的产品、专业的施工技术、完善的售后服务体系为我国防水事业作出更大的贡献。

金属及金属复合装饰材料
陶瓷砖、石材与人造石
卫生陶瓷
PVC-U型材
密封胶
胶粘剂
防水材料
混凝土、砂浆外加剂
混凝土
砂浆
水泥
预制件
地坪材料
建筑模板
其他

山东正大防水材料股份有限公司

地址：山东省寿光市台头镇工业园区
电话：0536-5512225
官方网站：www.zhengdafangshui.cn

证书编号：LB2019FS023

三恒预铺防水卷材、高分子防水卷材

产品简介

预铺防水卷材以 PEB 反应性聚乙烯膜丁基橡胶自粘防水卷材为例，它是一种非沥青基、带自粘层并具有高性能、宽幅和高施工适应性的高分子防水卷材。面层 (主防水层) 采用高性能、高耐久性的聚乙烯膜防水卷材，自粘层采用经过改性的非固化丁基橡胶，隔离层采用高强度的 HDPE 膜，经一次性复合加工而成。

高分子卷材以高分子自粘胶膜防水卷材为例，它是一种具有高性能、宽幅和高施工适应性的高分子防水卷材。采用高性能聚乙烯、高耐久性的乙烯 - 乙酸 - 乙烯、抗氧化剂等材料生产的防水卷材，经塑料挤出机一次性挤出复合三棍冷却、牵引加工而成。

适用范围

本产品应用于建筑领域，可采用预铺反粘等多种施工方法。普遍适用于工业、商用、民用地下建筑、地铁车站、隧道等防水工程。特别适用于对环境、安全要求高的防水工程（如学校、医院、石油化工、纺织厂、粮库等）。

技术指标

预铺防水卷材产品执行 GB/T 23457—2017《预铺防水材料》标准，高分子防水卷材执行 GB 18173.1—2012《高分子防水材料 第 1 部分：片材》标准，其中预铺防水卷材产品性能指标如下：

项目		PEBS/PEB	EPBS/EPB
拉力 /(N/50mm) ≥		600	350
拉伸强度 /MPa ≥		16	9
拉断伸长率 /% ≥		400	300
拉伸时现象		胶层与主体材料无分离现象	胶层与主体材料无分离现象
钉杆撕裂强度 /N ≥		400	130
弹性恢复率 /% ≥		—	80
耐热性		80℃，2h 无滑移、流淌、滴落	100℃，2h 无滑移、流淌、滴落
低温弯折性		主体材料 -35℃，无裂纹	主体材料与胶层 -35℃，无裂纹
低温柔性		胶层 -25℃，无裂纹	—
渗油性 / 张数 ≤		1	1
抗窜水性（水力梯度）		0.8MPa/35mm，4h 不窜水	
与后浇混凝土的剥离强度 /(N/mm)	无处理 ≥	1.5	0.8，内聚破坏
	浸水处理 ≥	1.0	0.5，内聚破坏
	泥沙污染表面 ≥	1.0	0.5，内聚破坏
	紫外线处理 ≥	1.0	0.5，内聚破坏
	热处理 ≥	1.0	0.5，内聚破坏
与后浇混凝土浸水后的剥离强度 /(N/mm) ≥		1.0	0.5，内聚破坏
卷材防粘处理部位剥离强度 [a]（N/mm） ≤		0.1 或不粘合	0.1 或不粘合
a 颗粒表面产品可以直接表示为不粘合。			

工程案例

1. 南京青奥体育公园防水工程
2. 大连金州斯大林路商业街防水工程
3. 常熟市春兰家园防水工程
4. 常熟市高铁新城地下空间防水工程
5. 上海金禺大城防水工程

生产企业

常熟市三恒建材有限责任公司为股份制中型企业，拥有三十年开发、生产、销售和施工高分子防水材料的丰富经验。公司先后获得全国化学建材工业先进集体、劳动与社会保障部高分子防水材料生产技术工人考试基地、江苏省高新技术企业、江苏省 AAA 级重合同守信用企业、中国建筑防水协会信用等级评价 AAA 企业、江苏省化学建材诚信企业、江苏省建筑防水材料新技术产业化基地、上海市诚信创建企业、国家火炬计划常熟高分子新材料产业基地的骨干企业称号，成为国内高分子防水材料行业中的骨干企业。

三恒公司在管理、技术、服务上的高要求确保了产品的品质。一、在企业质量管理上，公司严格执行 ISO 90001 质量管理体系标准要求，遵循“专业品质、顾客至上、精心服务、保优争名”的质量方针，明确各个部门的具体质量目标，严抓内部质量管理，积极推行 5S 管理活动，注重文明清洁生产和精细管理。二、在技术研发上，始终保持技术创新优势，每年在研发上投入大量资金，拥有 50 多名技术人员的技术开发梯队和多名技术开发骨干及高级工程师和外聘的国内知名专家作为公司技术顾问，与国内知名的高等院校、科研院校建立长期合作关系。三、在经营服务上，为客户提供系统的防水服务，做好产品的售后服务，让用户用得满意、让用户用得放心，以系统防水的理念服务业主，实践公司“致力防水 服务社会”的经营理念。

我们坚信凭着技术优势，先进的硬件设备和强大的企业规模，我们公司能为业主提供优质防水材料和系统服务。

常熟市三恒建材有限责任公司
地址：江苏省常熟市常昆工业园南新路 22 号
电话：0512–52356290
官方网站：www.sanheng.com

证书编号：LB2019FS024

禹王弹性体改性沥青防水卷材、塑性体改性沥青防水卷材、预铺防水卷材、湿铺防水卷材

产品简介

弹性体改性沥青防水卷材：是用苯乙烯 - 丁二烯 - 苯乙烯（SBS）橡胶改性沥青做涂层，用玻纤毡、聚酯毡、玻纤增强聚酯毡为胎基，两面覆以隔离材料所做成的一种性能优异的防水材料，具有耐热、耐寒、耐腐蚀、抗老化、热塑性好、抗拉力大、延伸率高、抗撕裂性强等优点。

塑性体改性沥青防水卷材：是指以聚酯胎、玻纤毡、玻纤增强聚酯毡为胎基，以无规聚丙烯（APP）或聚烯烃类聚合物（APAO、APO 等）作石油沥青改性剂，两面覆以隔离材料所制成的防水卷材，具有独特的耐高温性能，耐磨蚀能力强，适应基层变形能力强等优点。

预铺防水卷材：产品是以沥青、SBS、浸水剂、活性剂等助剂合成的高聚物改性沥青基料，在产品配方中添加了特殊的活性物质，能与流动的混凝土相互交联啮和，形成强大的粘结力。

湿铺防水卷材：是一种采用湿铺法施工，与水泥砂浆拌合物直接粘结的自粘防水材料。在胶质中添加了独有的活性剂、浸水剂等，在保持传统自粘橡胶优点的基础上，增加了胶质的蠕变性，使其渗入到混凝土的孔隙和毛细管中，形成物理吸附与卯榫作用，同时还在混凝土或水泥凝胶发生化学反应，形成化学交联结构，使卷材与基层牢固粘结，形成了密闭、密封的防水层。

适用范围

适用于工业、民用建筑如屋面、地下室、墙体、卫生间、水池、水渠、地铁、隧道、公路、管廊、桥梁和机场跑道等防水、防潮、防渗工程，通过耐根穿刺实验验证的卷材亦可用于种植屋面等绿化项目中的防水工程。

技术指标

序号	产品名称	执行标准
1	弹性体改性沥青防水卷材	GB 18242—2008
2	塑性体改性沥青防水卷材	GB 18243—2008
3	预铺防水卷材	GB/T 23457—2017
4	湿铺防水卷材	GB/T 35467—2017
5	自粘聚合物改性沥青防水卷材	GB 23441—2009
6	改性沥青聚乙烯胎防水卷材	GB 18967—2009
7	高分子防水材料　第 1 部分：片材	GB/T 18173.1—2012
8	种植屋面用耐根穿刺防水卷材	JC/T 1075—2008
9	聚氯乙烯（PVC）防水卷材	GB 12952—2008
10	聚合物乳液建筑防水涂料	JC/T 864—2008
11	聚氨酯防水涂料	GB/T 19250—2013
12	水泥基渗透结晶型防水涂料	GB 18445—2012
13	聚合物水泥防水涂料	GB/T 23445—2009

弹性体改性沥青防水卷材：

项目	标准要求	产品实测数据	备注
最大峰拉力，N/50mm	≥ 500	1286	
浸水后质量增加，%	≤ 1.0	0.2	
热老化后质量损失，%	≤ 1.0	0	
接缝剥离强度，N/mm	≥ 1.5	3.4	

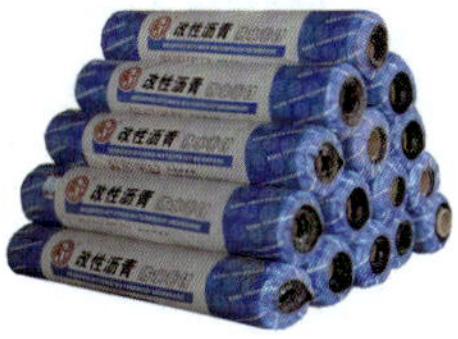
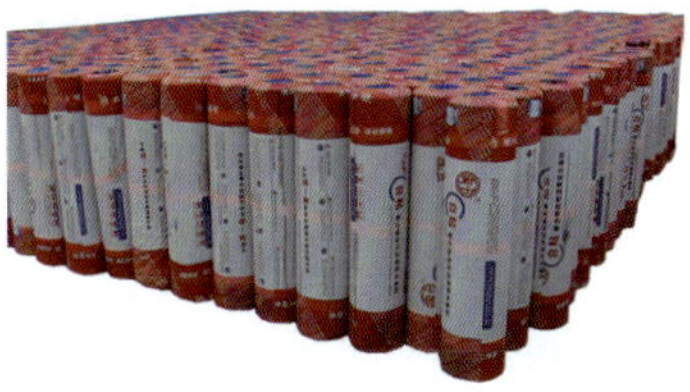

塑性体改性沥青防水卷材：

项目	标准要求	产品实测数据	备注
最大峰拉力，N/50mm	≥ 500	1383	
最大峰时延伸率，%	≥ 25	53	

预铺防水卷材：

项目		标准要求	产品实测数据	备注
可溶物含量 /(g/ m²)		≥ 2900	3784	
拉伸性能	拉力 (N/50mm)	≥ 800	995	
	最大拉力伸长率 %	≥ 40	42	
抗穿刺强度 / N		≥ 550	554	
钉杆撕裂强度 / N		≥ 200	243	

工程案例

“禹王”牌产品历经三十余载，产品在众多国家重点工程项目中得到应用，例如：国家体育馆、鸟巢、首都机场、南京地铁、武广高铁、成兰铁路等项目。

生产企业

禹王集团是防水材料的专业生产厂家，始建于 1985 年，注册资金 1.0 亿元，引进西班牙、意大利技术与设备，开创了防水行业改性沥青防水卷材的先河。通过多年的技术研发和设备的不断改造、升级，集团已拥有 15 条改性沥青卷材生产线、10 套宽幅高分子生产装置、24 套防水涂料生产装置、4 条聚酯无纺布类产品生产线。年设计生产能力改性沥青防水卷材 2.35 亿平方米、高分子片材 5700 万平方米、17.74 万吨各类防水涂料、沥青瓦 1000 万平方米、2 万吨聚酯无纺布类产品。

集团现拥有辽宁、湖北、安徽、四川、广东、西北六个防水材料生产基地、禹王化纤及橡胶制品等原材料生产基地。

禹王集团是目前国内集生产、科研、施工为一体的综合实力较强的现代化企业集团，技术实力雄厚，具有专业的研发团队、先进的科研设备。30 多年来，开发上百项新产品、新技术，拥有国家专利 59 项，主导参编国家标准、规范 81 项，并获得高新技术企业、国家级守信企业、中国建材企业 200 强、盘锦市市长质量奖等证书、奖牌 130 多项，多项产品被列为全国建设行业防水专项科技成果推广项目，拥有防水防腐保温一体化的壹级施工资质和装修装饰二级施工资质。集团技术中心为省级企业技术中心、辽宁省工程技术研究中心，实验室为建筑防水行业标准化实验室。

禹王产品产销量及市场占有率连续多年居行业前列，拥有 32 家营销分公司、700 余家经销商，营销网络覆盖 32 个省、市、自治区，遍布全国。产品成功应用于建筑屋面、地下、隧道、管廊、地铁、高铁、道路、桥梁、水利及环保等众多领域的防水工程中，特别是在港珠澳大桥、海口双子塔、国家体育馆、鸟巢、首都机场、南京地铁、武广高铁等国家重大项目建设中，发挥了重要作用。

禹王防水建材集团有限公司

地址：辽宁省盘锦市兴隆台区兴油街南、经二路西
电话：0427-6517153、18842741772
官方网站：www.yuwang.com.cn

证书编号：LB2019FS025

禹王聚氨酯防水涂料、单组分丙烯酸防水涂料、水泥基渗透结晶型防水涂料、聚合物水泥防水涂料

产品简介

聚氨酯防水涂料：是由异氰酸酯、聚醚等经加成聚合反应而成的含异氰酸酯基的预聚体，配以催化剂、无水助剂、无水填充剂、溶剂等，经混合等工序加工制成的防水涂料。该类涂料为反应固化型（湿气固化）涂料、具有强度高、延伸率大、耐水性能好等特点，对基层变形的适应能力强。

单组分丙烯酸：是以纯丙烯酸聚合物乳液为基料，添加多种助剂及颜料经科学加工制成的水性高分子防水涂料。

水泥基渗透结晶型防水涂料：是以水泥、石英粉等为主要基材，并掺入多种活性化学物质的粉状材料，经与水拌和调配而成的具有一定渗透功能的无机型防水涂料。

聚合物水泥防水涂料：简称 JS 防水涂料，J 指聚合物，S 指水泥，故 JS 就是聚合物水泥防水涂料。聚合物水泥防水涂料是一种以聚丙烯酸酯乳液、乙烯 - 醋酸乙烯酯共聚乳液等聚合物乳液与各种添加剂组成的有机液料，和水泥、石英砂、轻重质碳酸钙等无机填料及各种添加剂所组成的无机粉料通过合理配比、复合制成的一种双组分、水性建筑防水涂料。

适用范围

防水涂料：适用于屋面、厨卫间、地下室、明挖地铁和通道、蓄水池、墙面、环保项目等非外露防水、防渗、防潮工程。

技术指标

聚氯乙烯（PVC）防水卷材	GB 12952—2008
聚合物乳液建筑防水涂料	JC/T 864—2008
聚氨酯防水涂料	GB/T 19250—2013
水泥基渗透结晶型防水涂料	GB 18445—2012
聚合物水泥防水涂料	GB/T 23445—2009

单组分丙烯酸防水涂料：

项目	标准要求	产品实测数据
固含量，% ≥	65	72

聚氨酯防水涂料：

项目		标准要求	产品实测数据
有害物质限量	苯酚，mg/kg	≤ 100	未检出
	蒽，mg/kg	≤ 10	未检出
	萘，mg/kg	≤ 200	未检出
	镉 Cd，mg/kg	≤ 75	未检出
	汞 Hg，mg/kg	≤ 60	未检出

禹王防水建材集团有限公司
地址：辽宁省盘锦市兴隆台区兴油街南、经二路西
电话：0427-6517153、18842741772
官方网站：www.yuwang.com.cn

水泥基渗透结晶型防水涂料：

项目	标准要求	产品实测数据
抗折强度（28d），MPa	⩾ 2.8	7.8
抗压强度（28d），MPa	⩾ 15.0	32.2

聚合物水泥防水涂料：

项目	标准要求	产品实测数据
碱处理后拉伸强度保持率，%	⩾ 60	127
浸水处理后拉伸强度保持率，%	⩾ 60	135
加热处理后断裂伸长率，%	⩾ 150	329
紫外线处理后断裂伸长率，%	⩾ 150	307

工程案例

“禹王”牌产品历经三十余载，产品在众多国家重点工程项目中得到应用，例如：国家体育馆、鸟巢、首都机场、南京地铁、武广高铁、成兰铁路等项目。

生产企业

禹王集团是防水材料的专业生产厂家，始建于 1985 年，注册资金 1.0 亿元，引进西班牙、意大利技术与设备，开创了防水行业改性沥青防水卷材的先河。通过多年的技术研发和设备的不断改造、升级，集团已拥有 15 条改性沥青卷材生产线、10 套宽幅高分子生产装置、24 套防水涂料生产装置、4 条聚酯无纺布类产品生产线。年设计生产能力改性沥青防水卷材 2.35 亿平方米、高分子片材 5700 万平方米、17.74 万吨各类防水涂料、沥青瓦 1000 万平方米、2 万吨聚酯无纺布类产品。

集团现拥有辽宁、湖北、安徽、四川、广东、西北六个防水材料生产基地、禹王化纤及橡胶制品等原材料生产基地。

禹王集团是目前国内集生产、科研、施工为一体的综合实力较强的现代化企业集团，技术实力雄厚，具有专业的研发团队、先进的科研设备。30 多年来，开发上百项新产品、新技术，拥有国家专利 59 项，主导参编国家标准、规范 81 项，并获得高新技术企业、国家级守信企业、中国建材企业 200 强、盘锦市市长质量奖等证书、奖牌 130 多项，多项产品被列为全国建设行业防水专项科技成果推广项目，拥有防水防腐保温一体化的壹级施工资质和装修装饰二级施工资质。集团技术中心为省级企业技术中心、辽宁省工程技术研究中心，实验室为建筑防水行业标准化实验室。

禹王产品产销量及市场占有率连续多年居行业前列，拥有 32 家营销分公司、700 余家经销商，营销网络覆盖 32 个省、市、自治区，遍布全国。产品成功应用于建筑屋面、地下、隧道、管廊、地铁、高铁、道路、桥梁、水利及环保等众多领域的防水工程中，特别是在港珠澳大桥、海口双子塔、国家体育馆、鸟巢、首都机场、南京地铁、武广高铁等国家重大项目建设中，发挥了重要作用。

禹王防水建材集团有限公司
地址：辽宁省盘锦市兴隆台区兴油街南、经二路西
电话：0427-6517153、18842741772
官方网站：www.yuwang.com.cn

证书编号：LB2019FS026

四正北方弹性体改性沥青防水卷材、自粘聚合物改性沥青防水卷材、种植屋面用耐根穿刺防水卷材

产品简介

SBS 改性石油沥青卷材以石油沥青为基料，SBS（苯乙烯 - 丁二烯 - 苯乙烯嵌段聚合物）为改性剂，聚酯毡或玻纤胎为胎体而制成的防水卷材，综合性能优良，特别是拉伸性能甚佳。根据地区及用户的需求，产品可在 -25℃～105℃范围内保持良好的工作状态。

自粘聚合物改性沥青防水卷材是以聚合物改性优质沥、特殊的增粘剂及填料配制成的自粘聚合物改性沥青为基料，制成的无胎自粘卷材和有胎自粘卷材。产品具有高粘结性、高延伸性、强愈合性、良好的可施工性等优点。

耐根穿刺防水卷材是以长纤聚酯纤维毡、特殊复合胎基为卷材胎基，以添加进口化学阻根剂（德国进口）的 SBS/APP 改性沥青为涂盖材料，两面覆以聚乙烯膜、细砂或矿物粒料为隔离材料制成的耐根穿刺防水卷材。

适用范围

SBS 改性石油沥青卷材可广泛用于各类建（构）筑物防水工程，如屋面、地下室、隧道、桥梁、水库等。

自粘聚合物改性沥青防水卷材主要应用于工业与民用建筑非外露屋面防水、地下工程防水、地铁隧道桥梁防水、钢结构屋面防水等。

耐根穿刺防水卷材用于种植屋面及需要绿化的地下建筑物顶板的耐植物根系穿刺层，确保植物根系不对该层次以下部位的构造形成破坏，并有防水功能。

技术指标

弹性体改性沥青防水卷材技术指标如下：

检验项目	技术要求		典型值	
拉力（N/50mm）	横向≥	500	横向	602
	纵向≥	500	纵向	692
延伸率（%）	横向≥	30	横向	57
	纵向≥	30	纵向	37
耐热度（℃）	90℃ 2h 无流淌，无滴落		无流淌，无滴落	
低温柔性（℃）	−20℃，3s 弯 180°		无裂缝	
适用产品型号：SBS I PY PE PE 3 10、SBS I PY PE PE 4 10、SBS I PY M PE 3 10、SBS I PY M PE 4 7.5				

河北四正北方新型材料科技有限公司
地址：河北省保定市顺平县蒲上镇东南蒲村村东保阜路北侧
电话：0312-7673868
传真：0312-2177674
官方网站：www.beifangfangshui.com

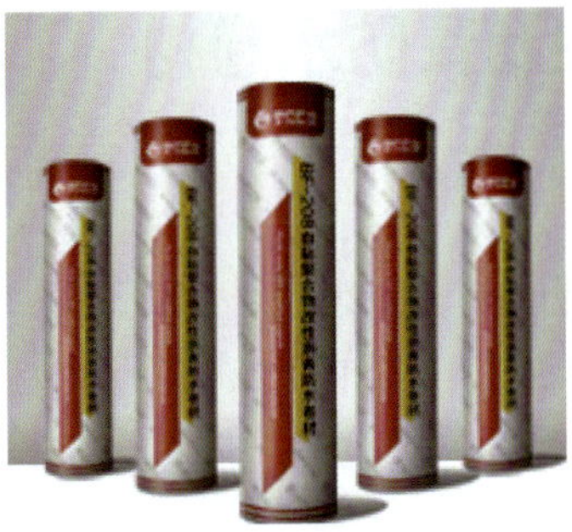
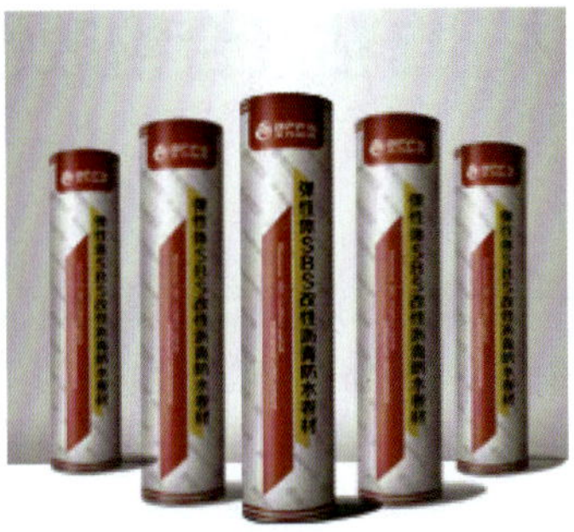

自粘聚合物改性沥青防水卷材技术指标如下：

序号	项目		性能指标				
			PE		PET		D
			I	II	I	II	
1	拉伸性能	拉力 /(N/50mm) ≥	150	200	150	200	—
		最大拉力时延伸率 / % ≥	200		30		—
		沥青断裂延伸率 / % ≥	250		150		450
		拉伸时现象	拉伸过程中，在膜断裂前无沥青涂盖层与膜分离现象				—
2	钉杆撕裂强度 /N ≥		60	110	30	40	—
3	耐热性		70℃滑动不超过 2mm				
4	低温柔性 /℃		-20	-30	-20	-30	20
			无裂纹				
5	不透水性		0.2MPa，120min 不透水				—
6	剥离强度 /(N/mm) ≥	卷材与卷材	1.0				
		卷材与铝材	1.5				

耐根穿刺防水卷材技术指标如下：

序号	项目				技术指标
1	耐霉菌腐蚀性	防霉等级			0 级或 1 级
2	接缝剥离强度	无处理 /（N/mm）	沥青类防水卷材	SBS	≥ 1.5
				APP	≥ 1.0
			塑料类防水卷材	焊接	≥ 3.0 或卷材破坏
				粘结	≥ 1.5
			橡胶类防水卷材		≥ 1.5
		热老化处理后保持率 /%			≥ 80 或卷材破坏

工程案例

府河片区改造回迁楼（府河 C 区）地下车库、新一代 E 区、河北省儿童医院新建综合住院楼医技楼、风帆家园住宅小区建设项目。

生产企业

河北四正北方新型材料科技有限公司，2014 年入驻顺平县经济开发区北园，建设年产 2000 万平方米改性沥青防水卷材生产线项目，该项目规划占地 100 亩，总投资 28080 万元，总建筑面积 38500 平方米，建设生产车间、库房、变电站、循环水池综合办公楼及其他配套设施。购置安装改性沥青防水卷材生产设备及配套设备共计 55 台 / 套，达到年产 2000 万平方米改性沥青防水卷材的生产能力。

河北四正北方新型材料科技有限公司
地址：河北省保定市顺平县蒲上镇东南蒲村村东保阜路北侧
电话：0312-7673868
传真：0312-2177674
官方网站：www.beifangfangshui.com

证书编号：LB2019FS027

蓝海弹性体改性沥青防水卷材、自粘聚合物改性沥青防水卷材

产品简介

本产品是以聚酯胎或玻纤胎为胎基，苯乙烯-丁二烯-苯乙烯（SBS）热塑性弹性体为改性剂，表面覆以聚乙烯膜（PE）、铝箔膜（L）、彩砂、页岩片（M）等制成建筑防水卷材。SBS 等高聚物被彻底分化成强化网状结构，赋予改性沥青防水卷材优异的性能。

适用范围

产品广泛应用于各类民用建筑、地铁、隧道、水利、化工、冶金等多个领域的防水工程。

技术指标

产品执行 GB 23441—2009《自粘聚合物改性沥青防水卷材》、GB 18242—2008《弹性体改性沥青防水卷材》标准。具体性能如下：

弹性体改性沥青防水卷材：

检验项目		标准要求	检验结果
可溶物含量 / g/m^2		≥ 2100	2347
耐热性		≤ 2mm，90℃无流淌、滴落	0.3mm，90℃无流淌、滴落
低温柔型		-20℃无裂缝	-20℃无裂缝
不透水性		0.3MPa，30min 不透水	0.3MPa，30min 不透水
最大峰拉力	纵向，N/ ≥ 500	≥ 500	1110
	横向，N/ ≥ 500	≥ 500	930
	试验现象	拉伸过程中，试件中部无沥青涂盖层开裂或与胎基分离现象	拉伸过程中，试件中部无沥青涂盖层开裂或与胎基分离现象
延伸率	最大峰时延伸率	≥ 30%	纵向 49
		≥ 30%	横向 53
浸水后质量增加，%		≤ 1.0%	0.5
人工气候加速老化	拉力保持率（纵向），%	≥ 80	93
	拉力保持率（横向），%	≥ 80	96
	低温柔性	-15℃无裂缝	-15℃无裂缝
	外观	无滑动、流淌、滴落	无滑动、流淌、滴落

河北蓝海防水建材有限公司
地址：河北省石家庄市无极县经济开发区北区
电话：400-6430-998
官方网站：http//www.lanhaifangshui.com

自粘聚合物改性沥青防水卷材：

检验项目			标准要求	检验结果
面积、单位面积质量、厚度		面积，m^2	≥ 10×99%	10.03
		单位面积质量，kg/m^2	≥ 3.1	3.4
	厚度	平均值，mm	≥ 3.0	3.1
		最小单值，mm	≥ 2.7	3.0
		可溶物含量，g/m^2	≥ 2100	2366
拉伸性能		拉力（纵向）/ N ≥ 500	≥ 450	695
		拉力（横向）/ N ≥ 500		615
		最大拉力时延伸率（纵向），%	≥ 30	38
		最大拉力时延伸率（横向），%		46
		耐热性	70℃，无滑动、流淌、滴落	70℃，无滑动、流淌、滴落
		低温柔性	-20℃无裂纹	-20℃无裂纹
		不透水性	0.3MPa，120min 不透水	0.3MPa，120min 不透水
剥离强度		卷材与卷材，N/mm	≥ 1.0	1.3
		卷材与铝材，N/mm	≥ 1.5	1.6
		钉杆水密性	通过	符合要求
		渗油性 / 张	≤ 2	1
		持粘性，min	≥ 15	38
热老化		最大拉力时延伸率，（纵向），%	≥ 30	40
		最大拉力时延伸率，（横向），%	≥ 30	40
		低温柔性	-18℃无裂纹	-18℃无裂纹
		尺寸稳定性	≤ 1.5	0.3
		自粘沥青再剥离强度，N/mm	≥ 1.5	1.9

工程案例

石家庄国际机场、太原火车站、五棵松体育馆等。

生产企业

河北蓝海防水建材有限公司坐落于河北省无极经济开发区（省级），公司创建于 2004 年，注册资金 5000 万元，占地面积 56000 平方米，是河北省进驻省级开发区的防水行业龙头企业。蓝海公司是中国高端防水制造商，其中“蓝海”牌、“辉海”牌防水建材系列产品享誉盛名。公司被评为“全省质量达标合格企业”，相继通过了 ISO 9001：2008 质量体系认证、ISO 14001:2004 环境管理体系认证、GB/T 28001—2001 职业健康安全管理体系认证，同时已在河北省建委备案。

证书编号：LB2019FS028

天津禹神弹性体改性沥青防水卷材、高分子反应粘交叉膜防水卷材（湿铺）、高分子自粘胶膜防水卷材（预铺）

产品简介

弹性体改性沥青防水卷材是以聚酯毡（PY）或玻纤毡 (G)、玻纤增强聚酯毡 (PYG) 为胎基，用 SBS 热塑橡胶作为改性剂改性沥青浸涂，两面覆以隔离材料或表面撒以彩砂制成的弹性体防水卷材（简称 SBS 防水卷材）。

高分子反应粘交叉膜防水卷材（湿铺）是一种由强力交叉层压膜为表面膜或胎体，以优质的快速反应粘结型橡胶沥青层为粘结基料，经特殊工艺复合而成的自粘防水卷材。该产品采用水泥砂浆与基层粘结，其沥青层内含特殊活性分子，可与水泥砂浆实现快速反应结合，达到与基面或结构主体完全满粘效果。

高分子自粘胶膜防水卷材是由高分子片材、自粘橡胶沥青胶料、隔离膜（或压敏性高分子胶粘层和独特配方的颗粒层）组成的防水卷材，该卷材集高分子防水卷材和自粘防水卷材优点于一身，不仅具有很高的抗穿刺、耐候、耐高低温、自愈等性能，而且采用预铺反粘工法，能与混凝土浆料反应固结合，形成防水层与混凝土结构的无间隙结合，杜绝层间窜水，有效提高防水系统的可靠性。

适用范围

弹性体改性沥青防水卷材产品适用于工业和民用建筑的屋面、地下室防水、防潮；并适用于水利工程、贮水池、隧道、桥梁等工程的防水、防渗。

高分子反应粘交叉膜防水卷材产品适用于建筑物的非外露屋面、地下防水工程、地铁、桥梁、隧道、市政等工程防水。

技术指标

弹性体改性沥青防水卷材产品执行 GB 18242—2008《弹性体改性沥青防水卷材》标准，高分子反应粘交叉膜防水卷材（湿铺）产品执行 GB/T 35467—2017《湿铺防水卷材》标准，高分子自粘胶膜防水卷材（预铺）产品执行 GB/T 23457—2017《预铺防水卷材》，其中弹性体改性沥青防水卷材产品具体性能指标如下：

序号	项目		要求		实测值	
	型号		I	II	I	II
1	可溶物含量，g/m² ≥	3mm	2100		2130	
		4mm	2900		2956	
2	不透水性	压力 / MPa ≥	0.3		0.5	
		保持时间，min ≥	30		120	
3	耐热度，℃		90	105	95	110
			无滑动、流淌、滴落		无滑动、流淌、滴落	
4	拉力 / N/50mm ≥	纵向 横向	500	800	760	930
5	最大拉力时延伸 / % ≥	纵向 横向	30	40	58	63
6	低温柔度 /℃		−20	−25	−23	−28
			无裂纹		无裂纹	

工程案例

甲方	总包	项目名称	金额	施工时间	主用料
天津大学	天津天一建设集团有限公司	天津大学新校区建设项目（一合同）第二教学楼、北区生活组团、中区生活组团、硕士生公寓组团、计算机软件教学组团防水工程	1505207.00	2014/6/10-2014/10/10	3+3mmSBS
天津生态城公屋建设有限公司	中建三局第三建设工程有限责任公司	中新天津生态城公屋销售展示中心总承包工程 - 防水保温	1269012.00	2011/6/7-2011/7/6	3mmSBS
天津滨海北塘房地产开发经营有限公司	中国建筑第八工程局有限公司	滨海北塘经济区内滨海北塘 20-1 地块项目	5500000.00	2018/9/10-2019/10/10	4mmSBS
	中冶天工集团天津有限公司	海口市龙华区博义片区 B06 地块安置房项目防水工程	6668055.00	2016/12/5-2017/8/5	SBS
天津市城市投资建设有限公司	中国建筑第八工程局有限公司	国家会展中心一期项目展馆区及能源站 EPC 工程总承包项目	15692153.82	2019/5/4-	1.5mm 反应交叉膜
吉林通化城市投资建设有限公司	中城建第六工程局集团通化分公司	地下管廊项目 5 公里防水工程	5500000.00	2015	2mm 反应交叉膜单面、双面
英迪（天津）房地产开发有限公司	天津市建工工程总承包有限公司	英迪（天津）房地产开发有限公司慧翔职专地块项目（盛博名轩）地下室防水工程	1236750.00	2016/11/1-2017/5/10	1.5mm 反应交叉膜

生产企业

天津市禹神建筑防水材料有限公司成立于 1997 年，经过二十多年来艰苦卓越的奋斗，如今已发展成为集研发、生产、销售、工程服务为一体的高新技术企业，现为中国建筑防水协会常务理事单位、天津市建材业协会副会长单位，公司生产的防水产品已遍布全国 20 多个省市，产销量在天津防水材料市场连续多年位居前列，公司先后获得“高新技术企业”、“中国闻名商标”、“天津市有名商标”、“天津市品牌产品”、“中国建材工程推荐品牌”、“产品质量、服务信誉双保障单位”、2015 榜样天津“城市生态建设突出贡献奖”、“环渤海地区建材行业诚信 AAA 企业”、“环渤海地区省知名品牌”、“中国建筑防水企业信用评价 AAA 级信用单位”等 40 余项认证和荣誉，并被天津市认定为“企业技术中心”，质量与信誉均受到业界广泛好评。

防水卷材、防水瓦主要产品有：弹性体 / 塑性体（SBS/APP）改性沥青防水卷材、自粘改性沥青防水卷材、种植屋面用耐根穿刺防水卷材、预铺 / 湿铺防水卷材、高分子自粘胶膜防水卷材、耐盐碱防水卷材、RAW 高分子反应粘交叉膜防水卷材、热塑性聚烯烃（TPO）防水卷材、聚氯乙烯（PVC）防水卷材、聚乙烯丙纶复合防水卷材、玻纤胎沥青瓦等。

防水涂料主要产品有：单组分 / 双组分（SPU/MPU）环保型聚氨酯防水涂料、水泥基渗透结晶型防水涂料、聚合物水泥 (JS) 防水涂料、纳米高分子胶凝防水涂料、喷涂速凝橡胶沥青防水涂料、非固化橡胶沥青防水涂料、丙烯酸合成高分子防水涂料、水性聚氨酯防水涂料、钢结构防水涂料等。

维修产品主要有：（水溶性 / 油溶性）聚氨酯灌浆材料、堵漏灵（水不漏）、自粘修补卷材等。

多年来禹神公司始终坚持“质量先位”的原则，做良心产品、良心工程，本着对社会负责、对客户负责、对企业负责、对员工负责的态度，积极践行社会责任，致力于通过科技创新与技术进步，不断提升生产自动化水平、施工机械化进程，开发高新产品、生产优质产品、打造精品项目、搭建服务平台，并愿与各方有识之士共同为中国的建筑防水事业做出贡献。

天津市禹神建筑防水材料有限公司
地址：天津市北辰区双口镇津永公路北侧
（天津市东方盛景园艺场院内）
电话：022-26827165
官方网站：http://www.tjyushen.com/

证书编号：LB2019FS029

天津禹神聚氨酯防水涂料、聚合物水泥防水涂料、非固化橡胶沥青防水涂料

产品简介

单组分聚氨酯防水涂料是一种无挥发性溶剂、不含煤焦油、沥青类化合物的新型高分子防水涂料；涂布后，以空气及基层中的水分湿气为交联剂而固化成膜的新一代环保防水材料。

双组分聚氨酯防水涂料不含焦油、沥青及挥发性溶剂，本色为白色。由我公司独立研制，具有良好的防水、防渗、装饰、热反射等多项功能。

本产品是一种反应型的高分子防水涂料，由 A、B 两组分组成。使用时，将 A、B 两组分按一定的重量比混合搅拌均匀，施工后可固化成既富有弹性、坚韧，又有耐久性的整体无接缝涂膜防水层，是理想的非外露型防水工程涂料。

适用范围

聚氨酯防水涂料产品适用于：地面工程：厨房、浴室、卫生间、游泳池、外墙、穿墙管等；地下工程：混凝土内墙、底板、地下室、下水道、地铁、隧道、沉井等工程的防水处理；粘接密封：水泥板、伸缩缝、施工缝、沉降缝、落水口等。

聚合物水泥防水涂料产品适用于工业与民用建筑的屋面工程、厕浴间、厨房、外墙面、游泳池、食用水水池、消防水池的防水工程或防潮层；其他防水材料难于施工的潮湿场所或复杂基面；防水卷材不易解决的天沟和节点；可与防水卷材配合做成“复合防水”层(即：多道防水)。

非固化橡胶沥青防水涂料产品涂料可分两种施工方法：刮涂法施工与喷涂法施工。可根据施工现场情况及要求选择施工方法。 刮涂法施工：主要适用于地下底板、屋面等便于刮涂的部位及节点部位、小面积防水工程。 用齿状刮板刮涂均匀，满刮不露底，刮涂厚度根据设计要求而定。 喷涂法施工：主要适用于暗挖隧道拱顶等不便于涂抹施工的部位及大面积防水施工。

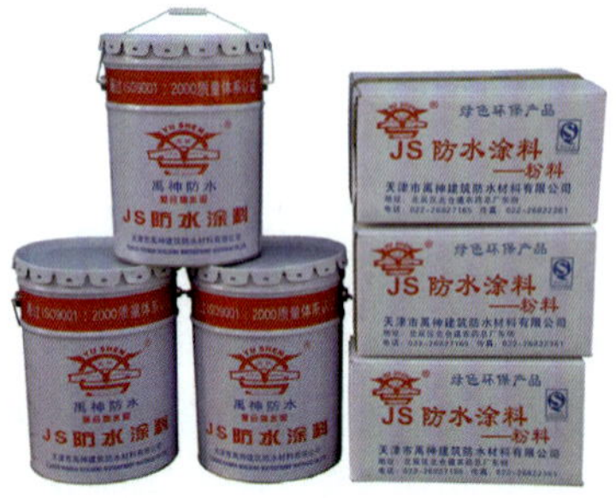

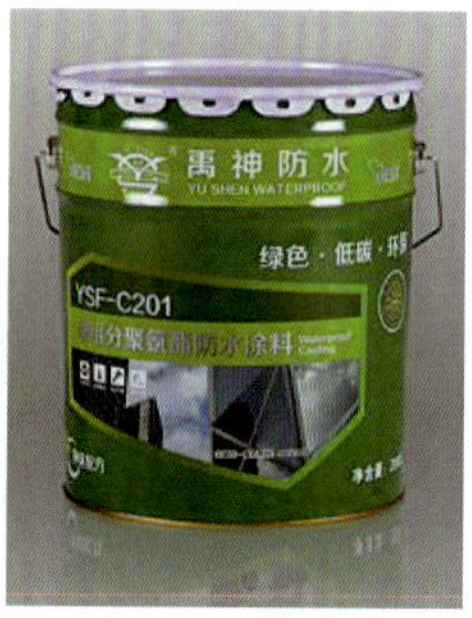

技术指标

聚氨酯防水涂料产品执行 GB/T 19250—2013《聚氨酯防水涂料》,聚合物水泥防水涂料产品执行 GB/T 23445—2009《聚合物水泥防水涂料》，非固化橡胶沥青防水涂料产品执行 JC/T 2428—2017《非固化橡胶沥青防水卷材》标准，其中单组分聚氨酯防水涂料具体指标如下：

序号	检查项目	技术指标	实测值
1	固体含量 / % ≥	85.0	85.6
2	表干时间 / h ≤	12	7
3	实干时间 / h ≤	24	22
4	流平性	20min 时，无明显齿痕	
5	拉伸强度 / MPa ≥	2.00	2.28
6	断裂伸长率 / % ≥	500	564
7	撕裂强度 / N/mm ≥	15	18
8	低温弯折性 ≤	−35℃，无裂纹	

天津市禹神建筑防水材料有限公司
地址：天津市北辰区双口镇津永公路北侧
(天津市东方盛景园艺场院内)
电话：022-26827165
官方网站：http://www.tjyushen.com/

续表

序号	检查项目		技术指标	实测值
9	不透水性 0.3MPa 120mim		不透水	
10	加热伸缩率 / %		−4.0 ～ 1.0	-2.4
11	粘接强度 / MPa ≥		1.0	1.3
12	吸水率 / % ≤		5.0	3.5
13	定伸时老化	加热老化	无裂纹及变形	
		人工气候老化	无裂纹及变形	
14	热处理（80℃，168h）	拉伸强度保持率 / %	80 ～ 150	88
		断裂伸长率 / % ≥	450	514
		低温弯折性	−30℃，无裂纹	
15	碱处理 [0.1%NaOH 饱和 Ca（OH）$_2$ 溶液，168h]	拉伸强度保持率 / %	80 ～ 150	97
		断裂伸长率 / % ≥	450	469
		低温弯折性	−30℃，无裂纹	
16	酸处理 [2%H_2SO_4 溶液，168h]	拉伸强度保持率 / %	80 ～ 150	93
		断裂伸长率 / % ≥	450	463
		低温弯折性	−30℃，无裂纹	

工程案例

甲方	总包	项目名称	金额	施工时间	主用料
天津市国融丰业房地产开发有限公司	长业建设集团有限公司	天一绿海二期 79-108、114-141# 楼屋面及卫生间防水工程	1002186.00	2011/5/30-2011/8/30	聚氨酯
天津市赤龙房地产开发有限公司	中建三局第三建设工程有限责任公司	津南区双港镇河畔星城居住区定向安置房（一期、二期）二标段	1938384.00	2010/4/25-2010/5/30	聚氨酯
天津市保障住房建设投资有限公司	天津住宅集团建设工程总承包有限公司	北辰区双青新家园 37-1# 地块公用租赁住房项目（盛安园）	1349472.00	2013/8/1-2013/8/20	聚氨酯
天津天瑞投资发展有限公司	浙江中联建设集团有限公司	瑞华园住宅小区项目二期（5#-7#、13#-15#、17#-19#）号楼及地下车库施工总承包	2800000.00	2016/10/20-2017/6/20	聚氨酯

生产企业

天津市禹神建筑防水材料有限公司成立于 1997 年，经过二十多年来艰苦卓越的奋斗，如今已发展成为集研发、生产、销售、工程服务为一体的高新技术企业，现为中国建筑防水协会常务理事单位、天津市建材业协会副会长单位，公司生产的防水产品已遍布全国 20 多个省市，产销量在天津防水材料市场连续多年位居前列，公司先后获得“高新技术企业”、“中国闻名商标”、“天津市有名商标”、“天津市品牌产品”、“中国建材工程推荐品牌”、“产品质量、服务信誉双保障单位”、2015 榜样天津“城市生态建设突出贡献奖”、“环渤海地区建材行业诚信 AAA 企业”、“环渤海地区省知名品牌”、“中国建筑防水企业信用评价 AAA 级信用单位”等 40 余项认证和荣誉，并被天津市认定为“企业技术中心”，质量与信誉均受到业界广泛好评。

防水卷材、防水瓦主要产品有：弹性体 / 塑性体（SBS/APP）改性沥青防水卷材、自粘改性沥青防水卷材、种植屋面用耐根穿刺防水卷材、预铺 / 湿铺防水卷材、高分子自粘胶膜防水卷材、耐盐碱防水卷材、RAW 高分子反应粘交叉膜防水卷材、热塑性聚烯烃（TPO）防水卷材、聚氯乙烯（PVC）防水卷材、聚乙烯丙纶复合防水卷材、玻纤胎沥青瓦等。

防水涂料主要产品有：单组分 / 双组分（SPU/MPU）环保型聚氨酯防水涂料、水泥基渗透结晶型防水涂料、聚合物水泥 (JS) 防水涂料、纳米高分子胶凝防水涂料、喷涂速凝橡胶沥青防水涂料、非固化橡胶沥青防水涂料、丙烯酸合成高分子防水涂料、水性聚氨酯防水涂料、钢结构防水涂料等。

维修产品主要有：（水溶性 / 油溶性）聚氨酯灌浆材料、堵漏灵（水不漏）、自粘修补卷材等。

多年来禹神公司始终坚持“质量先位”的原则，做良心产品、良心工程，本着对社会负责、对客户负责、对企业负责、对员工负责的态度，积极践行社会责任，致力于通过科技创新与技术进步，不断提升生产自动化水平、施工机械化进程，开发高新产品、生产优质产品、打造精品项目、搭建服务平台，并愿与各方有识之士共同为中国的建筑防水事业做出贡献。

天津市禹神建筑防水材料有限公司
地址：天津市北辰区双口镇津永公路北侧（天津市东方盛景园艺场院内）
电话：022-26827165
官方网站：http://www.tjyushen.com/

证书编号：LB2019FS030

三源聚合物水泥防水涂料、柔性聚合物水泥防水砂浆

产品简介

TU-JS 聚合物水泥防水涂料是以丙烯酸酯聚合物乳液和特种水泥为主要原料，添加多种助剂、填充料按一定比例复合而成的柔性聚合物水泥基防水涂料。本产品属于双组分水性防水建筑涂料，以聚合物网络结构为主体的涂膜结构，与水泥凝胶体的网络结构交织在一起，形成互穿的防水网结构。这使得本产品既有水泥类胶凝材料强度、易与潮湿基面粘结、抗老化能力强的优点，又有聚合物涂膜柔韧性好，防水性能高、易涂刷的特点。

TU-JF 刚性聚合物水泥防水砂浆是我公司采用先进技术，突破以往防水砂浆存在的弊端，由改性的高性能柔性聚合物和无机防水砂浆经过科学的配合比复配而成的新一代高性能砂浆产品，具有优异的粘结、防水防渗、刚柔并济、耐腐蚀、抗氯离子渗透、耐磨耐老化等特点。该产品无毒、无污染、施工方便，具有显著的环境效益，用途广泛；适用于水利港口工程、公路、桥梁、冶金、化工、工业与民用建筑等钢结构和钢筋混凝土的防水抗渗、防腐护面和修补工程，是一种兼具有机料的高弹性和无机料的耐久性的新型防水材料，涂抹后可形成高强、柔韧、无接缝、耐久、耐候性优异的防水保护层。

适用范围

TU-JS 聚合物水泥防水涂料具有以下优点：涂膜抗拉强度高，与基层具有良好的粘结性；对基面的适应性强，可在潮湿基面施工作业，耐水性、耐久性好；涂膜具有一定透气性，不会发生防水层起鼓现象；施工方便，可任意选用刷涂、滚涂或喷涂的方法进行施工，施工效率高。由于该涂料具有以上优点，因此可在潮湿或干燥的砖石、砂浆、混凝土、金属等各种保温层、防水层（如 SBS 卷材、三元乙丙卷材、聚氨酯涂膜等）基层涂刷，对各种新旧建筑物、构筑物及隧道、桥梁、游泳池、水池等均可使用，特别是在建筑的非暴露型屋面、厨房、厕浴间以及外墙面的防水、防渗和防潮工程等更为适用。

聚合物水泥防水砂浆可广泛用于屋面、卫生间、地下室、人防工程、水池、涵洞等各种建筑物的防水、防潮，各种裂缝、孔洞的填补。柔性粘贴：可用于冷热温差变化较大场合或变动基层上粘贴瓷砖、马赛克、大理石等。光面抹灰：可用于保温板、铜板、铝板、瓷砖表面等光滑基层进行抹灰施工。修补：用于修补混凝土出现的蜂窝、漏洞、裂缝、保护层破损、漏筋等缺陷。

技术指标

聚合物水泥防水涂料产品执行 GB/T 23445—2009《聚合物水泥防水涂料》标准，聚合物水泥防水砂浆产品执行 JC/T 984—2011《聚合物水泥防水砂浆》，其中聚合物水泥防水涂料的具体指标如下：

试验项目			技术指标
固体含量 /%		≥	70
拉伸强度	无处理 /MPa	≥	1.8
	加热处理后保持率 /%	≥	80
	碱处理后保持率 /%	≥	70
	浸水处理后保持率 /%	≥	70

续表

试验项目			技术指标
断裂伸长率	无处理 /%	≥	80
	加热处理 /%	≥	65
	碱处理 /%	≥	65
	浸水处理 /%	≥	65
粘结强度	无处理 /MPa	≥	0.7
	潮湿基层 /MPa	≥	0.7
	碱处理 /MPa	≥	0.7
	浸水处理 /MPa	≥	0.7
不透水性（0.3MPa，30min）			不透水
抗渗性（砂浆背水面）/MPa		≥	0.6

工程案例

大兴国际机场、广东韩江高陂水利枢纽工程、湖北省博物馆、青岛万达东方影都、沈阳全运会场馆、天府国际机场等。

生产企业

武汉三源特种建材有限责任公司成立于 2001 年，是专业的混凝土外加剂、砂浆系列产品及服务供应商。近二十年来，致力于改善混凝土性能，有效防控混凝土裂缝及防水问题，提升建筑生命力。

公司总部位于湖北省武汉市，在全国拥有多个生产基地，销售及服务网络遍布 600 多个城市。旗下“锦源”牌拥有氧化镁膨胀剂、速凝剂、减水剂、水化热抑制剂、套筒灌浆料等多条产品线，被评为全国质量信得过产品、中国绿色建筑选用产品。

公司是国家知识产权优势企业、湖北省高新技术企业、湖北省企业技术中心，是国家标准《混凝土膨胀剂》、团体标准《氧化镁膨胀剂》、国家图集《地下建筑防水构造》的参编单位，团体标准《混凝土用氧化镁膨胀剂应用技术规程》的主编单位。先后荣获建筑材料科学技术一等奖、混凝土与水泥制品行业技术革新二等奖、武汉市重大科技成果转化奖，承担省部级及以上科研项目，共取得科技成果近 20 项，在混凝土外加剂领域拥有行业突出的科研实力。同时公司还多次被评为湖北省纳税大户、AAA+ 级质量信用企业等称号。

2015 年，公司与中国建筑科学研究院建筑材料研究所签署战略合作协议，共同成立联合技术研发中心，开启全面技术合作。同时与广东省水利水电科学研究院、清华大学、南京工业大学等多家科研教学机构建立了长期稳定的合作关系。

公司产品广泛应用于普通民建领域以及大型水利、核电、石油、铁路、装配式建筑等领域的补偿收缩混凝土工程、防水混凝土工程、超长结构混凝土工程、预应力混凝土工程、钢管混凝土工程、高性能混凝土工程等。

公司重点推广的氧化镁膨胀剂，采用高品位的矿物原材料和先进的现代生产工艺，经国内特有的氧化镁专用回转窑煅烧而成。结合轻烧氧化镁活性可调控的特点，可实现膨胀能及膨胀发挥时间与混凝土结构物收缩匹配，有效补偿混凝土收缩预防混凝土开裂。同时，可针对不同环境、工程结构、使用部位等进行差异化的产品定制，广泛应用于各种混凝土工程。

公司以“用心建筑美好生命”为使命，秉持以客户价值为中心的核心价值观，致力于创造客户价值、社会价值和员工价值。

武汉三源特种建材有限责任公司
地址：武汉市青山区工人村丝茅墩都市工业园内
电话：027-86866337
官方网站：http://www.sanyuantc.com/

证书编号：LB2019FS031

源锦聚合物水泥防水涂料、柔性聚合物水泥防水砂浆

产品简介

TU-JS 聚合物水泥防水涂料是以丙烯酸酯聚合物乳液和特种水泥为主要原料，添加多种助剂、填充料按一定比例复合而成的柔性聚合物水泥基防水涂料。本产品属于双组分水性防水建筑涂料，以聚合物网络结构为主体的涂膜结构，与水泥凝胶体的网络结构交织在一起，形成互穿的防水网结构。这使得本产品既有水泥类胶凝材料强度、易与潮湿基面粘结、抗老化能力强的优点，又有聚合物涂膜柔韧性好、防水性能高、易涂刷的特点。

TU-JF 刚性聚合物水泥防水砂浆是我公司采用先进技术，突破以往防水砂浆存在的弊端，由改性的高性能柔性聚合物和无机防水砂浆经过科学的配合比复配而成的新一代高性能砂浆产品。其具有优异的粘结、防水防渗、刚柔并济、耐腐蚀、抗氯离子渗透、耐磨耐老化等特点。该产品无毒、无污染、施工方便，具有显著的环境效益，用途广泛；适用于水利港口工程、公路、桥梁、冶金、化工工业与民用建筑等钢结构和钢筋混凝土的防水抗渗、防腐护面和修补工程，是一种兼具有机料的高弹性和无机料的耐久性的新型防水材料，涂抹后可形成高强、柔韧、无接缝、耐久、耐候性优异的防水保护层。

适用范围

TU-JS 聚合物水泥防水涂料具有以下优点：涂膜抗拉强度高，与基层具有良好的粘结性；对基面的适应性强，可在潮湿基面施工作业，耐水性、耐久性好；涂膜具有一定透气性，不会发生防水层起鼓现象；施工方便，可任意选用刷涂、滚涂或喷涂的方法进行施工，施工效率高。由于该涂料具有以上优点，因此可在潮湿或干燥的砖石、砂浆、混凝土、金属等各种保温层、防水层（如 SBS 卷材、三元乙丙卷材、聚氨酯涂膜等）基层涂刷，对各种新旧建筑物、构筑物及隧道、桥梁、游泳池、水池等均可适用，特别是在建筑的非暴露型屋石、厨房、厕浴间以及外墙面的防水、防渗和防潮工程等更为适用。

技术指标

聚合物水泥防水涂料产品执行 GB/T 23445—2009《聚合物水泥防水涂料》标准，聚合物水泥防水砂浆产品执行 JC/T 984—2011《聚合物水泥防水砂浆》标准，其中聚合物水泥防水砂浆的具体指标如下：

序号	项目			技术指标	
				I 型	II 型
1	凝结时间	初凝 /min ≥		45	
		终凝 /h ≤		24	
2	抗渗压力 /MPa	涂层试件 ≥	7d	0.4	0.5
		砂浆试件 ≥	7d	0.8	1.0
			28d	1.5	1.5
3	抗压强度 /MPa ≥			18.0	24.0
4	抗折强度 /MPa ≥			6.0	8.0
5	柔韧性 (横向变形能力)/mm ≥			1.0	
6	粘结强度 /MPa ≥		7d	0.8	1.0
			28d	1.0	1.2
7	耐碱性			无开裂、剥落	
8	耐热性			无开裂、剥落	
9	抗冻性			无开裂、剥落	
10	收缩率 /% ≤			0.3	0.15
11	吸水率 /% ≤			6.0	4.0

武汉源锦建材科技有限公司

地址：武汉市青山区工人村都市工业园内
电话：027-86866337
官方网站：http://www.ujoinchina.com

工程案例

项目名称	开发商	设计院	施工方	项目规模（m^3）
禹王西湾国际（安徽蚌埠）	怀远县禹王房地产开发有限公司	中城投集团第六工程局有限公司安徽建筑设计研究院	安徽省怀远县金诚建筑工程有限公司	13000
金海御苑（山东潍坊）	潍坊德瑞置业有限公司	青岛理工大学建筑规划设计研究院分院	潍坊三强建筑安装工程有限公司	5000
汉十高铁中铁十一局（湖北襄阳）	中铁十一局房地产开发有限公司	中铁四院集团南宁勘察设计院有限公司	中铁十一局第六工程有限公司	5000
宜化集团湖北总部研发基地（湖北武汉）	湖北宜化科技发展有限公司	武汉中天世纪建筑设计有限公司	湖北省工业建筑集团国际工程公司	10000
合肥离子医学中心（安徽合肥）	合肥离子医学中心有限公司	上海建筑设计研究院有限公司	中建八局第三建设有限公司上海公司	20000
美的横溪（江苏南京）	南京天辉房地产发展有限公司	上海建工五建集团有限公司设计院	上海同凝建筑科技有限公司	40000
临湖苑四期（安徽合肥）	合肥经开区重点工程建设管理局	安徽中轴线建筑工业化科技有限公司	安徽宝业建工集团有限公司	30000
武房青洲盛汇（湖北武汉）	武汉地产开发投资集团有限公司	武汉时代建筑设计有限公司	新八建设集团	10000
澜溪小镇（安徽蚌埠）	五河百晟置业有限公司	上海尧舜建筑设计有限公司	中铁中基第二工程局有限公司	16000
盛观尚城（湖北武汉）	武汉地铁集团有限公司	中南建筑设计院股份有限公司第一设计所	上海域邦建设工程有限公司	10000
弘阳时光里（安徽滁州）	南京弘阳房地产开发有限公司	上海联创建筑设计有限公司南京分公司	中天建设集团有限公司	20000
呼和浩特市三环路工程（A区域）一标段内蒙古呼和浩特	中国二冶集团有限公司	林同琰国际设计院	中国二冶集团有限公司呼和浩特市分公司	10000
万科中央公园（安徽合肥）	合肥万科置业有限公司	安徽省建筑设计研究院有限责任公司	南通八建集团有限公司	8000
滨江苑四期（湖北武汉）	武汉泓江房屋建设有限公司	中冶南方（武汉）建筑设计咨询有限公司	武汉建工股份有限公司	30000
万科观摩楼（山东烟台）	烟台万科房地产开发有限公司	青岛北洋建筑设计有限公司烟台分公司	福建省闽南建筑工程有限公司烟台分公司	13000

生产企业

武汉源锦建材科技有限公司是专业的混凝土工程裂缝控制及结构自防水系统解决方案服务商，致力于通过定制化的技术解决方案，改善混凝土性能，有效防控混凝土裂缝及防水问题，提升建筑生命力。

公司总部位于湖北武汉，在全国拥有十多个生产基地，其中包括技术先进的回转窑轻烧氧化镁专用生产基地、工艺成熟的膨胀熟料生产基地以及全自动化封闭式特种砂浆生产基地；在国内设有近40个一级营销中心，服务网络覆盖全国600多个城市；现有专业技术服务人员近200人，可及时、专业地为各类工程提供技术服务。源锦混凝土工程结构自防水系统解决方案及产品现已广泛应用于普通民建工程以及水利、核电、国防、石油、交通等专业工程，装配式混凝土建筑灌浆连接一体化解决方案应用于全国各类装配式建筑工程。

公司以技术创新为核心竞争力，十余年专注于混凝土裂缝控制及防水技术的研究。公司研发平台现为湖北省企业技术中心、湖北省研究生工作站、武汉市博士后创新实践基地，建设了国内专业的混凝土性能研究实验室和混凝土外加剂研发中心、检测中心，并与中国建筑科学研究院建筑材料研究所签署战略合作协议，共同成立“中国建研建材•源锦技术研发中心”，开启全面技术合作。同时与广东省水利水电科学研究院、清华大学、南京工业大学等20多家核心科研教学机构、50余位行业知名专家建立了长期稳定的合作，全力打造行业智力平台。研发中心承担省部级及以上科研项目，共取得科技成果近20项，获得技术专利40余项，参与起草国家标准、行业标准、技术规程和建筑图集40余项。

公司是湖北省高新技术企业、国家知识产权优势企业、湖北省支柱产业细分领域隐形冠军培育企业、全国质量诚信示范企业、湖北省地税模范纳税人，技术和产品先后荣获全国水利先进实用技术认定、全国铁路产品实用认证、中国绿色建筑选用产品认证等。

公司以“用心建筑美好生命”为使命，秉持以客户价值为中心的核心价值观，致力于创造客户价值、社会价值和员工价值。

武汉源锦建材科技有限公司
地址：武汉市青山区工人村都市工业园内
电话：027-86866337
官方网站：http://www.ujoinchina.com

证书编号：LB2019FS032

国鸿 SBS 弹性体改性沥青防水卷材、压敏反应型高分子湿铺防水卷材、自粘聚合物改性沥青防水卷材

产品简介

“国鸿”牌 SBS 弹性体改性沥青防水卷材以优质沥青添加苯乙烯 - 丁二烯 - 苯乙烯（SBS）、弹性体树脂作改性材料，经特殊工艺配制成高聚物改性沥青材料，中置增强胎体、外覆盖多种表面材料共同构成。

“国鸿”牌压敏反应型高分子湿铺防水卷材是以石油沥青为基料，特种改性剂制成自粘改性沥青，聚酯胎基为加强层，上表面覆可剥离的涂硅隔离膜，下表面覆可剥离的涂硅隔离膜或聚乙烯膜（PE 膜）所制成，是一种可以湿铺施工的聚酯胎自粘改性沥青防水卷材。

“国鸿”牌自粘聚合物改性沥青防水卷材是以高分子聚合物改性沥青和合成橡胶为基料、加入活性助剂，采用聚酯胎为加强层，以聚乙烯膜为表面材料，底面采用硅油防粘隔离纸 / 膜，具有环保性、可冷施工作业的防水卷材。

适用范围

弹性体改性沥青防水卷材产品适用于工业与民用建筑的地下室和屋面防水；地铁、综合管廊、隧道、水利等工程的防水。地下工程防水采用表面隔离材料为 PE 膜的防水卷材，暴露式屋面防水采用表面隔离材料为不透明页岩的防水卷材。

压敏反应型高分子湿铺防水卷材产品广泛适用于各类建筑的非暴露屋面、地下和室内露台防水工程，以及明挖地铁、隧道、水池、水渠等防水工程，尤其适用于不准动用明火或雨期施工的防水工程。

自粘聚合物改性沥青防水卷材产品适用于各种非外露的地下工程、屋面工程、地铁、隧道、水池等各部位的防水防潮工程。

技术指标

SBS 弹性体改性沥青防水卷材产品执行 GB 18242—2008《弹性体改性沥青防水卷材》标准，压敏反应型高分子湿铺防水卷材产品执行 GB/T 35467—2017《湿铺防水卷材》标准，自粘聚合物改性沥青防水卷材产品执行 GB/T 23441—2009《自粘聚合物改性沥青防水卷材》标准，其中 SBS 弹性体改性沥青防水卷材产品技术指标如下：

<table>
<tr><th rowspan="3">序号</th><th rowspan="3" colspan="2">项目</th><th colspan="2">指标</th></tr>
<tr><th>I</th><th>II</th></tr>
<tr><th>PY</th><th>PY</th></tr>
<tr><td rowspan="2">1</td><td rowspan="2">可溶物含量 /（g/ ㎡）≥</td><td>3.0mm</td><td colspan="2">2100</td></tr>
<tr><td>4.0mm</td><td colspan="2">2900</td></tr>
<tr><td rowspan="3">2</td><td rowspan="3">耐热性</td><td>℃</td><td>90</td><td>105</td></tr>
<tr><td>≤ mm</td><td colspan="2">2</td></tr>
<tr><td>试验现象</td><td colspan="2">无流淌、滴落</td></tr>
<tr><td rowspan="2">3</td><td rowspan="2" colspan="2">低温柔性 / ℃</td><td>-20</td><td>-25</td></tr>
<tr><td colspan="2">无裂缝</td></tr>
<tr><td>4</td><td colspan="2">不透水性 30min</td><td>0.3MPa</td><td>0.3MPa</td></tr>
<tr><td rowspan="2">5</td><td rowspan="2">拉力</td><td>最大峰拉力 /（N/50mm）≥</td><td>500</td><td>800</td></tr>
<tr><td>试验现象</td><td colspan="2">拉伸过程中，试件中部无沥青涂盖层开裂或与胎基分离现象</td></tr>
<tr><td>6</td><td>延伸率</td><td>最大峰时延伸率 /% ≥</td><td>30</td><td>40</td></tr>
<tr><td rowspan="2">7</td><td rowspan="2">浸水后质量增加 /% ≤</td><td>PE、S</td><td colspan="2">1.0</td></tr>
<tr><td>M</td><td colspan="2">2.0</td></tr>
</table>

山东国鸿防水材料股份有限公司
地址：山东省潍坊市寿光市滨海（羊口）高新技术开发区南环路与盐都路交叉口西北角
电话：5850877
官方网站：www.guohongfangshui.com

续表

序号	项目		指标	
			I	II
			PY	PY
8	热老化	拉力保持率 /% ≥	90	
		延伸率保持率 /% ≥	80	
		低温柔性 /℃	-15	-20
			无裂缝	
		尺寸变化率 /% ≤	0.7	0.7
		质量损失 /% ≤	1.0	
9	渗油性	张数≤	2	
10	接缝剥离强度 /（N/mm）≥		1.5	
11	矿物粒料粘附性 a/g ≤		2.0	
12	卷材下表面沥青涂盖层厚度 b/mm ≥		1.0	
13	人工气候加速老化	外观	无滑动、流淌、滴落	
		拉力保持率 /% ≥	80	
		低温柔性 /℃	-15	-20
			无裂缝	

a 仅适用于矿物粒料表面的卷材。

b 仅适用于热熔施工的卷材。

工程案例

辛正 · 润和嘉苑项目 1# ～ 11# 住宅楼、12# 社区用房地下防水

山东鉴川新材料科技有限公司军民融合产业示范园

生产企业

山东国鸿防水材料股份有限公司成立于 2016 年，坐落于潍坊市寿光市羊口镇高新技术开发区。公司注册资本 1.8 亿元，总投资 9.4 亿元，占地面积 311 亩，现有员工 156 人；公司规划将专注于改性沥青防水卷材系列、高分子防水卷材系列、涂料系列、高铁专用系列、地下综合管廊系列等防水材料的生产和研发，以及各类防水系统的整体解决方案。

国鸿防水旗下拥有 12 个办事处，分别设置在北京、上海、山东、河北、河南、江苏、安徽等重点省市，全国拥有 60 多家经销及服务网点。“低碳、环保、技术、诚信、服务”是国鸿防水发展的目标和方向。

国鸿防水秉持稳中求进的发展策略，企业资金运营有序，综合实力健康发展。企业在装备规模、原料质量、仓储物流、科研技术、质量把控、综合施工、绿色环保等方面优势明显，受到业界一致认可。

国鸿防水成立投产以来，与中铁建工、中建八局、中核建设、山东三箭建设、山东天元建设、山东盛宇建设、山东顺天建材、江苏南通二建、山东昊华轮胎等近百家企业完成项目合作，为其提供了高品质防水材料；双包施工的潍坊市高铁南站房及配套、潍坊市高铁北站综合管廊等项目高质量完成。公司高效务实、注重品质、服务优先的理念受到合作方的一致好评。

未来国鸿防水将大力推进科技创新，做好精细化管理，提高客户满意度，进一步实现“创建百年基业，共筑百年建筑”的伟大愿景！以更强大的实力服务行业、回报社会！

山东国鸿防水材料股份有限公司

地址：山东省潍坊市寿光市滨海（羊口）高新技术开发区南环路与盐都路交叉口西北角
电话：5850877
官方网站：www.guohongfangshui.com

证书编号：LB2019WJ001

冀东聚羧酸系高性能减水剂、防冻剂

产品简介

JY-PS-1 聚羧酸系高性能减水剂为液体环保产品。本系列产品由聚羧酸系减水组分、坍落度保持组分、调凝组分、引气组分和保水组分等复配而成。本系列产品可适用于 0 ～ 40℃各种环境，满足各类高性能混凝土的施工需求。

JY-PS-T 型聚羧酸系高性能减水剂为液体环保产品，本产品具有减水率高、掺量低、与水泥适应性好、坍落度损失小和无污染等特点。同时具有改善新拌混凝土各种性能指标和提高工作性等多种作用。本产品为无色透明液体，无毒、无腐蚀性、不易燃、对钢筋无锈蚀、对人体健康无害。

JY-PS-2 系列防冻型聚羧酸系高性能减水剂为液体环保产品。本系列产品由聚羧酸系减水组分、早强防冻组分、坍落度保持组分、引气组分和保水组分等复配而成，适用于 -20 ～ +5℃环境下混凝土施工要求。JY-PS-2 系列产品分为 -5℃、-10℃、-15℃三种规格。

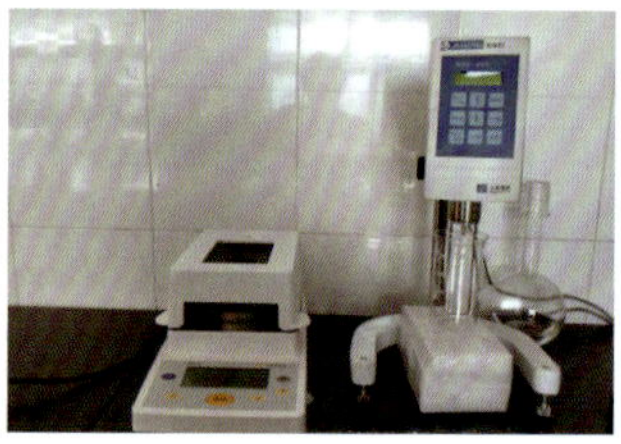

适用范围

聚羧酸系高性能减水剂（JY-PS-1）对于水泥粒子有很强的分散作用。对配制大流态混凝土，有早强、高强要求的现浇混凝土和预制构件，有很好的使用效果，可全面提高和改善混凝土的各种性能，广泛用于公路、桥梁、大坝、港口码头、隧道、电力、水利及工业与民用建筑工程、蒸养及自然养护预制构件等。

JY-PS-T 型聚羧酸系高性能减水剂产品适用于各类泵送混凝土、大体积混凝土、高层建筑、高架、高速公路、桥梁、水工混凝土及地下、水下灌注混凝土等。特别适用于重点工程和有特殊要求的混凝土。

混凝土防冻剂对于水泥粒子有很强的分散作用。对配制大流态混凝土，有早强、高强要求的现浇混凝土和预制构件，有很好的使用效果，可全面提高和改善混凝土的各种性能，广泛用于公路、桥梁、大坝、港口码头、隧道、电力、水利及工业与民用建筑工程、蒸养及自然养护预制构件等。

技术指标

JY-PS-1 聚羧酸系高性能减水剂产品执行 GB 8076—2008《混凝土外加剂》、GB 18588—2001《混凝土外加剂中释放氨的限量》、GB 50325—2020《民用建筑工程室内环境污染控制标准》、GB 6566—2010《建筑材料放射性核素限量》等标准，具体指标如下：

序号	检测项目		标准要求（标准型）	实测值	检验依据
1	减水率 / %		≥ 25	32	GB 8076—2008
2	泌水率比 / %		≤ 60	0	GB 8076—2008
3	含气量 / %		≤ 6.0	3.3	GB 8076—2008
4	坍落度 1h 经时变化 / mm		≤ 80	60	GB 8076—2008
5	抗压强度比 / %	7d	≥ 150	161	GB 8076—2008
		28d	≥ 140	143	
6	收缩率比 / %	28d	≤ 110	106	GB 8076—2008
7	对钢筋的腐蚀作用		应说明对钢筋无锈蚀作用	对钢筋无锈蚀	GB 8076—2008
8	甲醛含量 / （mg/kg）		≤ 500	8.0	GB18582—2008

唐山冀东水泥外加剂有限责任公司
地址：河北省唐山市丰润区东马庄村东
（丰润经济开发区内）
电话：0315-3151977
传真：0315-3151966

JY-PS-T 型聚羧酸系高性能减水剂产品执行 GB 8076—2008《混凝土外加剂》、TB/T 3275—2011《铁路混凝土》，具体指标如下：

序号	检测项目		标准要求	实测值	检验依据
1	减水率 / %		≥ 25	31	GB 8076—2008
2	泌水率比 / %		≤ 20	5	GB 8076—2008
3	含气量 / %		≤ 3.0	2.4	GB 8076—2008
4	压力泌水率比 / %		≤ 90	11	GB 8076—2008
5	抗压强度比 / %	1d	≥ 170	198	GB 8076—2008
		3d	≥ 160	183	
		7d	≥ 140	157	
		28d	≥ 130	143	

JY-PS-2 系列防冻型聚羧酸系高性能减水剂产品各项性能指标满足 JC 475—2004《混凝土防冻剂》、JG/T 377—2012《混凝土防冻泵送剂》、GB 8076—2008《混凝土外加剂》和 GB 6566—2010《建筑材料放射性核素限量》等相关标准要求。

工程案例

天津唐津高速公路跨海河特大桥工程（桩长 88m）

北京腾讯总部 C40P12 基础底板（混凝土方量 120000m^3，分 8 块浇筑，最大分块 27800m^3）

天津周大福金融中心 C50P10 基础底板（一次性浇筑 31000m^3）

天津中钢国际广场 C40P8 基础底板（一次性浇筑 25000m^3），供应方量为 109618.9m^3。

天津津湾广场 9# 楼 C40P8 基础底板（一次性浇筑 18000m^3），供应方量为 93786.7m^3（含 134.5m^3 湿拌砂浆）。

C130 高强混凝土模拟盘管实验（垂直等效 880m）

天津周大福金融中心主楼工程（高度 530m，C80 顶升高度 300m，C60 泵送高度 470m）

天津中信大厦工程（12 小时混凝土坍落度要求不少于 120mm）

天津地铁 6 号线地下桩基混凝土工程（混凝土初凝时间要求大于 80h，终凝时间要求小于 120h），供应方量为 463927.44m^3。

天津地铁金钟河站（18 小时混凝土坍落度要求不少于 120mm）

生产企业

唐山冀东水泥外加剂有限责任公司隶属于全国较大的建筑材料生产企业——北京金隅集团股份有限公司，公司依托金隅冀东水泥和混凝土两大产业的发展，拥有较强的技术研发实力和质量保证能力。厂区占地面积 50 亩，注册资本 5000 万元，是河北省高新技术企业。目前，公司在职人数 140 人，其中，研究生学历 6 人、本科及以上学历 41 人；高级职称 1 人、中级及以上职称 22 人。

唐山冀东水泥外加剂公司多次入选中国混凝土外加剂质量管理优秀品牌企业和和环渤海地区建材行业具有影响力和诚信企业，“金隅牌”混凝土减水剂入围北京、天津、石家庄地铁工程材料名录和北京城市副中心工程材料名录。

公司拥有国内先进的混凝土外加剂和水泥助磨剂生产设备，在重庆设有分公司，具有年产 9 万吨混凝土外加剂和 5 万吨水泥助磨剂的生产能力。

公司生产设备计量准确、工艺先进，产品质量稳定可靠。利用互联网 + 技术，生产线采用 PLC+MES+ERP 集成系统，在物料采购、生产过程监控、质量跟踪、应用市场分析等方面构建了系统数据网络，形成了可追溯的体系，实现了全方位的精细化管理，跻身国内助磨剂、外加剂行业优秀企业。

本公司借助水泥质量管理平台，将水泥分析和外加剂研发、生产及服务有机结合起来，进行多项科研课题及工程专项研究，参与了京津冀多个重点工程，积累了丰富的工程服务经验，为产品开发、客户服务奠定了坚实的理论基础和实践经验。

唐山冀东水泥外加剂有限责任公司
地址：河北省唐山市丰润区东马庄村东
（丰润经济开发区内）
电话：0315-3151977
传真：0315-3151966

证书编号：LB2019WJ002

龙阳伟业 FS101 砂浆防水剂、FS102 混凝土防水密实剂

产品简介

FS101 砂浆防水剂：由增强组分和催化组分反应复合而成，与水泥水化析出物发生化学反应生成凝胶体和结晶体，可提高凝胶密实性、抗渗性的液态砂浆防水剂。

FS102 混凝土防水密实剂：可提高混凝土凝胶密实性、抗渗性，减少混凝土早期收缩，能有效控制混凝土裂缝的无机类混凝土特种外加剂。

适用范围

适用于工业与民用建筑地下工程、防护工程、隧道、城市轨道交通等地下防水工程。

技术指标

产品执行 JC 474—2008《砂浆、混凝土防水剂》标准。

序号	检验项目		标准要求		检验结果	单项结论
			一等品	合格品		
1	安全性		合格	合格	合格	一等品
2	泌水率比 /%，≤		50	70	55	合格品
3	凝结时间差 / min，≥	初凝	-90	-90	+30	一等品
4	抗压强度比 / %，≥	3d	100	90	108	一等品
		7d	110	100	116	一等品
		28d	100	90	103	一等品
5	渗透高度比 /%，≤		30	40	39	合格品
6	吸水量比（48h）/%，≤		65	75	74	合格品
7	收缩率比（28h）/%，≤		125	135	113	一等品
8	密度 /g/cm^3		—		1.226	—
9	氯离子含量 /%		—		0.01	—
10	总碱量 /%		—		3.80	—
11	固体含量 %		—		40.02	—
12	释放氨的量 %，≤		0.10		0.0065	合格

工程案例

北京昆仑国际公寓

大连世界金融中心

北京林肯公园

唐山正东柒麟湾

北京龙阳伟业科技股份有限公司

地址：北京市大兴区榆垡工业园榆恒路 6 号
电话：010-5128 8585
官方网站：www.chinalywy.com

生产企业

北京龙阳伟业科技股份有限公司（简称龙阳伟业），长期专注于地下防水工程，致力于从源头、从根本上解决地下渗漏问题，是一家集材料、技术、服务于一体的优秀系统供应商。

公司自主研发的“FS101、FS102 地下刚性（复合）防水技术”，于 2006 年通过科技成果鉴定评估，被建设部列为“全国建设行业科技成果推广项目”，向全国进行推广。先后被写入国家规范 GB 50108—2008《地下工程防水技术规范》、GB 50208—2011《地下防水工程质量验收规范》以及国家建筑标准设计图集《地下建筑防水构造》（10J301）、《现浇混凝土综合管廊》（17GL201）和《建筑防水系统构造（三十）》（17CJ40-30）中，并获得了“满足工程防水且与结构寿命相同”的高度评价。

公司通过了环境管理体系认证（ISO 14001）和质量管理体系认证（ISO 9001），先后荣获国务院发展研究中心中国企业评价协会、清华大学社会科学学院“中国企业社会责任 500 强”中国质量协会“全国实施用户满意工程先进单位——用户满意标杆企业”，新华社“中国创造力隐形冠军”等多项荣誉。

2004 年，在砂浆防水剂与混凝土防水密实剂专利产品基础上，公司实现自主创新成果“FS101、FS102 地下刚性（复合）防水技术”。

2006 年，公司“FS101、FS102 地下刚性（复合）防水技术”被建设部列为“2006 年全国建设行业科技成果推广项目”，并向全国进行推广。

2010 年，龙阳伟业被国务院发展研究中心《管理世界》列为（中国）五十家战略性新兴产业企业。同年，公司参与编制国家建筑标准设计图集《地下建筑防水构造》（10J301）。

2011 年，龙阳伟业构建出了建筑地下防水工程理论架构，提出了建筑地下防水本质，完成了产品品类创新。

2012 年，龙阳伟业承办“中国建筑地下防水与建筑安全”高峰论坛，主动防水理念受到广泛关注，公司全年销售业绩同比增幅近 40%。同年实施的 GB 50208—2011《地下防水工程质量验收规范》对“FS101、FS102 地下刚性（复合）防水技术”给予高度认可。

十年铸铜，龙阳伟业取得了跨越性的进步，从得到建设部科技成果推广项目到国家规范的认可，龙阳伟业产品广泛应用于全国三十余省市，逾千例工程。龙阳伟业通过认真做好建筑地下防水工程，打造出建筑地下防水领域值得信赖的品牌。

2013 年，龙阳伟业被新华社全媒体“发现中国创造力”评为“2012 中国创造力隐形冠军”。同年，龙阳伟业联合美国霍华德大学、中国传媒大学举办了新型商业模式研讨会，与会代表对龙阳伟业的新型商业模式给予了很高评价。

2015 年，龙阳伟业荣登由国务院发展研究中心中国企业评价协会与清华大学社会科学学院联合编制的“中国企业社会责任 500 强”榜单。

2018 年，龙阳伟业参编的国家建筑标准设计图集《现浇混凝土综合管廊》（17GL201）和《建筑防水系统构造（三十）》（17CJ40-30）先后公开发行，为“FS101、FS102 地下刚性（复合）防水技术”在地下防水工程的进一步应用提供了强力支撑。

北京龙阳伟业科技股份有限公司
地址：北京市大兴区榆垡工业园榆恒路 6 号
电话：010-5128 8585
官方网站：www.chinalywy.com

证书编号：LB2019WJ003

助威聚羧酸减水剂

产品简介

PCA-I 为我公司开发生产的新一代环保型聚羧酸高效减水剂。它通过主链吸附在水泥颗粒表面，支链包围在水泥颗粒四周，通过空间位阻的作用，具有更好的分散能力、保塑性和减水效果。其可广泛应用于普通混凝土、泵送混凝土、超流态自密实混凝土以及高性能混凝土当中，尤其在高强高性能混凝土应用方面有着优异的表现。

适用范围

（1）适用于各种工业与民用建筑、水工、港口、路桥等混凝土施工；

（2）特别适用于商品混凝土及泵送混凝土；

（3）适用于清水饰面混凝土及混凝土构件；

（4）适用于配制高强、超高强、抗渗、早强及自流平等高性能混凝土。

技术指标

产品执行 GB 8076—2008《混凝土外加剂》、GB 8077—2012《混凝土外加剂匀质性试验方法》等标准，具体指标如下：

外观	pH 值	密度 g/mL		固含量 / %		水泥净浆流动度 / mm	氯离子 / %	碱含量 / %
		标准型	缓凝性	标准型	缓凝型			
无色黏稠液体	7±0.5	1.05～1.09	1.09～	18～22	20～24	≥250	<0.02	<0.5

工程案例

南水北调穿黄工程、正大商业广场、伊滨区师范学院等。

河南省助威建材科贸有限公司
地址：洛阳市洛龙区关林镇经济开发区
电话：0379-65796983
官方网站：http://www.hnzhuwei.com/

生产企业

河南助威建材科贸有限公司是集混凝土、砂浆外加剂、速凝剂等新型建筑材料研发、生产、销售及推广应用为一体的专业化企业，公司自 2004 年组建以来，参与过很多地方与国家的重点工程建设，拥有一支由教授级高级工程师、工程师、工程技术人员等组成的经验丰富、专业化强、善打硬仗的优秀团队。

本企业全面推行 ISO-9001 国际质量管理标准，配备有混凝土实验室、化学实验室和合成实验室，具备完善的检验、检测和试验手段，拥有全自动的外加剂生产设备。长期与中国建筑材料科学研究院进行技术合作，其工艺合成技术、产品技术含量、科研开发能力居全国同行业前列，业务遍布全国各省市。

河南省助威建材科贸有限公司
地址：洛阳市洛龙区关林镇经济开发区
电话：0379-65796983
官方网站：http://www.hnzhuwei.com/

证书编号：LB2019WJ004

浩友高效抗裂防水剂、抗裂硅质防水剂、多功能抗侵蚀防腐剂

产品简介

HEA 高效抗裂防水剂是由我公司在刚性防水材料的基础上，紧跟“高效、节能”的时代理念，组合多种有机和无机材料，研制而成的新型刚性抗裂防水材料。其中的高性能膨胀抗裂组分，在限制条件下，能使混凝土内建立一定的预应力，改善混凝土内部的应力状态，提高混凝土的抗裂能力；而且其中的防渗减缩组分，水化生成钙矾石晶体，能改善混凝土内部的孔结构，使有害孔减少，无害孔增多；从防水、抗裂双重方面有效提高混凝土的耐久性。

抗裂硅质防水剂系列产品是以结构自防水为主，从根本上阻断渗水的渠道为指导；采用高品位硅质原料，利用其特有的吸附性、离子交换性、耐碱性、热稳定性等性能通过活化、改性等一系列特殊的工艺加工而成的。抗裂硅质防水剂产品的产生，为混凝土提供了一个崭新的防水理念，通过提高混凝土结构本身的密实性、憎水性以及刚度，提升结构本身的抗渗性能，以达到治本固源的防水效果。

SY-KS 多功能抗侵蚀防腐剂是我公司与中国建材研究院合作，联合开发出的新型高性能混凝土多功能抗侵蚀防腐剂；该产品已通过国家建筑材料测试中心的检测。混凝土中掺加本产品，能起到结构自防腐的作用，能提高混凝土的抗裂性、护筋性、耐侵蚀性、抗冻性、耐磨性以及抗碱 - 集料反应性能，从而有效提高混凝土结构耐久性；是配制高性能混凝土、实现建筑工程“百年大计”理想的混凝土耐久性外加剂。

适用范围

高效抗裂防水剂：

1. 地下工程，如地铁、隧道、地下车库、人防工程及高层建筑的地下室等工程；可减少或免除后浇带，进行超长结构无缝施工；
2. 水池、污水处理厂、贮罐、大坝等抗渗抗裂要求较高的工程；
3. 刚性自防水屋面、防渗砂浆层和防潮砂浆层等；
4. 建筑物后浇缝、框架结构接头的锚接。

抗裂硅质防水剂：

1. 防水工程、人防地下车库、地下停车场、地下仓库、地下人行道、基坑、桩基等；
2. 地铁、隧道、港口、海工工程、水厂、电厂、水库大坝、污水处理池、水塔等；
3. 结构楼板、体育场看台板、刚性自防水屋面、砂浆防渗层、砂浆防潮层等；
4. 梁柱接头、后浇缝的填充混凝土、机械设备和补强的二次灌注、预应力混凝土等；
5. 水泥制品，自应力、预应力与钢套预应力混凝土管，钢管混凝土；
6. 机场跑道、高速公路路面、桥梁混凝土、涵洞等。

多功能抗侵蚀防腐剂：

1. 配制耐腐蚀混凝土；

厦门浩友建材有限公司

地址：福建省厦门市海沧区霞飞路二号之一
电话：0592-6892907
传真：0592-6892907

2. 配制高性能、高耐久性混凝土；

3. 可配制有抗侵蚀要求的混凝土，如海港、化工、市政、污水处理厂等工程；

4. 有特殊耐久性要求的混凝土工程，如交通隧道、跨海桥梁、地铁、轻轨、江河堤坝等。

技术指标

抗裂硅质防水剂产品执行 GB/T 23439—2017《混凝土膨胀剂》标准，掺入该系列产品的砂浆、混凝土，由于硅质防水剂中含有丰富的活性 SiO_2 和活性 Al_2O_3，能参与胶凝材料的水化反应，生成不溶性物质，不仅填充水泥浆体与集料粘结过渡区的孔隙和微裂缝，改善过渡区这一薄弱环节的结构，增强其搭接作用，从而提高了混凝土的刚性和弹性；而且增加混凝土整体的密实性，可起到长久性防水、防潮、防止混凝土的粉化和钢筋锈蚀作用。同时，抗裂硅质防水剂系列产品具有一定的微膨胀作用，在钢筋和邻位约束下，可在钢筋混凝土结构中建立一定的预压应力，抵消混凝土在硬化过程中产生的收缩应力，补偿水化热引起的温度应力，防止或减少混凝土结构产生裂缝，达到抗裂防水。

高效抗裂防水剂产品执行 GB/T 23439—2017《混凝土膨胀剂》标准，具体性能如下：

1. 可产生适量的微膨胀，补偿混凝土的体积收缩，增加混凝土的密实度；

2.HEA 高效抗裂防水剂的膨胀期短，一般 14 天以后不再有大的膨胀，对后期强度无影响；

3. 掺 HEA 高效抗裂防水剂，混凝土抗渗等级≥ P8；

4.HEA 高效抗裂防水剂中含有的有机物组分，可大大提高混凝土黏聚性，使混凝土不易离析、不泌水，不产生蜂窝、麻面状态；

5. 由于含有高效膨胀剂，掺加 HEA 抗裂防水剂的混凝土，能实现超长结构的无缝施工。

多功能抗侵蚀防腐剂产品执行 JC/T 1011—2006《混凝土抗硫酸盐类侵蚀防腐剂》标准，具体性能如下：

1. 提高砂浆混凝土耐侵蚀性、抗渗性能：SY-KS 中的高分子聚合物，能生成一种特殊的网状防渗膜，均匀分布在砂浆或内部细骨料的表面，使水泥浆、骨料、聚合物三者相互形成一个完整的网络结构，堵塞或封闭毛细孔道，阻止各类侵蚀介质（SO_4^{2-}、Cl^-、HCO_3^-、CO_2、NH_4^+、Mg^{2+}）以及可溶盐等侵蚀物质对其内部的渗透；

2. 提高混凝土的抗裂性、护筋性：SY-KS 中的高活性的微粉能够激发水泥中惰性材料的水化反应、生成更多 C-S-H 凝胶，使混凝土更加密实；其与聚合物网络膜交织在一起，增强了混凝土中各组分间的粘结强度，并在钢筋的周围形成了一道保护屏障，使砂浆和混凝土具有良好的抗裂性、护筋性；

3. 提高砂浆或混凝土的抗冻性：SY-KS 掺入砂浆或混凝土中，改善了其内部毛细微孔的结构，降低了砂浆、混凝土中非封闭毛细气孔的成孔率，使砂浆和混凝土更加密实，从根本上减少了引起冻融损坏的水分渗入；

4. 抑制混凝土或砂浆中的碱 - 集料反应、提高其耐磨蚀性：SY-KS 中的超细 Si-Al-O 组分，能生成以铝或硅为核心的四面体晶状物，使原游离态的离子转化成非游离状态，缓解砂浆或混凝土的碱 - 集料反应。同时生成的特殊网状膜、C-S-H 凝胶、铝氧四面结晶物交织在一起，可大大提高砂浆、混凝土的强度、密实度，从而提高砂浆、混凝土的耐磨蚀性。

工程案例

海峡艺术交流中心、利嘉国际商贸城、恒力博纳广场、正荣润海等。

生产企业

厦门浩友建材有限公司成立于 2010 年，以混凝土外加剂生产、销售及干混砂浆、纤维的销售为主营业务，坚持“以质量求生存，以科技促进步”，致力于打造一个专业、客户放心的企业。

在经营中公司以“性能优异、品种齐全、价格合理、服务专业、诚信可靠”为目标。为此，公司重视科研技术队伍建设，引入先进的实验设备，拥有多项实用新型专利；大力推行质量管理，建立完善的质量保证体系。

公司现为厦门市高新技术企业。雄厚的技术力量、完整的质保体系、先进的工艺设备、丰富的生产经验和员工的敬业精神，让公司产品一直保持出厂合格率、用户满意度高，在业内连获好评，荣获中国品牌信誉理事单位、福建省“促诚信 重质量”团体会员单位、海西知名建材企业、厦门市科技小巨人企业、中国绿色环保产品等殊荣。

公司产品广泛应用于福建省各大防水混凝土工程、高性能混凝土工程，以及海底隧道和桥梁设施建设等。我司还可以根据用户及工程的特殊需要，特制加工产品，为客户提供适合的产品和服务。

厦门浩友建材有限公司
地址：福建省厦门市海沧区霞飞路二号之一
电话：0592-6892907
传真：0592-6892907

证书编号：LB2019WJ005

金隅聚羧酸系高性能减水剂、混凝土防冻剂

产品简介

JY-PS-2 系列混凝土防冻剂为液体环保产品。本系列产品由聚羧酸系减水组分、早强防冻组分、坍落度保持组分、引气组分和保水组分等复配而成，适用于 -20 ～ +5℃环境下混凝土施工要求。

JY-PS-2 系列产品分为 -5℃、-10℃、-15℃三种规格。产品各项性能指标满足 JC 475—2004《混凝土防冻剂》、GB 8076—2008《混凝土外加剂》和 GB 6566—2010《建筑材料放射性核素限量》等相关标准要求。

适用范围

混凝土防冻剂对于水泥粒子有很强的分散作用。对配制大流态混凝土，有早强、高强要求的现浇混凝土和预制构件，有很好的使用效果，可全面提高和改善混凝土的各种性能，广泛用于公路、桥梁、大坝、港口码头、隧道、电力、水利及工业与民用建筑工程、蒸养及自然养护预制构件等。

技术指标

产品执行 JC 475—2004《混凝土防冻剂》、GB 8076—2008《混凝土外加剂》、GB 50325—2020《民用建筑工程室内环境污染控制标准》、GB 18588—2001《混凝土外加剂中释放氨的限量》、GB 6566—2010《建筑材料放射性核素限量》。

防冻剂（-5℃）技术参数

序号	检测项目	标准要求（-5℃）		实测值	检验依据
1	减水率 / %	≥ 10		27	JC 475—2004
2	泌水率比 / %	≤ 80		37	JC 475—2004
3	含气量 / %	≥ 2.5		4.3	JC 475—2004
4	凝结时间差（min）	初凝	-150 ～ +150	-30	JC 475—2004
		终凝		-45	
5	抗压强度比 / %（温度 -5℃）	R-7	≥ 20	20	JC 475—2004
		R28	≥ 100	132	
		R-7+28	≥ 95	137	
		R-7+56	≥ 100	147	
6	收缩率比 / %	28d	≤ 135	102	JC 475—2004
7	对钢筋的腐蚀作用	应说明对钢筋无锈蚀作用		对钢筋无锈蚀	JC 475—2004
8	甲醛含量（折固含量计）/ %	≤ 0.05		0.024	GB 18582—2008

防冻剂（-10℃）技术参数

序号	检测项目	标准要求（-10℃）		实测值	检验依据
1	减水率 / %	≥ 10		28	JC 475—2004
2	泌水率比 / %	≤ 80		33	JC 475—2004
3	含气量 / %	≥ 2.5		3.8	JC 475—2004
4	凝结时间差（min）	初凝	-150 ～ +150	-25	JC 475—2004
		终凝		-45	
5	抗压强度比 / %（温度 -10℃）	R-7	≥ 12	18	JC 475—2004
		R28	≥ 100	132	
		R-7+28	≥ 95	135	
		R-7+56	≥ 100	144	
6	收缩率比 / %	28d	≤ 135	103	JC 475—2004
7	对钢筋的腐蚀作用	应说明对钢筋无锈蚀作用		对钢筋无锈蚀	JC 475—2004
8	甲醛含量（折固含量计）/ %	≤ 0.05		0.016	GB 18582—2008

防冻剂（-15℃）技术参数

序号	检测项目	标准要求（-15℃）		实测值	检验依据
1	减水率 / %	≥ 10		28	JC 475—2004
2	泌水率比 / %	≤ 80		35	JC 475—2004
3	含气量 / %	≥ 2.5		3.9	JC 475—2004
4	凝结时间差（min）	初凝	-150 ～ +150	-20	JC 475—2004
		终凝		-30	
5	抗压强度比 / %（温度 -15℃）	R-7	≥ 10	17	JC 475—2004
		R28	≥ 95	134	
		R-7+28	≥ 85	140	
		R-7+56	≥ 100	150	
6	收缩率比 / %	28d	≤ 135	103	JC 475—2004
7	对钢筋的腐蚀作用	应说明对钢筋无锈蚀作用		对钢筋无锈蚀	JC 475—2004
8	甲醛含量（折固含量计）/ %	≤ 0.05		0.013	GB 18582—2008

北京金隅水泥节能科技有限公司
地址：北京市房山区琉璃河镇车站前街 1 号
电话：010-60392669
传真：010-60392828

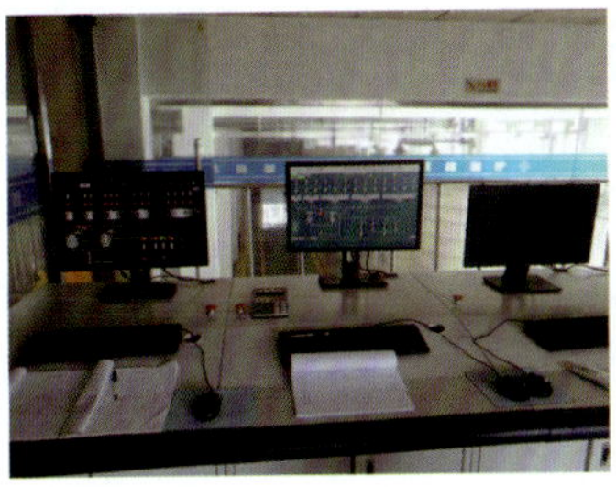

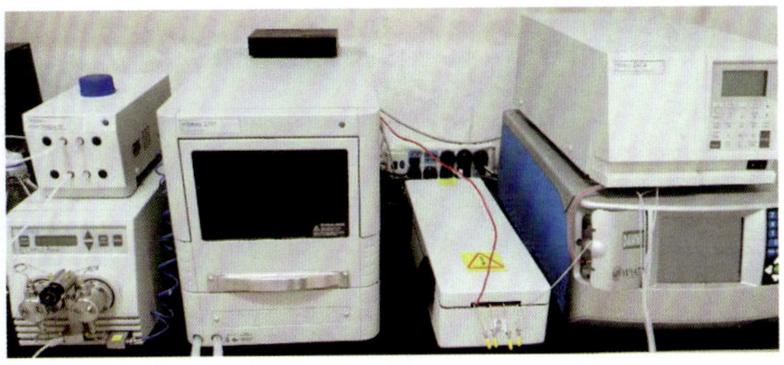

工程案例

天津唐津高速公路跨海河特大桥工程（桩长 88m）

北京腾迅总部 C40P12 基础底板（混凝土方量 120000m³，分 8 块浇筑，最大分块 27800m³）

天津周大福金融中心 C50P10 基础底板（一次性浇筑 31000m³）

天津中钢国际广场 C40P8 基础底板（一次性浇筑 25000m³），供应方量为 109618.9m³。

天津津湾广场 9# 楼 C40P8 基础底板（一次性浇筑 18000m³），供应方量为 93786.7m³（含 134.5m³ 湿拌砂浆）。

C130 高强混凝土模拟盘管实验（垂直等效 880m）

天津周大福金融中心主楼工程（高度 530m，C80 顶升高度 300m，C60 泵送高度 470m）

天津中信大厦工程（12 小时混凝土坍落度要求不少于 120mm）

天津地铁 6 号线地下桩基混凝土工程（混凝土初凝时间要求大于 80h，终凝时间要求小于 120h），供应方量为 463927.44m³。

天津地铁金钟河站（18 小时混凝土坍落度要求不少于 120mm）

生产企业

北京金隅水泥节能科技有限公司于 2009 年 9 月正式注册成立，公司注册资本 3500 万元。专门从事混凝土外加剂和水泥助磨剂的研究、生产应用及相关技术服务。公司主要产品有：聚羧酸系混凝土外加剂、防冻剂、水泥助磨剂等系列。目前，公司在北京、石家庄和邯郸三地分别设有产品生产基地，拥有 5 条设备精良、工艺先进的国内优质的混凝土外加剂和水泥助磨剂的全自动化生产线，年生产能力 14 万吨。

公司建立了 ISO 质量管理体系，实行规范化管理。目前，公司产品已通过 CMA 计量认证、CNAS 实验室认可，并被评定为“水泥混凝土节能利废技术北京市重点实验室”、“北京市高新技术企业”、“轨道交通工程 2012 年度合格供应方”、“中关村高新技术企业”、环渤海地区建材行业“具有影响力企业”、环渤海地区建材行业“诚信企业”（AAA 级）。截至目前，企业拥有发明专利 6 项，实用新型发明专利 8 项，软件著作权 24 项。

公司在重视高质量生产的同时，还特别重视技术研发工作。几年来公司不断增加研发投入，成果丰硕：《JY-GA 水泥助磨剂系列产品及应用技术》项目获 2011 年度北京建材行业联合会、北京硅酸盐学会科学技术二等奖；《建筑结构加固工程用喷射混凝土成套技术研究与应用》项目获 2012 年度北京建材行业联合会、北京硅酸盐学会科研成果二等奖；《年产 2 万吨外加剂复配生产线》项目获 2012 年度北京建材行业联合会、北京硅酸盐学会技术革新三等奖；被中国水泥协会评为 2013 年中国水泥助磨剂行业“科技创新先进企业”；获“2012 年度、2013 年度用户推荐中国混凝土外加剂质量管理优质品牌企业”、“2013 年度全国水泥助磨剂行业具有影响力暨科技创新标杆企业”；2014 年度《金隅水泥配料优化方案研究》项目，获得 2014 年北京建材联合会、北京硅酸盐学会北京建材行业科学技术二等奖；《水泥配料项目》获得 2015 年“宏宇杯”全国建材行业技术革新奖技术开发类二等奖；《高性能聚羧酸减水剂合成与应用技术研究项目》获得 2016 年北京建材行业联合会、北京硅酸盐学会科研成果二等奖；《适用于京津冀地区的混凝土聚羧酸系高性能减水剂的合成与应用》获 2017 年“济大杯”全国建材行业技术革新奖技术开发类二等奖。

公司还与北京工业大学、北京矿业大学、北京建筑材料科学研究总院等多所重点高校和科研院所建立长期友好技术合作关系；与北京建筑材料科学研究总院、辽阳科隆、江苏博特新材料、河北铁园科技等外加剂领域实力雄厚的企业建立技术及业务合作关系。立足于上述各高校和科研院所的强大技术支持以及与相关外加剂企业的业务合作，公司不断研发出性能优良的水泥助磨剂、混凝土外加剂等系列产品。

公司奉行以市场为导向，以创新为动力，以质量求生存，努力追求内涵发展。伴随集团的发展壮大，公司正努力为集团和行业的发展做出自己应有的贡献。

北京金隅水泥节能科技有限公司

地址：北京市房山区琉璃河镇车站前街 1 号
电话：010-60392669
传真：010-60392828

证书编号：LB2019WJ006

苏博特 PCA 聚羧酸减水剂、SBT-UDC 超高性能混凝土预混料、HME- 混凝土膨胀剂

产品简介

PCA 聚羧酸减水剂，系采用先进的分子构筑技术研发的新一代混凝土高性能减水剂。基于特殊离子功能基团和分子刚性构象设计，有效提高聚羧酸减水剂吸附后的空间位阻和静电斥力作用，从而提高其分散能力。该产品掺量低、减水率高、保坍性能优，对混凝土原材料具有较强的适应性，敏感性低，可大幅改善新拌混凝土的流变性能，提高混凝土工作性和易泵性，进而提高混凝土泵送施工效率和性能，且能降低混凝土收缩，改善混凝土耐久性。

SBT®-UDC 超高性能混凝土预混料，系由多种有机、无机高性能添加剂和金属纤维优化设计而成，在常温养护条件下具有优异的力学性能、耐久性能、施工性能以及极佳的延展性和抗冲击冲磨等特点；可节约材料、降低能耗，改变传统混凝土结构“粗、重、笨”的形象并显著提升结构服役寿命和设计自由度，是一种绿色环保材料。

HME 系列混凝土膨胀剂以悬浮窑轻烧氧化镁膨胀剂、历程可控氧化钙熟料和混凝土水化温升抑制材料为主要组成，具有膨胀大、膨胀历程可控、可降低混凝土温峰等特点，能够分阶段、全过程补偿多种混凝土的自收缩和温降收缩。

适用范围

PCA 聚羧酸减水剂产品应用于公路、铁路、桥梁、隧道、核电站、水电站、市政建设、住宅建筑、商业建筑等工程建设用灌（注）浆、砂浆、混凝土中，适用于预拌混凝土、预制混凝土、钢筋混凝土、预应力钢筋混凝土、自密实混凝土、抗渗混凝土、抗冻混凝土、泡沫混凝土、补偿收缩混凝土、自应力混凝土、透水混凝土、防辐射混凝土、不发火混凝土、抗硫酸盐混凝土、耐酸（碱）混凝土、喷射混凝土、水下不分散混凝土、纤维混凝土、轻骨料混凝土、再生骨料混凝土、聚合物浸渍混凝土、地聚合物混凝土、磷酸镁水泥混凝土、氯氧镁水泥混凝土、水泥砂浆、石膏砂浆、预应力灌浆、压力注浆、油田固井注浆等建筑材料中。

SBT®-UDC 超高性能混凝土预混料，可以很好地满足土木工程结构轻量化、高层化、大跨化和高耐久的迫切需求，特别适用于大跨径桥梁、装配式节点连接、装饰景制品以及抗爆、耐腐蚀等结构。

HME 系列混凝土膨胀剂适用于不同环境下具有抗裂、防渗要求的膨胀混凝土、预应力混凝土、建筑物后浇带、膨胀加强带及具有温控要求的混凝土结构等，可根据工程结构需求提供定制化配方，适用于超长、强约束、大体积等多种结构工程。

技术指标

PCA 聚羧酸减水剂产品执行国家标准 GB 8076—2008《混凝土外加剂》、JG/T 223—2017《聚羧酸系高性能减水剂》、DL/T 5100—2014《水工混凝土外加剂技术规程》、JT/T 769—2009《公路工程 聚羧酸系高性能减水剂》、TB/T 3275—2018《铁路混凝土》。具体性能指标如下。

表 1　产品匀质性指标

项目	性能指标
外观	无色、淡黄色、淡棕色液体或白色粉末
pH 值	6.5±1.5，具体视客户需求略有调整
密度	（1.05±0.03）g/cm³
硫酸钠含量（按折固含量计）	≤ 5%
碱含量（按折固含量计）	≤ 10.0%
氯离子含量（按折固含量计）	≤ 0.1%
甲醛含量	≤ 300mg/kg

江苏苏博特新材料股份有限公司
地址：江苏省南京市江宁区醴泉路 118 号
电话：025-83278599
官方网站：www.sobute.com

表 2　产品应用性能指标

项目	性能指标
减水率	≥ 30%
泌水率比	≤ 20%
含气量	≤ 2.5%
坍落度 1h 经时变化量	≤ 40mm
抗压强度比	1d：≥ 180% 3d：≥ 170% 28d：≥ 150%
收缩率比	≤ 105%

工程案例

京沪高铁	港珠澳大桥	田湾核电站	锦屏水电站
郑西高铁	杭州湾跨海大桥	宁德核电站	四川溪洛渡水电站
武广高铁	南京长江二桥	阳江核电站	广西龙滩水电站
宁杭高铁	江苏苏通大桥	防城港核电	四川瀑布沟水电工程
兰新高铁	江苏润扬大桥	红岩河核电站	云南小湾工程
京福高速公路	郑州国展中心	南京紫峰大厦	北京中国尊
孟加拉帕德玛大桥	巴基斯坦卡拉奇核电站	斯里兰卡南部港	巴基斯坦 KKH 项目

生产企业

江苏苏博特新材料股份有限公司（股票简称：苏博特，股票代码：603916）作为行业先进的新型土木工程材料供应商，主营混凝土外加剂的研发、生产和销售，在防水与修复材料、交通工程材料等功能性产品的研发和推广方面不断取得新突破。公司是混凝土外加剂行业龙头企业，被认定为国家高新技术企业、国家认定企业技术中心，获全国制造业单项冠军示范企业、工业强省六大行动重点项目单位等荣誉称号。2017 年 11 月 10 日，公司在上海证券交易所主板挂牌上市，正式登陆资本市场，开启了发展新篇章。

公司始终坚持走科技创新的发展道路，建有“高性能土木工程材料国家重点实验室”“江苏省功能性聚醚工程技术研究中心”等行业先进的科研平台，拥有专业配置齐全、年龄结构合理、创新能力强、技术推广与管理经验丰富的人才团队，包括中国工程院院士、国家杰出青年基金获得者、“万人计划”科技创新高级人才，多人次获得国家和省部级科研奖项。公司拥有国家授权专利 400 余项，其中发明专利 390 余项，国际专利 4 项，荣获中国专利银奖 1 项、中国专利优秀奖 4 项。“超高性能混凝土抗爆材料成套制备技术、结构设计及其应用”项目荣获 2014 年度国家科技进步二等奖，“超 500 米跨径钢管混凝土拱桥关键技术”荣获 2018 年度国家科技进步二等奖。

公司坚持“集团化管理，连锁化经营”运营模式，在江苏、四川、天津、新疆等多地建有生产基地，建立并保持质量、环境、职业健康安全和测量四合一管理体系，实现了生产全过程的自动化控制，生产过程的控制手段、产品质量分析和控制水平居国内同行前列。

公司基于多年来雄厚的技术储备和科技进步成果，坚持“以客户为中心”，以专业的技术人才为基础，以先进的试验条件为依托，为客户提供顾问式营销服务。加强服务网络建设，服务范围覆盖全国所有省、市、区；加强服务团队建设，公司营销服务人员全部为混凝土及相关专业人员。公司生产的混凝土外加剂产品以其优异的产品性能、稳定的产品质量、专业的技术服务，赢得了用户的信赖，也赢得了市场，同时提升了公司的品牌形象。公司产品成功应用于港珠澳大桥、田湾核电站、阳江核电站、溪洛渡水电站、向家坝水电站、兰新高铁、南水北调工程、青岛胶州湾隧道等一大批国家和地方重点工程。

公司基于“创造更好材料，构筑美好未来”的企业使命，秉承“开放、创新、诚信、共赢”的核心价值观，专注于土木工程材料事业的发展，推进混凝土外加剂及其应用产业的绿色化进程，以科研创新为原动力，以顾问式营销为核心竞争力，坚持科研以市场为中心，管理以客户为中心，经营以效益为中心，持续关注企业相关方利益，成为受行业和社会尊敬的现代科技型企业。

江苏苏博特新材料股份有限公司
地址：江苏省南京市江宁区醴泉路 118 号
电话：025-83278599
官方网站：www.sobute.com

证书编号：LB2019WJ007

正欧混凝土密封固化剂

产品简介

混凝土密封固化剂是一种以无机硅酸盐为主要成分，辅以一些功能性助剂的混合水溶液。其大多数配方是以钾基、钠基等活性硅酸盐形式存在，无色、无味、无毒、不燃、不含有挥发物（VOC），完全符合当今社会对于环境、健康和安全的规定。

混凝土密封固化剂能有效控制混凝土地面起尘、提高地面硬度及耐磨性，使用简单而又经济。有些混凝土密封固化剂还含有特殊的秘制配方，从而使所处理的混凝土密封固化剂更能抵抗化学物质的侵蚀，并能使经抛光的混凝土地面看起来更美观。

适用范围

工业地坪、车间地坪、超市地坪、混凝土停车场、混凝土高速公路、机场跑道、混凝土桥梁、混凝土码头、混凝土墙面、体育中心、所有以混凝土或水泥砂浆为基层的场所。

技术指标

产品执行 JC/T 2158—2012《渗透型液体硬化剂》标准，其中 28d 抗折强度≥ 13.5MPa，28d 抗压强度≥ 90MPa，耐磨度比≥ 350%，表面强度（压痕直径）≤ 3.1mm。

工程案例

2018/5/10	中国核工业二四建设有限公司 / 中国原子能科学研究院综合服务区	综合服务区项目外墙保温、涂料工程	浙江省海盐县秦山街道，南临核电大道，北临金城二路，东临秦山大道
2018/9/18	浙江华康药业股份有限公司	木糖项目地坪工程耐磨 + 渗透、环氧平涂、无溶剂环氧自流平、聚氨酯罩面、环氧平涂地脚线	浙江开化
2018/5/15	余姚金刚环境科技有限公司	5 号车间环氧地坪施工	浙江余姚泗门
2018/11/13	义乌市神合包装有限公司	EPPU 环氧聚氨酯地坪	浙江义乌戚继光路 455 号
2018/11/14	慈溪市振成机械有限公司	车间环氧地坪	浙江慈溪长河镇沧田工业开发区
2018/11/21	宁波四维尔工业有限责任公司	2.6m 塑胶电镀线防腐环氧工程	浙江省慈溪市匡堰镇樟树村
2018/6/1	长兴永达水务有限公司	车间环氧地坪	浙江长兴和平
2018 年	嘉兴敏惠汽车零部件有限公司	嘉兴敏惠 C1 涂装线工程防腐施工	浙江省嘉兴市南湖区亚中路 1 号
2018 年	嘉兴敏惠汽车零部件有限公司	嘉兴敏惠 C7 中试线防腐工程	浙江省嘉兴市南湖区亚中路 1 号
2018/4/13	中浙高铁轴承有限公司	生产车间环氧树脂自流平地坪施工	浙江龙游工业园区永泰路 33 号
2018/12/17	浙江兴宇汽车零部件有限公司	环氧固化地坪	浙江兴宇汽车零部件有限公司下各黄梁陈厂区
2016/1/8	宁波市宏邦办公用品有限公司	环氧	浙江省宁海县模具城 K27 号

上海正欧实业有限公司　上海正欧涂料有限公司
地址：上海市金山区金环宇路 228 号
电话：021-37903116
官方网站：www.zheng.cc

生产企业

上海正欧系列企业，是研制和生产新型化学建材并提供相应工程服务的专业公司。通过了 ISO 9001 质量管理体系认证及 ISO 14001 环境管理体系认证。公司被评为“国家建材 AAA 级质量服务信用企业”，并荣获国家轻工部“质量、信誉双保障示范单位”证书，是中国质量检测协会会员单位。

上海正欧化工有限公司注册资金 1500 万元，上海正欧涂料有限公司注册资金 3000 万元，上海正欧实业有限公司注册资金 6600 万元，总注册资金 11100 万元，本公司建有先进的生产基地和设施完备的实验中心。主要产品有环氧地坪材料、建筑涂料、外墙无机保温材料等系列产品，年营业额超 4 亿元。

公司生产的地坪性能优良、品种全，配备施工人员多，机械设备先进，尤善于大项目突击作业。完成的产品表观效果好，在广大客户中有良好的口碑。曾施工过的一些知名客户如上柴股份、广电股份、电气集团、宝钢集团、龙工机械、达能饼干、海尔集团、比亚迪、富士康、施耐德、上海火车站、旭辉广场、黄金置地大厦、汇亚大厦、新上海滩花园、外滩中心、万科集团、美能达、美国 3M、铁梅机械、广智科技、易初莲华、萨澳液压传动、斯米克、汤姆生电子、贝斯特电子、日本电产芝普、邦迪管路系统、界龙印刷股份、森林电器、吉列、易纬电脑、夏普空调、富士通将军空调、渡边纸业、神马集团、耀皮股份等。

公司品质管理严格，产品质量稳定。致力于高科技绿色产品经营，积极推崇绿色产品，树立企业的社会责任形象。不断追求质量更好，管理更优，效率更高。

公司努力传播先进涂装理念，为客户创造价值，帮助行业健康发展。公司有专业施工资质，具有一批施工经验丰富的专业人员，以保障产品的成功应用，用较小的代价获得理想的效果。

公司与一些科研院所建立了合作关系，及时吸收先进的研发成果，并不断增加研发投入，寻求能提供超级技术的合作者。一如既往地诚实守信，与用户保持密切联系，服务好每位客户，努力使“正欧”成为国际品质商标的象征。

上海正欧实业有限公司　上海正欧涂料有限公司
地址：上海市金山区金环宇路 228 号
电话：021-37903116
官方网站：www.zheng.cc

证书编号：LB2019WJ008

合众聚羧酸高性能减水剂（HZ-2）、混凝土防冻剂（HZ-D）、聚羧酸高性能减水剂（HZ-TL1）

产品简介

聚羧酸高性能减水剂是一种由高效减水剂、保塑减水剂、缓凝剂和引气组分按一定的比例复配而成的。它能良好地改善混凝土拌合物和易性能及全面提高混凝土的物理力学性能，并具有良好的坍落度保持性能。

适用范围

聚羧酸高性能减水剂适用于各类建筑、铁道、水利、交通、港口、市政等混凝土工程以及配制高强或超高强混凝土、泵送混凝土、高流态自密实混凝土，大掺量或特大掺量矿物外加剂混凝土等。

技术指标

聚羧酸高性能减水剂匀质性指标及应用性能指标如下：

匀质性指标

项目	性能指标
外观	无色、淡黄色、淡棕色液体
pH 值	4.5±2.0，具体视客户需求略有调整
密度	（1.04±0.02）g/cm^3
硫酸钠含量（按折固含量计）	≤ 5%
碱含量（按折固含量计）	≤ 10.0%
氯离子含量（按折固含量计）	≤ 0.1%
甲醛含量	≤ 0.05mg/kg

应用性能指标

项目	性能指标
减水率	≥ 25%
泌水率比	≤ 60%
含气量	≤ 6.0%
坍落度 1h 经时变化量	≤ 80mm
抗压强度比	1d：≥ 170% 3d：≥ 160% 28d：≥ 140%
收缩率比（28d）	≤ 110%

工程案例

北京新机场	北京南站	京石第二高速	北京 - 石家庄高速铁路
北京 - 张家口高速铁路	京霸第一标	京沈客运专线	北京丰台站
北京地铁亦庄线	北京五环路石丰桥	北京行政副中心	人民日报社综合办公楼
天津滨海泰达体育场	北京 301 医院康复中心	北京城市污水处理厂	

河北合众建材有限公司

地址：河北省廊坊市安次区龙河经济开发区富饶道 152 号
电话：0316-2579758
传真：0316-2577918
官方网站：www.hezhongjc.com

生产企业

河北合众建材有限公司（以下简称公司）于 2010 年 02 月 02 日注册成立，是北京韩建河山管业股份有限公司（股票代码：603616）控股子公司，是一家集产品研发、生产、销售及技术服务于一体的高新技术企业。

公司主要产品：聚羧酸高性能减水剂、防冻剂、引气剂，用于市政、铁路、交通、港口、能源、建筑等各大领域。目前公司聚羧酸母液的年生产能力为 10 万吨，日仓储能力可达 2000 吨，复配加工能力为日产 1500 吨，运输车辆 22 辆，可充分满足客户在短时间内集中供应的需求。

公司运用国内先进的工艺技术所生产的聚羧酸高性能减水剂、引气剂及防冻剂每年在河北省住房和城乡建设厅进行产品和信用档案备案，通过后由相关部门下发“河北省建筑工程材料设备使用备案和信用详情”证书。除在河北省备案外，产品也被北京新机场、北京行政副中心、人民日报社综合办公楼、北京 301 医院康复中心、北京地铁项目、高速公路项目（例：北京—石家庄高速、北京—张家口铁路、北京—密云高速等）、南水北调工程（所用 PCCP 管）、北京城市污水处理等大型工程项目所应用。公司成为“北京市行政副中心建设工程预拌混凝土原材料”合格供方中京津冀高性能聚羧酸减水剂企业；也是“北京市轨道交通工程商品混凝土项目”合格供方中的非京企业；连续多年被评为北京市混凝土外加剂产品质量诚信评价“A”级供应单位；北京市混凝土协会会员单位。

公司现使用的配方均为公司自有技术，公司现有专利 25 项，其中发明专利 1 项，实用新型专利 13 项，软件著作权 11 项。 2015 年参加“科之杰”首届全国混凝土外加剂应用技术大赛荣获三等奖，2017 年公司参加“武汉三源杯”第三届全国混凝土外加剂应用技术大赛，一举获了 4 个奖项：大赛一等奖、设计最佳能手奖、理论知识优胜奖。公司代表企业参与编写《北京轨道交通工程结构混凝土裂缝控制与耐久性技术规程》。

公司信守“专业营造品质、服务创造价值”的经营理念，通过科学化的管理模式，并严控产品质量、检测、监控，实现全方位跟踪过程，实现“客户的满意就是我们的成功”理念。

河北合众建材有限公司
地址：河北省廊坊市安次区龙河经济开发区富饶道 152 号
电话：0316-2579758
传真：0316-2577918
官方网站：www.hezhongjc.com

证书编号：LB2019WJ009

粤盛混凝土外加剂
（膨胀剂、抗裂硅质防水剂、镁质高性能混凝土抗裂剂）

产品简介

膨胀剂：能使混凝土体积产生一定膨胀的外加剂。

抗裂硅质防水剂：指以高品位硅质材料为原材料，通过提高混凝土结构本身的密实性、憎水性以及刚度，提高结构本身的抗渗性能，达到抗裂防水的外加剂。

镁质高性能混凝土抗裂剂：指以轻烧 MgO 为主要膨胀源，具有可控延迟性微膨胀变形特性，补偿混凝土收缩，有效防止混凝土开裂渗水的外加剂。

适用范围

膨胀剂：

该系列产品性能独特，具有抗裂、防渗、抗蚀、增强等多种功能，广泛应用于配制补偿收缩混凝土，实现混凝土结构自防水和超长钢筋混凝土结构无缝设计和施工，以及大体积混凝土和其他有抗裂防渗技术要求的特殊工程与部位，特别适用于：

1. 地下建筑物，如地下停车场、地下人防工程、地下仓库、地下人行道、基坑、桩基等；
2. 水池、游泳池、污水处理池、水塔、贮罐、粮仓等；
3. 地铁、隧道、水利水电、海工、港口、水厂、电厂、水库大坝等防水构筑物；
4. 超长结构楼板、体育场看台板、防辐射混凝土构筑物等；
5. 刚性自防水屋面、砂浆防渗层、砂浆防潮层等；
6. 梁柱接头、后浇缝的填充混凝土、机械设备和补强的二次灌注、预应力混凝土等；
7. 水泥制品，自应力、预应力与钢套预应力混凝土管，钢管混凝土；
8. 机场跑道、高速公路路面、桥梁混凝土、涵洞等。

抗裂硅质防水剂：

1. 防水工程、人防工程、地下车库、地下停车场、地下仓库、地下人行道、坑基、桩基等；
2. 结构楼板、体育场看台板、刚性自防水屋面、砂浆防渗层、砂浆防潮层；
3. 梁柱接头、后浇缝的填充混凝土、机械设备和补强的二次灌注、预应力混凝土等；
4. 水泥制品，自应力、预应力与钢套预应力混凝土管，钢管混凝土；
5. 机场跑道、高速公路路面、桥梁混凝土等。

镁质高性能混凝土抗裂剂：

镁质高性能混凝土抗裂剂特有的膨胀及抗裂性能，使其可广泛应用于工业与民用建筑及特殊构筑物领域具有抗裂防渗要求的混凝土工程。如：地下室、水池、水塔、地下通道、地铁、地下管廊工程等，以及大型水利、核电、石油、铁路等专业领域工程。

技术指标

膨胀剂、抗裂剂和防水剂执行《混凝土膨胀剂》（GB/T 23439—2017），具体指标如下：

产品名称	标准要求参数	产品性能指标
膨胀剂	限制膨胀率：7d 水中≥ 0.05% 7d 转空气 21d ≥ -0.01%	限制膨胀率：7d 水中≥ 0.06% 7d 转空气 21d ≥ 0.00%
抗裂硅质防水剂	48h 吸水量比≤ 65% 28d 收缩率比≤ 125% 渗透高度比≤ 30%	48h 吸水量比≤ 60% 28d 收缩率比≤ 120% 渗透高度比≤ 25%
镁质高性能混凝土抗裂剂	1d 自由膨胀率≥ 0.02% 28d 自由膨胀率≤ 0.60% 7d 抗压强度≥ 20MPa 28d 抗压强度≥ 20MPa	1d 自由膨胀率≥ 0.03% 28d 自由膨胀率≤ 0.50% 7d 抗压强度≥ 22.5MPa 28d 抗压强度≥ 42.5MPa

广东粤盛特种建材有限公司
地址：广东省惠州市龙门县平陵镇隘子村
电话：07527301996
官方网站：http://www.yuestec.com/

工程案例

项目名称	甲方	设计院	施工单位
现代城	惠州市现代城房地产发展有限公司	广东远顺建筑设计有限公司	中建四局第一建筑工程有限公司
平湖医院扩建项目	深圳市龙岗区建筑工务局	悉地国际设计顾问（深圳）有限公司	上海明鹏建设集团有限公司
凤凰兰亭	珠海南方软件园发展有限公司	珠海市建筑设计院都市建筑事务所	广东省第二建筑工程公司
番禺万博地下空间	广州佳创投资集团有限公司	中国建筑第二工程局有限公司	广东省建筑设计研究院
坜明安置区	梅州嘉应新区管理委员会	广东诚实建设工程设计有限公司	中国二十二冶集团有限公司
南湖花园二期三期	佛山市顺德区南湖康城房产有限公司	佛山市城协建筑规划设计院有限公司	佛山市红建建筑劳务有限公司
丹霞新城	仁化县丹霞新城房地产开发有限公司	北京世纪中天国际建筑设计有限公司韶关分公司	江西省第一建筑有限责任公司
莲员路改造工程（B1 地块）	中山市城投建设集团	中山市建筑设计院有限公司	中恒建设集团有限公司

生产企业

广东粤盛特种建材有限公司成立于 2009 年，专注于混凝土外加剂领域，在混凝土抗裂防渗、无缝设计施工、大体积混凝土裂缝控制、刚性结构自防水等混凝土应用技术上，处于国内先进水平。

公司以市场为导向，设立了健全的营销、服务、研发、检测体系，以优惠的价格、优良的服务为广大用户提供优质的产品。目前，公司拥有国内先进的全电脑控制混凝土外加剂生产线，与国内多家科研单位长期合作，采用国内外先进技术专业生产混凝土外加剂。主要产品有：混凝土膨胀剂、防水剂、抗蚀增强剂、阻裂纤维等。公司产品广泛用于人防工程、桥梁遂道工程、地下工程、道路地铁工程、海工工程、水利水电工程等，深受设计、施工单位的青睐。

企业理念：“以质量铸造品牌、以诚信赢取市场、以价值回报客户”。

唯有真诚守信地对待每一位客户，发挥我们的专业优势，方为实现可持续发展战略的必由之路。

企业使命：举节能旗帜、推行业发展。

广东粤盛特种建材有限公司

地址：广东省惠州市龙门县平陵镇隘子村
电话：07527301996
官方网站：http://www.yuestec.com/

证书编号：LB2019WJ010

三源混凝土外加剂（高性能膨胀剂、氧化镁膨胀剂、复合纤维抗裂剂、镁质高性能混凝土抗裂剂、多功能抗侵蚀防腐剂、防腐阻锈剂）

产品简介

膨胀剂：能使混凝土体积产生一定膨胀的外加剂。

抗裂剂：在混凝土搅拌时加入的，用于提高混凝土致密性、耐久性的外加剂。

防腐剂：使混凝土具有抵御一些复杂腐蚀环境条件能力的外加剂。

防腐阻锈剂：阻止或延缓腐蚀环境的腐蚀作用，提高混凝土耐久性能，同时抑制或减轻混凝土中钢筋或其他预埋金属锈蚀的外加剂。

镁质高性能混凝土抗裂剂：以轻烧 MgO 为主要膨胀源，具有可控延迟性微膨胀变形特性，补偿混凝土收缩，有效防止混凝土开裂渗水的外加剂。

适用范围

膨胀剂：

该系列产品性能独特，具有抗裂、防渗、抗蚀、增强等多种功能，广泛应用于配制补偿收缩混凝土，实现混凝土结构自防水和超长钢筋混凝土结构无缝设计和施工、大体积混凝土和其他有抗裂防渗技术要求的特殊工程与部位，特别适用于：

1. 地下建筑物，如地下停车场、地下人防、地下仓库、地下人行道、基坑、桩基等；
2. 水池、游泳池、污水处理池、水塔、贮罐、粮仓等；
3. 地铁、隧道、水利水电、海工、港口、水厂、电厂、水库大坝等防水构筑物；
4. 超长结构楼板、体育场看台板、防辐射混凝土构筑物等；
5. 刚性自防水屋面、砂浆防渗层、砂浆防潮层等；
6. 梁柱接头、后浇缝的填充混凝土、机械设备和补强的二次灌注、预应力混凝土等；
7. 水泥制品，自应力、预应力与钢套预应力混凝土管，钢管混凝土；
8. 机场跑道、高速公路路面、桥梁混凝土、涵洞等。

镁质高性能混凝土抗裂剂：

镁质高性能混凝土抗裂剂特有的膨胀及抗裂性能，使其可广泛应用于工业与民用建筑及特殊构筑物领域具有抗裂防渗要求的混凝土工程。如：地下室、水池、水塔、地下通道、地铁、地下管廊工程等，以及大型水利、核电、石油、铁路等专业领域工程。

防腐剂：

1. 适用于配制高强、高性能、高耐久性混凝土；
2. 适用于配制耐腐蚀混凝土；
3. 适用于配制抗侵蚀要求的混凝土，如海港、化工、污水处理厂等工程；
4. 适用于配制有特殊耐久性要求的混凝土工程，如交通隧道、跨海桥梁、地铁、轻轨、江河堤坝等。

防腐阻锈剂：

1. 处于海洋环境的工程：海港码头、道路、桥梁、护栏、地下管道、预埋金属件等钢筋混凝土建筑物及构筑物；
2. 使用海砂或其他含氯材料作骨料的钢筋混凝土，以及采用低碱水泥配制的钢筋混凝土；
3. 冬季除冰、除雪的钢筋混凝土桥、涵、路面及护栏等设施；
4. 用于已遭受腐蚀的钢筋混凝土结构的修复与加固。

武汉三源特种建材有限责任公司
地址：武汉市青山区工人村丝茅墩都市工业园内
电话：027-86681228
传真：027-86681228
官方网站：http://www.sanyuantc.com/

技术指标

产品执行标准：

产品标准	产品名称
GB/T 23439—2017《混凝土膨胀剂》	膨胀剂 抗裂剂
JC/T 1011—2006《混凝土抗硫酸盐类侵蚀防腐剂》	防腐剂
GB/T 31296—2014《混凝土防腐阻锈剂》	防腐阻锈剂
Q/WSY 026—2016《镁质高性能混凝土抗裂剂》	镁质高性能混凝土抗裂剂

产品性能指标：

产品名称	标准要求参数	产品性能指标
膨胀剂	限制膨胀率：7d 水中≥ 0.05% 7d 转空气 21d ≥ -0.01%	限制膨胀率：7d 水中≥ 0.06% 7d 转空气 21d ≥ 0.00%
防腐剂	抗蚀系数≤ 0.85 膨胀系数≤ 1.50 氧化镁≤ 5% 氯离子≤ 0.05% 28d 膨胀率≤ 0.6%	抗蚀系数≤ 1.1 膨胀系数≤ 1.00 氧化镁≤ 4% 氯离子≤ 0.02% 28d 膨胀率≤ 0.2%
防腐阻锈剂	抗压强度比 3d ≥ 90%　7d ≥ 90%	抗压强度比 3d ≥ 100%　7d ≥ 110%
镁质高性能混凝土抗裂剂	限制膨胀率：7d 水中≥ 0.05% 7d 转空气 21d ≥ -0.01%	Δ（28d-7d）≥ 0.01%

工程案例

项目名称	甲方	设计院	施工单位	项目规模
大连辽河新都•辽宁大连	营口长征置业发展有限公司	辽宁北方建筑设计院有限责任公司	营口二建房地产开发有限公司	混凝土方量 20000m^3、防水面积 22000m^2
富景华庭二期•辽宁通辽	通辽鑫国房地产开发有限公司	中国建筑东北设计研究有限公司	辽宁国际建设工程集团有限公司	混凝土方量 30000m^3、防水面积 35000m^2
辽师附中（缤纷四季）学校•辽宁大连	大连盛敦房地产开发有限公司	大连时代建筑设计有限公司	大连成圣建筑安装工程有限公司	混凝土方量 4670m^3、防水面积 10800m^2
万盛理想国•辽宁沈阳	长春万盛禹实房地产开发有限公司	吉林省建苑集团设计有限公司	江苏省苏中建设集团有限公司	混凝土方量 4300m^3、防水面积 7000m^2
宝地家具广场•辽宁锦州	锦州宝地集团有限公司	悉地国际设计顾问（深圳）有限公司	中国建筑一局（集团）有限公司	混凝土方量 34000m^3、防水面积 70000m^2

生产企业

武汉三源特种建材有限责任公司成立于 2001 年，是全国较大的混凝土外加剂产品及服务供应商之一。十九年来秉持“用心建筑美好生命”的使命，致力于成为颇具客户价值的公司，缔造有生命力的高绩效组织。

武汉三源特种建材有限责任公司总部位于湖北省武汉市，在全国拥有多个生产基地，销售及服务网络遍布 100 多个城市。旗下拥有高性能膨胀剂、镁质高性能混凝土抗裂剂等多条产品线。公司是《混凝土膨胀剂》国家标准参编单位、湖北省高新技术企业、湖北省企业技术中心，湖北省纳税大户、AAA+ 级质量信用企业等殊荣。在混凝土外加剂领域拥有位居行业前列的科研实力，获得湖北省重大科技创新技术项目奖、中国建筑材料科学技术奖科技进步一等奖等荣誉。

2015 年，公司与中国建筑材料科学研究总院签署战略合作协议，共同成立“中国建研建材•源锦技术研发中心”，开启全面技术合作。同时与广东省水利水电科学研究院、清华大学、南京工业大学等多家科研教学机构建立了长期稳定的合作关系。

公司产品广泛应用于补偿收缩混凝土工程、防水混凝土工程、超长结构混凝土工程、预应力混凝土工程、钢管混凝土工程、高性能混凝土工程，及大型水利、核电、石油、铁路、装配式住宅等专属领域工程。

公司重点推广的镁质高性能混凝土抗裂剂，采用优质的矿物原材料和先进的现代生产工艺，经 MgO 专用回转窑煅烧而成。产品以具有延迟性微膨胀变形特性的 MgO 为主要膨胀源，补偿混凝土的干燥收缩和温度收缩，使膨胀发挥时间与混凝土收缩速率相匹配，有效防止混凝土开裂渗水，提高混凝土耐久性。同时，可针对不同地理环境、工程结构、使用部位等进行差异化的产品设计，广泛应用于各种混凝土工程。

公司以“用心建筑美好生命”为使命，秉持以客户价值为中心的核心价值观，致力于创造客户价值、社会价值和员工价值。

武汉三源特种建材有限责任公司

地址：武汉市青山区工人村丝茅墩都市工业园内
电话：027-86681228
传真：027-86681228
官方网站：http://www.sanyuantc.com/

证书编号：LB2019WJ011

源锦混凝土外加剂（防水剂、减水剂、泵送剂、早强剂、增强剂、稳定剂、缓凝剂、引气剂、防腐剂）

产品简介

防水剂：能降低混凝土在静水压力下的透水性的外加剂。
减水剂：在混凝土坍落度基本相同条件下，能减少拌合水用量的外加剂。
泵送剂：能改善混凝土拌合物泵送性能的外加剂。
早强剂：加速混凝土早期强度发展的外加剂。
缓凝剂：延长混凝土凝结时间的外加剂。
引气剂：在搅拌混凝土过程中能引入大量均匀分布、稳定而封闭的微小气泡的外加剂。
防腐剂：使混凝土具有抵御一些复杂腐蚀环境条件能力的外加剂。

适用范围

防腐剂：

1. 适用于配制高强、高性能、高耐久性混凝土；
2. 适用于配制耐腐蚀混凝土；
3. 适用于配制抗侵蚀要求的混凝土，如海港、化工、污水处理厂等工程；
4. 适用于配制有特殊耐久性要求的混凝土工程，如交通隧道、跨海桥梁、地铁、轻轨、江河堤坝等。

技术指标

产品执行标准：

产品标准	产品名称
GB/T 23439—2017《混凝土膨胀剂》	防水剂
GB 8076—2008《混凝土外加剂》	减水剂
	泵送剂
	早强剂
	缓凝剂
	引气剂
JC/T 1011—2006《混凝土抗硫酸盐类侵蚀防腐剂》	防腐剂

产品性能指标：

防水剂	48h 吸水量比（% ≤）65 28d 收缩率比（% ≤）125 泌水率比 (% ≤)50 渗透高度比 (% ≤)30 28d 抗压强度比（% ≥）100	48h 吸水量比（%）65 28d 收缩率比（%）117 泌水率比（%）34 渗透高度比（%）29 28d 抗压强度比（%）132
减水剂	含气量≤ 6%；减水率≥ 25%	含气量 4.8%；减水率 32%
早强剂	凝结时间之差（初凝 / 终凝）：-90min ～ +90min； 高早强：3d 抗压强度比≥ 130%，7d 抗压强度比≥ 110%； 收缩率比≤ 135%	凝结时间之差：初凝 -18min； 抗压强度比 1d:142%；3d：137%；7d:120%；28d:108% 收缩率比：113%
稳定剂	抗压强度：7d ≥ 20.0MPa，28d ≥ 40.0MPa； 凝结时间：初凝≥ 45min，终凝≤ 600min	抗压强度：7d 37.5MPa，28d 56.5MPa； 凝结时间：初凝 154 min，终凝 221 min
引气剂	含气量≥ 3.0%	含气量 4.0%
防腐剂	凝结时间：初凝≥ 45min；终凝≤ 10h； 抗压强度比：7d 抗压强度比≥ 90%，28d 抗压强度比≥ 100%； 膨胀率：1d 膨胀率≥ 0.05%，28d 膨胀率≤ 0.60%； 抗侵蚀性：抗蚀系数（k）≥ 0.85；膨胀系数（E）≤ 1.5	凝结时间：初凝 164min；终凝 245min； 抗压强度比：7d 抗压强度比 98%，28d 抗压强度比 104% 膨胀率：1d 膨胀率 0.067%，28d 膨胀率 0.156% 抗侵蚀性：抗蚀系数（k）0.94；膨胀系数（E）1.12

武汉源锦建材科技有限公司
地址：武汉市青山区工人村都市工业园内
电话：027-86866337
官方网站：http://www.ujoinchina.com

工程案例

项目名称	开发商	设计院	施工方	项目规模（m^3）
富盈公馆（广东惠州）	惠州市代建项目管理局	广东远顺建筑设计有限公司	中建四局第三建筑工程有限公司	10000
苏州湾（江苏苏州）	苏州吴中国太发展有限公司	上海开艺建筑设计有限公司苏州分公司	北京建工集团有限责任公司	200000
万宝商圈地下商业街（福建福州）	福建中防联博投资发展有限公司	上海市地下空间设计研究总院有限公司	中国建筑第八工程局有限公司	150000
星河湾（陕西西安）	星河湾地产控股有限公司	中国建筑西北设计研究院有限公司	中天西北建设投资集团有限公司	65000
江华帝都（贵州贵阳）	铜仁市江华房地产开发有限责任公司贵阳分公司	重庆市建筑工程设计院有限责任公司	陕西建工集团第五建筑有限公司	30000
香江国际大厦（广东深圳）	深圳市前海投资控股有限公司	悉地国际设计顾问（深圳）有限公司	中国建筑第八工程局有限公司深圳分公司	10000
华科大光电项目（湖北武汉）	华中科技大学	华南理工大学建筑设计研究院	中国建筑第三工程局有限公司	10000

生产企业

武汉源锦建材科技有限公司是专业的混凝土工程裂缝控制及结构自防水系统解决方案服务商，致力于通过定制化的技术解决方案，改善混凝土性能，有效防控混凝土裂缝及防水问题，提升建筑生命力。

公司总部位于湖北武汉，在全国拥有十多个生产基地，其中包括技术先进的回转窑轻烧氧化镁专用生产基地、工艺成熟的膨胀熟料生产基地以及全自动化封闭式特种砂浆生产基地；在国内设有近40个一级营销中心，服务网络覆盖全国600多个城市；现有专业技术服务人员近200人，可及时、专业地为各类工程提供技术服务。源锦混凝土工程结构自防水系统解决方案及产品现已广泛应用于普通民建工程以及水利、核电、国防、石油、交通等专业工程，装配式混凝土建筑灌浆连接一体化解决方案应用于全国各类装配式建筑工程。

公司以技术创新为核心竞争力，十余年专注于混凝土裂缝控制及防水技术的研究。公司研发平台现为湖北省企业技术中心、湖北省研究生工作站、武汉市博士后创新实践基地，建设了国内专业的混凝土性能研究实验室和混凝土外加剂研发中心、检测中心，并与中国建筑科学研究总院建筑材料研究所签署战略合作协议，共同成立"中国建研建材·源锦技术研发中心"，开启全面技术合作。同时与广东省水利水电科学研究院、清华大学、南京工业大学等20多家核心科研教学机构、50余位行业知名专家建立了长期稳定的合作，全力打造行业智力平台。研发中心承担省部级及以上科研项目，共取得科技成果近20项，获得技术专利40余项，参与起草国家标准、行业标准、技术规程和建筑图集40余项。

公司是湖北省高新技术企业、国家知识产权优势企业、湖北省支柱产业细分领域隐形冠军培育企业、全国质量诚信示范企业、湖北省地税模范纳税人，技术和产品先后荣获全国水利先进实用技术认定、全国铁路产品实用认证、绿色建筑选用产品认证等。

公司以"用心建筑美好生命"为使命，秉持以客户价值为中心的核心价值观，致力于创造客户价值、社会价值和员工价值。

武汉源锦建材科技有限公司
地址：武汉市青山区工人村都市工业园内
电话：027-86866337
官方网站：http://www.ujoinchina.com

证书编号：LB2019HN001

华成预拌混凝土

产品简介

预拌混凝土是指用水泥作胶凝材料，砂子、石子作骨料，与水、外加剂、掺合料按一定比例配合，经计量、集中搅拌运送到建筑工地进行施工浇筑的混凝土拌合物（其中包含普通混凝土和高强、高性能混凝土）。因作为商品出售，故俗称商品混凝土。预拌混凝土的优点是，采用的工艺技术先进，生产管理专业化，按预定性能设计和制作混凝土，具有和易性好、强度高、耐久性好等性能，可以满足各种工程施工和质量需求，工作效率高，产品质量稳定，明显地减少城市噪声和环境污染，提高施工现场文明程度，推进建筑技术进步，促进工程质量稳步提高。

适用范围

产品广泛应用于民用建筑、工业建筑、道路工程、桥梁工程、市政工程等领域。

技术指标

产品执行并满足 GB/T 14902—2012《预拌混凝土》标准中的相关要求。

工程案例

银西铁路银川至吴忠客专工程 YWZF-1 标段工程、银川市滨河新区整体搬迁职工安置房项目、景城第一小学中学、景城中学室外配套工程、银川市精神病康复中心、银川市第一人民医院、银川市如意高档衬衫二厂、银川公共实训基地建设项目、安全指挥中心、203 旅游项目工程、203 省道万亩果园景区、银川滨河新区景城音乐文化广场、银川滨河新区景城商业街 D 地块、智慧银川大数据中心二期及保税区展览中心、灵武市人民医院迁扩建 PPP 等项目。

灵武市华成砼业有限公司

地址：灵武市国际汽配城北侧
电话：0951-4511119
传真：0951-4511119

生产企业

灵武市华成砼业有限公司，成立于 2010 年 12 月，是一家拥有二级资质预拌商品混凝土专业的生产企业，具备生产各种强度等级的混凝土和特种混凝土的能力。公司总站位于灵武市国际汽配城北侧，距 307 国道 200 米，占地 120 亩，安装两条 HZS180 生产线，采用国内先进的生产设备，装备齐全；现有固定资产 5000 万元，在职员工 120 人，各类经济技术人员 45 人，其中高级工程师 3 人，中级职称工程技术人员 12 人，其他各类岗位技术人员齐全；年生产能力 100 万 m^3；现有 46 米泵车 3 台，48 米泵车 3 台，52 米泵车 1 台，56 米泵车 2 台，车载泵 2 台，搅拌车 45 辆，并配置 250kW 柴油发电机 2 台，在异常停断电情况下，仍能保证连续供货施工，工程保障能力很强，可以充分满足客户的需求。

灵武市华成砼业有限公司

地址：灵武市国际汽配城北侧
电话：0951-4511119
传真：0951-4511119

证书编号：LB2019HN002

华建预拌混凝土

产品简介

混凝土是当代最主要的土木工程材料之一。它是由胶凝材料、颗粒状集料（也称为骨料）、水、以及必要时加入的外加剂和掺合料按一定比例配制，经均匀搅拌，浇筑成型，养护硬化而成的一种人工石材。混凝土具有原料丰富、价格低廉、生产工艺简单的特点，因而使其用量越来越大。同时混凝土还具有抗压强度高、耐久性好、强度等级范围宽等特点。

适用范围

混凝土是目前世界上用途最广、用量最大的建筑材料。它在建筑工程、公路工程、桥梁和隧道工程、水利及特种结构的建设领域中发挥着不可替代的作用。

技术指标

产品执行并满足 GB/T 14902—2012《预拌混凝土》标准中的相关要求。

工程案例

天水火车站、天水市籍河生态环境综合治理二期、天水碧桂园项目、南郭寺佛塔重建项目、羲皇大道改造工程、麦积客运站、天水古城西关片区综合保护与利用、成纪新城净水厂外管网工程、甘麦旅游公路项目等。

甘肃华建新材料股份有限公司

地址：甘肃省天水市天水经济技术开发区
电话：0938-2352009
传真：0938-2352009
官方网站：www.xinhuajian.com

生产企业

我公司成立于 2010 年 6 月，坐落在国家级天水经济技术开发区社棠工业园，注册资金 1.45 亿元，占地 103 亩。公司自成立之初就奉行“高起点规划、高标准建设、高效率运行”的宗旨。目前，公司已形成绿色矿山建设、精品机制砂石加工、高性能商品混凝土和预拌砂浆生产、建筑固废资源化利用、物流运输服务及装配式建筑六位一体绿色建材循环产业链。2018 年 10 月 19 日，公司由“天水华建工程新材料有限公司”成功改制为“甘肃华建新材料股份有限公司”。

公司是中国砂石协会副会长单位、中国砂石标准制定单位、“全国砂石行业机制砂石生产示范线”“全国砂石行业砂石骨料与混凝土产业一体化示范基地”、天水市“十强五十户”企业。先后多次被评为砂石骨料行业“企业文化先进单位”、国家砂石骨料“先进生产企业”。公司董事长缑海荣先生任中国砂石协会副会长，连续四年被评为中国砂石行业“先进个人”，连续两年被推选为“中国混凝土行业绿色环保年度人物”。

公司矿山选址在麦积区伯阳镇南集村，矿区距麦积区约 7 公里，交通十分便利。建筑石料矿经地质部门勘测，岩石主要为中酸性火山岩，矿权面积达 0.5828 平方公里。公司严格按国家有关部门的规范要求组织生产和加工，按国家绿色矿山的要求进行规划和建设，力争做到“绿色、节能、环保”。

年产 200 万吨机制砂石生产线、年产 80 万 m^3 高性能商品混凝土生产线和年产 60 万吨预拌砂浆生产线，位于天水经济技术开发区社棠工业园南区。作为重要的绿色建材，机制砂石、高性能商品混凝土和预拌砂浆的推广应用，对化解产能严重过剩、贯彻国家绿色建筑行动方案具有重大意义。同时，对于提高建筑工程质量，延长建筑物寿命，降低工程全寿命周期的综合成本，发展循环经济，促进建筑业技术进步，改善和提高人民的居住环境与生活质量具有巨大的推动作用。

作为建在国家级开发区的“机制砂石”生产企业，绿色环保工程新材料的运用在天水市将会有更广阔的前景，机制砂石替代天然沙石，让天然沙石这一自然资源回归河床和大自然母亲的怀抱，达到了不可再生资源的保护，实现废弃矿石、固体工业废弃物、建筑废料的综合利用，为天水城市基建及循环经济做出应有的贡献。

甘肃华建新材料股份有限公司
地址：甘肃省天水市天水经济技术开发区
电话：0938-2352009
传真：0938-2352009
官方网站：www.xinhuajian.com

证书编号：LB2019SJ001

铃鹿面层造型砂浆（无机饰面砂浆、立体派造型砂浆）、造型用建筑干混砂浆（Thixopierre 建筑砂浆、科尔马雕刻砂浆）、赛禹石专业防水抗裂砂浆

产品简介

派丽造型砂浆 Thixopierre 是具有触变性的建筑用艺术雕刻造型砂浆，具有可塑性强，可操作时间长，抗裂性、耐久性好，施工高效等特点。常用于构建仿木材、石材浮雕效果，假山假石，墙面装饰及修补受损的石材面等。

适用范围

适用基层：砖墙、混凝土和水泥基面；EPS、XPS、岩棉等外保温系统；翻新饰面面层。

（* 翻新饰面较为复杂，需咨询铃鹿专业技术服务人员出具技术方案）

新建及翻新建筑外墙的防水处理，可作为独立防水层使用。

建筑外墙找平处理，抗开裂性能优异。

翻新建筑外墙黏结找平处理，具有高强黏结力。

适用于外墙外保温系统的黏结抹面处理。

技术指标

产品执行 JC/T 2090—2011《聚合物水泥防水浆料》标准全项技术指标，其中，产品性状：灰色粉状，施工用量（粉料用量）：1.2 ～ 1.3kg/m^2/mm。加水量：粉∶水 =1∶0.21 ～ 0.23。

工程案例

湖南长沙望城联城雅郡等。

生产企业

铃鹿®品牌创立于 1945 年，台湾铃鹿于 1977 年建成投产，2001 年在上海成立铃鹿复合建材（上海）有限公司。2019 年随派丽集团一起，全资并入世界知名建材企业西卡集团。铃鹿®作为外墙饰面方案的专业品牌，集外墙涂料产品研发、生产、销售、服务于一体，能够提供不同产品体系

铃鹿复合建材（上海）有限公司
地址：上海市青浦区双盈路 99 号
电话：021-69212288
官方网站：http://www.suzuka.com.cn/

的完整解决方案。产品具有超高仿真度、高耐老化、高防水抗裂性等特点，行销全国市场近20年来，得到了客户的广泛认可。

铃鹿®生产研发基地位于上海市青浦区双盈路99号，占地20000平方米，年产能15万吨，拥有多条国际先进的自动化生产线，生产自动化达到近90%。集团在上海的全球研发中心更是获得CNAS认证的检测中心。目前铃鹿®上海研发中心已先后研发了20多种新型产品，其中铃鹿®水性多彩印象石以其独特逼真的仿花岗岩效果在国内外同行中位居前列。

铃鹿®涂料经过多年的市场耕耘，销售、服务网络遍布全国，先后设立3个销售大区6个办事处，覆盖三十多个省市，为客户提供全面的产品、技术、施工服务保障。

公司聚焦于高性能涂料产品的研发和制造，凭借优质的产品和服务，通过QES三体系认证，各类产品均符合国家相关检测标准，连续多年获得了高新技术企业、中国环境标志十环认证、中国房地产500强优选供应商、十佳外墙涂料品牌等众多荣誉。

铃鹿复合建材（上海）有限公司

地址：上海市青浦区双盈路99号
电话：021-69212288
官方网站：http://www.suzuka.com.cn/

证书编号：LB2019SJ002

昱腾 YT 无机活性保温材料（砂浆）

产品简介

YT 无机活性保温砂浆为 A 级不燃，是一种适用在各种气候条件下的安全环保节能的 A 级防火保温产品。它是以天然优质耐高温轻质材料为骨料，优化组合无机改性材料和纳米级超低导热［0.013W/（m · K）］材料，以柔性渐变及材质相融性的原理，采用了国际先进的无机黏结和抗裂技术，经过工厂化生产配置，给客户提供了一个优质的单组分成品：其成为保温、隔热、防火、轻质、隔声、抗水、抗开裂、抗空鼓、抗脱落等各种性能为一体的环保节能型墙体保温隔热节能产品，冬季可提高室内温度 6 ～ 10℃，夏季可降低室内温度 6 ～ 8℃，满足国家 65% ～ 75% 的节能要求。归纳有以下六大性能优势：

① 保温隔热节能效果好——超低导热材料的融合为产品提供了节能的保证。

② 安全、防火，使用寿命长——A 级不燃材料。产品是优质无机材料的聚合体，与建筑墙体具有同属性，可实现与建筑体同寿命。

③ 施工简便快捷——工期缩短近一半时间，由于产品属于单组分无机产品，只需要产品和水搅拌即可上墙操作，在施工上没有过高的技术要求，通常抹灰工即可操作，也不需要很高的技术要求和施工中的繁杂工序，所以在工期上大大缩短了时间。

④ 抗水、耐酸碱、适应性强——产品和墙体无缝连接，稳定性高，耐候性强；能避免建筑中空调板、窗台、楼层沿等部位漏水，容易形成空鼓开裂的问题；同时其较强的黏结力和耐酸碱性材料的加入，能使用建筑体保持较完整的表面层，不易出现墙面霉变、粉化等现象。

⑤ 环保舒适性能佳——具有一定的透气性。产品的成分又能保持活性、柔性的成分，其自身具有冬暖夏凉的透气性，所以在使用产品的房间里不会出闷胀感，能营造出轻松舒适的环境。

⑥ 性价比优越——产品施工简单容易操作，并且其施工中不用基层处理，也无须网格布、铆钉、抗裂砂浆和找平腻子等工序，大大降低了人工费用和材料费；其与墙体同寿命的特性，也避免了一个工程重复保温的浪费现象。

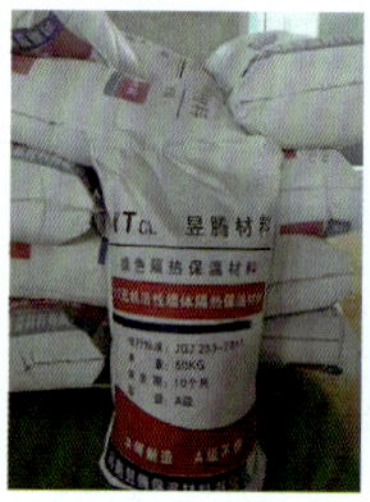

适用范围

YT 无机活性保温砂浆系统适用于我国严寒、寒冷、夏热冬冷和夏热冬暖地区的新建、改造、扩建的公共建筑和民用建筑的各种墙体基材的外墙外保温、外墙内保温、内外复合保温、分户墙保温以及屋面、地下室、车库、楼梯、走廊、消防通道、防火隔离带等隔热保温节能工程，更适合于城乡各类既有住房建筑节能改造工程、经济适用房工程以及新农村建设节能工程。

技术指标

项目	单位	行业性能要求	产品性能指标		
		I 型	有网加强型	无网涂料型	无网面砖型
干密度	kg/m³	≤ 350	≤ 350	≤ 350	≤ 450
导热系数	W/(m · K)	≤ 0.070	≤ 0.055	≤ 0.055	≤ 0.070
蓄热系数	W/(m² · K)	≥ 1.0		≥ 1.2	
抗压强度	MPa	≥ 0.50	≥ 0.50	≥ 0.50	≥ 1.00

续表

项目		单位	行业性能要求	产品性能指标		
			I 型	有网加强型	无网涂料型	无网面砖型
拉伸黏结强度		MPa	≥ 0.10	≥ 0.10	≥ 0.10	≥ 0.40
软化系数		—	≥ 0.60	≥ 0.60		
石棉含量			不含石棉纤维	不含石棉纤维		
线性收缩率		%	≤ 0.25	≤ 0.20		
抗冻性能	抗压强度损失率	%	≤ 20	≤ 20		
	质量损失率	%	≤ 5	≤ 5		
放射性		—	同时 I_{Ra} ≤ 1.0 和 I_r ≤ 1.0	同时 I_{Ra} ≤ 1.0 和 I_r ≤ 1.0		
燃烧性能		—	A1 级	A1 级		

工程案例

项目名称	单位	工程地址	建筑面积	竣工时间	材料用量
济南山水华府	济南东力置业有限公司	济南	25 万m^2	2016 年 8 月	5000 吨
南京富力尚悦居	富力南京地产开发公司	南京	32 万m^2	2016 年 10 月	2000 吨
雁栖半岛	北京卓正置业有限公司	北京	18 万m^2	2016 年 6 月	1600 吨
国购广场	蚌埠国购商业发展有限公司	蚌埠	13 万m^2	2017 年 4 月	1000 吨
龙湖晶郦馆	重庆龙湖地产发展有限公司	重庆	15 万m^2	2017 年 3 月	1000 吨
新城华庭	泾县华盛置业有限公司	宣城	5 万m^2	2017 年 8 月	800 吨
融创臻园	天茂置业南京有限公司	南京	16 万m^2	2018 年 6 月	1200 吨
翡翠华府	碧桂园	湛江	10 万m^2	2018 年 2 月	800 吨
国旅商贸城	安阳国旅实业发展有限公司	安阳	15 万m^2	2019 年 7 月	1000 吨
金色港湾	宁波华美实业有限公司	宁波	12 万m^2	2019 年 5 月	1000 吨

生产企业

河南昱腾保温材料有限公司创建于 2015 年，公司地处中原油田腹地冀鲁豫三省交界处，油气、电力资源丰富，具有不可比拟的区位优势。公司主要研发、生产、销售无机活性墙体保温隔热材料、黏结砂浆、抹面砂浆、岩棉、玻璃棉、喷涂棉、超细玻璃棉、挤塑板等保温产品。

河南昱腾保温材料有限公司是一家集研发、生产、销售为一体的高新技术企业，公司自主研发、创新、创造出绿色节能、安全防火、特别适合中国国情的建筑节能技术系统，解决了常规的墙体保温材料的开裂、龟裂的问题，提升了外墙保温材料的防火等级，真正达到 A 级不燃，延长了外墙保温的使用寿命，使保温材料和墙体具有同样的使用寿命，简化了施工工艺，降低了综合成本，扩大了应用范围，适宜国内各区域的新建、改建项目的建筑节能保温。具有雄厚的生产规模、质量、技术优势和先进的生产设备，年生产 25000 吨以上 YT 无机活性墙体保温隔热材料。

昱腾 YT 无机活性保温系统产品的环保性、防火性、耐候性、施工性以及优越的性价比深受广大设计单位、建设单位、施工单位、销售商和客户的一致好评。公司以“创造绿色节能生活”为目标，以“诚实守信、服务优质”为理念，以“质量为本”为经营宗旨，严格按照国家技术标准和 ISO 9001 国际质量管理体系、ISO 14001 环境管理体系、OHSAS 18001 职业健康安全管理体系要求，加强管理，不断创新，为创造绿色节能建材产品，做出我们应有的贡献！

河南昱腾保温材料有限公司
地址：河南省濮阳市南乐县寺庄乡西寺庄村西
电话：0393-6209800
官方网站：www.hnytbw.com

证书编号：LB2019SN001

金隅冀东普通硅酸盐水泥（P·O42.5、P·O42.5R）、32.5 矿渣硅酸盐水泥（A 型）

产品简介

金隅冀东水泥（唐山）有限责任公司唐山分公司生产的“盾石”牌通用硅酸盐水泥产品全部由新型干法旋窑工艺系统生产，采用了先进的 QCX 在线质量控制系统，配备先进的 X- 荧光仪、全自动恒应力压力机、颗粒级配测定仪、原子吸收光谱仪等完善的水泥质量检验控制设备。采用先进工艺，年消纳尾矿和选矿废石、粉煤灰、脱硫石膏、转炉渣、砂岩粉末、河道淤沙等工业和选矿废渣约 160 万吨。公司主导产品为 P · O42.5、P · C42.5 等多个水泥品种，实物质量远远高于国家标准，早期强度达到国家标准的 160% 以上，后期强度达到国家标准的 130% 以上。公司产品制定了严于国家标准的内控标准，严格按照质量体系要求实施质量管理和控制，确保了金隅冀东水泥品质满足不同市场和客户的需求。

公司生产的水泥具有以下显著特点：

● 水泥中混合材掺量少；产品质量稳定，质量波动小，早后期强度高，富裕强度高；配制混凝土可降低综合成本。

● 水泥本身色泽长期稳定，可广泛使用于素色外表面建筑物。

● 配制的混凝土泌水率低。

● 水泥的抗冻性能好。

● 水泥的耐磨性能好。

● 配制的混凝土体积稳定性能好，一年龄期时，混凝土收缩徐变基本趋于平衡，达到国内和国际领先水平，特别适合大体积工程建设。

● P · S · A32.5 品种水泥易搅拌，拌和后工作实效处于行业领先水平，且性能保持不变，施工后微裂纹少，可广泛应用于装饰装修工程的砌筑、抹面及瓷砖粘贴等。

●出磨出厂水泥温度低：我公司水泥粉磨系统采用世界最先进的辊压机微选联合粉磨工艺，磨机和 O-Sepa 选粉机拥有独立的通风系统，出磨水泥可控制在 60℃左右，出厂水泥可控制在 55℃左右。

适用范围

适用于交通、水利、工业建筑、民用建筑、家装等有需求的工程。

技术指标

产品执行 GB 175—2007《通用硅酸盐水泥》标准。

P · O42.5 出厂水泥质量情况如下：

2018 年年份	4	5	6	7	8	9	国家标准
3 天抗压强度平均值 / MPa	30.7	30.2	30.1	30.4	30.8	30.2	17.0
28 天抗压强度平均值 / MPa	55.2	54.8	56.2	55.9	55.2	55.3	42.5
28 天抗压强度变异系数 / %	2.0	1.8	2.5	2.3	2.5	2.4	无
2018—2019 年年份	10	11	12	1	2	3	国家标准
3 天抗压强度平均值 / MPa	30.8	30.6	30.8	30.5	30.1	30.8	17.0
28 天抗压强度平均值 / MPa	55.4	56.0	56.5	54.7	54.3	54.9	42.5
28 天抗压强度变异系数 / %	2.3	2.3	2.0	2.5	2.1	2.2	无

P · O42.5R 出厂水泥质量情况如下

2018 年年份	4	5	6	7	8	9	国家标准
3 天抗压强度平均值 / MPa	30.2	30.6	30.6	30.9	30.7	30.4	22.0
28 天抗压强度平均值 / MPa	55.8	56.0	57.6	56.6	55.3	55.5	42.5
28 天抗压强度变异系数 / %	1.6	2.0	2.7	1.9	1.4	2.2	无

金隅冀东水泥（唐山）有限责任公司唐山分公司

地址：河北省唐山市丰润区王官营镇焦家村村西（马头山、马蹄山、刺山）

电话：0315-3083348

续表

2018—2019 年年份	10	11	12	1	2	3	国家标准
3 天抗压强度平均值 / MPa	31.5	31.1	31.0	31.0	30.0	31.1	22.0
28 天抗压强度平均值 / MPa	55.7	56.1	57.0	55.4	54.1	55.5	42.5
28 天抗压强度变异系数 / %	2.4	1.9	2.3	3.0	0.8	2.4	无

P · S · A32.5 出厂水泥质量情况如下：

2018 年年份	4	5	6	7	8	9	国家标准
3 天抗压强度平均值 / MPa	19.5	17.9	18.9	19.1	20.4	19.4	10.0
28 天抗压强度平均值 / MPa	42.8	41.1	42.7	42.6	39.8	39.4	32.5
28 天抗压强度变异系数 / %	2.5	2.7	2.3	2.3	3.3	2.2	无
2018—2019 年年份	10	11	12	1	2	3	国家标准
3 天抗压强度平均值 / MPa	19.5	20.6	21.2	20.7	20.1	20.0	10.0
28 天抗压强度平均值 / MPa	39.9	39.8	39.2	39.2	38.6	39.3	32.5
28 天抗压强度变异系数 / %	2.4	1.6	1.8	2.1	2.5	1.5	无

工程案例

公司产品覆盖河北、天津、北京等区域，广泛应用于北京国际机场、北京南苑新机场、北京奥运会、中央电视台、国家体育场（鸟巢）、天津港、曹妃甸港、城际高铁等国家及地方重点工程。

生产企业

金隅冀东水泥（唐山）有限责任公司唐山分公司（以下简称唐山分公司），成立于 2009 年，截至 2018 年 12 月 31 日资产总额 365001.82 万元。自有矿山占地 4863524.32 平方米，矿山探明储量 13377.38 万吨，经营范围为硅酸盐水泥、熟料制造及相关技术咨询，塑料编织袋、水泥设备、石灰石销售，目前用工总数 1470 人。2018 年实现熟料产量 499 万吨、水泥产量 510 万吨、熟料销量 148 万吨、水泥销量 517 万吨，全年实现营业收入 185108 万元、利润总额 34549 万元。

唐山分公司拥有《全国工业产品生产许可证》《安全生产许可证》《河北省排放污染物许可证》《取水许可证》《水泥企业化验室合格证书》《质量管理体系认证证书》《环境管理体系认证证书》《职业健康安全管理体系认证证书》《中国环境标志产品认证证书》、各水泥品种《产品认证证书》等证书。2018 年荣获“弘朝科技杯”全国第十六次水泥化学分析大对比全优奖、唐山市水泥行业统计工作先进单位、河北省安全生产应急管理规范化企业、电商采购银奖等荣誉。2018 年 11 月，顺利通过中国建材检验认证集团股份有限公司（简称：CTC）专家安全生产标准化一级企业评审。同时，唐山分公司不断推进环保提升项目和环境美化工程，消除环保风险，提升公司环境水平。

厂址位于唐山市丰润区王官营镇冀东水泥原有矿山采空区，2006 年 6 月，经河北省发改委立项核准，投资 15.6 亿元。三条熟料生产线（C、A、B）分别于 2008 年 9 月 1 日、11 月 17 日和 2009 年 2 月 13 日开始试生产。三条生产线设计生产能力均为 4500 吨，并配套建设装机容量 25MW、12MW 两个纯低温余热发电机组。

生产线采用国际先进的窑外分解技术，由冀东水泥集团自行设计，大型主机设备自主研发制造，设备国产化率 99% 以上。为有效控制粉尘排放量，减少对周边环境影响，二厂对生料、煤粉等粉状物料采用密闭圆库存储，输送采用密封式设备，排放点设置高效收尘器，各排出口的废气含尘浓度均符合国家标准。同时，采用世界先进的日本川崎重工技术，建设两个纯低温余热发电机组，装机容量为 37MW，年发电量 2.69 亿 kW · h，可实现 32% 的电力自给，年节约标准煤 9.13 万吨，相对减少二氧化碳排放 21.5 万吨。在生产过程中，充分利用工业废弃物作为生产辅料，年可消耗工业废弃物达 100 万吨。唐山分公司以生产“盾石”牌低碱硅酸盐水泥为主导产品，有 P · Ⅱ 42.5、P · Ⅱ 42.5R、P · S · A32.5、P · C32.5、P · O42.5、P · O42.5R 等多个品种。

2017 年 10 月，唐山分公司污泥协同处置项目开始正式运行，处置唐山城市排水有限公司东郊、西郊及丰润分公司的污泥，日处理量达 300 吨。水泥窑协同处置污泥，利用现有设备，在不影响回转窑产质量的情况下，对污泥进行高温焚烧处置，实现了污泥处置的减量化和无害化，大大降低了环境污染，体现了水泥企业在当前环保大环境下的生存价值。

金隅冀东水泥（唐山）有限责任公司唐山分公司

地址：河北省唐山市丰润区王官营镇焦家村村西（马头山、马蹄山、刺山）
电话：0315-3083348

证书编号：LB2019SN002

金隅太行 42.5 普通硅酸盐水泥、42.5R 普通硅酸盐水泥、42.5（低碱）普通硅酸盐水泥

产品简介

邯郸金隅太行水泥有限公司生产的“太行山”牌通用硅酸盐水泥产品由新型干法旋窑工艺系统生产，采用 DCS 控制系统，配备 X- 荧光仪、全自动恒应力压力机、颗粒级配测定仪、原子吸收光谱仪等先进的水泥质量检验设备。采用国际领先水平的悬浮预热和窑外预分解技术，年消纳尾矿和选矿废石、粉煤灰、脱硫石膏、转炉渣、砂岩粉末、河道淤沙等工业和选矿废渣约 180 万吨。公司主导产品为 P · O52.5、P · O52.5(低碱)、P · O42.5R、P · O42.5R（低碱）、P · O42.5、P · O42.5（低碱）、P · S · A 42.5 七个水泥品种，实物质量远远高于国家标准，早期强度达到国家标准的 130% 以上，后期强度达到国家标准的 120% 以上。公司制定了严于国家标准的内控标准，严格按照质量体系要求实施质量管理和控制，确保了“太行山”牌水泥品质满足不同市场和客户的需求。

公司生产的水泥具有以下显著特点：

● 产品质量稳定，后期强度高，富裕强度高。

● 水泥碱含量低，可避免与活性骨料反应引起的裂纹，提高混凝土耐久性。生产的低碱水泥的碱含量保持在 0.60% 以下，可广泛应用于铁路、机场等重点工程建设。

● 水泥颜色均匀，可用于素色外表面建筑物。

● 需水量低，与混凝土减水剂相容性好。

● 后期强度高，水泥石密实度高，抗冻性好。

● 水泥的耐磨性好。

● 配制的混凝土体积稳定性好，一年龄期时，混凝土收缩徐变基本趋于平衡，达到国内和国际领先水平，特别适合大体积工程建设。

●出磨、出厂水泥温度低：我公司水泥粉磨系统采用世界先进的辊压机联合粉磨工艺，磨机和 O-Sepa 高效选粉机拥有独立的通风系统，出磨水泥温度可控制在 60℃左右，出厂水泥温度可控制在 55℃左右。

●水泥熟料矿物组成中 $C_3A \leqslant 8\%$，水泥水化热低，P · O42.5 水泥 3d 水化热为 246kJ/kg，可减少温差应力引起的混凝土裂纹，提高混凝土耐硫酸盐腐蚀能力，可广泛应用于水利工程建设。

适用范围

适用于国防、交通、水利、工业建筑、民用建筑等有高端需求的工程。

技术指标

产品执行 GB 175—2007《通用硅酸盐水泥》标准，部分产品性能指标如下：

P · O52.5 出厂水泥质量情况如下：

2018—2019 年月份	12	1	2	3	4	5	国家标准
3 天抗压强度平均值 / MPa	32.3	31.7	—	30.3	30.2	30.7	≥ 23.0
28 天抗压强度平均值 / MPa	64.2	66.7	—	65.3	62.7	62.8	≥ 52.5
2018 年月份	6	7	8	9	10	11	国家标准
3 天抗压强度平均值 / MPa	30.6	30.9	29.5	32.9	32.7	30.3	≥ 23.0
28 天抗压强度平均值 / MPa	62.0	63.0	65.9	65.0	66.5	66.7	≥ 52.5

邯郸金隅太行水泥有限责任公司

地址：河北省邯郸市峰峰矿区建国路 2 号
电话：0310-5062884
官方网站：http://www.hdjyth.com/

P · O52.5(低碱) 出厂水泥质量情况如下：

2018—2019 年月份	12	1	2	3	4	5	国家标准
3 天抗压强度平均值 / MPa	32.0	32.9	32.5	31.7	31.5	31.7	≥ 23.0
28 天抗压强度平均值 / MPa	65.2	68.3	65.9	65.6	64.5	64.0	≥ 52.5
碱含量平均值 / %	0.54	0.56	0.51	0.50	0.51	0.50	≤ 0.06%
2018 年月份	6	7	8	9	10	11	国家标准
3 天抗压强度平均值 / MPa	32.3	31.3	32.0	31.9	32.1	31.5	≥ 23.0
28 天抗压强度平均值 / MPa	65.1	63.5	65.2	65.8	66.5	65.4	≥ 52.5
碱含量平均值 / %	0.51	0.54	0.50	0.50	0.50	0.56	≤ 0.06%

工程案例

公司产品覆盖河北邢台、邯郸，河南濮阳、新乡、长葛、郑州等区域，广泛用于南水北调、太行山高速、邯郸机场扩建、郑济高铁、郑万铁路、郑州南站等国家重点工程及地方工程项目。

生产企业

邯郸金隅太行水泥有限责任公司隶属于中国企业 500 强、全国第三大水泥企业——北京金隅集团股份有限公司，是一家以建材产品的生产经营为主要业务的大型企业。公司筹建于 1958 年，1969 年建成投产。年产水泥 380 万吨，熟料 330 万吨。矿渣粉、砂石骨料产能分别达到 200 万吨、120 万吨，生活垃圾处置能力 15.5 万吨。

公司东距京广公路、京广高铁、京珠高速不足 20 公里，北临邯郸机场，西临省道邢峰公路，距邯郸市区不足 40 公里，公司铁路专用线与邯磁环行铁路交会，拥有自备火车 285 节，形成了专业化生产体系和庞大的市场营销网络。公司始终与时代同前进，创造了众多精品工程，创造了优良的业绩。产品长期、广泛应用于举世瞩目的标志性工程，如：国家体育场（鸟巢），国家大剧院、京港澳高速公路、北京西客站、首都机场、南水北调工程等。

伴随着中国特色社会主义建设进入了新时代，公司全面实施区域化经营，成功打造产业覆盖“两市三区七县”的金隅冀南建材基地。将生态治理作为最大的民生，大力推进国家级绿色矿山建设，建立万亩生态园，打造高颜值城市后花园。成为华北地区较早开展水泥窑烟气脱硝技术改造的企业，氮氧化物排放浓度控制在 200mg/m^3 以内。公司颗粒物排放浓度小于 10mg/m^3，二氧化硫排放浓度小于 10mg/m^3，各类污染物排放浓度远低于国家和河北省水泥工业大气污染排放标准。建设京冀鲁豫减量化、资源化、无害化 500t/d 水泥窑协同处置生活垃圾示范项目，成为城市环境的净化器。每年利用矿山废弃尾料、工业粉煤灰、矿渣、钢渣、脱硫石膏、建筑垃圾 400 余万吨，成为助力于邯郸市乃至整个中原地区实现“生态文明”的“清道夫”。

公司文化底蕴深厚、信誉优良、社会认可度高，先后荣获“环渤海地区建材行业具有影响力企业”和“2017 年绿色制造体系示范企业”及“工业和信息化部两化融合贯标试点企业”“中国成长建材企业 100 强”、河北省“清洁生产标杆企业”“河北省 A 级环保诚信企业”之一；“河北省政府质量奖”“河北省五一奖奖状”“河北省双三十减排工作优质企业”“河北省高新技术企业”。

立足新时代，勇担新使命，展现新作为。展望未来，邯郸金隅太行水泥有限责任公司高举习近平新时代中国特色社会主义思想伟大旗帜，践行“责任金隅、价值金隅、使命金隅”的发展理念，在 3 年内，优化产业结构，实现工业固体废弃物“零排放”；精准高效治污，实现城市固废资源化与无害化；推进循环利用，实现农业废弃物资源化；分类协同共治，实现污染土壤全面修复；跨行政区域合作，建立“冀南区域固废协同处置基地”，协力打造“无废城市”，为邯郸市发展作出新的贡献！

邯郸金隅太行水泥有限责任公司

地址：河北省邯郸市峰峰矿区建国路 2 号
电话：0310–5062884
官方网站：http://www.hdjyth.com/

证书编号：LB2019SN003

冀东 32.5 粉煤灰硅酸盐水泥、普通硅酸盐水泥（42.5、52.5）、32.5 矿渣硅酸盐水泥（A 型）

产品简介

大同冀东水泥有限责任公司生产的“盾石”牌系列水泥产品全部由新型干法旋窑工艺系统生产，公司生产的水泥品种主要有：P · O52.5、P · O42.5、P · F32.5、P · S · A32.5、P · R · S32.5 等品种，还可以根据客户的需求定制生产特殊性能水泥产品。公司制定了严于国家标准的内控标准，严格按照质量体系要求实施质量管理和控制，水泥实物质量远高于国家标准，确保了金隅冀东的水泥品质能够满足不同工程、不同客户的需求。

公司配备技术人员 106 名，中高级职称人员 47 名，具有博士学历外部专家 5 名，具有一流的研发水平和创新能力。公司质量管理部门检验、控制、工程技术人员配备齐全，拥有整套用于水泥过程控制、产品检验的仪器、设备，应用了智能化数字矿山系统、γ - 射线在线分析配料系统、在线激光粒度分析控制系统，配备了先进的 X- 荧光仪、电位滴定仪、分光光度计、火焰光度计、工业分析仪、量热仪、自动电液压力机等完善的水泥质量检验控制仪器、设备。

公司专门成立了客户服务中心，负责产品的售前、售中、售后服务以及客户投诉的处理及客户走访等相关事宜，为客户提供全方位的增值服务，持续提升品牌影响力。制定客户投诉处理率 100%、客户满意度 100% 的管理目标，重点客户每月走访一次，并建立客户服务档案，及时反馈客户的意见和建议，将售后服务形成一个闭环。

公司生产的水泥性能特点：

1. 绿色、环保。公司所生产的各品种水泥经自检和上级机构监督抽查，放射性、水溶性六价铬、重金属含量全部符合国标和行业标准限量要求。

2. 公司水泥产品外加剂相容性良好，凝结硬化快，早期、后期强度高，可用于各种工业与民用建筑。

3. 产品稳定性好。公司均化设施完备、工艺设备先进，产品质量稳定，出厂产品质量、富裕强度合格率持续 100%，28d 抗压强度变异系数低于 3.0%。

适用范围

适用于交通、工业、民用等高低端需求的工程。

普通硅酸盐水泥可用于任何无特殊要求的工程。经过专门的检验，也可用于受热工程、道路工程、低温下施工工程、大体积混凝土工程和地下工程，特别是有环境水侵蚀的工程。

矿渣硅酸盐水泥可用于无特殊要求的一般结构工程，适用于地下、水中、大体积等混凝土工程，在一般受热（250℃以下）工程和蒸汽养护构件中可优先采用矿渣硅酸盐水泥，但不宜用于需要早强和受冻融循环、干湿交替的工程中。

粉煤灰硅酸盐水泥可用于一般无特殊要求的结构工程，适用于地下、水中、大体积等混凝土工程，而不宜用于冻融循环、干湿交替的工程。

道路基层用缓凝硅酸盐水泥主要应用于道路路面施工水稳层混凝土。

技术指标

产品执行标准：GB 175—2007《通用硅酸盐水泥》、GB/T 21372—2008《硅酸盐水泥熟料》和 GB/T 35162—2017《道路基层用缓凝硅酸盐水泥》，部分产品技术指标如下：

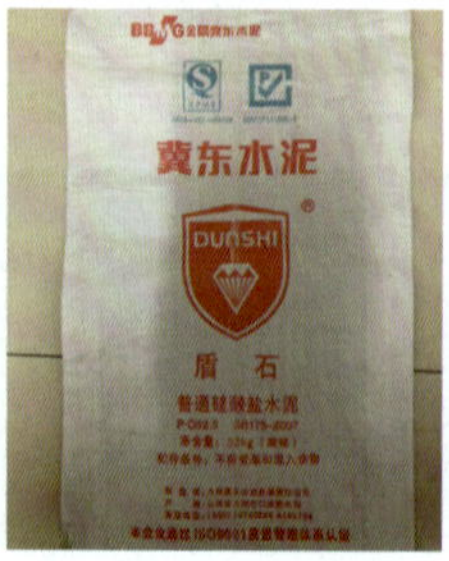

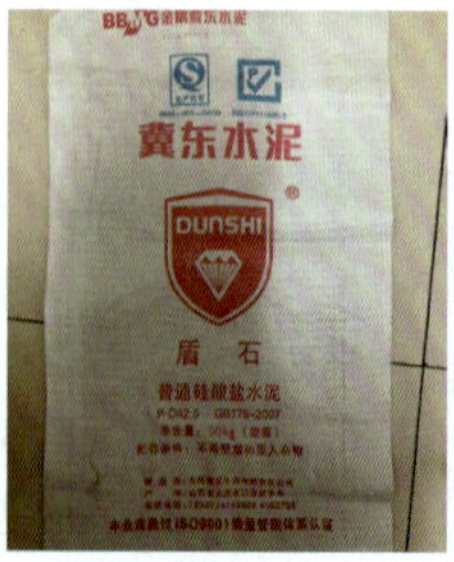

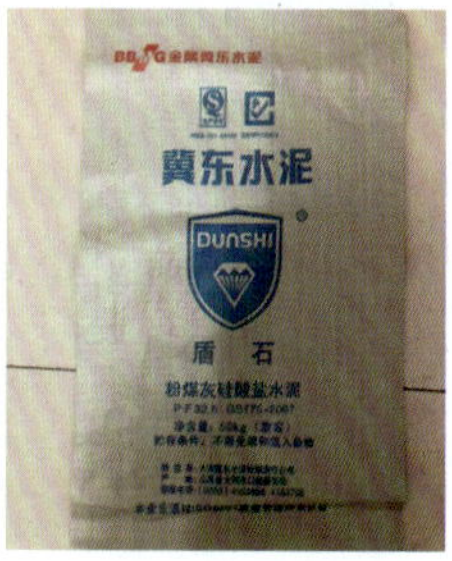

大同冀东水泥有限责任公司
地址：山西省大同市口泉新东街
电话：17735219951

P · O52.5 出厂水泥质量情况如下：

2018 年	7 月	8 月	9 月	10 月	11 月	12 月	国家标准
3 天抗压强度平均值 / MPa	34.4	36.5	37.3	34.8	34.7	35.2	≥ 23.0
28 天抗压强度平均值 / MPa	59.0	59.5	60.1	60.5	59.4	59.9	≥ 52.5
28 天抗压强度变异系数 / %	1.29	0.97	1.67	1.26	1.13	1.04	≤ 3.0
2019 年	1 月	2 月	3 月	4 月	5 月	6 月	国家标准
3 天抗压强度平均值 / MPa	34.4	34.7	35.2	34.3	34.5	35.4	≥ 23.0
28 天抗压强度平均值 / MPa	60.4	60.6	60.3	62.0	61.3	60.6	≥ 52.5
28 天抗压强度变异系数 / %	1.05	1.12	1.14	1.41	1.51	0.81	≤ 3.0

P · O42.5 出厂水泥质量情况如下：

2018 年	7 月	8 月	9 月	10 月	11 月	12 月	国家标准
3 天抗压强度平均值 / MPa	30.8	33.1	31.6	31.2	32.4	31.9	≥ 17.0
28 天抗压强度平均值 / MPa	53.3	55.1	56.9	56.5	56.6	56.5	≥ 42.5
28 天抗压强度变异系数 / %	1.72	1.90	2.01	1.98	1.69	1.64	≤ 3.5
2019 年	1 月	2 月	3 月	4 月	5 月	6 月	国家标准
3 天抗压强度平均值 / MPa	30.7	28.2	31.9	32.9	32.4	31.8	≥ 17.0
28 天抗压强度平均值 / MPa	55.4	56.1	57.2	57.9	58.8	57.9	≥ 42.5
28 天抗压强度变异系数 / %	1.05	1.13	1.51	1.2	1.27	1.35	≤ 3.5

P · F32.5 出厂水泥质量情况如下：

2018 年	7 月	8 月	9 月	10 月	11 月	12 月	国家标准
3 天抗压强度平均值 / MPa	21.8	23.7	24.1	22.1	22.5	20.5	≥ 10.0
28 天抗压强度平均值 / MPa	41.9	44.2	43.5	43.8	43.9	42.5	≥ 32.5
28 天抗压强度变异系数 / %	3.23	2.67	2.40	1.77	1.91	2.49	≤ 4.5
2019 年	1 月	2 月	3 月	4 月	5 月	6 月	国家标准
3 天抗压强度平均值 / MPa	23.0	20.2	21.2	21.6	21.6	20.8	≥ 10.0
28 天抗压强度平均值 / MPa	42.4	42.0	42.2	42.4	44.4	43.8	≥ 32.5
28 天抗压强度变异系数 / %	1.89	2.03	1.98	2.23	2.19	2.03	≤ 4.5

工程案例

公司水泥产品覆盖大同、张家口、朔州、忻州和内蒙古等区域。广泛应用于大张高铁、呼张高铁、延崇高速、中南铁路、灵山高速、右平高速、呼北高速等重点工程。

生产企业

大同冀东水泥有限责任公司是唐山冀东水泥股份有限公司在山西省大同市设立的全资子公司。企业所有制性质为国有。公司于 2008 年 5 月 28 日注册成立，总投资 15 亿元，注册资本金 5.34 亿元，建设两条 4500t/d 新型干法熟料水泥生产线，并同步配套 2 条 7.6MW 纯低温余热发电机组，分别于 2009 年 12 月 18 日和 2010 年 8 月 18 日相继点火投产，年水泥产能达 400 万吨，年熟料产能 297 万吨，年发电量约 1 亿千瓦时。2010 年由大同冀东水泥有限责任公司以现金出资 200 万元，持股 100%，成立大同冀东水泥爆破有限责任公司，从事岩土爆破，使其成为大同冀东水泥有限责任公司的全资子公司。

在党中央、国务院提出京津冀协同发展以及供给侧结构性改革的政策背景下，2016 年 4 月，北京金隅集团与唐山冀东集团进行战略重组（冀东集团整体并入金隅集团），重组后金隅冀东作为金隅集团（股份）唯一的水泥、混凝土业务平台，成为金隅股份资产规模大、盈利能力优、布局区域广、竞争实力强的核心产业之一，熟料产能 1.1 亿吨，水泥产能 1.7 亿吨，分布在全国十三个省、市、自治区，成为中国第三、世界第五大的水泥企业和全国较大的综合性建材企业之一。2018 年金隅集团位列 2018 中国企业 500 强第 188 位。大同冀东水泥有限责任公司作为金隅集团直属子公司，成为华北区域产能布局重点企业。

公司现有员工 496 人，其中各类专业技术人员 106 人。截至 2018 年底，公司总资产 12.25 亿元，资产负债率 52.44%。2018 年生产熟料 238.47 万吨，水泥 210.58 万吨，销售熟料 74.56 万吨，销售水泥 210.16 万吨。销售收入 7.30 亿元，实现净利润 10114 万元。

地址：山西省大同市口泉新东街
电话：17735219951

大同冀东水泥有限责任公司

证书编号：LB2019SN004

冀东启新复合硅酸盐水泥（P·C42.5）、普通硅酸盐水泥（P·O42.5、P·O42.5R）、32.5 矿渣硅酸盐水泥（A 型）

产品简介

唐山冀东启新水泥有限责任公司生产的“盾石”牌通用硅酸盐水泥产品全部由新型干法旋窑工艺系统生产，化验室配备了先进的 X- 荧光仪、电位滴定仪、分光光度计、火焰光度计、电动抗折试验机、全自动恒应力压力机等完善的水泥质量检验控制设备。采用先进工艺，年消耗粉末石灰石、粉末骨料、铁选矿粉末、水洗砂岩粉末、湿粉煤灰、转炉渣、燃煤炉渣、脱硫石膏、污泥等工业和选矿废渣约 58 万吨。公司生产的水泥品种有：P · O42.5R、P · O42.5、P · C42.5、P · S · A32.5R、P · S · A32.5 等，实物质量远高于国家标准。公司产品制定了严于国家标准的内控标准，严格按照质量体系要求实施质量管理和控制，确保了金隅冀东的水泥品质，能够满足不同市场、不同客户的需求。

公司加强产品售后服务管理，为客户提供“超级保姆式”全方位的增值服务，持续提升品牌影响力。为实现客户投诉处理率 100%、客户满意度 100% 的管理目标，制定了《销售质量服务管理执行细则》，专门成立了产品售后服务小组，由副总经理任组长，质量管理部和生产运行部专人负责客户投诉的处理及客户走访等具体事宜，做到客户投诉响应零时差；客户投诉现场处理本区域 8 小时以内，100 公里以上的 24 小时以内；重点客户走访每月组织一次，并建立客户服务档案，将售后服务形成一个闭环。

公司生产的水泥性能特点：

● 水泥中混合材掺量少；产品质量稳定、波动小；早期强度高，后期富裕强度高，强度增进率大；配制混凝土可降低综合成本。

● 水泥本身色泽长期稳定。

● 无急凝、假凝、缓凝等不良现象。

● 配制的混凝土泌水率低。

● 氯离子含量低，不腐蚀钢筋。

● 水泥的抗冻性能好。

● 配制的混凝土体积稳定性能好，适用于高速公路、高层建筑等各种工业和民用建筑工程以及配制高强度等级混凝土。

● 水泥熟料矿物组成中 $C_3A \leqslant 8\%$，水泥的耐磨能力强，抗硫酸盐性能好，耐久性好，抗震性好。

适用范围

适用于交通、工业建筑、民用建筑等高低端需求的工程。

技术指标

产品执行 GB 175—2007《通用硅酸盐水泥》标准，部分产品性能指标如下：

P · O42.5R 出厂水泥质量情况如下：

2018 年	7 月	8 月	9 月	10 月	11 月	12 月	国家标准
3 天抗压强度平均值 / MPa	/	/	31.3	33.0	32.7	32.4	≥ 22.0
28 天抗压强度平均值 / MPa	/	/	57.5	59.4	58.5	59.0	≥ 42.5
28 天抗压强度变异系数 / %	/	/	/	/	/	/	≤ 3.5
2019 年	1 月	2 月	3 月	4 月	5 月	6 月	国家标准
3 天抗压强度平均值 / MPa	32.0	33.0	32.0	32.8	32.7	31.5	≥ 22.0
28 天抗压强度平均值 / MPa	58.9	57.3	58.2	57.5	58.0	55.3	≥ 42.5
28 天抗压强度变异系数 / %	/	/	/	/	/	/	≤ 3.5

唐山冀东启新水泥有限责任公司
地址：河北省唐山市古冶区北外环 34 公里处
电话：18032505188
传真：0315-5025061

P · O42.5 出厂水泥质量情况如下：

2018 年	7 月	8 月	9 月	10 月	11 月	12 月	国家标准
3 天抗压强度平均值 / MPa	32.2	31.3	32.1	31.7	31.6	31.7	≥ 17.0
28 天抗压强度平均值 / MPa	57.6	56.6	57.4	57.8	57.6	57.5	≥ 42.5
28 天抗压强度变异系数 / %	1.22	1.99	1.26	1.34	1.63	1.71	≤ 3.5
2019 年	1 月	2 月	3 月	4 月	5 月	6 月	国家标准
3 天抗压强度平均值 / MPa	32.1	31.8	31.8	31.4	31.2	30.9	≥ 17.0
28 天抗压强度平均值 / MPa	57.3	57.1	57.1	57.0	56.8	56.6	≥ 42.5
28 天抗压强度变异系数 / %	1.59	/	1.13	1.06	1.31	1.29	≤ 3.5

P · C42.5 出厂水泥质量情况如下：

2018 年	7 月	8 月	9 月	10 月	11 月	12 月	国家标准
3 天抗压强度平均值 / MPa	27.7	27.2	27.3	27.1	27.5	28.0	≥ 15.0
28 天抗压强度平均值 / MPa	53.4	53.5	53.3	53.1	53.6	53.4	≥ 42.5
28 天抗压强度变异系数 / %	/	/	1.58	/	1.46	/	≤ 3.5
2019 年	1 月	2 月	3 月	4 月	5 月	6 月	国家标准
3 天抗压强度平均值 / MPa	28.2	28.0	27.6	27.1	27.3	26.9	≥ 15.0
28 天抗压强度平均值 / MPa	53.0	53.4	53.4	53.1	52.9	52.8	≥ 42.5
28 天抗压强度变异系数 / %	/	/	/	0.98	/	/	≤ 3.5

工程案例

公司产品覆盖北京、天津，河北唐山、秦皇岛，辽宁葫芦岛、锦州等区域，广泛应用于唐曹铁路、水曹铁路、迁曹高速等重点工程。

生产企业

唐山冀东启新水泥有限责任公司是金隅冀东水泥（唐山）有限责任公司的全资子公司。公司注册资金为人民币 27500 万元，位于唐山市古冶区卑家店镇境内，占地 317 亩，石灰石资源丰富，交通便利，地理位置十分优越。

公司于 2009 年 3 月 30 日注册成立，同年 10 月 28 日正式开工建设，2010 年 10 月 28 日建成并投产，标志着唐山市第一个“退二进三”项目整体搬迁顺利竣工。

经营范围：水泥及熟料生产、石材建筑材料制造（凭许可经营）；水泥、水泥熟料及相关建材产品批发、零售；固体废物治理；与水泥相关的技术咨询与服务。

公司拥有一条日产 4000 吨（带 9 兆瓦纯低温余热发电）新型干法水泥熟料生产线，项目总投资 81064 万元，年产水泥熟料 124 万吨，水泥 165 万吨，年发电 7200 万千瓦时。生产的水泥品种有：普通硅酸盐水泥 P·O42.5、复合硅酸盐水泥 P·C42.5、矿渣硅酸盐水泥 P · S · A32.5 等强度等级的水泥。公司同时拥有一座自有石灰石矿山。

2014 年为了实现资源综合利用，公司投资 5339 万元建设了年处理废石 200 万吨的骨料生产线，矿山采矿实现了零排废。2017 年建成了投资 515 万元、日处理污泥 150 吨的水泥窑污泥处置项目，建成投产以来运转良好。

公司始终秉承生产经营与环境保持并重的宗旨，每年投入大量资金实施技改，不仅实现了降本增效，而且实现了污染物低排放，达到国家环保要求。

公司成立以来先后获得了唐山市人民政府颁发的“项目建设奖”“振兴唐山工业先进单位”“精神文明先进单位”称号；中国水泥协会授予了“2015 年度中国大型水泥集团环保标杆企业”称号；中国建筑材料联合会 2016 年度建材行业百家节能减排示范企业；拥有水泥用石灰岩采矿许可证、石灰石矿安全生产许可证、河北省级绿色矿山、河北省排放污染物许可证、产品认证证书、全国工业产品生产许可证等资质；通过了 ISO 9001 质量管理体系认证、OHSAS 18001 职业健康安全管理体系认证、ISO 14001 环境管理体系认证、能源管理体系认证，获得 2018 年环渤海地区“诚信企业 AAA”荣誉证书、河北省劳动关系和谐单位荣誉证书；2018 年申报了“河北省知名品牌产品”培育计划并于同年 11 月份通过了市级现场审核验收。

公司生产工艺先进，环保设施完善，能耗指标达标，产品质量优良，是一家集熟料、水泥、骨料生产于一身的现代化大型企业。

唐山冀东启新水泥有限责任公司
地址：河北省唐山市古冶区北外环 34 公里处
电话：18032505188
传真：0315-5025061

证书编号：LB2019SN005

中材 52.5II 型硅酸盐水泥、42.5 普通硅酸盐水泥、M32.5 级砌筑水泥

产品简介

中材安徽水泥有限公司生产的“中材”牌通用硅酸盐水泥产品全部由新型干法旋窑工艺系统生产，化验室配备了先进的 X- 荧光仪、水泥在线元素分析仪、电位滴定仪、分光光度计、火焰光度计、电动抗折试验机、全自动恒应力压力机等完善的水泥质量检验控制设备。采用先进工艺，年消耗石子、有色金属灰渣（镁）、铁合金渣、转炉渣、磷肥渣、脱硫石膏、粉煤灰等工业和选矿废渣约 48.4 万吨（仅水泥粉磨工序，不含熟料生产中使用）。

公司生产的水泥品种有 P · II52.5、P · O42.5、P · C32.5R 等，实物质量远高于国家标准。公司产品制定了严于国家标准的内控标准，严格按照质量体系要求实施质量管理和控制，确保了中材安徽水泥有限公司的水泥品质能够满足不同市场、不同客户的需求。

公司加强产品售后服务管理，制定了《销售管理细则 售后管理专篇》，成立了产品售后服务小组，由副总经理任组长、品质管理部和相关专业技术人员参加，负责客户投诉的处理及客户走访等具体事宜，分区域落实责任人员，做到客户投诉响应零时差。重点客户走访每月组织一次，并建立客户服务档案，将售后服务形成一个闭环。实现客户投诉处理率 100%、追求客户满意度 100% 的管理目标，持续提升品牌影响力。

公司生产的水泥性能特点：

“中材”牌水泥在施工中具有以下显著特点：我公司所生产水泥的主要材料——熟料全部来源于本公司的三条 5000t/d 熟料生产线，其主要生产装备是两台 ϕ4.2 米 ×13.0 米水泥磨，配套 170×120 辊压机及 O-sepa4000 选粉机组成联合终粉磨系统，采用计量精度 ±0.5% 的定量给料配料系统，应用 ABB 公司的 DCS 控制系统，确保产品实物质量稳定。

水泥产品富裕强度高、水泥色泽长期稳定，可广泛适用于素色外表面建筑物。

水泥配制的混凝土拌合物和易性及外加剂适应性好、配制的混凝土泌水率低、体积稳定性好、抗冻及耐磨性能佳、坍落度损失小等特性，可满足混凝土搅拌站长距离输送、使用、施工的要求。

P · II52.5 水泥适用于高强度等级混凝土及大跨度桥梁构件等；

P·O42.5 水泥适用于桥梁、码头、道路、高层建筑工程、一般工业及民用建筑，可配制 C30 ～ C60 不同强度等级的混凝土；

P · C32.5R 适用于一般工业及民用建筑。

适用范围

适用于交通、工业与民用建筑等各类工程。

技术指标

产品执行 GB 175—2007《通用硅酸盐水泥》标准，部分产品性能指标如下：

P · II52.5 出厂水泥质量情况如下：

2018 年	7 月	8 月	9 月	10 月	11 月	12 月	国家标准
3 天抗压强度平均值 / MPa	30.9	32.8	32.8	33.1	33.2	32.7	≥ 23.0
28 天抗压强度平均值 / MPa	58.3	58.5	58.2	58.2	58.0	58.2	≥ 52.5
28 天抗压强度变异系数 / %	0.97	0.92	0.91	0.88	0.95	0.76	≤ 3.0
2019 年	1 月	2 月	3 月	4 月	5 月	6 月	国家标准
3 天抗压强度平均值 / MPa	33.0	32.4	32.1	32.2	32.0	31.9	≥ 23.0
28 天抗压强度平均值 / MPa	58.4	58.3	58.3	58.3	58.5	58.0	≥ 52.5
28 天抗压强度变异系数 / %	0.83	1.00	0.75	0.95	0.83	1.20	≤ 3.0

中材安徽水泥有限公司

地址：安徽省合肥市巢湖市散兵镇新街
电话：0551-85213739
传真：0551-85213739

P·O42.5 出厂水泥质量情况如下：

2018 年	7 月	8 月	9 月	10 月	11 月	12 月	国家标准
3 天抗压强度平均值 / MPa	26.0	26.9	27.2	26.6	27.1	26.5	≥ 17.0
28 天抗压强度平均值 / MPa	48.2	48.1	48.2	48.2	48.1	48.1	≥ 42.5
28 天抗压强度变异系数 / %	1.17	0.75	0.98	0.95	1.12	0.93	≤ 3.5
2019 年	1 月	2 月	3 月	4 月	5 月	6 月	国家标准
3 天抗压强度平均值 / MPa	26.3	26.3	25.9	26.8	26.2	26.5	≥ 17.0
28 天抗压强度平均值 / MPa	48.2	48.2	48.2	48.3	48.3	47.9	≥ 42.5
28 天抗压强度变异系数 / %	0.97	1.05	0.96	1.11	1.02	1.49	≤ 3.5

P·C32.5R 出厂水泥质量情况如下：

2018 年	7 月	8 月	9 月	10 月	11 月	12 月	国家标准
3 天抗压强度平均值 / MPa	17.8	18.5	18.4	17.5	17.6	17.2	≥ 15.0
28 天抗压强度平均值 / MPa	37.1	37.4	37.0	37.0	36.9	37.0	≥ 32.5
28 天抗压强度变异系数 / %	1.33	1.34	1.11	0.99	1.04	0.91	≤ 4.5
2019 年	1 月	2 月	3 月	4 月	5 月	6 月	国家标准
3 天抗压强度平均值 / MPa	17.1	17.3	17.1	17.4	17.3	17.4	≥ 15.0
28 天抗压强度平均值 / MPa	37.1	37.1	37.1	37.0	37.3	37.0	≥ 32.5
28 天抗压强度变异系数 / %	1.20	0.74	1.17	1.13	1.15	1.30	≤ 4.5

工程案例

公司产品覆盖安徽、江苏、上海、浙江等区域，广泛应用于上合杭高铁、合安九高铁、北沿江高速、济祁高速、合徐高速、合安高速、引江济淮工程、芜湖长江二桥、环巢湖旅游观光大道和四座特大桥、合肥市高架及地铁、滨湖万达城、万科蓝山花园等重点工程。

生产企业

中材安徽水泥有限公司成立于 2010 年 2 月，是中材水泥的全资子公司。公司成立以来，在抓好运营的基础上，注重战略规划、科学发展，目前已成为皖中区域、也是中材股份内部产能很大的产业链较为完整的工业园型单体企业。

公司现有 3×4500t/d 水泥熟料生产线及配套 27MW 余热发电系统，两台 ϕ4.2 米 ×13 米高效联合水泥粉磨系统，年吞吐量达 580 万吨的巢湖专用码头，两条瑞典山特维克骨料生产线，一条水泥窑协同处置生活垃圾生产线，年产熟料 540 万吨，水泥 250 万吨，骨料 500 万吨，年无害化处置生活垃圾 18 万吨。

公司位于合肥市巢湖市散兵镇，占地 1108 亩，地处中国五大淡水湖之一的巢湖南岸，紧邻巢庐公路，地理位置条件以及交通优势较为明显，公司生产线采用先进工艺和设备，能耗、环保及运营能力均达到区域内较好水平，生产及生活区绿化率达 90% 以上。公司现有员工 700 人，公司下设生产品质部、综合管理部、财务部、销售部等十一个生产及职能管理部门。水泥、熟料等主要产品销往安徽、河南、江苏、浙江及上海等地。

2016 年，公司通过了国家安全标准化一级达标验收（安徽省首家通过一级达标水泥企业），公司连续六年荣获“巢湖市经济贡献奖”“巢湖市工业十强企业”，并先后荣获安徽省卓越绩效奖，安徽省 AAA 级标准化良好行为企业、安徽省“环保良好企业”、安徽省“绿色工厂”称号。拥有水泥用石灰岩采矿许可证、石灰石矿安全生产许可证、安徽省排放污染物许可证、产品认证证书、全国工业产品生产许可证等资质；通过了 ISO 9001 质量管理体系认证、OHSAS 18001 职业健康安全管理体系认证、ISO 14001 环境管理体系认证、能源管理体系认证。

公司通过导入卓越绩效管理，开展质量文化再造，不仅提升了全体员工质量的价值观、产品质量，还加强了与客户和供应商的紧密联系，切实达到了让“中材”品牌深入用户内心，成为信赖的标志。

中材安徽水泥有限公司
地址：安徽省合肥市巢湖市散兵镇新街
电话：0551-85213739
传真：0551-85213739

证书编号：LB2019YZ001

先张法预应力混凝土管桩件

产品简介

我公司生产的先张法预应力混凝土管桩，桩身承载力强度高，抗弯性能好。采用了预应力混凝土用钢棒，先张法预应力张拉工艺，有较高的抗裂弯矩与极限弯矩，成桩采用工业化生产，质量可靠。

适用范围

广泛用于住宅、商业和工业房地产，以及公路、铁路、机场等交通基建设施和政府大楼、医院、学校、展览中心、体育中心和水务项目等公共设施的建设。

技术指标

产品的部分技术指标如下：

外径（mm）	型号	壁厚（mm）	横截面积（mm^2）	混凝土有效预压应力（MPa）	抗裂弯矩（kN·m）	极限弯矩（kN·m）	管桩桩身结构对应的单桩竖向承载力最大特征值（kN）	桩身结构竖向承载力设计值（kN）
300	A	70	5580	4.0	25	37	900	1271
	AB			6.0	30	50		
400	A	95	91030	4.0	54	81	1650	2288
	AB			6.0	64	106		
500	A	100	125700	4.0	103	155	2300	3158
	AB			6.0	125	210		
	A	125	147300	4.0	111	167	2700	3701
	AB			6.0	136	226		
600	A	110	169330	4.0	167	250	3150	4255
	AB			6.0	206	346		
	A	130	191950	4.0	180	270	3550	4824
	AB			6.0	223	374		

工程案例

怀远县人民医院西院区：

该项目由怀远县长九健康医疗投资管理有限公司投资建设，项目占地面积约 2.48 万平方米，总建筑面积约 35 万平米，项目投资约 13.9 亿元。2019 年 6 月竣工，应用于桩基础，应用量 47000 米。

蚌埠市淮上区吴郢新村二标段项目：

该项目为淮上区安置房项目，由中建八局第三建设有限公司承建，总建筑面积约 230844.97 平方米，项目共 16 个单体，总投资额约 5.4 亿元。于 2018 年 12 月竣工，应用于桩基础，应用量 80000 米。曾应用于蚌埠市国购广场 C 区，于 2018 年 7 月竣工，应用于桩基础部位，应用量 100000 米。

生产企业

建华建材（蚌埠）有限公司隶属于建华建材（中国）投资有限公司，2010 年成立于安徽省蚌埠市禹会区马城镇。公司主要从事生产、加工、销售预应力高强混凝土管桩，拥有发明专利 1 项，实用新型专利 9 项。我公司现占地近 243 亩，2018 年在职员工 440 余人，年销售收入 5.8 亿元，税收 3300 万元。

建华建材（蚌埠）有限公司

地址：安徽省蚌埠市禹会区马城镇 206 国道西侧
电话：0552-8782006

经过多年不断发展，建华建材集团从单一生产销售预应力混凝土管桩转变为向客户提供专业的混凝土预制构件产品和技术解决方案。提供从地下基础工程到上部结构工程的全流程产品，如管桩、方桩、钢管混凝土桩、异型桩等桩部件，以及围栏、花架、桌椅、台面等各类混凝土装饰构件，产品广泛应用于民用建筑、工业厂房、铁路、机场、公路、水利、市政、电力、通信、装饰装修等各类工程领域，并提供勘察设计、产品供应、施工管理、方案优化、工程应用咨询等系列标准化服务和定制服务。

建华建材（蚌埠）有限公司是建华建材集团40余家子公司之一，年产桩400万米。目前，建成两条泵送自动化管桩生产线。建华建材（蚌埠）有限公司坚定不移地贯彻集团的管理方针，依托皖北区域发展与集团优势，不断探索实践转型发展。始终坚守“用户第一，信誉至上”的企业宗旨，弘扬“求实、务实，提高办事效率，参与市场竞争”的企业精神。

地址：安徽省蚌埠市禹会区马城镇206国道西侧
电话：0552-8782006

建华建材（蚌埠）有限公司

证书编号：LB2019YZ002

先张法预应力混凝土管桩件

产品简介

预应力混凝土管桩以其质量的可靠性、造价的合理性得到迅速发展，特别是近几年的理论研究与实际应用，以及国内学者的积极参与大力推动了管桩的应用范围，广泛应用于冻土、液化土、膨胀土、腐殖土、石灰岩等各类复杂的地质环境中。预应力混凝土管桩对地质条件适应性较强，由于桩身混凝土强度高，密实耐打，有较强的穿透能力，对持力层起伏变化大的地质条件有较强的适应性。

适用范围

适用于工业与民用建筑的承台桩基础、铁路、公路与桥梁、港口、码头、水利、市政、构筑物及大型设备等工程基础。

技术指标

产品性能符合 GB 13476—2009《先张法预应力混凝土管桩》标准中的相关要求。

建华建材（阳江）有限公司

地址：阳西县新圩镇阳茂高速公路南面、省道 282 线西面用地
电话：0662-5796669
传真：0662-5797166
官方网站：http://www.jianhuabm.com

工程案例

广东阳江大沟镇农业与生态观光地面电站、阳春河口光伏地面电站项目、宝钢湛江工程项目、湛江经济技术开发区中科炼化项目安置小区（二期）、神华国华广投北海电厂新建工程桩基工程、深茂铁路中铁二十局一分部工地等。

生产企业

建华建材（阳江）有限公司 2009 年成立于广东省阳江市阳西县。总投资 2.7 亿元人民币，年生产力可达 379 万米，公司的产品销售网点为开平区域、阳江区域、茂名区域、湛江区域等粤西地区。除主要产品预应力高强混凝土管桩外，开发新产品有防腐桩、抗拔桩、预应力实心方桩、电线杆、光伏桩等高性能混凝土产品，并可依客户需求量身定制。

建华建材（阳江）有限公司

地址：阳西县新圩镇阳茂高速公路南面、省道 282 线西面用地
电话：0662-5796669
传真：0662-5797166
官方网站：http://www.jianhuabm.com

证书编号：LB2019YZ003

建华（河南）先张法预应力混凝土管桩、预应力混凝土空心方桩

产品简介

预应力混凝土管桩是本公司的主要产品，广泛应用于现代建筑的基础工程上，尤其对于修建在不稳定土层或软土层上的建筑物和基础设施项目，预应力混凝土管桩通过将建筑物的负荷传递至地下的稳定岩层上，从而支撑建筑物，确保其安全。

建华管桩集团生产各类预应力混凝土管桩，直径范围 300 ～ 1000mm，管桩壁厚度一般在 70 ～ 130mm，长度主要在 5 ～ 15m。建华管桩生产的预应力混凝土管桩（PHC）、预应力混凝土管状增强体（PCT），以及混合配筋预应力混凝土管桩［PRC- Ⅰ（Ⅱ）］，可满足客户不同项目所在区域的环境与地质状况需求。

适用范围

建华管桩应用十分广泛，包括住宅及工商业房地产，以及公路、铁路及机场等交通基建设施和政府大楼、医院、学校、展览中心、体育中心和水利项目等公共设施。其中直径 300mm、400mm、500mm、600mm 的管桩，主要用于多类楼宇及基建项目，直径 800mm 及以上管桩主要用于港口、高速公路及承载力要求高及储量大的仓库等。

技术指标

管桩标准：GB 13476—2009《先张法预应力混凝土管桩》、10G409《预应力混凝土管桩》图集。

空心方桩标准：JG/T 197—2018《预应力混凝土空心方桩》、08SG360《预应力混凝土方桩》图集。

产品名称	代号	强度等级	型号	规格（mm）	单节桩长（m）
预应力高强混凝土管桩	PHC	C80	A AB B C	Φ300×70	≤ 11
				Φ400×95	≤ 12
				Φ500×100	≤ 15
				Φ500×125	
				Φ600×110	
				Φ600×130	
				Φ800×110	
				Φ800×130	
				Φ1000×130	
混凝土管状增强体	PCT	C80		Φ300×80	≤ 10
				Φ400×95	≤ 10.5
混合配筋预应力混凝土管桩	PRC- Ⅰ（Ⅱ）	C60		Φ500×100	≤ 12
			AB B C D	Φ500×100	≤ 15
			AB	Φ600×110	≤ 15

建华建材（河南）有限公司

地址：新郑市郭店镇
电话：0371-60870789
官方网站：http://www.jianhuabm.com/index.php/new/index/g/c/id/90

工程案例

开封恒大童世界项目选址在开封与郑州的接合部开封市城乡一体化示范区运粮河组团区域，初步规划建设开封恒大童世界、国际会议中心、国际会展中心、主题广场、珍稀特色植物园、文化娱乐城、文创商业街、滨水商业街、滨水酒吧街、国际高端品牌酒店、度假酒店、购物中心、旅游产品、商业中心和温泉小镇等文化旅游产业项目。

开封市人民政府与恒大集团在郑州签约，总投资约 1000 亿元的开封恒大童世界项目落户开封。这将是开封自新中国成立以来最大的文化项目，项目建成后，预计年游客量超 1500 万人，年消费额约 200 亿元，为当地贡献税收超 10 亿元，带动就业超 8 万人。

生产企业

建华建材（河南）有限公司 2006 年 12 月成立于河南省新郑市郭店镇，隶属于全球知名管桩制造商——建华建材集团，是现代化的管桩和混凝土制品生产企业。公司紧邻郑新公路，交通便利，管理和技术力量先进，目前有三条国内先进的管桩生产线，员工 600 余人，年生产能力达 350 万米。建华建材（河南）有限公司依托集团公司的雄厚实力，在政府各职能部门的大力支持和协助下，于 2012 年获得“新郑市市长质量奖”等荣誉称号。

建华建材（河南）有限公司

地址：新郑市郭店镇
电话：0371-60870789
官方网站：http://www.jianhuabm.com/index.php/new/index/g/c/id/90

证书编号：LB2019YZ004

建华呈隆先张法预应力管桩

产品简介

先张法预应力管桩是采用先张法预应力工艺和离心成型法制成的一种空心筒体细长混凝土预制构件，主要由圆筒形桩身、端头板和钢套箍等组成。

管桩按混凝土强度等级或有效预压应力分为预应力混凝土管桩和预应力高强混凝土管桩。预应力混凝土管桩代号为PC，预应力高强混凝土管桩代号为PHC。PC桩的混凝土强度不得低于C60，PHC桩的混凝土强度等级不得低于C80。

适用范围

适用于非抗震设计及抗震设防烈度小于等于8度地区的工业与民用建筑、构筑物等工程的低承台桩基础；港口、市政、桥梁、铁路、道路、水利等采用低承台桩基时可参照使用。

技术指标

产品执行GB 13476—2009《先张法预应力混凝土管桩》、10G409《预应力混凝土管桩》图集、2010浙G22《先张法预应力混凝土管桩》图集及Q/JHJC 00 1001—2018《劲性体》。

1. 预应力混凝土管桩用混凝土强度等级不得低于C60，预应力高强混凝土管桩用混凝土强度等级不得低于C80。

2. 预应力钢筋放张时，管桩的混凝土抗压强度不得低于45MPa。

3. 产品出厂时，管桩用混凝土抗压强度不得低于其混凝土设计强度等级值。

4.A型、AB型、B型和C型管桩的混凝土有效预压应力值分别为$4.0N/mm^2$、$6.0N/mm^2$、$8.0N/mm^2$、$10.0N/mm^2$。

5. 外径300mm管桩预应力钢筋的混凝土保护层厚度不得小于25mm，其余规格管桩预应力钢筋的混凝土保护层厚度不得小于40mm。

6. 管桩的抗弯性能指标不得低于GB 13476—2009中的规定。

7. 管桩应按GB 13476—2009中的规定进行抗弯试验，当加载至抗裂弯矩时，桩身不得出现裂缝。

8. 当加载至极限弯矩时，管桩不得出现下列任何一种情况：

（1）受拉区混凝土裂缝宽度达到1.5mm；

（2）受拉钢筋被拉断；

（3）受压区混凝土破坏；

9. 管桩接头处极限弯矩不得低于桩身极限弯矩。

工程案例

台州东部新区涂面整理及软基处理PPP项目台州东部新区月湖工程，台州华强方特HDT1房建工程，温岭市万邦德健康科技有限公司新建二、三厂房等。

建华呈隆建材（台州）有限公司
地址：温岭市石塘镇上马工业区下齐路
官方网站：http://www.jianhuabm.com/

生产企业

建华呈隆建材（台州）有限公司是建华建材集团与温岭市呈隆管桩有限公司携手打造的浙南区域兼具庞大生产规模和巨大影响力的管桩生产基地，于 2018 年 1 月在浙江省台州市温岭市石塘镇上马工业区成立。

公司经营预应力混凝土管桩、水泥混凝土电杆、其他水泥制品、混凝土结构件制造、销售；水泥制品、混凝土结构构件生产领域内的技术研发、技术咨询服务；企业管理咨询服务；企业自有房屋租赁服务；建材批发。

地址：温岭市石塘镇上马工业区下齐路
官方网站：http://www.jianhuabm.com/

证书编号：LB2019YZ006

中山建华钢筋混凝土排水管、箱涵

产品简介

钢筋混凝土排水管：管壁内配置在单层或多层钢筋骨架的混凝土圆管，可采用离心、悬辊、芯模振动、立式振动、径向挤压等工艺生产制成。

顶进法施工钢筋混凝土排水管：采用非开挖掘进式管道铺设施工的钢筋混凝土管，施工方法式有泥水平衡法、土压平衡法、气压平衡法等。

产品规格为：

管节内径：400 ～ 3500mm；

管节长度：1000 ～ 3000mm；

接头型式：柔性接头钢承口式，柔性接头承插口式，柔性接头企口式、平口式，钢性接头企口式。

适用范围

可用于公路、市政、通信电缆、燃气管道、电力电缆、轨道交通等领域。顶进法施工钢筋混凝土排水管被广泛应用于穿越公路、铁路、河流、闹市区等不允许或不能开挖条件下进行各种管道的铺设、更换和修复的情况。

技术指标

产品执行标准：GB/T 11836—2009《混凝土和钢筋混凝土排水管》。

工程案例

东莞市水生态建设项目五期工程（第四标段）、黄圃镇雨污分流一期工程、广州市轨道交通六号线文化公园V号出入口顶管工程、220千伏凯旋输变电工程、220千伏航云输变电电力隧道工程（第一标段）、220千伏民田变电站配套电力电缆隧道工程（第1、2标段）、220kV永福电力隧道工程、广州地铁八号线车辆段（白云湖）线路迁改工程电缆隧道工程、三山岛内110kV及220kV架空线路迁改工程、深圳市北环线电缆隧道工程、广州市轨道交通七号线一期工程（广州南至大学城南）、深圳9号线梅景站北环通道附属顶管管片工程、中山市岐江河水环境综合整治工程雨污水主干管工程、广州市白云区江高镇白坭河项目、潮州市桥东污水处理厂配套管网PPP项目、中山市黑臭水体整治提升工程（中心城区10条河涌）EPC+O项目、皇后山发展道路及渠务工程、中山市岐江河水环境综合整治工程（雨污分流）主干管工程、东凤镇污水主干管二期东阜路段工程。

中山建华管桩有限公司

地址：广东省中山市小榄镇绩东一开发区
官方网站：https://cn.made-in-china.com/showroom/redlee
电话：0760-22117980

生产企业

1. 源远流长，行业领先

建华建材集团的前身是建华管桩集团，是混凝土制品与技术综合服务商。创建于1993年，经过22年的发展，不断地进行技术改造、革新，提高产品质量，扩大市场份额，逐步形成规模化经营。目前，在中国的18个省市建立了50多个子公司。在发展管桩产业的同时，建华管桩集团积极开拓新产品，使产业多元化。

中山建华管桩有限公司是建华建材集团的发源地，传承了建华建材优秀的管理模式和生产经验。根据集团的多元化发展战略，自2003年起，中山建华开启了输水管道的研发设计、生产销售，现已发展为华南地区实力雄厚的混凝土输水管道、电力管道、矩形顶管、综合管廊等构件的专业制造商。公司产品规格齐全，圆管内径从Φ200mm至Φ3500mm；涵管规格目前已达7700mm×4500mm，也可定制其他规格的产品，管身混凝土强度高，目前年生产能力可达50万米。建华管道以优质的产品质量、众多的工程范例，深受用户青睐，在行业内享有盛名。

2. 实力雄厚，载誉前行

公司以成熟的工艺、先进的设备和规范的管理，使产品质量达到国内外先进水平。公司现拥有经认证的二级试验室和自动化控制搅拌系统、自动变径滚焊机、芯模振动机组、离心机组、立式振动机组、大型起重机等精良设备，足以满足各类产品规格、各类生产工艺需要。

公司通过ISO 9001认证，拥有多项国家专利，取得“混凝土预制构件专业承包二级资质”证书，并获得多项殊荣，如中国驰名商标、中国名牌产品、中国建材百强、广东省百强企业、广东省用户满意企业。凭借雄厚的实力，建华管道获得了社会各界的广泛认可。

2015年5月8日，建华建材通过住房城乡建设部“国家住宅产业化基地”专家论证，成为水泥制品行业第一家国家住宅产业化基地。

3. 完善的售后服务

中山建华在广东地区设有11个营销网点，业务人员达到70多人。今后，公司将继续在产品覆盖地区设立销售、服务网点，“用户第一，信誉至上”是公司的企业宗旨，用户的满意是我们不懈的追求。由专业技术人员与销售人员组成服务团队，从整个项目的立项、勘察、设计、施工、检测等各个环节开始全方位跟进，从商务洽谈、合同签订、发货跟踪、现场协调、结算收款到竣工验收，都由专人负责跟进，及时了解工程进度和客户需求，确保客户随时随地都能享受到建华管道的优质产品和专业服务。

中山建华管桩有限公司
地址：广东省中山市小榄镇绩东一开发区
官方网站：https://cn.made-in-china.com/showroom/redlee
电话：0760-22117980

证书编号：LB2019YZ007

中山建华蒸压陶粒混凝土墙板、阶梯式生态框挡土墙板

产品简介

蒸压陶粒混凝土墙板：

建华立模浇注墙板是蒸压陶粒轻质混凝土墙板，是依据英国标准、香港标准，在原成组立模工艺基础上改进而生产出来的一种轻质墙板。以轻质高强陶粒、陶砂、水泥、砂、加气剂及水等配制的轻骨料混凝土为基料，内置钢筋骨架，经浇注成型、养护（蒸养、蒸压）而制成的轻质条型墙板。用于工业与民用建筑工程中的非承重隔墙。

钢筋陶粒混凝土墙板：

墙板是参照国外长线台座法挤压成型工艺（芬兰 Elematic 和新加坡挤压板）和综合国内各种挤压板工艺而成的一种改良型挤压墙板。利用轻质高强陶粒、陶砂、煤渣、水泥、砂及水配制成轻质混凝土，板内预置钢筋通过挤压而制成。

新型生态护坡：

这是我公司结合国际先进技术而研发的一种新型产品，应用于河道、山体保护及道路两侧倾斜面治理，可减缓水流流速、防止水土流失，有效消波抗震等。同时由于产品自身良好的亲水性，能实现植物和生物在其中的生长，真正起到净化水质、改善景观和完善生态环境的多重功能。

适用范围

我司生产的墙板主要用于住宅、写字楼、医院、学校、会所、宾馆、超市、厂房、娱乐场所等工业与民用建筑工程中的非承重隔墙的内隔墙，适用于上述场所的外墙、围墙及楼板。

生态框用于以下工程：

（1）水利工程：生态河道、水土保持、水库、湿地、公园湖泊等。

（2）公路工程：路基边坡、挡土墙、公路上边坡、生态隔离带。

（3）市政工程：市政道路边坡、公园湖岸、园林景观等。

（4）山体修复：矿山复绿、山体复绿、山体修复、植被恢复等。

（5）地产园林：人工景观河道、住宅区边坡、亲水挡土墙等。

（6）其他：坡体坍塌紧急处理、沙漠绿化、自然保护区、河湖海岸防护堤岸。

技术指标

墙板执行 GB/T 23449—2009《灰渣混凝土空心隔墙板》、GB/T 23451—2009《建筑用轻质隔墙条板》及企标 Q/JHJC 00 1005—2018。墙板具体性能如下：

（1）质轻：我司混凝土粗骨料采用轻质陶粒，因此混凝土绝干密度为 800 ～ 1300 千克 / 立方米，为普通混凝土的 1/3，黏土砖的 1/2，可减轻建筑物自重，大幅度降低建筑物的综合造价。

（2）防火：我司生产墙板采用硅酸盐水泥，粗骨料为陶粒，采用合理的配方所生产的墙板为一级耐火材料，100mm 厚墙体耐火性能达 180 分钟，120mm 厚墙体耐火性能达近 240 分钟。

（3）隔声：因产品具有多孔结构，具备了良好的吸声、隔声性能，其隔声效果可达到 45 分贝以上。

（4）保温：材料内部的微孔结构，大大提高了保温隔热效果，是黏土砖的 1/4 ～ 1/5。

（5）抗渗：因材料由许多独立的小气孔组成，吸水导湿缓慢，同体积吸水至饱和所需时间是黏土砖的 5 倍，且最终含水率小于 10%。用于卫生间、外墙可起到良好的防渗效果。

（6）批荡：我司产品无须批荡，墙面可进行直接精装修，也可直接粘贴瓷砖。

（7）抗震：独特的安装工艺，同样的建筑结构，比黏土砖提高 2 个抗震级别。

（8）环保：制造、运输、使用过程无污染，可以保护耕地、节能降耗，属绿色环保建材。

（9）耐久：材料强度稳定，混凝土密实度高，在对试件大气暴露一年后测试，强度提高了 25%，十年后仍保持稳定。

（10）吊挂力：产品经过两次振捣，极大地提高了混凝土的密实度，加之混凝土强度值在 10MPa 以上，在 1500N 下静

中山建华墙体材料有限公司
地址：广东省中山市火炬开发区白岗一街 15 号 -1
电话：0760-23699920
官方网站：http://hphgx.ce.c-c.com

止 24h 无裂纹产生。

（11）快捷：具有良好的可加工性，施工方便快捷，缩短建设工期，相比加气砖工期缩短 1/2。

（12）收缩值小：因产品采用压蒸养护，让水泥提前达到 28 天强度，收缩值小于 0.4mm/m。

（13）抗弯性能：产品生产采用内置钢筋网架，大大提高墙板自身抗弯性能，可以达到自重的 1.5 倍以上。

（14）品种：蒸压陶粒混凝土墙板，品种齐全，可生产 2000mm 至 3200mm 不同长度，200mm 至 600mm 不同宽度，85mm、100mm、120mm、150mm 不同厚度的轻质墙板；另外还生产安装用的转角板，现场无须切割，使安装施工文明、高效，与其他轻质墙板相比缩短 1/5 的施工工期。

（15）预埋：蒸压陶粒混凝土墙板，可在厂内预埋线盒、电线，不仅现场施工文明，缩短整个工程周期，而且使房屋更加美观。

（16）经济：综合造价相对较低，并增大 3% ～ 5% 使用面积，提高建筑面积利用率。

生态框性能如下：

（1）经济实惠，与石笼网等传统护坡产品相比，施工起来更容易、可以缩短工期。

（2）亲水性良好；因为是多孔，所以有良好的亲水性，适合环保生态的形成，耐久性卓越。

（3）因为是优质的混凝土产品，所以不会随着时间的推移而发生腐蚀或被磨耗的情况。

（4）施工方便；内部填充等工作全部可以使用重型机械进行施工。

工程案例

珠海长隆海洋科学馆、横琴新区市民服务中心项目、深圳技术大学（一期）、并宏大厦、中交汇通、横琴广场、珠海优特广场地下室和主体工程、富盈酒店、中雅江湾豪园、横琴国际金融中心大厦、城市新中心保障房项目。

生产企业

1. 传承建华经典，苦研技术，初展宏图

中山建华墙体材料有限公司创建于 1999 年（原香港建华建筑材料有限公司），传承了建华管桩优秀的管理模式和生产经验，是以注重质量为企业管理根基，集研发、生产、设计、安装为一体的专业化新型建材企业。现已是国内高品质轻质隔墙板生产厂家之一。其生产的高品质钢筋陶粒混凝土轻质隔墙板（建华墙板：JH-09、JH-15）完全达到国际、英标及香港特别行政区的标准要求。

2. 打造绿色建材，践行标准，追求卓越

中山建华墙体材料有限公司自行研发的新型墙体材料——建华墙板，现有 57 项专利，其中包括先进工艺的配方，能够减少产品开裂的可能性等。建华墙材生产的蒸压陶粒混凝土墙板（建华墙板），是针对现代建筑、生态住宅的室内空间、户型与结构，而开发生产出来的非承重轻质墙板，具有防火、防震、防裂、防氧化、无辐射、隔声、隔热、自重轻、造价廉、施工快捷、增加建筑使用面积等优点，被誉为“绿色环保节能建材”，完全达到国标、英标以及香港特别行政区的标准要求，已在国内及香港、澳门的建筑楼宇中大量使用，深受客户青睐。

3. 专注售后服务，以诚待客，共创荣耀

专业的售后服务团队和广泛的售后服务网点，构成了公司系统、完善的售后服务系统。公司建立了详细的客户档案，并在公司产品覆盖的区域设置业务办事处或服务联络点，从合作洽谈到最后的竣工验收都有专人负责跟进，及时了解工程进度和客户需求，反馈项目信息，为广大客户提供优质产品和专业服务。

中山建华墙体材料有限公司

地址：广东省中山市火炬开发区白岗一街 15 号 -1
电话：0760-23699920
官方网站：http://hphgx.ce.c-c.com

证书编号：LB2019YZ008

建华（湖南）先张法预应力混凝土管桩、预应力混凝土空心方桩

产品简介

混凝土尖头型一体化桩尖，顾名思义，就是由混凝土制成的与管桩成为一体的尖头型桩尖，由于这种桩在外形上类似于铅笔，因此也常简称为“铅笔桩”。铅笔桩作为在国内早已成熟应用的桩型，在辽宁、内蒙古、陕西、河南、青海、四川、山东、江苏、福建、广东等地区都有大量应用案例，应用的项目类型不拘一格，包括工业厂房、民用建筑、市政、电力等，适用土层包括黏性土、粉土、砂土、细砂、中砂、强风化岩等，且桩长从几米到几十米均有应用，在国内已经属于普遍采用的常规桩型。另外，混凝土桩尖的造价比钢桩尖低，却能起到与钢桩尖相同甚至更好的作用，是名副其实的“物美价廉”产品。

仿木桩混凝土强度高：初级蒸汽养护，离心后的带模离心桩放入蒸养池蒸养。脱模后得到混凝土桩体，再经过高压蒸养。比传统的树皮纹桩混凝土强度高，强度等级一般＞C70以上。

抗弯、抗剪性能好：桩体内设有多根预应力钢筋，预应力钢筋与桩体轴向平行；桩体内设有螺旋箍筋，螺旋箍筋缠绕于预应力钢筋形成的钢筋笼外侧，构成桩体内部的钢筋骨架；质量可靠：可以标准化工业生产，产量高。

适用范围

适用土层包括黏性土、粉土、砂土、细砂、中砂、强风化岩等，且桩长从几米到几十米均有应用，在国内已经属于普遍采用的常规桩型，若采用一体式桩尖，整体效果理想，无缝隙可入，并且桩尖材料与桩身材料相同，防腐效果极佳。在中、强腐蚀环境下尤为适用。

技术指标

桩尖的锥度为0.8～1.1，同时，为保证桩尖尖头的强度和外形，尖头使用厚度不小于2mm，长度不小于140mm的钢板制成。

工程案例

辽宁省

葫芦岛大唐热电项目采用铅笔桩桩型为KFPHC 500 AB 125

沈阳华润置地项目采用铅笔桩桩型为PHC 400 AB 95

葫芦岛先达农药项目采用铅笔桩桩型为KFPHC 500 AB 125

盘锦长春化工项目采用铅笔桩桩型为KFPHC 500 AB 100

沈阳地铁项目采用铅笔桩桩型为PHC 600 AB 130

营口市老边区沿海产业基地项目采用铅笔桩桩型为KFPHC 600 AB 110

建华建材（湖南）有限公司
地址：湖南省岳阳市湘阴县文星镇湘杨路
电话：0730-2112660
官方网站：http://www.jianhuabm.com/index.php/new/index/g/c/id/110

营口市海航华府项目采用铅笔桩桩型为 KFPHC 400 AB 95

内蒙古

赤峰云铜有色金属有限公司环保搬迁改造项目采用铅笔桩桩型为 PHC 500 AB 125

吉林省新城北湖花园项目采用铅笔桩桩型为 PHC 400 AB 95

河北省河北荣科家苑项目采用铅笔桩桩型为 KFPHC 500 AB 125

山东省

大唐东营发电公司 2×1000 兆瓦新建工程项目采用铅笔桩桩型为 PHC 400 AB 95

河南省

郑州任庄、小金庄安置区项目采用铅笔桩桩型为 PHC 500 AB 125

洛阳双瑞特种装备产业基地（二期）项目采用铅笔桩桩型为 PHC 500 AB 100

陕西省

陕西龙门钢铁有限公司年产 100 万吨精品板带项目采用铅笔桩桩型为 PHC 500 AB 125

江苏省

南通如东一职高多功能教育培训大楼采用铅笔桩桩型为 PHC 500 AB 125

青海省

青海粲鸿海南共和 49.5MW 风电项目采用铅笔桩桩型为 PHC 400 AB 95

生产企业

建华建材（湖南）有限公司是由香港汤始有限公司（建华建材集团）投资兴建的一家专业生产混凝土管桩的企业，2007 年 11 月底正式投产，位于湖南省湘阴县文星镇，占地面积 60 余亩，公司设计规划 4 条生产线，年产量 600 万米，现一期工程拥有两个车间两条线，年产管桩 320 万米。

公司严格按照国家标准生产，工艺先进，管理严明，拥有一批优秀的技术、管理人才，公司内部狠抓“建华建材”的质量管理，对员工进行全面培训，使每个员工都养成了抓质量、管质量的良好习惯，这样大大提高了公司产品质量，也提高了生产效率。

建华建材（湖南）有限公司

地址：湖南省岳阳市湘阴县文星镇湘杨路

电话：0730-2112660

官方网站：http://www.jianhuabm.com/index.php/new/index/g/c/id/110

证书编号：LB2019YZ009

扬泰中天先张法预应力混凝土管桩、先张法预应力混凝土方桩

产品简介

我公司生产的先张法预应力混凝土管桩，桩身承载力强度高，抗弯性能好。采用了预应力混凝土用钢棒，先张法预应力张拉工艺，有较高的抗裂弯矩与极限弯矩，成桩采用工业化生产，质量可靠。

适用范围

管桩：本标准适用于工业与民用建筑、港口、市政、桥梁、铁路、公路、水利等工程使用的离心成型先张法预应力混凝土管桩。

方桩：其适用于抗震设防烈度 8 度（0.3g）及以下的一般工业与民用建筑的低承台竖向基桩；铁路、公路、港口、市政、水利等工程的低桩承台竖向基桩设计也可参考使用，但尚应符合相关专业规范和规程的要求。YRS 方桩适用于一、二类环境，当基础环境地质条件对方桩有中度及以上腐蚀性时，需按相关规范采取有效的防腐措施。

技术指标

管桩：预应力混凝土管桩用混凝土强度等级不得低于 C60，预应力高强混凝土管桩用混凝土强度等级不得低于 C80。

外径 300mm 管桩预应力钢筋的混凝土保护层厚度不得小于 25mm，其余规格管桩预应力钢筋的混凝土保护层厚度不得小于 40mm。

钢筋镦头部位的强度不得低于该材料抗拉强度的 90%。

预应力钢筋应沿其分布圆周均匀配置，最小配筋率不得低于 0.4%，并不得少于 6 根，间距允许偏差为 ±5mm。管桩两端 2000mm 范围内螺旋筋的螺距为 45mm，其余部分螺旋筋的螺距为 80mm。螺距允许偏差为 ±5mm。

方桩：IRS 方桩的混凝土强度等级不得低于 C60。

预应力钢筋混凝土主筋保护层厚度不得小于 40mm，允许偏差为 +5mm。

预应力方桩的预应力筋应沿桩周均匀布置，且不得少于 4 根，间距允许偏差为 ±5m。加密区螺旋箍筋的间距为 50m，非加密区螺旋箍筋的间距为 100mm。螺距允许偏差为 ±10m。

YRS 方桩接头采用端板焊接连接 (抗拔桩外加角钢焊接连接)，端板厚度应满足张拉时的受力要求和焊接要求。

预应力钢筋的张拉控制应力取为钢筋抗拉强度标准值的 70%。桩的最小纵向钢筋 (包括预应力筋和非预应力筋) 配筋率，B 组桩不小于 0.5%，C 组桩不宜小于 0. 6%。

桩的配筋应按在水平起吊和旋转起吊过程中产生的最大内力进行计算，吊运动力系数为 1.5，同时应满足构造和抗裂要求。

生产企业

江苏扬泰中天管桩有限公司成立于 2013 年 1 月，位于扬州市江都区大桥镇杨桥村杨湾港，公司占地 239 亩，注册资本 12000 万元人民币，现有员工 400 人，2014 年 8 月 8 日，第一条全自动生产线顺利投产，是当今国内技术领先、高规格、全自动化管桩及方桩生产线。全线建成后，预应力混凝土管桩及新型水泥制品年产量可达 1000 万米，届时将成为长三角流域较大规模的管桩建材生产基地，预计将形成 20 亿元的年产销规模。

江苏扬泰中天管桩有限公司

地址：江苏省扬州市江都区大桥镇杨桥村杨湾港
电话：0514-86661677
传真：0514-86661677
官方网站：http://zhongtian-phc.com

公司主要生产、加工预应力混凝土管桩、水泥混凝土电杆、钢筋混凝土方桩、混合配筋预应力混凝土管桩、防腐管桩、抗拔桩、异型桩、变径桩、钢管桩、H 型钢混凝土桩、竹节桩、加气混凝土砌块、混凝土墙体材料、混凝土水管、灰砂砖及水泥构件，2018 年产量 350 万米。

公司目前正积极响应区委、区政府号召，利用公司自身技术、生产工艺优势，重点发展建筑产业化产品、新型建材、轻质建材、耐火材料等建材产业，打造集生产、交易、展示、研发、信息交流、商贸金融服务于一体的综合性建材产业园区。

证书编号：LB2019DP001

津康合成材料跑道面层（混合型、预制型、透气型）、EPDM 颗粒

产品简介

混合型塑胶跑道：

混合型塑胶跑道采用国际田联认可的混合结构，面层为 TPV 或 EPDM 彩色颗粒，呈平整、密实结构。津康的混合型跑道采用的是高质量环保型 PU 双组分混合料，因其独特的微发泡技术，使其具备优越的物理性能和良好外观，得到市场广泛认可。面层施工可采用喷颗粒或撒颗粒。

预制型塑胶跑道：

预制型塑胶跑道在产品设计中使用立体网状的内部结构，使跑道具有优良的弹力、强度、韧性及减震效果，有效减少了运动员的肌肉疲劳和微损伤。预制型塑胶跑道由凹凸图案的上、下两层复合而成，上层为彩色复合橡胶，具有长久抵御紫外光及多变气候、气象条件影响的性能，凹凸图案面层设计，具有优良的防滑、抗尖钉、抗磨损、抗反光作用；下层为黑色复合弹性材料，底层设计为凹凸图案，在最大限度地增加跑道材料与基面的锚固密实程度。同时，利用密闭在孔洞中的空气在受到撞击的瞬间所产生的反弹力传导给运动员，从而有效地降低了运动时所受到的冲击。

适用范围

产品适用于竞技比赛场地、运动场、学校、体育馆、小区健身路面、塑胶跑道面层。

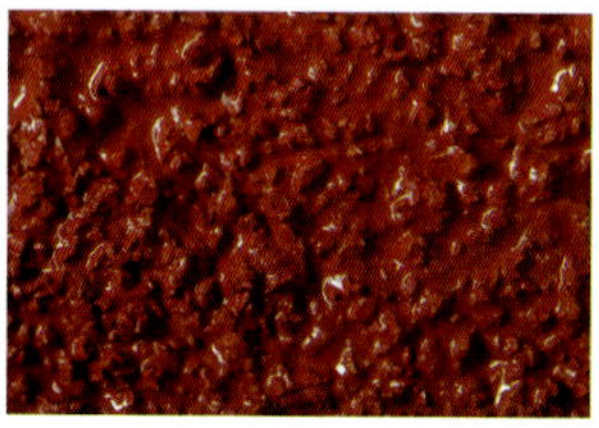

技术指标

产品主要技术指标如下：

序号	检测项目		标准要求	检测结果
1	冲击吸收	0℃ ±2℃	35 ~ 50	36.3
2		23℃ ±2℃	35 ~ 50	36.4
3		50℃ ±2℃	35 ~ 50	38.1
4	垂直变形（mm）		0.6 ~ 3.0	1.37
5	抗滑值（BPN，20℃）		≥ 47	67
6	拉伸强度（MPa）		≥ 0.5	0.92
7	拉断伸长率（%）		≥ 40	117
8	阻燃（级）		I	I
9	游离甲苯二异氰酸酯(TDI)和游离六亚甲基二异氰酸酯(HDI)总和 (g/kg)		≤ 0.2	0.16
10	游离二苯基甲烷二异氰酸酯（MDI）(g/kg)		≤ 1.0	未检出 * （检出 0.1g/kg)
11	重金属含量（mg/kg）	可溶性铅	≤ 50	6.3
12		可溶性镉	≤ 10	1.6
13		可溶性铬	≤ 10	2.7
14		可溶性汞	≤ 2	未检出 * （检出 0.2mg/kg)
15	3 种邻苯二甲酸酯类化合物（DBP、BBP、DEHP）总和（g/kg）		≤ 1.0	0.01
16	3 种邻苯二甲酸酯类化合物（DNOP、DINP、DIDP）总和（g/kg）		≤ 1.0	0.02

地址：河北省唐山市曹妃甸工业区新兴产业园区

河北新津康塑胶制品制造有限公司

工程案例

宁河区七里海镇中学、造甲城镇中学农村学校橡胶运动场改造工程以及宁河区南部片区农村学校橡胶运动场地改造工程项目，河北理工大学、中日大明学校、廊坊管道学院等。

生产企业

河北新津康塑胶制品制造有限公司厂房建于曹妃甸新兴产业园区。总占地面积 50 亩，总建筑面积 33000 平方米，是黄河以北规模最大的生产基地之一。年产环保预聚体及环保粘合剂 8000 吨、人造草坪 50 万平方米。新建生产车间 20160 平方米，仓库 6000 平方米；配备塑胶生产设备、人造草坪生产线、EPDM 彩色颗粒生产设备及其他研发、环保配套设备。公司定位于集运动场地咨询设计、科研开发、生产销售及工程施工为一体的体育产业，从事各类运动场地及配套设施的建设。公司通过了 ISO 9001 及 ISO 14000 国际质量环境管理体系认证，具备体育场地设施工程专业承包资质。公司以其准确的市场定位、标准化管理、专业化技术和高品质的服务，时刻以科技力量创造运动活力，不断创新思维、拓宽视野，在推广运动场新型材质方面，取得成功。公司获得包括国际田联、中国田协及国家体育用品质检中心等国家权威体育机构的一致认可，从而成为国内体育设施产业界的先行者。

公司以“传递运动价值，缔造健康未来”为经营理念，以技术领先为指导思想，在我们的锐意进取、务实创新的共同奋斗下，创建一流质量为宗旨。

地址：河北省唐山市曹妃甸工业区新兴产业园区

河北新津康塑胶制品制造有限公司

证书编号：LB2019DP002

耐迪无溶剂环氧地坪漆、水性环氧地坪漆、聚氨酯地坪漆

产品简介

环氧树脂地坪漆是一种高强度、耐磨损、美观的地坪涂料，具有洁净、防尘、美观、无接缝、质地坚实、保养方便、维护费用低廉等优点。可根据不同的用途要求设计多种方案，如自流平型彩砂地坪、自流平型防腐地坪、自流平型防静电地坪等。

适用范围

环氧树脂地坪漆适用于机械性能要求高的场所地面，具有一定冲击性要求的机械、电子、电器、仪表、医药、纺织、服装、食品、烟草等企业厂房地面；GMP 制药厂、医院、血液制品等无尘菌室、精密机械。微电子制造厂、机械及化学综合性能要求高的区域。

太原伽峰数据中国联通数据中心

技术指标

产品技术指标符合 GB/T 22374—2018《地坪涂装材料》标准中的相关要求。

工程案例

包商银行商务大厦工程、山西太原伽峰数据中国联通数据中心、长城润滑油茂名分公司、福建恒安纸业集团、三洋电机环氧防静电自流平地坪项目、长春一汽大众新能源汽车电池生产车间、广州动车段环氧自流平项目、重庆万达广场户外耐候地坪项目、珠海汤臣倍健、北京同仁堂健康药业股份有限公司等。

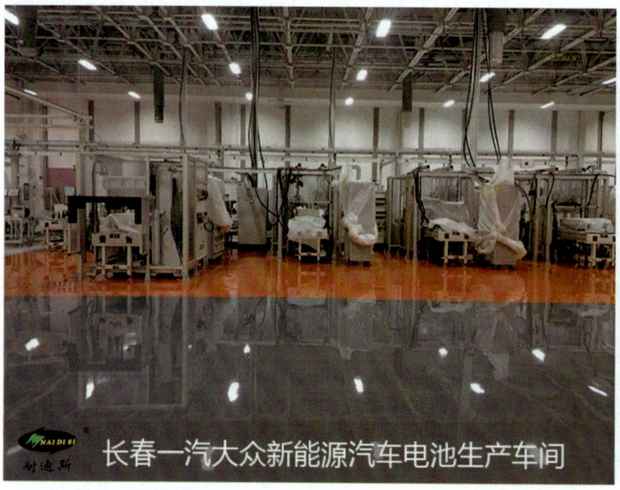

长春一汽大众新能源汽车电池生产车间

长春一汽大众新能源汽车电池生产车间

广东耐迪化工有限公司

地址：广州市天河区燕岭路 89 号燕侨大厦 2809 室
电话：020-87226872 15914367383
传真：020-37213913
官方网站：www.naidisi.cn

三洋电机有限公司

南京康普生物技术有限公司

汤臣倍健股份有限公司

生产企业

广东耐迪化工有限公司始建于2002年，注册资金5000万元，是从事高分子混凝土防护材料的研发、生产及销售的高新技术企业。公司通过ISO 9001：2015质量管理体系认证、环境管理体系认证、职业健康安全管理体系认证，并严格执行ISO体系组织生产和实施质量管理。产品包括：环氧树脂地坪涂装系列、聚氨酯地坪涂装系列、耐磨硬化地坪涂装系列、水性环氧地坪涂装系列、墙体涂料系列及特种工业涂装系列等。

广东耐迪化工有限公司生产基地位于广东省翁源华彩新材料产业园，占地面积40000㎡，拥有现代化标准厂房及先进设备生产线，年产值达10000吨。营销网络以广州为中心，设有贵州、湖北、湖南、福建、上海、安徽、河北、云南等20多个办事处，服务网络遍布全国。

公司设有广东省院士专家企业工作站，被评为“广东省守合同重信用企业”“广东省高新技术企业”等，连续多年被评选为中国地坪品牌20强企业。并担任中国建筑材料联合会地坪产业分会副理事长单位、广东省涂料行业协会理事单位，参编《渗透型液体硬化剂》《整体地面铺装工》《建筑地坪涂装工程施工及验收规程》《彩砂地坪材料》等多项建筑材料行业标准。

耐迪人怀着“成为地坪行业综合解决方案的首选服务商”的企业愿景，以技术为核心，环保为导向，品质求发展的经营理念赢得广大客户的认可与信赖。

福建恒安纸业集团生产车间

广州动车段

广东耐迪化工有限公司

地址：广州市天河区燕岭路89号燕侨大厦2809室
电话：020-87226872 15914367383
传真：020-37213913
官方网站：www.naidisi.cn

证书编号：LB2019DP003

奥翔聚氨酯跑道材料、硅 PU 球场材料、EPDM 橡胶颗粒

产品简介

奥翔硅 PU 球场材料，以改性单组分聚氨酯材料与有机硅为主材，分多层（底涂、弹性层、加强层、面层）喷涂施工而成，达到弹性和强度的完美结合，属于专业弹性合成球场地面系统，具有反弹均匀、缓冲减震、安全防滑、运动舒适的特点，能满足多种球类赛事需求。

奥翔聚氨酯跑道呈平整密实结构，主要成分是双组分聚氨酯材料，弹性层由双组分聚氨酯混合料一体成型，面层由 EPDM 彩色颗粒与单组分聚氨酯喷面胶混合喷涂而成。产品具有一体成型、平整美观、弹力适度、持久耐磨、维护方便等特点。

奥翔 EPDM 橡胶颗粒采用独特配方，工艺先进，添加提高粘结强度的特殊组分，耐候稳定，颜色持久，弹性适中，多种含胶量、颜色、粒径可选。产品具有超强的抗拉伸、抗撕裂强度和耐摩擦性能，优越的防老化和良好的低温柔韧性，性价比高等特点。

适用范围

硅 PU 球场材料适用于各种球类训练与比赛场地。

聚氨酯跑道材料适用于专业比赛场及运动场地。

EPDM 橡胶颗粒适用于体育塑胶运动场、人造草坪填充、游乐活动场、卷材等领域。

技术指标

硅 PU 球场材料主要技术指标如下：

检验项目	技术要求
（田径场地）冲击吸收 /%	35 ～ 50
（球类场地）冲击吸收 /%	20 ～ 50
（其他活动场地）冲击吸收 /%	25 ～ 50
垂直变形 /mm	0.6 ～ 3.0
（田径场地）抗滑值 (BPN，20℃) ≥	47（湿测）
（球类场地及其他活动场地）抗滑值 (BPN，20℃) ≥	80 ～ 110（干测）
（渗水型面层）拉伸强度 /MPa ≥	0.4
（非渗水型面层）拉伸强度 /MPa ≥	0.5
拉断伸长率 /% ≥	40
阻燃性 / 级	I
（渗水型）耐人工气候老化性能（500h）拉伸强度 /MPa ≥	0.4
（非渗水型）耐人工气候老化性能（500h）拉伸强度 /MPa ≥	0.5
耐人工气候老化性能（500h）拉断伸长率 /% ≥	40

聚氨酯跑道材料主要技术指标如下：

检验项目	技术要求
（田径场地）冲击吸收 /%	35 ～ 50
（球类场地）冲击吸收 /%	20 ～ 50
（其他活动场地）冲击吸收 /%	25 ～ 50
垂直变形 /mm	0.6 ～ 3.0
（田径场地）抗滑值 (BPN，20℃) ≥	47（湿测）
（球类场地及其他活动场地）抗滑值 (BPN，20℃) ≥	80 ～ 110（干测）
（渗水型面层）拉伸强度 /MPa ≥	0.4
（非渗水型面层）拉伸强度 /MPa ≥	0.5
拉断伸长率 /% ≥	40
阻燃性 / 级	I
（渗水型）耐人工气候老化性能（500h）拉伸强度 /MPa ≥	0.4
（非渗水型）耐人工气候老化性能（500h）拉伸强度 /MPa ≥	0.5
耐人工气候老化性能（500h）拉断伸长率 /% ≥	40

福建奥翔体育塑胶科技股份有限公司
地址：福建省三明市尤溪县经济开发区城西园三期 9 号地
电话：0598-5079999
官方网站：www.axkeji.cn

EPDM 橡胶颗粒主要技术指标如下：

	检验项目	限量值
固体原料	多环芳烃（18 种总和）/(mg/kg)	≤ 50
	多环芳烃（18 种总和）/(mg/kg)	≤ 20（仅草坪填充颗粒）
	苯并 [a] 芘 /(mg/kg)	≤ 1.0
	可溶性铅 /(mg/kg)	≤ 50
	可溶性镉 /(mg/kg)	≤ 10
	可溶性铬 /(mg/kg)	≤ 10
	可溶性汞 /(mg/kg)	≤ 2
	气味等级	≤ 3

工程案例

国家奥林匹克体育中心
福建省奥林匹克体育中心
福建省周宁县体育中心
福建省光泽县体育中心
上海市宝山体育中心
福建省浦城县体育中心
浙江省浦江县体育中心
浙江省慈溪县体育中心
江西省定南县体育中心
江西省大余体育中心
山东省五莲县体育中心
西藏阿里日土体育中心
青海省海宴县体育场
青海省湟中县体育场
广西省天等县体育场
厦门大学嘉庚学院
福建三明学院

国家竞走队长白山训练基地
广西体育局江南训练基地
公安部训练基地
解放军某部三沙训练基地
福建省消防武警沙县训练基地
江西南昌市消防总队训练场
四川省曲棍球队训练基地
海军航空学院
山东省章丘双语国际学校
兰州市碧桂园国际学校
浙江省舟山绿城育华学校
安徽省黄山市渔亭中学
山东省潍坊体育学院
上海市奉贤区弘文学校
湖南娄底市职业技术学院
青岛市外国语学院
厦门集美大学

生产企业

福建奥翔体育塑胶科技股份有限公司位于福建省尤溪经济开发区，为国家高新技术企业、科技型企业、成长型企业、福建省重点企业和知识产权优势企业。公司占地面积 170 亩，注册资金 6600 万元，是一家集研发、生产、销售、施工于一体的大型运动场地铺装材料生产企业。奥翔科技持续推广绿色环保理念，为客户提供全程一站式服务，主要生产聚氨酯塑胶跑道、预制型橡胶跑道、硅 PU 球场、人造草坪、多功能健身及骑行步道等系列产品，并拥有多支专业的体育场地施工队伍。

公司建有行业一流的省级“体育场地铺装材料研发中心”，配备了国际先进的科研实验设备，与国内多所高校开展校企合作，设立大学生实验实习基地及博士工作站。奥翔产品研发团队由 30 多名专业技术人员组成，数项科研成果已获得了国家发明专利和实用新型专利，研发能力的提高增强了企业的核心竞争力，为企业的科技进步和可持续性发展提供了坚实的后盾。

经瑞士“SGS”实验室、中国田径协会田径场地人工合成面层检测实验室、国家体育用品质量监督检验中心、上海建科院等多家第三方权威机构检测，奥翔产品均达国家标准及各省、市地方（团体）标准，质量处于国际水平。奥翔公司也是国内第一批所有产品全面通过新国标 GB 36246—2018《中小学合成材料面层运动场地》检测合格的单位之一。

公司产品已经获得了国际田联（IAAF）认证、欧盟 CE 和 ROHS 认证、中国田径协会优秀审定产品认证、中国环境标志十环 I 型认证，以及 CQC 和 CEC 等数项权威认证，铺设的多个塑胶运动场地通过了中国田径协会验收。“奥翔”品牌已荣获福建省知名商标，被列入政府绿色采购名单、优势品牌库产品名单和工业产品推荐使用目录。

福建奥翔体育塑胶科技股份有限公司
地址：福建省三明市尤溪县经济开发区城西园三期 9 号地
电话：0598-5079999
官方网站：www.axkeji.cn

证书编号：LB2019DP004

优冠聚氨酯塑胶跑道材料、硅 PU 球场材料、EPDM 颗粒

产品简介

改性 TPU 运动场材料由我公司自主研发，不含短链氯化石蜡、苯、甲苯、二甲苯、游离甲苯二异氰酸酯（TDI）等毒性物质，无刺激性气味，不含铅、镉、铬、汞等重金属物质；能与对环境质量要求极高的娃娃鱼“共生”。

二代水性硅 PU（加强层）为我公司自主研发的二代硅 PU 产品，其具有绿色环保，粘接力强，弹性、拉伸性能强，耐老化等优良特性。产品不含有游离甲苯二异氰酸酯（TDI）、MOCA、短链氯化石蜡、苯、甲苯、二甲苯等有害挥发性物质，不含铅、镉、铬、汞等重金属物质，施工时无须再次添加化学试剂，只需添加自来水催干固化即可，做到真正净味环保。

适用范围

产品适用于竞技比赛场地、运动场、学校、体育馆、小区健身路面等。

复合型塑胶跑道

硅PU塑胶球场

混合型自结纹塑胶跑道

幼儿园EPDM 塑胶地面

技术指标

聚氨酯塑胶跑道材料主要技术指标如下：

	项目	指标	实测
有害物质含量	3 种邻苯二甲酸酯类化合物（DBP、BBP、DEHP）总和 /（g/kg）	≤ 1.0	未检出
	3 种邻苯二甲酸酯类化合物（DNOP、DINP、DIDP）总和 /（g/kg）	≤ 1.0	未检出
	18 种多环芳烃总和 /（mg/kg）	≤ 50	未检出
	苯并 [a] 芘 /（mg/kg）	≤ 1.0	未检出
	短链氯化石蜡（C10-C13）/（g/kg）	≤ 1.5	未检出
	4,4’-二氨基-3,3’-二氯二苯甲烷（MOCA）/（g/kg）	≤ 1.0	未检出
	游离甲苯二异氰酸酯（TDI）和游离六亚甲基二异氰酸酯（HDI）总和 /（g/kg）	≤ 0.2	未检出
	游离二苯基甲烷二异氰酸酯（MDI）/（g/kg）	≤ 1.0	未检出
	可溶性铅 /（mg/kg）	≤ 50	2
	可溶性镉 /（mg/kg）	≤ 10	0.3
	可溶性铬 /（mg/kg）	≤ 10	0.8
	可溶性汞 /（mg/kg）	≤ 2	未检出
有害物质释放量	总挥发性有机化合物（TVOC）/［mg/（m^2•h）］	≤ 5.0	0.7
	甲醛 /［mg/（m^2•h）］	≤ 0.4	未检出
	苯 /［mg/（m^2•h）］	≤ 0.1	未检出
	甲苯、二甲苯和乙苯总和 /［mg/（m^2•h）］	≤ 1.0	未检出
气味	气味等级 / 级	≤ 3	3

湖南优冠体育材料有限公司

地址：湖南省岳阳市汨罗市弼时镇三角塘路以南新塘路以西
官方网站：www.ucrownsports.com

硅 PU 球场材料主要技术指标如下：

	项目	指标	实测
有害物质含量	3 种邻苯二甲酸酯类化合物（DBP、BBP、DEHP）总和 / (g/kg)	≤ 1.0	未检出
	3 种邻苯二甲酸酯类化合物（DNOP、DINP、DIDP）总和 / (g/kg)	≤ 1.0	未检出
	18 种多环芳烃总和 / (mg/kg)	≤ 50	5.6
		≤ 20c	4.2
	苯并 [a] 芘 / (mg/kg)	≤ 1.0	未检出
	短链氯化石蜡（C10-C13）/ (g/kg)	≤ 1.5	未检出
	4,4’- 二氨基 -3,3’- 二氯二苯甲烷（MOCA）/ (g/kg)	≤ 1.0	未检出
	游离甲苯二异氰酸酯（TDI）和游离六亚甲基二异氰酸酯（HDI）总和 / (g/kg)	≤ 0.2	未检出
	游离二苯基甲烷二异氰酸酯（MDI）/ (g/kg)	≤ 1.0	未检出
	可溶性铅 / (mg/kg)	≤ 50	未检出
	可溶性镉 / (mg/kg)	≤ 10	未检出
	可溶性铬 / (mg/kg)	≤ 10	未检出
	可溶性汞 / (mg/kg)	≤ 2	未检出
有害物质释放量	总挥发性有机化合物（TVOC）/ [mg/ (m^2•h)]	≤ 5.0	4.22
	甲醛 / [mg/ (m^2•h)]	≤ 0.4	0.13
	苯 / [mg/ (m^2•h)]	≤ 0.1	未检出
	甲苯、二甲苯和乙苯总和 / [mg/ (m^2•h)]	≤ 1.0	0.006
	二硫化碳 / [mg/ (m^2•h)]	≤ 7.0	0.044
气味	气味等级 / 级	≤ 3	2

工程案例

杭州外国语学校婺州学院、喀什公安局反恐培训基地、内蒙古商都二中、杭州临安中学等。

生产企业

湖南优冠体育材料有限公司是优冠实业集团旗下拟上市主体公司，是一家集塑胶跑道、人造草坪、塑胶球场、悬浮拼装地板、环氧地坪漆、体育围网、幼教游乐设备等产品研发、生产、销售、铺装于一体的国家高新技术企业，是校园体育场地系统、全民健身设施系统、体育场馆配套建设的一站式材料供应和技术服务商。优冠始终以“造健康产品、铸健康企业、享健康人生”为使命，致力于成为奋斗者共同创富的舞台；如今，优冠的足迹已遍布全国各地，迈入全球化发展新纪元，产品远销俄罗斯、沙特、智利、德国、法国、西班牙、新加坡、澳大利亚等国家，国内外现设有 140 多个服务中心与网点。

公司自主研发的改性 TPU 运动场材料，获国家发明专利认证，并被列入《湖南省两型产品政府采购目录（第七批）》；同时，优冠在国内率先研发，并推出人造草与天然草混植技术和负氧离子的森林氧吧跑道，获得众多用户的一致好评。

湖南优冠体育材料有限公司

地址：湖南省岳阳市汨罗市弼时镇三角塘路以南新塘路以西
官方网站：www.ucrownsports.com

证书编号：LB2019DP005

腾威聚氨酯塑胶跑道材料、硅 PU 球场材料、彩色防滑路面涂料

产品简介

腾威聚氨酯塑胶跑道材料，由聚氨酯预聚体、混合聚醚、EPDM 橡胶粒或 PU 颗粒、颜料、助剂、填料组成。塑胶跑道具有平整度好、抗压强度高、硬度弹性适当、物理性能稳定的特性，是国际上公认的最佳全天候室外运动场地坪材料。

硅 PU 球场材料 (SPU) 是在 PU 球场材料的基础上开发研制出来的新一代球场铺面材料。该材料是以聚氨酯 (PU) 材料与含有有机硅成分的材料科学地复合在一起，所生产出来的材料。用在球场面层上，从根本上解决了 PU 球场材料在专业性能、环保施工、使用寿命、日常维护等方面的不足，具有革命性的创新性能。

适用范围

产品广泛适用于幼儿园、学校、训练体育场、健身馆、普通体育场馆、健身绿道等。

技术指标

硅 PU 球场材料主要技术指标如下：

	项目	指标	实测
有害物质含量	3 种邻苯二甲酸酯类化合物（DBP、BBP、DEHP）总和 /（g/kg）	≤ 1.0	0.1
	3 种邻苯二甲酸酯类化合物（DNOP、DINP、DIDP）总和 /（g/kg）	≤ 1.0	未检出
	18 种多环芳烃总和 /（mg/kg）	≤ 50	未检出
		≤ 20c	未检出
	苯并 [a] 芘 /（mg/kg）	≤ 1.0	未检出
	短链氯化石蜡（C10-C13）/（g/kg）	≤ 1.5	未检出
	4,4' - 二氨基 -3,3' - 二氯二苯甲烷（MOCA）/（g/kg）	≤ 1.0	未检出
	游离甲苯二异氰酸酯（TDI）和游离六亚甲基二异氰酸酯（HDI）总和 /（g/kg）	≤ 0.2	未检出
	游离二苯基甲烷二异氰酸酯（MDI）/（g/kg）	≤ 1.0	未检出
	挥发性有机化合物 /（g/L）	≤ 50	未检出
	游离甲醛 /（g/kg）	≤ 0.50	未检出
	苯 /（g/kg）	≤ 0.05	未检出
	可溶性铅 /（mg/kg）	≤ 50	未检出
	可溶性镉 /（mg/kg）	≤ 10	未检出
	可溶性铬 /（mg/kg）	≤ 10	未检出
	可溶性汞 /（mg/kg）	≤ 2	未检出
有害物质释放量	总挥发性有机化合物（TVOC）/［mg/（$m^2\cdot h$）］	≤ 5.0	2.1
	甲醛 /［mg/（$m^2\cdot h$）］	≤ 0.4	0.02
	苯 /［mg/（$m^2\cdot h$）］	≤ 0.1	未检出
	甲苯、二甲苯和乙苯总和 /［mg/（$m^2\cdot h$）］	≤ 1.0	0.1
	二硫化碳 /［mg/（$m^2\cdot h$）］	≤ 7.0	未检出
气味	气味等级 / 级	≤ 3	3

聚氨酯塑胶跑道材料主要技术指标如下：

	项目	指标	实测
有害物质含量	3 种邻苯二甲酸酯类化合物（DBP、BBP、DEHP）总和 /（g/kg）	≤ 1.0	0.02
	3 种邻苯二甲酸酯类化合物（DNOP、DINP、DIDP）总和 /（g/kg）	≤ 1.0	未检出
	18 种多环芳烃总和 /（mg/kg）	≤ 50	未检出
		≤ 20c	未检出
	苯并 [a] 芘 /（mg/kg）	≤ 1.0	未检出
	短链氯化石蜡（C10-C13）/（g/kg）	≤ 1.5	未检出
	4,4' - 二氨基 -3,3' - 二氯二苯甲烷（MOCA）/（g/kg）	≤ 1.0	未检出
	游离甲苯二异氰酸酯（TDI）和游离六亚甲基二异氰酸酯（HDI）总和 /（g/kg）	≤ 0.2	未检出
	游离二苯基甲烷二异氰酸酯（MDI）/（g/kg）	≤ 1.0	未检出
	挥发性有机化合物 /（g/L）	≤ 50	未检出
	游离甲醛 /（g/kg）	≤ 0.50	未检出

续表

项目		指标	实测
有害物质含量	苯 / (g/kg)	≤ 0.05	未检出
	可溶性铅 / (mg/kg)	≤ 50	未检出
	可溶性镉 / (mg/kg)	≤ 10	未检出
	可溶性铬 / (mg/kg)	≤ 10	未检出
	可溶性汞 / (mg/kg)	≤ 2	未检出
有害物质释放量	总挥发性有机化合物(TVOC)/ [mg/ ($m^2 \cdot h$)]	≤ 5.0	1.2
	甲醛 / [mg/ ($m^2 \cdot h$)]	≤ 0.4	0.012
	苯 / [mg/ ($m^2 \cdot h$)]	≤ 0.1	未检出
	甲苯、二甲苯和乙苯总和 / [mg/ ($m^2 \cdot h$)]	≤ 1.0	0.008
	二硫化碳 / [mg/ ($m^2 \cdot h$)]	≤ 7.0	0.3
气味	气味等级 / 级	≤ 3	3

工程案例

长沙职教中心、江西中医药大学、广宗县第二中学 400 米标准跑道和足球场地、海兴县中学运动场改建项目、沧州市娘娘庙小学塑胶场地工程、沧州市第八中学足球场场地翻新工程、阜阳市颍州区农村义务教育薄弱学校标准化建设项目(中、小学体育器材采购)第一包段、阜阳市颍州区农村义务教育薄弱学校标准化建设项目(中、小学体育器材采购)第二包段、通辽市科尔沁区第二中学、寿光市 2014 年农村小学塑胶操场建设工程、襄阳四中篮球场修缮工程、藁城市职业技术教育中心塑胶操场及培训教室工程、涉县教育体育局青少年校外活动中心、衡水科技工程学校、奈曼旗教育体育局基础教育标准化建设工程、沧州一职塑胶操场工程等。

生产企业

广州腾威科技股份有限公司成立于 2008 年，是一家集研发、生产、销售于一体的高新技术企业，新三板挂牌上市企业，公司长期致力于绿色环保的运动场馆地面材料、市政交通安全防滑铺装材料等新型地材产品的研发、生产、设计、应用和推广。

腾威科技自 2009 年起即通过 ISO 质量、环境、职业健康安全体系认证；公司产品通过国家各类权威检测认证，包括：中国环境标志产品认证(绿色十环认证)、中国环保产品认证、国际田联认证(IAAF)、国际网联认证(ITF)、交通部批量生产合格认证、知识产权贯标认证；腾威科技 2015 年取得国家高新技术企业认定，是中国体育地材绿色生产企业联盟发起人单位之一，并荣任全国工商联绿道建设专业委员会副主任单位、全国工商联城市基础设施商会常务理事单位、广东省体育设施制造商协会副会长单位、广东地坪协会副会长单位、广东省 2015 和 2016 重合同守信用企业、广州市征信服务协会副会长单位、《体育设施设备标准实用手册》参编单位。

腾威科技十分重视创新投入，目前已经取得 22 项专利，其中 3 项发明专利、19 项实用新型专利，另外还有 20 项新的专利获国家知识产权局受理。公司的微珠硅 PU 球场、水性双组分硅 PU 跑道、仿木纹弹性地板三个新产品获得国家高新技术产品称号。公司最新开发的水性跑道胶粘剂入选广州市科技成果，获得 100 万元科技资金扶持。

腾威科技体育跑道材料、路桥材料的销售及品牌美誉度已经跻身全国行业排头兵。公司针对体育场馆地面铺装行业的环保需求，创新开创了腾威及耐奥腾品牌水性丙烯酸球场材料、水性硅 PU 球场材料、双组分硅 PU 球场材料、无溶剂全塑型 SiPU 跑道、无溶剂全塑型自结纹跑道、无溶剂混合型跑道、水性跑道胶粘剂、SPU 聚脲球场材料、室内聚脲橡胶地面材料，全类产品通过国标检测及深圳地方标准、上海团体标准的检测，在全国各地得到了广泛应用；公司针对路道建设、海绵城市建设和健身慢行步道建设开发了固瑞达系列产品，包括：彩色路面防滑粘结料、彩色透水路面粘结料、高粘彩色路面沥青、SiPU 弹性路面铺装材料等，在全国各地彩色透水路面、绿道及慢行步道已经获得了良好的应用。公司已在体育场馆、绿道、步道建设中积累了 10 多年的产品开发和现场应用经验。

广州市腾威科技股份有限公司
工厂：惠州市腾威新材料有限公司(惠州市博罗县湖镇镇埔头工业区笔梅岭)
地址：广州市增城区新塘镇永和誉山国际融景一路 10 号 501 房
电话：020-82989388
官方网站：www.gztonwell.com

证书编号：LB2019DP006

睿天体育聚氨酯跑道材料、硅 PU 球场材料、环氧地坪涂料

产品简介

聚氨酯塑胶跑道又称全天候运动跑道，由聚氨酯预聚体、混合聚醚、EPDM 橡胶粒或 PU 颗粒、颜料、助剂、填料组成。塑胶跑道具有平整度好、抗压强度高、硬度弹性适当、物理性能稳定的特性，有利于运动员速度和技术的发挥，有效地提高运动成绩，降低摔伤率。塑胶跑道是由聚氨酯橡胶等材料组成的，具有一定的弹性和色彩，具有一定的抗紫外线能力和耐老化能力，是国际上公认的最佳全天候室外运动场地坪材料。

硅 PU 球场材料是在 PU 球场材料的基础上开发研制出来的新一代球场铺面材料。该材料是以聚氨酯 (PU) 材料与含有有机硅成分的材料科学地复合在一起，所生产出来的材料。用在球场面层上，从根本上解决了 PU 球场材料在专业性能、环保施工、使用寿命、日常维护等方面的不足，具有革命性的创新性能。

环氧地坪是一种高强度、耐磨损、美观的地板，具有无接缝、质地坚实、耐药品性佳、防腐、防尘、保养方便、维护费用低廉等优点。

适用范围

产品适用于幼儿园、学校、训练体育场、健身馆、普通体育场馆、健身绿道、地下停车场、车间等。

技术指标

聚氨酯塑胶跑道材料主要技术指标如下：

检测类型	检测项目	单位	标准限制要求
有害物质限量	6 种邻苯二甲酸酯类增塑剂总和	g/kg	≤ 2.0
	18 种多环芳烃总和	mg/kg	≤ 50
	苯并（a）芘	mg/kg	≤ 1.0
	短链氯化石蜡	g/kg	≤ 1.5
	3,3’ - 二氯 -4,4’ - 二氨基二苯甲烷（MCOA）	g/kg	≤ 1.0
	可溶性铅	mg/kg	≤ 90
	可溶性镉	mg/kg	≤ 10
	可溶性铬	mg/kg	≤ 10
	可溶性汞	mg/kg	≤ 2.0
释放气体中挥发性有机物限量	游离甲苯二异氰酸酯 (TDI)	mg/m^3	≤ 0.036
	游离二苯基甲烷二异氰酸酯 (MDI)	mg/m^3	≤ 0.050
	甲醛	mg/m^3	≤ 0.10
	苯	mg/m^3	≤ 0.11
	甲苯	mg/m^3	≤ 0.20
	二甲苯	mg/m^3	≤ 0.20
	1,2- 二氯乙烷	mg/m^3	≤ 0.70
	二氯甲烷	mg/m^3	≤ 3
	苯乙烯	mg/m^3	≤ 0.07
	四氯乙烯	mg/m^3	≤ 0.25
	三氯乙烯	mg/m^3	≤ 0.023
	氯乙烯	mg/m^3	≤ 0.001
	总挥发性有机物（TVOC）	mg/m^3	≤ 3.50

武汉睿天新材料科技有限公司
地址：鄂州葛店开发区创业北 2 号路
电话：400 136 7188/18971255299
官方网站：www.whrti.com

硅 PU 球场材料主要技术指标如下：

	项目	指标	实测
有害物质含量	3 种邻苯二甲酸酯类化合物（DBP、BBP、DEHP）总和 /（g/kg）	≤ 1.0	0.1
	3 种邻苯二甲酸酯类化合物（DNOP、DINP、DIDP）总和 /（g/kg）	≤ 1.0	未检出
	18 种多环芳烃总和 /（mg/kg）	≤ 50	未检出
		≤ 20	未检出
	苯并 [a] 芘 /（mg/kg）	≤ 1.0	未检出
	短链氯化石蜡（C10-C13）/（g/kg）	≤ 1.5	未检出
	4,4’ - 二氨基 -3,3’ - 二氯二苯甲烷（MOCA）/（g/kg）	≤ 1.0	未检出
	游离甲苯二异氰酸酯（TDI）和游离六亚甲基二异氰酸酯（HDI）总和 /（g/kg）	≤ 0.2	未检出
	游离二苯基甲烷二异氰酸酯（MDI）/（g/kg）	≤ 1.0	未检出
	挥发性有机化合物 /（g/L）	≤ 50	未检出
	游离甲醛 /（g/kg）	≤ 0.50	未检出
	苯 /（g/kg）	≤ 0.05	未检出
	可溶性铅 /（mg/kg）	≤ 50	未检出
	可溶性镉 /（mg/kg）	≤ 10	未检出
	可溶性铬 /（mg/kg）	≤ 10	未检出
	可溶性汞 /（mg/kg）	≤ 2	未检出
有害物质释放量	总挥发性有机化合物（TVOC）/ [mg/（m²•h）]	≤ 5.0	2.1
	甲醛 / [mg/（m²•h）]	≤ 0.4	0.02
	苯 / [mg/（m²•h）]	≤ 0.1	未检出
	甲苯、二甲苯和乙苯总和 / [mg/（m²•h）]	≤ 1.0	0.1
	二硫化碳 / [mg/（m²•h）]	≤ 7.0	未检出

工程案例

襄阳文理学院、十堰东风中学、监利实验中学、青山区 12 所学校、荆门文峰中学、贵州普定新城体育场、鄂州明堂体育馆、十堰郧西第二中学、未来一小、孝感徐家桥地下车库、汉正街地产 16000 ㎡环氧地坪漆、枫华锦都小区 18000 ㎡车库环氧地坪、国家中储粮加工车间和储备库。

生产企业

武汉睿天新材料科技有限公司是一家专业从事体育运动场地材料及环氧地坪材料生产的企业，生产基地处于活力四射的国家级鄂州市葛店经济开发区，紧邻高速，地理位置优越。

我公司专业生产塑胶跑道、PU/MPU/ 硅 PU 球场、环氧树脂地坪等场地原材料，特别适用于学校、体育馆、运动场、医院、工厂、地下停车场等各种场地使用。我公司严格按照国家标准进行生产，通过 ISO 9001：2001 质量体系认证，还取得了中国环保产品 CQC 认证、中国环保产品十环认证。

公司在强化内部管理的同时，连续对生产装置进行技术改造和扩建，始终秉承“品质为先，诚信为本，顾客为上”的宗旨。目前，公司拥有专业的材料生产人员及技术精湛的专业施工技术队伍，并从美国巴斯夫、德国拜耳、日本三井等知名公司引进高新材料及科学技术，与武汉体育学院、国家体育总局体育工程重点实验室达成战略性合作伙伴关系，开展新型环保聚氨酯运动地面材料的研发应用，实现科教兴企。

睿天系列产品种类多、环保节能，相信与我们的合作是您理想的选择。品质——是获得信任的砝码，是竞争致胜关键，是永无止境的追求，是价值和尊严的起点。我公司愿与各界同仁志士竭诚合作，共创未来！

武汉睿天新材料科技有限公司
地址：鄂州葛店开发区创业北 2 号路
电话：400 136 7188/18971255299
官方网站：www.whrti.com

证书编号：LB2019DP007

同欣预制型橡胶健身步道材料、预制型橡胶跑道材料、预制型橡胶球场材料

产品简介

同欣牌预制环保型橡胶跑道面层是一种双层一体结构的环保型橡胶卷材，上层为高韧性耐磨面层，面层厚度为 3 ～ 4mm 的无规则花纹是由特制的专业设备连续压延而成，保证为运动员提供足够的足底摩擦力。下层为高弹性底层，底层为具有合理倾斜角度的水滴状蜂巢结构的微孔发泡层。这种几何结构能够很好地配合微孔发泡的精密配方，能提供卓越的冲击吸收能力、平滑的能量过渡以及连续的能量反馈。弹性底层进行惰性气体闭孔发泡后，形成的众多微小的惰性气体气囊，保证了底层的高回弹性能。

适用范围

产品可普遍适用于大中学运动场地及国内外各种专业赛事的运动场馆。

技术指标

产品主要技术指标如下：

预制型橡胶球场面层物理机械性能

	项目	要求	同欣数值
物理性能 GB 36246—2018	冲击吸收 / %	20 ～ 50	28
	垂直变形 / mm	0.6 ～ 3.0	1.7
	抗滑值 /（BPN，20 ℃）	80 ～ 110（干测）	90
	拉伸强度 / MPa	≥ 0.5	1.1
	拉断伸长率 / %	≥ 40	158
	阻燃性能 / 级	Ⅰ（燃斑直径≤ 50mm）	Ⅰ
	拉伸强度 /MPa	≥ 0.5	0.97
	拉断伸长率 /%	≥ 40	208

有害物质限量值指标

	项目	要求	同欣数值
有害物质含量	3 种邻苯二甲酸酯类化合物（DBP、BBP、DEHP）总和 /（g/kg）	≤ 1.0	未检出
	3 种邻苯二甲酸酯类化合物（DNOP、DINP、DIDP）总和 /（g/kg）	≤ 1.0	未检出
	18 种多环芳烃总和 /（mg/kg）	≤ 50	未检出
		≤ 20	未检出
	苯并 [a] 芘 /（mg/kg）	≤ 1.0	未检出
	短链氯化石蜡（C10-C13）/（g/kg）	≤ 1.5	未检出
	4,4'- 二氨基 -3,3'- 二氯二苯甲烷（MOCA）/（g/kg）	≤ 1.0	未检出
	游离甲苯二异氰酸酯（TDI）和游离六亚甲基二异氰酸酯（HDI）总和 /（g/kg）	≤ 0.2	未检出
	游离二苯基甲烷二异氰酸酯（MDI）/（g/kg）	≤ 1.0	未检出
	可溶性铅 /（mg/kg）	≤ 50	未检出
	可溶性镉 /（mg/kg）	≤ 10	未检出
	可溶性铬 /（mg/kg）	≤ 10	未检出
	可溶性汞 /（mg/kg）	≤ 2	未检出

广州同欣康体设备有限公司

地址：广州市番禺区汉溪大道同欣工业园
电话：020-66831226
官方网站：www.tx1993.com

续表

项目		要求	同欣数值
有害物质释放量	总挥发性有机化合物（TVOC）/［mg/（m^2•h）］	≤ 5.0	4.7
	甲醛 /［mg/（m^2•h）］	≤ 0.4	0.010
	苯 /［mg/（m^2•h）］	≤ 0.1	未检出
	甲苯、二甲苯和乙苯总和 /［mg/（m^2•h）］	≤ 1.0	0.02
	二硫化碳 /［mg/（m^2•h）］	≤ 7.0	0.2

工程案例

序号	项目名称	预制型橡胶球场面积（m^2）
1	商丘工学院球场采购安装项目	12472.36
2	成都实验外国语学校（西区）	5985.60
3	成都外国语学校（百草路校区）	5525.20
4	深圳南山外国语学校高新中学	4855.00
5	巴蜀常青藤中小学	4737.76
6	暨南大学本部	4095.75
7	广州市西关外国语学校篮球场	3897.00
8	成都外国语学校（初中部）	3714.94
9	淮北市濉溪县实验学校新校区	3573.44
10	成都外国语学校附属小学（百草路校区）	3352.19

生产企业

广州同欣康体设备有限公司始创于 1999 年，是预制型橡胶跑道、球场、步道的专业供应商。同欣的预制型运动面层系列产品获得了中国田协产品审定认证、中国环境标志产品认证、国际田联 IAAF 产品认证等十多项行业权威专业认证。

如今在中国的中高端体育运动面层行业中，同欣实力处于行业前列，据官方数据统计，无论是通过国际田联场地认证还是中国田协场地验收的数量，同欣均名列前茅。

同欣不忘初心，二十多年来一直把“一切为了下一代”这一理念铭刻于心，付诸于行，把环保、健康的理念贯彻到产品的研发和推广之中。同欣成为《中小学合成材料面层运动场地》（GB 36246—2018）及多个地方标准的主要起草者，也是教育部中小学绿色运动场地研究院的执行院长单位，成功地将预制型跑道普及到祖国各地的大中小学，让更需要好跑道、环保跑道的青少年和孩子们，能健康快乐地在绿色环保的运动场上奔跑、跳跃、欢笑、成长。

证书编号：LB2019DP008

绿茵预制型橡胶运动地面材料

产品简介

我公司自主研发并拥有发明专利的西风®（ZEPHYR）预制型环保橡胶跑道系列产品，以复合橡胶、天然橡胶为原材料，采用特殊工艺，经压光、硫化、稳定处理预制而成，各项技术指标均符合国际田径联合会（IAAF）标准及中国国家标准，以优良的性能和恒定的品质获得国际田径联合会（IAAF）认证、中国田径协会产品审定及国家环境标志认证。

西风®（ZEPHYR）预制型环保橡胶跑道是国内第一个获得国际田联认证的运动跑道专用产品，技术达到国际先进水平，填补了国内预制型环保橡胶跑道的空白，被推荐应用于奥运会、亚运会、省运会等国际、国内顶级赛事相关场地。经国家科技部、质检总局、环保总局、商务部联合评定，西风®（ZEPHYR）预制型橡胶跑道在材质、设计、工艺、性能、环保等各方面创新性强，技术含量高，属于国家重点发展领域的环保新产品。2008 年获得了“国家重点产品证书”，并入选国家火炬计划项目。

适用范围

预制型橡胶跑道可适用于室内外田径跑道、运动场馆地面、健身场所地面、人行通道及室外防滑地垫。

技术指标

产品主要技术指标如下：

物理性能		
垂直变形 / mm		2.6
拉伸强度 / MPa		1.10
拉断伸长率 / %		173
阻燃性 / 级		1 级
抗滑值（BPN，20℃）		53.0
化学指标		
苯		未检出
甲苯、二甲苯、乙苯总和		0.025 [mg/（m²·h）]
重金属	可溶性铅	未检出
	可溶性镉	未检出
	可溶性铬	未检出
	可溶性汞	未检出
无机填料含量		≤ 65%
二硫化碳		未检出
TVOC（总挥发性有机物）		0.031 [mg/（m²·h）]

工程案例

☆ 佛山世纪莲体育场（省运会及 16 届亚运会赛场）

☆ 台州市体育中心体育场（省运会主赛场）

☆ 赤峰市体育中心体育场（少数民族运动会赛场）

绿茵天地体育产业股份有限公司
地址：北京市朝阳区北苑路 168 号中安盛业大厦 1008
电话：58246868
官方网站：www.greenworldsports.com

☆ 福建省体育中心体育场（全国特奥会主赛场）
☆ 国家体育总局训练局田径场（国家队备战奥运会专用训练场）
☆ 吴忠黄河奥林匹克体育中心体育场（省运会赛场）
☆ 景德镇市体育中心体育场（省运会赛场）
☆ 青岛市民健身中心体育场（省运会赛场）
☆ 石嘴山市体育中心体育场
☆ 湖北省体育局竞赛训练基地运动场（3 片田径场）
☆ 重庆巴南体育场
☆ 郑州航海体育场（省运会主赛场）
☆ 中央民族大学教学区体育场
☆ 中央财经大学体育场

生产企业

绿茵天地体育产业股份有限公司（简称“绿茵天地”）成立于 1995 年。公司发展至今，已成为集运动地面新材料研发、生产、销售与体育设施工程专业设计、施工、运营管理于一体的国家高新技术企业和新型体育产业公司。

绿茵天地是北京市体育局战略合作伙伴，2017 年 02 月被国家体育总局命名为国家体育产业示范单位。

在产品创新方面，公司已成功开发西风®（ZEPHYR）、领秀®（Play-Ace）、大梁®、绿茵天地®四大自主品牌产品系列，并已全面推广应用。特别是自主研发并拥有国家发明专利的西风®（ZEPHYR）预制型环保橡胶跑道，已铺设应用达百万平方米，并在奥运会、亚运会、全国特奥会等赛事相关场地成功应用。

在体育设施专业服务、设计施工方面，公司实现了从单一的网球场地营造到承建各种类型运动场馆工程的专业集成，拥有市政公用工程施工总承包、建筑工程施工总承包、钢结构工程专业承包叁级资质，业绩遍及国内各省市自治区及韩国、内蒙古、赤道几内亚等亚洲、非洲国家。企业曾中标承担了 2008 年北京奥运会国家网球中心、国家体育场“鸟巢”热身场、国家队备战奥运专用训练场的建设，并被聘为国家体育场“鸟巢”体育工艺技术顾问。

未来，绿茵天地将以造就“创新研发、专业服务、品牌经营”三位一体并具有国际竞争力的体育产业集团为目标，与社会各方精诚合作，有机整合各类优质资源，以优化产品性能、扩大品牌优势为目标，构建文体用品制造销售、休闲健身服务、场馆运营服务、体育地产服务四大业务板块，形成多层次、多元化的经营体系，推动体育业态良性发展，竭诚为社会及民众提供健康人生价值与服务。

绿茵天地体育产业股份有限公司
地址：北京市朝阳区北苑路 168 号中安盛业大厦 1008
电话：58246868
官方网站：www.greenworldsports.com

证书编号：LB2019DP009

凡卡聚氨酯跑道材料、EPDM 彩色橡胶颗粒、硅 PU 球场材料

产品简介

硅 PU 球场材料是在 PU 球场材料的基础上开发研制出来的新一代球场铺面材料。该材料是以聚氨酯 (PU) 材料与含有有机硅成分的材料科学地复合在一起，所生产出来的材料。用在球场面层上，从根本上解决了 PU 球场材料在专业性能、环保施工、使用寿命、日常维护等方面的不足，具有革命性的创新性能。

聚氨酯跑道材料由聚氨酯预聚体、混合聚醚、EPDM 橡胶粒或 PU 颗粒、颜料、助剂、填料组成。塑胶跑道具有平整度好、抗压强度高、硬度弹性适当、物理性能稳定的特性，有利于运动员速度和技术的发挥，有效地提高运动成绩，降低摔伤率。塑胶跑道是由聚氨酯橡胶等材料组成的，具有一定的弹性和色彩，具有一定的抗紫外线能力和耐老化能力，是国际上公认的最佳全天候室外运动场地坪材料。EPDM 彩色橡胶颗粒具有高弹性，表面颜色柔和，颗粒状结构，掺入塑胶场地中，能防止刺眼光线的反射，本产品可采用多色彩搭配，拥有宝力牌塑胶场地专用彩色彩粒的塑胶场地不会因紫外线、臭氧、酸雨的污染而褪色、粉化或软化，并能长期保持其鲜艳的色彩。

彩色 EPDM 颗粒品种繁多，它与专用粘合剂、颜料、催化剂、防老化剂、紫外线吸收剂等混合搅拌再模压制作出来的橡胶地砖颜色丰富、色彩美观雅典、新颖防潮、防震、抗静电阻、透气、耐磨坚固不变形、清洁方便。彩色 EPDM 颗粒是防潮、防震、抗静电材料的首选辅助材料。

适用范围

硅 PU 球场材料适用于各种球类训练与比赛场地。

聚氨酯跑道材料适用于专业比赛场及运动场地。

EPDM 橡胶颗粒适用于体育塑胶运动场、人造草坪填充、游乐活动场、卷材等领域。

技术指标

硅 PU 球场材料主要技术指标如下：

	项目	指标	实测
有害物质含量	3 种邻苯二甲酸酯类化合物（DBP、BBP、DEHP）总和 /（g/kg）	≤ 1.0	未检出
	3 种邻苯二甲酸酯类化合物（DNOP、DINP、DIDP）总和 /（g/kg）	≤ 1.0	未检出
	短链氯化石蜡（C10-C13）/（g/kg）	≤ 1.5	未检出
	挥发性有机化合物 /（g/L）	≤ 50	1.6
	游离甲醛 /（g/kg）	≤ 0.50	未检出
	苯 /（g/kg）	≤ 0.05	未检出
	可溶性铅 /（mg/kg）	≤ 50	未检出
	可溶性镉 /（mg/kg）	≤ 10	未检出
	可溶性铬 /（mg/kg）	≤ 10	未检出
	可溶性汞 /（mg/kg）	≤ 2	未检出
	二硫化碳 / [mg/（m^2•h）]	≤ 7.0	未检出
气味	气味等级 / 级	≤ 3	3

聚氨酯跑道材料主要技术指标如下：

	项目	指标	实测
有害物质含量	3 种邻苯二甲酸酯类化合物（DBP、BBP、DEHP）总和 /（g/kg）	≤ 1.0	未检出
	3 种邻苯二甲酸酯类化合物（DNOP、DINP、DIDP）总和 /（g/kg）	≤ 1.0	未检出
	18 种多环芳烃总和 /（mg/kg）	≤ 50	未检出
		≤ 20	未检出
	苯并 [a] 芘 /（mg/kg）	≤ 1.0	未检出
	短链氯化石蜡（C10-C13）/（g/kg）	≤ 1.5	未检出
	4,4’- 二氨基 -3,3’- 二氯二苯甲烷（MOCA）/（g/kg）	≤ 1.0	未检出

浙江凡卡体育产业股份有限公司

地址：浙江省杭州市文一西路 1218 号恒生科技园 18 楼（办公地址）

电话：86-571-88881118

官方网站：http：//www.pubinder.com

续表

项目		指标	实测
有害物质含量	游离甲苯二异氰酸酯（TDI）和游离六亚甲基二异氰酸酯（HDI）总和 / (g/kg)	≤ 0.2	未检出
	游离二苯基甲烷二异氰酸酯（MDI）/ (g/kg)	≤ 1.0	未检出
	可溶性铅 / (mg/kg)	≤ 50	未检出
	可溶性镉 / (mg/kg)	≤ 10	未检出
	可溶性铬 / (mg/kg)	≤ 10	未检出
	可溶性汞 / (mg/kg)	≤ 2	未检出
有害物质释放量	总挥发性有机化合物（TVOC）/ [mg/ (m^2 · h)]	≤ 5.0	1.18
	甲醛 / [mg/ (m^2 · h)]	≤ 0.4	0.04
	苯 / [mg/ (m^2 · h)]	≤ 0.1	未检出
	甲苯、二甲苯和乙苯总和 / [mg/ (m^2 · h)]	≤ 1.0	0.026
	二硫化碳 / [mg/ (m^2 · h)]	≤ 7.0	0.257

EPDM 橡胶颗粒主要技术指标如下：

项目		指标	实测
有害物质含量	18 种多环芳烃总和 / (mg/kg)	≤ 50	未检出
	苯并 [a] 芘 / (mg/kg)	≤ 1.0	未检出
	可溶性铅 / (mg/kg)	≤ 50	未检出
	可溶性镉 / (mg/kg)	≤ 10	未检出
	可溶性铬 / (mg/kg)	≤ 10	未检出
	可溶性汞 / (mg/kg)	≤ 2	未检出
	高聚物总量 / %	≥ 20	22.83

工程案例

余杭区新城一小塑胶运动场地工程
萧山区高桥幼儿园塑胶工程
杭州市南郊监狱武警塑胶跑道改建工程
余杭区小林中心小学硅 PU 篮球场、塑胶跑道工程
安吉路实验小学（良渚校区）硅 PU 篮球场改造工程
中国海事中心室外篮球场工程
浙江省强制隔离戒毒所内广场篮球场地改造工程
浙江省电力公司培训中心浙西分中心西校区网球场工程
良渚中学篮球场工程
杭州绿城育华学校 PVC 运动地板采购及安装工程
浙江工商大学下沙校区塑胶跑道、篮球场地面改造过程
中国工商银行股份有限公司杭州金融研修学院室外运动场地改造工程
杭州电子科技大学下沙校区室外运动场地改造二期工程
临安新都房地产公园城篮球场、网球场及体育设施供应商及施工
杭州英特外国语学校网球场工程
杭州可可景观湖畔花园塑胶景观工程
杭州市中泰中心小学塑胶跑道面重铺工程
中国计量大学田径足球场改造工程
杭州中房西溪置业有限公司绿城西溪国际围网工程

生产企业

浙江凡卡体育产业股份有限公司是塑胶场地专业铺装产品的制造商。公司始终坚持以质量为先导的经营理念，对供货的厂家资质及原料进行严格斟选；生产严格按照最高标准，并实行自检与第三方认证机构检验相结合，保证每批出厂产品均达到国家标准。公司拥有完整的塑胶场地铺装产品全自动远程控制生产线，通过全系列产品及专业的售后服务，满足终端客户的差异化需求。

公司专业生产彩色 EPDM 橡胶颗粒、环保型 MDI 胶水、双组分 PU 材料、水性硅 PU 材料、彩色色浆、自结纹塑胶跑道材料、橡胶地垫型胶粘剂，年生产能力 10 万吨左右。公司采用优质原材料生产的塑胶跑道具有高弹性、耐老化、环保等特点，保养容易，维护简单。其产品凭借过硬的质量、优质的服务、实在的价格，在市场竞争中赢得了广大客户的青睐。公司所有产品均由中国太平洋财产保险公司承保。

自公司成立以来，坚持和大力发展运动地材生产销售业务，以设计、施工、物资配备为一体，从事各类篮球场、羽毛球场、网球场、跑道等运动场地材料的专供和承包业务，业务范围覆盖了国内外市场。

在发展中超越自我，在实践中创造价值。公司将继续秉承“细致”“实物”“高效”的精神，以“客户至上，诚信为本”为原则，不断完善自我，一如既往地为客户创造价值，提供更优质的产品、技术和服务！

浙江凡卡体育产业股份有限公司
地址：浙江省杭州市文一西路 1218 号恒生科技园 18 楼（办公地址）
电话：86-571-88881118
官方网站：http://www.pubinder.com

证书编号：LB2019DP010

耐齐水性聚氨酯涂料、水性界面剂、水泥基自流平砂浆

产品简介

自流平水泥：是一种以水泥聚合物为原料的自流平水泥材料，非常适合用于各类地板铺装的基层地面找平材料，为铺设各种弹性地板、地毯、瓷砖及地面材料提供平整、完好、坚实的理想基层。水泥基自流平材料具有易施工、流动性能优异、自动精找地面、施工方便、硬化迅速、收缩率低、绿色环保等优点。

水性界面剂：采用高品质特殊结构高分子共聚物乳液及添加剂等原料制成，是一种水溶性界面剂，为环境友好型产品。极易铺展施工、涂刷面积大、干燥迅速、附着力强。用于多种基层材料的底涂，起密封基层空隙的作用，充分发挥自流平水泥和粘合剂的使用效果，是一种理想的粘接介质。

水性聚氨酯涂料：双组分水性聚氨酯具有抗化学性、耐候性、高弹性、抗负荷、抗划伤等特点。适用于环氧、PVC、橡胶、水泥基自流平等地坪表面封闭维护，增加地坪强度、耐磨度，延长地面使用寿命。

适用范围

自流平水泥适用于民用、商用、工业等建筑物室内地坪。

水性界面剂用于多种基层材料的底涂，起密封基层空隙的作用，充分发挥自流平水泥和粘合剂的实用效果，是一种理想的粘接介质。

水性聚氨酯涂料适用于环氧、PVC、橡胶、水泥基自流平等地坪表面的封闭维护。

技术指标

自流平水泥主要技术指标如下：

项目	指标
外观	灰色粉末
流动度	≥ 13
可施工时间	约 20 分钟
抗压强度 / MPa	≥ 20
抗折强度 / MPa	≥ 6.0
施工温度 / ℃	5 ～ 30

水性界面剂执行 JC/T 2329—2015(2017)《水泥基自流平砂浆用界面剂》、GB 18583—2008《室内装饰装修材料 胶粘剂中有害物质限量》标准中的相关规定，主要指标如下：

项目	指标
外观	均匀状态，无结块、凝聚和沉淀现象
不挥发物含量	≥ 8.0%

水性聚氨酯涂料主要技术指标如下：

项目	指标
容器中状态	搅拌后呈均匀状态
涂膜外观	涂膜平整，无明显可见的起皱、缩孔现象

上海耐齐建材有限公司
地址：上海市普陀区真南路 1226 弄康健商务广场 9 号楼 401 室
电话：021-64859010
官方网站：www.sh-nature.com.cn

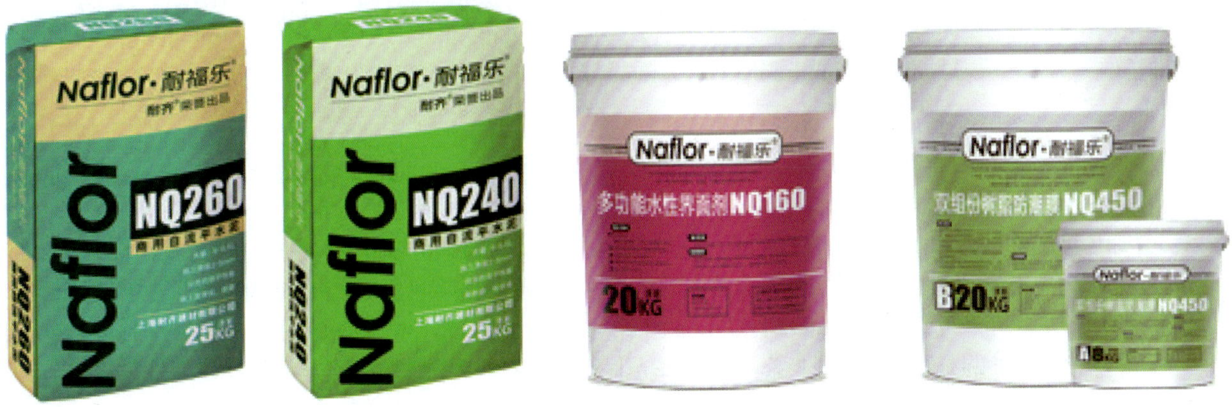

工程案例

武汉和缘山庄、武汉万达、浙江广播融媒体中心、杭州海康威视工地、嘉兴耀华国际学校、杭州中小学项目 、杭州阳光家园项目部 、上海市普陀区行政服务中心装修项目、漯河图书馆项目、南京朗坤自动化有限公司、河北省衡水市园搏园项目、上海胸科医院项目、华东医院扩建新楼项目、第一人民医院项目、北京合生汇项目、蒙古满洲里市情人岛博物馆项目、静安府项目、浙江建安项目、阿里巴巴项目、舟山义务学校项目、沈阳市盛京医院、沈阳市奉天医院、沈阳市医大一院、沈阳市医大四院、吉林省吉大医院、锦州市妇幼医院、吉林省吉林有限电视台、沈阳市儿童医院、北京军事博物馆、北京化工大学昌平校区、涿州 301 医院、北京邮政储蓄银行、邯郸汽车展厅等。

生产企业

上海耐齐建材有限公司成立于 2002 年，在借鉴国外先进技术的同时，不断加强自身的开拓创新，现在已经成为国内规模较大、品种较全的地板辅料制造商之一。

公司成立伊始就注重“耐齐”品牌建设，以稳定的质量、优质的服务、先进的技术、高端的产品，以“品质源于专业，服务成就未来”作为企业的经营宗旨，为广大的客户提供优质的服务。经过十多年的不懈努力，“耐齐”已经成为中国具有影响力的地板辅助材料品牌。

上海耐齐建材有限公司为国内专业生产自流平的龙头企业，不断进行产品升级，针对国家的节能环保政策，耐齐积极地与国外先进企业展开技术交流合作，在保持原有的销售渠道基础上致力于开发新的领域，相信自流平产业作为国内新兴产业，在未来必有良好的前景及巨大的发展！

上海耐齐建材有限公司
地址：上海市普陀区真南路 1226 弄康健商务广场 9 号楼 401 室
电话：021-64859010
官方网站：www.sh-nature.com.cn

证书编号：LB2019DP011

高捷渗水型塑胶跑道面层、硅 PU 塑胶球场面层、预制型跑道卷材

产品简介

渗水型塑胶跑道是用单组分聚氨酯胶水与橡胶颗粒混合后，用机械铺设而成的跑道缓冲垫层，面层用聚氨酯跑道面胶和 EPDM 胶粒做成防滑面层，面胶层固化后能形成一定的小孔，能疏水透气。

硅 PU 球场材料是以改性有机硅与聚氨酯（PU）材料经过离子化处理后制造而成的一种新型高分子球场材料。该材料不含溶剂，不残留有害重金属物质，没有游离异氰酸酯成分，并具有优越的耐候性能，抗污、耐磨防滑、缓冲减震。

预制型跑道卷材采用新型橡塑复合材质（TPO），耐刺穿、抗环境温差变形，物理性能优异，使用寿命 15 年以上。底层复合土工布，除了增加卷材的整体物理性能外，更重要的是保证了卷材和基面的粘结。该产品属于橡塑材料，无毒、无味，可回收利用，产品从材料到结构、施工辅助材料等都没有挥发物，不造成任何环境污染。

适用范围

透气型跑道渗水型塑胶跑道适用于一般中小学田径场使用。

硅 PU 球场材料适用于室内外篮球场、网球场、排球场、羽毛球场、乒乓球场等，还可以用在健身房、康体活动场地，及做成弹性地坪。

预制型跑道卷材适合各种田径运动比赛场地使用。

技术指标

硅 PU 球场材料主要技术指标如下：

项　目	检测数值
冲击吸收 /%	21.9
垂直变形 /mm	1.2
抗滑值（20℃）/BPN	102
抗拉伸强度 / MPa	1.7
拉断伸长率 / %	187

渗水型塑胶跑道主要技术指标如下：

项　目	检测数值
冲击吸收 /%	38.3
垂直变形 /mm	2.3
抗滑值（20℃）/BPN	56
抗拉伸强度 / MPa	0.5
拉断伸长率 / %	77

广东高捷体育产业有限公司

地址：广东省佛山市顺德区容桂街道小黄圃居委会朝桂北路 66 号首层之一
电话：0757-26381188
官方网站：http://www.gaoj.com.cn/

预制型跑道卷材主要技术指标如下：

	项目	指标	实测
有害物质含量	3 种邻苯二甲酸酯类化合物（DBP、BBP、DEHP）总和 /（g/kg）	≤ 1.0	0.22
	3 种邻苯二甲酸酯类化合物（DNOP、DINP、DIDP）总和 /（g/kg）	≤ 1.0	未检出
	短链氯化石蜡（C10-C13）/（g/kg）	≤ 1.5	未检出
	18 种多环芳烃总和	≤ 50	未检出
	游离甲醛 /（g/kg）	≤ 0.50	未检出
	苯 /（g/kg）	≤ 0.1	未检出
	可溶性铅 /（mg/kg）	≤ 50	未检出
	可溶性镉 /（mg/kg）	≤ 10	未检出
	可溶性铬 /（mg/kg）	≤ 10	未检出
	可溶性汞 /（mg/kg）	≤ 2	未检出
	二硫化碳 /［mg/（m^2•h）］	≤ 7.0	未检出

工程案例

湖北省武汉大学	硅 PU 球场
广州金碧湾	硅 PU 球场
湛江海军 91487 部队	硅 PU 球场
中国地质大学	聚氨酯塑胶跑道
台山碧桂园学校	聚氨酯塑胶跑道
广州万科城	聚氨酯塑胶跑道
珠海市香洲区第二十五小学预制型跑道卷材和室外硅 PU 篮球场工程	预制型跑道卷材
长沙周南望城学校运动场工程	预制型跑道卷材

生产企业

广东高捷体育产业有限公司是一家专业从事化学建材、体育产业和新型地面材料生产的大型企业。产品着重低碳与环保，广泛应用于各类体育设施、运动场地铺装和建材等领域。旗下拥有“路特”“隽固”两大品牌，及普莱斯玛复合材料研发中心和万政工程有限公司，是集研发、生产、销售、施工为一体的综合型集团公司。

广东高捷体育产业有限公司以创新为宗旨，立志以科技打造企业的核心竞争力，“路特”专注体育产业，“隽固”专注地面新型材料。普莱斯玛复合材料研发中心先后研发成功了具有国内领先水平的科研成果，其中已经取得国家发明专利五项、实用新型专利八项，为行业创新发展起到了促进作用。

公司产品通过了“中国环境标志产品认证证书”“国际田联认证”“绿色建筑商标证书”等相关认证，并且符合上海标准、深圳标准、广州标准与国标，为广东高捷体育产业有限公司逐步建设成为“服务为本，科技先进”的国际化产业集团打下了坚实基础。

目前，公司在顺德拥有大型现代化的生产基地和已经装备了先进试验设备的研发中心，并在广州设立营销中心，在澳大利亚、新加坡、中国台湾、印尼、中国香港等国家和地区设有办事处或代理机构，国内已经拥有代理机构和合作伙伴共五百多个，以此构筑了全球性的市场营销及客户网络服务系统。

产品应用于 2008 年北京奥运会的表演场地、2010 年亚运会训练场地、武汉大学、长沙贺龙体育馆、上海体育学校、中国地质大学、华中科技大学、重庆运动学校等重点项目，得到了广泛认可和很高的赞誉。

广东高捷体育产业有限公司

地址：广东省佛山市顺德区容桂街道小黄圃居委会朝桂北路 66 号首层之一
电话：0757-26381188
官方网站：http://www.gaoj.com.cn/

证书编号：LB2019DP012

爱上体育硅 PU 球场材料、聚氨酯塑胶跑道材料、TPU 弹性体颗粒

产品简介

硅 PU 球场材料为高分子丙酯复合乳液水性面漆，折弯性好，附着力强；面层坚韧密实，不易被硬物刮花，抗老化性能持久；施工便捷，流平性能好，对天气适应性强，无溶剂材料，净味环保健康产品，完全符合新国标要求；弹性胶层拉伸性能优良，胶层之间的粘接牢固，可有效防止因基础收缩而导致开裂。

聚氨酯塑胶跑道材料喷面胶使用进口颜料，不易褪色，具有卓越的耐磨性，延长场地使用寿命；施工便捷，流平性能好，底层可一次施工成型，不易起泡，对天气适应能力强，弹性底胶运动性能卓越；无溶剂材料，净味环保健康产品，完全符合新国标要求，施工过程完全净味。

TPU 弹性体颗粒拉伸强度高达 25MPa，断裂伸长率高达 500% ～ 1000%；热稳定性好，-40 ～ 70℃可正常使用；耐磨性能优异，是普通颗粒的 5 倍；承载能力、抗冲击性、抗震性能突出；耐油、耐水、耐霉菌、耐曲折性能优良，在重复的周期性应力下可保持极佳的耐疲劳性。

适用范围

硅 PU 球场材料应用领域涉及轻工、化工、运动地面、建筑、建材、国防、航天等。

聚氨酯塑胶跑道材料适用于专业比赛场及运动场地。

TPU 弹性体颗粒适用于儿童游乐场、田径跑道、网球场、篮球场及其他运动场。

技术指标

硅 PU 球场材料主要技术指标如下：

分类	项目		技术要求
物理性能	厚度 / mm		≥ 8
	冲击吸收 / %		20 ～ 50
	垂直变形 / mm		0.6 ～ 3.0
	抗滑值 /（BPN，20 ℃）		80 ～ 110(干测)
	拉伸强度 / MPa	非渗水型	≥ 0.5
	拉断伸长率 / %		≥ 40
	阻燃性能 / 级		1

聚氨酯塑胶跑道材料主要技术指标如下：

环保性能	3 种邻苯二甲酸酯类化合物（DBP、BBP、DEHP）总和 /（g/kg）	≤ 1.0
	3 种邻苯二甲酸酯类化合物（DNOP、DINP、DIDP）总和 /（g/kg）	≤ 1.0
	18 种多环芳烃总和 /（mg/kg）	≤ 50 ≤ 20
	苯并 [a] 芘 /（mg/kg）	≤ 1.0
	短链氯化石蜡（C_{10}-C_{13}）/（g/kg）	≤ 1.5
	4,4’ - 二氨基 -3,3’ - 二氯二苯甲烷（MOCA）/（g/kg）	≤ 1.0
	游离甲苯二异氰酸酯（TDI）和游离六亚甲基二异氰酸酯（HDI）总和 /（g/kg）	≤ 0.2
	游离二苯基甲烷二异氰酸酯（MDI）/（g/kg）	≤ 1.0
	可溶性铅 /（mg/kg）	≤ 50
	可溶性镉 /（mg/kg）	≤ 10
	可溶性铬 /（mg/kg）	≤ 10
	可溶性汞 /（mg/kg）	≤ 2
	总挥发性有机化合物（TVOC）/ [mg/（m^2 · h）]	≤ 5.0
	甲醛 / [mg/（m^2 · h）]	≤ 0.4
	苯 / [mg/（m^2 · h）]	≤ 0.1
	甲苯、二甲苯和乙苯总和 / [mg/（m^2 · h）]	≤ 1.0
	二硫化碳 / [mg/（m^2 · h）]	≤ 7.0

广东爱上体育产业有限公司

地址：广州市从化区太平镇飞鹅村南向经济社道 125 号内之一
电话：020-38910019
官方网站：www.likesports.com.cn

TPU 弹性体颗粒主要技术指标如下：

序号	项目	指标
1	18 种多环芳烃总和 /（mg/kg）	≤ 50
2	苯并 [a] 芘 /（mg/kg）	≤ 1.0
3	可溶性铅 /（mg/kg）	≤ 50
4	可溶性镉 /（mg/kg）	≤ 10
5	可溶性铬 /（mg/kg）	≤ 10
6	可溶性汞 /（mg/kg）	≤ 2

工程案例

部分样板工程列表	部分样板工程列表
中华科技大学	全国人大新办公楼篮球场
亚运会指定训练场地	中国地质大学
广东省广州市天河体育中心	广西河池市高级中学
广西南宁市第三中学	号上海尚德实验学校
安徽省滁州市凤阳县西华路小学	浙江省温州市永嘉县桥下镇第一中学
浙江省金华市西苑中学	湖南省长沙市雨花区环保科技园长郡雨花外国语学校
浙江省湖州市南浔镇新建宏达学校	湖北省襄阳老河口第一中学
浙江省龙泉市职业中学	湖南省津市二完小学
湖北省武汉市中国地质大学	河南省吴桥县青少年学生校外教育活动中心

生产企业

广东爱上体育产业有限公司是一家多元化发展的国家高新技术企业，专业致力于硅 PU、塑胶跑道、丙烯酸、艺术体育地坪、EPDM 立体造型、拼装地板等新型体育地面材料的研发与生产。自 2008 年成立以来，爱上体育坚持“自主创新、服务第一”的发展理念，成为体育行业高端产品的知名企业。“爱上体育，健康中国”的品牌形象众口皆碑。

秉承“专心、专注、专创第一”的工匠精神，爱上体育建立了产品科研中心，拥有硕博研发人员二十多人，迄今已取得 16 项国家专利，是国内首先研发及推广水性硅 PU、开创体育环保材料技术先河的企业，同时也是国内首家建立全球环境认证，并执行 MSDS 化学品安全技术标准的企业。

发展至今，爱上体育已为全世界 46 个国家的客户，提供了超过 2000 万平方米的塑胶跑道、硅 PU 产品及体育地面材料，而倍受推崇的荣誉是北京奥运会的表演场地、广州亚运会篮球训练场、上海世博会台湾馆、尼日尔国家体育中心、印度阿泽姆格尔体育中心、广州天河体育中心篮球场、人民大会堂篮球场、上海体育学院、北京体育大学，使“爱上体育”成为行业真正的佼佼者。

广东爱上体育产业有限公司

地址：广州市从化区太平镇飞鹅村南向经济社道 125 号内之一
电话：020-38910019
官方网站：www.likesports.com.cn

证书编号：LB2019DP013

银河橡胶 EPDM 橡胶颗粒

产品简介

彩色 EPDM 胶粒，以纯正三元乙丙进口橡胶生产，绝不混用天然胶、再生胶等其他胶种，颜色鲜艳，相对密度小，颗粒干净无粉尘吸附。被国内外广大客户运用于塑胶跑道、塑胶球场、学校操场、健身步道等弹性场地。

奥翔 EPDM 橡胶颗粒采用独特配方，工艺先进，添加提高粘结强度的特殊组分，耐候稳定，颜色持久，弹性适中，多种含胶量、颜色、粒径可选。产品具有超强的抗拉伸、抗撕裂强度和耐摩擦性能，优越的防老化和良好的低温柔韧性，性价比高等特点。

适用范围

EPDM 橡胶颗粒适用于体育塑胶运动场、人造草坪填充、游乐活动场、卷材等领域。

技术指标

彩色 EPDM 胶粒主要技术指标如下：

1. 粒径	1.0～2.0mm，1.0～3.0mm，1.0～4.0mm 等
2. 硬度 (Shao A)	62±5
3. 拉伸强度	2.5MPa
4. 扯断伸长率	400%
5. 密度	1.65g/cm^3
6. 胶含量	>20%
7. 包装	25kg / 包
8. 颜色：(24 种颜色可供选择)	跑道红、绿色、深蓝色等
9. 保质期（20℃）	24 月
10. 储存条件	干燥通风处，避免强光直射和雨淋

工程案例

龙岩学院塑胶跑道
北外附属龙游幼儿园塑胶场地
国家体育总局秦皇岛训练基地
天津健康产业园
贵阳市观赏湖公园
苏州工业园区塑胶场地
福建省光泽县体育中心

江苏银河化轻有限公司
地址：江苏南通市如东县岔河镇银河工业区
电话：0513-84318588
官方网站：www.epdmgranules.net

生产企业

我公司成立于2004年，是生产EPDM彩色橡胶颗粒、胶水、硅PU等场地材料的专业厂家，拥有先进生产设备，通过了英国皇家ISO 9001:2000质量体系认证。凭借高素质的生产技术人员，严格的质量，真诚的服务赢得国内外广大客户的好评。年产量达10000吨，其中60%销往美国、韩国、新加坡、日本、泰国、越南、中国台湾等国家和地区，并和国内众多的知名体育设施公司保持着良好的合作关系。

国内外已有众多的大型体育场馆使用了本公司的产品，使得“银河橡胶”在国内外有了很高的知名度，已被中国协会评定为“中国著名品牌”。我公司承诺：不合格产品决不出厂。

我公司的经营理念；决不降低产品质量以低价格抢得市场，而以不变的品质和合理价格赢得客户。我公司产品的几大优点：一，密度小，二，颗粒干净，无胶粉吸附；三，颗粒与PU胶水的粘接性能强，不易脱粒；四，颜色鲜艳，久不退色等。本产品已通过中国田径场地人工合成面层检测实验室的检测，各项性能指标均优于GB/T 14833—2011《合成材料跑道面层》，本产品经国家质量检验中心及中国建筑材料流通协会行业专家认定为“中国质量供货合格放心·安全无毒害环保建材产品”，被中国中轻产品质量保障中心认定为“诚信经营明星企业”，被中国技术监督情报协会认定为“重质量、守诚信企业”，先后成为《全国体育设施设备标准使用手册》的参编单位，以及全运会田径场地材料供应商、亚运会田径场地材料供应商、世界大学生运动会田径场地材料供应商、亚运会田径场材料供应商、奥运会田径场材料供应商，各省市运动会田径场地材料供应商，并获得IAAF国际田联证书。

江苏银河化轻有限公司
地址：江苏南通市如东县岔河镇银河工业区
电话：0513-84318588
官方网站：www.epdmgranules.net

证书编号：LB2019DP014

巅峰预制型橡胶运动地面材料、聚氨酯运动地面材料、水性运动地面材料

产品简介

预制塑胶运动地面材料是在PU球场材料的基础上开发研制出来的新一代球场材料。该材料是以聚氨酯（PU）材料与含有有机硅成分的材料科学地复合在一起，所生产出来的材料。用在球场面层上，从根本上解决了PU球场材料在专业性能、环保施工、使用寿命、日常维护等方面的不足，具有革命性的创新性能，是替代双组分PU的新一代环保产品。

聚氨酯塑胶跑道又称全天候运动跑道，由聚氨酯预聚体、混合聚醚、EPDM橡胶粒或PU颗粒、颜料、助剂、填料组成。塑胶跑道具有平整度好、抗压强度高、硬度弹性适当、物理性能稳定的特性，有利于运动员速度和技术的发挥，有效地提高运动成绩，降低摔伤率，是国际上公认的最佳全天候室外运动场地坪材料。

水性聚氨酯地坪技术将优异的环保性、突出的力学性能和美观的装饰效果有机地结合起来。水性聚氨酯技术实现了零VOC，施工前、中、后均无气味、无毒，绿色环保。材料固化速度快，最大限度地减少了施工时间和养护时间，提高施工效率，施工程序简便快捷，周期更短。对机械应力、动态应力、化学品和水具有极强的耐受性。

适用范围

预制塑胶运动地面材料适用于各种球类训练与比赛场地。

聚氨酯跑道材料适用于专业比赛场及运动场地。

水性聚氨酯地坪不仅可用于要求耐磨、抗重压、抗冲击、防静电、防腐蚀的工业地坪领域，也可用于展厅、商场、医院、家庭等领域。

技术指标

预制塑胶运动地面材料主要技术指标如下：

	项目	指标	实测
有害物质含量	3种邻苯二甲酸酯类化合物（DBP、BBP、DEHP）总和/（g/kg）	≤1.0	未检出
	3种邻苯二甲酸酯类化合物（DNOP、DINP、DIDP）总和/（g/kg）	≤1.0	未检出
	18种多环芳烃总和/（mg/kg）	≤50	未检出
	苯并[a]芘/（mg/kg）	≤1.0	未检出
	短链氯化石蜡（C10-C13）/（g/kg）	≤1.5	未检出
	4,4’-二氨基-3,3’-二氯二苯甲烷（MOCA）/（g/kg）	≤1.0	未检出
	游离甲苯二异氰酸酯（TDI）和游离六亚甲基二异氰酸酯（HDI）总和/（g/kg）	≤0.2	未检出
	游离二苯基甲烷二异氰酸酯（MDI）/（g/kg）	≤1.0	未检出
	可溶性铅/（mg/kg）	≤50	3
	可溶性镉/（mg/kg）	≤10	0.3
	可溶性铬/（mg/kg）	≤10	2
	可溶性汞/（mg/kg）	≤2	未检出
有害物质释放量	总挥发性有机化合物（TVOC）/[mg/（m^2·h）]	≤5.0	0.6
	甲醛/[mg/（m^2·h）]	≤0.4	未检出
	苯/[mg/（m^2·h）]	≤0.1	未检出
	甲苯、二甲苯和乙苯总和/[mg/（m^2·h）]	≤1.0	未检出
	二硫化碳/[mg/（m^2·h）]	≤7.0	未检出

聚氨酯跑道材料主要技术指标如下：

	项目	指标	实测
有害物质含量	3种邻苯二甲酸酯类化合物（DBP、BBP、DEHP）总和/（g/kg）	≤1.0	未检出
	3种邻苯二甲酸酯类化合物（DNOP、DINP、DIDP）总和/（g/kg）	≤1.0	未检出
	18种多环芳烃总和/（mg/kg）	≤50	未检出
	苯并[a]芘/（mg/kg）	≤1.0	未检出
	短链氯化石蜡（C10-C13）/（g/kg）	≤1.5	未检出
	4,4’-二氨基-3,3’-二氯二苯甲烷（MOCA）/（g/kg）	≤1.0	未检出
	游离甲苯二异氰酸酯（TDI）和游离六亚甲基二异氰酸酯（HDI）总和/（g/kg）	≤0.2	未检出
	游离二苯基甲烷二异氰酸酯（MDI）/（g/kg）	≤1.0	未检出
	可溶性铅/（mg/kg）	≤50	2
	可溶性镉/（mg/kg）	≤10	0.3
	可溶性铬/（mg/kg）	≤10	0.7
	可溶性汞/（mg/kg）	≤2	未检出
有害物质释放量	总挥发性有机化合物（TVOC）/[mg/（m^2·h）]	≤5.0	1.2
	甲醛/[mg/（m^2·h）]	≤0.4	未检出
	苯/[mg/（m^2·h）]	≤0.1	未检出
	甲苯、二甲苯和乙苯总和/[mg/（m^2·h）]	≤1.0	未检出
气味	气味等级/级	≤3	2

巅峰体育产业股份有限公司
地址：天津市河西区友谊大厦C座1门901
电话：18222247322
官方网站：http://www.dianfengsports.com

水性聚氨酯地坪主要技术指标如下：

	项目	指标	实测
有害物质含量	3种邻苯二甲酸酯类化合物（DBP、BBP、DEHP）总和/（g/kg）	≤1.0	未检出
	3种邻苯二甲酸酯类化合物（DNOP、DINP、DIDP）总和/（g/kg）	≤1.0	未检出
	短链氯化石蜡（C10-C13）/（g/kg）	≤1.5	未检出
	游离甲苯二异氰酸酯（TDI）和游离六亚甲基二异氰酸酯（HDI）总和/（g/kg）	≤0.2	未检出
	可溶性铅/（mg/kg）	≤50	1
	可溶性镉/（mg/kg）	≤10	未检出
	可溶性铬/（mg/kg）	≤10	0.6
	可溶性汞/（mg/kg）	≤2	未检出
	甲醛/［mg/（$m^2\cdot h$）］	≤0.4	未检出
	苯/［mg/（$m^2\cdot h$）］	≤0.1	未检出
	甲苯、二甲苯和乙苯总和/［mg/（$m^2\cdot h$）］	≤1.0	未检出
	挥发性有机化合物/（g/L）	≤50	10
	游离甲醛	≤0.50	未检出

工程案例

天津科技大学运动场工程、天津工业大学体育场工程、天津西塔中学塑胶操场工程、青岛科技大学体育场建设项目、平度市奥体中心运动场项目、南阳理工学院运动场建设项目、河南工程学院操场建设项目、山西医科大学标准运动场建设项目、太原市双语学校运动场项目、太原市体育中心足球场项目、西安建筑科技大学室外田径场建设项目、兰州现代职业学院运动场工程、厦门大学漳州校区体育场建设项目、长春师范大学体育场工程等。

生产企业

巅峰体育产业股份有限公司是一家集运动场地咨询设计、科研开发、生产销售及工程施工为一体的产业化集团股份公司，集团下属公司包含河北迅展建筑工程有限公司、河北巅峰体育设施有限公司、北京巅峰体育产业股份有限公司。公司成立于2005年，现公司注册资本6000万元，固定资产4亿元人民币。公司主要经营产品包括塑胶场地、透气型跑道材料、混合型跑道材料、预制型橡胶跑道卷材、EPDM颗粒材料、硅PU材料、TPE颗粒、聚氨酯胶水、三元乙丙合成橡胶等产品。产品先后通过了国际田径联合会、中国田径协会、国家体育用品质量监督检验中心、国家环保产品质量监督检验中心、国家建筑材料测试中心、国际SGS、山东质检院、上海质检院等权威部门检测，是国内少有的具备中国环境标志产品Ⅰ型和Ⅱ认证的双十环认证企业。公司为国家AAA级信用单位、中国田径协会会员单位、国际田径联合会会员单位、中国民营经济协会会员单位、河北省315诚实守信单位、河北省投标企业5A级诚信单位，通过了ISO 9001及ISO 14000国际质量管理体系认证，具备建筑工程施工总承包资质。

公司产品销售遍布全国18省份，远销至朝鲜、俄罗斯、伊朗等国。公司2015—2017年销售额分别为1.3亿元、1.5亿元、1.8亿元，在北方塑胶行业市场份额占有率达到30%以上。

巅峰体育产业股份有限公司将携多年来形成的技术、产品、营销、管理优势，厚积薄发，以潜心打造民族品牌为己任，以造就国际化体育产业集团为目标，有机整合各类资源，与社会各方真诚合作，推动我国体育产业迈向更高的发展。

巅峰体育产业股份有限公司
地址：天津市河西区友谊大厦C座1门901
电话：18222247322
官方网站：http://www.dianfengsports.com

证书编号：LB2019DP015

柏胜非渗水型跑道面层、硅 PU 球场面层、水性运动地面材料（丙烯酸面层涂料）

产品简介

非渗水型跑道面层，由聚氨酯预聚体、混合聚醚、EPDM 橡胶粒或 PU 颗粒、颜料、助剂、填料组成。塑胶跑道具有平整度好、抗压强度高、硬度弹性适当、物理性能稳定的特性，有利于运动员速度和技术的发挥，有效地提高运动成绩，降低摔伤率。塑胶跑道是由聚氨酯橡胶等材料组成的，具有一定的弹性和色彩，具有一定的抗紫外线能力和耐老化能力，是国际上公认的最佳全天候室外运动场地坪材料。

硅 PU 球场材料 (SPU) 是在 PU 球场材料的基础上开发研制出来的新一代球场铺面材料。该材料是以聚氨酯 (PU) 材料与含有有机硅成分的材料科学地复合在一起，所生产出来的材料用在球场面层上，从根本上解决了 PU 球场材料在专业性能、环保施工、使用寿命、日常维护等方面的不足，具有革命性的创新性能。

水性运动地面材料（丙烯酸球场面层）系列产品，适用于混凝土基础层与沥青基础层，具有高度抗紫外光性能，颜色持久深入，不褪色、不脱落，保养容易，维修费用低的优势。在任何气候条件下都坚固耐用。多种颜色可供选择，使用寿命长，一般在 5 年以上，如基础质量优异，其使用寿命还可延长。面层有效舒缓冲力，降低对运动员的伤害及疲劳。能真正做到运动地面不开裂、不起泡、运动保护性好、观感佳、寿命长等。

适用范围

产品适用于幼儿园、学校、训练体育场、健身馆、普通体育场馆、健身绿道等。

技术指标

非渗水型跑道面层主要技术指标如下：

项目		指标	实测
有害物质释放量	总挥发性有机化合物（TVOC）/［mg/（m^2·h）］	≤ 5.0	0.1
	甲醛 /［mg/（m^2·h）］	≤ 0.4	0.018
	苯 /［mg/（m^2·h）］	≤ 0.1	未检出
	甲苯、二甲苯和乙苯总和 /［mg/（m^2·h）］	≤ 1.0	0.05
	二硫化碳 /［mg/（m^2·h）］	≤ 7.0	未检出
气味	气味等级 / 级	≤ 3	3

硅 PU 球场材料主要技术指标如下：

项目		指标	实测
有害物质释放量	总挥发性有机化合物（TVOC）/［mg/（m^2·h）］	≤ 5.0	4.5
	甲醛 /［mg/（m^2·h）］	≤ 0.4	0.04
	苯 /［mg/（m^2·h）］	≤ 0.1	未检出
	甲苯、二甲苯和乙苯总和 /［mg/（m^2·h）］	≤ 1.0	未检出
	二硫化碳 /［mg/（m^2·h）］	≤ 7.0	未检出
气味	气味等级 / 级	≤ 3	3

广东柏胜新材料科技有限公司
地址：英德市东华镇清远华侨工业园新材料 A 园瀚和大道 5 号
电话：0763-3105080
官方网站：www.bsmcn.com

水性运动地面材料（丙烯酸球场面层）主要技术指标如下：

项目	指标	实测
游离甲苯二异氰酸酯（TDI）/（g/kg）	不得检出	未检出
游离二苯基甲烷二异氰酸酯（MDI）/（g/kg）	≤ 1.0	未检出
挥发性有机化合物 /（g/L）	≤ 30	5
游离甲醛 /（g/kg）	≤ 0.50	未检出
苯 /（g/kg）	≤ 0.05	未检出
可溶性铅 /（mg/kg）	≤ 50	未检出
可溶性镉 /（mg/kg）	≤ 10	未检出
可溶性铬 /（mg/kg）	≤ 10	3.23
可溶性汞 /（mg/kg）	≤ 2	未检出
甲苯、二甲苯总和 /［mg/（m^2•h）］	≤ 1.0	未检出

工程案例

安徽池州市齐山小学、安徽黄山学院、俄罗斯列宁体育馆、福建广播电视大学、甘肃兰州大学附属中学、甘肃天水农业学校、广东恒大足球学校、贵州贵阳机械工业学校、海南外国语职业技术学院、湖北十堰郧西一中、湖南环境生物职业技术学院、湖南省信息职业技术学院、江苏南通市体育运动学校、江西吉安沙市中学、江西永新县永安中学、重庆树人小学等项目。

生产企业

广东柏胜新材料科技有限公司于 2000 年 3 月在广州成立，经过近 20 年的发展，已成为集研发、制造、营销、代理、工程施工、技术支持于一体的健体工程全产业链服务商。

作为一家国家重点高新技术企业，柏胜一直致力于提升国内健体设施的环保品质、改善产品体验，在研发上不惜重金，联合德国知名材料供应商与科研机构，取得了多项专利技术，并研发出国际先进，也是全国少有的“单组分系统”跑道与球场；为配合生产，投入近亿巨资在清远华侨工业园新材料园建立近 30000 平方米的生产基地，并在 2017 年引进德国西门子自动化控制系统，中国台湾及国内先进的自动化生产线，对工厂进行工业 4.0 级全面改造，配合严格执行 ISO 9001：2008 质量管理体系标准和 ISO 14001:2004 环境管理体系标准，使柏胜的产品质量与环保等级通过了最严格的运动场 GB 36246—2018《中小学合成材料面层运动场地》国标标准、CQTA 品质验证及 ISO 14025 环境标志国际标准 III 型环境标志等多项认证。

广东柏胜新材料科技有限公司

地址：英德市东华镇清远华侨工业园新材料 A 园瀚和大道 5 号
电话：0763–3105080
官方网站：www.bsmcn.com

证书编号：LB2019DP017

三棵树水性环氧面漆、无溶剂环氧纹理防滑漆、无溶剂环氧面漆

产品简介

水性环氧面漆：它是一种用途广泛的双组分、滚涂型、无缝的高性能水性环氧地坪涂料，涂装表面平滑美观、光泽柔和，持久耐用，完全水基系统，绿色环保，具有透湿气性好，可在潮湿环境下施工；防尘、防潮、耐磨，容易清洁；漆膜光泽柔和，耐酸、碱、盐和油的腐蚀等特点。

无溶剂环氧纹理防滑漆：它是以优质原材料生产的一种双组分、高黏度、滚涂型、无缝的高性能环氧地坪涂料，可用不同的滚筒做出不同的纹理效果。

无溶剂环氧面漆：它是以优质原材料生产的一种双组分、滚涂型、无缝的高性能环氧地坪涂料，涂装表面平滑美观、持久耐用。产品具有无溶剂型，低气味；防尘、防潮、耐磨，容易清洁；耐压、耐冲击；耐酸、碱、盐和油的腐蚀；施工快捷，气味小，造价低廉等特点。

适用范围

水性环氧面漆适用于高环保性及潮湿环境条件下，特别适用于一楼潮湿地面的涂装，可降低因地下潮气引起的漆膜起泡的可能性。

无溶剂环氧面漆适用于电器、电子、食品、医药、化工、机械等行业的制造车间和停车场、办公室、商场、仓库等场所的水泥或水磨石地面。

无溶剂环氧纹理防滑漆适用于要求防滑的车库、厂房、人行道、食品厂、肉联厂、食堂等地坪。

技术指标

水性环氧面漆主要技术指标如下：

项目		技术指标	实测值
挥发性有机化合物（VOC）/(g/L)		≤ 120	45.8
游离甲醛 /(mg/kg)		≤ 100	未检出
苯、甲苯、乙苯、二甲苯的总和 /(g/kg)		≤ 5	未检出
乙二醇醚及醚酯总和 /(mg/kg)		≤ 300	未检出
游离 4，4- 二氨基二苯甲烷（MDA）(限环氧类) (g/kg)		≤ 10	未检出
可溶性重金属 /(mg/kg)	铅（Pb）	≤ 30	未检出
	镉（Cd）	≤ 30	未检出
	铬（Cr）	≤ 30	未检出
	汞（Hg）	≤ 10	未检出
总挥发性有机物（TVOC）释放量 /(mg/m^3)		≤ 10	0.2
甲醛释放量 /(mg/m^3)		≤ 0.1	0.02
拉伸粘结强度	标准条件	≥ 2MPa	3.9 MPa
	浸水后	≥ 2MPa	3.1 MPa
铅笔硬度		商定	3H
耐磨性（750g/500r）/ g		≤ 0.05	0.020
耐碱性（20% NaOH，72h）		不起泡、不脱落、允许轻微变色	不起泡、不脱落、允许轻微变色
耐酸性（10% H_2SO_4，48h）		不起泡、不脱落、允许轻微变色	不起泡、不脱落、轻微变色
耐油性（120# 溶剂汽油，72h ）		不起泡、不脱落、允许轻微变色	不起泡、不脱落、允许轻微变色

无溶剂环氧纹理防滑漆主要技术指标如下：

项目		技术指标	实测值
挥发性有机化合物（VOC）/(g/L)		≤ 60	14.1
游离甲醛 /(mg/kg)		≤ 100	未检出
苯、甲苯、乙苯、二甲苯的总和 /(g/kg)		≤ 5	未检出
乙二醇醚及醚酯总和 /(mg/kg)		≤ 300	未检出
游离 4，4- 二氨基二苯甲烷（MDA）（限环氧类）(g/kg)		≤ 10	未检出
邻苯二甲酸酯含量 /(%)	邻苯二甲二异辛酯（DEHP）、邻苯二甲酸二丁酯（DBP）和邻二甲酸丁苄酯（BBP）总和	≤ 0.1	未检出
	邻苯二甲二异壬酯（DINP）、邻苯二甲酸二异癸酯（DIDP）和邻二甲酸二辛酯（DNOP）总和	≤ 0.1	未检出
可溶性重金属 /(mg/kg)	铅（Pb）	≤ 30	未检出
	镉（Cd）	≤ 30	未检出
	铬（Cr）	≤ 30	未检出
	汞（Hg）	≤ 10	未检出
总挥发性有机物（TVOC）释放量 /(mg/m^3)		≤ 20	0.2
甲醛释放量 /(mg/m^3)		≤ 0.1	未检出
耐磨性（750g/500r）/ g		≤ 0.03	0.021
耐冲击性 (II 级)		1000g 钢球，高 100cm，涂膜无裂纹、无剥落	II 级
抗压强度 / MPa		≥ 45	55
拉伸粘接强度	标准条件	≥ 2 MPa	4.7 MPa
	浸水后	≥ 2 MPa	3.6 MPa

三棵树涂料股份有限公司

地址：福建省莆田市荔城区荔园北大道 518 号
电话：0594-2881731
官方网站：www.skshu.com.cn

无溶剂环氧面漆主要技术指标如下：

项目		技术指标	实测值
挥发性有机化合物（VOC）/(g/L)		≤ 60	45.1
游离甲醛 /(mg/kg)		≤ 100	未检出
苯、甲苯、乙苯、二甲苯的总和 /(g/kg)		≤ 10	0.7
乙二醇醚及醚酯总和 /(mg/kg)		≤ 300	未检出
游离 4，4- 二氨基二苯甲烷（MDA）(限环氧类) (g/kg)		≤ 10	未检出
邻苯二甲酸酯含量 /(%)	邻苯二甲二异辛酯（DEHP）、邻苯二甲酸二丁酯（DBP）和邻二甲酸丁苄酯（BBP）总和	≤ 0.1	未检出
	邻苯二甲二异 壬酯（DINP）、邻苯二甲酸二异癸酯（DIDP）和邻二甲酸二辛酯（DNOP）总和	≤ 0.1	未检出
可溶性重金属 /(mg/kg)	铅（Pb）	≤ 30	未检出
	镉（Cd）	≤ 30	未检出
	铬（Cr）	≤ 30	未检出
	汞（Hg）	≤ 10	未检出
总挥发性有机物（TVOC）释放量 /(mg/m^3)		≤ 20	0.3
甲醛释放量 /(mg/m^3)		≤ 0.1	未检出
耐磨性（750g/500r）/ g		≤ 0.03	0.025
耐碱性（20% NaOH，72h）		不起泡、不脱落、允许轻微变色	不起泡、不脱落、允许轻微变色
耐酸性（10% H_2SO_4，48h）		不起泡、不脱落、允许轻微变色	不起泡、不脱落、轻微变色
耐油性（120# 溶剂汽油，72h）		不起泡、不脱落、允许轻微变色	不起泡、不脱落、允许轻微变色

工程案例

城市	三棵树环氧地坪项目信息（部分）	面积 / m^2
芜湖市	华强颐景蓝湾	10000
合肥市	望江华亭水木清华小区 6#8#9#10#19# 楼工程项目	20000
石狮市	石狮恒大名都	20000
莆田市	福建华佳彩高新科技面板建设一期项目	50000
莆田市	百威英博雪津啤酒有限公司迁建项目	20000
厦门市	万科设计公社	10000
厦门市	永祥新城仁德里小区地下车库	25000
莆田市	莆田保利香槟国际地下室地坪	20000
南平市	顺昌大圣假日酒店及配套住宅一期	18000
厦门市	临港新城生活广场 + 地坪漆	25000
莆田市	福建华佳彩高新科技面板建设项目一期项目（C 包）	30000
莆田市	国投城市广场 2# 地块二期工程	10000
莆田市	鑫和地王广场一期地下室	25000
福州市	闽侯世茂滨江新城	20000

生产企业

三棵树涂料股份有限公司创立于 2002 年，致力于打造内外墙涂料、防水、保温、地坪、施工“五位一体”的绿色建材一站式集成系统，于 2016 年在上海证券交易所 A 股主板上市，登陆中国民用涂料第一股，2018 年跻身世界涂料 41 强，品牌价值达 195.18 亿元。三棵树总部位于福建莆田，并在天津、成都、南阳、滁州、保定等地建有 7 个生产基地，5000 多名员工来自五湖四海，在这个花园式企业快乐工作着。三棵树独具特色的“道法自然”生态文化和美丽的生态园区得到国家各级领导的赞许，获评国家绿色工厂，被誉为“醉美企业”，每年吸引数万人前来参观、学习和交流。

以“让家更健康，让城市更美丽”为企业使命，围绕“以用户为中心，与合作者共赢，与奋斗者共享”的核心价值观，三棵树在行业首创“健康 +”八项新标准，专注于健康产品的研发和制造，“三棵树，马上住”“三棵树下，健康人家”广为传播，是万科、恒大、中海、绿地等百强地产合作伙伴，在全球拥有 5000 家合作伙伴、20000 多个专卖店及网点。企业国家级技术中心面积 6000 ㎡，包括博士后科研工作站、院士专家工作站、CNAS 国家认可实验室等，配置了 100 多台先进的科研设备，由诺贝尔化学奖得主杰马里 • 莱恩教授担任首席技术顾问。从健康到“健康 +”，从传统涂装到“马上住”全屋定制，从线下到线上 O2O，从专卖店到百强地产，从国内到国外，从卖涂料到产品一站式、服务一体化……三棵树追求健康、时尚、艺术的家居生活，缔造生态、科技、节能的建筑风景。

三棵树涂料股份有限公司

地址：福建省莆田市荔城区荔园北大道 518 号
电话：0594-2881731
官方网站：www.skshu.com.cn

证书编号：LB2019DP018

绿健聚氨酯跑道材料、硅 PU 球场材料、EPDM 橡胶颗粒

产品简介

聚氨酯塑胶跑道又称全天候运动跑道，由聚氨酯预聚体、混合聚醚、EPDM 橡胶粒或 PU 颗粒、颜料、助剂、填料组成。塑胶跑道具有平整度好、抗压强度高、硬度弹性适当、物理性能稳定的特性，是国际上公认的最佳全天候室外运动场地坪材料。

硅 PU 球场材料是在 PU 球场材料的基础上开发研制出来的新一代球场铺面材料。该材料是以聚氨酯 (PU) 材料与含有有机硅成分的材料科学地复合在一起，所生产出来的材料用在球场面层上，从根本上解决了 PU 球场材料在专业性能、环保施工、使用寿命、日常维护等方面的不足，具有革命性的创新性能。

高弹性 EPDM 颗粒，表面颜色柔和，颗粒状结构，掺入塑胶场地中，能防止刺眼光线的反射，产品可采用多色彩搭配，不会因紫外线、臭氧、酸雨污染而褪色、粉化或软化，并能长期保持其鲜艳的色彩。

适用范围

产品适用于幼儿园、学校、训练体育场、健身馆、普通体育场馆、健身绿道等。

技术指标

聚氨酯塑胶跑道材料主要技术指标如下：

	项目	指标	实测
有害物质含量	3 种邻苯二甲酸酯类化合物（DBP、BBP、DEHP）总和 /（g/kg）	≤ 1.0	0.02
	3 种邻苯二甲酸酯类化合物（DNOP、DINP、DIDP）总和 /（g/kg）	≤ 1.0	未检出
	18 种多环芳烃总和 /（mg/kg）	≤ 50	未检出
		≤ 20	未检出
	苯并 [a] 芘 /（mg/kg）	≤ 1.0	未检出
	短链氯化石蜡（C10-C13）/（g/kg）	≤ 1.5	未检出
	4,4’-二氨基-3,3’-二氯二苯甲烷（MOCA）/（g/kg）	≤ 1.0	未检出
	游离甲苯二异氰酸酯（TDI）和游离六亚甲基二异氰酸酯（HDI）总和 /（g/kg）	≤ 0.2	未检出
	游离二苯基甲烷二异氰酸酯（MDI）/（g/kg）	≤ 1.0	未检出
	挥发性有机化合物 /（g/L）	≤ 50	未检出
	游离甲醛 /（g/kg）	≤ 0.50	未检出
	苯 /（g/kg）	≤ 0.05	未检出
	可溶性铅 /（mg/kg）	≤ 50	未检出
	可溶性镉 /（mg/kg）	≤ 10	未检出
	可溶性铬 /（mg/kg）	≤ 10	未检出
	可溶性汞 /（mg/kg）	≤ 2	未检出
有害物质释放量	总挥发性有机化合物（TVOC）/[mg/（m^2·h）]	≤ 5.0	1.2
	甲醛 /[mg/（m^2·h）]	≤ 0.4	0.012
	苯 /[mg/（m^2·h）]	≤ 0.1	未检出
	甲苯、二甲苯和乙苯总和 /[mg/（m^2·h）]	≤ 1.0	0.008
	二硫化碳 /[mg/（m^2·h）]	≤ 7.0	0.3

硅 PU 球场材料主要技术指标如下：

	项目	指标	实测
有害物质含量	3 种邻苯二甲酸酯类化合物（DBP、BBP、DEHP）总和 /（g/kg）	≤ 1.0	0.1
	3 种邻苯二甲酸酯类化合物（DNOP、DINP、DIDP）总和 /（g/kg）	≤ 1.0	未检出
	18 种多环芳烃总和 /（mg/kg）	≤ 50	未检出
		≤ 20	未检出
	苯并 [a] 芘 /（mg/kg）	≤ 1.0	未检出
	短链氯化石蜡（C10-C13）/（g/kg）	≤ 1.5	未检出
	4,4’-二氨基-3,3’-二氯二苯甲烷（MOCA）/（g/kg）	≤ 1.0	未检出
	游离甲苯二异氰酸酯（TDI）和游离六亚甲基二异氰酸酯（HDI）总和 /（g/kg）	≤ 0.2	未检出
	游离二苯基甲烷二异氰酸酯（MDI）/（g/kg）	≤ 1.0	未检出
	挥发性有机化合物 /（g/L）	≤ 50	未检出
	游离甲醛 /（g/kg）	≤ 0.50	未检出
	苯 /（g/kg）	≤ 0.05	未检出
	可溶性铅 /（mg/kg）	≤ 50	未检出
	可溶性镉 /（mg/kg）	≤ 10	未检出
	可溶性铬 /（mg/kg）	≤ 10	未检出
	可溶性汞 /（mg/kg）	≤ 2	未检出
有害物质释放量	总挥发性有机化合物（TVOC）/[mg/（m^2·h）]	≤ 5.0	2.1
	甲醛 /[mg/（m^2·h）]	≤ 0.4	0.02
	苯 /[mg/（m^2·h）]	≤ 0.1	未检出
	甲苯、二甲苯和乙苯总和 /[mg/（m^2·h）]	≤ 1.0	0.1
	二硫化碳 /[mg/（m^2·h）]	≤ 7.0	未检出

汾阳市绿健塑胶材料制造有限公司

工厂：山西省汾阳市阳城乡史家堡工业园区
地址：山西省太原市龙城大街龙城 2011 大厦
电话：0358-7572608
官方网站：www.sxljty.com

EPDM 橡胶颗粒主要技术指标如下：

项目	指标	实测
18 种多环芳烃总和 /（mg/kg）	≤ 50	未检出
	≤ 20	未检出
苯并 [a] 芘 /（mg/kg）	≤ 1.0	未检出
可溶性铅 /（mg/kg）	≤ 50	2
可溶性镉 /（mg/kg）	≤ 10	未检出
可溶性铬 /（mg/kg）	≤ 10	0.2
可溶性汞 /（mg/kg）	≤ 2	未检出

工程案例

中阳暖泉中学　襄垣东湖公园　太原和平公园漫道工程
杭锦旗街心公园　银川景博中学　双鹤中学
北京没有共产党就没有新中国纪念馆　内蒙古军区呼和浩特市警备司令部
银川职业技术学院　小店郑村国家电网　山西省机关幼儿园
岢岚春芽幼儿园　内蒙古武川一中　临汾体育场
杭锦旗教堂广场　中阳金锣镇小学　山西省委党校

生产企业

我司是山西省一家集塑胶材料研发、生产、销售、施工及配套服务为一体的科技型企业，成立于 2006 年，生产基地位于山西省汾阳市橡胶工业园区，下设呼和浩特、西安、银川、兰州、长春、乌鲁木齐、西藏七家分公司。公司是中国建筑装饰协会地坪分会会员单位、山西省建筑装饰协会地坪分会副会长单位、山西省体育产业行业协会会员单位。公司拥有专业资深的研发团队和施工队伍、先进的生产设备、现代化的管理及检测设施，技术水平处于国内同行前列。

公司主要研发生产水性硅 PU 球场材料、水性塑胶跑道材料、水性地坪材料、环保无溶剂胶水、双组分跑道材料、EPDM 颗粒、橡胶地垫、看台漆等地坪产品。

公司始终坚持以市场为导向，以技术为支撑，在太原应化所成立新材料研发中心，与上海普为高科技有限公司、山西化工研究院、太原理工大学、山西省应用化学研究院、太原工业学院长期合作，依托其强大的技术力量为客户提供优质环保的塑胶材料，同时为广大用户解决工程施工中的疑难问题。

汾阳市绿健塑胶材料制造有限公司
工厂：山西省汾阳市阳城乡史家堡工业园区
地址：山西省太原市龙城大街龙城 2011 大厦
电话：0358-7572608
官方网站：www.sxljty.com

证书编号：LB2019DP019

格林斯柏非渗水型塑胶跑道材料（全塑型）、硅 PU 球场材料、非渗水型预制橡胶跑道

产品简介

非渗水型全塑型自结纹跑道材料：新型无颗粒型跑道，严格依照德国（DIN18032）的标准而设计，将跑道升级为专业的“三层复合”结构，更好地避免运动中受伤，完全达到国际田联最新颁布的冲击吸收率的达标要求（35% ～ 50%），为国内独创现场浇铸型专业跑道结构。

硅 PU 球场材料：特有的有机硅改性聚氨酯类防水材料，比聚氨酯类的弹性层附着性更强。科学合理地匹配水泥热胀冷缩系数，避免材料热胀冷缩而造成开裂。

非渗水型预制橡胶跑道：采用纯天然橡胶优制而成，绿色环保，无毒无害，均衡稳定，施工不受气候影响。具备最优良的拉伸强度及断裂伸长率，符合国际、国家标准。同时极为出众的回弹力，对比赛成绩的突破提供特别支持。并且该材料便捷安装，只需要使用我们配套提供的专用粘接剂，在少量人力和机械条件下，即可将跑道卷材铺贴在密实的基础上，安装完跑道在 24 小时内即可投入使用。该产品最大的特点是环保无毒，材料中摒弃有毒有害物质，超长的质量保证期和可二次翻新设计延长了产品的使用寿命 。

适用范围

产品广泛适用于专业比赛场地、全民健身场地、学校教学训练场地、房产小区健身步道、各类球场等。

技术指标

非渗水型全塑型自结纹跑道材料主要技术指标如下：

	项目	指标	实测
有害物质含量	3 种邻苯二甲酸酯类化合物（DBP、BBP、DEHP）总和 / (g/kg)	≤ 1.0	未检出
	3 种邻苯二甲酸酯类化合物（DNOP、DINP、DIDP）总和 / (g/kg)	≤ 1.0	未检出
	18 种多环芳烃总和 / (mg/kg)	≤ 50	未检出
		≤ 20	未检出
	苯并 [a] 芘 / (mg/kg)	≤ 1.0	未检出
	短链氯化石蜡（C10-C13）/ (g/kg)	≤ 1.5	未检出
	4,4’- 二氨基 -3,3’- 二氯二苯甲烷（MOCA）/ (g/kg)	≤ 1.0	未检出
	游离甲苯二异氰酸酯（TDI）和游离六亚甲基二异氰酸酯（HDI）总和 / (g/kg)	≤ 0.2	未检出
	游离二苯基甲烷二异氰酸酯（MDI）/ (g/kg)	≤ 1.0	未检出
	挥发性有机化合物 / (g/L)	≤ 50	未检出
	游离甲醛 / (g/kg)	≤ 0.50	未检出
	苯 / (g/kg)	≤ 0.05	未检出
	可溶性铅 / (mg/kg)	≤ 50	未检出
	可溶性镉 / (mg/kg)	≤ 10	未检出
	可溶性铬 / (mg/kg)	≤ 10	未检出
	可溶性汞 / (mg/kg)	≤ 2	未检出
有害物质释放量	总挥发性有机化合物（TVOC）/ [mg/ (m^2 · h)]	≤ 5.0	0.4
	甲醛 / [mg/ (m^2 · h)]	≤ 0.4	0.212
	苯 / [mg/ (m^2 · h)]	≤ 0.1	未检出
	甲苯、二甲苯和乙苯总和 / [mg/ (m^2 · h)]	≤ 1.0	0.02
	二硫化碳 / [mg/ (m^2 · h)]	≤ 7.0	未检出

硅 PU 球场材料主要技术指标如下：

	项目	指标	实测
有害物质含量	3 种邻苯二甲酸酯类化合物（DBP、BBP、DEHP）总和 a/ (g/kg)	≤ 1.0	未检出
	3 种邻苯二甲酸酯类化合物（DNOP、DINP、DIDP）总和 a/ (g/kg)	≤ 1.0	未检出
	18 种多环芳烃总和 / (mg/kg)	≤ 50	未检出
		≤ 20	未检出
	苯并 [a] 芘 / (mg/kg)	≤ 1.0	未检出
	短链氯化石蜡（C10-C13）/ (g/kg)	≤ 1.5	未检出

广州格林斯柏体育设施有限公司
地址：湖州姚山北路 899 号
电话：0572–2566771
传真：0572–3206016
官方网站：http://zjdovila.com/

续表

	项目	指标	实测
有害物质含量	4,4’-二氨基-3,3’-二氯二苯甲烷（MOCA）/（g/kg）	≤ 1.0	未检出
	游离甲苯二异氰酸酯（TDI）和游离六亚甲基二异氰酸酯（HDI）总和 /（g/kg）	≤ 0.2	未检出
	游离二苯基甲烷二异氰酸酯（MDI）/（g/kg）	≤ 1.0	未检出
	挥发性有机化合物 /（g/L）	≤ 50	未检出
	游离甲醛 /（g/kg）	≤ 0.50	未检出
	苯 /（g/kg）	≤ 0.05	未检出
	可溶性铅 /（mg/kg）	≤ 50	未检出
	可溶性镉 /（mg/kg）	≤ 10	未检出
	可溶性铬 /（mg/kg）	≤ 10	未检出
	可溶性汞 /（mg/kg）	≤ 2	未检出
有害物质释放量	总挥发性有机化合物（TVOC）/［mg/（m^2 · h）］	≤ 5.0	4.6
	甲醛 /［mg/（m^2 · h）］	≤ 0.4	0.112
	苯 /［mg/（m^2 · h）］	≤ 0.1	未检出
	甲苯、二甲苯和乙苯总和 /［mg/（m^2 · h）］	≤ 1.0	0.2
	二硫化碳 /［mg/（m^2 · h）］	≤ 7.0	未检出

预制橡胶跑道主要技术指标如下：

	项目	指标	实测
有害物质含量	3 种邻苯二甲酸酯类化合物（DBP、BBP、DEHP）总和 /（g/kg）	≤ 1.0	未检出
	3 种邻苯二甲酸酯类化合物（DNOP、DINP、DIDP）总和 /（g/kg）	≤ 1.0	未检出
	18 种多环芳烃总和 /（mg/kg）	≤ 50	未检出
		≤ 20	未检出
	苯并 [a] 芘 /（mg/kg）	≤ 1.0	未检出
	短链氯化石蜡（C10-C13）/（g/kg）	≤ 1.5	未检出
	4,4’-二氨基-3,3’-二氯二苯甲烷（MOCA）/（g/kg）	≤ 1.0	未检出
	游离甲苯二异氰酸酯（TDI）和游离六亚甲基二异氰酸酯（HDI）总和 /（g/kg）	≤ 0.2	未检出
	游离二苯基甲烷二异氰酸酯（MDI）/（g/kg）	≤ 1.0	未检出
	挥发性有机化合物 /（g/L）	≤ 50	未检出
	游离甲醛 /（g/kg）	≤ 0.50	未检出
	苯 /（g/kg）	≤ 0.05	未检出
	可溶性铅 /（mg/kg）	≤ 50	未检出
	可溶性镉 /（mg/kg）	≤ 10	未检出
	可溶性铬 /（mg/kg）	≤ 10	未检出
	可溶性汞 /（mg/kg）	≤ 2	未检出
有害物质释放量	总挥发性有机化合物（TVOC）/［mg/（m^2 · h）］	≤ 5.0	4.8
	甲醛 /［mg/（m^2 · h）］	≤ 0.4	0.03
	苯 /［mg/（m^2 · h）］	≤ 0.1	未检出
	甲苯、二甲苯和乙苯总和 /［mg/（m^2 · h）］	≤ 1.0	0.3
	二硫化碳 /［mg/（m^2 · h）］	≤ 7.0	未检出

工程案例

云南普洱体育运动中心体育馆、云南昆明海埂训练基地、云南玉溪澄江县第一中学、新疆乌鲁木齐 113 中学、四川泸州奥林匹克体育公园、四川成都西南民族大学、四川康定体育馆、广州亚运会场地宝岗体育中心、世界大学生运动会深圳湾体育中心、南亚东南亚运动会昆明理工大学体育场、第二十七届省农运会福建三明体育中心、广西省南宁市体育中心、陕西省韩城市体育中心、浙江省桐乡市体育中心、湖南省长沙市望城体育中心、东北电力大学、白山体育中心等项目。

生产企业

格林斯柏体育产业（集团）是一家以体育地面材料供应链为基础，横跨体育工程管理、体育场馆运营、体育投融资等领域的多元化体育集团公司。格林斯柏在体育行业起步于 2000 年，2007 年在广州建立生产基地。

格林斯柏先后与德国、日本等国际标杆企业合作，研发自结纹跑道产品和广州亚运会使用的绿道产品。历经近二十年的快速发展，格林斯柏已经成为全国运动地材品牌的佼佼者，被多个省市政府、学校、公共体育设施单位定为采购指定材型的企业。荣获 2010 年广州亚运会场地材料供应商、2011 年世界大学生运动会场地材料供应商、2016 年东南亚运动会主会场材料供应商资质及荣誉。

实施“品牌 + 精品”双驱动模式，持续提供高品质、高性价比的格林斯柏橡胶卷材、聚氨酯 PU、水性涂料、健身绿道等专业产品。

广州格林斯柏体育设施有限公司
地址：广州市花都区赤坭镇培正路 37 号之一
电话：020-36082383
官方网站：http://www.greensport2008.com/

证书编号：LB2019DP020

正欧环氧自流平地坪漆、水泥基自流平砂浆、混凝土密封固化剂

产品简介

正欧高强度水泥自流平是科技含量高、技术环节调控比较复杂的高新绿色产品。它是由多种活性成分组成的干混型粉状材料，现场拌水即可使用。稍经刮刀展开，即可获得高平整基面。硬化速度快，4～8小时时即可在上行走，或进行后续工程（如无机彩色喷涂，铺木地板、瓷砖、石材、PVC地胶板等），施工快捷、简便是传统人工找平所无法比拟的。让工程安全、无污染、美观、快速施工并尽早投入使用是正欧™高强度水泥自流平的特色。

混凝土密封固化剂是一种以无机硅酸盐为主要成分，辅以一些功能性助剂的混合水溶液。其大多数配方是以钾基、钠基等活性硅酸盐形式存在，无色、无味、无毒、不燃、不含有挥发物（VOC），完全符合当今社会对于环境、健康和安全的规定。

适用范围

水泥基自流平用途广泛，适用于专卖店、卖场、展厅、博物馆、办公室、高档会所、住宅、医院、体育馆、停车场、货仓、厂房车间等各种开放空间，也适用于居家、别墅、温馨小空间等。

混凝土密封固化剂适用于工业地坪、车间地坪、超市地坪、混凝土停车场、混凝土高速公路、机场跑道、混凝土桥梁、混凝土码头、混凝土墙面、体育中心等所有以混凝土或水泥砂浆为基层的场所。

技术指标

混凝土密封固化剂产品主要技术指标如下：

28d抗折强度，MPa=14.1

28d抗压强度，MPa=93.6

耐磨度比，%=386

表面强度（压痕直径），mm=2.9

水泥基自流平主要技术指标如下：

初始流动度=151

20min流动度=145

抗折强度（28d）=8.6（等级F7）

抗压强度（28d）=36.6MPa(等级C35)

拉伸粘结强度=1.2MPa

耐磨性=0.38

尺寸变化率（%）=0.095

工程案例

中国核工业二四建设有限公司/中国原子能科学研究院综合服务区
浙江华康药业股份有限公司
余姚金刚环境科技有限公司
义乌市神合包装有限公司
慈溪市振成机械有限公司
宁波四维尔工业有限责任公司
长兴永达水务有限公司
嘉兴敏惠汽车零部件有限公司
嘉兴敏惠汽车零部件有限公司
中浙高铁轴承有限公司
浙江兴宇汽车零部件有限公司
宁波市宏邦办公用品有限公司

上海正欧实业有限公司　上海正欧涂料有限公司

地址：上海市金山区金环宇路228号
电话：021-37903116
官方网站：www.zheng.cc

生产企业

上海正欧系列企业，是研制和生产新型化学建材并提供相应工程服务的专业公司。通过了 ISO 9001 质量管理体系认证及 ISO 14001 环境管理体系认证。公司被评为“国家建材 AAA 级质量服务信用企业”，并荣获国家轻工部“质量、信誉双保障示范单位”证书，是中国质量检测协会会员单位。

上海正欧化工有限公司注册资金 1500 万元，上海正欧涂料有限公司注册资金 3000 万元，上海正欧实业有限公司注册资金为 6600 万元，总注册资金 11100 万元，本公司建有先进的生产基地和设施完备的实验中心。主要产品有环氧地坪材料、建筑涂料、外墙无机保温材料等系列产品，年营业额超 4 亿元。

公司生产的地坪性能优良，品种全，施工人员多，机械设备先进，尤善于大项目突击作业。完成的产品表观效果好，在广大客户中有良好的口碑。曾施工过的一些知名客户如上柴股份、广电股份、电气集团、宝钢集团、龙工机械、达能饼干、海尔集团、比亚迪、富士康、施耐德、上海火车站、旭辉广场、黄金置地大厦、汇亚大厦、新上海滩花园、外滩中心、万科集团、美能达、美国 3M、铁梅机械、广智科技、易初莲花、萨澳液压传动、斯米克、汤姆生电子、贝斯特电子、日本电产芝普、邦迪管路系统、界龙印刷股份、森林电器、吉列、易纬电脑、夏普空调、富士通将军空调、渡边纸业、神马集团、耀皮股份等。

公司和一些科研院所有合作关系，及时吸收先进的研发成果，并不断增加研发投入，寻求能提供超级技术的合作者；一如既往地诚实守信，和用户保持密切联系，服务好每位客户，努力使“正欧”成为国际品质商标的象征。

上海正欧实业有限公司　上海正欧涂料有限公司
地址：上海市金山区金环宇路 228 号
电话：021-37903116
官方网站：www.zheng.cc

证书编号：LB2019DP021

鼎兴预制型橡胶跑道卷材

产品简介

预制型塑胶跑道是一种预先在工厂生产好的运动地面。它含有耐摩的面层、吸震缓冲的底层和设置在底层与地基之间的胶粘剂层，其特征是：它的吸震底层是一种发泡结构的橡胶板材，它的耐磨面层是一种平实结构橡胶板材，两者通过橡胶硫化结合成一个整体。产品具有卓越的弹性和缓冲性能、优秀的抗尖钉和抗磨损能力、阻燃绝缘、色泽稳定等特点。

适用范围

产品适用于学校运动场以及奥运会、亚运会、全运会等大型运动会的田径赛场跑道。

技术指标

产品主要技术指标满足以下要求：

项目		要求
冲击吸收 / %	田径场地	35 ～ 50
	球类场地	20 ～ 50
	其他活动场地	25 ～ 50
垂直变形 / mm	（所有类型场地）	0.6 ～ 3.0
抗滑值 /（BPN，20℃）	田径场地	≥ 47（湿测）
	球类场地及其他活动场地	80 ～ 11（干测）
拉伸强度 / MPa	渗水型面层	≥ 0.4
	非渗水型面层	≥ 0.5
拉断伸长率 / %		≥ 40

工程案例

序号	工 程 名 称	面积（平方米）
1	黑龙江省伊春市体育中心 Heilongjiang yichun sports center	13800
2	镇江市扬中奥体中心 Zhenjiang Yang Zhong Olympic sports center	14200
3	长沙民政职业技术学院体育场 Changsha social work college stadium	11000
4	贵州省榕江县全民健身广场 Guizhou rongjiang citizen exercise square	11800
5	贵州省岑巩体育中心 Guizhou cengong sports cente	13200
6	江西省宁都体育中心 Jiangxi Ningdu sports center	8600
7	泉州电力职业技术学院 Quanzhou electric power technology college	7500
8	泉州幼儿师范高等专科学校 Quanzhou preschool eduction college	8600
9	扬州体育运动学校室内馆 Yangzhou sports school indoor arena	7200
10	韩国泗川市公立体育场 Sachon city public stadium	11000
11	厦门大学闽南理工学院 Minnan university of science and technology of Xiamen university	9000
12	重庆旅游学校 Chongqing vocation institute of tuurism	6000
13	遵义医学院 Zunyi medical university	8800
14	南宁 39 中学 Nanning No.39 middle school	6500
15	郴州第九中学 Chenzhou No.9 middle school	6200

天津鼎兴橡塑有限公司
地址：天津市滨海新区大港经济开发区西区立达街
电话：022-59718914
官方网站：www.olymtrack.com

续表

序号	工 程 名 称	面积（平方米）
16	郴州第四中学 Chenzhou No.4 middle school	7200
17	泉州经济开发区实验学校 Quanzhou development zone experimental school	7800
18	泉州丰泽区实验小学 Quanzhou fengze district experimental primary school	5800
19	苏州市太平镇实验小学 Suzhou Taiping town experimental primary school	6000
20	合肥第六中学 Hefei No.6 middle school	7000
21	重庆市垫江小学 Chongqing dianjiang primary school	2500
22	河南舒华运动公园 Henan some sports park	3000
23	宁波西大河公园 Ningbo west river park	8000
24	大连甘井子区体育中心室内馆 Dalian ganjingzi district sports center indoor Arena	8000
25	大连普兰店普湾新区体育场 Dalian PuLanDian puwan new district stadium	10700
26	扬州奥体中心 Yangzhou Olympic sports center.	7000
27	南京外国语学院仙林分校 Nanjing foreign languages institute xianlin campus,	8000
28	兰州体育运动学校 Lanzhou sports school	5000
29	锡林浩特第六中学 Xilinguole No.6 middle school	5000
30	深圳海湾中学 Shenzhen haiwan middle school	6000
31	中国飞行试验研究院 China flight test establishment	4300
32	长沙 15 中学 Changsha No.15 middle school	8000

生产企业

天津鼎兴橡塑有限公司，是国内集科研、设计、生产、销售、铺设于一体的专业生产的高科技公司。注册资金2500万元，坐落于美丽的滨海城市——天津。

公司主要生产预制型跑道、球场卷材。产品主要适用于铺设公共体育场跑道、篮球场、排球场等体育场地。本产品具有弹性高，耐久抗老化，无毒害的特性。

2007 年公司投巨资建成年产 60 万平方米预制型橡胶跑道的生产线。在全体员工的不懈努力下，公司采用先进的生产工艺，研制出预制型橡胶跑道系列产品，已通过了质量 / 环境 / 职业健康安全管理体系认证、IAAF 国际田联认证、CQTA 品质验证、中国环境标准（Ⅱ型）产品认证、中国田径协会审定等；在质量、环境、健康安全上与国际标准接轨。

我们将秉承“注重信誉，质量精益求精；诚信经营，满足顾客要求；保护环境，注重污染预防；安全守法，保障职业健康；持续改进，满足需求期望”的经营方针；始终将保护环境、节约能源、满足广大客户的需求作为企业的奋斗目标；以质量作为市场的基石，做好每一个环节，为客户提供优质、安全、可靠的产品。

证书编号：LB2019DP022

在路上硅 PU 球场材料、草坪填充颗粒、聚氨酯塑胶跑道材料

产品简介

聚氨酯塑胶跑道具有平整度好、抗压强度高、硬度弹性适当、物理性能稳定的特性，有利于运动员速度和技术的发挥，有效地提高运动成绩，降低摔伤率。塑胶跑道是由聚氨酯橡胶、环保型粘合剂等材料组成，具有一定的弹性和色彩，具有一定的抗紫外线能力和耐老化能力，是国际上公认的最佳全天候室外运动场地坪材料。

硅 PU 球场材料：①优越耐候，不会因紫外线、臭氧、雨水及高低温气候等环境而出现褪色、粉化、发硬、发软等现象并能长期保存其色彩艳丽。②优越的耐磨性能，能保持外观结构性恒久稳定不变，耐磨性好，能满足长期高使用频率之需要。③环保，产品在使用和施工过程中，均不产生有毒、有害物质。

草坪填充颗粒：热塑弹性体 TPE 颗粒，环保耐磨且拥有高回弹力，是替代现有黑色废旧轮胎颗粒理想的产品。TPE 材质，无卤无毒，不需要硫化，符合可持续发展观环保可回收标准。

适用范围

产品适用于幼儿园、各级各类学校及专业体育场、田径场跑道，全民健身路径，室内体育馆训练跑道，游乐场道路铺面，室内外跑道，公园、居民小区等活动场地。

技术指标

聚氨酯塑胶跑道主要技术指标如下：

检验项目		技术要求	检验结果
耐人工气候老化性能（500h），拉伸强度 / MPa		≥ 0.5	1.0
耐人工气候老化性能（500h），拉断延伸率 / %		≥ 40	97
无机填料含量 / %		≤ 65	51
18 种多环芳烃总和 /（mg/kg）		≤ 50	＜ 1.8
18 种多环芳烃总和（上表面 5mm 以内的部分）/（mg/kg）		≤ 20	＜ 1.8
有害物质含量（mg/kg）	可溶性铅	≤ 50	0.2
	可溶性镉	≤ 10	0.3
	可溶性铬	≤ 10	0.3
	可溶性汞	≤ 2	未检出
有害物质释放量 /［mg/（m²·h）］	总挥发性有机化合物（TVOC）	≤ 5.0	未检出
	甲醛	≤ 0.4	未检出
	苯	≤ 0.1	未检出

硅 PU 球场材料主要技术指标如下：

检验项目		技术要求	检验结果
耐人工气候老化性能（500h），拉伸强度 / MPa		≥ 0.5	0.8
耐人工气候老化性能（500h），拉断延伸率 / %		≥ 40	96
无机填料含量 / %		≤ 65	58
18 种多环芳烃总和 /（上表面 5mm 以内的部分）（mg/kg）		≤ 20	＜ 1.8
有害物限量，二硫化碳 /［mg/（m²·h）］		≤ 7.0	＜ 0.7
有害物质含量（mg/kg）	3 种邻苯二甲酸酯类化合物总和 /（g/kg）	≤ 1.0	未检出
	18 种多环芳烃总和 /（mg/kg）	≤ 50	15
	苯并 (a) 芘 /（mg/kg）	≤ 1.0	未检出
	短链氯化石蜡 /（g/kg）	≤ 1.5	未检出
	游离甲苯二异氰酸酯和游离六亚甲基二异氰酸酯总和	≤ 0.2	未检出
	游离二苯基甲烷二异氰酸酯 /（g/kg）	≤ 1.0	未检出
	可溶性铅 /（mg/kg）	≤ 50	3
	可溶性镉 /（mg/kg）	≤ 10	0.4
	可溶性铬 /（mg/kg）	≤ 10	未检出
	可溶性汞 /（mg/kg）	≤ 2	未检出
有害物质释放量 /[mg/(m²·h)]	总挥发性有机化合物（TVOC）	≤ 5.0	未检出
	甲醛	≤ 0.4	未检出
	苯	≤ 0.1	未检出
	甲苯、二甲苯和乙苯总和	≤ 1.0	未检出

淄博世纪联合新型建筑材料有限公司
地址：山东省淄博市高新区南岭南路以北、淄东铁路以东
电话：0533-6213674
官方网站：www.cumchina.com

草坪填充颗粒主要技术指标如下：

检验项目		技术要求	检验结果
有害物质含量（mg/kg）	18 种多环芳烃总和	≤ 20	未检出
	苯并 (a) 芘	0.1	未检出
	可溶性铅	5.00	未检出
	可溶性镉	1.00	未检出
	可溶性铬	1.00	未检出
	可溶性汞	0.20	未检出
高聚合物量 / %		≥ 20	25.9

工程案例

济南现代学院、章丘体育馆、吉林松原前郭尔罗斯蒙古中学、甘肃庆阳华池体育局健身步道、河北故城郑口中学、淄博实验中学等项目。

生产企业

前身成立于 2009 年 5 月，历经几年的发展于 2014 年 7 月，投资 3.2 亿元，成立淄博世纪联合新型建筑材料有限公司，占地 7 万 m^2。历时两年的规划建设，一期项目 15000 m^2 聚氨酯合成车间、4000 m^2 颗粒生产车间、3000 m^2 研发实验室及 1000 m^2 公共设施于 2016 年 8 月竣工并投入使用。生产设备全部采用 DCS 自动化控制，日产能达 200 余吨，以满足市场对产品的需求。

公司主营塑胶跑道一系列产品，EPDM 颗粒、胶水、铺装材料、硅 PU、TPE 草坪颗粒、喷涂聚脲弹性体、聚氨酯弹性体、水性树脂系列产品，广泛用于学校、公园、体育场、健身路径、家装、工业等领域。

我公司是中国体育地材绿色生产企业联盟的发起单位、“健身步道建设标准”的参编单位、山东省运动场地专业委员会副秘书长单位，获得了质量管理体系认证证书、环境管理体系认证证书、职业健康安全管理体系认证证书，产品获得了中国环境标志产品认证证书、中国环境友好认证证书、国际田联认证证书、ROHS 和 CE 的产品认证证书，获得了山东半岛国家自主创新示范区计划科技奖，被评为淄博市重点实验室，产品被列入政府采购清单，有 4 项发明专利、1 项实用新型专利，4 项进入实质审查阶段。秉持“创新赢得持续发展，新产品引领行业发展”的理念。

淄博世纪联合新型建筑材料有限公司
地址：山东省淄博市高新区南岭南路以北、淄东铁路以东
电话：0533-6213674
官方网站：www.cumchina.com

证书编号：LB2019DP023

易华人造草坪

产品简介

人造草坪采用优质草丝，添加抗老化剂、抗 UV 剂，具有与天然草相似的外观和性能，具有弹性好，重压后的回复性佳，柔韧耐磨，阻燃，防老化，隔热防水，易保养，环保自然，无公害、无污染等特点。

适用范围

人造草坪可以应用在跑道、足球场、网球场、棒球场、曲棍球场、门球场、高尔夫球场、篮球场、排球场、羽毛球场、垒球场等运动场地。

技术指标

产品主要技术指标如下：

项目类型	性能指标
草丝拉断力（开网丝）	≥ 100N
草丝拉断力（单丝）	≥ 15N
草丝伸长率	20% ～ 35%
草丝收缩率	≤ 10%
单簇草拔出力	≥ 35N
底布拉断力（N/5cm，纵向）	≥ 800N
底布拉断力（N/5cm，横向）	≥ 100N
底布抗撕裂力（纵向）	≥ 40N
底布抗撕裂力（横向）	≥ 40N
低温试验草丝拉断力下降率	≤ 20%
低温试验草丝拉伸长率下降率	≤ 20%
低温试验草丝单簇拔出力下降率	≤ 25%

工程案例

江苏易华人造草坪在全国范围内受到了各地学校的欢迎，被各地中小学广泛使用，在江苏应用的场地有徐州邳州戴圩中心小学运动场、丰县实验小学足球场、宿迁宿豫明德小学足球场、沭阳县广宇学校足球场、沭阳县正德中学足球场、宿

迁市京东电商产业园足球运动场等，在河南省应用的场地有禹州市西区实验学校运动场、驻马店平舆县实验中学足球场等，在山东省应用的场地有沂水县中心小学足球场、兰陵县项城中心小学运动场等。

生产企业

江苏易华人造草坪有限公司是一家集研发、生产、销售、服务于一体的综合性人造草坪企业。2014 年入驻江苏宿迁市国家级经济技术开发区，2015 年被授予外贸进出口先进企业，2018 年我司实现销售额超 2 亿元，外贸创汇 2480 万美元。公司拥有一支高水平的研发团队和国际先进的生产设备，引进百余台套全自动、智能化生产线，年生产能力达 1500 万平方米。2019 年是我司大发展之年，占地 45 亩的二期工程在各级领导的关心和支持下即将建成，预计二期工程投产达效后，年产值可以翻一番！

江苏易华自成立以来，不断加大研发投入，已与多家知名高校展开校企合作，引进各类专业技术人才，建立科技研发中心。公司已通过 ISO 9001 质量体系、ISO 14001 环境体系和 BSCI、Reach Rohs 国际认证，同时获得中国环境标志产品认证证书和国家高新技术企业资质证书。

江苏易华始终坚持质量第一、客户至上的原则。全心全意服务广大客户，不断满足和超越客户的期望。与时俱进，开拓创新，愿与各界朋友精诚合作，共创美好未来！

江苏易华人造草坪有限公司
地址：江苏省宿迁市宿城区金鸡湖路 185 号
电话：0527-84563858 4008550668
官方网站：www.victurf.com.cn

证书编号：LB2019DP024

耐美地多组分（浸泡型）混凝土高密强化剂

产品简介

耐美地多组分（浸泡型）混凝土高密强化剂是水溶性无机化学溶剂，不含苯、甲醛等挥发性有毒有害物质，安全可靠，符合国家化学建筑材料测试中心制定的相关国家标准（GB/T 22374—2008《地坪涂装材料》），并通过中国建筑装饰装修材料协会的环保、节能认证。

适用范围

多组分（浸泡型）混凝土高密强化剂适用范围极其广泛，可应用于大型工业厂房、车间，自动化立体仓库，电子电器、食品、医药等洁净厂房，大型仓储式超市物流中心，会展，实验室，地下停车场等。

技术指标

产品主要技术指标如下：

项目	参数
耐磨性	≤ 650
抗压强度 / MPa	49.2
抗折强度 / MPa	≥ 9
抗拉强度 / MPa	3.2
硬度、模式	7.0+−0.5
耐油性	油泡 3 年强度不降低，油渗 <0.3mm
抗锈蚀性	42d 自然电位恒正，稳定值 +50mm（S.C.E） 最大值 +120mm（S.C.E） 水泥试体，5%NaCl 溶液浸泡，2 年零 3 个月无锈斑
防滑性	施工后地面光亮不滑
防火等级	达到国家建材防火燃烧等级（A1 级）（CB 8624—2012）
防静电	试体表面泄露电阻为 106 ～ 107 Ω

工程案例

星河蓝湾地下车库地坪及交通设施工程
肇庆海逸半岛豪庭地下车库
迎宾广场地下车库改造工程

生产企业

珠海耐特力建筑地坪科技有限公司创立于2009年，专注于地坪环保新型材料的开发，是集研发、生产、销售和地坪工程的咨询、设计及一体化施工的地坪科技公司，是行业内具有影响力的品牌之一。

公司依托一批优秀精干的研发团队，研发出一系列环保新型地坪材料，例如耐美地（NAMED）多组分（浸泡型）混凝土高密强化剂和代替传统环氧地坪涂装材料的水性无机地坪涂装系统。新材料优点众多，一是

珠海耐特力建筑地坪科技有限公司
地址：珠海市香洲区狮山路 417 号 810 室
电话：0756-2237700
官方网站：www.netteli.cn

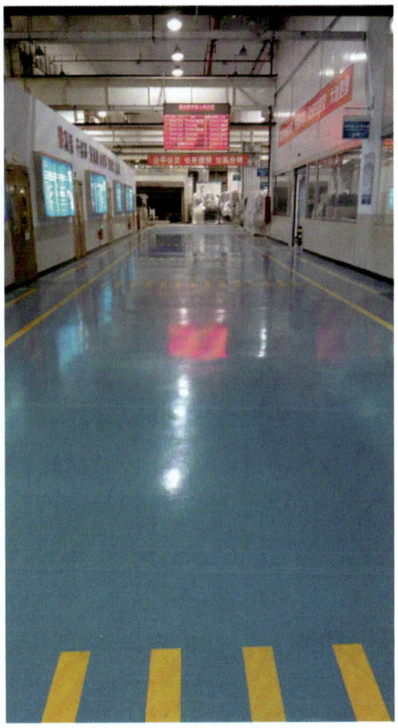

适应能力强，有很高的附着力，固化后的涂膜耐腐蚀性和耐化学药品性能优异，并且涂膜收缩小、硬度高、耐磨性好、电气绝缘性能优异等；二是环保性能好，不含有机溶剂或挥发性有机化合物含量较低，不会造成空气污染，满足环境保护的要求，硬度达到 4H 以上，并取得了中国建筑装饰装修材料协会的环保、节能认证。

珠海耐特力建筑地坪科技有限公司已经与众多知名房地产及仓储品牌企业建立了良好、稳固的合作伙伴关系，逐步形成强大的人才、技术和品牌优势。公司拥有一支朝气蓬勃、技术全面的团队，具备强大的施工力量及雄厚的技术力量，在超市商业、大型厂房、停车场、办公、城市综合体、物流仓库等建设中取得了优良成绩。

公司在竞争中求发展，在挑战中谋机遇，相信我公司会给您提供满意的产品，会为您提供先进的技术和完善的售后服务。愿我们能与您携手并进、共创辉煌！

珠海耐特力建筑地坪科技有限公司

地址：珠海市香洲区狮山路 417 号 810 室
电话：0756-2237700
官方网站：www.netteli.cn

证书编号：LB2019DP025

名望非渗水型塑胶跑道材料、硅 PU 球场材料、聚氨酯单组分胶水

产品简介

非渗水型塑胶跑道，由聚氨酯预聚体、混合聚醚、EPDM 橡胶粒或 PU 颗粒、颜料、助剂、填料组成。塑胶跑道具有平整度好、抗压强度高、硬度弹性适当、物理性能稳定的特性，有利于运动员速度和技术的发挥，有效地提高运动成绩，降低摔伤率。塑胶跑道是由聚氨酯橡胶等材料组成的，具有一定的弹性和色彩，具有一定的抗紫外线能力和耐老化能力，是国际上公认的最佳全天候室外运动场地坪材料。

硅 PU 球场材料是在 PU 球场材料的基础上开发研制出来的新一代球场铺面材料。该材料是以聚氨酯（PU）材料与含有有机硅成分的材料科学地复合在一起，所生产出来的材料。用在球场面层上，从根本上解决了 PU 球场材料在专业性能、环保施工、使用寿命、日常维护等方面的不足，具有革命性的创新性能。

聚氨酯单组分胶水的合成原料主要是低聚物多元醇和二异氰酸酯。低聚物多元醇通常分为聚醚多元醇和聚酯多元醇两种。前者制得的预聚体有良好的水解稳定性，较好的柔韧性和延伸性，耐低温性能好；而后者预聚体内聚力大，粘结强度高。特征性能：耐水、储存稳定、耐低温及高温环境、干燥速度较快、低环境温度下成膜性良好；环保无毒、不含 TDI。

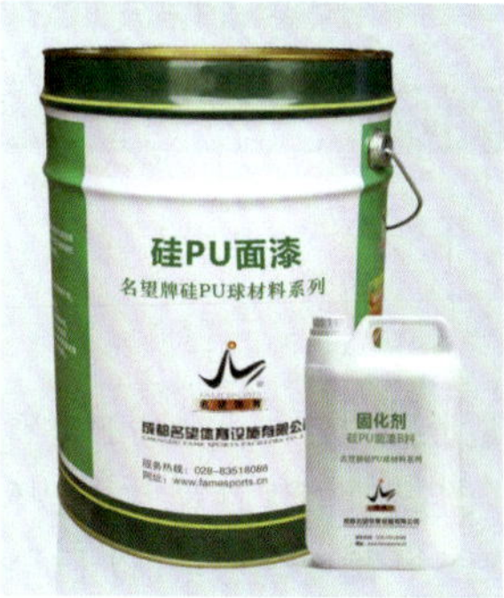

适用范围

产品适用于幼儿园、学校、训练体育场、健身馆、普通体育场馆、健身绿道等。

技术指标

产品执行《中小学合成材料面层运动场地》GB 36246—2018 中的相关技术要求。

工程案例

广安岳池县岳池白庙小学、重庆彭水普子中学、雅安宝兴宁关中学、南充蓬安消防队、贵州从江翠里中学、云南保山腾冲雅居农业观光园、绵阳三台玉林乡中心小学、贵州省毕节市威宁县人民法院、泸州古蔺双沙镇中心小学、重庆綦江康德城小学、简阳先锋中心小学、南充王家镇中心小学、乐山沐川职业中学、泸州古蔺县白泥乡小学、西藏日喀则昂仁县昂仁中学、西藏日喀则吉隆县差那乡小学、西昌卫星发射中心医院室外球场、重庆江津中学室外篮球场、成都市锦江区肖家河文化广场、华阳科学城条条河湿地公园、四川省工业贸易学院、石室佳兴外国语学校。

生产企业

四川名望高分子材料有限公司是一家专注于聚氨酯跑道、硅 PU 球场、丙烯酸材料生产、销售、铺装及售后服务为一体的实业型企业。公司生产基地位于四川邛崃羊安工业园区，具备年产 3000 吨塑胶运动场地面铺装材料的生产能力。在重庆、贵州等地设有分公司，所建场地已遍及整个西南地区。

四川名望高分子材料有限公司
地址：成都市成华区崔家店路 576 号生进大厦 6 楼 603
电话：028-83518088
官方网站：http://www.famesports.cn/

公司经营的主要项目有：塑胶跑道、塑胶篮球场、塑胶网球场、塑胶排球场、塑胶羽毛球场、丙烯酸球场、硅 PU 场地、安全地垫、人造草坪、悬浮式拼装运动地板、体育运动木地板、全民健身路径、儿童游乐设施设备、壁球场、攀岩场、体育运动配套设施等的设计、销售、施工。

公司依赖先进的国际质量体系及环境管理体系，广纳贤才，拥有多名长期从事康体设施研究、创新、开发的专家、学者及工程师等专业人才，并通过引进欧美先进技术和设备，同时在此基础上改进和创新，使所生产的高品质塑胶地面铺装材料以流平性好、物理性能指标高、新型环保而著称，亦使名望公司产品的研制能力、生产技术均在康体行业中处于先进水平。

公司坚持“以人为本、诚信服务、以法治企、以质兴企、创新共赢”的经营理念，凭借科学的管理、雄厚的技术力量、丰富的施工经验、完善的服务体系、优质的产品及施工质量奉献客户，回报社会。诚信是基石，双赢是动力，四川名望期待与您携手共进，共创美好未来。

四川名望高分子材料有限公司

地址：成都市成华区崔家店路 576 号生进大厦 6 楼 603
电话：028-83518088
官方网站：http://www.famesports.cn/

证书编号：LB2019DP026

绿能 EPDM 颗粒、聚氨酯胶粘剂、聚氨酯塑胶跑道材料

产品简介

三元乙丙 (EPDM) 颗粒：颜色鲜艳多样，既能防止刺眼光线的反射，又能起到柔软防滑和美观的作用，应用到塑胶场地中能有效增加场地的弹性、缓冲和摩擦系数等。我司生产的三元乙丙 (EPDM) 颗粒通过小白鼠口服无毒测试，环保指标均可达到上海、深圳或者国家最严新标准。本产品可采用多色彩搭配，EPDM 塑胶场地不会因紫外线照射、臭氧、酸雨的污染而粉化或明显褪色，并具防潮、透气渗水、吸热、防震、抗静电、柔软且不易变形等特性。

聚氨酯胶粘剂：可达到无色无味级别，黏度与稀稠度对施工恰到好处，固化时间可根据实际环境温度来调整。为了解决胶粘剂自身产生的黄变现象，特加入抗紫外线剂和抗老化剂等材料来进行色变延缓，并通过小白鼠口服无毒测试，环保指标可达到国家所有最严标准。

透气（渗水）型塑胶跑道：造价及维护成本低，施工方便，对基础要求不高（水泥或沥青），性价比极高，具有以下特点：耐冲击性能佳、摩擦系数高，不会因穿钉鞋而造成表层损坏，高度透气渗水，雨后可直接使用，味道清淡或无味，目前属于塑胶跑道系列中最为环保的类型之一。

适用范围

产品适用于幼儿园、学校、训练体育场、公园、健身馆、普通体育场馆、健身绿道等。

技术指标

产品物理机械性能及有害物质限量指标完全满足 GB 36246—2018《中小学合成材料面层运动场地》标准中的相关要求。

工程案例

西湖大学、南海实验学校高中部扩建附属工程、杭州市九堡学校 、重庆铁路中学、海盐县向阳小学、上海市青浦区教师进修学院附属中学等项目。

浙江绿能体育产业有限公司

地址：嘉善县干窑镇康明东路 168 号
电话：0573-84515186
传真：0573-84515199
官方网站：http://www.chinarubbergranule.com

生产企业

浙江绿能体育产业有限公司是集 EPDM 彩色颗粒、聚氨酯胶粘剂，及其延伸产品的研发、生产、销售、工程服务为一体的综合型企业。我公司于 2015 年之前出口份额占总销比的 90% 以上，主要出口欧盟、美国、加拿大、澳大利亚及东南亚发达地区，其中 EPDM 彩色颗粒约占整个日本市场的 40% 份额。由于全球经济疲软及货币汇率的不稳定，加之国内体育建设行业市场逐步扩大的因素，我们筛选国外优质客商进行战略合作，淘汰低质低价的不稳定客户，同时在国内给予中高端产品市场定位，寻求重品质重信誉的客户进行全面合作，目前为止内外销市场份额各半。

经 2015 年全国毒跑道事件风暴后，结合这么多年来出口品质的管控和技术经验累积，对产品进行了整合和升级，积极参与上海团标制定和新国标的文件起草，从而使产品快速达到了国内严格的上海、深圳、山东地标等及国家新强制性标准，并且第一时间完成数条新标准的 EPDM 球场和渗水型 (透气型) 塑胶跑道工程，得到了业界的一致好评。短短一年来，无论在行业口碑还是官方推荐，绿能 (Running) 品牌都稳扎稳打地落脚于高端品牌行列。继塑胶材料之后，绿能大力开发新产品 : 多功能活动场地和 EPDM 塑胶健身步道、自行车路道等。

本公司身处中国素有“鱼米之乡，丝绸之府”之美誉的嘉兴市嘉善县，地理位置优越，毗邻上海、西依杭州、北靠苏州，上海虹桥高铁至嘉善仅需 20 分钟，杭州约 30 分钟即可抵达，公路网纵横交错连接全国各地，交通运输极为便利。一直以来，本公司本着“信成质优，放眼未来”经营理念，真诚为顾客提供无微不至的服务！

浙江绿能体育产业有限公司
地址：嘉善县干窑镇康明东路 168 号
电话：0573-84515186
传真：0573-84515199
官方网站：http://www.chinarubbergranule.com

证书编号：LB2019DP027

创园 EPDM 颗粒、聚氨酯胶粘剂、透气（渗水）塑胶跑道材料

产品简介

三元乙丙 (EPDM) 颗粒：颜色鲜艳多样，既能防止刺眼光线的反射，又能起到柔软防滑和美观的作用，应用到塑胶场地中能有效增加场地的弹性、缓冲和摩擦系数等。我司生产的三元乙丙 (EPDM) 颗粒通过小白鼠口服无毒测试，环保指标均可达到上海、深圳或者国家最严新标准。本产品可采用多色彩搭配，EPDM 塑胶场地不会因紫外线照射、臭氧、酸雨的污染而粉化或明显褪色，并具防潮、透气渗水、吸热、防震、抗静电、柔软且不易变形等特性。

聚氨酯胶粘剂：可达到无色无味级别，黏度与稀稠度对施工恰到好处，固化时间可根据实际环境温度来调整。为了解决胶粘剂自身产生的黄变现象，特加入抗紫外线剂和抗老化剂等材料来进行色变延缓，并通过小白鼠口服无毒测试，环保指标可达到国家所有最严标准。

透气（渗水）型塑胶跑道：造价及维护成本低，施工方便，对基础要求不高（水泥或沥青），性价比极高，具有以下特点：耐冲击性能佳、摩擦系数高，不会因穿钉鞋而造成表层损坏，高度透气渗水，雨后可直接使用，味道清淡或无味，目前属于塑胶跑道系列中最为环保的类型之一。

适用范围

产品适用于幼儿园、学校、训练体育场、公园、健身馆、普通体育场馆、健身绿道等。

技术指标

产品物理机械性能及有害物质限量指标完全满足 GB 36246—2018《中小学合成材料面层运动场地》标准中的相关要求。

安徽创园体育科技有限公司
地址：安徽省宣城市宣州区狸桥镇宣州经济开发区鼎盛路 8 号
电话：0563-3828099
传真：0573-84515199
官方网站：http://www.tracksports.cn

工程案例

西湖大学、南海实验学校高中部扩建附属工程、杭州市九堡学校 、重庆铁路中学、海盐县向阳小学、上海市青浦区教师进修学院附属中学等项目。

生产企业

安徽创园体育科技有限公司是集 EPDM 彩色颗粒、聚氨酯胶粘剂，及其延伸产品的研发、生产、销售、工程服务为一体的综合型企业是由嘉兴绿能塑胶制品有限公司发起成立的股份制企业。企业实力雄厚，智能化的硬件设施、先进的配方，为优异的产品品质提供了有力的保障，现代化的生产车间及科学规范的作业管理，使得公司向国际专业化行列不断进军。安徽创园体育科技有限公司获得多项企业荣誉，目前认证及测试如下：ISO 9001 质量管理体系认证、ISO 14001 环境管理体系认证、OHSAS 18001 职业健康安全管理体系认证、欧盟认证、小白鼠实验、国家教育部颁布的 GB 36246—2018《中小学合成材料面层运动场地》等。

本公司结合多年来出口品质的管控和技术经验积累，对产品及生产设备进行整合和升级。选用国际上最环保、最先进的设备，采用全智能化控制技术，全封闭流水线化生产，工艺更加完善。生产流程和产品的质量及数量均达到国际先进水平。

公司自觉做到守合同、重信用。本着“信诚质优，放眼未来”的经营理念，真诚为顾客提供优质的服务，把企业效益和社会效益结合起来，与时俱进，与社会各界携手合作、共创美好明天。

安徽创园体育科技有限公司
地址：安徽省宣城市宣州区狸桥镇宣州经济开发区鼎盛路 8 号
电话：0563-3828099
传真：0573-84515199
官方网站：http://www.tracksports.cn

证书编号：LB2019DP028

鹏展硅 PU 球场材料（胶粘剂）、聚氨酯跑道材料（胶粘剂）

产品简介

聚氨酯塑胶跑道又称全天候运动跑道，由聚氨酯预聚体、混合聚醚、EPDM 橡胶粒或 PU 颗粒、颜料、助剂、填料组成。塑胶跑道具有平整度好、抗压强度高、硬度弹性适当、物理性能稳定的特性，有利于运动员速度和技术的发挥，有效地提高运动成绩，降低摔伤率。塑胶跑道是由聚氨酯橡胶等材料组成的，具有一定的弹性和色彩，具有一定的抗紫外线能力和耐老化能力，是国际上公认的最佳全天候室外运动场地坪材料。

硅 PU 球场材料 (SPU) 是在 PU 球场材料的基础上开发研制出来的新一代球场铺面材料。该材料是以聚氨酯 (PU) 材料与含有有机硅成分的材料科学地复合在一起，所生产出来的材料用在球场面层上，从根本上解决了 PU 球场材料在专业性能、环保施工、使用寿命、日常维护等方面的不足，具有革命性的创新性能。

适用范围

产品适用于幼儿园、学校、训练体育场、健身馆、普通体育场馆、健身绿道等。

技术指标

聚氨酯跑道材料主要技术指标如下：

	项目	指标	实测
有害物质含量	3 种邻苯二甲酸酯类化合物（DBP、BBP、DEHP）总和 /（g/kg）	≤ 1.0	0.02
	3 种邻苯二甲酸酯类化合物（DNOP、DINP、DIDP）总和 /（g/kg）	≤ 1.0	未检出
	18 种多环芳烃总和 /（mg/kg）	≤ 50	未检出
		≤ 20	未检出
	苯并 [a] 芘 /（mg/kg）	≤ 1.0	未检出
	短链氯化石蜡（C10-C13）/（g/kg）	≤ 1.5	未检出
	4,4’- 二氨基 -3,3’- 二氯二苯甲烷（MOCA）/（g/kg）	≤ 1.0	未检出
	游离甲苯二异氰酸酯（TDI）和游离六亚甲基二异氰酸酯（HDI）总和 /（g/kg）	≤ 0.2	未检出
	游离二苯基甲烷二异氰酸酯（MDI）/（g/kg）	≤ 1.0	未检出
	挥发性有机化合物 /（g/L）	≤ 50	未检出
	游离甲醛 /（g/kg）	≤ 0.50	未检出
	苯 /（g/kg）	≤ 0.05	未检出
	可溶性铅 /（mg/kg）	≤ 50	未检出
	可溶性镉 /（mg/kg）	≤ 10	未检出
	可溶性铬 /（mg/kg）	≤ 10	未检出
	可溶性汞 /（mg/kg）	≤ 2	未检出
有害物质释放量	总挥发性有机化合物（TVOC）/ [mg/（m^2·h）]	≤ 5.0	1.2
	甲醛 / [mg/（m^2·h）]	≤ 0.4	0.012
	苯 / [mg/（m^2·h）]	≤ 0.1	未检出
	甲苯、二甲苯和乙苯总和 / [mg/（m^2·h）]	≤ 1.0	0.008
	二硫化碳 / [mg/（m^2·h）]	≤ 7.0	0.3
气味	气味等级 / 级	≤ 3	3

安徽鹏展新型环保材料科技有限公司
地址：合肥市包河区包河工业园延安路 26 号 6 幢厂房 101
电话：18621372379 乔如银
电话：18056025356 汪青

硅 PU 球场材料主要技术指标如下：

	项目	指标	实测
有害物质含量	3 种邻苯二甲酸酯类化合物（DBP、BBP、DEHP）总和 / (g/kg)	≤ 1.0	0.1
	3 种邻苯二甲酸酯类化合物（DNOP、DINP、DIDP）总和 / (g/kg)	≤ 1.0	未检出
	18 种多环芳烃总和 / (mg/kg)	≤ 50	未检出
		≤ 20	未检出
	苯并 [a] 芘 / (mg/kg)	≤ 1.0	未检出
	短链氯化石蜡（C10-C13）/ (g/kg)	≤ 1.5	未检出
	4,4’ - 二氨基 -3,3’ - 二氯二苯甲烷（MOCA）/ (g/kg)	≤ 1.0	未检出
	游离甲苯二异氰酸酯（TDI）和游离六亚甲基二异氰酸酯（HDI）总和 / (g/kg)	≤ 0.2	未检出
	游离二苯基甲烷二异氰酸酯（MDI）/ (g/kg)	≤ 1.0	未检出
	挥发性有机化合物 / (g/L)	≤ 50	未检出
	游离甲醛 / (g/kg)	≤ 0.50	未检出
	苯 / (g/kg)	≤ 0.05	未检出
	可溶性铅 / (mg/kg)	≤ 50	未检出
	可溶性镉 / (mg/kg)	≤ 10	未检出
	可溶性铬 / (mg/kg)	≤ 10	未检出
	可溶性汞 / (mg/kg)	≤ 2	未检出
有害物质释放量	总挥发性有机化合物（TVOC）/ [mg/ (m² · h)]	≤ 5.0	2.1
	甲醛 / [mg/ (m² · h)]	≤ 0.4	0.02
	苯 / [mg/ (m² · h)]	≤ 0.1	未检出
	甲苯、二甲苯和乙苯总和 / [mg/ (m² · h)]	≤ 1.0	0.1
	二硫化碳 / [mg/ (m² · h)]	≤ 7.0	未检出
气味	气味等级 / 级	≤ 3	3

生产企业

安徽鹏展新型环保材料科技有限公司于 2016 年成立，是一家集研发、生产、销售于一体的高新技术企业，致力于绿色环保的运动场馆地面材料、市政交通安全防滑铺装材料等新型地材产品的研发、生产、设计、应用和推广。

公司于 2017 年通过 ISO 质量、环境、职业健康安全体系认证；公司产品通过国家各类权威检测认证。鹏展体育跑道材料、路桥材料的销售及品牌美誉度已经跻身全国行业排头兵。公司针对体育场馆地面铺装行业的环保需求，水性硅 PU 球场材料、双组分硅 PU 球场材料、无溶剂全塑型 SiPU 跑道、无溶剂全塑型自结纹跑道、无溶剂混合型跑道、水性跑道胶粘剂、SPU 聚脲球场材料、室内聚脲橡胶地面材料，全类产品通过国标检测及深圳地方标准、上海团体标准的检测，在全国各地得到了广泛应用；公司针对路道建设、海绵城市建设和健身慢行步道建设开发了固瑞达系列产品，包括彩色路面防滑粘结料、彩色透水路面粘结料、高粘彩色路面沥青、弹性路面铺装材料等，在全国各地彩色透水路面、绿道及慢行步道已经获得了良好的应用。公司已在体育场馆、绿道、步道建设中积累了多年的产品开发和现场应用经验。

安徽鹏展新型环保材料科技有限公司

地址：合肥市包河区包河工业园延安路 26 号 6 幢厂房 101
电话：18621372379 乔如银
电话：18056025356 汪青

证书编号：LB2019DP029

富林泛泰聚氨酯砂浆

产品简介

聚氨酯砂浆混凝土地坪材料早在20世纪80年代前后，由英国H.S.C (Harris Specrialty Chemical)公司生产并向市场推广，注册商标为UCRETE，这种厚涂无缝地坪材料适用于各种工业、特别适用湿热加工环境的食品行业。30多年来广泛的应用证明，聚氨酯砂浆混凝土地坪材料能提供长期的、稳定的性能，性价比高、节约投资成本，并且在极端恶劣环境下能很好地保护地面，堪称地坪行业的经典。

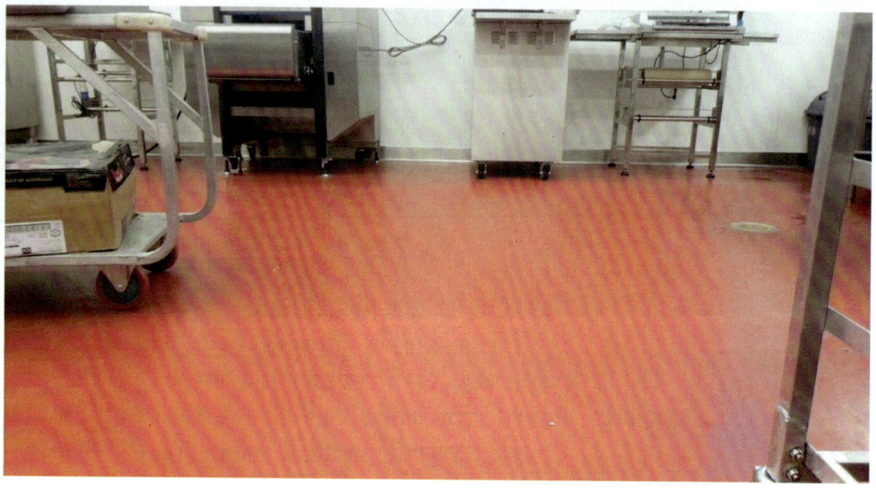

适用范围

- 食品准备：快餐厨房、早餐食品、航空食品、铁路快餐、预制膳食、会场食堂、医院
- 食品加工：肉类加工厂、奶类加工厂、饼干食品加工、调味品厂、腌渍品厂、洗涤间
- 冷链仓储：食品超低温、冷库、肉食冷冻库、海鲜冷冻库、超市卖场冷储库
- 酒和饮料：酿酒厂、果汁饮料厂、矿泉水厂
- 制药：制药原料车间、中药原料车间、清洗间、试验工厂
- 化学防腐：化学品车间、储运场所、油漆加工、电镀加工
- 特殊行业及工程：烟草加工、核电工程、航天工程、火工品制造、军工装备试验与制造场所

技术指标

产品主要技术指标如下：

硬度：75～85,ShoreD
抗压强度：65～80，MPa
防滑性（Ⅱ级）1000g钢珠，高100cm，涂抹无裂痕：合格
耐油性（120#溶剂汽油，72h），不起泡，不剥落，允许轻微色变：合格
耐酸性（10%NaOH，48h），不起泡，不剥落，允许轻微色变：合格
拉伸粘接强度：4.0～6.0，MPa
耐磨性（750g/500r）：0.01～0.03，g
耐水性（168h），不起泡，不剥落，允许轻微色变，2h后恢复：合格
耐碱性（20%NaOH，72h），不起泡，不剥落，允许轻微色变：合格

天津市富林泛泰科技发展有限公司

地址：天津市红桥区西青道65号金兴科技大厦2103室
电话：022-27320939
官方网站：www.forintech.com

工程案例

达利食品集团	麦德隆超市（全国连锁海鲜）
三全食品	沃尔玛超市（厦门店海鲜区）
天津狗不理食品有限公司	石家庄第四制药厂
香奈维斯（天津）食品有限公司	和家和餐饮公司
天津食品集团	天津致美斋食品有限公司
中粮生化能源（榆树）有限公司	河南禾豆坊食品有限公司
烟台中宠食品股份有限公司	上海山姆会员店
新希望六和食品控股有限公司	深圳山姆会员店
亿滋食品	华润怡宝饮料（中国）有限公司
长春富亿升食品有限公司	天津养乐多乳品有限公司
北京红牛	潍坊嘉和酿造
大连可口可乐饮料厂	欧尚超市（北京四季青店）
新疆西牧乳业	太原美特好购物中心

生产企业

2009 年，富林泛泰的研究团队成功开发出聚氨酯砂浆混凝土地坪材料，注册商标为 Forintech、Freecrete，成为国内早期批量生产聚氨酯砂浆地坪材料的公司之一。2011 年成功应用于食品行业及恶劣环境下的地坪涂装，2017 年在山东省潍坊市于河工业园建立生产基地，成立潍坊分公司。产品投放市场 8 年多来，在亚洲和中国市场有数百家用户，几十万平方米的成功应用，反映良好。不仅如此，我们还给市场提供了微糙型聚氨酯砂浆地坪产品，实现了经典与创新的完美结合。

公司持续专注于聚氨酯砂浆地坪材料的生产和应用，在此类地坪领域积累了丰富的材料生产与施工经验，资深材料专家和经验丰富的工程技术人员为客户提供耐久性强，施工操作性高的聚氨酯砂浆地坪材料。富林泛泰将专心致力于聚氨酯砂浆地坪材料的市场宣传和开拓，与国内外各家相关材料企业一起，共同打造聚氨酯砂浆在地坪行业内的认知度和影响力。

天津市富林泛泰科技发展有限公司

地址：天津市红桥区西青道 65 号金兴科技大厦 2103 室
电话：022-27320939
官方网站：www.forintech.com

证书编号：LB2019DP030

宏腾 EPDM 橡胶颗粒、人造草坪、预制型 EPDM 橡胶跑道卷材

产品简介

橡胶颗粒采用独特配方，工艺先进，耐候稳定，颜色持久，弹性适中，多种含胶量、颜色、粒径可选。产品具有超强的抗拉伸、抗撕裂强度和耐摩擦性能；优越的防老化和良好的低温柔韧特性；高聚物含量高，密度小、用量少，性价比高等特点。

预制型跑道具有安全、环保、优异的耐候性，经济耐用，多色彩效果，安装便捷，使用配套提供的专用粘接剂，在少量人力和机械条件下，即可进行跑道卷材的施工。

产品具有适度的弹性及反弹力，可减少体力的消耗，增进竞赛成绩；适度吸收脚部冲击力，减少运动伤害，长期练习及比赛均适宜；不会因紫外线、臭氧、酸雨的污染而褪色、粉化或软化，并能长期保持其鲜艳的色彩；可有效降低跌倒所发生的运动伤害。

人造草引进国际先进技术，以国际标准的草丝为主要原料，多项技术指标已经接近天然草，可以满足多种球类比赛对场地的技术要求。环保、实用、美观，让人们真正体验运动乐趣。

适用范围

EPDM 橡胶颗粒用于体育塑胶运动场、人造草坪填充、游乐活动场、卷材等领域。

预制型跑道满足各种球类训练与比赛需要，适用于各类球场。

人造草适用于业余及专业体育场、运动中心、训练场、正式比赛场地、幼儿园、景观、休闲等场地。

技术指标

EPDM 橡胶颗粒主要技术指标如下：

检验项目		限量值
固体原料	多环芳烃（18 种总和）/(mg/kg)	≤ 50
	多环芳烃（18 种总和）/(mg/kg)	≤ 20（仅草坪填充颗粒）
	苯并 [a] 芘 /(mg/kg)	≤ 1.0
	可溶性铅 /(mg/kg)	≤ 50
	可溶性镉 /(mg/kg)	≤ 10
	可溶性铬 /(mg/kg)	≤ 10
	可溶性汞 /(mg/kg)	≤ 2
	气味等级	≤ 3

预制型跑道主要技术指标如下：

检验项目	技术要求
（田径场地）冲击吸收 /%	35~50
（球类场地）冲击吸收 /%	20~50
（其他活动场地）冲击吸收 /%	25~50
垂直变形 /mm	0.6~3.0
（田径场地）抗滑值 (BPN，20℃) ≥	47（湿测）
（球类场地及其他活动场地）抗滑值 (BPN，20℃) ≥	80~110（干测）
（渗水型面层）拉伸强度 /MPa ≥	0.4
（非渗水型面层）拉伸强度 /MPa ≥	0.5
拉断伸长率 /% ≥	40
阻燃性 / 级	I
（渗水型）耐人工气候老化性能（500h）拉伸强度 /MPa ≥	0.4
（非渗水型）耐人工气候老化性能（500h）拉伸强度 /MPa ≥	0.5
耐人工气候老化性能（500h）拉断伸长率 /% ≥	40

人造草主要技术指标如下：

项　目		要求
有害物质含量	3 种邻苯二甲酸酯类化合物（DBP、BBP、DEHP）总和 /（g/kg）	≤ 1.0
	3 种邻苯二甲酸酯类化合物（DNOP、DINP、DIDP）总和 /（g/kg）	≤ 1.0
	18 种多环芳烃总和 /（mg/kg）	≤ 50
	苯并［a］芘 /（mg/kg）	≤ 1.0
	可溶性铅 /（mg/kg）	≤ 50
	可溶性镉 /（mg/kg）	≤ 10
	可溶性铬 /（mg/kg）	≤ 10
	可溶性汞 /（mg/kg）	≤ 2
有害物质释放量	总挥发性有机化合物 (TVOC) /［mg/ ($m^2 \cdot h$)］	≤ 5.0
	甲醛 /［mg/ ($m^2 \cdot h$)］	≤ 0.4
	苯 /［mg/ ($m^2 \cdot h$)］	≤ 0.1
	甲苯、二甲苯和乙苯总和 /［mg/ ($m^2 \cdot h$)］	≤ 1.0

工程案例

江苏省农村中小学塑胶化建设工程、芜湖县陶辛中学塑胶跑道工程、宿迁顺河初级中学塑胶跑道工程、上杭五中塑胶田径场工程、淮安体校塑胶跑道工程、建湖第二实验小学塑胶跑道工程、阜宁初级中学塑胶跑道工程、宣城第十二中学塑胶跑道工程、阜阳师范学校塑胶跑道工程、利辛县启明中学塑胶跑道工程、滨海县体育中心塑胶跑道工程、通州通海中学塑胶跑道工程、盐城时杨中学塑胶跑道工程。

生产企业

江苏宏腾运动场地新材料有限公司是集体育设备及装备、施工设计及原材料生产、销售为一体的塑胶运动场、人造草坪、基础工程专业施工企业。公司凝聚了一批高素质的运动场地铺设、基础、绿化工程、体育器材等方面高级工程师、项目经理为主的专业技术人才，并拥有数支高素质的项目领导班子、先进的施工设备以及操作技能高、经验丰富的施工队伍，员工总人数达到 148 人；塑胶原材料生产基地及理化实验室；人造草坪和体育器材联营生产厂家；具备了为学校和全民健身运动事业提供良好服务的雄厚实力。

公司具有《体育场地设施工程专业承包》资质，能为客户提供前期咨询、图纸设计、优化方案、优质施工和售后服务等全套服务。

公司近年业绩获得了广大客户的一致好评，取得了国家田径协会的检测认证，通过了 ISO 9001 质量管理体系认证、ISO 14001 环境管理体系认证和 OHSAS 18001 职业健康管理体系认证等，是无毒绿色环保放心产品。

证书编号：LB2019JM001

远发塑料建筑模板

产品简介

塑料建筑模板是一种节能型和绿色环保产品，是继木模板、组合钢模板、竹木胶合模板、全钢大模板之后又一新型换代产品，能完全取代传统的钢模板、木模板、方木，节能环保，摊销成本低。

塑料建筑模板周转次数能达到 30 次以上，还能回收再造。温度适应范围大，规格适应性强，可锯、钻，使用方便。模板表面的平整度、光洁度超过了现有清水混凝土模板的技术要求，有阻燃、防腐、抗水及抗化学品腐蚀的功能，有较好的力学性能和电绝缘性能，能满足各种长方体、正方体、L 形、U 形的建筑支模的要求。

适用范围

应用于建筑领域，适用于各种楼宇、住宅、桥梁等大型建设工程。

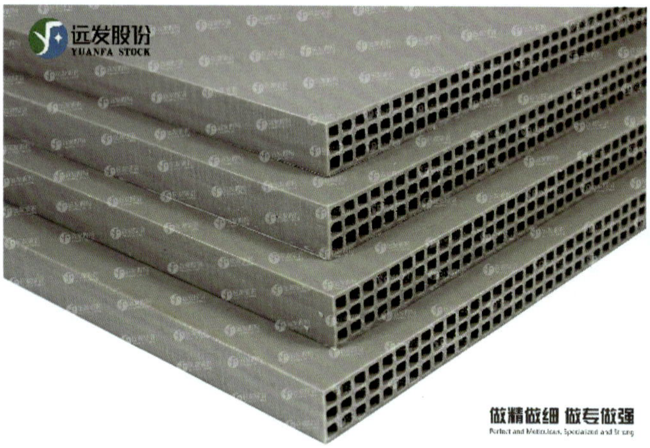

技术指标

产品执行 JG/T 418—2013《塑料模板》标准，具体性能指标如下：

项目	指标	实测
吸水率 / %	≤ 0.5	0.3
表面硬度（邵氏硬度）/ H_D	≥ 58	75
简支梁无缺口冲击强度 / (kJ/m^2)	≥ 14	30
弯曲强度 / MPa	≥ 24	32
弯曲弹性模量 / MPa	≥ 1200	2970
维卡软化点 / ℃	≥ 75	84
加热后尺寸变化率 / %	±0.2	-0.1
施工最低温度 / ℃	-10	-10
燃烧性能等级 / 级	≤ 150	<150

远发新材料股份有限公司
地址：江苏省宿迁经济技术开发区通达大道 91 号
电话：400-116-0527
官方网站：www.jsyfxcl.com

工程案例

生产企业

远发新材料股份有限公司是一家集研发、生产、销售、服务于一体的国家级高新技术企业，现坐落于宿迁市国家级宿迁经济技术开发区，公司注册资本10030.5万元，总占地面积180余亩，建筑面积60000余平方米。并于2017年在新三板挂牌上市，证券代码870530。

远发股份作为中国建筑塑料模板行业优质企业，在关爱人类健康、保护生态环境、建设美丽中国的道路上，我们矢志不渝地前行着。经过不断的创新，成功研发出新型中空塑料建筑模板系列，产品有中空塑料建筑模板、新型塑料建筑模板、高分子结构模板、剪力墙模板、柱模板等。复合材料中空建筑模板，以进口聚丙烯树脂为基材，循环再生、防水抗蚀，是建筑行业的新宠。相比于传统模板，它的性能更优越、材质更环保，是国家大力提倡的“节能环保，低碳经济”的专利产品，广泛应用于建筑工程、水利和水电建筑工程、桥梁及隧道工程等，是实现“以塑代木，以塑代竹”的典型示范企业。

公司本着“以质量求生存，以创新为理念”，将继续发扬“求实创新，锐意进取”的精神，不断推陈出新，研发更好的绿色、节能、环保、优质的新型产品，为我国建筑模板事业做出更大贡献。

远发新材料股份有限公司
地址：江苏省宿迁经济技术开发区通达大道91号
电话：400-116-0527
官方网站：www.jsyfxcl.com

证书编号：LB2019QT001

乾丰 3PE 防腐管、高密度聚乙烯外护管、聚氨酯预制直埋保温管及管件

产品简介

本公司拥有先进的内壁热熔环氧、外壁热复合三层 PE 生产线四条；管道内外壁抛丸除锈生产线各四条；涂塑钢管生产线六条（能够对直径 32 ～ 6000mm、长度 5 ～ 18m 的钢管进行内外壁抛丸除锈和防腐处理）。产品种类齐全，主要产品为：3PE 防腐钢管、承插式钢塑复合管、双连接防腐钢管、内 FBE 外 3PE 防腐钢管、环氧陶瓷防腐钢管、矿山用双抗防腐管、聚脲耐磨防腐钢管、消防管、饮用水管、穿线管、PE 给排水管道及管件、PE 燃气管、聚四氟衬里钢管、穿越顶管专用玻璃钢防腐钢管、水泥砂浆衬里及配重钢管等。公司防腐生产能力达 5000 万平方米以上。

公司拥有真空定径技术配备电晕处理设备的高密度聚乙烯外护管生产线 6 条，可生产 φ75 ～ φ1680 高密度聚乙烯外护管，其中大口径 φ1680 外护管生产线 3 条；拥有喷涂缠绕保温管生产线 2 条，执行最新标准 GB/T 34611—2017；一步法保温管生产线 3 条；预制直埋保温管生产线 6 条及钢套钢蒸汽管生产线 3 条；引进了国际领先的镜面热板焊生产线 4 台套，能够生产各种规格型号直埋保温管件；其生产的不含氟氯昂以环戊烷为发泡剂的保温管及管件性能优越；能承接各种直埋管道电预热工程及管道接口焊接和保温补口等工程。各类保温钢管及管件年生产能力达 600 千米以上。

适用范围

应用领域：供热管线、天然气输送、石油输送、海水淡化领域、消防系统、生活饮用水、污水排放、电力穿线、中水管线、盐化工、煤化工，用途广泛。

技术指标

3PE 防腐管执行 GB/T 23257—2017《埋地钢质管道聚乙烯防腐层》标准，钢塑复合管执行 GB/T 28897—2012《钢塑复合管》标准，保温管执行 GB/T 29047—2012《高密度聚乙烯外护管硬质聚氨酯泡沫塑料预制直埋保温管及管件》。

3PE 防腐管参数：剥离强度 264N/cm，冲击强度 8.2J/mm，阴极剥离 1.9mm。

钢塑复合管参数：阴极剥离 2.76mm，抗 1.5J 冲击 1.56J，粗糙度 61 ～ 69μm。

保温管参数：导热系数 0.032，径向压缩强度 0.37，拉伸屈服强度 20.2。

工程案例

1. 铜仁市大型水利枢纽工程：内 EP 外 PE 涂塑复合钢管
2. 海南中油深南 LNG 储配库及配套码头项目：内涂塑焊接钢管
3. 土耳其泽塔斯三期 2*660MW 燃煤火力发电工程：涂塑钢管
4. 沁水煤层气田马必东区块 4 亿方产能建设地面工程项目：钢管 3PE 防腐
5. 航煤管线及汽柴油管线改造工程：加强级 3 层 PE 加工

天津市乾丰防腐保温工程有限公司
地址：天津市静海区大邱庄镇恒泰路
电话：022-68290820
官方网站：www.tjqianfeng.com

6. 平顶山热力 2017 年新建工程直埋管道主材：聚氨酯预制直埋保温管

7. 亚洲开发银行贷款内蒙古呼和浩特市低碳供热工程第 12 包辛家营热源厂预制保温管和管件供货安装项目：预制保温管

8. 国核电力规划设计研究院有限公司二零一八年度第一批沙湾综合智慧能源项目一期（热网）工程：预制直埋保温管

生产企业

天津市乾丰防腐保温工程有限公司，始建于 2004 年，是生产各种防腐保温管材的专业厂家。公司占地面积 180 亩，建筑面积 26000 平方米，注册资金 22000 万元，固定资产投入 1.6 亿元，现有职工 180 人，各类专业技术人员 40 余人。公司拥有雄厚的技术力量和完善的检测手段，通过了国家检测中心的产品质量检测；依靠自身及国家检测机构的技术力量建立了完善的质量管理体系；联合天津大学、天津理工大学、新疆哈密地区水利水电勘测设计院等高等院校及设计院，组建了天津市管道防腐蚀技术工程中心。

我公司已通过 ISO 9001 国际质量管理体系认证，ISO 14001 环境管理体系认证以及 OHSAS 18001 职业健康安全管理体系认证；是中国石油工程建设协会管道设备保温与防护技术专业委员会和中国工业防腐蚀技术协会会员单位；于 2010 年取得了中华人民共和国特种设备制造许可证；并先后成为中石油、中石化和中海油及中航油的合格供应商；公司拥有市政公用工程施工总承包和防腐保温工程专业承包资质；是国家工商行政管理总局认定的“全国守合同重信用企业”；被行业协会评选为“AAA”级信用企业及全国防腐保温 20 强企业；荣获天津市科学技术委员会评定的“高新技术企业”“天津市科技型中小企业”“天津市科技型小巨人企业”。我公司严格执行国家及相关行业的各种规范和标准，并参与编制国家标准 GB/T 34611—2017《硬质聚氨酯喷涂聚乙烯缠绕预制直埋保温管》。

乾丰已逐步成为“产学研”一体的防腐蚀行业的佼佼者。

天津市乾丰防腐保温工程有限公司

地址：天津市静海区大邱庄镇恒泰路
电话：022-68290820
官方网站：www.tjqianfeng.com

证书编号：LB2019QT002

俏工匠外墙装饰轻瓷

产品简介

俏工匠轻瓷是在目前市场上广泛应用的柔性饰面砖、柔性石材等饰面材料的基础上进行了颠覆性革新的产品，在继承同类产品优良特性的同时，创造出可以完全媲美大理石、花岗岩、木纹等材料的全新系列产品，它不仅在外观、性能、安全、环保、施工等方面具备突出优势，同时具备较强的市场竞争力和可持续生产、经营的盈利能力，社会和经济效益显著。

适用范围

轻瓷适用于建筑外墙外保温饰面材料、保温装饰一体板、建筑内外墙装饰材料等系列产品。

技术指标

轻瓷产品执行 JC/T 2219—2014《改性无机粉复合建筑饰面片材》标准中的相关要求，具体指标如下：

检查项目	技术要求		检测结果
耐人工老化性	老化时间 / h	2000	2000
	外观	无开裂、脱落	无开裂、脱落
	粉化 / 级	≤ 1	0
	变色 / 级	≤ 2	0
耐化学腐蚀性	耐酸性	表面无开裂、分层、明显变色	表面无开裂、分层、明显变色
	耐碱性	表面无开裂、分层、明显变色	表面无开裂、分层、明显变色
有害物质限量	可溶性铅 /（mg/ m²）	≤ 20	5.6
	可溶性镉 /（mg/ m²）	≤ 20	未检出
燃烧性能 A 级（A2 级）	燃烧热值	总热值 PCS ≤ 3.0MJ/kg	1.2MJ/kg
	单体燃烧	燃烧增长速率指数 FIGRA ≤ 120W/s 火焰横向蔓延未达试样长翼边缘 600s 的总放热量 THR ≤ 7.5MJ	45W/s 火焰横向蔓延未达试样长翼边缘 2.3MJ

工程案例

1	天津金茂府	天津	金茂集团	竣工
2	泰安双龙居住小区	泰安	嘉华集团	在建
3	嘉祥颐景园	济宁	济宁城建集团	在建
4	济宁翠都国际二期	济宁	济宁翔天集团	竣工

山东俏工匠新材料科技有限公司

地址：山东省济宁市经开区嘉诚路与宏祥路交叉路口向西 200 米路南

电话：18678767522

5	济宁麟祥帝景	济宁	济宁德麟祥房地产	竣工
6	嘉祥新城雅居	济宁	济宁城建集团	竣工
7	菏泽冠泽 海棠湾	菏泽	菏泽冠泽置业	在建
8	泰安鲁商中心项目	泰安	鲁商集团	竣工
9	徐汇风景	济宁	济宁城建集团	在建
10	恒信茉莉公馆	潍坊	山东恒信集团	竣工
11	兖州廉政教育中心	兖州	城市建设局	竣工
12	新疆外运大厦	新疆	中国外运集团	竣工
13	规划局办公大楼	菏泽	菏泽规划局	竣工
14	龙盛春城项目	烟台	龙口矿业集团龙盛地产	竣工
15	烟台检察院办公大楼	烟台	政府项目	竣工
16	文昌湖筑梦广场风景区	潍坊	潍坊滨海旅游集团	竣工
17	人民警察训练基地	兖州	政府项目	在建
18	宁夏西吉人家	固原	城乡建设局	竣工
20	黎明电厂	常州	上海电力	竣工
21	海花盛景	海南	吉报盛景房地产	竣工
22	枣庄澜悦龙城	枣庄	水发集团	竣工
23	金乡喜园社区	金乡	山东星空集团	竣工
24	龙城华府	济宁	九巨龙集团	竣工
25	天津科美斯办公楼	天津	科美斯集团	竣工
26	宜宾 星城印象	宜宾	城建局	在建
27	双创智汇城	临沂	方圆集团	在建
28	龙城国际	哈尔滨尚志	天成集团	竣工
29	包头师范学院	包头市	包头市政府	在建

生产企业

山东俏工匠新材料科技有限公司成立于2015年2月，注册资本900万元，是一家集科研、设计、生产、销售为一体的高新技术企业，总部位于山东省济宁市经开区。

公司主要产品为QGJ轻瓷、柔石，现已形成建筑外墙外保温饰面材料、保温装饰一体板、建筑内外墙装饰材料等系列产品，并已在建筑市场得到大规模推广应用，工程实例获得相关部门专家及客户的一致肯定和市场的广泛好评。QGJ轻瓷、柔石在目前市场上广泛应用的柔性饰面砖、柔性石材等饰面材料的基础上进行了颠覆性的产品革新，在继承同类产品优良特性的同时，创造出可以完全媲美大理石、花岗岩、木纹等材料的全新系列产品，为建筑市场提供了一个安全可靠、美观环保、性价比优良的饰面材料。

公司自主研发、设计了QGJ轻瓷、柔石专业生产流水线设备，大大提高了公司的生产能力和产品竞争力，检测证明各项性能指标均优于行业标准。它不仅在外观、性能、安全、环保、施工等方面具备突出优势，同时具备较强的市场竞争力和可持续生产、经营的盈利能力，社会和经济效益显著。俏工匠奉行"创新 求实 严谨 合作"的发展方针，强化可持续发展意识，以技术创新为核心，视产品质量为生命，把为社会提供更多环境节约型、利于社会可持续发展的产品作为企业的奋斗目标，真诚携同社会各界有智之士合作共赢，共创美好未来！

山东俏工匠新材料科技有限公司
地址：山东省济宁市经开区嘉诚路与宏祥路交叉路口向西200米路南
电话：18678767522

证书编号：LB2019QT003

甘肃华建机制砂石

产品简介

机制砂石是经除土处理，由机械破碎、筛分制成的，粒径小于4.75mm的岩石、矿山尾矿或工业废渣颗粒，但不包括软质、风化的颗粒，俗称人工砂。

产品特点

矿体储藏量大，专业机械设备加工生产，产品性能稳定，质地坚硬，级配具有可调控性；颗粒表面粗糙，破碎面干净，棱角尖锐，增强骨料与胶材体系的粘接力，提高混凝土的质量；一定量的石粉能够增加混凝土浆体富裕量，弥补机制砂石多棱角、表观粗糙的特点，减少混凝土内摩擦力，提高混凝土流动度；多种级配碎石，降低孔隙率，满足各种混凝土所需骨料粒径要求，增加混凝土密实度；机制砂石骨料采用自动喷淋预湿，产品含水率稳定，减轻混凝土生产环节坍落度控制压力。

技术指标

序号	检验项目	技术要求 I类	技术要求 II类	技术要求 III类	检测结果	单项结论
1	泥块含量（按质量计）/%	0	≤1.0	≤2.0	0	符合
2	MB值	≤0.5	≤1.0	≤1.4或合格	0.75	符合
3	石粉含量（按质量计）/%		≤10.0		4.1	符合
4	云母（按质量计）/%	≤1.0	≤2.0		0.2	符合
5	轻物质（按质量计）/%		≤1.0		0.4	符合
6	有机物		合格		合格	符合
7	硫化物及硫酸盐（按 SO_3 质量计）/%		≤0.5		0.1	符合
8	氯化物（以氯离子质量计）/%	≤0.01	≤0.02	≤0.06	0.0012	符合
9	坚固性（质量损失）/%	≤8		≤10	3	符合
10	单级最大压碎指标）/%	≤20	≤25	≤30	15	符合
11	表观密度/(kg/m³)		≥2500		2580	符合
12	松散堆积密度/(kg/m³)		≥1400		1440	符合
13	空隙率/%		≤44		44	符合

序号	检验项目		4.75	2.36	1.18	0.60	0.30	0.15	检测结果
14	颗粒级配 筛孔尺寸/mm		4.75	2.36	1.18	0.60	0.30	0.15	试验结果：级配区属：2区 细度模数2.7
	标准颗粒级配范围累计筛余/%	I区	10～0	35～5	65～35	85～71	95～80	97～85	
		II区	10～0	25～0	50～10	70～41	92～70	94～80	
		III区	10～0	15～0	25～0	40～16	85～55	94～75	
	实际累计筛余/%		1	15	34	56	77	91	

序号	检验项目		技术要求	检测结果
15	放射性核素限量	外照射指数 I_r	≤1.0	0.03
		内照射指数 I_{Ra}	≤1.0	0.03

甘肃华建新材料股份有限公司
地址：甘肃省天水市天水经济技术开发区社棠工业园
电话：0938-2352009
官方网站：http://www.xinhuajian.com/

工程案例

天水市南郭寺佛塔项目、福田天水中心城市综合体、华昌城项目、天水羲皇大道改造项目、麦积客运站项目、天水古城西关片区综合保护与利用项目、甘麦旅游公路项目、天水有轨电车项目等。

生产企业

公司成立背景：当河道被无序开采，生态环境遭到严重破坏，天然河流已伤痕累累、不堪重负，发出歇斯底里的呼喊。在此背景下，甘肃华建新材料股份有限公司成立，华建人开启了人工制砂之旅。“聚砂成塔 点石成金”，而此“金”并非人们通常意义所说“财富之金”，而是“生态之金”。华建人渴望谋求的是再次看到母亲河焕发生机，绿草绵绵。当许多人执着于在河道采沙大显身手、谋求暴利时，华建人却积极致力于砂石行业的转型升级和绿色发展。他们坚信“自然资源有限，绿色循环无限”。他们锐意进取、勇于尝试，以技术创新为主线，开展绿色矿山建设，在保护生态环境的前提下，用机制砂石代替天然河沙，推动基础设施建设工作。

起初的几年，由于机制砂石不被市场认可，公司出现亏损，面临巨大的生存挑战。面对各种压力，华建人并未止步，而是坚定不移地投身于技术攻关和产品研发，成功推出“全机制砂石混凝土”生产应用技术，并在实践中得以成功验证。随后，公司又相继推出预拌砂浆、透水混凝土等产品，在天水市场上大范围应用，得到了广泛认可。2016年，伴随着全国环保风暴的来临，河道采沙被相继关停，华建新材实现一次又一次华丽转身，成为“全国砂石骨料与混凝土一体化示范基地”，树立行业标杆。正是因为华建人对生态环保的这份执着，才铸就了华建新材的辉煌。

甘肃华建新材料股份有限公司
地址：甘肃省天水市天水经济技术开发区社棠工业园
电话：0938-2352009
官方网站：http://www.xinhuajian.com/

证书编号：LB2019QT004

科诺无醛复合聚氯乙烯片状地板、合成树脂装饰瓦

产品简介

无醛复合聚氯乙烯片状材料产品简介：

（1）装饰性强，花色种类繁多：例如木纹、大理石纹、地毯纹等，纹路逼真美观，色彩绚丽丰富，完全可满足设计师和不同用户、不同装饰风格的个性化需求。

（2）安装和维护方便快捷：安装不需要水泥砂浆，不怕水浸、油污、稀酸、碱等化学物质的侵蚀，易清洗。

（3）环保可再生：是唯一能再生利用的地面装饰材料。

（4）脚感舒适，在重物的冲击下有着良好的弹性恢复，非常适合有老年人和孩子的地方使用。

（5）经典锁扣技术形成无缝连接，防潮、防尘，易清洁，不留卫生死角，超高的花纹吻合度，对地面整体效果要求较高的环境如办公室，或者对杀菌消毒要求高的环境如医院手术室等是非常理想的选择。

（6）绿色环保：主要原材料是高质量的聚氯乙烯树脂，聚氯乙烯是环保无毒的可再生资源，天然环保，100% 不含甲醛、铅、苯，无重金属及致癌物，无可溶性挥发物，无辐射。

（7）超轻超薄：一般只有 3 ～ 6mm 厚度，重量不足普通地面材料的 10%。

（8）超强耐磨：无醛复合聚氯乙烯片状材料表面有一层特殊的经高科技加工的透明耐磨层，超强耐磨、抗冲击，而且不变形、可重复使用，一般使用寿命为 20 ～ 30 年。

（9）防滑：无醛复合聚氯乙烯片状材料表层的耐磨层有特殊的防滑性，越遇水越涩，所以在公共安全要求较高的公共场所，如机场、医院、幼儿园等是首选的地面装饰材料。

（10）防火阻燃：防火等级可以达到 B1 级防火，这也是地材防火的最高标准。

（11）防水：乙烯基树脂和水无亲和力，沾水后不会受损、变形，同时不会因为湿度大而发生霉变。

（12）吸声：无醛复合聚氯乙烯片状材料特有的表层和塑胶发泡垫层经无缝处理后，可充分起到吸声、隔声的功能，能隔绝 15 ～ 19dB 的噪声，所以适合用在需要安静的环境，如医院病房、学校图书馆、报告厅等。

（13）适用地热：无醛复合聚氯乙烯片状材料由于热稳定性好、导热良好，特别适用于地热环境，可保证长期耐用和良好的热效率。

合成树脂装饰瓦产品简介：

（1）质轻：合成树脂瓦是化工产品，合成树脂瓦的重量非常轻，不仅减少了房屋的承重量，提高了安全性能，尤其在旧楼改造工程中更加具有明显优势。

（2）防火耐腐：合成树脂瓦的防火等级为 B1，是符合国家屋面材料的防火标准的安全建材。它的耐腐蚀性也很好，无论日晒雨淋、季节变化都不会受腐蚀而老化。

（3）隔热隔声：合成树脂瓦具有很好的隔热隔声效果。

（4）绝缘：材质不导电，遇到意外放电也完好无损。

（5）自我清洁功能：不易吸附灰尘，具有“荷叶效应”——经雨水冲刷，光洁如新。

（6）质地坚韧，抗意外负荷：具有良好的耐意外负载特性和耐压性。

（7）卓越的防水性：材料本身致密且不吸水，不存在微孔渗水问题。

（8）色彩持久：采用高耐候性高分子材料作为瓦的表面材料，非常适合在户外使用，在自然环境中具有超乎寻常的耐久性，即使长期暴露于紫外线、湿气、热寒和冲击下，仍能保持其颜色的稳定性。

适用范围

无醛复合聚氯乙烯片状材料的使用场所广泛。如幼儿园、医院、养老院、各类商信楼、办公室、商场、机场、学校、超市、工厂、图书馆、居民住宅、汽车展厅、体育馆等，以及一些对抗静电、防滑有特殊要求的药品厂、电子装配车间等。由于其易清洁不留卫生死角的特点，对杀菌消毒要求高的环境如医院手术室等是非常理想的选择。

合成树脂装饰瓦适用于农村 / 城市平改坡工程，由于其优异的耐腐蚀性能，可以长期抵御酸、碱、盐等各种化学物质腐蚀，因此特别适合厂房屋面使用及沿海地区或污染严重的地区；较之于传统瓦片易碎裂、脱落等存在的安全隐患，合成树脂瓦

河北科诺橡胶制品有限公司
地址：石家庄市新乐经济开发区
电话：0311-88580492 15383319944
官方网站：www.knrubber.com

采用自攻钉固定瓦板，安全牢固不脱落，特别是地震频发地区。

技术指标

GB/T 4085—2015《半硬质聚氯乙烯块状地板》，GB 18586—2001《室内装饰装修材料 聚氯乙烯卷材地板中有害物质限量》，GB 8624—2012《建筑材料及制品燃烧性能分级》，JG/T 346—2011《合成树脂装饰瓦》。

工程案例

无醛复合聚氯乙烯片状材料应用案例：

序号	工程名称	工程地址
1	碧水家园甜水街 IU 酒店	天津市西青区
2	格林豪泰智选酒店	河北廊坊香河
3	元和快捷酒店回龙观店	北京回龙观
4	中国石油大学	山东青岛黄岛区
5	太阳花幼儿园	山西忻州学道街
6	锦江之星酒店	北京顺义区
7	京东电子城	河北廊坊大厂县
8	赤峰市公安局	内蒙古赤峰
9	燕山大学	秦皇岛
10	红星美凯龙	石家庄市
11	内蒙古大学	内蒙古
12	香格里拉国际广场	山东省菏泽市牡丹区

树脂板材工程应用案例：

序号	工程名称	工程地址
1	西柏坡高速沿线平改坡工程建设项目（大河镇段）	石家庄鹿泉区大河镇
2	西柏坡高速沿线平改坡工程建设项目（宜安镇段）	石家庄鹿泉区宜安镇
3	河北省新乐市改善农村人居环境建设一期项目（京石高速沿线坡屋顶改造）施工第 18 标段	石家庄新乐市

生产企业

河北科诺橡胶制品有限公司成立于 2012 年 6 月 19 日，位于石家庄市新乐经济开发区，厂区占地面积 26688 平方米。

公司的主要产品为无醛复合聚氯乙烯片状材料（SPC/WPC 地板）、PVC 装饰墙板、ASA 树脂瓦、EVA 拖鞋等，秉承全方位发展的研发型理念，多年来面向市场提供优质的绿色地板材料，并取得了显著成效，目前开始针对国外市场提供全面的地板材料更新换代的产品研发及推广。

技术层面，公司主张软硬件并行的策略，不仅引进和自行设计制造了多条生产线，同时也引进和培养了一批具有专业水准的人才，使公司的产品质量体系、生产经营管理及产品研发能力得以充足保障。与此同时，公司还积极同相关科研院校、研究机构建立了长期稳定的友好协作关系，以捕捉市场信息、技术信息，确保公司产品能不断推陈出新。

公司以“健康环绕 / 让家回归自然”为核心价值，一切以用户需求为中心，希望通过专业水平和不懈努力，塑造企业整体形象，为广大客户提供优质，且符合时代需求的装饰材料。

河北科诺橡胶制品有限公司

地址：石家庄市新乐经济开发区
电话：0311-88580492 15383319944
官方网站：www.knrubber.com

证书编号：LB2019QT005

泓奇航都抗震支架

产品简介

抗震支架由锚固件、加固吊杆、抗震连接构件及抗震斜撑组成；产品结构简单、技术先进、经济合理、安全可靠、安装及维护管理方便。产品均获得国家建筑材料测试中心相关检测报告及中国核动力研究设计院 7 度至 9 度地震性能模拟测试。

适用范围

产品适用于抗震设防烈度为 6 度至 9 度的建筑机电工程。

应用领域：交通（含地铁、机场）、商住（停车场、购物中心、商业场馆、酒店）、工业（钢结构厂房、工业厂房）、公建（地下管廊、学校场馆、写字楼）。

技术指标

执行标准：CJ/T 476—2015《建筑机电设备抗震支吊架通用技术条件》。

性能指标：抗震连接构件板材厚度 5mm，C 型钢厚度 2.0mm，热浸锌层厚度 65 μ m。

产品技术参数：水管单管侧向抗震支架：HQST-DN65，C 型钢，41*41*2.0，热浸锌，齿深 1.0mm；配件：U 型卡，DN65，抗震铰链 A/B，电镀锌。

工程案例

成都万达城项目一二期抗震支架供货及安装工程，成都东原时代校园广场项目，成都市委党校第三学员宿舍楼（含市团校教学楼）建设项目，甘孜机场航站楼及附属设施，新疆阿克苏职业技术学院，中国移动（贵州）数据中心二期，麓湖生态城组团，重庆仙桃数据谷二期，万达文旅城四、五、六星级酒店及停车楼、水上乐园等。

生产企业

四川泓奇航都科技有限公司（抗震支架、通风设备、消防、机电施工），始创于 1988 年，一直致力于机电安装、消防工程施工（消防一级、机电二级）；抗震支架、通风设备以及配件的研发和生产，公司坐落于美丽的西南航空港经济开发区，占地六十余亩的标准化生产园区，并且引进了国内多条领先的生产线。公司注册资本 2000 万元，现资产超亿元，现有员工

四川泓奇航都科技有限公司
地址：四川省成都市西航港长梗路 888
电话：028-85862399
官方网站：http://www.schqhd.cn/

300余人，各类专业技术人员80余人，形成了以教授专家和各类高级、中级、初级人才组成的合理人才结构。公司拥有各类机械设备200余台（套），技术装备齐全，如：国际多条先进成品支架和抗震支架生产线、五线镀锌钢板风管生产线、全自动防火阀生产线、全自动调节阀生产线、轴流风机镀锌板生产线及各种阀件冲铆设备、数控剪板机、数控折弯机等，检测手段完善，是一支装备精良、技术过硬的队伍，公司年施工及生产能力超亿元。

四川泓奇航都科技有限公司
地址：四川省成都市西航港长梗路888
电话：028-85862399
官方网站：http://www.schqhd.cn/

证书编号：LB2019JT002

森森液态火山泥涂料

产品简介

氧森源火山泥主要成分为天然活性火山灰、无机胶凝材料、无机颜料及无机基料，其独特的多级孔结构能高效吸附并分解甲醛等室内空气污染，是一种可以集装饰性、环保性、健康性功能为一体的新一代健康墙面材料。

适用范围

应用领域：工装和家装，可广泛应用于消防要求较高的公共场所和家庭装修。

技术指标

产品执行 GB/T 9756—2018《合成树脂乳液内墙涂料》、GB 18582—2008《室内装饰装修材料 内墙涂料中有害物质限量》，产品中可溶性重金属、挥发性有机化合物均为未检出，耐洗刷性属于一等品。

生产企业

山东森森矿业新材料有限公司是国家级高新技术企业，主要经营氧森源火山泥新一代高档家装环保壁材，是一家集火山泥环保壁材产品、活性火山灰系列产品的研发、生产、销售为一体的企业。公司位于山东省临沂市，成立于 2010 年 3 月，注册资本 2000 万元。

火山灰新材料的研发和商业应用在国内目前处于起步阶段，我公司是国内火山灰新材料行业的先行者和探索者，是新一代高档家装环保壁材——氧森源火山泥的技术创新佼佼者，《室内空气净化材料净化性能及有害物质限量》的起草者。

山东森森矿业新材料有限公司

地址：山东省临沂市罗庄区沂河路 1 号观天下花园
电话：0539–8697999
官方网站：www.yangsenyuan.com

山东森森矿业新材料有限公司

地址：山东省临沂市罗庄区沂河路 1 号观天下花园
电话：0539-8697999
官方网站：www.yangsenyuan.com

证书编号：LB2019JT003

固克合成树脂乳液砂壁状建筑外墙涂料、合成树脂乳液外墙涂料、弹性建筑涂料

产品简介

1. 固克漆 - 平涂体系

固克平涂	产品型号	定位及特性优势	耐候防护期	适用推荐
弹性外墙漆（弹性平涂）	K- 弹性王	弹性最优，低温弹性	10 年	寒冷地域、特定低温弹性要求
	K50000 弹性外墙漆	标准弹性，高性价比	10 年	常规弹性涂料需求
	TK20 有机硅弹性外墙漆	标准弹性，高性能、高抗污、高耐水	12 年	高强度、高抗污特定需求
	TK30 厚浆型弹性外墙漆	标注弹性、厚浆型	10 年	专用于面漆直接拉花
防护性外墙漆（外墙平涂）	K30000 丙烯酸外墙漆	标准防护性能，纯丙体系，高性价比	8 年	常规防护与装饰需求
	K70000 高耐候外墙漆	高耐候性，纯丙硅体系	10 年	外墙特定高耐候需求
	K80000 有机硅外墙漆	高抗污与耐候，有机硅体系	12 年	外墙特定高抗污与高耐候需求
	K- 自洁王高抗污外墙漆	高抗污，高耐候，突出保洁性，有自洁功能	12 年	外墙特性高耐候和保洁需求

2. 固克漆 - 质感涂料体系

固克质感涂料	适用工艺	定位及特性优势	耐候防护期	应用推荐
SK20 弹性质感涂料	批刮 喷砂	具强韧弹性，抗裂抑裂，突出性价比	12 年	别墅、风格住宅、特色社区、地中海风格、特色小镇、主题公园、场馆建筑、乡村田园等
SK 质感王高性能质感涂料	批刮 / 喷砂	属于 SK20 的性能全面升级，优异耐化学品，更高耐候	15 年	海边、酸雨气候环境下优先推荐
SK50 陶砖宝质感涂料	格缝仿砖（批刮）	突出分格设置和批刮爽滑性，专用于仿砖工艺做法	12 年	仿砖工艺专用；学校、商业、特色建筑、主题建筑
SK75 砂型秀质感涂料	质感造型	满足特定性纹理造型工艺	12 年	别墅、风格建筑、主题公园、特色建筑、欧式风格等

技术指标

产品执行标准：JG/T 172—2015《弹性建筑涂料》、JG/T 24—2018《合成树脂乳液砂壁状建筑涂料》、JC/T 2079—2010《建筑用弹性质感涂层材料》等。

厦门固克涂料集团有限公司
地址：厦门市同安区莲花镇莲美三路 136 号
电话：05925896666
官方网站：http://www.kuck-paint.com/

工程案例

工程名称	产品型号	面积 (m^2)
漳州圣地亚哥	质感涂料	500000
厦门国际山庄四期	K 弹性王	135000
厦门银鹭山庄	真石漆、内墙涂料	100000
夏商•大学康城三期	乳胶漆、质感涂料	116000
福州建发北湖苑三区	岩片真石漆、弹性涂料	130000
厦门“海西首座”一期 E28 地块	多彩石涂料	200000
福隆山水湾外墙真石漆工程	真石漆	12000
北京空军指挥学院	乳胶漆	150000
北京中国人民解放军总医院	内墙涂料	200000
北京亿城天筑	乳胶漆、弹性涂料(拉花)	150000
北京后现代城	K 弹性王 (拉花)	100000
天津宝坻橄榄树小区	弹性涂料	100000
沈阳医科大学图书馆	真石漆、弹性涂料	42000
沈阳九洲•御府一期、二期、三期	溶剂型丙烯酸外墙漆	300000
沈阳亿丰南奥国际广场	保温、质感涂料	50000
长春卫星嘉园	乳胶漆	85000
长春 46 师机关干部楼	弹性涂料、质感涂料	95000
哈尔滨西典家园三期	弹性涂料	50000
青岛科技大学	乳胶漆	120000
中国嫦娥一号烟台基地	K 弹性王	40000
宝鸡东岭国际社区	真石漆	60000
榆林仕嘉名苑	多彩石	130000
郑州民安北郡工程	岩片真石漆	200000
郑州民安西上	质感涂料	300000
国宅华府东院项目	弹性、质感	90477.27
上海仁恒河滨城二期	真石漆	37200

工程名称	产品型号	面积 (m^2)
宁波中海九唐四期别墅主体项目	真石漆、质感、弹性	121072
庄桥项目 3# 楼 -B 外墙涂料	多彩	1965.96
巢湖信泰国际花园一期	弹性涂料	130000
成都重点办安居工程	乳胶漆	65000
重庆合川丽景水	厚浆型弹性涂料	100000
重庆旭辉尚北郡二期	质感涂料	50000
贵阳人大金谷苑小区	弹性涂料	130000
海南炼化综合办公楼	多彩石	10000
广州武警反恐基地	乳胶漆	60000
广州雅居乐花园	砂型秀质感涂料	10000
北海南方大厦	弹性涂料、N60000	95000
北海京海花园	弹性涂料	192000
中建三局 · 桃源里限价商品房项目	弹涂、质感、多彩	112988
新城 · 璟悦城	质感涂料、真石漆	200000
武汉星悦城	真石漆	20000
长沙联东 U 谷国际企业港	真石漆、乳胶漆	10000
长沙兴旺正佳广场	多彩石	35000
维吾尔自治区图书馆	乳胶漆	18500

生产企业

厦门固克涂料集团有限公司创立于2001年，公司位于厦门市同安区莲花镇，注册资金6375万元，是集高端水性建筑涂料、保温装饰一体板生产制造和销售服务于一体的外墙装饰领域的佼佼者。公司经过十几年的发展，拥有厦门及天津两大生产基地，40 多个办事处，营销网络遍布全国。2016 年产值 2.8 亿元，2017 年产值 4 亿元，其中天津生产基地是目前国内较大的保温一体板生产企业之一。

面对中国生态城镇化与成熟旧房节能改造的巨大需求，固克公司制定了以国际领先的节能技术阻力打造绿色生态人居为企业的战略目标，提出了“以节能涂料取代瓷砖，以天工石取代石材”的墙体节能减排理念，以满足房产和建筑企业打造绿色生态人居的需要。公司旗下两大涂饰领军品牌：固克漆、天工石，为建筑外墙装饰领域提供一站式服务解决方案，推动了中国绿色建筑装饰领域可持续发展。

同时与国内多家知名房产开发商有战略合作或长期深入合作，如绿地、万科、华润置地、中海、保利、富力、碧桂园、中建、绿城、建发、路劲地产、阳光城集团、新城控股、协信控股、海亮地产、中南地产、正荣地产、中梁地产、国贸、北京联东集团、和泓置地、鑫苑集团、星空地产、京汉置业等。

固克涂料集团还与国家权威组织和众多国际厂商建立了战略合作关系，参与制定多项行业标准，拥有多项国家专利，并有系列产品通过组织和专家鉴定达到国际先进水平。

创立至今，固克凭借精准的市场定位、独特先进的营销理念、精湛的技术、优质的产品、完善的服务体系获得了飞速的发展，成为建筑涂料领域的标杆。未来，固克将不断创新突破，推动国家绿色建筑及住宅产业化的发展。

厦门固克涂料集团有限公司

地址：厦门市同安区莲花镇莲美三路 136 号
电话：05925896666
官方网站：http://www.kuck-paint.com/

证书编号：LB2019JT004

日禾干粉型贝壳粉内墙涂料

产品简介

贝饰美生态贝壳粉涂料系列产品是一种以天然贝壳粉为基质，以环保高分子材料为粘合剂，以特种无机物为添加剂的，具有净化空气及抑菌效果的环保涂料。产品本身是节能、利废减排、环保和生态循环型的。使用后的节能效果显著，成本仅为乳胶漆 / 石油聚合物产品的 1/3 以下，开创出涂料业进入循环型经济和全面淘汰传统耗能型材料的新领域，为制定先进的节能减排型涂料技术标准和资源消耗模式奠定了基础。

贝壳粉选取活性物质丰富的深海里虾夷扇贝、华贵栉孔扇贝、珍珠粉等作为主要原料制成。“优于硅藻泥的性能、低于乳胶漆的价格”。

贝饰美生态贝壳粉涂料系列产品是一种以天然贝壳粉为基质的具有净化空气及抑菌效果的环保涂料。

环保：以天然贝壳粉为原料制成，变废为宝。无有毒有害物质释放，超越欧洲最高等级涂料环保标准。

健康：持续吸附并分解甲醛等各种有害气体，以及烟味等各种生活异味，并吸附浮游粉尘颗粒，20 年犹如天天生活在森林氧吧中，时刻保持空气清新。

漂亮：无论纯色还是多彩，无论严谨的平面还是个性的立体图案，完美呈现创意。

适用范围

适用于室内建筑内墙装饰。

技术指标

产品执行 GB 18582—2008《室内装饰装修材料 内墙涂料中有害物质限量》、JC/T 1074—2008《室内空气净化功能涂覆材料净化性能》及 HG/T 3950—2007《抗菌涂料》标准，具体指标如下：

序号	检查项目		标准要求（水性墙面腻子）	检验结果	单相结论
1	挥发性有机化合物含量（VOC）/（g/kg）		≤ 15	未检出	符合
2	苯＋甲醛＋乙苯＋二甲苯 /（mg/kg）		≤ 300	未检出	符合
3	游离甲醛 /（mg/kg）		≤ 100	未检出	符合
4	可溶性重金属 /(mg/kg)	铅	≤ 90	未检出	符合
		镉	≤ 75	未检出	符合
		铬	≤ 60	未检出	符合
		汞	≤ 60	未检出	符合

吉林日禾科技开发有限公司
地址：吉林省长春市高新区火炬路 388 号
电话：0431-81317788
官方网站：http://www.rhbsm.com/

工程案例

吉林省伟达包装有限公司、长春市利亨机械设备有限公司等。

生产企业

吉林日禾科技开发有限公司成立于2013年9月，是一家集新型内墙涂料研发、生产、销售及相关技术服务于一体的高科技股份有限公司。

贝饰美生态贝壳粉涂料是由日禾科技与吉林大学历经多年深入合作研发而成，具有很好的装饰表现力，无毒无害，理化指标及功能全面超越国外同类产品的新型贝壳粉涂料，并获得国家发明专利。

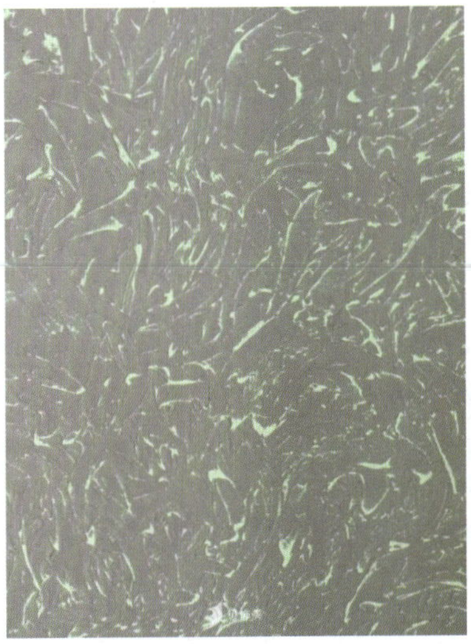

吉林日禾科技开发有限公司

地址：吉林省长春市高新区火炬路388号
电话：0431-81317788
官方网站：http://www.rhbsm.com/

证书编号：LB2019JT005

铃鹿石灰石建筑涂料、多彩印象石建筑涂料、质感印象石建筑涂料

产品简介

铃鹿多彩印象石

它是采用全水性耐候高品质乳液，配以高耐候优质色浆，运用特殊高科技多系统复合技术和水包水技术制成的高品质高仿天然花岗岩的水性多彩涂料产品。

铃鹿质感印象石

它是采用高品质水性耐候树脂，结合无机纳米材料、高品质色浆及优质石英砂开发的高仿烧面花岗岩的水性涂料产品，仿真度高，色彩丰富，质感强烈。

铃鹿石灰石

它是一套用于高仿石灰岩效果的仿石涂料体系。

该体系科学配套，底中面相辅相成，通过标准施工工艺，可实现媲美天然石灰岩的多层次涂纹装饰效果及质感，可替代天然石灰岩的高品位装饰效果，在提升建筑品位的同时，又可以在很大程度上提高施工效率并避免石灰岩干挂相应的成本及风险。

该体系搭配铃鹿立体派仿干挂石材系统，更可完美呈现石灰岩干挂效果。

适用范围

产品适用于商住楼、大型小区、银行、酒店、政府机关大楼等大气、稳重的建筑，也可用于室内半开放空间的内墙装饰。

技术指标

铃鹿多彩印象石主要技术指标

技术指标		技术要求	实测值
复合涂层耐洗刷性 / 次		≥ 2000	10000 次通过
复合涂层耐酸雨性（48h）		无异常	无异常
耐沾污性 / 级		≤ 2	1
复合涂层耐湿冷热循环（5 次）		无异常	无异常
耐人工老化性		1000h	3000h
挥发性有机化合物（VOC）含量 /(g/L)		≤ 120	37
游离甲醛含量 /（g/L）		≤ 100	45
乙二醇醚及醚酯含量总和 / %		≤ 0.03	未检出
重金属含量 /(mg/kg)	铅（Pb）	≤ 1000	未检出
	镉（Cd）	≤ 100	未检出
	六价铬（Cr^{6+}）	≤ 1000	未检出
	汞（Hg）	≤ 1000	未检出
复合涂层耐碱性（48h）		无异常	无异常
复合涂层耐水性（96h）		无异常	无异常

铃鹿复合建材（上海）有限公司
地址：上海市青浦区双盈路 99 号
电话：021-69212288
官方网站：http://www.suzuka.com.cn/

铃鹿质感印象石主要技术指标

技术指标		技术要求	实测值
复合涂层耐酸雨性（48h）		无异常	无异常
耐沾污性 / 级		≤ 2	1
复合涂层耐湿冷热循环（5 次）		无异常	无异常
耐人工老化性		1000h	3000h
挥发性有机化合物（VOC）含量 /(g/L)		≤ 120	54
游离甲醛含量 /(g/L)		≤ 100	未检出
乙二醇醚及醚酯含量总和 / %		≤ 0.03	未检出
重金属含量 /(mg/kg)	铅（Pb）	≤ 1000	未检出
	镉（Cd）	≤ 100	未检出
	六价铬（Cr^{6+}）	≤ 1000	未检出
	汞（Hg）	≤ 1000	未检出
复合涂层耐碱性（48h）		无异常	无异常
复合涂层耐水性（96h）		无异常	无异常

铃鹿石灰石主要技术指标

技术指标		技术要求	实测值
复合涂层耐酸雨性（48h）		无异常	无异常
耐沾污性 / 级		≤ 2	2
复合涂层耐湿冷热循环（5 次）		无异常	无异常
耐人工老化性		1000h	1505h
挥发性有机化合物（VOC）含量 /(g/L)		≤ 120	50
游离甲醛含量 /(g/L)		≤ 100	未检出
乙二醇醚及醚酯含量总和 / %		≤ 0.03	未检出
重金属含量 /(mg/kg)	铅（Pb）	≤ 1000	未检出
	镉（Cd）	≤ 100	未检出
	六价铬（Cr^{6+}）	≤ 1000	未检出
	汞（Hg）	≤ 1000	未检出
复合涂层耐碱性（48h）		无异常	无异常
复合涂层耐水性（96h）		无异常	无异常
复合涂层耐洗刷性 / 次		≥ 2000	10000 次通过

工程案例

工程名称：江苏融创苏州桃花源 竣工时间：2016 应用量：12 万㎡

工程名称：湖北武汉 楚汉新居 竣工时间：2014 应用量：10 万㎡

生产企业

铃鹿®品牌创立于 1945 年，台湾铃鹿于 1977 年建成投产，2001 年在上海成立铃鹿复合建材（上海）有限公司。2019 年随派丽集团一起，全资并入世界知名建材企业西卡集团。铃鹿®作为外墙饰面方案的专业品牌，集外墙涂料产品研发、生产、销售、服务于一体，能够提供不同产品体系的完整解决方案。产品具有超高仿真度、高耐老化、高防水抗裂性等特点，行销中国大陆市场近 20 年来，得到了客户的广泛认可。

铃鹿®生产研发基地位于上海市青浦区双盈路 99 号，占地 20000 万平方米，年产能 15 万吨，拥有多条国际先进的自动化生产线，生产自动化达到近 90%。集团在上海的全球研发中心更是获得 CNAS 认证的检测中心。目前铃鹿®上海研发中心已先后研发了 20 多种新型产品，其中铃鹿®水性多彩印象石以其独特逼真的仿花岗岩效果在国内外享誉盛名。

铃鹿®涂料经过多年的市场耕耘，销售服务网络遍布全国，先后设立 3 个销售大区 6 个办事处，覆盖三十多个省市，为客户提供全面的产品、技术、施工服务保障。

公司聚焦于高性能涂料产品的研发和制造，凭借优秀的产品和服务，通过 QES 三体系认证，各类产品均符合并优于中国国家 GB 检测标准，连续多年获得了高新技术企业、中国环境标志十环认证、中国房地产 500 强优选供应商、十佳外墙涂料品牌等众多荣誉。

铃鹿复合建材（上海）有限公司

地址：上海市青浦区双盈路 99 号
电话：021-69212288
官方网站：http://www.suzuka.com.cn/

证书编号：LB2019JT006

蓝天豚水性硅藻泥、干粉硅藻泥、保温隔热涂料

产品简介

水性硅藻泥是以硅藻土为主要功能性填料，以水作为分散介质配制的内墙涂覆材料，是乳胶漆及墙纸升级替代产品。水性硅藻泥具有良好的易涂性和可塑性，在生态环保方面，硅藻泥用于建筑涂料，可以有效除去空气中的游离甲醛、苯、氨、硫化物等有害物质，明显减少宠物体臭及吸烟、生活垃圾等所产生的异味，净化室内空气，改善起居环境。自主呼吸机能，调节室内空气温度，防止结露，抑制发霉，良好的吸声减噪性能，创造恬静生活环境。

干粉硅藻泥是以硅藻土为主要功能材料，通过添加胶粘剂及助剂等配制而成的干粉态内墙装饰涂覆材料。从环保性来说，蓝天豚干粉系列零甲醛、零VOC、不含重金属、不含放射性物质，做到了真正意义上的无害绿色环保。从功能性来说，蓝天豚干粉系列具有消除甲醛、净化空气、调节湿度、释放负氧离子、防火阻燃、墙面自洁、杀菌除臭等功能。

蓝天豚超薄高效保温绝热涂料是采用35微米纳米硅陶瓷/玻璃真空微珠为核心材料，以涂料形式体现，但相比其他普通涂料体积要大2倍，当与防水保温腻子层、抗辐射反射膜结合在一起，形成一个防水保温涂料一体化系统。蓝天豚超薄高效保温绝热涂料不仅自身热阻大、导热系数低，而且热反射率很高，能有效地降低辐射传热及对流传热，并可与传统多孔保温材料复合使用构成低辐射传热结构，提高保温效率。该涂料可刷涂、涂抹施工，涂层薄，无接缝，施工效率高且使用寿命长，耐温温度范围广，在100~800℃使用温度范围内可调，实现了保温技术向高效、薄层、隔热、防水外保护一体化。

适用范围

水性硅藻泥应用于室内装修领域，作为一款室内装修涂覆材料用于内墙墙面外层装饰保护。可广泛应用于家庭、学校、幼儿园等对环保有较高要求的室内场所。

干粉硅藻泥应用于室内装修领域，作为一款室内装修涂覆材料用于内墙墙面外层装饰保护。可广泛应用于家庭、学校、幼儿园等对环保有较高要求的室内场所。

保温绝热涂料适用于生活住宅楼、办公写字楼、医院、学校、酒店、公寓、商场、娱乐场所等各类建筑物的墙面保温。

技术指标

水性硅藻泥部分技术指标如下：

项目	参数指标
对比率	0.93
耐洗刷性/次	1000
低温稳定性	3次循环不变质
耐碱性	24小时无异常
甲醛净化性能/%	90.8
甲醛净化效果持久性/%	74.0

干粉硅藻泥部分技术指标如下：

项目	参数指标
表干时间/h	≤2
耐碱性	48小时无起泡、裂纹、剥落，无明显变色
粘结强度/MPa	标准状态≥0.60
硅藻土含量/%	≥30
甲醛净化性能/%	95.7
甲醛净化效果持久性/%	85.5

蓝天豚绿色建筑新材料有限公司
地址：湖南省湘阴县轻工产业园
电话：0731-89871798
传真：0731-89871798
官方网站：www.lantiantun.com

保温绝热涂料技术指标如下：

项目		性能指标
固体含量 /%		≥ 40%
密度 /（g/cm^3）		≤ 0.70
干燥时间（表干）/ h		≤ 4
初期干燥抗开裂性（3h）		无裂纹
低温稳定性（3 次）		不变质
热储存稳定性（30d）		不变质
耐水性（168h）		无异常
耐碱性（168h）		无异常
耐温变性（5 次循环）		无异常
耐冲击性（500g，300mm）		无异常
柔韧性	热处理（5h）	直径 50mm 无裂纹
	低温处理（2h）	直径 100mm 无裂纹
粘结强度 /MPa	标准状态	≥ 0.60
	浸水后	≥ 0.40
燃烧性能 / 级		不低于 A2
热阻值 /（$m^2 \cdot K/W$）		≥ 0.40

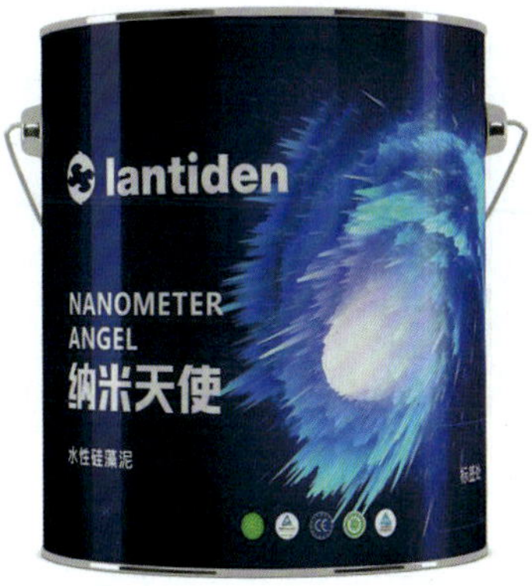

工程案例

项目名称	项目地址	项目规模
京师幼儿园室内装修项目	湖南省张家界市永定区子午西路山城上品小区	2000 平方米
中建幼儿园装修项目	湖南省长沙市天心区	3500 平方米
月儿满月子会所室内装修项目	上海市南桥镇金海公路 2358 号	2.5 万平方米
橙果设计墅装工程	长沙市岳麓区金茂梅溪湖别墅 8 － 101 户	1000 平方米
长沙市宁乡星恒国仕汇	宁乡	8000 平方米
湖南江永县江永大酒店	江永县	13000 平方米

生产企业

蓝天豚绿色建筑新材料有限公司是集研发、生产、销售和教学于一体的高新技术企业。注册于湖南省长沙市高新技术开发区，目前动工兴建的湖南硅藻泥新材料千亿产业园（简称中国硅谷）坐落于长沙北郊湖南轻工产业园。“中国硅谷”总规划占地面积 3000 亩，生产生活办公建筑面积 31 万平方米，总投资 58 亿元人民币。

主要产品为绿色建筑装饰材料硅藻泥内墙功能性涂料、硅藻泥外墙功能性涂料、建筑隔热防火保温材料、墙体结构材料、轻质隔墙材料、墙体腻子及硅藻泥化妆品、功能性摆件挂件、内饰艺术品等，2020 年全线完工之后，年工业产值可达千亿元。

蓝天豚绿色建筑新材料有限公司
地址：湖南省湘阴县轻工产业园
电话：0731-89871798
传真：0731-89871798
官方网站：www.lantiantun.com

证书编号：LB2019JT007

玛雅森林水性无机涂料、玛雅森林负氧离子板、玛雅森林负离子净醛泥

产品简介

玛雅森林现有产品主要包括负氧离子水性涂料系列、负氧离子健康泥系列、环保腻子系列、负氧离子瓷砖系列、负氧离子板材系列。公司产品最大的特点一是降解甲醛、苯、氨等有害气体；净化 $PM_{2.5}$、飘尘、雾霾、焦烟、二手烟、油烟，尤其是 2.5 微米（$PM_{2.5}$）以下的微小颗粒净化作用最为明显；灭活空气、物品表面的微生物、细菌、病毒，高浓度空气负氧离子可形成无菌环境。二是除腻子外，其他产品能持续释放负氧离子，释放量最低能满足世界卫生组织规定的清新空气标准，即空气中每立方厘米含 1000 ～ 1500 个负氧离子，最高释放量能达几十万、几百万级。

适用范围

公司产品以人居空间为导向，专注于室内环境污染综合治理，研发、生产、销售环保级负氧离子的系列装修材料，以及能生产安全且高质量的负氧离子的系列家用电器产品和家居产品。产品主要适用于家庭装修、居家环境治理。

技术指标

序号	项目	标准要求			指标
1	在容器中状态	无硬块，搅拌后呈均匀状态			无硬块，搅拌后呈均匀状态
2	施工性	刷涂二道无障碍			涂刷二道无障碍
3	低温稳定性（3 次循环）	不变质			不变质
4	低温成膜性	5℃成膜无异常			5℃成膜无异常
5	涂膜外观	正常			正常
6	干燥时间（表干）	≤ 2h			50min
7	耐碱性（24h）	无异常			无异常
8	对比率（白色和浅色）	≥ 0.95	≥ 0.93	≥ 0.90	0.93
9	耐洗刷性	≥ 6000 次	≥ 1500 次	≥ 350 次	1500 次不漏底
10	甲醛净化性能 / %	≥ 75			82.8
11	A 类产品	内照射指数≤ 1.0 外照射指数≤ 1.3			0.0（+） 0.1

工程案例

1. 人民日报大楼：大楼 15 层以上楼层所有会议室使用玛雅森林涂料、负离子板和瓷砖，经过考察验收，绿色环保评分达到 91.4 分，故决定 14 层以下楼层继续安装使用。人民日报社内工作人员对玛雅森林产品给予普遍好评。安装后的会议室让人在开会时不易犯困，且室内空气清新。

玛雅森林（北京）国际科技有限公司
地址：北京通州区宋庄艺术东区双翼街人民幸福大院
电话：400-921-8978
官方网站：www.maiasonlly.com

2. 上海中心：世界第二高楼、中国第一高楼，大楼底下一、二、三层办公室都安装使用了玛雅森林涂料、负离子板、瓷砖，安装后办公室负离子含量高达 12000 多个 /cm³。

3. 深圳资本市场学院：位于深圳西丽湖，由中国建筑设计大师何镜堂院士设计，学院室内天花及墙面使用了玛雅森林负离子板和涂料，地面使用玛雅森林负离子大理石瓷砖，有效地解决了房间潮湿霉变的难题。受到业主方很高评价，也引起当地建筑装饰装修业界的高度关注。

生产企业

玛雅森林（北京）国际科技有限公司隶属于人民幸福集团，注册资金 1 亿元人民币，注册地址在首都北京。它是人民幸福集团旗下专注经营环保型、科技型装饰工程、装修材料、人工智能与信息技术、电器、灯具、家居、家具等产业而组建的控股子公司。

公司产品以人居空间为导向，专注于室内环境污染综合治理，研发、生产、销售环保及负氧离子的系列装修材料，以及能产生安全且高质量的负氧离子的系列家用电器产品和家居产品。

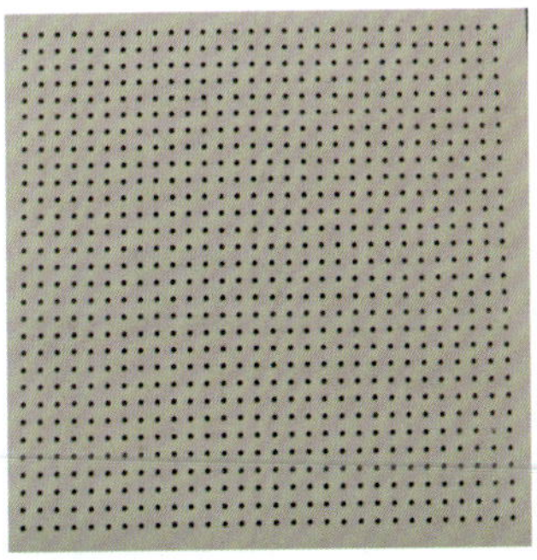

证书编号：LB2019JT008

奇越内墙腻子、水性纳米涂瓷隔热保温材料（中空玻璃微珠中间层）

产品简介

水性纳米涂瓷隔热保温材料：适用于建筑、石油管道、储油罐、彩钢瓦等需要保温隔热的地方。本产品施工简单、可以喷、滚、批等方式施工。

适用范围

用于建筑、石油管道、储油罐、彩钢瓦等需要保温隔热的地方。

技术指标

产品执行 JG/T 298—2010《建筑室内用腻子》、GB 18582—2008《室内装饰装修材料 内墙涂料中有害物质限量》标准，具体技术指标如下：

产品类别	检验项目		单位	技术要求	检验结果
找平腻子	挥发性有机化合物含量		g/kg	≤ 15	未检出
	苯、甲苯、乙苯、二甲苯总和		mg/kg	≤ 300	未检出
	游离甲醛		mg/kg	≤ 100	17
	可溶性重金属	铅	mg/kg	≤ 90	＜ 1
		镉		≤ 75	＜ 1
		铬		≤ 60	＜ 1
		汞		≤ 60	＜ 0.01
保温材料	游离甲醛		mg/kg	≤ 100	7
	挥发性有机化合物含量		g/kg	≤ 15	未检出
	苯、甲苯、乙苯、二甲苯总和		mg/kg	≤ 300	未检出

工程案例

外墙纳米绝热（保温隔热）系统实验项目：

1. 外墙纳米绝热（保温隔热）系统实验项目，主要是将兰山华铁林场管理用房外墙原有的 50 ㎜厚挤塑聚苯板保温层及真石漆装饰层全部拆除后，再采用由清华大学与江苏立达高科特种材料有限公司的专利技术产品 LD-1 与 LD-2 型纳米保温材料，重新施工外墙保温隔热系统及装饰。华铁林场管理用房外墙面积 1520m^2，屋面面积 577.84m^2，于 2014 年建成投入使用，冬季采用移动式加热设备结合空调采暖。此次改造是为了验证 LD-1 与 LD-2 型纳米保温材料的保温性能和防火性能及 LD-1 与 LD-2 型纳米保温材料 3 毫米厚达到 50 ～ 60mm 厚挤塑聚苯板保温层效果且防火等级达到 A 级的目的。

常熟市奇越新型建材科技有限公司
地址：常熟市辛庄镇沈浜村
电话：0512-52182170
官方网站：www.csqyjc.com

2. 本项目主要施工内容有原保温装饰层拆除、墙面及屋面基底找平层施工、纳米抗碱底涂层施工、纳米绝热（保温隔热）涂料层（LD-1）施工、纳米反射隔热保温涂料（LD-2）装饰层施工、室内室外测温点布设、数据采集、收集检测。

生产企业

常熟市奇越新型建材科技有限公司是集技术研发、生产、销售及工程施工为一体的专业性建筑材料企业。本公司位于常熟市辛庄镇杨园沈浜工业园，专业生产水性纳米涂瓷隔热保温材料、腻子粉、白水泥、粘合剂等。

公司把环保理念放在第一位，积极传播绿色消费。卓越品质，科技为本，自然出色，产品应用广泛，现如今已是建筑打底及内墙装饰不可缺少的产品。

常熟市奇越新型建材科技有限公司
地址：常熟市辛庄镇沈浜村
电话：0512-52182170
官方网站：www.csqyjc.com

证书编号：LB2019QB001

泰昊无缝墙布

产品简介

1. 透气防霉防腐：蝶绣无缝墙布是纤维织物，经特殊工艺处理，具有良好的透气性和极佳的抗霉性能，防水防污防霉防油，不易霉变和腐烂。

2. 环保无味：不会在装修中出现墙面漆所产生的甲醛、苯类等挥发性气体，施工当天即可入住。

3. 容易打理：无缝墙布经过特殊工艺进行了防油防污防水处理，可用湿毛巾擦洗，从而使墙面保持亮丽整洁。

适用范围

本产品可广泛应用于宾馆、饭店、写字楼、各类娱乐场所，还可应用于住宅、别墅、公寓等。

技术指标

产品执行 GB 18401—2010《国家纺织产品基本安全技术规范》C 类标准、GB 18585—2001《室内装饰装修材料 壁纸中有害物质限量》，具体指标如下：

序号	技术参数项目	标准要求 /（mg / kg）	实测结果
1	甲醛含量	≤ 300	未检出
2	氯乙烯单体	≤ 0.2	未检出
3	钡	≤ 500	0.8
4	镉	≤ 25	0.01
5	铬	≤ 60	0.09
6	铅	≤ 90	0.09
7	砷	≤ 8	0.03
8	汞	≤ 20	未检出
9	硒	≤ 165	未检出
10	锑	≤ 20	0.09

工程案例

中国华东勘测设计研究院职工生活区、名港城小区等。

生产企业

杭州泰昊家居布艺有限公司是一家致力于研发、销售无缝刺绣墙布的专业纺织企业。公司从 1997 年开始进入纺织行业

杭州泰昊家居布艺有限公司
地址：浙江省杭州市萧山区瓜沥镇
电话：0571-82552725
官方网站：http://www.diexiu0571.com

至今，经过 20 多年的经营历史，拥有一批专业的研发团队，具备多种新型提花机设备，研发卡通、欧花、大欧花、中式等多种时尚花型。

本公司严格规范产品质量，独创多种蝶绣精品刺绣产品，以奢华高雅的品位，深受消费者的青睐。在日益激烈的市场竞争中，能充分保持企业竞争力，并且公司秉承“专业、诚信、创新、质量”的经营理念，努力打造“蝶绣”刺绣墙布国际品牌，期待您的加盟。

经营理念：

杭州泰昊家居布艺有限公司是一家致力于创新型、发展型、诚信为本的企业，旗下“蝶绣”刺绣墙布，坚守公司原创准则，不断承袭、学习国内外时尚创新的设计风格与理念，并结合市场终端客户的流行需求，不断为品牌、为市场创造出可持续发展、性价比高的墙布产品。

在保障产品质量的前提下，精益求精，不断为品牌经销商创造价值，提供发展型的产品保障。在日益激烈的市场中，能保持稳步前行。

公司不断引进国内外技术型人才与设备，为“蝶绣”刺绣墙布品牌创造一个强有力的后盾。

发展历程

1997 年底成立萧山裕新纺织有限公司，主营纺织提花布、高精密提花布、窗帘布等纺织品。

2011 年公司创立“雅芝蝶”无缝墙布品牌，主营提花、浮雕提花、高精密提花、多色印花等墙布工艺品。

2013 年公司推出“蝶绣”刺绣墙布品牌，主营刺绣、满绣、独绣、背景刺绣、印加绣、苏绣等刺绣工艺品。

2016 年成立新公司杭州泰昊家居布艺有限公司，发展至今，主推“蝶绣”刺绣墙布品牌。

公司大型荣誉榜

2015—2016 年度“雅芝蝶”无缝墙布荣获“墙布十佳品牌”

2016—2017 年度“蝶绣”刺绣墙布荣获“墙布十佳品牌”

2017—2018 年度“蝶绣”刺绣墙布荣获“经销商最喜爱品牌”

杭州泰昊家居布艺有限公司

地址：浙江省杭州市萧山区瓜沥镇
电话：0571-82552725
官方网站：http://www.
diexiu0571.com

证书编号：LB2019QB002

美诺无缝墙布

产品简介

大自然墙布，核心特点是高品质，超级环保——产品环保、辅料环保、施工环境环保，为千万家庭提供一体化的健康墙面解决方案。

1. 大自然品牌——原材料为棉、麻、涤纶和丝等服饰面料，服装面料墙布、环保更胜一筹。
2. 大自然品牌——染料色浆为从德国巴斯夫公司进口水性色浆，绿色环保。
3. 大自然品牌——底面采用环保水刺棉无纺布做底层，透气环保。

大自然品牌——大自然墙布提供配套辅料，超级环保的、食用级别的糯米胶和竹炭基膜，无化工添加成分，绿色环保。

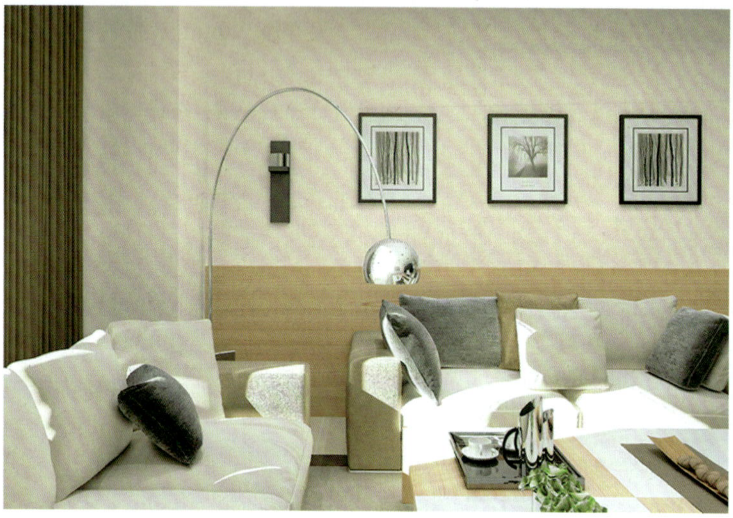

适用范围

本产品主要应用于建材家装领域，其适用范围广泛，无论是宾馆、饭店、招待所、酒吧、KTV、写字楼等公共场所，还是别墅、公寓、普通住宅楼装修、翻修，本产品都适用。

技术指标

产品达到 GB 18585—2001《室内装饰装修材料壁纸中有害物质限量》要求具体指标如下：

序号	技术参数项目	标准要求 /（mg/kg）
1	钡	≤ 1000
2	镉	≤ 25
3	铬	≤ 60
4	铅	≤ 90
5	砷	≤ 8
6	汞	≤ 20
7	硒	≤ 165
8	锑	≤ 20
9	氯乙烯单体	≤ 1.0
10	甲醛	≤ 120

浙江美诺家居有限公司

地址：浙江省嘉兴市海宁市许村镇 320 国道 172 段
电话：0573-87638177
官方网站：www.dzr66.com

工程案例

富邦国际大酒店、海洲大饭店等。

生产企业

浙江美诺家居有限公司系浙江威士利家纺有限公司旗下全资子公司，是一家从事高端无缝墙布、沙发布、窗帘及卷帘等民用及工程定制类产品研发、生产、销售为一体的大型现代化综合性制造企业。年产能超过100万米，产能和市场占有率均居行业前列，其中沙发布、窗帘、卷帘出口欧美、中东等31个国家和地区。得益于多年纺织行业的积累和沉淀，我公司已跻身国内较大的专业品牌墙布制造企业之一。

浙江美诺家居有限公司

地址：浙江省嘉兴市海宁市许村镇320国道172段
电话：0573-87638177
官方网站：www.dzr66.com

证书编号：LB2019QB003

诺奇兄弟无缝墙布

产品简介

“越极简，最有品”是现如今生活素质和文化发展进一步思想的灵魂，而“轻硬装，重软装”是整个家装环境的趋势所向。诺奇兄弟壁纸励志打造全世界最齐全的素色壁纸壁布，目前拥有 8 千多个素色产品，以花纹简洁、色彩柔和为设计方向；以绿色环保、健康生活为生产要求；以贴合人文、时尚百搭为生活理念，成为墙上“时装”中的主流产品。诺奇兄弟壁纸融入了现代软装产品的简洁创新要素，以国际潘通色卡为配色基准，在功能性上素色不仅有着保护墙体、装饰墙体的传统概念，而且在表现形式和色彩体现上，素色充分发挥了不浮夸、不造作、能点亮、能融合的优点。

适用范围

无缝壁布作为时下中高端墙面装饰材料的主流，得到了越来越多消费者的青睐和认可，并开始迅速占领市场。主要在房地产、建筑建材领域应用广泛，适用范围广，无论是用于高级宾馆、饭店、酒吧、KTV、写字楼等公共场所，还是用于家居别墅、普通住宅装修及翻修，本产品都具有强大的生命力。

技术指标

产品执行 GB 18585—2001《室内装饰装修材料 壁纸中有害物质限量》，具体指标如下：

序号	技术参数项目		单位	标准要求	实测结果
1	甲醛		mg/kg	≤ 120	1
2	氯乙烯单体		mg/kg	≤ 0.2	未检出
3	重金属	钡	mg/kg	≤ 1000	0.8
4		镉		≤ 25	0.007
5		铬		≤ 60	0.06
6		铅		≤ 90	0.06
7		砷		≤ 8	0.07
8		汞		≤ 20	未检出
9		硒		≤ 165	未检出
10		锑		≤ 20	0.1

诺奇兄弟新材料（吴江）有限公司
地址：江苏省苏州市吴江区黎里镇汾湖大道 1107 号
电话：0512-63263633
官方网站：www.nockybrothers.com

工程案例

苏州维也纳酒店、苏州阳光城、苏州晋园别墅等。

生产企业

诺奇兄弟新材料（吴江）有限公司是一家以德国简约文化为依托，集世界之所长，融合多元化现代时尚元素，专注壁纸壁布设计研发、生产、销售的一体化专业性企业。

公司拥有德国进口顶端的凹版圆网生产设备、现代化的标准厂房、优秀的设计研发团队及销售管理团队，并持续不断汇聚业界顶级创意团队及引进业界先进工艺设备，以保持企业竞争优势。

公司以“质量是生命，服务是灵魂”为宗旨，以卓越的质量、贴心的服务，诚信经营、精益求精，以五星级的标准来打造每一个细节，致力让诺奇兄弟成为一家国际上知名的壁纸壁布企业，让诺奇兄弟壁纸壁布走进千家万户，让家居生活变得更温馨。

2014 年——诺奇兄弟研发第二个品牌“埃莉诺墙纸墙布”，2015 年——诺奇兄弟创立第三个品牌“意素国际壁纸壁布”，2016 年——诺奇兄弟创立第四个品牌“骐也壁纸壁布”，2017 年——诺奇兄弟创立第五个品牌“素航壁纸壁布”。

2019 年被中国建筑装饰装修材料协会墙纸墙布分会评为“中国墙纸行业十大品牌（生产）”。

2019 年成为中国建筑装饰装修材料协会墙纸墙布分会副会长单位。

2019 年 3 月 15 日成为苏州市吴江区消费者权益保护委员会消费者维权监督站。

2019 年 3 月 15 日荣获苏州市消费者权益保护委员会“零投诉企业”称号。

诺奇兄弟新材料（吴江）有限公司

地址：江苏省苏州市吴江区黎里镇汾湖大道 1107 号
电话：0512–63263633
官方网站：www.nockybrothers.com

证书编号：LB2019QB004

庞尊墙布

产品简介

欧仕莱，中国时尚软装家装理念的倡导者和行业领跑者，一直致力于诠释个性、自信、美丽、舒适的时尚品牌。自创立以来，在设计上高度契合消费者的审美标准，在质量上严格遵循国际环保标准，为中国家庭创造时尚、美观与健康并重的个性家居环境，打造出了一个又一个“布居艺阁、布同凡响”的魅力殿堂。

本公司墙布、窗帘生产流程复杂，21 道工序，精挑细选优质材料，织布符合多次定型、防霉、纳米、高温等处理，5 次质检，最后进行防伪包装出库。

适用范围

本产品主要应用于建材家装领域，其适用范围广泛，无论是宾馆、饭店、招待所、酒吧、KTV、写字楼等公共场所，还是别墅、公寓、普通住宅楼装修、翻修，本产品都适用。

技术指标

产品执行 GB18585-2001《室内装饰装修材料 壁纸中有害物质限量》，具体指标如下：

序号	技术参数项目		单位	标准要求
1	甲醛		mg/kg	≤ 120
2	氯乙烯单体		mg/kg	≤ 0.2
3	重金属	钡	mg/kg	≤ 1000
4		镉		≤ 25
5		铬		≤ 60
6		铅		≤ 90
7		砷		≤ 8
8		汞		≤ 20
9		硒		≤ 165
10		锑		≤ 20

工程案例

湖北保丽家园等。

杭州庞尊家居装饰有限公司

地址：浙江省杭州市萧山区瓜沥镇低田畈村
电话：0571-82552261
官方网站：http://www.oushilai.com/

生产企业

2001年，中国纺织产业之乡杭州萧山，一位手工纺织匠人为了让更多品质布业走向全国，向亲朋好友筹集资金，成立了杭州永欣纺织有限公司，从第一张来自国外的外贸订单开始，公司从无到有，从小到大，建立健全了现代化企业管理制度。经过快速的发展，2012年，公司开创欧仕莱品牌，产品远销全球28个国家和地区，至今全国拥有800余家品牌门店，2019年杭州永欣纺织正式成立杭州庞尊家居装饰有限公司，正式朝全屋软装进发。

欧仕莱以秉承让更多人拥有一个健康、环保、温馨的家的品牌理念，先后获得“全国消费者放心满意品牌”“中国绿色低碳环保建材产品”“国家专利品牌”“央视展播品牌”等称号，并连续5年获得“中国墙布行业十大品牌”。

作为行业佼佼者，欧仕莱从未停止前进的脚步，2018年公司签约知名影星黄圣依女士为欧仕莱品牌体验官，欧仕莱墙布也正式迈入品牌化发展道路。联合中国美术学院、鲁迅美术学院专家学者，从产品设计、科技创新、材料革新、产品检测、等维度不断精耕细作，获得多项行业专利，创新行业墙布上市前21道精密检测工序，并成立S+商学院，携手行业咨询专家导师为合作伙伴赋能。

视客户为家人，从小家到大家，欧仕莱走进了千家万户，2019年，欧仕莱将继续保持初心，以全屋软装解决方案为方向，为客户提供更加优质的产品和服务。

杭州庞尊家居装饰有限公司
地址：浙江省杭州市萧山区瓜沥镇低田畈村
电话：0571-82552261
官方网站：http://www.oushilai.com/

证书编号：LB2019QB005

华伟无缝墙布

产品简介

纳米材料可通过原料功能化和后整理法使产品获得高强耐磨、抗菌防潮、阻燃、防水隔声等多种功能。

采用经过纳米技术处理的丽绣墙布，堪比亲肤内衣一样的手感品质，云感柔顺，三倍亲肤。柔软亲肤是云感棉天生自带的属性，区别于其他材料制成的墙布的坚硬冰冷，云感带来云端舒适感，不管是触摸还是倚靠，堪称质感人居的亲肤新宠。

适用范围

本产品主要应用于建材家装领域，其适用范围广泛，无论是宾馆、饭店、招待所、酒吧、KTV、写字楼等公共场所，还是别墅、公寓、普通住宅楼装修、翻修，本产品都适用。

技术指标

产品执行 GB 18585—2001《室内装饰装修材料 壁纸中有害物质限量》，具体指标如下：

序号	技术参数项目		单位	标准要求	实测结果
1	甲醛		mg/kg	≤ 120	未检出
2	氯乙烯单体		mg/kg	≤ 1.0	未检出
3	重金属	钡	mg/kg	≤ 1000	0.606
4		镉		≤ 25	未检出
5		铬		≤ 60	未检出
6		铅		≤ 90	未检出
7		砷		≤ 8	未检出
8		汞		≤ 20	未检出
9		硒		≤ 165	未检出
10		锑		≤ 20	未检出

工程案例

嘉兴戴梦得、西安朵莎酒店等。

杭州萧山华伟纺织有限公司

地址：浙江省杭州市萧山区义蓬街道华伟纺织
电话：0571-82985968
官方网站：www.lixiucx.com

生产企业

杭州萧山华伟纺织有限公司成立于1997年，是一家集研发、生产、销售于一体的高科技成长型企业。总部位于风景秀丽的萧山义蓬街道工业园区，被政府认定为“高新技术企业”。公司成立以来，本着“客户第一，诚信至上”的原则，积极采取新技术、新材料、新设备，结合市场需求不断研发具有竞争力的新产品。欧雅乐、丽绣刺绣无缝墙布传承了独特提花织造技艺和中华刺绣文化精华，已通过国家认证成为中国墙布十大品牌、中国墙布环保推荐产品和央视直播合作伙伴；以细赋灵动的工艺，致力于打造出富雅尊贵的品质生活。公司在未来发展和远景规划中，将逐步改善产品结构，以多元化的发展去迎合市场需求，以保持公司的核心优势，使产品更具有丰富、高端、潮流品质；全面实施质量和品牌强势战略，不断发展壮大，缔造百年品牌。

杭州萧山华伟纺织有限公司

地址：浙江省杭州市萧山区义蓬街道华伟纺织
电话：0571-82985968
官方网站：www.lixiucx.com

证书编号：LB2019QB006

兆能无缝墙布

产品简介

兆能无缝墙布具有无缝耐用，低碳节能，防霉透气，软度保护，遇火不怕，色泽稳定，绿色环保等优点。

适用范围

本产品主要应用于建材家装领域，其适用范围广泛，无论是宾馆、饭店、招待所、酒吧、KTV、写字楼等公共场所，还是别墅、公寓、普通住宅楼装修、翻修，本产品都适用。

技术指标

产品执行 GB 18401—2010《国家纺织产品基本安全技术规范》、GB/T 18885—2009《生态纺织品技术要求》和 GB 18585—2001《室内装饰装修材料 壁纸中有害物质限量》，具体指标如下：

序号	技术参数项目		单位	标准要求	实测结果
1	甲醛		mg/kg	≤ 60	未检出
2	氯乙烯单体		mg/kg	≤ 0.2	未检出
3	重金属	钡	mg/kg	≤ 1000	0.3
4		镉		≤ 25	0.01
5		铬		≤ 60	0.02
6		铅		≤ 90	0.4
7		砷		≤ 8	未检出
8		汞		≤ 20	未检出
9		硒		≤ 165	未检出
10		锑		≤ 20	未检出

工程案例

绍兴东方山水酒店 F 馆酒店走廊、安徽芜湖新开源酒店走廊。

绍兴市兆能针纺有限公司

地址：浙江省绍兴市福全镇五洋桥村陈三工业园区
优牧墙布
电话：18857510922
官方网站：http://www.um0575.com/nav/20.html

生产企业

绍兴市兆能针纺有限公司地处亚洲知名的中国轻纺城，毗邻杭甬高速公路和杭州国际机场，交通便捷，地理位置得天独厚，是一家专业集研究、生产、销售于一体的纺织企业。经过多年潜心研发，以创新为理念，于2014年成功推出优牧无缝墙布品牌。

公司十分注重产品研发的投入，积极引进高科技材料和生产技术，并聘请国际资深专家作为技术顾问，在设计上汲取世界先进工艺，结合市场需求，不断研发出具有竞争力的新产品，推动行业的发展。公司产品内容古今兼蓄，图案构思精巧，风格雅俗共赏，品质卓尔不群，通过不断试验和检测，织造出精美、环保、耐用的无缝壁布，提供给顾客很好的选择。

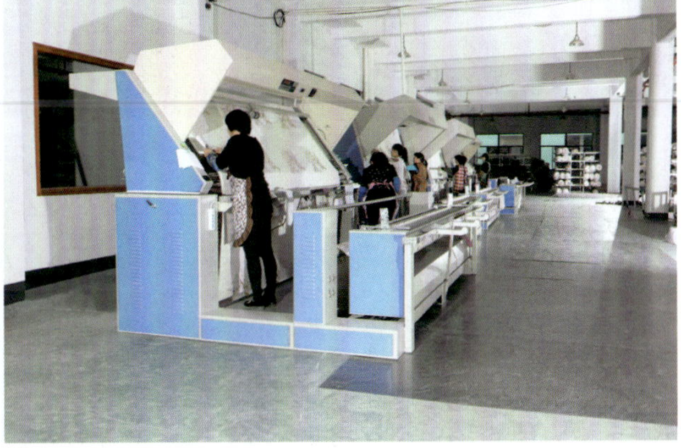

绍兴市兆能针纺有限公司

地址：浙江省绍兴市福全镇五洋桥村陈三工业园区
优牧墙布
电话：18857510922
官方网站：http://www.um0575.com/nav/20.html

证书编号：LB2019QB007

乐凡无缝墙布

产品简介

绍兴乐凡墙布有限公司生产的墙布全部色织提花，经过高温处理，保证墙布的色牢度；都经过三防处理，甲醛含量符合国家标准；防火等级可以达到国家规定的 B1 级。本公司生产的墙布门幅高度有 2.8 米、3 米，定制的话能够达到 3.4 米。

适用范围

本产品主要应用于建材家装领域，其适用范围广泛，无论是宾馆、饭店、招待所、酒吧、KTV、写字楼等公共场所，还是别墅、公寓、普通住宅楼装修、翻修，本产品都适用。

技术指标

产品执行 GB 18401—2010《国家纺织产品基本安全技术规范》、GB/T 18885—2009《生态纺织品技术要求》和 GB 18585—2001《室内装饰装修材料 壁纸中有害物质限量》，具体指标如下：

序号	技术参数项目		单位	标准要求	实测结果
1	甲醛含量		mg/kg	≤ 300	未检出
2	氯乙烯单体		mg/kg	≤ 0.2	未检出
3	可萃取重金属含量	锑	mg/kg	≤ 100	18.18
		砷		≤ 1.0	0.41
		铅		≤ 1.0	0.29
4		镉		≤ 0.1	< 0.01
5		铬		≤ 2.0	< 0.12
6		钴		≤ 4.0	< 0.02
7		铜		≤ 50.0	3.01
8		镍		≤ 4.0	0.20
9		汞		≤ 0.02	< 0.005

工程案例

绍兴秦望大酒店、绍兴富丽华大酒店等。

生产企业

绍兴乐凡墙布有限公司坐落于历史悠久、名人荟萃的江南水乡轻纺城之都——中国绍兴柯桥。这里是中国经济最活跃，发展最具潜力的长江三角洲地区的核心城市之一，地理位置优越，交通便捷。

绍兴乐凡墙布有限公司
地址：浙江省绍兴市柯桥区漓渚镇大步村大兴
电话：0575-84023988
官方网站：www.btxqb.com

公司拥有一批经验丰富的专业技术人员和高素质的技术工人，配备先进的生产设备和检查设备、健全的管理制度和科学严谨的质量体系，可为广大客户提供先进的产品和优质服务。

公司主打品牌是“布天下”无缝墙布，应用广泛，无论是应用于各星级酒店、宾馆、高端商务写字楼、酒吧、KTV 等公共场所，还是应用于高级别墅、公寓、普通住宅楼装修、旧墙翻新等，本产品都具有强大生命力和广阔的市场前景。

完美的品质，专业的设计，真诚的服务，是公司全体员工遵循的工作标准。做好每一块墙布，让您享受高品质典雅生活是布天下的工作目标。

绍兴乐凡墙布有限公司
地址：浙江省绍兴市柯桥区漓渚镇大步村大兴
电话：0575-84023988
官方网站：www.btxqb.com

证书编号：HB2019QB001

金丝燕无缝墙布

产品简介

caroyal（可罗雅）无缝墙布，面料以高精高密大提花色织布为主，成品具有色彩丰富、图案绚丽、时尚豪华、环保阻燃等特点，且不易褪色；墙布背部采用高分子水溶性环保涂层，具有吸水性好、环保、透气性好等优点。

适用范围

本产品主要应用于建材家装领域，其适用范围广泛，无论是宾馆、饭店、招待所、酒吧、KTV、写字楼等公共场所，还是别墅、公寓、普通住宅楼装修、翻修，本产品都适用。

技术指标

产品执行 GB 18401—2010《国家纺织产品基本安全技术规范》C 类标准、GB 18585—2001《室内装饰装修材料 壁纸中有害物质限量》，具体指标如下：

序号	技术参数项目	标准要求	实测结果
1	甲醛	≤ 120	未检出
2	氯乙烯单体	≤ 1.0	未检出
3	钡	≤ 1000	35.270
4	镉	≤ 25	未检出
5	铬	≤ 60	未检出
6	铅	≤ 90	未检出
7	砷	≤ 8	未检出
8	汞	≤ 20	未检出
9	硒	≤ 165	未检出
10	锑	≤ 20	0.922

浙江金丝燕家居用品有限公司

地址：浙江省绍兴市越城区袍江冠友电子商务智慧园 2 号楼 5 楼
电话：0575-88229517
官方网站：http://www.caroyal.com.cn/

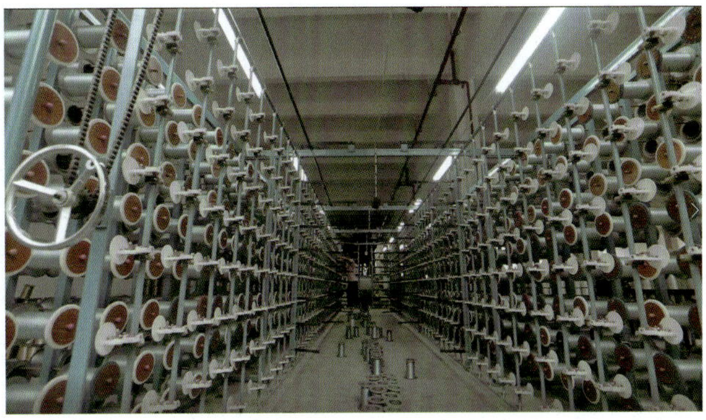

工程案例

绍兴越城区金地自在城、绍兴山水人家、绍兴鉴湖景园、上海滨江一号公馆等。

生产企业

浙江金丝燕家居用品有限公司成立于2009年，是中国建筑装饰装修材料协会常务理事单位、轮值会长单位，中国室内装饰协会副会长单位，“墙饰中国·优品联盟”成员。

公司专注于墙布的设计、研发、生产和销售，以提花和绣花为主要工艺。历经7年发展，旗下可罗雅无缝墙布已成为国内高精密无缝墙布的代名词，稳居国内十大品牌墙布之列，并为新浪家居、CCTV、今日头条战略合作品牌。

公司长期坚持原创设计和匠心精神，并与众多欧美花型设计工作室建立了长期战略合作关系，经过潜心专研，革命性开创了“法式剪花工艺”与“美式做旧工艺”，奠定了“提花工艺之王”的美誉。

2016年公司推出了更精细的“底纹三层叠加工艺”，将提花工艺提升到了一个全新的高度，同年公司推出刺绣类墙布，新颖的花型、丰富的配色，多变的针法搭配高精密刺绣底布，在视觉上具有个性与特色，且立体感倍增，一经推出便引起强烈轰动。

2017年公司召开品牌发布会，并正式启动可罗雅专卖店计划，短短数月，全国可罗雅专卖店超过100多家。

2018年，公司与往年一样，携新品于上海、北京等一线城市举办展会，品牌口碑与加盟商数量持续上涨。

而后，公司开展人才培育计划，《可罗雅星级计划》在全国近400家可罗雅专卖店推广实行。

同年，公司举办《筑梦可罗雅，创业成长营》区域招商培训会，在武汉、重庆等地大获成功，公司特聘行业资深培训导师，致力于将公司的品牌文化，专业的产品知识，传送到每一家可罗雅专卖店，继而更好地服务每一位可罗雅消费者，在带给他们优质的产品同时，能享受到更好的购物体验。

浙江金丝燕家居用品有限公司

地址：浙江省绍兴市越城区袍江冠友电子商务智慧园2号楼5楼

电话：0575–88229517

官方网站：http://www.caroyal.com.cn/

证书编号：LB2019MZ001

瑞亚特塑胶地板、SPC 石塑地板、木塑墙板

产品简介

PVC 地板是软质地板中最常用、最普及的地板，由于 PVC 地板优越的性能和对环境的保护，在发达国家已经普遍替代了瓷砖和木质地板，成为地面装修材料的首选。PVC 地板有特别多的花色品种，如地毯纹、石材纹、木地板纹、草地纹等，纹路逼真美观，色彩丰富绚丽，裁剪拼接简单容易，充分发挥自己的创意和想象，完全可满足设计师和不同用户、不同装饰风格的个性化需求。且无色差，耐光照、无辐射，长久使用不褪色。PVC 地板使用的主要原料是 PVC 材料和碳酸钙，PVC 材料和碳酸钙均是环保无毒的可再生资源，无毒、无辐射。它早已大量地使用在人们的日常生活中，比如自来水管道、餐具、医用的输液管袋等，是国家极力倡导的绿色产品。一般 PVC 地板不含甲醛、苯、酚等有害化学物质，超低铅、镉等重金属含量，也无放射性。

SPC 石塑地板主要原料和 PVC 地板相同，只是工艺不一样，SPC 地板是高密度的，原材料经过挤压成型后，再在基材表面和底面热压施加不同印花层、耐磨层、压纹纹路等工艺技术。SPC 地板，锁扣拉力强，不会产生脱扣现象；地板收缩性能更好，适用于所有地暖系统、阳光房、阳台等铺装。该地板属于硬质地板，铺装前预铺装一层地膜或地垫，这样脚感更舒适，消音减震。SPC 地板是基于高科技开发出的新型环保型地板，具有零甲醛，防霉，防潮，防火，防虫，防滑，安装简单等特点。SPC 地板基材是由挤出机结合 T 型模具挤出成型，再辅以压贴模压定位技术，可以制造出各种不同纹理（凹凸浮雕纹、手抓纹、同步对花纹、水晶镜面木纹等），底层可以采用传统 PVC 高分子材料或其他垫底层作为平衡层，具有平衡地板应力、消音减震作用。

适用范围

PVC 地板、木塑墙板和石塑地板适用于酒店、公寓、学校、医院、办公楼及住宅的内外装修，是未来装饰材料市场的主要使用材料。

产品特点

PVC 地板：

1. 优秀的抗菌、耐污、免维护性能；
2. 富有弹性、防滑性能好、抗水性能优异，使清洁易于进行；
3. 耐磨，不会虫蛀、霉变；表面的 UV 处理有极强的耐污性；
4. 尺寸稳定性好，不会受温度、潮湿影响变形，日常维护只需拖扫；
5. 安全、环保，不含甲醛，含有天然的木纤维，亲近人类，亲近自然；
6. 隔音降噪，脚感舒适、柔软材质、安全无毒；
7. 色彩、花样丰富，完全满足个性设计需要；
8. 防火性能 B1 级；
9. 重量轻，减轻建筑的承载；
10. 接缝小：特殊花色的块材经严格的施工安装，其接缝非常小，从而使地面的整体效果及视觉效果得到最大限度的发挥；
11. 可以循环利用。

SPC 石塑地板：

SPC 地板质地较软弹性很好，在重物的冲击下有着良好的弹性恢复，卷材地板质地柔软弹性更佳，其脚感舒适，被称之为“地板软黄金”。同时 SPC 地板具有很强的抗冲击性，对于重物冲击破坏有很强的弹性恢复，不会造成损坏。优异的 SPC 地板能最大限度地降低地面对人体的伤害，并可以分散对足部的冲击。最新研究数据表明，在人流量较大的空间铺装

江苏瑞亚特装饰材料有限公司
地址：江苏省兴化市老圩乡工业集中区
电话：0523-83507559
官方网站：www.chinareart.com

了优异的 SPC 地板后，其人员摔倒及受伤的比率较其他地板减少了近 70%。

SPC 地板的耐磨层有特殊的防滑性，而且与普通的地面材料相比，地板在沾水的情况下脚感更涩，更不容易摔倒，即越遇水越涩。因此，在公共安全要求较高的公共场所，如机场、医院、幼儿园、学校等都是首选的地面装饰材料，近年来在中国已经非常普及。SPC 地板的防火指标可达 B1 级。阻燃、不自燃，离开火焰 5 秒内自动熄灭，不会产生窒息性的有毒、有害气体（据权威部门统计：在火灾中 95% 受到伤害的人是由于燃烧时产生的有毒害的气体所致），可以说该地板的防火性能是非常出色的。

木塑墙板瑞亚特 WPC 超级护墙板结合了 LVT 的防水性和稳定性，隔音效果好，隔热性能佳，相对于传统护墙板，具有零甲醛，防霉，防潮，防火，防虫，安装简单等特点，也逐渐成为国际市场的新宠儿。部分优势：

防水 / 防火 / 防虫 / 不变形 / 使用寿命长

本产品是将木粉与高分子环保材料一次性热成型，表面物理学性能佳，产品不变形，不易老化，使用寿命长，超级防水，适应南方梅雨季及多雨潮湿天气，不霉变、防虫，易清洁、打理，让您装修入住无后顾之忧。

绿色环保

采用环保材料，不含油漆成分，装修后房间无异味，无任何对人体有害成分，彻底告别甲醛，真正做到零排放。

技术指标

PVC 地板执行 GB/T 4085—2015《半硬质聚氯乙烯块状地板》等标准，PVC 地板是一种片状复合装饰材料，由耐磨层、彩膜、基材多层复合压贴而成，表面再进行耐磨处理，而做成的高耐磨的装饰材料。

耐磨性：最上层有一层纯 PVC 耐磨层，耐磨层的厚度由 0.07 ～ 1.0mm 不等，其相应的耐磨性能可以达到 6000 转以上（H18 砂轮）。

加热尺寸变化率：70℃，6H，地板尺寸变化率≤ 0.06%。

加热翘曲：70℃，6H，翘曲≤ 0.75mm。

SPC 地板执行 GB/T 34440—2017《硬质聚氯乙烯地板》、GB/T 4085—2015《半硬质聚氯乙烯块状地板》等标准。

木塑墙板执行 GB/T 24137—2009《木塑装饰板》等。

工程案例

本公司与龙湖地产签订了长期战略合作，与朗诗地产、绿城地产、景瑞地产、铂涛酒店管理集团等各公司紧密合作，为它们的精装房提供优质产品。工程案例有龙湖地产冠寓全国公寓项目朗诗地产上海、深圳朗诗寓项目等。

生产企业

瑞亚特品牌创立于 2009 年，瑞亚特从木塑、石塑地板开拓者到家居梦想实践者，始终站在行业的前端，并有创新思维，不断超越自我。2012 年江苏瑞亚特装饰材料有限公司在享有“银杏之乡”美誉的泰州投资新建，公司占地面积 30000 平方米。公司拥有木塑挤出线 25 条，连续挤出线 3 条，压机 20 台，每年向国内外输出地板 1200 万平方米，在 2013 年产品首次出口到美国，实现国际化战略，现产品主要出口加拿大、美国、墨西哥、俄罗斯以及亚太地区。2016 年再次投资新建安徽生产基地——安徽欧太新材料有限公司，公司占地 100 亩，总投资 3 亿元，是专业生产 PVC 地板、木塑地板、护墙板的制造型企业。

面对市场的激烈竞争，瑞亚特高度重视质量管控，从原材料到成品，每道工序都经过严格的专业检测，以确保向每一位客户提供优质产品。公司一贯秉承“诚信天下，质量第一”的原则，服务好国内外客户。

江苏瑞亚特装饰材料有限公司

地址：江苏省兴化市老圩乡工业集中区
电话：0523-83507559
官方网站：www.chinareart.com

证书编号：LB2019MZ003

创美实木复合地板

产品简介

1. 继承了实木地板典雅自然、脚感舒适等特点，保留了实木地板木纹优美、自然的特性，而且大大节约了优质珍贵木材的资源。

2. 环境调节作用、自然视觉感、强脚感舒适，更加丰富的装饰性能，营造舒适环境、材质好、易加工、可循环利用、施工安装更加简便，木材的综合利用率大幅度提高。

3. 良好的地热适应性能，多层实木复合地板可应用在地热采暖环境，解决了实木地板在地热采暖环境中的难题。

4. 稳定性强，实木复合地板加工精度高，表层、芯层、底层各层的工艺要求相对其他木地板高，因此结构稳定，克服了实木地板因单体收缩、容易起翘裂缝的不足，安装效果好。

5. 优异的环保性能：由于实木复合地板采用的实体木材和环保胶粘剂通过先进的生产工艺加工制成，因此环保性能较好，符合国家环保强制性标准要求。

6. 具有强化复合地板安装保养方便的优点，避免了强化复合地板甲醛释放量偏高、脚感生硬等弊端，环保性好。有较理想的硬度、耐磨性、抗刮性，而且阻燃、光滑，便于清洁。

适用范围

普通环境和地热环境条件下均可使用。

技术指标

本厂产品严格执行 GB/T 18103—2013《实木复合地板》标准，产品甲醛释放量达到 E0 级水平（≤ 0.5mg/L），安全性能大幅提升。产品的浸渍剥离指标所有均无剥离现象，全部达到 I 级水平，表面耐磨性能达到 I 级≥ 800r。漆膜附着力达到 1 级。弦向耐热尺寸稳定性（收缩率）为 1.5%，横向耐湿尺寸稳定性（膨胀率）为 0.5%。

工程案例

深圳宝树台楼盘地板 5 万平方米、浙富科技园 SOHO 办公楼地板 2 万平方米等。

生产企业

苏州创美木业有限公司是一家集产品研发、生产制造、销售服务为一体的地板企业，亦是较早从事多层实木复合技术研发及应用的企业之一。公司地处长三角经济圈核心位置，坐落于中国木地板之都——南浔，拥有行业生产与研发技术，

苏州创美木业有限公司
地址：江苏省苏州市吴江区桃源镇梵香工业园
电话：0512-63760308
官方网站：http://www.canmel.com/about.html#div1

涵盖实木复合、强化复合及实木三大现代化木地板生产基地，数十条国际高精度地板生产线，年生产能力行业中名列前茅。

作为一家专业的地板生产企业，公司始终坚持品质决定一切的品牌发展战略，经过 10 多年的磨砺，已经成为中国的大型规模化、综合性地板企业。公司先后取得了 ISO 9001:2008 质量管理体系与 ISO 14001：2004 环境管理体系双项认证，并荣获了“中国品牌 500 强”“中国木地板十大品牌”等荣誉称号。

苏州创美木业有限公司

地址：江苏省苏州市吴江区桃源镇梵香工业园
电话：0512-63760308
官方网站：http://www.canmel.com/about.html#div1

证书编号：LB2019MZ004

盼盼防盗安全门

产品简介

盼盼的主导产品防盗安全门，是根据国家标准 GB 17565—2007《防盗安全门通用技术条件》设计生产。

板材厚度：严格执行国家防盗门强制性标准。

①甲级 框板厚：⩾ 2.0mm　门板厚：⩾ 1.0mm；

②乙级 框板厚：2.0mm　门板厚：1.0mm；

③丙级 框板厚：1.8mm　门板厚：0.8mm；

④丁级 框板厚：1.5mm　门板厚：外壁 0.8mm/0.6mm 内壁

工艺结构方面：

①门内填充物：公司生产的防盗门系列产品门内填充聚氨酯发泡、岩棉及防火板，使产品具备保温、隔声、防火性能。

②门体内骨架：保证门体强度，长期频繁开关门不变形、不开裂。

③双层四周密封：采用优质 PVC 和高档 PU 密封条对门、框双层四周密封。增强门体密封、保温、隔声效果。

④水性涂装：采用环保型水性光油和水性漆，减少 VOC（有机溶剂）的排放。

产品系列及外饰方面：

公司不断开发新产品、新花型、新框型，研制新涂装，以适应竞争激烈的市场环境。现公司拥有 12 大系列产品，90 余款花型，19 款框型，目的就是为了多方位满足市场的不同需求。公司在行业内率先推出独一无二的仿古转印系列产品。该产品具有强烈的现代仿古实木效果，真正将钢质门产品通过特殊的涂装工艺做成了视觉上与实木门可相媲美的产品。

适用范围

防盗安全门、钢质隔热防火门广泛适用于各民用建筑、商用建筑、学校。

技术指标

产品执行 GB 17565—2007《防盗安全门通用技术条件》标准，防盗安全门、钢质隔热防火门的门框与门扇均采用冷轧热镀锌钢板，在原来的冷轧钢板表面有镀锌层，此外在镀锌层表面上涂有机涂层，使钢板的耐腐蚀性得到进一步提高。由于镀锌冷轧板可以直接进行表面涂装，无须进行磷化处理，减少了废水的排放。

盼盼安居门业有限责任公司
地址：辽宁省大石桥市水源镇盖家村
电话：0417-5179999
官方网站：heep://www.panpan-door.com

门扇内填充采用水聚氨酯发泡工艺，聚氨酯泡沫材料具有质量轻、比强度大、隔热隔声效果好、成型方便等显著优点，特别是聚氨酯泡沫原料具有良好的流动性能以及与面板良好的粘结性能，使面板与聚氨酯泡沫紧密结合，形成高强度的门板，这样生产的门板表面平整、强度大，而且聚氨酯泡沫的导热系数低，绝热效果优异，并可进行现场注射成型门板。具有以下优点：

1. 隔热保温性能优异；
2. 隔声效果突出；
3. 泡沫的压缩强度大，生产的门板质量轻，复合强度大，板面平整；
4. 填充物吸水率低，尺寸稳定性好，长期使用不会变形；
5. 泡沫的耐老化寿命长；
6. 泡沫无毒、无腐蚀性；
7. 成型容易，生产效率高，易于大规模生产；
8. 使用全水做发泡剂，是绿色、环保的聚氨酯新材料。

工程案例

序号	项目名称	供应产品 / 安装	合同金额	开始时间	完成时间
1	汇泉西悦城	防盗门 / 防火门	1157 万元	2017 年 9 月	2020 年 12 月
2	三门峡明珠家园	防盗门 / 防火门	264 万元	2016 年 8 月	2018 年 5 月
3	安阳海润滨江	防盗门 / 防火门	727 万元	2017 年 12 月	2020 年 4 月
4	白城翰城国际	防盗门 / 防火门	536 万元	2017 年 8 月	2019 年 8 月
5	郑州碧桂园	防盗门 / 防火门	540 万元	2016 年 1 月	2019 年 1 月
6	驻马店碧桂园	防盗门 / 防火门	640 万元	2018 年 4 月	2020 年 4 月
7	贵阳未来方舟	防盗门 / 防火门	767 万元	2016 年 1 月	2021 年 6 月

生产企业

盼盼安居门业有限责任公司是我国防盗安全门行业龙头企业，防盗安全门国家标准修订牵头单位，公司注册资本 1.3 亿元人民币，占地 100 多万平方米，建筑面积 45 万平方米。

公司以生产安居产品为主业，旗下拥有：盼盼、晶晶、盼盼一品、盼盼上品等四大品牌，生产的产品有：高级防盗安全门、高档精品门、防火门、钢木门、不锈钢门、楼寓门、商务门、钢木防火门、户内门等系列产品，并获得多项国家专利。为提高产品品质，增强企业发展后劲。公司实施“铁三角”经营战略布局，先后在湖南长沙、河北廊坊、四川成都等地建立生产基地，实现了品牌属地化生产，为产品市场开发奠定坚实的基础。

公司拥有 2000 多个经销处，10000 多人组成的全国营销网络，使盼盼产品覆盖全国，销量和市场占有率连续多年位居同行业前列。

经过 30 多年的发展建设，公司先后通过了 ISO 9001 质量体系认证、ISO 14001 环境认证、CE 认证、UL 绿色认证等。

2010 年，公司力求突破企业发展瓶颈，寻求更大发展，携手全球最大的开门解决方案提供商亚萨合莱集团，正式由一家民营企业转型为中外合作企业。公司此次携手国际品牌亚萨合莱，为传统安全门行业注入了新的活力。在具体合作上，亚萨合莱集团尊重盼盼的品牌理念，沿承盼盼企业价值观，并为其注入雄厚的资金，加固了盼盼的资金链，为盼盼的技术创新、设备投入、产品结构调整、市场开发与企业转型等创造了有利条件。特别是双品牌战略的实施打破了我国门类民营企业发展的僵局，在实现盼盼“打造百年品牌，构筑百年企业”梦想进程中迈出了坚实的一步。

盼盼安居门业有限责任公司

地址：辽宁省大石桥市水源镇盖家村
电话：0417-5179999
官方网站：heep://www.panpan-door.com

证书编号：LB2019MZ005

千山生态板、多层板、细木工板

产品简介

千山生态免漆板讲求“真材实料”“真实指标”“真正精工”。

实木板芯：纯实木板芯，优选 5A 芯材，无缝机拼，芯板定厚，无散板。

中层夹芯：烘干处理，机拼无缝连接，稳定性好，芯板定厚，板面更平整。

表层面板：优等面板，无虫眼，无空洞，无色差，整张饰面，抛光均匀。

生态纸：进口油墨印刷，纹路清晰，不易变色，防潮抗老化，E0 环保胶浸渍。

环保胶：采用千山自行研制的 E0 胶，远超国家室内标准 E1 级，具有更环保、更健康，光滑，耐磨，防潮，防霉等优点的一种新型环保装饰板材。

细木工板

实木板芯：纯实木板芯，优选 5A 芯材，无缝机拼，芯板定厚，无散板。

中层夹芯：烘干处理，机拼无缝连接，稳定性好，芯板定厚，板面更平整。

表层面板：优等面板，无虫眼，无空洞，无色差，整张饰面，抛光均匀。

环保胶：采用千山自行研制的 E0 胶，远超国家室内标准 E1 级，具有更环保、更健康、光滑，耐磨，防潮，防霉等优点的一种新型环保装饰板材。

千山阻燃板，采用阻燃专家团队的先进技术，在一整条全密封式的高压渗透阻燃液设备里，确保阻燃剂完全渗透到木材的细胞腔、细胞壁以及细胞间隙中，实现真阻燃，阻燃级别均能达到 B1 级别。此外千山阻燃板精选优质天然木材为原料，由于其结构的合理性和生产过程中的精工细作，拥有抗老化，防水，防潮，防腐，防虫蛀，防白蚁等特性，环保等级均达到 E0 级标准，是真正意义上的环保阻燃板。

千山多层实木板优选 A 级桉木皮，对每一张木皮进行精细分选，确保所选用木皮无虫孔，无空洞，将木皮进行纵横相交铺装，选用 E0 级胶水进行热压、砂光、科技处理等近 40 道工序加工而成，具有环保无害、结构稳定、不易变形等特点。

千山颗粒板选用优质进口松木进行加工，两边使用细密木纤维，中间夹长质木纤维，将表芯层刨片纵横交错定向铺装后，施加 E0 胶粘剂经热压成型，表面平整细腻，没有节子、虫眼、不翘曲、不开裂，具有物理力学强度高、纵向和横向强度同等、隔声、防霉、经济、保温等优点。颗粒板内部为交叉错落结构的颗粒状，因此具有很好的握钉力，可以钉圆钉、螺丝钉。密度大于实木，物理力学性能精良。

适用范围

室内装修柜体制作，工程基装打底。

技术指标

产品执行标准			
序号	产品名称	规格型号	执行技术标准
1	生态板	1220mm×2440mm×17mm/18mm	Q/QS-2018-1
2	多层板	1220mm×2440mm×5mm-18mm	GB 18580—2017《室内装饰装修材料 人造板及其制品中甲醛释放限量》
3	细木工板	1220mm×2440mm×17mm-18mm	GB 18580—2017《室内装饰装修材料 人造板及其制品中甲醛释放限量》

产品技术指标			
产品名称	实验方法	限量值	等级标识
细木工板、普通胶合板、装饰单板贴面人造板、饰面人造板	气候箱法	≤ 0.124mg/m³	E1
	干燥器法	≤ 0.5mg/L	企标 E0
细木工板、普通胶合板、装饰单板贴面胶合板、豆基蛋白生物质胶人造板	干燥器法	≤ 0.1mg/L	企标无醛
饰面人造板	干燥器法	≤ 0.2mg/L	企标无醛

山东千山木业有限公司
地址：山东省临沂市兰山区义堂镇堰西工业园
电话:15265187575
官方网站：www.qianshanwood.com

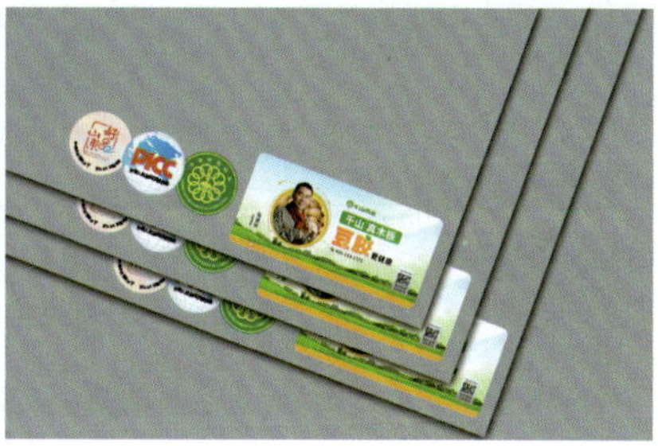

工程案例

1. 内蒙古巨华集团亲亲尚城项目

2. 河南孟津县文博中心项目（孟津县文博、艺术中心项目，为孟津县县城新区的重点建设项目之一，项目以东西 110 米宽中轴广场从南至北分为东西两半部分，四个单体工程。其中：东半部分为文博中心，两个单体建筑分别为北侧的图书馆及档案馆(五层，面积 2.7 万平方米)，南侧的博物馆及科技馆(四层，面积 2.9 万平方米)；西半部分为艺术中心，两个单体建筑分别为北侧的大剧院及音乐厅(四层，面积 3.7 万平方米)，南侧的群众艺术馆及城市规划馆(四层，面积 3.2 万平方米)，内部基础装饰使用千山阻燃板。

生产企业

千山集团，始建于 1998 年 6 月 6 日，前身为山东千山木业有限公司，坐落在全国板材之都和物流之都——山东省临沂市。发展至今，千山集团已成为集金融、房地产、化工、原纸印刷、生态纸浸胶、人造板（生态板、胶合板、细木工板、饰面板、OSB 等）、石膏板、五金、胶粘剂、橱柜线条、柜门、移门等配套产品为一体的综合性品牌运营企业。集团分公司分布于山东省临沂市和日照市，集团下辖山东千山木业有限公司、山东威盛家具新材料有限公司、山东慧迪自动化设备有限公司。盛世俊泽化工、金硕置业、山东帝豪商贸有限公司等 6 个子公司，现有员工千余人，2018 年产值超 15 亿元。

山东千山木业有限公司
地址：山东省临沂市兰山区义堂镇堰西工业园
电话:15265187575
官方网站：www.qianshanwood.com

证书编号：LB2019MZ006

鲁丽定向刨花板、浸渍纸层压木质地板、定向刨花板为基材的复合地板

产品简介

新型无醛木地板是以鲁丽无醛可饰面定向结构（OSB）板为基材，选择优质珍贵木材为面板，经无醛胶后在热压机中通过高温高压制作而成。不易变形开裂，干缩膨胀系数极小，具有较好的调节室内温度和湿度的能力，面层能显示出木材天然木纹，铺装快捷，使用范围较广，适合地热供暖方安装。

适用范围

产品适用于高级酒店、办公楼、学校、医院、幼儿园、展览场馆、家庭装修等。

技术指标

产品性能指标满足 GB/T 18102—2007《浸渍纸层压木质地板》、GB 18580—2017《室内装饰装修材料 人造板及其制品中甲醛释放限量》标准中的相关要求，如下表所示：

检测项目	单位	技术要求	结果
含水率	%	3.0~10.0	5.6
密度	g/cm³	≥ 0.85	0.94
甲醛释放量	mg/L	E1：≤ 1.5	0.2
表面耐磨	转	家用Ⅰ级：≥ 6000	7500

生产企业

寿光市鲁丽木业股份有限公司是以板材、木材加工、经营于一体的国家大型木制品加工企业，是山东省林业龙头企业、国家林业标准化示范企业。产品除销往全国各省、市、自治区外，还远销欧美、中东、南非、日韩等多个国家和地区。

公司主要产品包括：定向结构刨花板、集成材、细木工板、木地板、刨花板、装饰板、生态板、高光 UV 装饰板、天然拼接木皮、原木、板材等十几个系列 300 多个品种。

寿光市鲁丽木业股份有限公司

地址：山东省寿光市侯镇鲁丽工业园
电话：4008-315-123
传真：0536-5386666
官方网站：www.luliwood.net

为全面加快企业发展、促进产业升级、优化产品结构，2013 年公司响应潍坊市委市政府“突破滨海”的号召，拟投资 100 亿元打造现代化高科技木业产业园区，总占地面积约 200 万平方米（约计 3000 亩），采用世界先进生产设备，立足于木业产业加工和资源综合利用。园区建设期 5 年，投产后将达到年销售收入过百亿元，利税过 10 亿元的规模。

作为木制品加工行业的龙头企业，公司现已顺利通过了 ISO 9001/14001 国际质量、环境体系认证、中国环境标志产品认证、高新技术企业认证、FSC/COC 国际产销监管链体系认证、美国 CARB 认证及日本 JAS 认证。

寿光市鲁丽木业股份有限公司
地址：山东省寿光市侯镇鲁丽工业园
电话：4008-315-123
传真：0536-5386666
官方网站：www.luliwood.net

证书编号：LB2019DL001

泓万透水砖、仿石材生态砖、仿石 PC 砖

产品简介

透水砖：

1. 面层：采用花岗石破碎成一定粒径的材料作为砖体表面耐磨层，百分百石英砂，硬度高，防滑性能优异。
2. 底料：采用高硬度卵石破碎机制砂和碎石做砖体底料骨料。
3. 水泥：采用散装拉法基 42.5R，瑞典阿尔博 52.5R 高强度等级早强水泥。
4. 颜色多样且色泽持久（采用氧化铁颜料，颜色耐候性持久）。
5. 自动调节功能（极佳的透水透气性，能够调节地表的温度和湿度，消除城市“热岛现象”，维持地表生态平衡）。
6. 透水性能优越（自然降水能够迅速透过地表，适时补充地下水资源，既蓄水又减轻城市内涝现象）。
7. 高抗压强度（经变频变辐震压形成，高于其他地面铺设材料）。
8. 低碳环保（产品寿命长，抗风化，可无限次重复循环使用）。
9. 安全舒适性（雨天路面无积水，防止夜间反光，改善车辆行驶及行人的安全性与舒适性）。
10. 降噪能力（多孔结构可吸收车辆行驶所产生的噪声，创造安静舒适的交通环境）。

仿石材生态砖：

1. 面层：采用天然彩砂作为砖体表面耐磨层，耐磨性能好，硬度高，防滑性能优异。
2. 底料：采用高硬度卵石多级配机制砂和碎石做砖体底料骨料。
3. 水泥：采用散装拉法基 42.5R，瑞典阿尔博 52.5R 高强度等级早强水泥。
4. 色泽丰富，具有天然石材质感，不添加任何化工颜料染色，永不褪色。
5. 自动调节功能（极佳的透水透气性，能够调节地表的温度和湿度，消除城市“热岛现象”，维持地表生态平衡）。
6. 透水性能优越（自然降水能够迅速透过地表，适时补充地下水资源，既蓄水又减轻城市内涝现象）。
7. 高抗压强度（经变频变辐震压形成，高于其他地面铺设材料）。
8. 低碳环保（产品寿命长，抗风化，可无限次重复循环使用）。
9. 安全舒适性（雨天路面无积水，防止夜间反光，改善车辆行驶及行人的安全性与舒适性）。

仿石（PC）砖：

1. 面层：采用天然彩砂作为砖体表面耐磨层，耐磨性能好，硬度高，防滑性能优异。
2. 底料：采用高硬度卵石多级配机制砂和碎石做砖体底料骨料。
3. 水泥：采用散装拉法基 42.5R，瑞典阿尔博 52.5R 高强度等级早强水泥。
4. 产品经过二次深加工工艺成型，表面质感与天然石材质感一致。
5. 色泽丰富，具有天然石材质感，不添加任何化工颜料染色，永不褪色。
6. 自动调节功能（极佳的透水透气性，能够调节地表的温度和湿度，消除城市“热岛现象”，维持地表生态平衡）。
7. 透水性能优越（自然降水能够迅速透过地表，适时补充地下水资源，既蓄水又减轻城市内涝现象）。
8. 高抗压强度（经变频变辐震压形成，高于其他地面铺装材料）
9. 低碳环保（产品寿命长，抗风化，可无限次重复循环使用）。
10. 安全舒适性（雨天路面无积水，防止夜间反光，改善车辆行驶及行人的安全性与舒适性）。
11. 降噪能力优越（多孔结构可吸收车辆行驶所产生的噪声，创造安静舒适的交通环境）。

重庆泓万建材有限公司

地址：重庆市江北区唐家沱铜田坝码头
电话：13070707057
官方网站：www.cqyyqx.com

所有原材料全部在全封闭的专用堆场内存放，保证原材料品质，不受气候环境影响。

适用范围

透水砖产品能为顾客提供不同型号的产品，色彩丰富持久，不同规格的砖型合理组合可以形成多种风格，广泛用于人行道路、广场、商业街、小区、庭院、停车场、码头重载地面等场所的地面铺设。

仿石材生态砖产品能为顾客提供不同型号的产品，色彩天然，永不褪色，不同规格的砖型合理组合可以形成多种风格，广泛用于人行道路、广场、商业街、小区、庭院、停车场等场所的地面铺设。

仿石（PC）砖产品能为顾客提供不同型号的产品，色彩丰富持久，不同规格的砖型合理组合可以形成多种风格，广泛用于人行道路、广场、商业街、小区、庭院、停车场等场所的地面铺设。

技术指标

透水砖产品执行标准					
GB/T 25993—2010《透水路面砖和透水路面板》					
GB 28635—2012《混凝土路面砖》					
产品技术指标					
序号	指标项目	单位	等级	指标要求	产品性能结果
1	抗压强度	MPa	40.0	平均值≥ 40.0 最小值≥ 35.0	40.0 35.8
2	吸水率	%	/	≤ 6.5	5.4
3	抗折强度	MPa	4.1	平均值≥ 4.0 最小值≥ 3.2	4.1 3.7
4	透水系数	cm/s	A 级	≥ 2.0×10^{-2}	2.14×10^{-2}
5	耐磨性	mm	/	≤ 35	30.3
6	防滑性	/	/	BPN ≥ 60	66

工程案例

透水砖：

1. 重庆建工第三建设有限责任公司（国际物流分拨中心一期基础设施建设项目），该项目位于渝北区空港物流园区，占地总面积约 300 亩，产品使用部位为园区内人行道路。项目于 2016 年开工建设，2019 年 3 月竣工。

2. 中冶建工集团有限公司第四建筑工程分公司（石坪组团项目），该项目位于渝北前沿科技城，产品使用部位为城市主干道、次干道、人行道路铺装，于 2017 年开工建设，至目前还在建设中。

仿石材生态砖：

1. 碧桂园融创望江府（位于重庆两江新区悦来镇），该项目按照国家海绵城市建设要求实施，于 2018 年 12 月开始进行透水铺装施工，使用部位为商业街及小区道路，项目于 2019 年 4 月完工，共计使用仿石材生态砖 5752.4 平方米。

2. 融创万达文旅城（位于重庆沙坪坝区大学城），该项目按照绿色建筑小区标准要求实施，于 2018 年 11 月开始进行透水铺装施工，使用部位为商业街及小区道路，项目于 2019 年 1 月完工，共计使用仿石材生态砖 8125.8 平方米。

仿石（PC）砖：

1. 东源地产大竹林江山樾项目，该项目位于两江新区大竹林，占地总面积约 250 亩，产品使用部位为项目商业街和小区内道路。项目于 2015 年开工建设，2019 年 3 月 6 期竣工。

2. 融汇地产融汇半岛十四 A 组团项目，该项目位于巴南区李家沱，占地总面积约 430 亩，产品使用部位为项目商业街和小区内道路。项目于 2014 年开工建设，2018 年 9 月竣工。

生产企业

重庆泓万建材有限公司是主要从事新型材料、海绵城市硬质铺装系统研发、生产和销售的新型材料公司。

公司拥有重庆江北区和綦江区两个生产基地，可以提供年产 120 万平方米的海绵城市生态路面砖；生产设备为非常先进的美国贝赛尔（BESSER）生产设备和低温高湿蒸气养护生产系统，产品广泛应用于重庆悦来生态城（国家首批海绵城市试点），龙湖地产、金科地产、协信地产、万达地产、碧桂园地产等多个项目。

重庆泓万建材有限公司
地址：重庆市江北区唐家沱铜田坝码头
电话：13070707057
官方网站：www.cqyyqx.com

证书编号：LB2019DL002

靓固彩色透水整体路面、靓固彩色透水整体集水路面

产品简介

靓固彩色透水整体路面是通过选用小粒径卵石及碎石作为骨料、调整结构层、采用专用粘结剂和保护剂、改进施工工艺等措施，采用现场搅拌，一次性摊铺成型，提高了它的透水率。其已成为一种有别于透水水泥混凝土的新型、绿色、环保的室外透水地面铺装材料，具备自然渗透、自然积存、自然净化等特点。

产品已入编《建筑构造通用图集——华北标 BJ 系列图集 12BJ1-1 工程做法》、海绵城市系列图集《城市道路—环保型道路路面》、《城市道路与开放空间低影响开发雨水设施》、四川省《彩色透水混凝土整体路面构造图集》、重庆市《建筑室外透水铺装构造图集》作为设计参考依据；产品价格入编 2015 版《四川省建设工程工程量清单计价定额》、2017 版《内蒙古自治区园林工程预算定额》、江西建材信息价、湖南常德信息价、陕西信息价、昆明信息价、绵阳信息价，可作为工程计价的依据；产品录入中国《海绵城市建设先进适用技术与产品目录（第一批）》、《青海省海绵城市建设先进适用技术与产品目录（第一批）》、《海绵城市建设先进适用技术与产品应用指南（第一版）》、《陕西省海绵城市建设先进适用技术与产品》，作为海绵城市建设行业的领向；并荣获 2017 年全国建设行业科技成果推广项目、绿色建筑节能推荐产品证书、工程建设推荐产品证书、四川省省级彩色透水混凝土整体路面施工工法证书、四川省省级彩色生态透水整体路面彩绘施工工法证书，荣获交通运输部 2016 年中国（小谷围）“互联网 + 交通运输”最具创新突破奖。

适用范围

产品适用于公园、住宅小区、广场、停车场、非机动车道、人行道、体育场等地。

技术指标

产品执行标准：CJJ/T 135—2009《透水水泥混凝土路面技术规程》，具体指标如下：

彩色透水整体路面参数表

项　目		单 位	性能	
耐磨性（磨坑长度）		mm	≤ 30	
透水系数（15 ℃）		mm/s	≥ 1	
抗冻性	25 次冻融循环后抗压强度损失率	%	≤ 20	
	25 次冻融循环后质量损失率	%	≤ 5	
连续孔隙率		%	15 ～ 20	
强度等级		—	C20	C30
抗压强度（28d）		MPa	≥ 20	≥ 30
弯拉强度（28d）		MPa	≥ 2.5	≥ 3.5
耐热度	110 ℃ /7 d 高温处理后透水系数损失率	%	＜ 0.1	
	110 ℃ /7 d 高温处理后抗压强度损失率	%	＜ 0.2	

四川靓固科技集团有限公司
地址：四川省绵阳市科创区创新中心 2 号楼 B212 室
电话：0816–2837846
官方网站：www.lgjtgs.com

工程案例

玉溪李棋中学	
建设时间：2017 年	面积：15236m²
迪庆文化民族广场	
建设时间：2017 年	面积：12900m²
江油明月岛	
建设时间：2017 年	面积：15500m²
呼和浩特雅马图太阳广场	
建设时间：2015 年	面积：19000m²
草原丝绸之路文化主题公园 B-F 区	
建设时间：2016 年	面积：59279m²

生产企业

四川靓固科技集团有限公司成立于 2005 年，下设 19 家分公司；拥有 5 个研究院、3 个实验室、5 个产品研发中心和 4 家工厂，在职员工 500 余人。公司主营综合管廊的运维监管与软硬件开发，智慧城市大数据的采集运算应用，海绵型彩色透水整体路面的研发、铺筑及水生态治理，是跨领域多元化发展的高科技集团化公司。

四川靓固科技集团有限公司
地址：四川省绵阳市科创区创新中心 2 号楼 B212 室
电话：0816-2837846
官方网站：www.lgjtgs.com

证书编号：LB2019DL003

益卫砂基透水砖、透水砖、生态仿石材砖

产品简介

随着城市化建设步伐的加快，城市被越来越多的不透水建筑物、路面等覆盖，引起城市热岛效应、增加城市防洪危险、加剧城市干旱缺水现象。通过在城市铺设大量透水砖可以有效缓解上述负面影响。

我公司生产的砂基透水砖与舒布洛克砖，主要骨料为建筑垃圾的再生骨料，实现了再生骨料的循环利用。生产和利用建筑垃圾再生骨料对于节约资源、保护环境和实现建筑业的可持续发展具有重要意义。

砂基透水砖与舒布洛克砖一次性投资略高于普通透水砖与陶瓷透水砖，但是该砖透水时效长、使用年限长，同时具有较强的过滤性能，过滤出的雨水达到国家回收用水水质，能够直接储存用于绿化、道路清洗等，并且能够节省市政地下雨水排水管网投资，减少了往市政排放的污水总量，间接节约了市政污水处理二次投资于污水处理的费用。雨水的回用节约了平时用于绿地浇灌等用水费用。

该产品的材料为高科技环保材料，社会示范效益明显。整体来说，综合价值将远远大于普通透水砖。

适用范围

本产品主要应用于海绵城市建设及城市人行道铺设。

技术指标

产品执行 CJ/T 400—2012《再生骨料地面砖和透水砖》，产品技术参数如下：

产品名称	产品技术参数
砂基透水砖	1 A 强度≥ 35MPa 2 A 透水速率≥ 3.5ml/（min · cm^2） 3 A 防滑性 BPN ≥ 85 4 A 保水率≥ 0.5g/cm^3 5 A 耐磨性≤ 20mm

工程案例

重庆渝北区人行道铺设大约 5 万平方米、长空路人行道铺设大约 5 万平方米、机场附近人行道铺设大约 5 万平方米等。

重庆市益卫生态环保科技有限公司
地址：重庆市渝北区人和黄山大道东段 174 号 1 幢
电话：18323677642
官方网站：http://www.cesg.com.cn/aspx/ch/about.aspx?classid=187

生产企业

益卫公司是重庆环卫控股（集团）有限公司旗下的一家高科技生态环保企业，专业致力于海绵城市建设、绿色建材、雨水收集系统的开发、生产和销售，并形成了地面材料、墙艺材料、水工护坡、园林景观材料、屋面瓦、骨料 5+1 系列产品。

公司下辖的两座生产基地（分别位于江北黑石子村和南岸区广阳镇），是经重庆市人民政府批示的生产绿色建材的示范工程，拥有先进的破碎设备和制砖生产线，并配有产品研发实验室，以先进的研发理念和不断创新的研发体制推动着新型绿色建材向前发展。

重庆市益卫生态环保科技有限公司

地址：重庆市渝北区人和黄山大道东段 174 号 1 幢
电话：18323677642
官方网站：http://www.cesg.com.cn/aspx/ch/about.aspx?classid=187

6 企业索引

QIYESUOYIN

企业索引

A

B

C

D

F

G